“十三五”期间全国煤矿水害事故分析及案例汇编

国家矿山安全监察局　编

应急管理出版社

·北　京·

内 容 提 要

本书汇总了“十三五”期间全国煤矿水害事故，分别从水害事故数量、死亡人数、直接经济损失等方面进行了事故统计并与“十二五”期间的事故进行了对比，反映了煤矿水害防治的整体趋势及安全生产水平。对2016—2020年全国煤矿发生的较大以上水害事故的直接原因按技术、管理、非法违法开采三类进行归类分析，指出水害事故原因及企业防治水基础薄弱、投入不足、管理及培训不到位、非法开采、监管不到位等问题，提出针对性的防范措施及建议。

本书适用于煤矿安全管理人员、技术人员使用，也可供从事相关工作的人员参考阅读。

编　委　会

主　编	赵苏启	国家矿山安全监察局
	董书宁	中煤科工集团西安研究院有限公司
副主编	丁百川	国家矿山安全监察局
	王　皓	中煤科工集团西安研究院有限公司
	姬亚东	中煤科工集团西安研究院有限公司
编　委	赵恩彪	国家矿山安全监察局
	苗耀武	国家矿山安全监察局
	薛建坤	中煤科工集团西安研究院有限公司
	朱开鹏	中煤科工集团西安研究院有限公司
	周振方	中煤科工集团西安研究院有限公司
	尚宏波	中煤科工集团西安研究院有限公司
	蔚　波	中煤科工集团西安研究院有限公司

前　言

党的十八大以来，以习近平同志为核心的党中央对安全生产工作高度重视。习近平总书记多次主持召开安全生产专题会议，听取安全生产汇报，做出近百次重要指示、批示，强调生命重于泰山，要求层层压实责任，狠抓整改落实、强化风险防控，从根本上消除事故隐患，有效遏制重特大事故发生。

煤矿安全是我国安全生产工作的重中之重，煤炭开采长期受水害威胁，水灾事故多发，仅次于瓦斯事故，位列第二。“十三五”期间全国煤矿水害事故数量、死亡人数及直接经济损失均有明显减少，煤矿水害防治形势持续向好，但水患威胁依然存在，重大水害事故尚未得到根本遏制，防控形势依然严峻。为深刻汲取煤矿水害事故教训，强化矿井水害防治工作，充分发挥典型水害事故案例的警示教育作用，国家矿山安全监察局系统收集、整理了“十三五”期间全国煤矿水害事故资料，分别从水害事故数量、死亡人数、直接经济损失等方面进行了事故统计，并与“十二五”期间的事故进行了对比，从而反映煤矿水害防治工作的整体趋势及安全生产水平，并形成《“十三五”期间全国煤矿水害事故分析及案例汇编》一书。

本汇编忠实于事故调查报告，但对部分内容进行适度删减。本汇编收录的典型事故案例，具有较高的参考借鉴价值。希望各部门和煤炭行业相关企业能够通过这些事故教训，采取更加切实有力的措施，加强煤矿安全生产管理，全力做好安全生产工作，有效遏制煤矿重特大事故发生，切实把确保人民生命安全放在第一位落到实处。

在本书编写过程中，得到了中煤科工集团西安研究院有限公司的大力支持和多方指导，在此深表谢忱。

编委会

2022年1月

目　　录

第一章 “十三五”期间全国煤矿水害事故分析

“十三五”期间，全国煤矿水害事故起数和死亡人数从2016年的7起、30人下降到2020年的7起、25人；较大水害事故起数和死亡人数从2016年的4起、17人下降到2020年的2起、8人；重大以上水害事故起数和死亡人数从2016年的1起、11人上升到2020年的1起、13人；煤矿水害事故百万吨死亡率从2016年的0.009下降到2020年的0.007。

下面分别从水害事故总量、死亡人数、直接经济损失等方面统计“十三五”期间全国煤矿水害事故，并与“十二五”期间进行对比，分析水害事故原因及存在的问题，提出针对性的防范措施及建议。

第一节 事故统计与分析

一、水害事故数量统计

1. 所有水害事故数量统计

“十二五”期间，全国煤矿共发生各类水害事故121起，各年度水害事故起数分别为44起、24起、22起、19起和12起，呈逐年下降趋势，从2011年的44起降至2015年的12起，减少32起，下降72.7%。

“十三五”期间，全国煤矿共发生各类水害事故30起，各年度水害事故起数分别为7起、7起、6起、3起和7起，除2019年发生3起外，其余每年稳定在6~7起。其中，一般事故13起，较大事故15起，重大事故2起，未发生特别重大水害事故。与“十二五”相比，全国煤矿水害事故总量减少81起，下降75.2%。“十二五”“十三五”期间全国煤矿水害事故数量统计见表1-1、柱状图如图1-1所示，事故等级如图1-2、图1-3所示。

2. 较大以上水害事故数量统计

“十二五”期间，全国煤矿共发生较大以上水害事故67起，占水害事故总量

表1-1 “十二五”“十三五”期间（2011—2020年）全国煤矿水害事故数量统计

时 期	年 份	水害事故起数/起	同比变化/%	小 计	同比变化/%
“十二五”期间	2011	44	—	121	—
	2012	24	-45.5		
	2013	22	-8.3		
	2014	19	-13.6		
	2015	12	-36.8		
“十三五”期间	2016	7	-41.7	30	-75.2
	2017	7	0.0		
	2018	6	-14.3		
	2019	3	-50.0		
	2020	7	+133.3		

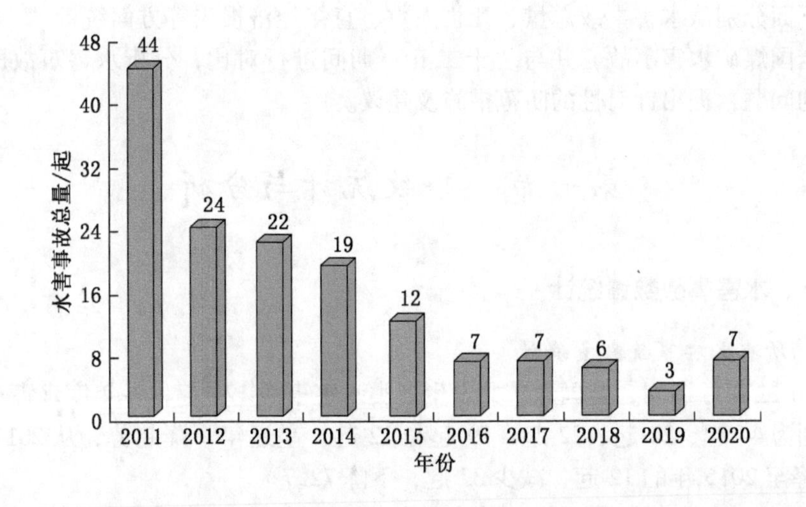

图1-1 “十二五”“十三五”期间（2011—2020年）
全国煤矿水害事故数量统计柱状图

的55.4%，每年较大以上水害事故起数分别为22起、13起、14起、9起和9起，较大以上水害事故数从22起降至9起，减少13起，下降59.1%。其中较大水害事故起数分别为15起、8起、11起、7起和8起，重大水害事故起数分别为7起、5起、3起、2起和1起。

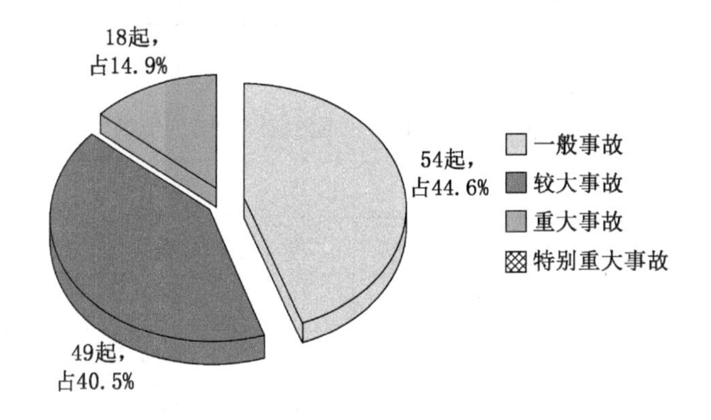

图1-2 “十二五”期间（2011—2015年）全国煤矿水害事故等级

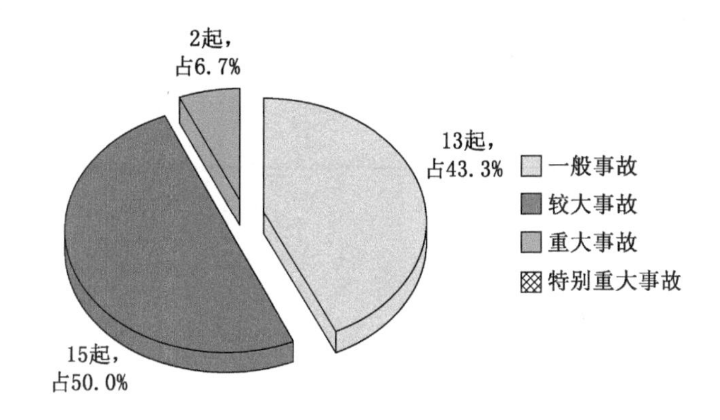

图1-3 “十三五”期间（2016—2020年）全国煤矿水害事故等级

“十三五”期间，全国煤矿共发生较大以上水害事故17起，占水害事故总量的56.7%，每年较大以上水害事故起数分别为5起、4起、3起、2起和3起，较大以上水害事故数从5起降至3起，减少2起，下降40%，其中较大水害事故分别为4起、4起、3起、2起和2起；重大水害事故分别为1起、0起、0起、0起和1起。与“十二五”相比，全国煤矿较大以上水害事故数量减少50起，下降74.6%，重大水害事故减少16起，下降88.9%。“十二五”“十三五”期间全国煤矿较大以上水害事故数量统计见表1-2，柱状图、曲线图如图1-4、图1-5所示。

表1-2　2011—2020年全国煤矿较大以上水害事故数量统计

时期	年份	较大以上水害事故		较大水害事故		重大水害事故	
		起数/起	同比变化/%	起数/起	同比变化/%	起数/起	同比变化/%
“十二五”期间	2011	22	—	15	—	7	—
	2012	13	-40.9	8	-46.7	5	-28.6
	2013	14	+7.7	11	+37.5	3	-40.0
	2014	9	-35.7	7	-36.4	2	-33.3
	2015	9	0.0	8	+14.3	1	-50.0
“十三五”期间	2016	5	-44.4	4	-50.0	1	0.0
	2017	4	-20.0	4	0.0	0	-100.0
	2018	3	-25.0	3	-25.0	0	—
	2019	2	-33.3	2	-33.3	0	—
	2020	3	+50.0	2	0.0	1	—

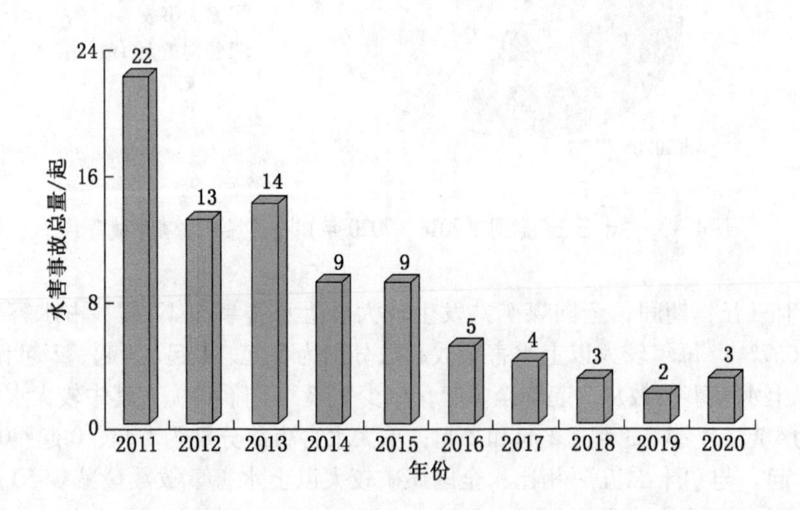

图1-4　2011—2020年全国煤矿较大以上水害事故数量统计

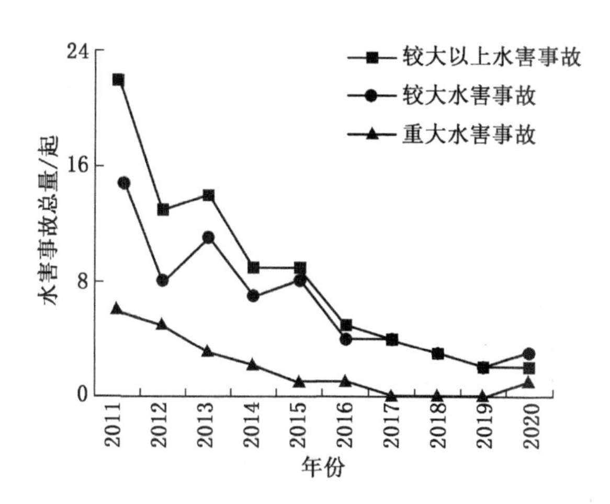

图 1-5 2011—2020 年全国煤矿较大以上水害事故数量统计

二、水害事故死亡人数统计

1. 所有水害事故死亡人数

"十三五"期间，全国煤矿水害事故死亡 94 人，每年水害事故死亡人数分别为 30 人、14 人、15 人、10 人、25 人。与水害事故起数趋势一致，前四年水害事故死亡人数呈下降趋势，但 2020 年水害事故死亡人数大幅增加，比 2019 年增加 150%（表 1-3、图 1-6）。其中，一般水害事故死亡 17 人，较大水害事故死亡 53 人，重大水害事故死亡 24 人，未发生特别重大水害事故。较大以上水害事故死亡人数 77 人，占水害事故总死亡人数的 81.9%（图 1-7）。

表 1-3 "十三五"期间（2016—2020 年）全国煤矿水害事故数量及死亡人数统计

年 份	事故起数/起	同比变化/%	死亡人数/人	同比变化/%
2016	7	—	30	—
2017	7	0.0	14	-53.3
2018	6	-14.3	15	+7.1
2019	3	-50.0	10	-33.3
2020	7	+133.3	25	+150.0

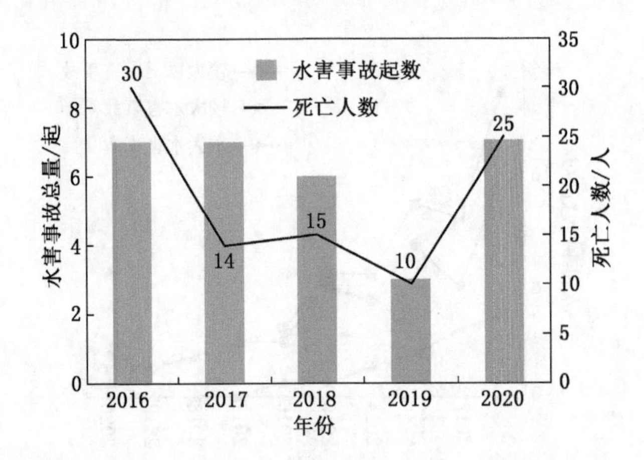

图1-6 “十三五”期间（2016—2020年）全国煤矿水害事故数量及死亡人数统计

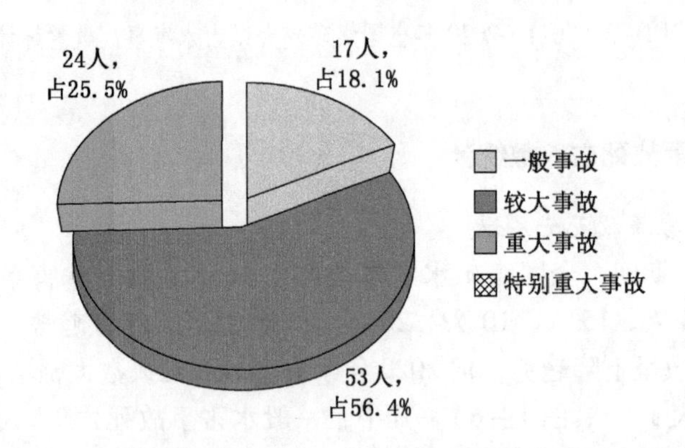

图1-7 “十三五”期间（2016—2020年）全国煤矿水害事故各等级死亡人数统计

2. 较大以上水害事故死亡人数统计

“十二五”期间，全国煤矿较大以上水害事故死亡人数487人，每年水害事故死亡人数分别为179人、107人、76人、66人、59人。其中较大水害事故死亡238人，重大水害事故死亡249人。较大以上水害事故死亡人数从2011年的179人减少至2015年的59人，减少120人，下降67.0%。

“十三五”期间，全国煤矿较大以上水害事故死亡人数77人，占水害事故总死亡人数的81.9%。每年水害事故死亡人数分别为28人、9人、10人、9人、21人。与所有水害事故死亡人数趋势一致，前四年较大以上水害事故死亡人数呈下降趋势，但2020年较大以上水害事故死亡人数大幅增加，比2019年增加

133.3%。其中较大水害事故死亡53人，重大水害事故死亡24人。与“十二五”相比，较大以上水害事故死亡人数减少410人，降低84.2%，尤其重大水害事故死亡人数减少225人，降低90.4%（表1-4、图1-8）。

表1-4 “十二五”“十三五”期间（2011—2020年）全国煤矿较大以上水害事故死亡人数统计

时期	年份	起数/起	同比变化/%	死亡人数/人	同比变化/%	小计/人	同比变化/%
“十二五”期间	2011	22	—	179	—	487	—
	2012	13	-40.9	107	-40.2		
	2013	14	+7.7	76	-29.0		
	2014	9	-35.7	66	-13.2		
	2015	9	0.0	59	-10.6		
“十三五”期间	2016	5	-44.4	28	-52.5	77	-84.2
	2017	4	-20.0	9	-67.9		
	2018	3	-25.0	10	+11.1		
	2019	2	-33.3	9	-10.0		
	2020	3	+50.0	21	+133.3		

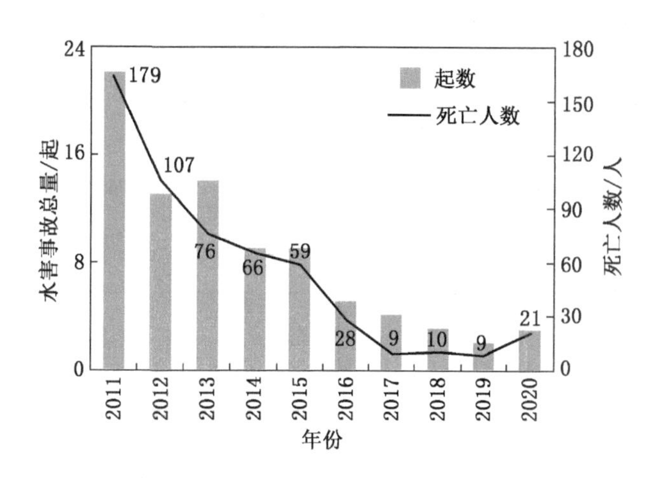

图1-8 2011—2020年全国煤矿较大以上水害事故数量及死亡人数统计

三、较大以上水害事故直接经济损失统计

“十二五”期间，较大以上水害事故直接经济损失75131.714万元，每年水害事故直接经济损失分别为17122.07万元、15973.4万元、15579.04万元、18593.78万元及7863.424万元，直接经济损失从17122.07万元减少至7863.424万元，减少9258.64万元，下降54.1%。

“十三五”期间，较大以上水害事故直接经济损失20653.7092万元，每年水害事故直接经济损失分别为5073.97万元、5305.49万元、1702.47万元、2212.63万元、6359.1492万元。2018年、2019年为2000万元左右，其余年份稳定在5000万~6000万元。与“十二五”相比，全国煤矿较大以上水害事故直接经济损失减少54478.0048万元，下降72.5%（表1-5、图1-9）。

表1-5 “十二五”“十三五”期间（2011—2020年）全国煤矿较大以上水害事故直接经济损失

时期	年份	直接经济损失/万元	同比变化/%	小计/万元	同比变化/%
“十二五”期间	2011	17122.07	—	75131.71	—
	2012	15973.4	-6.7		
	2013	15579.04	-2.5		
	2014	18593.78	+19.4		
	2015	7863.424	-57.7		
“十三五”期间	2016	5073.97	-35.5	20653.71	-72.5
	2017	5305.49	+4.6		
	2018	1702.47	-67.9		
	2019	2212.63	+30.0		
	2020	6359.1492	+187.4		

四、较大以上水害事故按地区分析

“十二五”期间，全国共19个省（区、市）发生过较大以上煤矿水害事故。从较大以上水害事故起数看，山西省、贵州省、黑龙江省比较集中，事故起数均超8起，3省较大以上水害事故合计31起，占较大以上水害事故总量（67起）的46.3%，其中，山西、贵州2省较大以上水害事故均超10起，2省较大以上

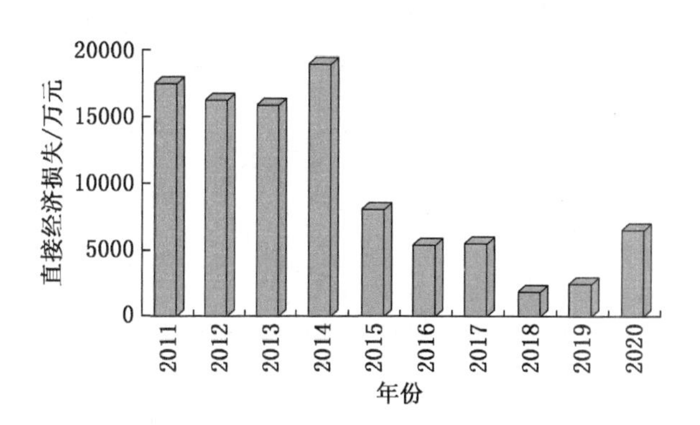

图1-9 “十二五”“十三五”期间（2011—2020年）全国煤矿较大以上水害事故直接经济损失统计

水害事故合计22起，占较大以上事故总量的32.8%。

“十三五”期间，全国共12个省（区、市）发生过较大以上煤矿水害事故。从较大以上水害事故起数看，山西事故起数最高，为5起，占较大以上水害事故总量（17起）的29.4%，其余省份事故较为平均。与“十二五”相比，山西仍是煤矿水害事故最高发区域，同时又属于全国水文地质类型复杂和极复杂矿井分布较多的省份，这与2012年全国煤矿水文地质类型调查结果基本一致。“十二五”“十三五”期间全国各省（区、市）煤矿较大以上水害事故统计见表1-6、图1-10、图1-11。

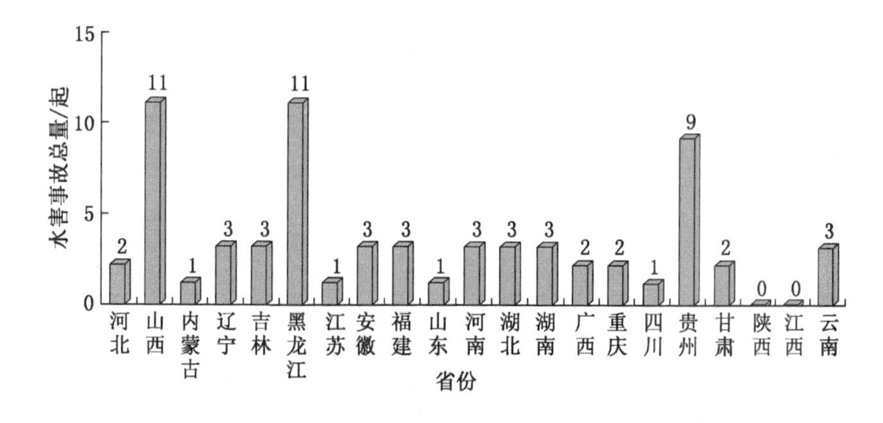

图1-10 2011—2015年全国各省（区、市）煤矿较大以上水害事故统计

表1-6 “十二五”“十三五”期间（2011—2020年）全国各省（区、市）煤矿较大以上水害事故统计

起

时间	河北	山西	内蒙古	辽宁	吉林	黑龙江	江苏	安徽	福建	山东	河南	湖北	湖南	广西	重庆	四川	贵州	甘肃	陕西	江西	云南
2011	1	1	1	1	1	4	—	1	—	1	—	—	1	1	1	1	5	1	—	—	1
2012	—	2	—	1	1	3	1	—	—	—	1	—	1	—	1	—	2	—	—	—	—
2013	—	3	—	1	—	1	—	1	2	—	2	1	—	—	—	—	2	1	—	—	—
2014	1	2	—	—	1	1	—	—	—	—	—	1	1	—	—	—	—	—	—	—	2
2015	—	3	—	—	—	2	—	1	1	—	—	1	—	1	—	—	—	—	—	—	—
“十二五”	2	11	1	3	3	11	1	3	3	1	3	3	3	2	2	1	9	2	0	0	3
2016	—	2	—	—	—	—	—	—	—	—	—	—	—	—	—	—	1	—	1	1	—
2017	—	1	—	—	—	—	—	1	—	—	1	—	—	—	—	—	—	1	—	—	—
2018	—	—	—	—	—	1	—	—	—	—	—	—	—	—	—	—	—	—	—	1	1
2019	—	1	—	—	—	—	—	—	—	—	—	—	—	—	—	1	—	—	—	—	—
2020	—	1	—	—	—	—	—	—	—	—	—	—	1	—	1		—	—	—	—	—
“十三五”	0	5	0	0	0	1	0	1	0	0	1	0	1	0	1	1	1	1	1	2	1
合计	2	16	1	3	3	12	1	4	3	1	4	3	4	2	3	2	10	3	1	2	4

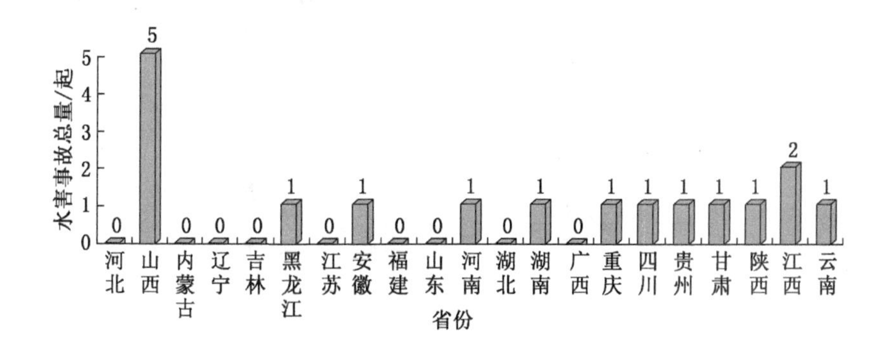

图1-11 2016—2020年全国各省（区、市）煤矿较大以上水害事故统计

五、较大以上水害事故按发生时间分析

“十二五”期间，全国煤矿发生较大以上水害事故67起，主要集中在每年的4—9月，共47起，占全年水害事故总量的70.1%，这与我国大部分地区降雨量集中在夏季这一规律基本一致。因此，雨季期间是煤矿防治水工作的重点时段。

“十三五”期间，全国煤矿发生较大以上水害事故17起，主要集中在每年的4—11月。2011—2020年全国煤矿较大以上水害事故按月统计见表1-7、图1-12。

表1-7 “十二五”“十三五”期间全国煤矿较大以上水害事故按月统计　　起

阶段	月份											
	1	2	3	4	5	6	7	8	9	10	11	12
“十二五”	3	2	3	13	6	8	7	6	7	5	3	4
“十三五”	0	0	1	2	3	1	2	0	1	3	3	1
合计	3	2	4	15	9	9	9	6	8	8	6	5

六、较大以上水害事故按所有制分析

“十二五”期间，全国煤矿较大以上水害事故发生最多的是乡镇煤矿，共47起，占水害事故总数的70.2%；其次为国有重点煤矿，共16起，占23.9%；国

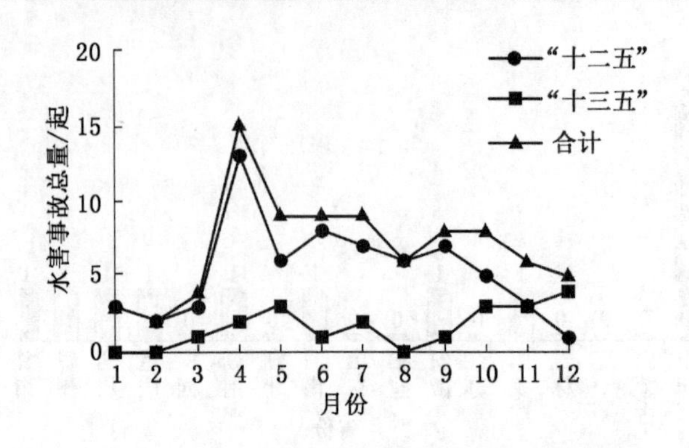

图1-12 “十二五”“十三五”期间全国煤矿较大以上水害事故按月统计

有地方煤矿发生3起，占4.5%；非法煤矿发生1起，占1.5%。

“十三五”期间，全国煤矿较大以上水害事故发生最多的是乡镇煤矿，共9起，占水害事故总数的52.9%；其次为国有重点煤矿，共6起，占35.3%；国有地方煤矿发生2起，占11.8%。整体上较大以上水害事故按所有制分析与“十二五”类似，依然是乡镇煤矿发生水害事故最多，但与“十二五”相比，事故占比下降17.3%（表1-8、图1-13）。

表1-8 “十二五”“十三五”期间全国煤矿较大以上水害事故按所有制统计　起

阶　段	企业类别			
	国有重点	国有地方	乡镇煤矿	其　他
“十二五”	16	3	47	1
“十三五”	6	2	9	0
合计	22	5	56	1

七、较大以上水害事故按突水水源分析

“十二五”期间，全国煤矿较大以上水害事故中，53起事故的突水水源为老空水，占79.1%，死亡386人，占总死亡人数（487人）的79.3%；3起事故的突水水源为大气降水及地表水，占4.5%，死亡56人，占总死亡人数的11.5%；3起事故的突水水源为顶板水，占4.5%，死亡19人，占总死亡人数的3.9%；3起事故的突水水源为底板水，占4.5%，死亡4人，占总死亡人数的0.8%；5

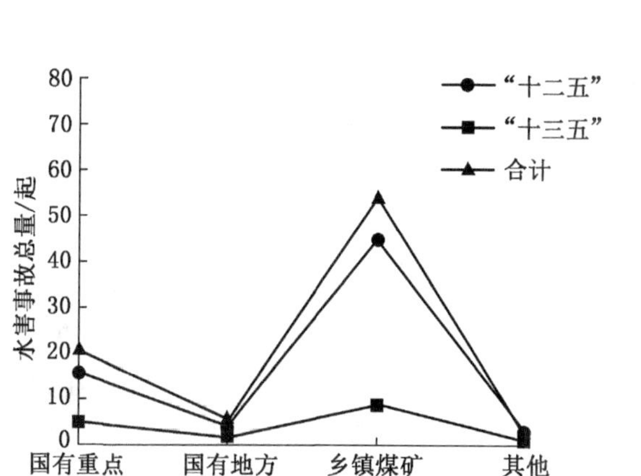

图1-13 “十二五”“十三五”期间全国煤矿较大以上水害事故按所有制统计

起事故的突水水源为其他，占7.5%，死亡22人，占总死亡人数的4.5%。

“十三五”期间，全国煤矿较大以上水害事故中，10起事故的突水水源为老空水，占58.8%，死亡50人，占总死亡人数（77人）的64.9%；2起事故的突水水源为顶板水，占11.8%，死亡14人，占总死亡人数的18.2%；4起事故的突水水源为底板水，占23.5%，死亡10人，占总死亡人数的13%；1起事故的突水水源为其他，占5.9%，死亡3人，占总死亡人数的3.9%。与“十二五”相比，老空突水事故仍为煤矿水害事故主要类型，但占比下降14.4%。“十二五”“十三五”期间全国煤矿较大以上水害事故按突水水源统计见表1-9、图1-14、图1-15。

表1-9 “十二五”“十三五”全国煤矿较大以上水害事故按突水水源统计

阶段		突水水源				
		大气降水及地表水	顶板水	底板水	老空水	其他
“十二五”	事故/起	3	3	3	53	5
	死亡/人	56	19	4	386	22
“十三五”	事故/起	0	2	4	10	1
	死亡/人	0	14	10	50	3
合计	事故/起	3	5	7	63	6
	死亡/人	56	33	14	436	25

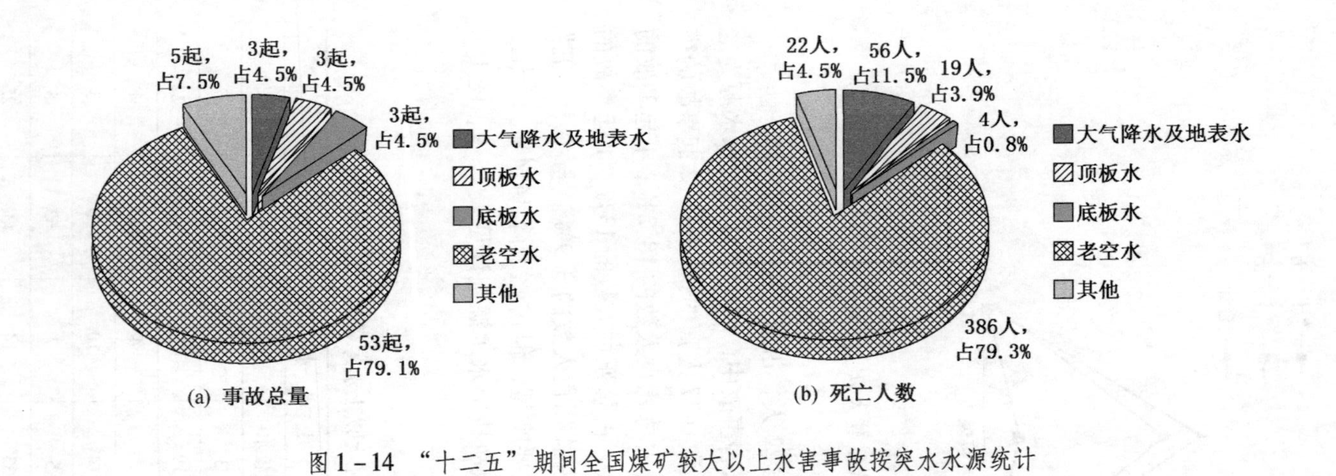

图1-14 “十二五”期间全国煤矿较大以上水害事故按突水水源统计

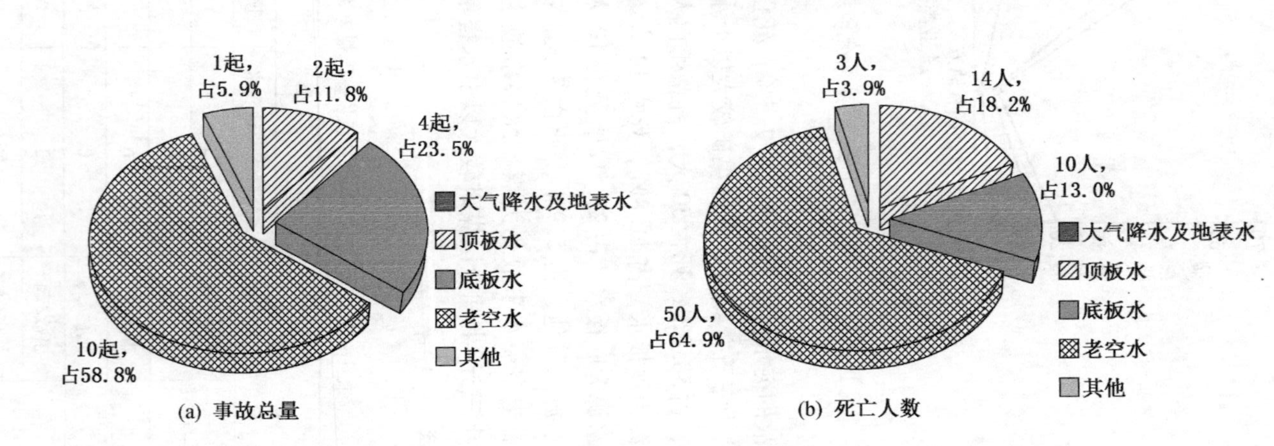

图1-15 “十三五”期间全国煤矿较大以上水害事故按突水水源统计

八、较大以上水害事故按水文地质类型分析

“十三五”期间，全国煤矿较大以上水害事故中，14 起事故的水文地质类型为中等，占 82.4%，死亡 68 人，占总死亡人数（77 人）的 88.3%；3 起事故的水文地质类型为复杂型，占 17.6%，死亡 9 人，占总死亡人数的 11.7%；无水文地质类型为简单型、极复杂型矿井水害事故。2016—2020 年全国煤矿较大以上水害事故按水文地质类型统计见表 1－10、图 1－16。

表 1－10　2016—2020 年全国煤矿较大以上水害事故按水文地质类型统计

事故	水文类型				
	简单	中等	复杂	极复杂	合计
事故/起	0	14	3	0	17
死亡/人	0	68	9	0	77

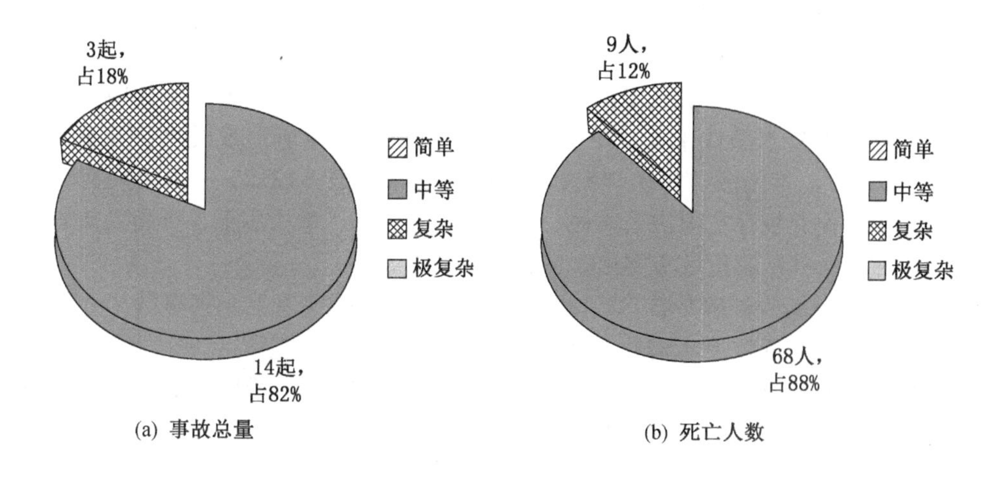

图 1－16　“十三五”期间全国煤矿较大以上水害事故按水文地质类型统计

综合上述分析，与“十二五”相比，“十三五”期间全国煤矿水害事故数量、死亡人数及直接经济损失均有大幅减少，反映了煤矿水害防治形势整体向好趋势，这与我国煤矿整体安全生产水平逐步提高，全国煤矿各类事故死亡人数逐年下降趋势基本一致。但在“十三五”末的 2020 年水害事故数量、死亡人数及直接经济损失大幅增加，甚至为近 5 年之最，反映了煤矿水害防治形势依然严

峻。从直接经济损失来看，除2018年、2019年为2000万元左右，其余年份稳定在5000万~6000万元，从水害分布来看，山西依然是煤矿水害事故重灾区，占总水害事故的将近30%；从企业所有制分析，乡镇煤矿最易发生水害，占事故总数的52.9%；从突水水源分析，老空水害依然是最主要的水害类型，占总水害事故的58.8%，死亡人数占64.9%。从矿井水文地质类型来说，中等水文地质类型矿井突水事故最多，事故数量占比82.4%，死亡人数占比88.3%。

第二节　事故原因分析及存在的问题

一、事故原因分析

对2016—2020年全国煤矿发生的较大以上水害事故的直接原因按技术、管理、非法违法开采3类进行归类分析。

1. 技术原因

在统计到的17起煤矿较大以上水害事故中，属于技术原因的水害事故共4起，占23.5%。

（1）防范导水陷落柱技术措施不到位。在17起较大以上水害事故中，因对陷落柱导（含）水条件未探查清楚，防治水措施不到位所造成的水害事故共1起，占5.9%。淮南潘二煤矿“5·25”较大突水事故，12123工作面底板联络巷掘进工作面底板存在隐伏陷落柱，在采动应力和承压水作用下，奥陶系灰岩水通过隐伏陷落柱从巷道底板突出，造成矿井被淹。

（2）防范断裂破碎带技术措施不到位。在17起较大以上水害事故中，因岩层断裂破碎带附近防治水措施不当所造成的事故共2起，占11.8%。宜春市袁州区西村镇北槽煤矿“11·22”较大透水事故，该矿F_7正断层造成上盘煤系地层与下盘的茅口灰岩对接，-155 m西集中运输巷迎头进入F_7正断层影响带，因对断层含（导）水条件未探查清楚，巷道停止掘进后，在高水压及构造应力持续作用下突破有限隔水岩柱形成集中通道导致茅口灰岩水滞后溃出，造成7人死亡。鹤壁煤电股份有限公司第十煤矿“3·10”突水淹井事故，1309工作面及底抽巷揭露的F1309-3断层，破坏了底板完整性，缩短了工作面、底抽巷与奥灰含水层的距离，在回采前没有对底板奥灰水进行有效探查及治理；在高承压水、构造应力和采动应力等共同作用下，奥灰水沿F1309-3断层隐伏构造带导升突破隔水岩柱，水量逐渐增大，逐步形成集中通道，发生奥灰滞后突水，导致矿井被淹。

(3) 防范老空水技术措施不到位。在17起较大以上水害事故中，因老空水防治措施不当所造成的事故共1起，占5.9%。四川芙蓉集团实业有限责任公司杉木树煤矿“12·14”较大水害事故，相邻煤矿越界开采，杉木树煤矿对老空水越界开采情况未探查清楚，防范措施不到位，来自相邻煤矿的采（老）空水在动水压力作用下瞬间突破杉木树煤矿N26边界探煤上山绞车房顶部边界煤柱，冲毁该上山下口N26-YM-29密闭，涌入矿井N26采区，造成5名作业人员溺水死亡。

2. 管理原因

在统计到的17起较大以上水害事故中，属管理原因的水害事故共7起，占41.2%。

(1) 探放水措施落实不到位。在17起较大以上水害事故中，因探放水措施落实不到位所造成的事故共5起，占29.4%。山西沁和能源集团中村煤业有限公司“7·2”较大水害事故，由于2405回风巷掘进工作面未按规定进行探放水，未查明前方老空积水情况，在掘进过程中导致大量老空积水溃入矿井，造成4人死亡。贵州贵能投资有限公司水城县勺米乡弘财煤矿“7·3”较大透水事故，由于1301回风巷上方存在水体，未按规定认真落实探放水措施，揭露与水体连通的导水断层，导致事故发生，造成3人死亡。山西美锦集团东于煤业有限公司“5·22”较大水害事故，三采区03304鉴定巷（开切眼）针对老空区探放水设计不符合规定，物探、钻探工作不严谨，透水后未立即停止作业、及时撤人，造成6人死亡。山西襄矿西故县煤业有限公司“10·25”较大水害事故，由于在邻近老空积水和断层区域违法违规组织生产，未按规定进行探放水，3号巷采面爆破作业后，在老空水压力作用下造成断层破碎带松动垮塌导通老空区，导致已整合关闭煤矿的老空水溃入矿井，造成4人死亡。华电集团朔州茂华万通源煤业有限公司“11·11”透水事故，该矿40108运输巷掘进工作面前方及东侧区域存在老空区、废弃巷道和大量老空积水，该矿编制的探放水设计中钻孔数量及间距不符合《煤矿防治水细则》规定，也未按照设计施工探放水钻孔，掘进时超出允许掘进距离直接掘透废弃巷道，引发透水事故，造成5人死亡。

(2) 出现透水征兆时未及时采取有效措施。在17起较大以上水害事故中，因出现透水征兆时未及时采取有效措施所造成的事故共2起，占11.8%。陕西省铜川市耀州区照金矿业有限公司“4·25”重大水害事故，在202综采工作面出现透水征兆后，继续冒险作业，引发工作面煤壁切顶冒落导通泥沙流体，导致事故发生，造成11人死亡。甘肃靖远煤电股份有限公司红会第一煤矿“4·28”较大水害事故，1512机道掘进工作面在过老窑破坏区时，未查明灌浆后的泥浆积存情况，当班作业人员对出现的溃浆征兆未做出正确判断，冒险作业，受到掘进扰动的浆体从工作面左上角突然溃出，造成3人死亡。

3. 非法违法开采

在统计到的17起较大以上水害事故中，属非法违法开采原因的水害事故共3起，占17.6%。

（1）超层越界非法开采。在17起较大以上水害事故中，因超层越界非法开采所造成的事故共2起，占11.8%。鸡西市东源煤炭经销有限责任公司东旭煤矿“5·26”较大水害事故，702掘进工作面违法越界施工，未采取探放水措施。工作面放炮作业时，与十二井积水巷相透发生溃水，导致事故发生，造成3人死亡。大理白族自治州祥云县宏祥有限责任公司跃金煤矿“9·11”较大水害事故，相邻的明珍煤矿关闭后，巷道内存在大量积水，跃金煤矿违法越界开采，在明珍煤矿积水区域下方布置巷道工程，冒险用风煤钻在14号上山迎头探放水，明珍煤矿积水突然涌出导致事故发生，造成4人死亡。

（2）违规在老空水淹区域下开采急倾斜煤层。在17起较大以上水害事故中，因超层越界非法开采所造成的事故共1起，占5.9%。湖南衡阳源江山煤矿“11·29”重大透水事故，该矿在－500 m水平6_1煤采掘期间，明知工作面上方采空区存在积水，仍心怀侥幸，冒险蛮干，巷道开采急倾斜煤层，在矿压和上部水压共同作用下发生抽冒，导通上部导子二矿－410～－350 m采空区积水，造成13人死亡。

除上述原因外，其他一些原因导致的水害事故同样是血的教训，同样发人深省，也要引以为戒，做到防患于未然。新余市分宜县双林镇白水村麻竹坑煤矿“10·12”较大透水事故，东斜井＋8 m水平探煤上山尽头处（标高＋58.10 m）及以下25 m范围内回撤捡煤作业形成自然冒落拱，造成煤岩柱变薄，承压能力下降，导致上部采空区积水突破煤岩柱，发生滞后透水，造成3人死亡。山西寿阳段王集团平安煤业有限公司“10·13”较大水害事故，由于一采区运输上山掘进工作面接近15煤层风氧化带，顶板基岩厚度变薄至4.5 m，且已剥蚀风化、强度降低，造成锚索预紧力未达到支护要求，顶板失稳垮落。上部富水性较强的沙砾层经顶板垮落形成的通道溃入井下，导致事故发生。

二、存在的问题

分析2016—2020年全国煤矿较大以上水害事故，除导致事故发生的直接原因外，还暴露出许多深层次的问题，如企业防治水基础薄弱、投入不足、管理及培训不到位、非法开采、监管不到位等。

1. 防治水技术工作薄弱

在17起较大以上水害事故中，存在矿井水文地质条件不清问题的事故共8起，占47.1%。主要表现在水文地质勘探程度不足，含水层富水性、构造导水性、老空水影响范围等水文地质条件不清，水害危险性认识不足，造成采掘过程中发生水害事故（如陕西省铜川市耀州区照金矿业有限公司“4·25”重大水害事故、山西寿阳段王集团平安煤业有限公司“10·13”较大水害事故、宜春市袁州区西村镇北槽煤矿“11·22”较大透水事故、鹤壁煤电股份有限公司第十煤矿“3·10”突水淹井事故、山西美锦集团东于煤业有限公司“5·22”较大水害事故、淮南潘二煤矿“5·25”较大突水事故、四川芙蓉集团实业有限责任公司杉木树煤矿“12·14”较大水害事故）。

2. 防治水投入不足

在17起较大以上水害事故中，存在防治水投入不足问题的事故共6起，占35.3%，主要为人员配备不足。部分事故企业未按《煤矿防治水细则》要求配备防治水专业人员（如贵州贵能投资有限公司水城县勺米乡弘财煤矿“7·3”较大透水事故、鹤壁煤电股份有限公司第十煤矿“3·10”突水淹井事故、山西美锦集团东于煤业有限公司“5·22”较大水害事故、山西襄矿西故县煤业有限公司“10·25”较大水害事故、华电集团朔州茂华万通源煤业有限公司“11·11”透水事故、湖南衡阳源江山煤矿“11·29”重大透水事故）。

3. 防治水管理不到位

在统计到的17起较大以上水害事故中，存在防治水管理不到位问题的事故共11起，占64.7%。

（1）防治水现场管理不到位。在17起较大以上水害事故中，存在防治水现场管理不到位问题的事故共6起，占35.3%。主要表现在部分企业现场不按设计施工，钻孔施工不到位，探放水效果验收不到位，物探、钻探资料不可靠或造假（如山西沁和能源集团中村煤业有限公司“7·2”较大水害事故、贵州贵能投资有限公司水城县勺米乡弘财煤矿“7·3”较大透水事故、鹤壁煤电股份有限公司第十煤矿“3·10”突水淹井事故、山西美锦集团东于煤业有限公司“5·22”较大水害事故、淮南潘二煤矿“5·25”较大突水事故、大理白族自治州祥云县宏祥有限责任公司跃金煤矿“9·11”较大水害事故）

（2）超前探测和水害防治措施落实不到位。在17起较大以上水害事故中，存在超前探测和水害防治措施不到位问题的水害事故共6起，占35.3%。部分矿井采掘活动接近陷落柱、断裂破碎带、导水裂隙带、顶板离层区及富水异常区等特殊工程地质区域时，未引起管理层的高度重视，对灾害后果认识不足，未及时调整和完善防治水措施，特别是超前探测和防治水措施不到位，钻孔验证不到位，盲目作业触发水害事故（如陕西省铜川市耀州区照金矿业有限公司“4·25”重大水害事故、山西沁和能源集团中村煤业有限公司“7·2”较大水害事故、宜春市袁州区西村镇北槽煤矿“11·22”较大透水事故、甘肃靖远煤电股份有限公司红会第一煤矿“4·28”较大水害事故、新余市分宜县双林镇白水村麻竹坑煤矿“10·12”较大透水事故、华电集团朔州茂华万通源煤业有限公司“11·11”透水事故）。

4. 违法违规组织生产

在17起较大以上水害事故中，存在违法违规组织生产问题的事故共5起，占29.4%。主要表现在超层越界、非法开采煤炭资源、违规在老空水淹区域下开采急倾斜煤层、隐瞒作业地点、以掘代采、违法分包等（如鸡西市东源煤炭经销有限责任公司东旭煤矿“5·26”较大水害事故、大理白族自治州祥云县宏祥有限责任公司跃金煤矿“9·11”较大水害事故、新余市分宜县双林镇白水村麻竹坑煤矿“10·12”较大透水事故、山西襄矿西故县煤业有限公司“10·25”较大水害事故、湖南衡阳源江山煤矿“11·29”重大透水事故）。

5. 安全教育培训、应急演练及对突水事故应急处置不到位

在17起较大以上事故中，存在应急救援预案不完善、应急处置不当问题的事故共11起，占64.7%。部分事故暴露出企业应急救援培训针对性不强，管理人员和职工对透水预兆认识不清，自保互保意识不强；未开展水害事故专项应急演练工作，管理人员和职工在透水发生时应急处置能力差，出现透水预兆后，不及时撤人，继续违章冒险作业等问题（如陕西省铜川市耀州区照金矿业有限公司“4·25”重大水害事故、山西寿阳段王集团平安煤业有限公司“10·13”较大水害事故、鹤壁煤电股份有限公司第十煤矿“3·10”突水淹井事故、甘肃靖远煤电股份有限公司红会第一煤矿“4·28”较大水害事故、山西美锦集团东于煤业有限公司“5·22”较大水害事故、淮南潘二煤矿“5·25”较大突水事故、新余市分宜县双林镇白水村麻竹坑煤矿“10·12”较大透水事故、山西襄矿西故县煤业有限公司“10·25”较大水害事故、四川芙蓉集团实业有限责任公司杉木树煤矿“12·14”较大水害事故、湖南衡阳源江山煤矿“11·29”重大透水事故、重庆市两江能源芦塘煤矿“6·28”水害事故）。

6. 安全监管不到位

在17起较大以上事故中，存在安全监管不到位问题的事故共11起，占64.7%。主要存在地方安全监管部门监管不到位、驻矿安监员履职不到位等问题（如陕西省铜川市耀州区照金矿业有限公司“4·25”重大水害事故、山西沁和能源集团中村煤业有限公司“7·2”较大水害事故、贵州贵能投资有限公司水城县勺米乡弘财煤矿“7·3”较大透水事故、山西寿阳段王集团平安煤业有限公司“10·13”较大水害事故、宜春市袁州区西村镇北槽煤矿“11·22”较大透水事故、甘肃靖远煤电股份有限公司红会第一煤矿“4·28”较大水害事故、山西美锦集团东于煤业有限公司“5·22”较大水害事故、大理白族自治州祥云县宏祥有限责任公司跃金煤矿“9·11”较大水害事故、新余市分宜县双林镇白水村麻竹坑煤矿“10·12”较大透水事故、山西襄矿西故县煤业有限公司“10·25”较大水害事故、四川芙蓉集团实业有限责任公司杉木树煤矿“12·14”较大水害事故)。

第三节 防范措施及建议

为深刻吸取事故教训，扎实做好下一步煤矿防治水工作，结合水害事故反映出的问题，提出以下防范措施与建议。

一、技术方面

(1) 查清井田内水文地质条件。采用地面－钻孔瞬变电磁探测技术、矿井槽波地震探测技术、定向钻探技术以及有机－无机联合地下水化学分析技术等最新物探、钻探、化探技术与装备，查清含水层富水区、采空区积水范围以及断层、陷落柱等地质异常体位置等，为水害隐患治理提供依据。

(2) 提高矿井突水预测精度。根据井田水文地质条件，利用传统的“三图－双预测”“脆弱性指数”法、“五图－双系数”法，借助“大数据”“互联网＋”“云服务平台”等新技术，科学开展矿井水害预测及论证工作，做到一矿一预测图、一面一预测图，提高矿井突水预测精度。

(3) 建立水害监测预警系统。在突水危险性大的工作面或区域，采用音频电透、微震、光纤光栅等方法监测采掘过程中相关水情信息并进行水害实时预警。

(4) 加强水害隐患治理工作。根据水害隐患探测、预测及监测结果，针对不同的水患类型，采用新技术、新方法治理水害，消除隐患。如针对老空水害，应用定向长钻孔探放技术；针对顶板水害，应用帷幕注浆治理技术；针对底板水害，应用超前区域注浆治理技术；针对露天煤矿的地表水害，应用地连墙截水帷幕技术等。

二、管理方面

（1）进一步确保防治水安全投入到位。严格按年度计划、防治水中长期规划进行资金安排，优先安排防治水隐患治理资金。一是“三专”必须配齐。按照《煤矿防治水细则》，配备满足工作需要的防治水专业技术人员、配齐专用探放水设备和建立专门的探放水队伍，做到专人专岗，责任到人。二是建立健全水害防治基础设施。

（2）进一步加强探放水现场管理。煤矿企业要坚持“预测预报、有疑必探、先探后掘、先治后采”的防治水原则，进一步加强探放水现场管理工作。一是坚持召开探放水班前分析会。班前分析会要明确当班的任务，可能存在的风险和避灾路线，做到思路清晰、胸有成竹。二是严格实行探掘分离。地测部门要负责“两单”（探放水通知单和允许掘进通知单）发送，探放水队按照探放水设计和探水通知单负责探水作业，开掘队按照允许掘进通知单施工，地测、安监部门组织现场检查验收，实现探掘分离、循环作业。三是完善探放水作业记录。制定专门的探放水作业单，详细记录钻孔施工情况、水量大小、施工人员和验收责任人签字等内容。四是采掘过程中出现异常涌水，要及时到具有资质的检测机构进行水质化验。五是加强探放水效果的安全评价工作，对探放水效果，要采取综合探测手段进行效果验证，确保治理效果可靠。

（3）进一步加强职工防治水培训工作。一是要全面教育职工进一步提高对煤矿防治水工作的认识，牢记《煤矿防治水细则》的各项要求，全面提高职工安全意识和防灾抗灾能力。二是专门组织职工开展防治水方面的教育和考核，强化对井下突水征兆的辨识能力。组织探放水队伍按时参加培训复训，切实做到持证上岗。三是开展防治水警示教育。定期组织职工观看水害事故案例，了解水害事故危害的严重性，起到事前警醒作用。

（4）进一步加强水害事故应急救援工作，提高应急处置能力。一是煤矿企业要制定和完善防治水应急救援预案，定期组织防治水避灾演练，提高矿井水害应急处置能力，提高职工的自我防范、自救和互救能力。二是各地要加强水害事故救援基地建设。针对地区煤矿水害事故状况，进一步加大应急救援人力、物力和资金的投入，装备必要的抢险排水装备。三是加快建立水害事故应急响应联动机制，加强矿山救护队伍的战备训练，全面提高水害事故的应急处置能力。

三、监管方面

（1）严格执行水害防治监管监察执法要点。各级煤矿安全监管监察部门要按照《煤矿水害监管监察执法要点（2020年版）》，开展煤矿水害防治检查，严格精准执法，推动煤矿企业落实水害防治责任。受底板岩溶水威胁的矿井，应当对底板注浆加固，推广微震与电法耦合的监测技术；受水患威胁的矿井要安装应急抢险排水系统。大力推广辽宁西马煤矿“采空区零积水”工作经验。立即开展对矿井内所有水闸墙进行安全排查，凡是带压的，必须将水位降至开采水平之下，确保水闸墙不垮塌、不发生伤亡事故。

（2）进一步加大违法违规生产行为打击力度。一是各有关部门要加大对违法违规行为的查处力度，严厉查处假整改、假密闭、假数据、假图纸、假报告和超能力、超强度、超定员、超层越界、证件超期仍然组织生产等“五假五超”行为，做到力度不减、节奏不变、尺度不松，始终保持高压态势。二是进一步改进检查方式。针对违法违规生产行为较为隐蔽的特点，除采用定期检查和督查等方式外，要针对性地采取暗查暗访或突击检查等方式，切实增强检查力度和检查效果。三是各级煤矿安全监察机构对发现的突出问题和共性问题，要及时向地方人民政府及其有关部门通报，并提出加强安全监管的建议，切实形成惩戒合力。

（3）严禁在水体下开采急倾斜煤层。历史上发生的广东省梅州市兴宁市大兴煤矿“8·7”特别重大透水事故就是在水体下开采急倾斜煤层，造成121人死亡，教训极其深刻。湖南省耒阳市自2011年以来连续发生三都镇都兴煤矿“6·20”、三都镇茄莉冲新井矿“7·4”、源江山煤矿“11·29”等3起同类水害事故，均是在老空水淹区域下开采急倾斜煤层。自2021年1月1日起施行的《煤矿重大事故隐患判定标准》（应急部令第4号）已将“开采地表水体、老空水淹区域或者强含水层下急倾斜煤层，未按照国家规定消除水患威胁的”列为重大隐患。为防止同类事故再次发生，要严格执行“严禁在水体下开采急倾斜煤层”的规定。

第二章 2016年全国煤矿水害事故案例

第一节 陕西省铜川市耀州区照金矿业有限公司“4·25”重大水害事故

2016年4月25日8时05分，陕西省铜川市耀州区照金矿业有限公司（以下简称“照金煤矿”）发生重大水害事故，造成11人死亡，直接经济损失1838.17万元。

依据《生产安全事故报告和调查处理条例》(国务院令第493号）和《煤矿生产安全事故报告和调查处理规定》(安监总政法〔2008〕212号)，5月9日，经省政府同意，由陕西煤矿安全监察局牵头组织省安监局、监察厅、公安厅、总工会、煤管局和铜川市政府有关人员成立了陕西省铜川市耀州区照金矿业有限公司“4·25”重大水害事故调查组（以下简称调查组)。调查组邀请陕西省人民检察院派员参加，并聘请了有关专家参与调查。

按照“科学严谨、依法依规、实事求是、注重实效”的原则和“四不放过”的要求，调查组通过现场勘查、调查取证、查阅资料，综合分析事故抢险救援报告、遇难人员尸检报告，结合专家的技术分析报告，查明了事故发生的经过和原因，认定了事故性质和责任，提出了对有关责任人员、责任单位的处理建议和防范措施。

一、事故单位基本情况

（一）矿井概况

照金煤矿位于陕西省铜川市耀州区照金镇，距耀州区36 km，为股份制民营企业，由贵州宝光能源有限责任公司（民营股份企业）和铜川市正宝工贸有限公司合资经营，注册资金1830万元，其中，贵州宝光能源有限责任公司占股70%、铜川市正宝工贸有限公司占股30%。由持有贵州宝光能源有限责任公司

51% 股份的山西普大煤业公司（民营股份企业）管理照金煤矿，铜川市正宝工贸有限公司不参与照金煤矿经营和管理，年终固定分红。

矿井于 2004 年 7 月开工建设，2007 年 9 月投入生产，设计能力 0.45 Mt/a。2008 年 11 月，核定能力为 0.9 Mt/a；2013 年 9 月完成矿井通风系统改造，12 月核定能力 1.8 Mt/a。属证照齐全的生产矿井。

该矿井田面积约 14.3 km^2，属黄陇煤田旬耀矿区。井田总体为一宽缓的向斜构造，轴向近东西，长约 10 km，宽约 2.2 km，南翼倾角 8°～12°，北翼倾角 2°～5°。井田内未见断裂和岩浆活动迹象，地质构造属简单类。

矿井开采 4－2 煤层，开采标高为＋1240～＋1030 m，厚度 2.65～16.4 m，平均厚度 8.28 m。矿井采用斜、立井开拓，单水平上下山布置，全井田划分为两个采区，东部为一采区，西部为二采区。事故前一采区布置 1 个综放工作面、2 个综掘工作面，二采区布置 1 个综放工作面。采用走向长壁采煤方法、综合机械化放顶煤开采工艺，全部垮落法管理顶板。矿井为低瓦斯矿井，采用中央分列式通风；煤层自燃倾向性为Ⅰ类容易自燃煤层，煤尘具有爆炸性；矿井水文地质类型为中等。

矿井中央水仓容积为 1100 m^3，配备 3 台 DG155－67×7 水泵，单台额定排水能力 155 m^3/h，3 趟 ϕ180 排水管路；二采区水仓容积为 200 m^3，配备 2 台 BQS100－200－100/N 水泵，单台额定排水能力 100 m^3/h；各回采和掘进工作面均配备两台 BQS－80－37/1140 潜水泵，单台额定排水能力为 80 m^3/h。矿井排水系统能够满足正常排水需要。

（二）水文地质

照金煤矿位于旬耀矿区的南部，中部为黄土塬残塬，东部为低中山区，沟谷坡降比大，山梁最高处标高 1827.60 m，最低点为寺坪河和秀房沟河交汇处，标高 1205 m，相对高差 622.60 m。

主要地表水：矿区内主要河流为寺坪河及从东部边界流过的秀房沟河，据 1984 年流量观测，寺坪河 1119.60 m^3/d，秀房沟河 13881.97 m^3/d。

矿区地下水：开采的 4－2 煤层顶板充水水源从下到上依次为延安组砂岩含水层、直罗组砂岩含水层、洛河组砂岩含水层。据其赋存特征可分为两大类，松散层孔隙裂隙潜水含水层和碎屑岩裂隙含水层。延安组砂岩和直罗组砂岩含水层富水性弱，层厚分别为 30.05～86.05 m 和 46.43～104.91 m。洛河组砂岩含水层富水性弱～中等，层厚 104.35～426.75 m。在直罗组砂岩含水层和洛河组砂岩含水层之间有宜君组砾岩相对隔水层，层厚 0～24.36 m。煤层顶板夹 2～4 层砾岩层，下部为中砂岩，胶结松散。

（三）事故地点

事故发生在照金煤矿二采区 ZF202 综采放顶煤工作面第 4 至第 15 号支架间。该工作面为走向长壁综合机械化放顶煤工作面，可采储量 2035793 t。采面长 150 m，采高 3.2 m，放顶 3.8 m，底板留护底煤 0.5 m。采用双滚筒采煤机割煤，采放比 1∶1.1，放煤步距 0.8 m。运输巷和回风巷均布置在煤层中，长度 1470 m，巷道断面为矩形，锚网索支护，运输巷断面净高 3.2 m、净宽 5.2 m，净断面积 16.64 m^2。回风巷净高 3.2 m、净宽 4.2 m，净断面 13.44 m^2。截至 4 月 25 日，该工作面已推进 1153 m，剩余 317 m 至终采线。ZF202 工作面回采过程中正常涌水量 30 ~ 50 m^3/h。

（四）矿井水害防治

煤矿建立了防治水机构，探放水工作由地测科负责，5 名探放水工分散在采掘区队，配备 5 台探水钻机。矿井进行了水文地质类型分类，编制了防治水中长期规划和年度防治水计划。

ZF202 工作面制定了探放水安全技术措施，没有编制专门的探放水设计，规定从两巷道 60 m 开始，每 100 m 在两巷道各打一探水孔，进行疏水。ZF202 工作面探放水记录显示两巷总共施工钻孔 7 个，均无水。

2013 年 7 月 19 日，ZF118 工作面发生透水，累计排水量达 23000 m^3，未造成人员伤亡。事发当天，区煤炭管理局得知后向区政府及相关部门做了汇报。市县各级管理部门到现场指挥抢险救援，制定了科学的排水方案和防止次生事故的措施，区煤炭局派员驻矿跟班，确保排水安全。邀请中煤科工集团西安研究院和陕西省煤田地质局 194 地质队对矿井水文地质进行了分析、探查，编制了矿井水文地质类型分类报告，提出了防治水工作意见建议。2014 年 12 月、2015 年 8 月在开采过程中，分别在 ZF201、ZF202 工作面采空区侧也发生过水害事故，两次事故涌水比较平缓，未造成人员伤亡，煤矿也未向相关部门汇报。

二、事故发生经过、抢险救援情况及事故类别

（一）事故发生经过

2016 年 4 月 24 日 22 时，综采队副队长党某盈主持召开了零点班班前会，指出 ZF202 工作面 8 号支架前有淋水、20 号支架顶部破碎，要求采煤机割煤时注意跟机拉架，防止架前漏顶漏矸，全力配合，共渡难关。跟班副队长谭某峰强调工作面 21 号支架被压还未拉出，要全员配合，加强支架检修，加快工作面推进速度，尽快通过当前不利的开采条件。会后，副队长谭某峰和班长钟某平带领工人入井。综采队零点班出勤 35 人，其中跟班副队长 1 人、班长 1 人、采煤机司

机 3 人、清煤工 6 人、支架工 4 人、超前支护工 4 人、上隅角维护工 2 人、转载机司机 1 人、乳化泵站司机 1 人、检修工 1 人、带式输送机司机 2 人、回风巷起底工 5 人、排水工 3 人、电钳工 1 人。25 日零时左右，当班工人陆续到达 ZF202 工作面各自工作地点，开始工作。副矿长刘某为零点班带班矿领导，25 日零时左右随工人入井后，先后到达一采区 104 掘进巷、ZF203 备用工作面回风巷、二采区轨道下山检查安全工作，约于 3 点左右来到 ZF202 工作面。当时工作面正在移架，8 至 21 号支架处压力大，6 至 8 号支架间顶板有淋水，副矿长刘某检查了工作面安全情况后，工作面开始割煤。约 7 时，副矿长刘某去工作面输送机机头处查看。

4 月 25 日八点班综采队出勤 32 人，由副队长党某盈和副班长任某带领，于 7 时 10 分左右陆续入井。7 时 20 分，副班长任某进与电工潘某、支架工詹某顺和安检员冯某林等 4 人入井，乘坐第一趟人车到达二采区（其余人员事故发生时还未到达工作面）。副班长曾某进去 ZF201 工作面水仓查看排水情况，安检员冯某林、电工潘某和支架工詹某顺进入 ZF202 工作面准备交接班。8 时许，正在工作面 10 号支架处清煤的工人王某红发现 7 ~ 9 号架架间淋水突然增大，水色发浑，立即跑到工作面刮板输送机机头处报告带班副矿长刘某，随后撤离工作面。副矿长刘某接报后通过工作面声光信号装置发出“快撤”指令，随即和排水工李某奇从工作面机头向运输巷撤出；副班长胡某民、支架工乔某琳等 25 人向工作面机尾方向经回风巷撤出。在撤离过程中，听到巨大的声响并伴有强大的气流，看到巷道中雾气弥漫。副矿长刘某到液压泵站向调度室做了汇报，并派当班瓦检员张某荣去运输巷查看情况，发现运顺巷道最低点（距运输巷口 80 m）已积满了水。随后，刘某与刚刚到达的八点班跟班副队长党某盈清点了人数，发现 11 人未撤出。

（二）抢险救援情况

事故发生后，照金煤矿立即启动了事故应急预案，8 时 30 分，煤矿救护队员入井探查救援。

耀州区政府接到事故报告后，立即向市委、市政府汇报。相关区领导带领有关部门人员赶到现场，成立了应急救援工作组，迅速开展抢险救援工作。

副省长姜某率陕西煤监局、省安监局、煤管局负责同志和相关专家赶赴事故现场后，立即成立了省级事故救援协调指导小组，下设专家组和现场救援指挥部，紧急会商研判井下事故工作面情况，制定抢险救援方案和技术措施，全力指导井下抢险救援工作。为确保井下抢险救援工作安全科学推进，有关部门领导、专家带头下井指导救援工作，并坚持 24 小时现场指挥。铜川矿业公司救护队、咸阳市矿山救护队、照金煤矿救护队全面开展救援。西安煤科院、陕西煤化集团铜川矿业公司派出骨干力量增援。救援人员分班作业，矿长带班、省市区专业技术人员跟班，实行24小时不间断施救。

4月27日23时20分，在运输巷发现第一名遇难矿工。5月7日22时03分，最后一名遇难矿工遗体升井，现场救援结束。救援工作历时302小时，组织参与救援总人数达7566人次，先后安装局部通风机2台、水泵6台，施工探放水钻孔25个，总进尺859 m，排泄水量32267 m^3，清理巷道455.5 m，清理淤泥、砂石1680.45 m^3。

（三）事故类别

经调查认定，本起事故属水害事故。

三、事故发生的直接原因、间接原因和事故性质

（一）直接原因

受采动影响，ZF202工作面上覆岩层间离层空腔及积水量不断增加，形成了泥沙流体；在工作面出现透水征兆后，继续冒险作业，引发工作面煤壁切顶冒落导通泥沙流体，导致事故发生。

（二）间接原因

1. 对水害危险认识不足、重视不够

（1）矿井在2013年7月、2014年12月、2015年8月先后三次发生透水，没有造成人员伤亡，未引起企业管理人员和职工的重视，未进行认真总结分析，未采取有效勘探技术手段，查明煤层上覆岩层含水层的充水性，制定可靠的防治水方案。

（2）该矿《矿井水文地质类型划分报告》指出矿井构造主要为宽缓的向斜，要对构造区富水性和导水性进行探查，同时对上下含水层水力联系探查，以确定矿井主要涌水水源。煤矿并未引起重视，在ZF202工作面回采前，没有进行水文地质探查，对洛河组砂岩含水层水的危害认知不清，未能发现顶板岩层古河床相地质异常区。

（3）现场作业和相关管理人员安全意识差，水害防范意识薄弱，透水征兆辨识能力不强。ZF202工作面从4月20日零点班开始，工作面周期来压，30～70架压力大，37～45架前梁有水，煤帮出水，随后几天，各班虽强调注意安全，加强排水，但仍继续组织生产，并未采取安全有效措施处理隐患。

2. 防治水管理不到位

（1）矿井防治水队伍管理不规范，配备5名探放水工分散在采掘区队；探

放水工作由地测科组织实施，采掘区队配合，在施工过程中对钻孔位置、角度、深度无人监督，措施落实不到位。

（2）探放水措施落实不到位，ZF202 工作面两巷道施工的探水钻孔间距、垂深不符合要求。探放水措施流于形式，钻孔施工不规范，2016 年以来 ZF202 工作面推进长度约 320 m，仅在运输巷、回风巷各施工了两个探水钻孔，倾角分别为 15°和 36°、斜长为 35 和 43 m；在工作面频繁出现淋水、压架等现象时，仍未采取有效的探放水措施。

（3）ZF202 工作面回采地质说明书未将上覆洛河组砂岩含水层作为主要灾害防范对象，未编制专门的探放水设计，只制定了顶板探放水安全技术措施，且未进行会审，钻孔设计不能探到洛河组砂岩含水层，也未达到回采地质说明书规定的垂深。探放水措施存在漏洞，探水点间距和钻孔倾角、终孔位置设计不合理，每隔 100 m 布置一个探水点，且钻孔倾角为 30°、斜长 40 m，既达不到疏放洛河组砂岩含水层水的目的，也未达到《ZF202 回采地质说明书》规定的垂深 60 m 的要求。

3. 安全教育培训和应急演练不到位

应急救援培训针对性不强，管理人员和职工对透水预兆认识不清，自保互保意识不强；未开展水害事故专项应急演练工作，管理人员和职工在透水发生时应急处置能力差，出现透水预兆后，不及时撤人，继续违章冒险作业。

4. 地方政府及煤矿安全监管部门监督管理有漏洞

（1）耀州区煤炭管理局对相关工作人员履职情况监管不力；对照金煤矿安全生产检查不到位，未发现探放水设备缺陷、ZF202 工作面防治水漏洞及水害异常情况；监督照金煤矿整改安全隐患、开展应急救援培训和演练工作不力；对照金煤矿复产复工验收工作组织不力、把关不严、检查不规范。

（2）耀州区政府对耀州区煤炭局在煤矿安全生产监管中存在的问题失察，履行安全监管责任督促不到位。

（3）铜川市煤炭工业局对下属事业单位煤炭安全执法大队履职情况监督不力；对耀州区煤炭局履职情况指导不力；对照金煤矿安全生产监管履职不到位、水害隐患整改落实情况监督不到位；对照金煤矿复产复工验收抽查把关不严、检查不全面。

（三）事故性质

经调查认定，本起事故为责任事故。

四、事故责任的认定以及对事故责任人员和责任单位的处理建议

（一）建议移交司法机关追究责任人员

（1）党某盈，男，照金煤矿综采队副队长，4月20日至事发时代行队长职责负责综采队安全生产工作。对煤层顶板水害认识不足，在工作面频繁出现压架、煤壁切顶、淋水、漏矸等现象的情况下，盲目组织生产，在这起事故中负直接责任。依据《中华人民共和国安全生产法》第九十三条规定，建议撤销其煤矿安全生产管理资格，移交司法机关依法处理。

（2）刘某，男，中共党员，照金煤矿生产副矿长，负责矿井生产管理工作。对煤层顶板水害认识不足，在工作面频繁出现压架、煤壁切顶、淋水、漏矸等现象的情况下，盲目组织生产，且作为事故当班的带班矿领导，安全意识差，未及时采取停产撤人措施，在这起事故中负直接责任。依据《中华人民共和国安全生产法》第九十三条规定，建议撤销其煤矿安全生产管理资格，移交司法机关依法处理。待司法机关做出处理后，相关部门按照有关规定依法给予党纪处理。

（3）刘某民，男，中共党员，照金煤矿总工程师，负责矿井技术管理工作，4月20日至事发时代行矿长职责。作为防治水技术管理工作负责人，矿井二采区水文地质条件不清，没有进行补充勘探工作；没有组织实测煤层顶板垮落带、导水裂缝带发育高度，准确掌握上覆洛河组砂岩含水层水的危害；对探放水安全技术措施把关不严，未组织会审，对探放水工作监督不力；对煤层顶板水害认识不足，在工作面出现压架、煤壁切顶、淋水、漏矸等现象时，措施不力。代矿长期间对工作面存在的事故隐患掌握不清、采取措施不力，在这起事故中负主要责任。依据《中华人民共和国安全生产法》第九十三条的规定，建议撤销其煤矿安全生产管理资格，移交司法机关依法处理。待司法机关做出处理后，相关部门按照有关规定依法给予党纪处理。

（4）冯某博，男，中共党员，照金煤矿矿长，负责矿井全面安全生产管理工作，是煤矿安全生产主要责任人。对水害危险认识不足、重视不够；矿井二采区水文地质条件不清，未组织进行水文地质补充勘探工作；ZF202工作面回采前，没有组织进行水文地质探查，未能发现顶板岩层古河床相地质异常区；未及时补充配备防治水专业技术人员，未建立专门的探放水队伍；对职工应急救援教育培训和应急演练不到位。在这起事故中负主要责任。依据《中华人民共和国安全生产法》第九十一条第二、第三款，第九十三条的规定，建议撤销其煤矿矿长职务，终身不得担任任何煤矿生产经营单位的主要负责人，移交司法机关依法处理。司法机关做出处理后，相关部门按照有关规定依法给予党纪处理。

（5）胡某玉，中共党员，照金矿业公司董事长、总经理、法人代表，负责照金矿业公司全面工作，是煤矿安全生产第一责任人。对水害危险认识不足、重视不够；矿井水文地质条件不清，未组织进行水文地质补充勘探工作；工作面回采前，没有组织进行水文地质探查。对事故的发生负主要领导责任。依据《中华人民共和国安全生产法》第九十一条第二、第三款，第九十三条的规定，建议撤销其总经理职务，终身不得担任何煤矿生产经营单位的主要负责人，移交司法机关依法处理。待司法机关做出处理后，相关部门按照有关规定依法给予党纪处理。

（二）给予党纪政纪处理人员

（1）孙某营，男，照金煤矿安全检查员，负责零点班工作面安全监督检查工作。对煤层顶板水害认识不足，在工作面出现压架、煤壁切顶、淋水、漏矸等异常时，安全意识差，责任心不强，未认真履行职责，对违章指挥、冒险作业监督制止不力，且提前离开工作面，在这起事故中负主要责任。依据《中华人民共和国安全生产法》第九十三条、《安全生产违法行为行政处罚办法》第四十五条第（三）项，建议撤销其煤矿安全检查员特种作业操作证，并处罚款 8000 元。

（2）钟某涛，男，照金煤矿综采队队长兼技术员，负责综采队安全生产和技术管理工作。作为综采队安全生产第一责任人和技术负责人，对煤层顶板水害认识不足，离矿休假时工作面出现压架、煤壁切顶、淋水、漏矸等现象，采取措施不力，对综采队职工安全教育培训不够，在这起事故中负主要责任。依据《中华人民共和国安全生产法》第九十三条、第九十四条第三项的规定，建议撤销其煤矿安全生产管理资格，并处罚款 18000 元。

（3）尹某辉，男，照金煤矿地测科长，负责矿井水文地质具体工作。缺乏水文地质专业知识，对煤层顶板水害的复杂性认识不清，未编制 ZF202 工作面探放水设计，编制的探放水安全技术措施存在漏洞，探放水工作执行不到位，且在工作面频繁出现淋水、漏矸、压架等现象时，仍未采取有效的探放水措施，在这起事故中负主要责任。依据《中华人民共和国安全生产法》第九十三条的规定，建议撤销其煤矿安全生产管理资格。

（4）王某亮，男，照金煤矿地测副总工程师，负责矿井水文地质工作，分管地测科。缺乏水文地质专业知识，对煤层顶板水害认识不到位。矿井二采区水文地质条件不清，没有组织实施补充勘探工作；未能准确掌握上覆洛河组砂岩含水层水的危害；在 ZF202 工作面回采前，没有组织进行水文地质探查；未督促编制回采工作面探放水设计，对探放水安全技术措施把关不严，对探放水工作监督不力。事故发生前外出休假，在这起事故中负主要责任。依据《中华人民共和国安全生产法》第九十三条的规定，建议撤销其煤矿安全生产管理资格。

（5）高某奇，男，照金煤矿生产科长，负责矿井生产技术管理工作。对煤层顶板水害认识不足，未能准确掌握上覆洛河组砂岩含水层水的危害；在工作面频繁出现压架、煤壁切顶、淋水、漏矸等现象时，未认真进行分析研究，责任心不强，措施不力，在这起事故中负重要责任。依据《中华人民共和国安全生产法》第九十三条的规定，建议暂停其煤矿安全生产管理资格。

(6) 蔡某，男，中共党员，照金煤矿安检科科长，负责管理矿井各项工程施工现场安全监督工作。对工作面顶板离层水害认知不足，防范不力，对事故的发生负有重要责任。依据《中华人民共和国安全生产法》第九十三条的规定，建议撤销煤矿安全生产管理资格。

(7) 党某盈，男，中共党员，照金煤矿安全副矿长，负责矿井安全管理工作。对工作面顶板离层水害认知不足、防范不力，对防治水现场管理监督不到位，对职工应急救援培训和应急演练不到位，对事故的发生负有重要责任。依据《中华人民共和国安全生产法》第九十二条第三项、第九十三条的规定，建议撤销其煤矿安全生产管理资格，并处罚款64686元（上一年年收入的60%，上年度个人收入为107810元）。

(8) 张某海，男，中共党员，山西普大煤业公司总经理，负责照金煤矿的指导管理工作。对照金煤矿监督检查不力，对事故的发生负有重要责任。依据《中华人民共和国安全生产法》第九十二条第三项的规定，建议处以罚款43200元（上一年年收入的60%，上年度个人收入为72000元）。

(9) 王某文，男，临时聘用人员，耀州区煤炭局照金煤矿驻矿监管员。任耀州区煤炭局照金煤矿驻矿监管员期间，未严格执行《中华人民共和国安全生产法》《煤矿防治水规定》等法律、规定，对照金煤矿安全生产检查不认真、不主动，监督安全隐患整改不到位；未发现ZF202工作面水害异常情况。对照金煤矿安全隐患检查不力、监督整改不到位负有直接责任。建议耀州区煤炭局与其解除聘用关系。

(10) 王某伟，男，临时聘用人员，耀州区煤炭局照金煤矿驻矿监管员。任耀州区煤炭局照金煤矿驻矿监管员期间，未严格执行《中华人民共和国安全生产法》《煤矿防治水规定》等法律、规定，未发现照金煤矿202工作面涌水异常、顶板淋水增大、压架等异常情况，履职不认真、不到位。对照金煤矿水害异常情况未及时发现负有直接责任。建议耀州区煤炭局与其解除聘用关系。

(11) 李某平，男，中共党员，临时聘用人员，耀州区煤炭局安监科工作人员。任耀州区煤炭局安监科工作人员期间，承担照金片区煤矿安全生产监督工作，未严格执行《中华人民共和国安全生产法》《陕西省煤矿安全管理规定》等法律、规定，未严格履行管辖煤矿的安全监管职责，对照金煤矿的安全隐患失察。对照金煤矿的安全生隐患整改不力负有直接责任。建议耀州区煤炭局与其解除聘用关系。

（12）宋某明，男，事业单位人员，耀州区煤炭局安监科科长。任铜川市耀州区煤炭局安监科科长期间，未严格执行《中华人民共和国安全生产法》《煤矿防治水规定》等法律、规定，在照金煤矿复产复工验收工作中，对煤矿探放水相关设备、作业情况检查不到位，执行省煤炭局《关于切实加强煤矿复产复工工作的通知》要求不力，对防治水措施落实情况检查不规范。对照金煤矿探放水措施监管不到位负有直接责任。依据《事业单位工作人员处分暂行规定》第十七条规定，建议给予其降低岗位等级处分。

（13）孙某，男，事业单位人员，耀州区煤炭局驻矿监管员办公室主任。任耀州区煤炭局驻矿监管员办公室主任期间，未严格执行《中华人民共和国安全生产法》《陕西省煤矿安全管理规定》等法律、规定，履行岗位职责不到位，对驻矿监管员管理不严、监督不力，对照金煤矿驻矿监管员长期履职不到位的问题未有效整改。对照金矿驻矿监管员履职不到位负有直接责任。依据《事业单位工作人员处分暂行规定》第十七条规定，建议给予其降低岗位等级处分。

（14）李某，男，事业单位人员，耀州区煤炭局应急救援中心主任（兼监控中心主任）。在任耀州区煤炭局应急救援中心主任（兼监控中心主任）期间，未严格执行《中华人民共和国安全生产法》《煤矿防治水规定》等法律、规定，监管照金煤矿应急救援预案实施不力，对照金煤矿复产复工验收检查不仔细。照金煤矿应急救援预案实施不到位负有直接责任。依据《事业单位工作人员处分暂行规定》第十七条规定，建议给予其降低岗位等级处分。

（15）殷某旺，男，中共党员，事业单位人员，耀州区煤炭局总工程师。任耀州区煤炭局总工程师期间，未严格执行《中华人民共和国安全生产法》《陕西省煤矿安全管理规定》《煤矿防治水规定》等法律、规定，指导照金煤矿落实专家会诊结果不到位，对照金煤矿复产复工验收的组织不力，执行有关工作程序不到位。对照金煤矿安全隐患整改落实不到位、复产复工验收不规范负有主要责任。依据《事业单位工作人员处分暂行规定》第十七条规定和《中国共产党纪律处分条例》第一百二十五条规定，建议给予其记过、党内警告处分。

（16）寇某彬，男，中共党员，参公事业单位人员，耀州区煤炭局副局长。任耀州区煤炭局副局长期间，分管驻矿监管员办公室，包抓照金片区煤矿安全监管工作，未严格执行《中华人民共和国安全生产法》《陕西省煤矿安全管理规定》《煤矿防治水规定》等法律、规定，对驻矿监管员办公室领导不力，管理不严；对照金煤矿安全隐患整改监督不到位；对照金矿进行复产复工验收组织不力、把关不严。对照金煤矿安全隐患检查不力、整改不到位负有主要责任。建议给予其行政记大过处分。

（17）许某光，男，中共党员，参公事业单位人员，耀州区煤炭局副局长。任耀州区煤炭局副局长期间，负责全区煤矿安全监管和煤矿安全应急救援管理工作，未严格执行《中华人民共和国安全生产法》《陕西省煤矿安全管理规定》《煤矿防治水规定》等法律、规定的规定，对照金煤矿包片组履职情况监督不力，对照金煤矿应急救援培训和演练工作督促落实不到位。对照金矿安全生产监管不到位负有主要责任。建议给予其行政记过处分。

（18）韩某仓，男，中共党员，公务员，耀州区政协副主席、煤炭局局长。任耀州区煤炭局局长期间，未严格按照《中华人民共和国安全生产法》《煤矿防治水规定》《陕西省煤矿安全管理规定》等法律、规定，对班子成员工作督促不到位，对班子成员履职协调不到位，对防治水措施执行不到位情况失察，对照金煤矿复产复工验收把关不严。对照金煤矿安全监管工作督促落实不到位负有重要责任。建议给予其行政记过处分。

（19）朱某民，男，无党派人士，公务员，铜川市耀州区人民政府副区长。任耀州区副区长期间，主管安全生产工作，未按照《中华人民共和国安全生产法》《煤矿防治水规定》《陕西省煤矿安全管理规定》等法律、法规的规定有效履行煤矿安全监管领导责任，对耀州区煤炭局在煤矿安全监管中存在的问题失察，对照金镇政府、耀州区安监局履行安全监管责任督促不到位。对照金煤矿安全生产监管不力等问题负有重要领导责任。建议给予其行政警告处分。

（20）张某军，男，中共党员，中共铜川市耀州区委副书记、耀州区政府区长。任耀州区委副书记、区长期间，落实《中华人民共和国安全生产法》《煤矿防治水规定》《陕西省煤矿安全管理规定》等法律、规定的力度不够，履行煤矿安全监管领导责任不到位，对耀州区煤炭局在煤矿安全监管中存在的问题失察。对照金煤矿安全生产监管不力负有重要领导责任。建议对其进行诫勉谈话。

（21）杨某强，男，中共党员，事业单位人员，铜川市煤炭局安全执法大队科员（借调至安监科工作）。借调铜川市煤炭局安监科工作期间，未严格执行《中华人民共和国安全生产法》《煤矿防治水规定》等法律、规定，对照金煤矿进行安全生产检查、复产复工验收抽查不到位；指导监督照金煤矿应急救援管理工作不力；监督照金煤矿整改202工作面水害隐患不到位。对照金煤矿应急救援管理、水害隐患整改不到负有直接责任。依据《事业单位工作人员处分暂行规定》第十七条规定，建议给予其降低岗位等级处分。

（22）常某，男，中共党员，事业单位人员，铜川市煤炭局安全执法大队稽查科副科长（实际主持工作）。在任铜川市煤炭局安全执法大队稽查科副科长期间，未严格执行《中华人民共和国安全生产法》《煤矿防治水规定》等法律、规定，对岗位职责认识不清，未按照岗位职责对照金煤矿存在的安全隐患进行查处整改，履职不力。对照金煤矿安全隐患未有效整改负有直接责任。依据《事业单位工作人员处分暂行规定》第十七条规定，建议给予其降低岗位等级处分。

（23）孙某，男，中共党员，事业单位人员，铜川市煤炭局安全执法大队副队长。任铜川市煤炭局安全执法大队副队长期间，未严格执行《中华人民共和国安全生产法》《煤矿防治水规定》《陕西省煤矿安全管理规定》等法律、法规，未认真履行岗位职责，日常监督检查不到位，对照金煤矿的探放水设备以及探放水工作情况检查不细致，对复产复工验收抽查把关不严，对隐患整改情况督查不力。对照金煤矿安全生产监管不到位负有主要责任。依据《事业单位工作人员处分暂行规定》第十七条规定和《中国共产党纪律处分条例》第一百二十五条规定，建议给予其记过、党内警告处分。

（24）李某发，男，中共党员，公务员，铜川市煤炭局安监科长。任铜川市煤炭局安监科科长期间，未严格执行《中华人民共和国安全生产法》《陕西省煤矿安全管理规定》和《煤矿防治水规定》等法律、规定，对照金煤矿安全生产检查不力、监督水害隐患整改落实不到位；对照金煤矿应急救援管理工作监督不力；对照金煤矿进行复产复工验收抽查把关不严。对照金煤矿安全隐患检查不力、监督整改不到位负有主要责任。建议给予其行政记过处分。

（25）李某，男，中共党员，事业单位人员，铜川市煤炭局安全执法大队队长。任铜川市煤炭局安全执法大队队长期间，未严格执行《中华人民共和国安全生产法》《煤矿防治水规定》《陕西省煤矿安全管理规定》等法律、规定，对煤矿安全生产监管工作领导不力，对照金煤矿的执法检查组织不力，对照金煤矿复产复工验收抽查安排部署不细致、把关不严。对照金煤矿安全生产监管不到位负有重要责任。依据《事业单位工作人员处分暂行规定》第十七条规定，建议给予其警告处分。

（26）付某省，男，中共党员，汉族，铜川市煤炭工业局党组书记、局长。任铜川市煤炭工业局局长期间，未严格按照《中华人民共和国安全生产法》《煤矿防治水规定》《陕西省煤矿安全管理规定（试行）》等国家安全生产法律、法规的规定对照金煤矿实施监管，对铜川市煤炭局安全监管科、安全执法大队工作督促不到位，对照金煤矿隐患排查不全面、整改不到位，复工抽查把关不严等问题失察。对照金煤矿安全监管工作督促落实不到位负有重要领导责任，建议给予其行政警告处分。

（三）事故责任单位行政处罚建议

照金煤矿发生重大水害责任事故，依据《中华人民共和国安全生产法》第一百零九条和《生产安全事故罚款处罚规定（试行）》第十六条第一项规定，建议由陕西煤矿安全监察局铜川监察分局给予其行政罚款150万元。

（四）其他

（1）建议对耀州区委书记进行约谈，并做出深刻书面检查。

（2）建议责成铜川市人民政府向陕西省人民政府做出深刻检查。

（3）建议责成陕西煤监局铜川分局向陕西煤监局做出深刻检查。

（4）建议责成耀州区委、耀州区政府、铜川市煤炭局向铜川市人民政府做出书面检查。

五、事故防范措施

（1）认真吸取事故教训，提高认识，强化安全生产主体责任。煤矿企业要认真贯彻落实国家关于安全生产的一系列方针、政策，牢固树立科学发展、安全发展的理念，坚持“安全第一、预防为主、综合治理”的方针；深刻吸取本次水害事故的教训，严格遵守国家有关法律法规，严格执行《煤矿安全规程》《煤矿防治水规定》等行业管理规定，认真落实各项安全生产责任制，切实落实主体责任，进一步加大隐患排查治理力度，做到安全生产。

（2）加强矿井水文地质及灾害防治工作。照金煤矿按照《煤矿防治水规定》要求，开展水文地质补充勘探工作，查清煤系地层充水性，查明矿井或采区水文地质情况，调查、收集、核实古河床相特殊构造带及废弃老窑的相关情况；加强与科研院所合作，开展煤层顶板离层水体相关机理研究，掌握工作面顶板压力显现规律和煤层顶板砂岩水形成机理及防治技术，为科学严密防范水害事故提供决策依据；实测上覆岩层“两带”发育高度等技术参数，重新确定矿井水文地质类型；坚持“预测预报、有疑必探、先探后掘、先治后采”的原则，建立健全防治水安全责任体系，配备专业技术人员、专用探放水设备、组建专门的探放水作业队伍。采取综合技术手段探明顶部离层空腔水体的赋存及其他灾害情况，在真实全面掌握矿井灾害的情况下，提出科学合理的综合治理方案，并实施到位，确保安全生产。

（3）加强职工安全教育培训，提高水害应急处置能力。强化煤矿防治水安全培训和警示教育，提高职工辨识透水事故征兆水平，增强防范水害事故的能力。在采、掘过程中，发现顶板矿压异常，架间淋水，涌水量增大，水质、水温异常，水色发浑，片帮，漏顶及其他异常现象时，必须立即停止作业，查明原因，采取有效措施处理，严禁冒险作业。

（4）强化煤矿生产安全管理、加大监管力度和深度。各产煤市（县）政府要高度重视煤矿安全生产工作，按照《中华人民共和国安全生产法》的规定，理顺属地监管职责，夯实基层监管责任。各级职能部门要进一步增强责任感和使命感，认真履行职责，真正做实做细煤矿企业安全生产管理监督工作，高度重视并认真研究分析日常生产过程中出现的新情况、新问题，加大监督检查力度，落实驻矿监管员责任，把隐患消除在萌芽状态，为煤矿安全生产创造条件、提供保障。对隐患排查措施不落实、不执行探放水制度，不具备安全生产条件的煤矿，一律责令其停产整顿，严禁组织生产。

第二节　山西省古交市西山煤电股份有限公司西曲矿“5·5”涉险水害事故

2016 年 5 月 5 日，西山煤电西曲矿南四盘区 18404 综采工作面发生一起透水事故，未造成人员伤亡。初步分析，该矿 18404 工作面顶板初次垮落，造成工作面开切眼外侧陷落柱充填物结构破坏，引起陷落柱活化，形成导水通道，导致上覆 2 + 3 号煤层小窑采空积水涌入 18404 工作面。

一、工作面概况

18404 工作面是南四采区 8 号煤首采工作面，工作面走向长 1290 m，倾斜长 220 m，8 号煤厚 2.6 ~ 4.2 m，初采段煤厚 3.0 m，采高 3.2 m。工作面上部为 2 号煤 12406 采空区和华山矿、永树曲矿，小窑开采 2 + 3 号煤和 4 号煤，开采方式为以掘代采，两个小窑于 2005 年关闭。工作面与 4 号煤层间距 53 ~ 60 m，与 2 + 3 号煤层间距 60 ~ 70 m。开切眼处顶板由石灰岩相变为 20 多米的厚层砂岩。

该工作面于 2015 年 5 月形成，2015 年 1 月在轨道巷对 12406 采空积水进行了探放，施工钻孔 2 个，共疏放水量 1.6×10^4 m^3，经疏通钻孔验证，确认上覆 12406 采空积水放完；在开切眼对上覆华山矿和永树曲矿小窑破坏区进行探测，施工钻孔 3 个，钻孔均穿过 4 号煤，探测到见 2 + 3 号煤，未探到小窑老空；2016 年 3 月 28 日对本煤层进行了坑透工作，未对上部采空积水情况进行电法探测。

工作面 2016 年 2 月开始安装，4 月 22 日开始初采。工作面共安装 3 台 5.5 kW 潜水泵，两巷中部低洼水窝处各配备 1 台 37 kW 离心泵和 1 趟 3 寸排水管，工作面实行二级排水。18404 工作面于 5 月 5 日早班累计推进 43 m（包括开切眼宽度），基本顶初次垮落，下午19时机头处采空区开始出现涌水，21时左右涌水量增大，因排水能力不足5月6日凌晨工作面被淹，经水质化验，确认为老空水。预计总积水量约$3\times10^5\ m^3$。

二、事故经过

5月5日早班工作面累计推进43 m。

5月5日下午6点工作面出现涌水，初始涌水量约$30\ m^3/h$;21时左右涌水量逐渐增大至$80\ m^3/h$，矿井立即启动应急预案，撤出工作面人员，未出现人员伤亡。

5月6日凌晨1时工作面开切眼淹没。

5月7日早8点，18404工作面充满水。

5月6日早晨接到报告后，集团相关领导带领调度室、通风部、地质部、机电部等立即赶到现场，进行指导。

三、事故原因分析

（1）直接原因：工作面推进43 m后，基本顶初次垮落，顶板冒落带和导水裂隙带发育至4号煤层和2+3号煤层，导通上部华山矿和永树曲矿的老空积水区而透水。

（2）小窑管理方面：小窑资料上图不全，采掘情况只填绘了4个井筒，出水后，在地测科资料室找到华山矿和永树曲矿的采掘图纸，约12000 m井巷工程未上图，其中充水巷道4900多米，华山矿与永树曲矿相互贯通，部分巷道与大矿2+3号煤和4号煤采空区贯通。《煤矿防治水规定》要求小窑采掘资料要系统全面填图，小窑资料管理不到位。

（3）物探工作管理方面：未对工作面上部华山矿可能的采空范围进行电法勘探，确定积水异常区。对回采工作面的物探工作要求落实不到位。

（4）防治水安全评价方面：因小窑采掘巷道和积水范围资料不清楚，致使探放水设计针对性不强，施工3个钻孔未见空见水，工作面防治水安全评价时认为不受小窑老空水影响，存在麻痹大意和侥幸的思想。防治水安全评价落实不到位。

（5）其他原因；工作面开切眼顶板岩性变为20多米的厚层砂岩，没有考虑到顶板冒落带和导水裂隙带比正常情况下变大的因素；矿井生产衔接紧张，实际的防治水工作时间偏紧。

四、防范措施

（1）改变认识。各级领导均把资源整合煤矿作为重点防范对象，忽视了对大矿的管理，放松警惕。集团公司曾经下发硬性规定，如下组煤回采前，必须彻底疏放干净上部及四邻采空区积水；掘进工作面掘进前也必须对两侧采空区积水进行分阶段疏放，严防水压大，控制不住。根据资源地质部统计，生产及在建矿井回采和衔接的工作面有 96 个，掘进头 296 个，67 个回采面进行了疏放水，还有 29 个回采面正在疏放。另外随着整合煤矿验收进展，还有一些回采工作面存在疏放水问题，应引起各级领导重视。

（2）严防死守，层层把关。从工作面设计开始，地质水文资料不清楚的地点，不允许进行工作面设计；工作面形成后的各类验收，必须严格把关，隐患未消除、存在疑问的工作面不允许安装回采；各类检查要认真负责，隐患排查到位。

（3）加强责任心。小煤窑巡视要仔细，想尽各种办法收集过去小煤窑开采的图纸、资料，并填绘在矿井采掘工程图和充水性图上，防止遗漏。地质科人员调动频繁时，资料移交要到位。

防治水安全评价要认真分析资料，决不能走过场。把工作面所有的隐蔽致灾地质因素全面分析考虑，子公司要对各个矿井的回采工作面防治水安全评价进行审核把关。

（4）隐患治理要彻底。由于钻孔探测存在不确定性，探放水设计要考虑周全，想到各种可能性，多设计钻孔，利用钻孔数量补充技术缺陷。疏放完成积水后要进行验证，确保效果。地面巡查重点核查小窑井口封堵、位于沟底的小窑采空塌陷、沟谷行洪三方面。对井下防排水系统进行全面排查，重点是井下防水密闭、防水闸门、各级排水系统，对强排水系统进行一次试运行，保证全部设备可靠。加快进行水仓水沟清淤工作。

（5）规划合理。生产衔接必须保证探放水时间，工作面掘进、回采前给物探、钻探留有余地。

（6）资金保障。经济形势不好，要确保防治水资金到位，有些矿井的钻机出现故障，要及时修理补充；出现隐患的小煤窑井口的封闭，河道的治理要在汛期来临前完工。

（7）重视基础，熟悉条件。在全焦煤开展基础工作整顿，给生产提供的各类地质水文资料，要确保可靠性。各级领导熟悉本矿基本情况，对危险源了如指掌。

（8）加强新技术推广。对霍州煤电开展的“同时采取多种物探手段探测对比”，团柏煤矿开展的保水开采，汾西矿业开展的“钻孔轨迹和孔内探测”，要加强测试，成熟后推广。

（9）完善水害应急救援预案。各矿井于6月底前完成水害应急救援演练，检查水害应急救援物资是否齐备，主要是高效潜水泵、轻便的排水管理要备齐备足。

第三节　山西省晋城市沁和能源集团中村煤业有限公司“7·2”较大水害事故

2016年7月2日20时左右，山西沁和能源集团中村煤业有限公司（以下简称“中村煤业”）2405回风巷掘进工作面发生一起透水事故，造成12人被困，经抢险救援，8人获救，4人死亡，事故直接经济损失1502.2万元。

抢险救援工作结束后，依据《中华人民共和国安全生产法》《煤矿安全监察条例》《生产安全事故报告和调查处理条例》等有关法律法规规定，7月17日，由山西煤矿安全监察局晋城监察分局（以下简称“晋城煤监分局”）牵头，组织晋城市监察局、公安局、总工会、安监局、煤炭煤层气工业局、沁水县人民政府等相关单位，并依法邀请晋城市人民检察院派员参加，组成事故联合调查组，对这起事故展开调查。

事故调查组按照科学严谨、依法依规、实事求是、注重实效的原则，通过现场勘察、调查取证、技术认定、应急评估及综合分析，查清了事故发生的经过和原因、事故应急处置情况，认定了事故性质和责任，提出了对事故责任人和责任单位的处理建议，制定了防范和整改措施。

一、事故单位概况

（一）沁和能源集团有限公司

沁和能源集团有限公司（以下简称“沁和集团”）成立于2001年12月28日，注册资本6.8亿元，股东及股权结构：香港秀领有限公司占80%，沁水县国有资产经营公司占18.75%，晋城中嘉煤炭实业有限公司占1.25%。员工总数八千人，集团有永红、永安、侯村、端氏、中村、曲堤、南凹寺7座生产矿井，1座基建矿井九鑫煤矿（缓建）。配套建有永红、侯村、沁晟、端氏4座洗煤厂。此外，还建有沁泽焦化厂及和瑞新能源瓦斯发电厂、东沁焦炉余热发电厂。

根据安全生产管理需要，沁和集团成立了安全生产管理机构，董事长为安全生产第一责任人，总经理对安全生产全面负责，各副总对分管的安全生产工作负责。集团下设安监部、生产部、通风部、技术部、机电供应部、安全指挥中心、调度指挥中心、信息中心、培训中心等 9 部室（中心）。

（二）中村煤业

1. 矿井概况

中村煤业位于山西省晋城市沁水县中村镇中村村，为沁和集团下属煤炭企业，在册职工 1033 人。中村煤业前身为中村煤矿，始建于 1970 年。2009 年，山西省煤矿企业兼并重组整合工作领导组办公室以晋煤重组办发〔2009〕38 号文件批准为单独保留矿井，批准生产能力为 0.9 Mt/a。2012 年 5 月 29 日，0.9 Mt/a 改扩建工程竣工投产。中村煤业井田面积 5.3497 km^2，批准开采煤层为 2～15 号，地质储量约 45 Mt，可采储量约 35 Mt，开采 2 号煤层，为低瓦斯矿井，煤层自燃倾向等级为Ⅲ级，属不易自燃煤层，煤尘无爆炸性。

2. 持证情况

中村煤业为证照齐全合法有效的生产矿井，其中采矿许可证由山西省国土资源厅颁发，证号 C1400002009061220021639，有效期自 2012 年 6 月 11 日至 2023 年 6 月 11 日；安全生产许可证由山西煤矿安全监察局颁发，证号（晋）MK 安许证字〔2016〕GW022Y2B1，有效期自 2015 年 9 月 21 日至 2018 年 9 月 20 日，核定生产能力为 0.76 Mt/a；工商营业执照由山西省工商行政管理局颁发，注册号 140000115936157，有效期自 2012 年 5 月 18 日至 2042 年 5 月 17 日。

3. 安全管理机构设置情况

中村煤业领导层配备有矿长（兼支部书记）、总工程师、安全副矿长、生产副矿长、机电副矿长、通风助理、防治水助理等 7 名 A 类安全管理人员；管理层设有调度室、机电科、安全科、通风科、技术科、地测科、质标办、职卫科、培训中心等 9 个职能部室；生产系统设有 1 个综采队、1 个综掘队、2 个机电队、1 个运输队、1 个通风队、1 个探水队。

中村煤业有 B 类安全生产管理人员 64 人，特殊工种 185 人，均取得了资格证书。

4. 各系统基本情况

（1）开拓开采系统。中村煤业采用混合开拓方式，井田内有主斜井、副斜井、行人斜井和回风立井 4 个井筒。主斜井安装有大倾角带式输送机，担负矿井的原煤提升任务，兼作矿井的进风井及安全出口；副斜井安装有轨道，担负矿井的辅助提升任务，兼作矿井的安全出口及进风井；行人斜井为专门的人员行走安全出口及进风井；回风立井井筒内安装有梯子间，为矿井的回风井和安全出口。

该矿井下布置有1个综采工作面和4个综掘工作面，即2403综采工作面、2404回风巷掘进工作面、2405带式输送机巷掘进工作面、2405回风巷掘进工作面和2406带式输送机巷掘进工作面。综采面、掘进面均实行机械化作业。

（2）通风系统。中村煤业通风方式为中央分列式，由主斜井、副斜井、行人斜井进风，回风立井回风。通风方法为机械抽出式，回风立井装备有FBCDZ－8－No22/2×185 kW型防爆对旋式通风机2台，1台运行，1台备用。

（3）提升运输系统。中村煤业主斜井安装1部DTL80/20/200型大倾角带式输送机，担负原煤提升任务；副斜井安装1台JTP－1.2型矿用提升机，采用单钩串车提升材料、设备。运输大巷安装1部DTL100/90/2×160S型带式输送机运输原煤，轨道大巷内安装1套RJHY55－18/1600型架空乘人装置运送人员，安装1部JWB－75BJ型无极绳绞车牵引1.0 t矿车运输材料。

（4）排水系统。中村煤业中央水泵房安装3台100MD－45×8型多级清水离心泵担负主排水任务，其中1台工作，1台备用，1台检修；敷设两趟ϕ108×4 mm排水管，主水泵流量85 m^3/h，功率132 kW，扬程360 m。四采区水仓安装2台MD85－45×3型矿用多级清水离心泵，敷设两趟ϕ108×4 mm排水管担负采区排水任务，水泵流量85 m^3/h，扬程135 m，功率55 kW。采掘各地点的涌水流入小水坑后用BQG－350/0.2气动隔膜泵排至四采区水仓，由四采区水仓集中排至主水仓再由中央水泵房水泵排到地面污水处理站。

（5）压风系统。地面空压机房安装两台EAS100E/10型螺杆式空压机、一台EAS175U/10型螺杆式空压机。压风管路经主斜井下井，敷设至回采工作面进、回风巷，掘进工作面及其他各用风地点。

（6）消防防尘系统。矿井主、副井工业场地各设置一个300 m^3消防水池。供井下消防、洒水降尘使用，井下采取了喷雾洒水、定期冲洗、粉尘监测、个体防护等综合防尘措施。井上、下设有消防材料库，储备有消防器材。

（7）供电系统。矿井采用双回路供电，一回路来自于10 kV沃泉变电站883秋家线，另一回路来自于10 kV海绵开闭所537沁晟线。入井由地面10 kV配电室采用两趟MYJV22－8.7/10－3×185高压矿用电缆线路沿主斜井敷设至井下中央变电所形成井下供电双回路。

（8）六大系统。中村煤业按规定建设有监测监控系统、人员定位系统、紧急避险系统、压风自救系统、供水施救系统和通信联络系统等井下安全避险"六大系统"。

（三）矿井水文地质与透水巷道情况

1. 井田四邻关系

中村煤业井田周边除山西煤炭运销集团沁水鑫基煤业有限公司外不存在其他煤矿开采。山西煤炭运销集团沁水鑫基煤业有限公司为基建矿井，2009 年由山西沁水丰源煤业有限公司、山西沁水盈盛煤业有限公司、沁水县保昌煤业有限责任公司金合城煤矿和山西沁水恒利煤业有限公司四矿整合而成，设计开采 2 号煤层，与中村煤业北部、东部、东南部三面交界。中村煤业四采区（即现生产区域，包括 2405 回风巷掘进工作面）东南部井田边界附近存在已经关闭的原山西沁水盈盛煤业有限公司（2006 年关闭的西庄煤矿整合在该煤业公司）采空区，在井田南部存在已经关闭的原中村镇南河煤矿（关闭时间为 2002 年）采空区，地质资料及开采情况不详，中村煤业井田西部为空白区。

2. 地质构造

该矿井田总体构造为一缓倾斜的单斜构造，地层走向北西，倾向北东，倾角 2°～8°，一般 5°左右。井田内发现有 7 条正断层，未见岩浆岩侵入，井田构造总体为简单类型。

3. 煤层赋存

该矿井田内含煤地层为石炭系上统太原组和二叠系下统山西组：山西组厚平均 36.54 m，共含煤 3 层，其中 2 号煤层为稳定可采煤层，煤层平均厚度 3.34 m，其他煤层不可采；太原组厚度平均 63.28 m，共含煤 6 层，其中 15 号煤层为稳定可采煤层，煤层平均厚度 2.91 m，其他煤层不可采。

4. 水文地质

该矿井田含水层主要为奥陶系灰岩、石炭系上统太原组灰岩岩溶裂隙含水层和二叠系砂岩裂隙含水层，均属层间承压水，一般沿隔水层界面由高处向低处径流运移。在无构造沟通情况下，一般不发生垂向水力联系。但当煤层采空后形成的顶板导水裂隙则可沟通煤层上部部分含水层之间的水力联系。依据 2014 年 3 月山西省煤炭地质水文勘查研究院所做的《中村煤业矿井水文地质类型划分报告》，该矿 2 号煤层矿井水文地质类型为中等。

5. 老空区积水

依据《中村煤业矿井水文地质类型划分报告》，在井田内西北部一采区有两处采空区积水，编号分别为 JS1、JS2，积水面积分别为 $0.35\times10^4\ m^2$、$0.67\times10^4\ m^2$，积水量分别为 $0.16\times10^4\ m^3$、$0.36\times10^4\ m^3$；在井田中部有一处古空区积水，编号分别为 JS3，积水面积为 $43.89\times10^4\ m^2$，积水量为 $13.07\times10^4\ m^3$；在井田外东南部有 2 块采空区积水，积水编号分别为 WJS3、WJS4，积水面积分别为 $0.29\times10^4\ m^2$、$1.81\times10^4\ m^2$，积水量分别为 $0.14\times10^4\ m^3$、$0.91\times10^4\ m^3$。中村煤业井田四采区（即现生产区域，包括 2405 回风巷掘进工作面）东南部井田边界附近存在原山西沁水盈盛煤业有限公司老空（2006 年关闭的西庄煤矿整合在该煤业公司），在井田南部存在已经关闭的原中村镇南河煤矿（关闭时间为 2002 年）采空区，老空积水范围和水量资料不清。

6. 透水巷道情况

事故发生地点位于 2405 回风巷掘进工作面迎头，距离四采区回风上山风桥 360 m。该巷道开口时间为 2016 年 3 月 18 日，由综掘队施工。工作面开口位于四采区轨道上山 880 m 处，巷道采用 EBZ75 型掘进机沿煤层顶板向前掘进，设计掘进长度 1252 m。巷道采用锚网索支护，矩形断面，宽 4.2 m，高 2.7 m，断面 11.34 m^2。巷道东至矿井边界，南面为规划 2406 回采工作面，2405 回风巷与 2406 带式输送机巷实行双巷交替掘进，巷道间距 24 m。

二、事故发生前企业安全管理及政府监管情况

（一）事故单位、主体企业安全管理情况

1. 中村煤业

（1）矿领导带班下井情况。经调查，中村煤业矿领导未严格执行《煤矿领导带班下井及安全监督检查规定》(国家安全监管总局令第 33 号)，矿领导日常带班下井时存在提前升井、不在井下现场交接班现象。

（2）水文地质预测预报情况。经调查，中村煤业每月做 1 次水文地质预测预报，2016 年共做了 7 次预测预报，其中对 2405 回风巷预报了 4 次，结论均为该工作面不涉及老空水，水文类型为简单，评价为无突水危险。最后一次预测结论未能准确预测到事故地点存在的老空积水。

（3）地面物探情况。中冶三院地球物理勘查院于 2015 年 10 月 15 日至 12 月 10 日对中村煤业四采区进行了地面物探工作，之后返回单位进行数据处理、解释等工作。2016 年 1 月完成报告初稿的编制工作，形成初步沟通成果，并绘制了 2 号煤层物探异常分布平面图，相对低阻异常区大体以 64 Ω · m 进行划分。初步成果形成后，该院和中村煤业进行了初步沟通，得知中村煤业 2403 回风巷及 2404 带式输送机巷已掘进至开切眼位置，揭露拟视电阻率 80 ~ 86 Ω · m 为相对安全区，于是，该院项目组将划定的相对低阻异常区范围进行了调整，解释异常区范围缩小，并绘制了 2 号煤层推断解释成果平面图。后将修改后的报告沟通稿送达矿方，供矿方预审并提出意见。

中冶三院地球物理勘查院所做的物探报告未加盖勘探单位公章，经调查：一是该报告矿方未按照合同约定组织专家进行评审；二是矿方未按合同约定付款。

（4）井下物探情况。根据《沁和能源中村煤业有限公司 2405 回风巷工作面

探放水设计》，中村煤业采用福州华虹智能科技开发有限责任公司生产的YCS40(A)型矿井瞬变电磁仪进行井下物探工作。每次探测距离150 m，允许掘进100 m。

经调查，矿方提供的2405回风巷TEM探测物探成果报告共4份，记录物探时间分别为2016年1月22日、4月8日、4月25日和6月21日（真实物探日期为6月14日）。调查组人员通过调查中村煤业物探基础数据及2404带式输送机巷、2404回风巷、2405带式输送机巷、2406带式输送机巷等其他工作面物探报告发现，1月22日、4月8日、6月14日的三次物探由于现场条件限制，数据没有采集全，存在部分资料造假现象，4月25日物探人员没有入井，物探报告造假。

（5）井下钻探情况。根据《沁和能源中村煤业有限公司2405回风巷工作面探放水设计》，井下钻探采用长探与补探相结合的全方位探水方式，探水钻机型号为ZLJ－400型。长探钻孔共布置5个，其中中孔3个，两帮钻孔各1个，长探距离为200 m，留设60 m的安全距离；在长探基础上，补探钻孔设置5个，其中巷道中心钻孔3个，两帮钻孔各1个，补探距离为60 m，留设安全距离30 m。

经调查，2405回风巷掘进工作面未进行过长探，只进行了3次补探。第一次补探时间为3月24日至3月26日，地点位于2405回风巷22 m处（1号横川里帮向前两排钢带处，起点为回风上山风桥处）；第二次补探时间为6月6日早班和下午班，地点位于2405回风巷219 m处（2号横川里帮向前两排钢带处）；第二次补探时间为6月19日零点班和八点班，地点位于2405回风巷293 m处（2号横川里帮向前75排钢带处）。3次探放水均未按设计要求施工钻孔，基本都是施工1个中孔，探水距离60 m左右。

（6）防治水专项自查情况。经调查，中村煤业6月未认真按沁水县煤炭煤层气工业局《关于开展全县煤矿防治水工作专项检查的通知》（沁煤发〔2016〕172号）文件要求开展防治水专项自查工作，检查流于形式，未排除该矿防治水方面存在的隐患。

2. 沁和集团

经调查，2016年1—6月，沁和集团共对中村煤业检查22次，共查出问题91条，经煤矿整改完成后，沁和集团进行了复查，问题全部整改。

沁和集团6月按照沁水县煤炭煤层气工业局《关于开展全县煤矿防治水工作专项检查的通知》（沁煤发〔2016〕172号）文件要求对所属煤矿开展了防治水专项检查工作，但检查流于形式，未能发现中村煤业未按要求进行探放水的问题。

沁和集团对所属煤矿派有驻矿安监员，履行安全检查、督促所驻煤矿进行隐患排查、按有关规定做好安全工作、向集团公司报告安全生产情况等职责。沁和集团派驻中村煤业驻矿安监员为吴某军，其驻矿期间对中村煤业的安全检查不认真、不仔细、不全面，未发现中村煤业未按要求进行探放水和矿领导日常下井带班提前升井等问题。

（二）地方人民政府及安全监管部门履职情况

1. 沁水县煤炭煤层气工业局

沁水县煤炭煤层气工业局依法履行对辖区内煤矿企业的安全监管职责，同时对辖区内煤矿企业派驻安监员进行驻矿安全监管。按照晋城市人民政府《关于认真落实煤矿安全监管责任建立健全煤矿安全包保责任工作体系的通知》（晋市政办〔2009〕136号）文件，沁水县成立有五人包保责任小组具体履行政府安全监管检查职责，日常管理和考核工作由县煤炭煤层气工业局煤矿安全监察站负责。

经调查，2016年1—6月，该局对中村煤业包矿联合检查6次，查出隐患38条，安全监察站检查5次，查出隐患8条，五人包保小组检查26次，查出隐患141条。查出问题均全部督促整改落实。

该局执行晋城市煤炭煤层气工业局《关于开展全市地方煤矿防治水工作专项检查的通知》（晋市煤局字〔2016〕114号）不到位；安全生产监管制度不完善、落实不到位；对中村煤业检查不严、不细、不全面，对煤矿企业落实安全生产主体责任监督不到位，对煤矿企业长期未按规定要求进行探放水和未按规定进行带班下井的问题失察。

2. 沁水县人民政府

贯彻落实省、市有关安全生产的方针、政策及规定不到位；对沁水县煤炭煤层气工业局履行监管职责的情况督促检查不力，对沁和集团安全工作指导不力。

三、事故发生经过

2016年7月2日14时30分，综掘队队长石某社组织当天16点班工人在综掘队队部召开班前会，在明知2405回风巷没有探水且无掘进安全距离的情况下，安排工人进行掘进作业。会后综掘队当班27名工人分三个班组陆续到达井下2405回风巷、2405带式输送机巷、2404回风巷3个掘进工作面，其中2405回风巷当班作业人员共9人。到达工作面后，班组长乔某军安排丁某晶到2405回风巷带式输送机机头处查看，裴某峰和杨某龙在2号联络巷附近搬运锚杆、锚索等材料，王某锋在刮板输送机机头处清煤，裴某峰到中部槽旁清煤，裴某军在工作面清煤，掘进机主司机李某、副司机吉某飞在工作面操作掘进机割煤。掘进前，带班矿领导机电矿长常某、跟班干部职业卫生科副科长樊某军、综掘队带班副队长王某军、2405 回风巷安全员张某阳、瓦斯员李某、班组长乔某军共同对 2405 回风巷工作面进行了检查。检查结束，乔某军组织工人开始掘进作业。18 时左右，工作面停电。19 时 10 分左右工作面恢复送电后，乔某军安排已搬运完材料的裴某峰和杨某龙在中部槽旁清煤，再次开始掘进作业。20 时左右，掘进工作面忽然传出一声巨响，并有人喊“透水了”。安全员张某阳就喊叫巷道内工人赶紧撤出，丁某晶、裴某峰、杨某龙、李某等从掘进工作面跑至 2405 回风巷带式输送机机头处。在带式输送机机头处安全员张某阳电话向矿调度指挥中心进行了事故报告，并电话通知了井下其他工作面工人撤离。

工人撤出工作面后，当班带班矿领导机电矿长常某在开拓大巷坡顶组织清点人数，经清点后确认有 12 人被困四采区内（运输队 6 人：班组长张某义，工人姚某贵、王某杰、王某忠、张某伟、王某雷；通风队 2 人，分别是副队长李某、瓦斯员徐某明；综掘队 2405 回风巷 4 人，分别是乔某军、李某、吉某飞、裴某军）。

四、事故上报、抢险救援及应急处置评估情况

（一）事故上报过程

事故发生后，安全员张某阳迅速从掘进工作面跑至 2405 回风巷带式输送机机头处用电话向矿调度指挥中心值班员焦某刚进行了事故报告。20 时 20 分左右，矿长田某兵接到矿调度中心值班员事故报告，23 时 19 分，田某兵向沁水县煤炭煤层气工业局进行了事故汇报，23 时 50 分，田某兵向晋城煤监分局进行了事故汇报。

中村煤业未严格按照国务院 493 号令《生产安全事故报告和调查处理条例》第二章事故报告中的有关规定及时上报事故情况，此次事故属迟报事故。

（二）事故抢险救援

接到事故报告后，晋城市人民政府立即成立了中村煤业“7·2”水害事故抢险救援指挥部，指挥部下设综合协调、现场抢险、技术专家、医疗救护、新闻宣传、治安警戒和善后处置等 7 个工作组，明确了各组的分工和任务。从晋煤集团、潞安集团等企业抽调人员、设备，立即进行事故抢险救援工作。

7 月 8 日凌晨，抢险救援指挥部通过科学施救，于 3 时 56 分成功将第 1 名被困矿工救出井，至 4 时 25 分共 8 名被困人员成功获救出井，仍有 4 人下落不明。

7 月 14 日凌晨 3 时 27 分，抢险救援指挥部组织救援队伍沿 2405 回风巷进行

搜救，在2405回风巷距2号横川外约32 m处搜寻到1名遇难人员，经确认为掘进机司机吉某飞。7月14日15时20分，抢险救援指挥部组织救援队伍沿2405回风巷进行搜救，距巷口260 m左右（2号横川口往里50 m左右）搜寻到第2名遇难人员，经确认为支护工裴李军。7月15日10时30分、13时30分，抢险救援指挥部组织救援队伍沿2405回风巷进行搜救，距巷口270 m、280 m左右（2号横川口往里60 m、70 m左右）搜寻到最后2名遇难人员，经确认为班组长乔某军、掘进机司机李某。至此，最后四名被困矿工全部救出，抢险救援结束。

（三）应急处置评估

1. 中村煤业应急处置

（1）信息报送。7月2日23时19分，中村煤业矿长田某兵向沁水县煤炭煤层气工业局进行了事故汇报。23时40分，中村煤业以晋城市生产安全事故信息快报表形式向沁水县煤炭煤层气工业局汇报了事故。23时45分，中村煤业向晋城市矿山救护大队进行了事故报告。23时49分中村煤业以晋城市生产安全事故信息快报表形式向集团公司进行了汇报。23时50分，田某兵向晋城煤监分局进行了事故简要汇报。

7月8日6时3分左右，8名被困人员成功获救出井后，中村煤业以生产安全事故调度续报卡形式分别向沁水县煤炭煤层气工业局、晋城煤监分局进行了事故续报。

7月14日17时33分左右，找到两名遇难矿工后，中村煤业以生产安全事故调度续报卡形式分别向沁水县煤炭煤层气工业局、晋城煤监分局进行了事故续报。

7月15日13时30分，4名遇难矿工全部找到，抢险救援结束。16时33分左右，中村煤业以生产安全事故调度续报卡形式分别向沁水县煤炭煤层气工业局、晋城煤监分局进行了事故续报。

（2）现场处置情况。事故发生后，中村煤业立即成立应急救援指挥部，同时启动应急一级响应，通知井下所有作业人员迅速撤离，有关人员立即到矿调度中心待命。

先期处置主要措施为将巷道供水管路改为压风管路向被困人员供风，同时安装使用两台90 kW水泵进行排水作业。

事故发生后，中村煤业积极配合事故抢险和救援工作。参与应急救援工作分三班进行，共入井2396人次。配合晋煤集团救护队和晋城市矿山救护队开展应急救援。

2. 沁和集团应急处置基本情况

（1）应急响应情况。事故发生后，沁和集团于 7 月 2 日 23 时 49 分接到事故报告。接报后，23 时 53 分左右分别报告集团内部值班副总李某锁、值班经理郝某峰、生产副总裴某峰、生产经理王某恩；零时 29—51 分，沁和集团向上级部门沁水县煤炭煤层气工业局、沁水县委办公室、沁水县人民政府办公室、晋城市安监局、晋城市煤炭煤层气工业局、晋城煤监分局上报事故信息。

事故发生后沁和集团协调集团各煤矿企业积极联动配合参与抢险救援工作，其中，沁和集团协调联动永红煤矿 949 人次、永安煤矿 930 人次、侯村煤矿 1630 人次、端氏煤矿 2114 人次、南凹寺煤矿 663 人次、曲堤煤矿 692 人次，合计调度 6978 人次。

（2）指挥救援情况。事故发生后，救护队联合作战指挥部抽调高素质指战员 136 人组成突击队，组成搜救、待机、救援等三个分队，搜救分队由 2 个战斗小队共 20 人组成，待机分队由 2 个战斗小队共 20 人组成，救援分队由 12 个小组组成，每组 8 人共 96 人。全体指战员按照救护规程携带个人防护装备及救护技术装备，明确职责，确定行动原则及要求，明确安全事项，拟定救护线路，分阶段分线路进行救援。

3. 事发地人民政府应急处置基本情况

（1）应急响应情况。7 月 2 日 23 时 59 分，时任县长原某辉接到事故报告后，立即赶往事故现场，同时要求立即启动一级应急响应，通知相关领导和部门立即赶赴现场。

沁水县人民政府于 7 月 3 日零时 34 分接沁水县煤炭煤层气工业局事故报告后，于零时 55 分向晋城市人民政府应急值班室进行了汇报。

7 月 3 日零时 30 分，时任县委书记范某森接到报告后，立即指示，组织力量核查被困人员情况，科学制定施救方案，及时有序展开救援工作。同时即刻从北京返程。

7 月 3 日 2 时 30 分左右，时任县委常委、常务副县长郭某林，县委常委、政法委书记霍某星，副县长孙某军、张某忠，县长助理、县煤炭煤层气工业局局长张某威，县政府办公室主任窦某瑾等领导先后赶赴事故现场。县安监、煤炭、水务、交通、卫生、公安、交警、消防、供电、住建等部门陆续赶赴现场。

（2）指挥救援及现场处置措施落实情况。7 月 3 日零时 50 分，时任县长原光辉赶到事故现场了解情况，研究救援措施。2 时 30 分左右，原某辉主持召开会议，听取救援进展情况，安排部署下一步救援工作，成立了由原某辉任组长的事故抢险救援领导组，下设抢险、救护、综合协调、安保、家属接待、宣传报道 6 个工作组，开展排水抢险、核实人员、救护装备、家属安抚、现场秩序、宣传信息等工作。

8时35分，时任县委书记范某森赶到事故现场，详细了解事故情况。9时9分，范某森、原某辉召集县级党政班子有关成员，按照市抢险救援领导组安排就救援工作进行细化分工，具体落实救援任务。

7月8日3时56分至4时25分，8名被困矿工陆续升井。5时30分，时任县长原某辉主持召开县抢险救援指挥部会议，要求下一步坚持“任务不变、机构不变、责任不变”的总体原则，确保各项工作落实到位。会议安排了下一步要重点做好现场抢险、医疗救护、家属接待、安全保卫、后勤保障、新闻报道等各项工作。

7月15日13时30分，4名遇难矿工先后找到，抢险救援结束。

4. 应急处置评估结论

晋城市人民政府接到事故报告后，按照《晋城市煤矿生产安全事故应急预案》立即成立了“7·2”中村煤业透水事故应急救援指挥部，市政府常务副市长任总指挥，副市长、秘书长、市长助理，县长、副秘书长担任副总指挥，下设抢险救援组、综合协调组、医疗救护组、治安保卫组、新闻宣传组、善后工作组等6个工作组，开展应急抢险救援。

（1）在本次事故救援中，事故企业、县政府以及各方救援力量均以抢救矿工生命为第一任务，分工明确，响应及时，处置科学，措施得当。

（2）根据《煤矿生产安全事故报告和调查处理规定》第十条，在本次事故发生后，事故企业存在信息迟报。

（3）煤矿企业要加强对作业场所的风险检测和评估，对存在风险隐患必须制定切实可行的安全措施，切实做到防患于未然。

（4）强化风险与应急技能的安全培训，使每一个职工熟练掌握辨识风险的能力和应急处置技能，严格执行作业规程，坚决杜绝违章作业现象。

（5）根据《晋城市生产安全事故应急预案规定》第二十四条，生产经营单位应当每年至少组织一次综合应急预案演练或者专项应急预案演练，每半年至少组织一次现场处置方案演练。

五、事故现场勘查及技术分析

（一）事故现场勘查

2016年7月18日、20日，技术鉴定组和专家组分两次对中村煤业“7·2”水害事故现场进行了勘查。

1. 勘查路线

两次勘查路线均为行人斜井→辅助轨道大巷→开拓轨道大巷→四采区轨道上山→2405 回风巷掘进工作面→事故地点。

2. 现场勘查情况

开拓轨道大巷沿煤层布置，采用粗料石半圆拱砌碹支护，断面积 10.95 m^2，全长 884 m，标高为 +1059.5 ~ +1013.3 m，总体是东高西低，变坡点标高 +1064.4 m，变坡段坡度 8°，透水淹没上限标高 +1021.4 m，最低点位于该巷道最西端。

四采区沿煤层平行布置有轨道、回风、输送带三条上山。巷道坡度约为 6°，均采用锚喷支护，矩形断面，断面积 10.5 m^2，长度 1100 m，标高 +1006.5 ~ +1140 m。轨道上山最低点布置有四采区变电所和四采区水泵房。透水后，四采区变电所和四采区水泵房均被淹没，已回采结束的 2401 回风巷密闭墙被冲垮。

2405 回风巷沿煤层顶板掘进，工作面开口位于四采区轨道上山 880 m 处，锚网索支护，矩形断面。截至 2016 年 7 月 2 日，掘进长度 360 m（距四采区回风上山）。该巷道基本沿煤层走向布置，受采区宽缓向斜及小断层影响，有一局部低洼处。2405 回风巷与轨道上山交叉口（以下简称为 2405 巷口）巷道底板标高为 +1088.4 m，2405 回风巷最低点底板标高 +1068.3 m，突水位置底板标高 +1070.3 m。突水点与 2405 巷口落差 18.1 m，巷道内最低洼处与 2405 巷口落差 20.1 m。

2405 回风巷 2 号联络巷以里巷道底板煤渣堆积厚度平均 0.2 ~ 0.3 m，巷高 2.0 ~ 3.4 m，支护状况较好。巷道最低点处揭露落差 1.4 m、倾角约 45°断层一条，与工作面巷道斜交，距突水点 58.2 m。断层至突水点处巷道淤渣较多，厚度 0.3 ~ 0.5 m；距突水点 20 m 开始出现散落矸石，最大外形尺寸 1.7 m × 1.2 m × 0.3 m（距迎头 16.5 m），底板最大冲刷深度 0.3 ~ 0.5 m，左帮深于右帮。

2405 回风巷距迎头 63.1 m 和 36.7 m 的位置，左右帮各有两个孔，地面探放水资料记录为长探钻孔和补探钻孔，探水日期分别为 6 月 22 日和 6 月 28 日。

7 月 18 日首次现场勘查时，发现掘进头顶板垮落，左帮、中间和右帮有垮落的煤岩，但岩块量不大，堆积在迎头煤渣上。迎头处综掘机被矸石部分覆盖，其摇臂和截割头被冒落岩块掩埋并偏向巷道左帮。迎头堆积物高约 3 m，至综掘机尾部呈缓坡状。矸石均为新鲜冒落，多棱角，堆积杂乱，灰至灰黑色，岩性为粉砂岩、细砂岩，见黄铁矿。由于工作面迎头堆积的煤岩块未作清理，老空的具体位置、形状不清。

7 月 20 日夜班，中村煤业对 2405 回风巷进行了清理和加固。技术鉴定组和专家组于当日上午再次入井实地勘查。发现最后一排锚杆以里顶板出现冒落现象，越靠里冒落高度越大。以里0.4～2.4 m冒落高度约0.35 m，2.4～4 m冒落高度约0.75 m，4 m以里冒落高度约为3.5 m。巷道左帮、右帮各现一空洞。2405回风巷与老空区直接贯通，最后一排锚杆前方2.35 m见综掘机刨痕，左帮4.15 m、右帮4 m见老空，推断透水时煤体厚度约1.8 m。

（二）事故技术原因分析

1. 未按规定进行探放水

矿方提供的探放水作业单显示，井下最后一次补探位置在310 m处，探水孔设计长度为60 m，允许掘进30 m，钻孔施工日期为2016年6月28日16点班和2016年6月29日零点班。

技术鉴定组调查情况如下：

（1）经调查询问探放水队作业人员，中村煤业仅在星期日一天用2～3个班施工探放水钻孔，时间上仅够在一个掘进作业头面施工1～2个探水孔。2405回风巷掘进工作面“掘进队现场交接班记录”显示，6月28日16点班（周二）和29日零点班（周三）2405回风巷掘进工作面均在进行掘进作业，掘进距离分别为2 m、2.5 m。调查组认为，矿方提供的探放水记录不真实，在对应班次中没有探放水作业时间。

（2）通过询问探放水作业人员、查阅人员定位系统数据及2405回风巷掘进队现场交接班记录，发现探放水作业人员6月28日、29日未在2405回风巷区域内作业，作业单造假，并且确定2405回风巷最后一次探水时间为2016年6月19日（星期日）零点班和八点班，而不是作业单显示的2016年6月28日四点班和2016年6月29日零点班。通过井下实测确定探水地点位于该巷道293 m处（距回风上山风桥处），此后至事故发生，在长达67 m的掘进过程中未进行过探放水作业。

2. 井下掘进工作面出现淋水现象后未引起重视

（1）2405回风巷掘进队6月22日16点班掘进队现场交接班记录显示“工作面积水多，顶板淋水”。

（2）安全员张某阳于6月25日开始就发现2405回风巷掘进工作面有淋水，并通过交接班卡向安全科汇报过2次。

（3）经查7月1日2405回风巷小班安检员现场记录，7月1日八点班迎头出现顶板锚索孔顶水。16点班出现顶板淋水加大征兆。

（4）相邻的2406带式输送机巷掘进工作面碰到断层后就出现淋水加大现象，在6月上旬就停止了掘进。出现上述情况时，矿方未引起重视，只是要求工人“注意观察”，未对水的来源和水质进行分析研判，也未制定针对性措施。

3. 井下物探报告造假

经调查，矿方提供的 2405 回风巷掘进工作面 4 份 TEM 探测物探成果报告造假。

4. 小窑越界开采形成大量空区积水，矿井对界内老空积水情况调查不足

（1）中村煤业井田东南部（即现生产区域，包括 2405 回风巷掘进工作面）与鑫基煤业井田交界附近存在小窑老空，小煤窑关闭前越界至中村煤业现有井田范围内进行开采。矿井关闭后因多种原因形成大量老空积水且该老空区域整体呈东南高西北低的趋势，空区积水存储在透水点附近的大片区域。

（2）《中村煤业矿井水文地质类型划分报告》指出中村煤业井田外东南部有 2 块采空区积水，积水编号分别为 WJS3、WJS4，积水面积分别为 $0.29\times10^4\ m^2$、$1.81\times10^4\ m^2$，积水量分别为 $0.14\times10^4\ m^3$、$0.91\times10^4\ m^3$。但未对井田内四采区（即现生产区域，包括 2405 回风巷掘进工作面）东南部边界附近已经关闭的原山西沁水盈盛煤业有限公司（2006 年关闭的西庄煤矿整合在该煤业公司）老空做进一步调查，老空积水范围和水量不清。

（3）中村煤业井田南部存在已经关闭的原中村镇南河煤矿（关闭时间为 2002 年）采空区，老空积水范围和水量不清。

（4）矿井于 2015 年底委托中国冶金地质总局第三地质勘查院在该区域做了地面瞬变电磁勘探工作，未形成最终报告，依据沟通稿，在突水点未发现异常。

5. 迎头煤体溃垮原因分析

小窑原开采区域及越界开采区域形成的老空区域整体呈东南高西北低之势，关闭后因多种原因形成大量老空积水。2405 回风巷掘进工作面前方煤体长期受到老空积水渗浸，且因地势原因承受空区内积水压力。掘进过程中，不足 2 m 厚的煤体难以承受矿压和水压，导致溃垮，发生透水事故。

6. 尸检报告

山西省沁水县公安司法鉴定中心出具的鉴定文书（沁）公物鉴（法病）字〔2016〕28 号、29 号、30 号、31 号结论显示四人死亡原因均为溺水致窒息死亡。

（三）事故类型

经事故调查组分析认定，该起事故为水害事故。

六、事故造成的人员伤亡和直接经济损失

本次事故共造成 4 人死亡，事故共造成直接经济损失 1502.2 万元。

七、事故原因和性质

（一）事故原因

1. 直接原因

中村煤业2405回风巷掘进工作面未按规定进行探放水，未查明前方老空积水情况，在掘进过程中导致大量老空积水溃入矿井，是造成此次事故的直接原因。

2. 间接原因

（1）中村煤业防治水工作管理混乱，防治水制度不落实，探水钻孔钻探、验收、移交工作未按要求严格进行，未认真进行物探，物探报告造假，对作业规程和探放水设计审批、执行不严。

（2）中村煤业主体安全责任落实不到位，安全管理不严，水害隐患排查治理不力，未查明老窑采空区位置和范围、积水情况。

（3）沁和集团落实安全管理主体责任不到位，对中村煤业安全生产工作监督、指导不力；监督检查不认真、不仔细，未发现中村煤业未按要求进行探放水和矿领导日常下井带班提前升井、未在井下现场交接班的问题。6月开展煤矿防治水工作专项检查不细、不实，未发现中村煤业防治水工作存在的安全隐患及自查自纠不认真问题。

（4）沁水县人民政府、沁水县煤炭煤层气工业局贯彻落实省、市有关安全生产的方针、政策及规定不到位，安全监管不力。对中村煤业检查不严、不细、不全面，未在规定时间内对中村煤业组织开展防治水专项检查，未发现中村煤业未按要求进行探放水和矿领导未按规定带班下井的问题。

（二）事故性质

经调查认定，事故是一起责任事故。

八、对事故有关责任人员和责任单位的处理建议

（一）建议追究刑事责任人员

（1）白某云，男，汉族，39岁，群众，中村煤业地测科探水队队长，作为探放水作业的具体负责人，不仅未安排工人按照探放水设计进行探水作业，且制作假探放水台账、报告和停开工通知单，并安排工人在掘进工作面该探而未探的探水点悬挂、填写探放水标志牌、控制牌板，造成事故发生，对这起事故的发生应负直接责任。

（2）陈某东，男，汉族，42岁，群众，中村煤业地测科科长，作为探放水

队的直接领导者，且是探放水钻探钻孔的验收负责人，不仅未按照探放水设计安排，督促探水队进行探水作业，且未安排本科技术员对探水钻孔进行验收，导致事故发生，对这起事故的发生应负直接责任。

（3）赵某新，男，汉族，44 岁，群众，中村煤业防治水助理，未履行工作职责，未按照探放水设计安排，督促地测科探水队进行探放水作业，对防治水工作存在的安全隐患放任不管，导致事故发生，对这起事故的发生应负直接责任。

（4）石某社，男，汉族，42 岁，群众，中村煤业综掘队队长，明知 2405 回风巷掘进工作面未按作业规程进行探水，仍安排工人违章掘进作业，导致事故的发生，对这起事故的发生应负直接责任。

（5）王某兵，男，汉族，45 岁，群众，中村煤业安全副矿长，在明知 2405 回风巷掘进工作面未按作业规程进行探水，又未对探防水存在的隐患采取措施，且未及时制止违章掘进作业，造成事故发生，对这起事故的发生应负主要责任。

（6）丁某廷，男，汉族，43 岁，群众，2016 年 2 月任沁水县煤炭煤层气工业局派驻中村煤业安全监督员，在日常安全监管工作中，不认真履行职责，没有发现探水队未按探放水设计进行探水的违章作业情况，致使掘进队在没有探水的情况下冒险作业，导致透水事故。因涉嫌玩忽职守罪，2016 年 8 月 10 日沁水县人民检察院对其立案侦查，于 8 月 11 日采取取保候审强制措施。

（7）王某伟，男，汉族，34 岁，群众，2016 年 1 月任沁水县煤炭煤层气工业局五人包保小组第三小组组长，每周对中村煤业进行一次安全检查，在组织安排安全检查和安全监管工作中，不认真履行职责，没有发现探水队未按探放水设计进行探水的违章作业情况，致使掘进队在没有探水的情况下冒险作业，导致透水事故。

（8）王某庆，男，汉族，43 岁，群众，2016 年 3 月任沁水县煤炭煤层气工业局五人包保小组第三小组组员，每周对中村煤业进行一次安全检查，在安全监管工作中，不认真履行职责，没有发现探水队未按探放水设计进行探水的违章作业情况，致使掘进队在没有探水的情况下冒险作业，导致透水事故。

（9）侯某宇，男，汉族，42 岁，群众，2016 年 2 月任沁水县煤炭煤层气工业局五人包保小组第三小组组员，每周对中村煤业进行一次安全检查，在安全监管工作中，不认真履行职责，没有发现探水队未按探放水设计进行探水的违章作业情况，致使掘进队在没有探水的情况下冒险作业，导致透水事故。

（10）牛某兵，男，汉族，42 岁，群众，2016 年 2 月任沁水县煤炭煤层气工业局五人包保小组第三小组组员，每周对中村煤业进行一次安全检查，在安全监管工作中，不认真履行职责，没有发现探水队未按探放水设计进行探水的违章作业情况，致使掘进队在没有探水的情况下冒险作业，导致透水事故。

以上责任人员待司法机关做出处理后，由有关单位按干部人事管理权限及时给予相应的党纪、政纪处分和其他处理。

（二）建议给予党政纪处分及行政处罚人员

（1）张某阳，男，汉族，27岁，群众，中村煤业安全科安全员，事故当班跟班安全员。履行安全员监督检查职责不到位，对跟班工作面未按要求进行探放水的情况了解掌握不够，对该起事故发生应负重要责任。

建议：由中村煤业解除其劳动合同。

（2）王某军，男，汉族，30岁，群众，中村煤业综掘队副队长，事故当班跟班副队长，负责该工作面当班安全生产工作，对2405回风巷掘进工作面未按要求进行探放水的情况了解掌握不够，盲目指挥掘进，对该起事故发生应负重要责任。

建议：由中村煤业撤销其副队长职务。

（3）李某龙，男，汉族，52岁，群众，中村煤业安全科科长，负责全矿安全检查工作，对该矿安全生产工作监督检查不仔细、不认真、不全面，未发现掘进工作面未按要求进行探放水的问题；对安全员未认真履行监督检查职责的问题失察。对该起事故发生应负重要责任。

建议：由中村煤业撤销其安全科科长职务。

（4）张某亮，男，汉族，45岁，群众，中村煤业总工程师，负责全矿技术工作，对井田范围内水文地质及老空水情况掌握不清，组织审定2405回风巷掘进工作面作业规程不严谨、不认真；对防治水工作重视不足，未督促业务部门将本矿探放水设计落到实处，在6月防治水专项检查中，未督促有关部门认真开展自查；未严格执行《矿级领导下井带班制度》，日常下井带班存在提前升井、未在井下现场交接班现象，对该起事故发生应负重要责任。

建议：由沁和集团撤销其总工程师职务。

（5）刘某，男，汉族，42岁，中共党员，中村煤业生产副矿长，负责全矿生产管理工作。未严格执行《矿级领导下井带班制度》，日常下井带班存在提前升井．未在井下现场交接班现象；对掘进队在作业过程中未严格执行“有掘必探、先探后掘”的规定失察，对该起事故发生应负重要责任。

建议：根据《中国共产党纪律处分条例》第二十九条规定，给予党内严重警告处分。根据《安全生产违法行为行政处罚办法》第四十五条规定，给予警告，罚款人民币10000元的行政处罚。

（6）常某，男，汉族，44岁，中共党员，中村煤业机电副矿长，事故当班带班矿领导。作为带班矿领导执行《矿级领导下井带班制度》不到位，对 2405 回风巷掘进工作面未按要求进行探放水的情况了解掌握不够；未严格执行《矿级领导下井带班制度》，日常下井带班存在提前升井，未在井下现场交接班现象。对该起事故发生应负重要责任。

建议：根据《中国共产党纪律处分条例》第二十九条规定，给予党内严重警告处分。根据《安全生产违法行为行政处罚办法》第四十五条规定，给予警告，罚款人民币 10000 元的行政处罚。

（7）田某兵，男，汉族，43 岁，中共党员，中村煤业矿长，党支部书记，该矿安全生产第一责任人。履行安全生产第一责任人职责不到位，未有效督促分管领导及有关科室正确履行职责；事故发生后，未按要求在规定时间内向有关部门上报事故，作为生产经营单位主要负责人。对事故的迟报应负主要责任，对该起事故的发生应负重要责任。

建议：中村煤业发生一起较大事故，根据《中国共产党纪律处分条例》第二十九条规定，给予田某兵撤销党内职务处分；发生事故后迟报事故，根据《安全生产法》第一百零六条规定，给予田某兵撤职处分，并处上一年年收入 66612 元的 80% 罚款，计人民币 53290 元。

（8）吴某军，男，汉族，44 岁，中共党员，沁和集团驻中村煤业驻矿安监员，驻矿期间对中村煤业的安全检查不认真、不仔细、不全面，未发现中村煤业未按要求进行探放水和矿领导日常下井带班提前升井，未在井下现场交接班的问题。对该起事故发生应负重要责任。

建议：根据《中国共产党纪律处分条例》第二十九条规定，给予留党察看一年处分。由沁和集团解除其劳动合同。

（9）张某明，男，汉族，50 岁，中共党员，沁和集团安监部经理，负责对集团下属各矿安全检查工作。对中村煤业的日常检查不认真、不仔细、不全面，未发现中村煤业未按要求进行探放水和矿领导日常下井带班提前升井，未在井下现场交接班的问题。对该起事故发生应负重要责任。

建议：根据《中国共产党纪律处分条例》第二十九条规定，给予党内严重警告处分。根据《安全生产违法行为行政处罚办法》第四十五条规定，给予警告，罚款人民币 5000 元的行政处罚。

（10）杨某峰，男，汉族，53 岁，中共党员，沁和集团技术部和包矿部门经理，作为包矿部门经理，对中村煤业的监督检查不细致、不彻底、不全面，未发现中村煤业未按要求进行探放水和矿领导日常下井带班提前升井，未在井下现场交接班的问题；组织落实《关于开展全县煤矿防治水工作专项检查的通知》（沁煤发〔2016〕172号）不力，对所属煤矿全覆盖检查不细、不实，没有发现中村煤业防治水工作存在的安全隐患及自查自纠不认真的问题。对该起事故发生应负重要责任。

建议：根据《中国共产党纪律处分条例》第二十九条规定，给予党内严重警告处分。根据《安全生产违法行为行政处罚办法》第四十五条规定，给予警告，罚款人民币5000元的行政处罚。

（11）李某兵，男，汉族，43岁，中共党员，沁和集团总工程师，分管技术、通风和防治水工作，对中村煤业防治水工作技术指导不到位，未有效督促中村煤业将探放水设计落到实处；组织落实《关于开展全县煤矿防治水工作专项检查的通知》（沁煤发〔2016〕172号）不力，对技术部专项检查工作不细、不实问题失察。对该起事故发生应负重要责任。

建议：根据《中国共产党纪律处分条例》第二十九条规定，给予党内警告处分。根据《安全生产违法行为行政处罚办法》第四十五条规定，给予警告，罚款人民币5000元（伍仟元整）的行政处罚。

（12）车某晖，男，汉族，52岁，中共党员，沁和集团分管安全副总经理，对中村煤业安全生产工作监督检查、指导不到位，对安监部工作人员未认真履行职责的问题失察。对该起事故发生应负重要责任。

建议：根据《中国共产党纪律处分条例》第二十九条规定，给予党内警告处分。根据《安全生产违法行为行政处罚办法》第四十五条规定，给予警告、罚款人民币5000元的行政处罚。

（13）李某锁，男，汉族，54岁，中共党员，沁和集团党委书记，中村煤业包矿领导。贯彻落实省、市、县党委关于安全生产方面的规定和要求不到位；对中村煤业安全生产工作监督检查、指导不到位。对该起事故发生应负重要责任。

建议：根据《中国共产党纪律处分条例》第二十九条规定，给予党内警告处分。根据《安全生产违法行为行政处罚办法》第四十五条规定，给予警告、罚款人民币5000元的行政处罚。

（14）闫某强，男，汉族，49岁，中共党员，沁和集团总经理，安全生产主要责任人。履行安全生产主要责任人职责不到位，对分管领导和有关职能部门履行日常监督检查职责不到位的问题失察。对该起事故发生应负重要责任。

建议：根据《中国共产党纪律处分条例》第二十九条规定，给予党内警告处分。根据《安全生产违法行为行政处罚办法》第四十五条规定，给予警告、罚款人民币10000元的行政处罚。

（15）赵某锋，男，汉族，50岁，中共党员，沁和集团董事长，安全生产工作第一责任人，负责沁和集团全面工作。贯彻落实省、市、县有关安全生产规定和要求不到位；未有效督促班子成员认真履行职责。对该起事故发生应负重要责任。

建议：根据《中国共产党纪律处分条例》第二十九条规定，给予党内警告处分。根据《安全生产违法行为行政处罚办法》第四十五条规定，给予警告、罚款人民币 10000 元的行政处罚。

（16）陈某东，男，汉族，47 岁，中共党员，沁水县煤炭煤层气工业局煤炭安全监管股股长。对中村煤业贯彻执行安全生产法律法规监督指导不到位，履行防治水安全监管责任不力；对中村煤业防治水工作日常监督检查不全面、不仔细、不认真，未发现中村煤业未按探放水设计要求进行探放水的问题；落实《关于开展全县煤矿防治水工作专项检查的通知》（沁煤发〔2016〕172 号）不到位，未在规定时间内安排对中村煤业进行防治水专项检查工作。对该起事故发生应负重要责任。

建议：依据《安全生产领域违法违纪行为政纪处分暂行规定》第八条第（五）项的规定，给予记大过处分。

（17）刘某兵，男，汉族，51 岁，群众，沁水县煤炭煤层气工业局行业管理股股长，中村煤业包矿股室负责人。作为包矿股室负责人对中村煤业安全生产监管不力，日常监督检查不全面、不仔细、不认真，未发现中村煤业未按探放水设计要求进行探放水的问题。对该起事故发生应负重要责任。

建议：依据《事业单位工作人员处分暂行规定》第十七条的规定，给予记过处分。由沁水县煤炭煤层气工业局依据有关规定扣发其 2016 年全部奖励性绩效工资。

（18）赵某利，男，汉族，51 岁，中共党员，沁水县煤炭煤层气工业局煤矿安全监察站站长，负责对全县煤矿安全生产监督检查、五人包保小组的日常管理和驻矿安监员的管理考核。作为安全监察站长对五人包保小组和中村煤业驻矿安监员履职情况监督检查不到位，未发现驻矿安监员。五人包保小组在安全检查中存在的不认真、不仔细、不全面问题，致使中村煤业未按探放水设计要求进行探放水问题未被及时发现、整改。对该起事故发生应负重要责任。

建议：依据《事业单位工作人员处分暂行规定》第十七条的规定，给予记过处分。由沁水县煤炭煤层气工业局依据有关规定扣发其 2016 年全部奖励性绩效工资。

（19）陈某元，男，汉族，51 岁，群众，沁水县煤炭煤层气工业局总工，中村煤业包矿领导。作为包矿领导督促指导中村煤业执行安全生产有关规定不到位，对中村煤业未按探放水设计要求进行探放水的问题失察。对该起事故发生应负主要领导责任。

建议：依据《安全生产领域违法违纪行为政纪处分暂行规定》第八条第（五）项的规定，给予记过处分。

（20）陈某阳，男，汉族，48岁，中共党员，沁水县煤炭煤层气工业局副科级干部，分管煤炭安全监管股．煤矿安全监察站工作。组织落实晋市煤局安字〔2016〕114号文件不力，安排工作不具体、不细致，未有效督促煤炭安全监管股在规定时间内安排中村煤业防治水专项检查工作；对分管的煤炭安全监管股、煤矿安全监察站工作督促指导不力，对分管部门安全监管中存在的不认真、不仔细、不全面问题失察。对该起事故发生应负主要领导责任。

建议：依据《安全生产领域违法违纪行为政纪处分暂行规定》第八条第（五）项的规定，给予记过处分。

（21）张某威，男，汉族，42岁，中共党员，沁水县人民政府党组成员，县长助理，县煤炭煤层气工业局局长，负责县煤炭煤层气工业局全面工作。贯彻落实省．市安全生产有关规定和要求不到位；对分管领导和监管股室督促指导不力，对相关人员未认真履行职责的问题失察。对该起事故发生应负重要领导责任。

建议：依据《安全生产领域违法违纪行为政纪处分暂行规定》第八条第（五）项的规定，给予警告处分。

（22）张某忠，男，汉族，51岁，中共党员，沁水县人民政府副县长，分管工业经济、安全生产等方面工作。作为分管安全生产工作的副县长对分管部门开展安全生产监督检查工作和煤矿防治水工作专项检查督促指导不到位，对相关人员未认真履行职责的问题失察。对该起事故发生应负领导责任。

建议：根据《山西省行政机关及其工作人员行政过错责任追究暂行办法》第七条．第二十五条的规定，给予通报批评，并责令做出书面检查。

（三）对有关单位的处理建议

（1）事故抢险救援结束后，2016年7月17日，晋城煤监分局已依据山西省人民政府办公厅“晋政办发〔2012〕34号”文件要求，责令中村煤业实行整顿恢复机制。期满后，严格按照《晋城市人民政府办公厅关于晋城市2016年度地方煤矿春节停产停建及节后复产复建工作的通知》（晋市政办〔2016〕4号）的规定履行复产验收程序，合格后方可恢复生产，并报晋城煤监分局备案。

（2）中村煤业发生一起较大责任事故，根据《生产安全事故罚款处罚规定（试行）》第十五条第（一）项的规定，给予该矿罚款人民币700000元的行政处罚。

（3）中村煤业存在有严重水患，未采取有效措施，仍然组织生产作业，最终导致透水事故发生，根据《国务院关于预防煤矿生产安全事故的特别规定》第十条第一款的规定，责令中村煤业停产整顿，对中村煤业处 200 万元罚款，由晋城煤监分局暂扣其安全生产许可证；对中村煤业负责人田某兵处 30000 元罚款。

（4）沁水县人民政府贯彻落实省、市有关安全生产的方针、政策及规定不到位；对沁水县煤炭煤层气工业局履行监管职责督促检查不力，对沁和集团安全工作指导不力。责成沁水县人民政府向晋城市人民政府做出检查。

九、防范和整改措施及建议

煤矿企业和有关单位必须严格遵守安全生产法律法规及有关规定和要求，坚持“安全第一、预防为主、综合治理”方针，强化安全生产“红线”意识，牢固树立“以人为本、安全发展”的理念，落实安全生产责任，加强安全管理，促进煤矿生产安全健康、稳定发展。为深刻吸取事故教训，举一反三，查找生产安全漏洞，完善相关管理措施，有效防范和遏制生产安全事故，提出如下措施建议：

（1）认真汲取这起事故教训，强化煤矿防治水管理工作。严格执行《煤矿防治水规定》，坚持“预测预报、有掘必探、先探后掘”的原则，采取防、堵、疏、排、截的综合治理措施。强化煤矿防治水技术管理工作，为矿井防治水工作提供可靠的地质资料，未查清和探明水害情况前严禁组织掘进作业。

（2）严格落实煤矿探放水工作制度，强化探放水现场管理。钻探设计要符合《煤矿防治水规定》要求，探水钻孔要按设计施工，不得缺孔少钻；钻孔施工后要严格进行单孔验收和探水验收移交，掘进作业要始终保持足够的安全距离；物探分析要科学准确，确保起到预警效果。

（3）认真落实煤矿主体责任，强化煤矿安全管理工作。严格落实《煤矿矿长保护矿工生命安全七条规定》及《煤矿领导带班下井及安全监督检查规定》，健全水害防治岗位责任制和技术管理制度，理顺煤矿安全管理体制，严格防治水管理。进一步加强职工安全教育培训，增强责任意识，提高安全素质，杜绝违章指挥和违章作业行为。

（4）沁和集团要加强对下属各矿井的管控力度，有关业务部室要加大对下属各矿井的日常安全监督检查力度，严格落实各级管理人员安全生产岗位责任制，做细、做实隐患排查治理工作，确保生产安全。

（5）煤矿安全监管部门要深刻汲取本次事故教训，加大煤矿安全监管工作力度，督促辖区煤矿企业加强防治水工作，同时督促煤矿企业认真开展隐患排查治理活动，加强对驻矿安监员及五人包保小组的管理，切实发挥驻矿安监员及五人包保小组的监管作用，严防类似事故再次发生。

第四节　贵州省六盘水市贵能投资有限公司水城县勺米乡弘财煤矿“7·3”较大水害事故

2016 年 7 月 3 日 4 时 6 分，贵州贵能投资有限公司水城县勺米乡弘财煤矿（以下简称“弘财煤矿”）M30 号煤层的 1301 回风巷掘进工作面发生一起较大透水事故，造成 3 人死亡，直接经济损失约 465 万元。

事故发生前由于水城县境内连降大雨，辖区内多处出现险情，勺米乡 6 月 24 日至 7 月 2 日总降雨量 198.3 mm，本次事故疑似因地面水涌入井下造成。六盘水市政府聘请专家对事故原因和性质进行调查，8 月 26 日认定本起事故为生产安全事故。

2016 年 8 月 30 日，依据《中华人民共和国安全生产法》《煤矿安全监察条例》《生产安全事故报告和调查处理条例》等有关法律法规，成立了由六盘水市安全生产监督管理局、能源局、监察局、公安局、总工会有关人员参加的贵州贵能投资股份有限公司水城县勺米乡弘财煤矿“7·3”事故调查组（以下简称“事故调查组”），开展事故调查工作，邀请六盘水市检察院派员介入事故调查。

事故调查组按照“科学严谨、依法依规、实事求是、注重实效”的原则，通过现场勘查、调查取证和查阅相关资料，查明了事故原因，划清了事故责任，并提出了对有关责任人员、责任单位的处理建议和防范措施。

一、事故单位基本情况

（一）公司概况

弘财煤矿隶属贵州贵能投资股份有限公司（以下简称“贵能公司”）。贵能公司成立于 2011 年 11 月 3 日，辖 6 处生产煤矿，总设计生产能力 2.31 Mt/a。贵能公司安全生产许可证证号为(黔)MK 安许证字〔1776 号〕。

贵能公司在册人员 80 人，管理层分工：董事长代某远，负责全面工作；总经理代某虎，负责安全生产等行政管理全面工作；总工程师舒某，负责“一通三防”、技术、防治水管理等工作；生产副总经理吴某丹，负责生产、机电运输管理工作；安全副总经理夏某禄，兼安全监察部部长，负责安全管理工作。管理层下设生产技术部、安全监察部、地测部等部室。

贵能公司制定了安全办公会议、安全检查、隐患排查治理、安全投入保障、安全质量标准化等安全规章管理制度。成立了以总经理为组长、总工程师及各副总经理为副组长的雨季“三防”领导小组和以总经理为组长，总工程师、安全副总经理为副组长的钻孔验收管理领导小组。

公司在2016年4月、5月对弘财煤矿分别进行了2次和4次检查。其中，5月3日开展雨季“三防”专项检查中，提出“1301回风巷迎头顶板淋水较大，必须进行探放水”。

6月18日，贵能公司召开安全生产例会，强调“弘财煤矿1301回风巷掘进工作面离地表较近，必须加强探放水工作，由地测部跟踪落实”。6月22日，贵能公司安全副总经理夏某禄带队到弘财煤矿开展第二季度安全质量标准化检查，并跟踪落实1301回风巷掘进工作面的探放水工作，地测防治水单项得分84.8分，提出“1301回风巷掘进工作面探放水基点牌采用吊挂方式，未固定”。

6月28日，贵能公司地测部部长李某旺带队到弘财煤矿检查，入井检查了1301回风巷掘进工作面，未下达检查文书。

6月22日前，公司对弘财煤矿检查11次，未检查出1301回风巷防治水工作作假。

（二）矿井概况

弘财煤矿属民营企业，为证照齐全的生产矿井，设计生产能力0.3 Mt/a。由原勺米煤矿、庆微煤矿、桃树湾煤矿整合而成。

证照情况：营业执照，编号为520000000003586；采矿许可证，证号C5200002011111120120284，安全生产许可证，证号(黔)MK安许证字〔1874号〕，矿长韩某锋安全资格证书编号为第521A201410863号。

弘财煤矿在册人员395人。矿长韩某锋，负责全面行政管理工作；总工程师肖某义，负责弘财煤矿生产技术、地质防治水及“一通三防”管理工作，分管技术科、通风工区；生产副矿长杨某桂，负责生产管理工作，分管掘进工区、综采工区、调度室；安全副矿长杜某，负责安全管理工作，分管安检科；机电副矿长纪某宽，负责机电运输管理工作，分管机电工区；地测副总工程师（兼采掘副总工程师）、通风副总工程师、机电副总工程师配合总工程师及机电副矿长工作。煤矿下设安检科、地质测量科、生产技术科（无人员）及通防工区等8个二级职能管理部门对煤矿进行管理。

矿区内自上而下有M5、M6、M29、M30号等10层可采及局部可采煤层，平均倾角18°，现开采M29、M30号煤层，M30煤层厚度0.7～1.89 m，平均厚度

0.98 m，煤层倾角 18°。

矿井采用斜井开拓，综合机械化采煤和掘进，全矿划分为两个采区，现开采一采区，一采区井底标高 +1835 m，事故前井下布置有 M29 号煤层 1291 综采面和 M30 号煤层 1301 回风巷掘进工作面。

弘财煤矿位于滥坝井田 F_{68} 断层以东，地势东高西低，季节性的小溪及冲沟发育，多横切岩层呈走向分布，形成沟脊相间的风化坡积地貌。1301 回风巷掘进工作面地表汇水面积约 0.139 km^2，6 月 25 日至 7 月 2 日，降雨汇积量约 28000 m^3。

界内构造复杂程度中等，主要有 F_{82} 及次级断层 F_{70}、F_{69}、F_{39}、F_3 断层，均为正断层。F_{39}、F_3 断层对 1301 回风巷有影响，F_{39} 倾向断层方位 55°、倾角 145°、落差 31 m、延伸长度 600 m，影响 2～35 号煤层；F_3 走向断层方位 205°、倾角 56°～71°、落差 13 m、延伸长度 900 m，影响 2～35 号煤层。F_{39}、F_3 断层导通原庆微煤矿 M20 号煤层采空区，并在 1301 回风巷掘进工作面迎头交汇。

原被整合的庆微煤矿、匀米煤矿开采过 +1916 m 和 1915 m 标高以上的 M20、M30 号煤层。煤矿对界内被整合的 3 处煤矿和 7 处小窑调查分析，认为对 1301 回风巷无水害威胁。

矿井水文地质类型为中等。矿井正常涌水量为 50 m^3/h，最大涌水量 150 m^3/h。矿区内无含水层，主要充水为大气降雨通过地表裂隙充入井下。

矿井在井底设有水泵房和主、副水仓。水仓总有效容量约 900 m^3。水泵房安装 4 台水泵，总排水能力 990 m^3/h，回风斜井和副斜井各敷设一趟直径为 200 mm 的无缝钢管作为排水管。

（三）事故区域介绍

本次事故发生在 1301 回风巷综掘工作面。该巷设计长度 640 m，事故发生时已掘进 437.3 m。设计断面为三心拱，中高 2.9 m，宽 4.6 m，净断面积 13.1 m^2。采用锚杆 + 锚索 + 金属网支护。

1301 回风巷按方位角 119°沿 M30 煤层顶板定向掘进，开口标高 +1875.1 m，事故迎头标高 +1860 m，高差 15 m，事故迎头距地表垂高为 78 m，且对应地表北东约 15 m 处有一处长约 50 m、宽约 45 m、深约 1.5 m 的塌陷坑，事故发生后，塌陷坑内积水的水位有所下降。

1301 回风巷掘进工作面前方有原庆微煤矿 M20 号煤层采空区存在，平面间距 30 m，M30 号煤层与 M20 号煤层的层间距 45～55 m。

1301 回风巷掘进工作面迎头已见一正断层，落差 0.5 m。

1301 回风巷周边有 1 号、2 号、5 号 3 处小窑，小窑口标高分别是 1947 m、

1974 m、1971 m，与 1301 回风巷高差分别为 69 m、93 m、91 m，距 1301 回风巷迎头平距最小的为 2 号小窑，在迎头后方约 150 m 处。

（四）防治水工作开展情况

弘财煤矿成立了以矿长为组长、总工程师为副组长，安全副矿长、生产副矿长、机电副矿长及地测副总、安全科长、防治水技术员为成员的防治水工作管理领导小组。防治水工作领导小组办公室设在生产技术科（未配备人员，由其他科室人员兼职），负责防治水日常工作。

1. 水害调查

《贵州省人民政府办公厅关于立即开展汛期安全生产专项检查的紧通知》（黔府办发〔2016〕163 号）和 2016 年 6 月 21 日全省安全生产紧急电视电话会议精神要求矿山企业查清煤矿老窑积水情况，加强对矿井采空区、塌陷区、积水区巡检排查，防范煤矿透水事故发生。弘财煤矿没有对老窑积水重新进行调查，仍然采用 2016 年 4 月 6 日矿编制的《弘财煤矿矿井水害普查报告》、4 月 16 日编制的《水城县勺米弘财煤矿小窑水文调查情况》指导防治水工作。同时在汛期对地面的塌陷坑的积水巡查力度不足。

2. 物探情况

1301 回风巷掘进工作面共计实施了 2 次物探，第 1 次物探采用，第 2 次的物探没有采用，但形成了 4 次物探成果资料，第 2、第 3、第 4 次物探成果资料均由矿总工程师肖某义和技术员唐某贵伪造。

3. 钻探情况

1301 回风巷掘进工作面共计实施了 12 个循环钻探，形成了 12 个循环钻探成果资料。

5 月 20 日弘财煤矿新编制会审了《水城县勺米弘财煤矿 1301 回风巷掘进工作面“先探后掘”专项安全技术措施》，5 月 25 日贵能公司对此措施进行了批复，同意按该措施执行。6 月 25 日，矿审批了《1301 回风巷第十二循环前探钻孔设计及安全技术措施》，该措施要求在 1301 回风巷 K0 + 389 m 处设计施工 10 个探水钻孔，沿煤层布置有 6 个钻孔：1 号、2 号、3 号孔沿煤层控制巷道上帮，4 号孔沿煤层控制巷道迎头正前方，5 号、6 号孔沿煤层控制巷道下帮。穿层钻孔 4 个：7 号、9 号、10 号孔控制巷道顶板方向，8 号孔控制巷道底板方向。钻孔深度 80 ~ 90.6 m，控制巷道左、右帮各 30 m，顶、底板方向各 30 m，巷道前方 80 m。

6 月 26 日八点班至 27 日八点班在 1301 回风巷 K0 + 389 m（K0 指巷道开口位置）位置施工了第十二循环（事发前最后一个循环）探放水钻孔 10 个，钻孔深度在 18.24~62.32 m 不等，均未按设计施工到位。

第十二循环钻探成果资料及井下施工钻孔验收小票，是总工程师肖某义和技术员唐某贵将实际施工的孔深 18.24~62.32 m 的 10 个钻孔，改成 80.6~91.2 m 不等，并经矿方审定批掘 50.4 m。第十二循环钻探之前的多次钻探的井下施工钻孔验收小票，也有部分造假的情况。第十二循环探放水钻孔施工结束至事故发生共进尺 48.3 m。

二、政府及部门相关工作开展情况

勺米镇政府负责行政区域内企业安全生产属地监管。1—6 月，共召开涉及安全生产的党政联席会议 9 次；每月组织全体干部职工，各煤矿业主、矿长、总工、技术人员，其他企业负责人召开一次安全生产工作例会，传达贯彻落实、安排部署当前安全生产工作，共召开 6 次；下发关于煤矿安全生产的文件 13 份。6 月 22 日，按照《贵州省人民政府办公厅关于立即开展汛期安全生产专项检查的紧通知》(黔府办发〔2016〕163 号）要求和 2016 年 6 月 21 日全省安全生产紧急电视电话会议精神下发了《勺米镇人民政府关于立即开展汛期安全生产专项检查的紧通知》(勺府发〔2016〕68 号)。对辖区内煤矿日常监管以安监站和驻矿员为主，镇级领导不定时对辖区内 7 处生产煤矿进行抽查和 2 处停产矿井进行巡查。1—6 月共对辖区内 9 对煤矿检查、巡查 645 矿次，共查处隐患 1986 条。6 月 15 日，原分管安全的副镇长调到老鹰山街道办工作，6 月 17 日调整班子分工后，新分管安全的副镇长吴凤伦检查了 4 处煤矿，还未到弘财煤矿检查过，也未到安监站督促过安监站的日常工作。

水城县安全生产监督管理局（以下简称县安监局）下属的水城县安全执法监察局对煤矿企业进行日常监管。6 月 22 日，下发了《水城县安全生产监督管理局关于立即开展汛期安全生产专项检查的紧急通知》(水安监通〔2016〕68 号)，并开展了专项检查工作，但在检查中未严格按照规定要求煤矿查清老窑积水情况。1—6 月，结合年度监管计划检查煤矿 767 矿次，查出隐患 1993 条，整改 1967 条。对弘财煤矿检查 8 次，查出隐患 52 条，整改 52 条。2014 年 10 月 20 日以水安监通〔2014〕77 号文下发了《水城县煤矿钻孔施工抽查管理办法(试行)》，规定了“煤矿自身抽查不低于 10%，公司抽查每月不低于 5 矿次，驻矿安监员对每个作业地点（每一循环）地质钻、探放水钻抽查率不低于 30%。县安监局对钻孔的抽查情况进行督查”，至事故发生县安监局未严格按规定对煤矿、公司、驻矿安监员抽查钻孔进行督查。

水城县经济和信息化局（以下简称县经信局）为全县煤矿企业的行业管理

部门，负责煤炭生产、行业管理、技术指导、发展规划等工作。未制定对煤矿检查计划。6月24日，下发了《水城县能源局关于立即开展汛期煤矿安全生产专项检查的紧急通知》(水能源通〔2016〕8号)，并开展了专项检查工作，但在检查中未严格按照规定要求煤矿查清老窑积水情况。1—6月，共检查煤矿134次，查出隐患876条。对弘财煤矿检查3次，均是与县安监局开展联合执法检查，3次检查均未发现弘财煤矿1301回风巷掘进工作面探放水工作造假的问题。

水城县勺米安全生产监督管理站（以下简称勺米安监站）属县安监局派出机构，负责勺米镇煤矿日常安全监管。勺米安监站现有27人，站长1名、副站长3名，其中副站长雷启文分管弘财煤矿、范家寨煤矿等4处矿井安全生产工作。辖区共有7处生产煤矿。驻弘财煤矿安监员为谢某雷、张某、孙某富（实习期），未严格按规定对照视频监控抽查1301回风巷掘进工作面最后一循环（第十二循环）的探放水钻孔孔深情况，未严格检查1301回风巷探放水钻孔资料。勺米安监站事故前最后一次到弘财煤矿检查是6月28日，到1301回风巷掘进工作面检查，检查了第十二循环探放水是否打钻，但未严格督促驻矿安监员抽查探放水钻孔孔深情况。

三、事故发生经过、信息上报及抢险救援情况

（一）事故发生经过

2016年7月3日零点班，值班矿领导、总工程师肖某义主持召开生产调度会。7月3日0时入井，当班入井45人，10人到1301回风巷作业（6名掘进工、1名安全员、1名瓦检员、2名打钻工），其余35人到1291采面和井下其他地点作业。

1时左右，1301回风巷四点班与零点班完成现场交接班，掘进工区带班副区长杨某安排综掘机司机杨某晴及掘进工余某选、张某意、沙某美、严某尧出货、打锚杆，吴某江开带式输送机；打钻工付某国、张某军在1301回风巷K0+343处施工顺层瓦斯抽放钻孔，安全员陈某碧、瓦检员郭某福到迎头检查后，就离开迎头到了防突风门附近。

3时30分左右，打钻工付某国到防突风门附近联系安全员陈某碧验收钻孔。综掘机司机杨某晴启动综掘机清扫四点班余留浮货，现场未发现巷帮挂汗、淋水等透水预兆。4时6分，当综掘机截割头截割至迎头左上帮时，左上帮突然透水，掘进工吴某江被水冲至该巷道斜坡段（K0+337 m）位置，被前往工作面的安全员陈某碧和打钻工付某国救出升井。综掘机司机杨某晴，掘进工张某意、余某选、严某尧、沙某美和打钻工张某军被困。

（二）事故信息上报情况

2016年7月3日4时10分，弘财煤矿调度室接到井下安全员陈某碧汇报：1301回风巷掘进工作面透水，有6人被困。调度室立即按程序电话汇报矿长韩某锋及驻矿安监员。

4时45分，弘财煤矿向县安监局及水城煤监分局汇报。

各级部门及政府按要求进行了汇报。

（三）抢险救援情况

事故发生后，弘财煤矿立即启动应急救援方案，成立临时救援指挥部；市、县两级政府负责人及相关部门负责人赶到事故现场，并成立了救援指挥部。

7月3日4时11分，贵能公司驻荒田煤矿救护小队接到弘财煤矿调度室召请电话，立即赶到弘财煤矿并入井侦查。4时23分，贵能公司救护中队接到召请电话，迅速出动两个小队奔赴弘财煤矿。5时左右侦查到1301回风巷时，发现水位已经上涨到K0＋160 m处，将情况向事故抢险救援指挥部进行了汇报。

指挥部决定先排水，并组织人员和设备，同时召请水城县能安矿山救护有限公司、贵州格目底矿业有限公司救护中队参与抢险救援。6时40分安装好第1台水泵，7时13分，安装好第6台水泵进行排水。17时15分左右，当排水至K0＋342 m时，现场救援人员成功将掘进工张某意、余某选和打钻工张某军救出。17时35分，在K0＋344 m处找到3名遇难矿工遗体，18时11分将3名遇难矿工遗体运送出井，至此抢险救援工作结束。

四、事故现场勘查及技术分析

（一）事故现场勘查情况

经现场勘查，1301回风巷综掘机截割头停留在迎头左上帮位置，且综掘机截割头位置有1个长为0.6 m、宽0.4 m的不规则孔洞，孔洞下方堆积有碎石，综掘机大部分机身被砂石、煤炭掩埋，迎头左帮可见0.5 m断层及小褶曲构造，煤层从原来的1.5 m变为0.15 m。

（二）事故技术分析

老窑积水调查不清，未能提供有效的水文地质资料指导开展探放水工作。

1301回风巷掘进工作面的物探资料作假，钻探的设计针对性不强；第十二循环钻探钻孔未按设计施工到位，不具备掘进的条件，而实施了掘进工作，掘透前方与水体导通的断层，导致事故发生。

此次透水水源为老空区积水、断层裂隙水和地表塌陷坑补给水，经测算，此次事故透水量约5000 m^3。

五、事故原因及性质

（一）直接原因

1301 回风巷上方存在水体，未按规定认真落实探放水措施，揭露与水体连通的导水断层，导致事故发生。

（二）间接原因

1. 弘财煤矿

（1）安全技术管理混乱。一是未按规定查清老空区积水情况；二是探放水资料作假。

（2）隐患排查制度形同虚设。未排查出 1301 回风巷掘进工作面防治水工作弄虚作假的隐患。

（3）安全管理人员配备不齐。矿总工程师兼任地测科长；生产技术科未配备人员。

2. 贵能公司

（1）未按规定配齐安全管理人员及技术人员。公司安全副总经理兼任安全监察部部长，安全监察部只有 3 人，数量不足。

（2）未认真落实安全生产主体责任。公司对弘财煤矿检查 13 次，未发现 1301 回风巷掘进工作面探放水工作作假，也未按规定对探放水钻孔进行抽查。

3. 地方政府煤矿监管部门

（1）弘财煤矿驻矿安监员未严格按规定对照视频监控抽查 1301 回风巷掘进工作面最后一循环（第十二循环）的探放水钻孔孔深情况；未严格检查 1301 回风巷探放水钻孔资料。

（2）勺米安监站未严格督促驻矿安监员抽查探放水钻孔孔深情况。

（3）县安监局日常安全监管不到位，对勺米安监站及驻矿员的工作督促检查力度不够。

（4）县经信局（能源局）未认真履行管行业必须管安全的职责，对弘财煤矿防治水工作检查力度不够。

（三）事故性质

经调查认定，弘财煤矿“7・3”较大透水事故是一起责任事故。

六、对事故责任人和责任单位的处理建议

（一）建议移送司法机关追究刑事责任的人员

（1）肖某义，中共党员，弘财煤矿总工程师。与该矿技术员唐某贵伪造

1301 回风巷掘进工作面探放水物探效果资料、前探钻孔综合效果资料、井下施工钻孔验收小票，造成不具有掘进条件的 1301 回风巷开展了掘进工作，导致事故发生。对事故负有间接责任。建议移送司法机关追究刑事任务；根据《生产安全事故申报和调查处理条例》第四十条的规定，建议撤销其煤矿管理人员资格证。

（2）唐某贵，弘财煤矿技术员。与总工程师肖某义伪造 1301 回风巷掘进工作面探放水物探成果资料、前探钻孔综合成果资料、井下施工钻孔验收小票，造成不具备掘进条件的 1301 回风巷开展了掘进工作，导致事故发生。对事故负有直接责任。建议移送司法机关追究刑事责任。

以上人员待司法机关做出处理后，由有关单位按干部人事管理权限及时给予相应的党纪、行政处分。

（二）建议给予行政处罚的企业人员

（1）胡某，中共党员，弘财煤矿采掘，地质副总工程师，负责煤矿防治水工作。未按规定认真开展 1301 回风巷掘进工作面防治水和高空塌陷坑积水的巡查工作，对事故发生负主要责任。违反了《安全生产违法行为行政处罚办法》第四十五条第（一）项的规定，根据《安全生产违法行为行政处罚办法》第四十五条，《生产安全事故申报和调查处理条例》（国务院令第 493 号）第四十条的规定，建议给予胡某处 9000 元罚款，撤销其煤矿管理人员资格证（证号：430723197402087837）。

（2）杜某，中共党员，弘财煤矿安全副矿长。对弘财煤矿防治水工作监督检查不力，对 1301 回风巷掘进工作面探放水工作作假失察。对事故发生负主要责任。违反了《安全生产违法行为行政处罚办法》第四十五条第（一）项的规定，根据《安全生产违法行为行政处罚办法》第四十五条、《生产安全事故申报和调查处理条例》（国务院令第 493 号）第四十条的规定，建议给予杜某处 9000 元罚款．撤销其煤矿管理人员资格证（证号：521A201410512）。

（3）韩某锋，弘财煤矿矿长。该矿安全管理机构装备不齐，安全技术管理混乱；对矿总工程师和技术员在 1301 回风巷掘进工作面探放水工作作假和督促对高空塌陷坑积水的巡查工作失察。对事故发生负主要责任。违反了《中华人民共和国安全生产法》第十八条第（五）项的规定，根据《生产安全事故申报和调查处理条例》第三十八条第（一）项、第四十条的规定，建议给予韩某锋处上一年年支出 40% （86400 元）的罚款，并撤销其煤矿主要责任人安全资格证。

（4）李某旺，贵能公司副总工程师兼地测部部长。未按相关规定对弘财煤矿1301回风巷掘进工作面探放水钻孔进行抽查，对矿总工程师和技术员在1301回风巷掘进工作面探放水工作作假和督促对地面塌陷坑积水的巡查工作失察。对事故发生负主要责任。违反了《安全生产违法行为行政处罚办法》第四十五条第（一）项的规定，依据《安全生产违法行为行政处罚办法》第四十五条的规定，建议给予李某旺处9000元罚款。

（5）夏某禄，中共党员，贵能公司安全副总经理兼安全监察部部长。未按相关规定对弘财煤矿1301回风巷掘进工作面探放水钻孔进行抽查，对弘财煤矿总工程师和技术员在1301回风巷掘进探放水工作作假和督促对地面塌陷坑积水的巡查工作失察。对事故发生负重要责任。违反了《安全生产违法行为行政处罚办法》第四十五条第（一）项的规定，依据《安全生产违法行为行政处罚办法》第四十五条的规定，建议给予夏某禄处9000元罚款。

（6）舒某，中共党员，贵能公司总工程师。未按相关规定对弘财煤矿1301回风巷掘进工作面探放水钻孔进行抽查，对弘财煤矿总工程师和技术员在1301回风巷探放水工作作假和督促对地面塌陷坑积水的巡查工作失察。对事故的发生负重要责任。违反了《安全生产违法行为行政处罚办法》第四十五条第（一）项的规定，依据《安全生产违法行为行政处罚办法》第四十五条的规定，建议给予舒某处9000元罚款。

（7）代某虎，贵能公司总经理。未认真督促公司管理人员履行安全管理职责。对事故的发生负重要责任。违反了《中华人民共和国安全生产法》第十八条第（五）项的规定，依据《中华人民共和国安全生产法》第九十二条第（二）项的规定，建议给予代某虎处上一年年收入40%（100800元）的罚款。

（8）代某远，贵能公司董事长，法人代表。未按规定配齐公司安全管理机构人员，未认真督促公司管理人员履行安全管理职责。对事故的发生负重要责任。违反了《中华人民共和国安全生产法》第十八条第（五）项的规定，依据《中华人民共和国安全生产法》第九十二条第（二）项的规定，建议给予代某远处上一年年收入40%（112000元）的罚款。

（三）建议给予党、政纪处分的国家机关工作人员

（1）谢某雷，中共党员，弘财煤矿驻矿安监员。未严格按规定对照视频监控抽查1301回风巷掘进工作面最后一循环（第十二循环）的探放水钻孔孔深情况，对弘财煤矿存在探放水工作作假失察。对事故发生负有重要责任。违反了《事业单位工作人员处分暂行规定》第十七条第（九）项，依据《事业单位工作人员处分暂行规定》第十七条，建议给予降低岗位等级处分。

（2）张某，弘财煤矿驻矿安监员，钻孔施工期间不在弘财煤矿。未严格检查1301回风巷探放水钻孔资料，对弘财煤矿存在探放水工作作假失察。对事故发生负有重要责任。违反了《事业单位工作人员处分暂行规定》第十七条第（九）项，依据《事业单位工作人员处分暂行规定》第十七条，建议给予记过处分。

（3）雷某文，勺米安监站副站长。疏于管理，未严格督促驻矿安监员抽查探放水钻孔孔深情况，对弘财煤矿存在的探放水工作作假问题失察。对事故发生负有主要领导责任。违反了《事业单位工作人员处分暂行规定》第十七条第（九）项，依据《事业单位工作人员处分暂行规定》第十七条，建议给予降低岗位等级处分。

（4）杨某，勺米安监站站长。未认真贯彻落实国家法律法规政策，疏于管理，未严格督促驻矿安监员认真履职，对弘财煤矿存在的探放水工作作假问题失察。对事故发生负有重要领导责任。违反了《事业单位工作人员处分暂行规定》第十七条第（九）项，依据《事业单位工作人员处分暂行规定》第十七条，建议给予记过处分。

（5）彭某，中共预备党员，水城县安全执法监察局副局长。未认真贯彻落实国家法律法规政策，疏于管理，在开展的汛期安全生产专项检查中，未严格按照规定要求煤矿查清老窑积水情况；未严格按规定对煤矿、公司、驻矿安监员抽查钻孔进行督查。对事故发生负重要领导责任。违反了《安全生产领域违法违纪行为政纪处分暂行规定》第八条第（五）项，依据《安全生产领域违法违纪行为政纪处分暂行规定》第八条，建议给予记过处分。

（6）刘某伦，中共党员，水城县安全执法监察局专职副局长。未认真贯彻落实国家法律法规政策，疏于管理，对安监站及驻矿安监员未认真履职问题失察。对事故发生负重要领导责任。违反了《安全生产领域违法违纪行为政纪处分暂行规定》第八条第（五）项，依据《安全生产领域违法违纪行为政纪处分暂行规定》第八条，建议给予警告处分。

（7）罗某刚，中共党员，县经信局副局长，分管能源工作。未认真贯彻落实国家法律法规政策，疏于管理，对本局业务股未严格按要求开展汛期及防治水工作检查问题失察。对事故发生负重要领导责任，违反了《安全生产领域违法违纪行为政纪处分暂行规定》第八条第（五）项，依据《安全生产领域违法违纪行为政纪处分暂行规定》第八条，建议给予警告处分。

建议责成勺米镇人民政府、县安监局、县经信局向水城县人民政府做出深刻书面检查。

建议责成水城县人民政府向六盘水市人民政府做出深刻书面检查。

（四）对责任单位的处理建议

弘财煤矿安全管理机构不健全、技术管理混乱、隐患排查形同虚设，对事故发生负有责任。违反了《中华人民共和国安全生产法》第四条的规定，依据《中华人民共和国安全生产法》第一百零九条第（二）项的规定，建议给予弘财煤矿处60万元罚款。

七、防范措施建议

（1）弘财煤矿要切实抓好防治水工作。一是健全防治水管理机构，配齐相应人员；二是切实做好隐蔽致灾因素，特别是水害的调查分析工作；三是要认真开展打假工作，特别是针对各类钻孔各环节的打假工作；四是认真开展隐患排查工作。

（2）贵能公司切实加强安全生产管理工作。一是配齐管理人员和相关的技术人员；二是严格管理，对公司内设机构要加大管理力度；督促下属煤矿建立健全安全管理机构、配齐安全管理和技术人员、健全完善安全制度体系，切实加强下属煤矿安全监督检查和安全技术管理。

（3）水城县要切实加强安全生产责任落实年的工作。一是寻求煤炭行业管理的安全监管弱化突出的解决办法；二是要进一步研究安全监管部门如何督促企业落实主体责任；三是政府及部门要加强自身落实监管主体责任工作。通过扎实开展安全生产责任落实年的工作，切实做到煤矿安全生产。

（4）认真吸取弘财煤矿“73”事故教训。一是在全县范围内开展警示教育活动，提高事故警示教育效果，增强矿长等主要负责人、管理人员及广大职工的安全意识。二是督促矿井做好隐蔽致灾因素，特别是水害的调查工作，对水害调查不清的矿井，一律停产（停建）整改。三是督促煤矿设立专职探放水队伍，配齐相关探放水人员。四是督促煤矿各类钻孔按规定施工到位，严格打击作假的行为。

（5）加强驻矿安监员管理。水城县政府、县安监局要按照《省人民政府办公厅关于印发省安全监管局等单位贵州省地方煤矿驻矿安全监管员管理办法的通知》（黔府办发〔2011〕100号）及《省人民政府办公厅关于进一步加强和规范煤矿驻矿安全监管员管理工作的通知》（黔府办发〔2013〕45号）的要求，对驻矿员进行有效管理。

第五节　山西省晋中市寿阳段王集团平安煤业有限公司“10·13”较大水害事故

2016年10月13日8时44分许，山西寿阳段王集团平安煤业有限公司一采区运输上山掘进工作面发生一起较大水害事故，造成3人死亡，直接经济损失329.1万元。

事故发生后，山西省政府主要领导立即对事故抢险和调查工作做出重要批示。山西煤监局、山西省煤炭厅、山西省安监局以及晋中市政府、寿阳县政府主要领导及时赶赴事故现场指导事故抢险。

根据《中华人民共和国安全生产法》《煤矿安全监察条例》《生产安全事故报告和调查处理条例》等法律法规的规定，山西煤矿安全监察局晋中监察分局于2016年10月18日组织晋中市监察局、公安局、煤炭局、总工会及寿阳县人民政府成立了山西寿阳段王集团平安煤业有限公司“10·13”较大水害事故联合调查组，并邀请晋中市人民检察院参加，对这起事故进行了调查。

事故调查组按照科学严谨、依法依规、实事求是、注重实效的原则，通过现场勘察、调查取证、技术认定及综合分析，查清了事故发生的经过和原因，认定了事故性质和责任，提出了对事故责任人、责任单位的处理建议以及防范和整改措施。

一、事故单位基本情况

（一）山西寿阳段王煤业集团有限公司

山西寿阳段王煤业集团有限公司（以下简称“段王集团”）位于寿阳县平舒乡段王村，成立于2010年1月，由原寿阳段王煤化有限责任公司兼并6座煤矿组建而成。

段王集团股东持股情况：冀中能源股份公司持股72%，冀中能源内蒙古有限公司持股1.24%，山西省煤炭运销总公司晋中分公司寿阳县公司持股3.1%，山西省寿阳县国有资产经营有限责任公司持股0.85%，其他持股比例22.81%。

段王集团拥有段王集团本部矿、山西寿阳段王集团平安煤业有限公司、山西寿阳段王集团友众煤业有限公司3个子公司，共有职工4820余人，注册资金1亿元，资产总额34亿元，生产能力合计为4.5 Mt/a。

段王集团安全生产许可证证号：（晋）MK安许证字〔2016〕DQ021Y1B2，有效期为2016年3月31日至2018年11月30日。

（二）山西寿阳段王集团平安煤业有限公司

1. 基本情况

山西寿阳段王集团平安煤业有限公司（以下简称“平安煤业”）位于寿阳县平舒乡平舒村，2009 年 10 月 30 日山西省煤矿企业兼并重组整合工作领导组办公室以晋煤重组办发〔2009〕58 号文批准该矿为兼并重组整合单独保留矿井。平安煤业的主体企业为段王集团，股东持股情况：段王集团持股 51%，山东汉诺联合集团有限公司持股 49%。平安煤业井田面积为 8.4245 km^2，截至 2016 年 9 月，剩余可采储量为 4724 kt。平安煤业属证照齐全有效的生产矿井，设计生产能力 900 kt/a，核定生产能力 760 kt/a。矿井水文地质类型为中等类型，属低瓦斯矿井。

2. 矿井主要系统

（1）开拓系统。矿井采用斜井 - 立井开拓方式，共有主斜井、副立井、回风立井 3 个井筒。矿井有一个采区，布置有运输上山、轨道上山、回风上山 3 条采区巷道。

（2）提升运输系统。矿井主斜井安装 DTL100/2 ×160 kW 型带式输送机，担负矿井煤炭提升任务，副立井安设 JKMD - 3.5 ×4（Ⅲ）E 型提升机，担负矿井人员、矸石、设备运送任务。

（3）通风系统。矿井通风方式为中央并列式，通风方法为抽出式，其中主斜井、副立井为进风，总进风量为 4372 m^3/min，回风立井为回风，总回风量为 4462 m^3/min。

（4）供电系统。矿井采用 35 kV 双回路供电，两回路供电电源分别引自宗艾和平头 110 kV 变电站。

（5）排水系统。矿井正常涌水量为 1440 m^3/d，最大涌水量为 1728 m^3/d。副立井井底设有中央水泵房和主、副水仓。中央水泵房安装 3 台 MD200 - 50 ×6 型耐腐离心泵，主、副水仓有效容量为 2000 m。排水管路为 3 趟 $\phi219 \times 8$ mm 无缝钢管，经副立井井筒到达地面污水处理站。井下各作业地点积水采用潜水泵经 $\phi89 \times 3$ mm 无缝钢管排至采区轨道上山水沟内，沿水沟自流至中央水仓。

（6）安全避险“六大系统”。矿井安装有安全监测监控、人员定位、紧急避险、通信联络、压风自救、供水施救等安全避险系统。

3. 安全管理机构设置及人员配备情况

平安煤业设有董事长、副董事长兼总经理、安全副总经理、生产机运副总经理、总工程师、生产部经理、机运部经理、通防部经理、副总工程师等矿级领导。矿级领导以下实行科、区管理，设有安全科、调度室、技术科、通防科、机电科5个职能科室和运输工区、综采工区、综掘工区、炮掘工区4个生产区队。平安煤业在册职工647人，其中A类安全生产管理人员11人，B类安全生产管理人员34人。

矿井防治水技术管理工作由总工程师负责。在技术科内成立地质防治水组，协助总工程师承办矿井防治水具体技术工作。矿井设立了探放水队，探放水队的行政管理由通防科负责，业务管理由技术科负责。

4. 矿井证照

采矿许可证，证号C1400002009121220050462，有效期至2025年12月17日，批准开采15号煤。工商营业执照，统一社会信用代码91140000719815892H，有效期至2050年1月27日。安全生产许可证，证号(晋)MK安许证字〔2016〕D148，有效期至2019年5月11日，批准开采15号煤。

(三) 事故区域相关情况

1. 井田15号煤层露头及风氧化带

15号煤层露头及风氧化带位于该矿井田内北部，煤层露头被第四系覆盖。第四系由黄土、砂土、亚黏土、黏土及沙砾层组成，主要含水层为底部的沙砾层。沙砾层含2~4层稳定的细—粗砂，总厚度6~25 m，局部为强富水含水层。

2. 事故发生地点

事故发生地点为一采区运输上山掘进工作面迎头（22号测点以北40 m处）。

一采区运输上山掘进工作面附近区域15号煤层厚4.2~4.5 m，平均厚度4.35 m。煤层倾角6°~16°，平均11°，采用EBZ-160型综掘机，沿15号煤层底板，向井田北部掘进。巷道为矩形断面，设计采用锚网梁加锚索联合支护。

事故发生地点煤层倾角约14°，巷道顶板标高为+964.6 m，对应地面标高为+1086.6 m，盖山厚度为122 m。

二、事故发生前安全管理及政府监管情况

（1）平安煤业安全管理情况。平安煤业制定了区队、安全员、业务科室、带班领导隐患排查制度，规定每周四开展一次全矿井安全大检查。平安煤业在事故发生前的隐患排查、安全检查过程中，未发现一采区运输上山掘进工作面的水害隐患。

（2）段王集团安全管理情况。2016年9月至本次事故发生前，段王集团对平安煤业共组织了两次安全检查，共发现9条隐患。其中9月8日发现4条隐患，9月22日发现5条隐患。

（3）寿阳县职能部门相关监管人员履职情况。2016年9月至本次事故发生

前，寿阳县职能部门相关监管人员对平安煤业共进行 3 次安全检查，共发现 10 条隐患。其中：9 月 7 日寿阳县安全监管巡查队（五人小组）发现 4 条隐患；9 月 8 日寿阳县安监局通风技术股和安一股共同对该矿进行防治水检查，发现 2 条隐患；9 月 22 日寿阳县安全监管巡查队（五人小组）发现 4 条隐患。

三、事故发生经过

（一）事故前一采区运输上山掘进面作业情况

10 月 9 日早班，工人在一采区运输上山安装第一根锚索时发现锚索的预紧力不够，打第二个锚索孔时钻孔内有泥沙流出，未拔钻杆，班长李某林命令停止了施工，撤出了人员。

随后，李某林将这一情况电话汇报了区长贾某森。贾某森安排李某林把流出来的沙子带上井让领导查看后再做决定，李某林同时又将这一情况向调度室进行了汇报。

接到汇报后，总工程师曲某战于 10 月 9 日 15 点 30 分带领炮掘工区工程师李某、技术科高某文、安全科王某维到运输上山掘进迎头察看情况。察看后，现场决定停止继续向前掘进。曲正战安排在迎头锚索孔的下方打了 3 根木点柱，在两帮打了护帮木点柱，同时安排回撤设备、打设临时栅栏，也确定了探巷开门（开口）位置。

10 月 9 日技术科下达了探巷开门通知单，当天探巷开始施工。

2016 年 10 月 10 日通防部研究后，决定在 22 号测点以北 22 m 处构筑密闭墙，10 月 11 日中班密闭墙施工完毕。密闭墙结构为木质临时密闭，即在巷道内打了 4 根木点柱，用钉子把木板钉在木点柱上，最后用水泥抹面。

（二）事故经过

10 月 13 日 6 点 30 分，炮掘工区区长贾某森组织当班的工人召开了班前会，36 人参加会议。

小队长孔某印等 11 个人（包括遇难矿工朱某义、贾某生、贺某福）去运输上山和探巷清理巷道。

区长助理张某臣先去找风管、水管，然后也去了运输上山参加清理巷道。

当班安全员是付某喜。

事故发生时，事故区域共有 13 人。

7 点 50 分左右，孔召印等 11 名工人到达运输上山和探巷，开始清巷工作。

7 点 55 分，班长李某林发现密闭墙有水往外流，水的颜色为黄色，立即向队长孔某印进行了汇报，孔某印就立即给炮掘工区打电话，当时接电话是工区卫生员褚某合，因区长贾某不在，孔某印让褚某合告知区长正迎头打密闭的地方流出来的水有点黄，带沙。

8点16分20秒区长贾某森给井下孔某印打电话询问情况，孔某印汇报了现场情况，贾某森让孔召印把现场情况汇报矿调度室。

8点16分46秒、8点23分孔某印两次向调度室进行了汇报：运输上山有出水，并伴有泥沙。

8点13分，当班调度员狄某龙接到炮掘工区区长贾某森电话，说运输上山迎头密闭往外流黄水，记录时他又接到井下孔某印的电话汇报，说运输上山迎头密闭往外流黄水，还有沙。挂断电话后，狄某龙分别给值班领导王某增、张某良和技术科沈某飞、通防科满某元、通防经理李某等人打了电话，又亲自到五楼会议室向正在开会的调度室副主任梁某勇、总工程师曲某战、生产经理张某、安全矿长张某青等人汇报了情况。孔某印向井上汇报了情况后对闭墙进行观察时，区长助理张某臣也走了过来，孔某印向张某臣汇报了情况，张某臣拿一根长约1 m的铁棍向迎头左侧的一条缝里捅了捅，发现那里面没有水，然后又在底板处捅了几下，发现捅不动。

8点25分，井下工人王某亮给贾某森打电话汇报，说水大且浑，贾某森让他把现场情况再向调度室汇报。

8点33分，安全科科长刘某志与区长助理张某臣通了电话，了解了井下现场情况。

88点39分、8点43分安全员付某喜两次给安全科打电话进行了汇报。安全科宋某军接了电话，随后向刘某志做了汇报。

8点44分许，密闭里面“轰”的一声巨响，现场人员大声喊“快跑”，工人们都往外跑。位于运输上山刮板输送机头的贾某生、探巷里的朱某义、运输上山探放水钻场附近的贺某福被泥水流冲倒，遇难。其余10人安全脱险。

事故发生时，总经理邱某来正带领有关人员在井下进行安全大检查，在检查到轨道上山途中，遇见跑出来的工人，得知运输上山发生了事故。

（三）事故抢险救援

事故发生后，晋中市政府立即启动了应急救援预案，组织成立了平安煤业“10·13”事故抢险救援指挥部，抢险救援工作全面展开。

（1）制定搜救方案，监控事故区域情况，修筑补水截流墙。一是责成专人检测、察看、记录现场状况，为制定救援方案提供可靠依据；二是修筑补水截流墙，把不断流出的补给水分流到其他巷道；三是修筑了多道堵水安全墙，确保救援人员的现场安全。

（2）疏通救援通道，采取多头搜救。10 月 14 日开始清淤，快速疏通了 150107 回风联络巷和运输上山之间的通道，开始了双向清淤。

（3）事故抢险救援进展情况：10 月 13 日 14 时 40 分，发现遇难矿工朱传义；10 月 15 日 10 时 40 分，发现遇难矿工贾明生；10 月 17 日 13 时 53 分，发现遇难矿工贺桂福。

截至 10 月 17 日 16 时 35 分，3 名遇难人员全部升井，救援工作结束。

（四）事故报告经过

2016 年 10 月 13 日 8 时 44 分，事故发生。10 月 13 日 9 点 07 分许，安全员付某喜向调度室调度员狄某龙电话汇报了事故情况。当时正在井下进行安全检查的总经理邱某来得知事故发生后，立即组织现场人员撤离并清点人数。约 10 点 35 分，邱某来安排调度室上报事故情况。10 时 40 分，平安煤业向寿阳县政府汇报了事故。11 时 01 分，寿阳县政府向山西煤矿安全监察局晋中监察分局汇报了事故。

（五）事故当班领导带班情况

事故当班由平安煤业总经理助理兼安全副总工程师祁某新带班。祁某新于 10 月 13 日 7 点从副立井下井，检查了中央变电所和中央水泵房，又检查了 15101 回采工作面、15105 工作面联络巷。

8 点 25 分，祁某新去了 150111 回采备用工作面进行检查。9 点 15 分，祁某新行走至 150111 运输巷液压泵站附近，得知运输上山发生事故，立即组织 150111 回采工作面所有人员撤离，随即参与抢险救援。

四、事故现场勘查及技术分析

（一）事故现场勘查

（1）一采区运输上山与轨道上山之间主要有 3 条联络巷，由北向南依次为 150113 运输巷联络巷、150109 回风巷联络巷、150107 回风巷联络巷。

（2）溃泄出的水和泥沙最远到达了 150109 回风巷联络巷和 150107 回风巷联络巷之间的一采区运输上山巷道低洼处。此处距一采区运输上山掘进面迎头约 440 m。截至现场勘查时，巷道内溃出泥沙量约 2480 m^3。

（3）现场勘查时，一采区运输上山巷道内仍不时有溃泄的泥沙流出。

（4）在 3 条联络巷和一采区轨道上山中堆积有清理出的泥沙块、带式输送机、中部槽、锚杆、锚索等，许多清理出的设备发生了扭曲、折弯，可见溃出的泥沙冲击力巨大。

（5）10 月 19 日上午 9 时许地面现场勘查时，地表塌陷东西长约 15.2 m，南北长约 19.5 m，深约 4 m（10 月 13 日事故发生后抢险救援指挥部派人查看，事故地点对应地表未见异常，10 月 19 日早晨才发现事故地点对应地表出现塌陷）。

（二）技术分析

1. 事故地点顶板地质条件分析

根据距事故地点最近的 A38 钻孔的资料以及事故前在巷道顶板施工锚索时揭露的情况综合判断：

（1）事故地点巷道顶板构成：由下至上依次为 1.2 m 厚顶煤、4.5 m 厚基岩，再往上进入沙砾层含水层。

（2）事故地点已接近 15 号煤层露头及风氧化带，顶板基岩层厚度由 A38 钻孔处的 48 m 变薄至 4.5 m，存在剥蚀风化现象（导致顶板打设的锚索预紧力不足）。

2. 沙砾层富水性分析

一采区运输上山位于 15 号煤层 S1 向斜的轴部，向斜两翼地表有太安河和西沟河经过，侧向补给较强，在事故地点上部形成一定的汇水作用；事故地点顶板基岩剥蚀风化且沙砾层较厚，具有一定储水空间，综合判断事故地点上部的沙砾层富水性较强。

3. 溃泄机理分析

水源分析：涌水的水质检测报告显示：pH 值 8.42，溶解性固体含量 360.9 mg/L，水质类型为 $Ca-HCO_3$，表现出明显的第四系水水质特征。

物源分析：井下巷道内溃物成分以砂为主，含泥，根据 A38 钻孔资料及锚索施工揭露情况分析，判断本次事故溃泄物来源于事故地点顶板的风化基岩、松散沙砾层。

溃泄通道分析：事故地点顶板基岩层仅有 4.5 m 厚且已剥蚀风化，顶板强度降低，造成锚索预紧力未达到支护要求，顶板失稳垮落，形成溃泄通道。

（三）事故类型

经事故调查组分析认定，该起事故为水害事故。

五、事故造成的人员伤亡和直接经济损失

本次事故共造成 3 人死亡，直接经济损失 329.1 万元。

六、事故原因和性质

（一）事故原因

1. 直接原因

一采区运输上山掘进工作面接近 15 号煤层风氧化带，顶板基岩厚度变薄至 4.5 m，且已剥蚀风化、强度降低，造成锚索预紧力未达到支护要求，顶板失稳垮落。上部富水性较强的沙砾层经顶板垮落形成的通道溃入井下，导致事故发生。

2. 间接原因

（1）平安煤业地质防治水工作能力不足，对特殊地段 14 地质灾害处置不当。对风氧化带附近沙砾层含水层富水性及危害性的认识不够。10 月 9 日早班，在运输上山掘进施工过程中发现顶板揭露沙砾层，只是做了临时密闭墙，密闭墙没有起到挡水作用，反而起到了“障眼”作用。矿井水文、地质专业人员安全意识淡薄，对特殊地质灾害认识不足。

（2）平安煤业干部职工安全意识淡薄，在重大水害预兆面前未能及时下令撤出作业人员。发现运输上山巷道密闭墙内出现淌黄水、黄泥，并且夹带有沙的事故征兆时，事故现场的班组长、带班区队长只知连续汇报险情，没有组织人员撤离的意识。接到井下封闭巷道淌黄水、泥沙等异常情况汇报后，矿级领导防范意识不强，没有命令现场人员及时撤离。

（3）平安煤业主体安全责任落实不到位。平安煤业对运输上山北部井田风氧化带隐蔽致灾地质因素未探清查明。平安煤业对事故地点接近风氧化带，揭露沙砾石层含水层造成的严重后果认识不清、重视不够。

（4）段王集团监督管理责任落实不到位段王集团对平安煤业地质防治水工作开展情况监督管理不足，指导不够，没有认真履行主体企业安全风险等级管控职责，在事故前的安全检查中未发现一采区运输上山掘进工作面的水害隐患。

（5）寿阳县职能部门相关监管人员监管不到位寿阳县安监局及寿阳县安全监管巡查队的相关监管人员对平安煤业安全生产指导不力，日常监管措施落实不到位，在事故前的安全检查中未发现一采区运输上山掘进工作面的水害隐患。

（二）事故性质

经调查认定，本次事故是一起责任事故。

七、责任划分与处理建议

（一）对事故责任人的处理建议

（1）付某喜，男，45 岁，群众，事故当班安全员，发现事故征兆后，只是向安全科汇报，未及时组织人员撤离，违反了相关安全管理规定，对本起事故的发生应负主要责任。

依据《安全生产违法行为行政处罚办法》第四十五条的规定，建议罚款人民币5000元。

（2）狄某龙，男，26岁，群众，平安煤业事故发生时当班调度员，接到井下事故征兆汇报后，应急处置不及时，违反了相关安全管理规定，对本起事故的发生应负主要责任。

依据《安全生产违法行为行政处罚办法》第四十五条的规定，建议罚款人民币1000元。

（3）贾某森，男，50岁，群众，平安煤业炮掘工区区长，接到井下事故征兆汇报后，应急处置不及时，违反了相关安全管理规定，对本起事故的发生应负主要责任。

依据《安全生产违法行为行政处罚办法》第四十五条的规定，建议罚款人民币10000元。

（4）刘某志，男，56岁，中共党员，平安煤业安全科科长，对运输上山掘进期间出现锚索预紧力不足、揭露沙砾层等情况安全管理不到位，接到井下事故征兆汇报后，应急处置不及时，违反了相关安全管理规定，对本起事故的发生应负主要责任。

依据《安全生产违法行为行政处罚办法》第四十五条的规定，建议罚款人民币10000元。

（5）管某，男，34岁，群众，平安煤业技术科科长，对矿井采掘工作面接近风氧化带区域地质变化认识不足，对事故地点出现锚索预紧力不足、揭露沙砾层等安全隐患未采取有效措施，违反了相关安全管理规定，对本起事故的发生应负主要责任。

依据《安全生产违法行为行政处罚办法》第四十五条的规定，建议罚款人民币3000元。

（6）曲某战，男，48岁，中共党员，平安煤业总工程师，对矿井采掘工作面接近风氧化带区域地质变化认识不足，对运输上山掘进期间出现锚索预紧力不足、揭露沙砾层等安全隐患未采取有效措施，接到井下事故征兆汇报后，重视不足，应急处置不及时，未能正确履行总工程师职责，对本起事故的发生应负重要责任。

依据《安全生产领域违法违纪行为政纪处分暂行规定》第十二条的规定，建议给予撤职处分。

（7）张某青，男，54岁，中共党员，平安煤业安全矿长，对运输上山掘进期间出现锚索预紧力不足、揭露沙砾层等安全隐患未采取有效措施，对运输上山的安全监督检查不到位，应急处置不及时，未能正确履行安全生产管理职责，对本起事故的发生应负重要责任。

依据《安全生产领域违法违纪行为政纪处分暂行规定》第十二条的规定，建议给予撤职处分。

（8）邱某来，男，50 岁，中共党员，平安煤业党总支书记、总经理。主持公司总支委工作，全面负责平安煤业安全生产管理工作，对安全生产责任制落实情况监督检查和应急管理指导不到位，对矿井采掘工作面接近风氧化带区域地质变化认识不足，对运输上山掘进期间出现锚索预紧力不足、揭露沙砾层等安全隐患重视不够，未能正确履行安全生产管理职责；贯彻落实党的安全生产方针不力，未能正确履行党总支书记职责，对本起事故的发生应负重要责任。事故发生后未在规定时间内报告，对事故的迟报应负主要责任。

依据《安全生产领域违法违纪行为政纪处分暂行规定》第十二条、《中国共产党纪律处分条例》第一百二十五条、《生产安全事故罚款处罚规定（试行）》第十一条的规定，建议给予撤职、撤销党内职务的处分，并处上年度收入的 60% 的罚款，计人民币 63171 元。

（9）张某良，男，51 岁，中共党员，平安煤业董事长、法定代表人，安全生产第一责任人。安全管理不到位，对运输上山掘进期间出现锚索预紧力不足、揭露沙砾层等安全隐患重视不够，未能正确履行安全生产管理职责。对本起事故的发生应负重要责任。

依据《安全生产领域违法违纪行为政纪处分暂行规定》第十二条的规定，建议平安煤业董事会免去其董事长职务。矿井有透水征兆情况下未及时撤出井下作业人员，依据《国务院关于预防煤矿生产安全事故的特别规定》第八条第二款、第十条第一款和《煤矿重大生产安全事故隐患判定标准》第九条第（五）项的规定，建议处罚款人民币 60000 元。

（10）杨某仁，男，53 岁，中共党员，段王集团安全生产副总经理，对平安煤业采掘工作面接近风氧化带区域地质变化认识不足，落实集团公司相关安全管理规定不到位，贯彻落实党的安全生产方针不力，对事故发生负有重要责任。

依据《中国共产党纪律处分条例》第一百二十五条、《安全生产违法行为行政处罚办法》第四十五条的规定，建议给予党内严重警告处分，并处罚款人民币 3000 元。

（11）白某民，男，55 岁，中共党员，段王集团总工程师兼技术部部长，对平安煤业采掘工作面接近风氧化带区域地质变化认识不足，技术管理指导不够，落实集团公司相关安全管理规定不到位，贯彻落实党的安全生产方针不力，对事故发生负有重要责任。

依据《中国共产党纪律处分条例》第一百二十五条、《安全生产违法行为行政处罚办法》第四十五条的规定，建议给予党内警告处分，并处罚款人民币3000元。

（12）沙某勤，男，52岁，中共党员，段王集团董事长兼总经理，全面负责集团安全生产工作，未能及时发现集团公司有关职能部门工作中存在的漏洞，对所属平安煤业安全生产管理职责履行不到位，对事故发生负有重要责任。

依据《安全生产领域违法违纪行为政纪处分暂行规定》第十二条、《安全生产违法行为行政处罚办法》第四十五条的规定，建议给予行政警告处分，并处罚款人民币5000元。

（13）张某发，男，45岁，群众，寿阳县安监局驻矿特派员。对平安煤业日常监管不到位，在事故防范工作中有漏洞，对事故发生负有重要责任。

依据《安全生产领域违法违纪行为政纪处分暂行规定》第八条、第十七条的规定，建议给予记过处分。

（14）张某生，男，40岁，群众，寿阳县政府五人小组队员。对平安煤业日常监管不到位，在事故防范工作中有漏洞，对事故发生负有重要责任。

依据《安全生产领域违法违纪行为政纪处分暂行规定》第八条、第十七条的规定，建议给予记过处分。

（15）李某宁，男，55岁，中共党员，寿阳县安监局总工程师，负责全县煤矿安全生产监督管理、防治水技术管理工作，对平安煤业风氧化带采掘作业业务指导不到位，在事故防范工作中有漏洞，对事故发生负有重要领导责任。

依据《安全生产领域违法违纪行为政纪处分暂行规定》第八条的规定，建议给予行政警告处分。

（二）对责任单位的处理建议

（1）按照山西省人民政府办公厅“晋政办发〔2012〕34号”文件规定，责令平安煤业实行整顿恢复机制。

（2）平安煤业发生一起较大责任事故，依据《生产安全事故罚款处罚规定》（试行）第十五条第（一）项的规定，建议给予平安煤业罚款人民币69万元的行政处罚。

（3）本起事故发生后，平安煤业未能在规定的1小时内向有关部门报告事故，违反了《煤矿生产安全事故报告和调查处理规定》第十条第一款的规定，依据《煤矿安全监察条例》第四十六条第一项，建议给予平安煤业罚款人民币10万元的行政处罚。

（4）平安煤业在有透水征兆情况下，未及时撤出井下作业人员，依据《国务院关于预防煤矿生产安全事故的特别规定》第八条第二款、第十条第一款和《煤矿重大生产安全事故隐患判定标准》第九条第（五）项的规定，建议处罚款人民币 200 万元。

八、防范和整改措施及建议

煤矿企业和有关单位必须严格遵守安全生产法律法规及有关规定和要求，坚持“安全第一、预防为主、综合治理”方针，强化安全生产“红线”意识，牢固树立以人为本、安全发展的理念，落实生产安全责任，加强安全管理，促进煤矿生产安全健康、稳定发展。为深刻吸取事故教训，举一反三，查找生产安全漏洞，完善相关管理措施，有效防范和遏制生产安全事故，提出如下措施建议：

（1）平安煤业要牢固树立安全“红线”意识，切实落实煤矿企业安全生产主体责任。平安煤业要进一步强化安全第一的责任意识，坚持以人为本、安全发展的理念，强化企业安全生产主体责任落实。完善安全生产制度，健全矿井水害等重大灾害治理责任制。各级管理人员和职工要认真履行岗位职责，自觉做到按制度管理、依程序办事、照措施执行，切实做到不安全不生产，不安全不作业。

（2）平安煤业要进一步加强技术管理，进一步做实水害防治基础工作。平安煤业要立即制定科学有效措施，封堵事故发生巷道。在未查明风氧化带确切位置及附近沙砾层富水情况前，停止在煤层露头及风氧化带附近所有的采掘活动。通过地表踏勘、钻探工程、物探等手段，对井田内煤层露头及风氧化带位置范围进行量化确定，查明致灾地质因素，进行开采安全性评价，消除灾害隐患。补充水文勘探工程，进一步查明沙砾层含水层富水性并分析其补给径流排泄条件。加强封闭不良钻孔的调查工作，对封闭不良或不清的钻孔，留设保护煤岩柱。对顶板特殊地段加强支护。进一步完善防治水机构，增加地质专业技术人员，做好全员地质防治水技术培训工作，提高全员防治水意识，制定完善防突水应急预案，并做好井下突水的识别和撤人措施的应急演练。按规定要求落实探放水工作，在有效物探的基础上，编制有目的性和针对性的钻探设计，并认真执行。加强对矿井隐蔽致灾因素的探查和评价，强化安全风险等级管控，防治类似事故发生。

（3）平安煤业要加强安全培训教育，提升干部职工的灾害征兆辨识能力和应急处置能力。平安煤业要强化对干部职工的安全培训，提升全员业务素质和安全防范意识，增强干部职工的水害预兆辨识、水害防治和应急处置能力。要建立健全应急管理制度，完善应急预案，加强应急队伍建设，配备足够的应急物资、装备和设施。要结合矿井实际灾害情况，组织开展有针对性的应急知识培训和应急演练。事故发生后要及时、如实向上级有关部门报告事故情况。

(4) 段王集团要强化安全和技术管理，全面排查同类事故隐患。段王集团要高度重视煤矿安全生产工作，加强对整合矿井、水患严重矿井的日常安全管理工作，强化对煤矿水文地质等业务管理与技术指导，要结合煤矿安全生产实际情况，认真履行主体企业安全风险等级管控职责，全面排查事故隐患。

(5) 寿阳县职能部门相关监管人员要着力增强安全生产责任意识，认真落实监管职责。寿阳县职能部门相关监管人员要着力增强安全生产责任意识，认真履行监管职责，不断提高业务素质，提升安全监管实效，更大限度发挥安全监管作用。对与平安煤业地质条件相似的煤矿进行全面排查，严防类似事故的发生。

第六节　山西省朔州市平鲁区易顺煤业有限公司“11·2”一般水害事故

2016年11月2日3时46分，山西朔州平鲁区易顺煤业有限公司（简称“易顺煤业”）9103轨道巷掘进过程中发生一起透水事故，造成2人死亡，2人受伤，直接经济损失704万元。

依据《中华人民共和国安全生产法》《煤矿安全监察条例》《生产安全事故报告和调查处理条例》和山西省人民政府安全生产委员会下发的晋安督字〔2016〕11号文件“关于对朔州市平鲁区西易集团易顺煤矿‘11·2’透水事故挂牌督办的通知”等法律法规规定，2016年11月7日，朔州煤矿安全监察局组织平鲁区监察局、公安局、煤炭局、安监局、总工会成立了易顺煤业“11·2”透水事故联合调查组（简称“事故调查组”），并邀请平鲁区人民检察院派员参加，还聘请了3名防治水专家组成专家组协助调查。

事故调查组按照“科学严谨、依法依规、实事求是、注重实效的原则”，通过现场勘察、调查取证、技术鉴定，查清了事故发生的经过和原因，认定了事故性质和责任，提出了对有关责任人员、责任单位的处理建议，制定了防范措施，形成了事故调查报告。

一、事故单位基本情况

（一）山西西易能源集团股份有限公司

山西西易能源集团股份有限公司（简称西易集团）是山西省朔州市平鲁区一个以煤炭为主导产业的大型企业集团公司。公司成立于1998年，前身是山西平朔安家岭西易煤矿有限公司，2008年改制成山西西易能源集团股份有限公司，资产总额40.6亿元，在册人员2455人。

2009 年全省煤矿兼并重组以来，西易集团作为平鲁区地方煤炭企业成为兼并主体，兼并了七座煤矿，形成了三座新的大型机械化矿井，分别是西易煤矿、易顺煤业、党新煤矿，井田面积 13.67 km^2，地质储量 457 Mt，三座煤矿设计生产能力 4.2 Mt/a。其中西易煤矿井田面积 2.5892 km^2，设计生产能力为 0.9 Mt/a；易顺煤业井田面积为 5.7318 km^2，设计生产能力为 1.8 Mt/a；党新煤矿井田面积为 5.3421 km^2，设计生产能力为 1.5 Mt/a。三座煤矿证照齐全，合法有效，全部为正常生产矿井。

西易集团安全生产许可证证号为（晋）MK 安许证字〔2015〕XQ031Y1，有效期为 2015 年 4 月 7 日至 2018 年 4 月 6 日。

（二）山西朔州平鲁区易顺煤业有限公司

1. 矿井基本情况

根据 2009 年 11 月 8 日山西省煤矿企业兼并重组整合工作领导组办公室《关于朔州平鲁区森泰煤业有限公司等四处煤矿企业兼并重组整合方案的批复》（晋煤重组办发〔2009〕81 号）文件，批准易顺煤业为单独保留矿井；2012 年 11 月 20 日山西省国土资源厅颁发了证号为 C1400002009111220044139 的采矿许可证，井田面积为 5.7318 km^2，设计生产能力为 1.2 Mt/a，开采煤层 4 ~ 11 号；2013 年 12 月 17 日山西省煤炭工业厅《关于山西朔州平鲁区易顺煤业有限公司 1.2 Mt/t 兼并重组整合项目竣工验收的批复》（晋煤办基发〔2013〕1760 号）文件批复了竣工验收；2014 年 1 月 26 日山西煤矿安全监察局和 2014 年 3 月 13 日山西省煤炭工业厅先后颁发了证号为（晋）MK 安许证字〔2014〕X138 的安全生产许可证和编号为 201401032139 的煤炭生产许可证；山西省工商行政管理局颁发了证号为 91140000111473 45XA 的营业执照，其证件均在有效期。

2014 年 6 月 4 日，山西省煤炭工业厅《关于山西朔州平鲁区易顺煤业有限公司等两座煤矿核定生产能力的批复》（晋煤行发〔2014〕716 号），核定生产能力为 1.8 Mt/a。

2014 年 9 月 1 日，山西省煤炭工业厅《关于山西朔州平鲁区易顺煤业有限公司煤层配采的批复》（晋煤行发〔2014〕1061 号）批复了该项目；2015 年 1 月 8 日，山西省煤炭工业厅《关于山西朔州平鲁区易顺煤业有限公司矿井 4 号、6 号、9 号煤层配采项目初步设计的批复》（晋煤办基发〔2015〕16 号）批复了初步设计；2015 年 2 月 16 日，朔州煤矿安全监察局《关于对〈山西朔州平鲁区易顺煤业有限公司矿井 4 号、6 号、9 号煤层配采安全设施设计〉（修改版）审查的批复》（朔煤监字〔2015〕12 号）批复了安全设施设计；2015 年 9 月 18 日，朔州市煤炭工业局《关于山西朔州平鲁区易顺煤业有限公司煤层配采项目开工建设的批复》(朔煤发〔2015〕147 号) 批复了开工建设，建设工期 14 个月。

根据《山西省煤炭工业厅关于朔州市 2015 年度矿井瓦斯等级鉴定结果确认的通知》(晋煤瓦发〔2016〕55 号) 文批复，全矿井绝对瓦斯涌出量 1.70 m^3/min，相对瓦斯涌出量为 0.49 m^3/t，为瓦斯矿井；矿井自然倾向性等级为Ⅱ级，煤层自燃发火期 6 个月。矿井水文地质类型中等，矿井正常涌水量 81.44 m^3/h，最大涌水量 83.88 m^3/h。

易顺煤业有 5 名矿级领导，包括矿长、总工程师、安全副矿长、生产副矿长、机电副矿长，下设安监部、调度室、生产技术部、地测防治水部、机电部 5 个职能科室。煤矿设立了由矿长为主要负责人的防治水领导机构，总工程师具体负责防治水技术管理工作，另配备有地测防治水副总工程师，地测防治水部负责矿井防治水具体工作。矿井在籍总人数为 372 人。

2. 生产系统

(1) 井田开拓。矿井为兼并重组后的生产矿井，采用斜井立井混合开拓方式，联合布置，共布置有 4 个井筒，即主斜井、副斜井、行人斜井和回风立井，井下设有 1 个开采水平，水平标高 +1280 m，开采深度为 182 m。现开采 4 号煤层，在 4 号煤层布置 1 个综放工作面 4100 和一个准备工作面 4106。采煤方法为倾斜长壁后退式，采用全部垮落法管理顶板，采掘生产实现了 100% 机械化作业。

9 号煤层处于施工建设中，井下根据初步设计中的 9 号煤层井田开拓方式平面图共划分为一采区、二采区、三采区 3 个采区，首采面和备用面布置在一采区为 9101 综采放顶煤工作面、9102 综采放顶煤备用工作面。两个掘进工作面为 9 号集中回风大巷掘进工作面、9103 轨道巷掘进工作面。

发生透水事故的 9103 轨道巷掘进工作面位于 9 号煤层二采区，开口坐标：$X=4380716$；$Y=19617318$；$Z=1152$。

(2) 提升运输系统。主斜井井筒净宽 4.8 m，斜长 $L=541$ m，净高 3.8 m，装备一台带宽为 1000 mm 的钢丝绳芯带式输送机，担负全矿井原煤提升任务。

副斜井装备 1 台单滚筒 JK-3/31.5 型提升机，功率 450 kW，采用单钩串车提升，担负全矿井运料提升任务。

行人斜井装备 1 台 RJY37-24/485 架空乘人装置，驱动电机功率为 37 kW，担负矿井人员上下任务。

回风立井井径 5.0 m，安装 FBCDZ618-No.26 型对旋轴流式通风机两台，功率 2×250 kW，担负矿井回风任务。

井下大巷及工作面顺槽煤炭运输均采用带式输送机，主斜井带式输送机提至井口后，再经带式输送机转载进入筛分间。井下辅助运输采用无极绳连续牵引车或调度绞车牵引 1.0 t 系列矿车运输方式。

（3）通风系统。矿井通风方式采用中央分列式，风机工作方法为机械抽出式。回风立井安装 FBCDZ618 – No. 26 型对旋轴流式通风机两台，功率 2 ×250 kW，均为一台工作、一台备用。

（4）供电系统。在矿井工业场地内建一座 35/10.5 kV 变电站，两回 35 kV 电源分别架空引自木瓜界 110 kV 变电站和井坪 110 kV 变电站 35 kV 母线，两回线路分列运行，一回工作，一回（带电）备用。

（5）排水系统。矿井在副斜井井底车场设有中央水泵房及中央水仓。主副水仓容量为 1000 m^3，中央水泵房装备三台 MD155 – 30 ×9 型多级离心泵，主排水泵有效排水量为 108 m^3/h，其中 1 台工作、1 台检修、1 台备用。两趟排水管 ϕ159 ×6 mm 型无缝钢管经管子道，沿主斜井井筒敷设至地面井下水处理站调节池。

在回风立井底附近布置 9 号煤采区水泵房、水仓，水仓容量 500 m^3，采区水泵房安装 1 台型号为 MD155 – 30 ×9 的多级泵，3 台 MD85 – 45 ×6 多级泵，排水泵有效排水量为 60 m^3/h，敷设两趟 ϕ159 管路经 4 号轨道、1280 轨道大巷排至中央水仓。

9103 轨道巷安装 7.5 kW 潜水泵，敷设一趟 ϕ75 管路经 9 号集中轨道下山巷、+1280 m 水平轨道大巷，排至中央水仓。

（6）紧急避险系统。矿井安装有监测监控、人员定位、紧急避险、通信联络、供水施救和压风自救等安全避险系统。

（三）矿井证件情况

（1）采矿许可证，编号 C1400002009111220044139，有效期从 2012 年 11 月 20 日至 2042 年 11 月 20 日。

（2）安全生产许可证，编号（晋）MK 安许证字〔2014〕X138，有效期从 2014 年 1 月 26 日至 2017 年 1 月 26 日。

（3）企业法人营业执照，编号 9114000011147345XA，经营期从 1991 年 10 月 26 日至 2017 年 1 月 26 日。

（四）矿井水文地质与探放水情况

1. 地质构造

井田位于平朔矿区西北部，地面基本为黄土所覆盖，仅南北边界附近沟内有零星二叠系下石盒子组基岩出露。根据钻孔揭露情矿看，井田内发育有一组宽缓背向斜构造，其中木瓜界背斜由井田西南角斜穿而过，其轴向为北西 – 南东向，背斜轴在井田内延伸长度约1200 m。此背斜两翼地层倾角宽缓，一般不超过5°。在井田东部则有东坡向斜穿过，其轴向近南北向，向斜轴呈“S”形延展，井田内长度为1300 m。向斜两翼地层倾角在3°以下。另外在井田西北边号附近还发现一条小型短轴背斜，轴向北北东，井田内延伸高度为1400 m。

井田内未发现断层、陷落柱等其他构造现象，总体属“简单构造”。

2. 矿井水文地质

1）地表河流

井田地表无常年性河流，仅雨季沟谷中有短暂洪水排泄。

2）井田含水层

（1）奥陶系灰岩岩溶裂隙含水层。井田范围奥灰灰岩未有出露，位于井田南部边界外的S401号孔揭露灰岩59.20 m，底部发育的节理裂隙均被方解石脉充填。该孔未进行抽水试验，仅测得奥灰水位标高为1105.06 m。

（2）太原组砂岩裂隙含水层。本组地层由上至下可分为4个含水层段：

①9号煤层间含水层段。岩性以中粗砂岩为主，中细砂岩次之，厚1.50～15.41 m，砂岩裂隙孔隙比较发育，多数钻孔在该层段漏水，是4号煤层底板直接充水含水层段。

②9号煤顶板砂岩裂隙含水层段。该含水层段全区赋存，为区域性主要含水层，也是9号煤顶板直接充水含水层段。其岩性为中粗砂岩，局部为细砂岩，厚度6～30 m，含水层厚度大，裂隙发育，且有水蚀空洞。据调查，井田西侧双碾矿采9号煤层时，顶板冒落带裂隙顶板涌水，涌水量为500～700 m^3/d；位于木瓜界村南大漠沟煤矿，开采9号煤层时巷道顶板涌水，涌水量为100～1440 m^3/d，据水1号孔抽水试验资料，单位涌水量0.54 L/(s·m)，富水性中等。

③9～11号煤之间砂岩段：岩性主要为中细砂岩，局部为粗砂岩、沙砾岩，分布广泛，含水层厚度0.7～10.8 m，一般厚度2～5 m，是11号煤层顶板直接充水含水层。

④11号煤底板砂岩裂隙含水层段：岩性为中砂岩、细砂岩，厚3～15 m，为太原组次要含水层段。

据安3号钻孔和S702号孔对太原组进行抽水试验，降深4.7 m，q=0.0511～0.2127 L/(s·m)，K=0.1121～0.4311 m/d，静止水位1306.12～1317.03 m。太原组为富水性弱－中等含水层。

（3）山西组砂岩裂隙含水层段。含水层岩性为粗砂岩、中细砂岩，系砂岩裂隙含水，本组赋存2～3层中粗砂岩，厚13.00～19.00 m，上部砂岩含水层分布不稳定，呈透镜体状，底部K3砂岩赋存较为稳定，厚2.0～10.0 m。井田西南部山西组地层埋藏较浅，上部风化裂隙较为发育，易接受大气降水补给，在地形低洼处，地下水汇集，富水性中等。

3）充水因素分析

根据井田水文地质条件和本矿实际涌水情况综合分析，本矿井充水因素主要有以下几个方面：①顶板和井筒渗水。由于煤层上覆含水层富水性不强，顶板和井筒渗水量均不大，据本矿开采情况，井下涌水量为 1000 ~ 2400 m^3/d，一般不会影响矿井正常生产。②采空区积水。井田内 4 号、9 号煤层分布有大片采空区和古空区，存有不同程度积水，据山西同地源地质矿产技术有限公司 2010 年 1 月提供的《采（古）空区积水、积气及火区抽查报告》估算结果，共分布 6 处积水量，合计积水 189100 m^3。将来临近采空区开采，应重新进行探测和疏排，以免影响正常生产。

3. 井田水文地质类型

井田位于平朔矿区的北部，为黄土丘陵区，地表为第四系黄土覆盖，大气降水渗入条件差。井田 4 号、9 号、11 号煤层直接充水含水层为山西组、太原组砂岩裂隙含水层，其富水性大多较弱，局部中等。本区奥灰水位标高 1105.06 m，在井田东部向斜轴部局部地段奥灰水位高于 9 号、11 号煤层底板标高，分布少量带压开采区。

经采用奥灰突水系数公式 $T_s = P/M$ 计算，9 号煤层底板标高最低处（1066 m）其奥灰突水系数为 0.014 MPa/m，11 号煤层底板标高最低处（1050 m）其奥灰突水系数为 0.019 MPa/m，均小于构造破坏地段临界突水系数经验值 0.06 MPa/m，在无导水构造沟通情况下不存在奥灰突水威胁。综合分析认为井田水文地质条件类型属中等类型。

4. 事故地点及相邻区域情况

9103 轨道巷位于 9 号煤层的二采区，9103 轨道巷位于 9 号输送带下山 310 m 处，设计长度为 600 m，已掘 53 m，巷道净宽 4.0 m，净高 3.2 m，断面形状为矩形，净断面面积 12.8 m^2。据最近的 219 号钻孔资料，该处煤层厚度 9.8 m，与 4 号煤层层间距 55 m。该巷道沿煤层底板布置，坡度为 +6°，临时支护采用前探梁支护，永久支护方式为"锚网索"支护。

该巷道南侧为工作面保护煤柱，北侧为 9103 工作面实体煤，东侧为 9 号煤输送带下山，西侧为原北二顺两条老巷道。

5. 探放水执行情况

该矿矿井防治水工作由矿地测防治水部具体负责。总工程师负责矿井防治水技术管理工作，设防治水副总工程师 1 人，防治水专业技术人员 2 人，探放水工

13人。探放水钻机ZDY1650型4台，ZDY1200S型2台。根据9103掘进工作面探放水现场资料，该工作面采用物探结合钻探的方式进行探放水。

2016年10月24日，9103掘进工作面开始掘进前采用YCS150瞬变电磁仪先期进行了物探探查工作，探查结果显示该掘进工作面前方60～120 m处低阻异常，需进行钻探验证工作。

根据该矿《9103轨道巷掘进探放水施工设计及安全技术措施》，9013轨道巷掘进工作面共设计钻孔5个，1号钻孔为顶孔，方位角为270°，角度为+18°，长度为84 m、2号钻孔为中孔，方位角为270°，角度为+6°（平行于煤层倾角），长度为80 m、3号钻孔为底孔，方位角为270°，角度为-9°，长度为82 m、4号钻孔为左帮孔，方位角为253°，角度为+6°（平行于煤层倾角），长度为84 m、5号钻孔为右帮孔，方位角为287°，角度为+6°（平行于煤层倾角），长度为84 m。

（五）事故发生前安全管理及政府监管情况

西易集团安监部、防治水部、生产技术部对易顺煤业每周至少检查一次。

平鲁区井坪镇安监站对易顺煤业每周至少检查一次，并派驻2名安监员每日24小时驻矿监督检查，驻矿安监员每半年轮岗一次。2016年10月8日轮岗后至事故发生前，平鲁区井坪镇安监站对易顺煤业检查了4次并下达执法文书，共查出19条问题。

平鲁区煤炭工业局对易顺煤业实行了安监员包保安全监管责任制和五人小组安全监管责任制，五人小组安全监管片区和包矿安监员每年轮换一次。2016年9月18日轮换后至事故发生前，五人小组先后5次对该矿下达执法检查文书，共查出27条问题。

二、事故发生经过及应急处置

（一）事故发生经过

2016年11月1日22时30分，掘进二队在会议室点名并召开班前会。会议由掘进二队队长孙某主持，会议安排掘进二队4人入井作业，分别为李某华（班长，掘进机司机）、郭某超（支护工）、郭某利（带式输送机司机）、张某财（清煤工）。班长李某华在本班掘进工作面进行短探和接风、水管路，加强支护质量，巷道成型以及相关安全事项。22时45分，掘进二队人员入井，在9号集中轨道下山巷口等待支护等材料运往9103轨道巷，4人大约零点到达工作面。李某华、郭某利、张某财三人打短探，大约用了一小时后，班长开始开掘进机。大约掘进2 m，突然听见张某财喊了一声，看到掘进工作面迎头有水流出，当时水不大，但是瞬间加大，发生了本次透水事故。

（二）事故应急处置

11月2日3时46分郭某超报告调度9103轨道巷掘进发生透水事故，矿方立即组织人员进行排水搜救。核实该工作面当班作业共4人，郭某超、李某华已安全升井。同时摸清升井人员，经核实当班入井75人，安全升井73人，事故造成张某财和郭某利2人被困。

11月2日8时30分，9号输送带下山、9号轨道下山排水系统恢复正常，开始排水。11月4日凌晨，在9号层胶带下山230米隔爆水棚处，安全副矿长杨某斌发现一名被困人员（张某财），发现时该人员已无生命迹象。

11月4日凌晨3时左右，平鲁区煤炭工业局接到事故通知，与矿联系核实情况后，会同平鲁区矿山救护队于4日4时30分到矿展开救援工作。

11月4日5时30分王某杰常务副区长赶到现场，向已经在救援现场的区长助理王某富和煤炭局局长雷某儒了解事故情况和现场救援情况并指挥救援。5时50分马某文区长赶赴现场，组织成立抢险救援指挥部。由区委常委、常务副区长王某杰任总指挥，区政协副主席、区人民医院、中医院执行院长赵某忠、区长助理王某富、区煤炭工业局局长雷某儒、区政府办副主任赵某任副总指挥，区公安、安监、新闻中心、煤炭工业局、国土资源局、井坪镇政府、西易能源集团、易顺煤业等单位相关人员任成员，组织抢险救援。9时，中煤平朔矿山救护队、朔州救护大队赶到现场增援。同时派潜水员进入9号输送带下山潜水搜索40 m，未搜索到最后一名被困人员。在此期间又增设了排水泵、排水管，加快了排水和清理巷道淤泥进度。

11月6日20时20分，参加事故抢险救援的党新煤矿人员张某水，在9号输送带下山巷460 m处，发现被困人员郭某利（带式输送机司机），发现时被困人员已遇难，21时50分遇难者升井。2016年11月6日21时50分现场抢险救援工作结束。截至救援结束，共排水量约8000 m^3。

（三）事故报告

2016年11月2日3时46分发生事故，11月4日3时30分，易顺煤业调度室主任朱某华将事故简要情况上报至平鲁区煤炭工业局，11月4日5时15分平鲁区煤炭工业局上报至朔州煤矿安全监察局。

三、事故现场勘察、技术分析及事故类别

（一）现场勘察

（1）在9号输送带下山巷口往里210 m处为透水后水位最高淹没线。

（2）在9号输送带下山与9号轨道下山联络巷巷口16 m处发现被水推动了34 m的掘进机，掘进机上堆积有大煤块。

（3）9103轨道巷被水冲出许多老巷道坑木，其中最长一根为5.4 m。

（4）在9103轨道巷内有淤泥堆积，堆积物距离巷道顶仅有1.35 m，堆积物厚度达近2 m；透水点附近顶板破碎严重。

（5）在透水口处，可看到掘进巷与旧巷道已经塌通，该位置9103轨道巷的顶与古空巷的底之间仅有1.5 m。

（6）发现左帮探放水孔在9103轨道巷开口6 m处和9号轨道下山东帮9.3 m及西帮10.9 m处的探放水孔痕迹。

从现场勘察情况看，透水位置明显，冲淹巷道痕迹明显，水流方向明确，冲击破坏力较强。

（二）技术分析

（1）对9号煤层上部老空水水害分析、防治重视不够。易顺煤业全井田各煤层以+1280 m一个主水平开采，发生透水事故的9103轨道巷掘进工作面位于9号煤层，在9103轨道巷透水点上方存在一条本矿2008年（原井木煤矿）沿9号煤层顶板掘进的走向南北北翼回风巷。巷道断面宽2.5 m，高2.0 m。另据山西同地源地质矿产技术有限公司2014年6月编制的《山西朔州平鲁区易顺煤业有限公司煤矿生产地质报告》9号煤层矿井充水性图，该区域有大片古空区，古空区东部沿1160底板等高线有37075 m^2积水区，估计积水量69219 m^3，这些采空区及老巷道均为原井木煤矿所留，矿方对9号煤层采空区、老巷道中积水给9103轨道巷掘进工作面带来的严重威胁认识不足，对老空水水害分析防止重视不够，给9103轨道巷掘进工作面安全掘进工作埋下了隐患。

（2）探放水设计针对性不强，探放水规定落实不到位。该矿9103轨道巷水害主要为原井木煤矿北翼回风巷邻近北翼进风巷西侧为原井木煤矿北二顺两条老巷道和一个采空区，这些老巷道和采空区形成时间长。矿上在进行探放水时，一是对9号煤层充水性图上明确显示的9103轨道巷上方的两条老巷道，只设计了一个探水钻场，施工了5个探水孔，而且在未探到老巷道情况下，没有继续探查，给9103轨道巷掘进留下了安全隐患；二是对9103轨道巷掘进工作面上方9号煤层北翼老巷道在设计与实际施工中的钻孔密度达不到探放水规定要求，存在探查盲区；三是在掘进9103轨道巷进行超前物探时探查结果显示该掘进工作面前方60～120 m处低阻异常。综上所述，矿上未严格执行“预测预报、有掘必探、先探后掘、先治后采”原则，水害分析不全面，探放水措施针对性不强，探放水规定落实不到位，造成工作面掘进前未能探明上覆老空（巷）积水情况，从而使 9103 轨道巷工作面掘进作业受到水害直接威胁。

（3）对作业现场出现的透水征兆未引起足够重视。现场作业和相关管理人员安全意识不强，对存在的透水征兆辨识能力差，警惕性不高，水害防范意识淡薄，未能引起警觉和足够重视而停止作业。

（三）事故类别

经事故调查组分析认定，该起事故为透水事故。

四、事故人员伤亡情况和直接经济损失

经调查核实，本次事故共造成 2 人死亡，2 人受伤，直接经济损失 704 万元。

五、事故原因和性质

（一）事故原因

1. 直接原因

探放水工作不到位。在 9103 轨道巷掘进工作面上方 1.5 m 处有原井木矿 2008 年形成的北翼回风巷，巷道内有大量积水，在采掘活动和上覆水压力的扰动下，隔离煤层垮塌，造成透水事故。

2. 间接原因

（1）易顺煤业对探放水技术工作重视不够，落实不到位。在已知 9103 轨道巷掘进工作面上前方存在原井木煤矿（资源整合前名称）旧巷道，且物探显示存在低阻异常区后，没有针对旧巷道编制专门探放水设计，也未进行加密探放水工作。在未探到该巷道情况下，盲目施工作业。

（2）矿井日常安全管理混乱，防治水技术人员配备不足。该矿防治水副总，同时兼任地测科科长和探放水队队长，日常防治水工作管理不到位；4 号、9 号煤层每班共配备 2 名安检工，9103 轨道巷掘进工作面事故当班无安检员到现场排查隐患，无跟班队长带班作业。现场交接班制度执行不到位。

（3）安全培训不到位，安全防范意识淡薄。员工安全培训教育不到位，日常培训针对性不强；防治水管理人员数量不足，专业素质不高，对水害威胁认识不够；现场作业人员水害防范意识淡薄，对透水征兆辨识能力差。

（4）劳动用工管理混乱。2013 年 2 月 20 日易顺煤业与山东华新签订了为期 3 年的组团式经营管理承包合同，2016 年 2 月 20 日合同到期后，未与易顺煤业重新签订劳动用工合同。西易集团没有及时督促易顺煤业与员工签订劳动用工合同。

(5) 西易集团日常安全管理松懈，安全责任制度监督落实不到位，安全管理存在盲区。对易顺煤业9103轨道巷掘进工作面探放水技术工作指导不力，对探放水设计不合理的情况失察。未及时督促易顺煤业9号煤层开采设计和安全设施设计变更后按相关规定报批；对易顺煤业探放水工和安检工等特种作业人员未能持证上岗情况监管不力。

(6) 平鲁区人民政府煤矿安全监管部门对西易集团及易顺煤业安全生产工作监管不力。

(二) 事故性质

经调查认定，本次事故是一起责任事故。

六、事故责任认定与处理建议

(一) 对事故责任人的处理建议

1. 建议移送司法机关处理的责任人员

(1) 李某华，男，34岁，群众，易顺煤业综掘二队9103轨道巷掘进工作面事故当班班长，9103轨道巷掘进工作面事故当班安全生产第一责任人。现场安全管理不到位；未认真执行探放水制度；未及时发现透水征兆并命令作业人员撤出作业地点。对事故发生负有直接责任。涉嫌重大责任事故罪，建议移送公安机关立案侦查。

(2) 徐某，男，38岁，群众，易顺煤业防治水副总工程师、地测科科长、探放水队队长，全面负责易顺煤业防治水工作。编制的《9103轨道巷掘进探放水施工设计及安全技术措施》不合理；在已知9103轨道巷掘进工作面前方存在原井木煤矿（资源整合前名称）旧巷道，且物探显示存在低阻异常区后，未按规定提出水文地质情况分析报告和水害防范措施，未及时调整探放水设计，未按《防治水规定》第九十四条第一款要求加密布置钻孔进行验证；安排无特种作业人员证件的探放水工进行探放水；未及时对综掘二队下达停止掘进通知单。对事故发生负有直接责任。涉嫌重大责任事故罪，建议移送公安机关立案侦查。

(3) 赵某刚，男，47岁，群众，易顺煤业总工程师，易顺煤业技术管理工作第一负责人。对《9103轨道巷掘进探放水施工设计及安全技术措施》把关不严；在已知9103轨道巷掘进工作面上前方存在原井木煤矿（资源整合前名称）旧巷道，且物探显示存在低阻异常区后，未督促地测防治水部按规定提出水文地质情况分析报告和水害防范措施，未督促防治水技术人员及时调整探放水设计，未督促探放水队按《防治水规定》第九十四条第一款要求加密布置钻孔进行验证；未及时对综掘二队下达停止掘进通知单；未及时向相关部门报批该矿9号煤层开采设计和安全设施设计变更；对事故发生负有直接责任。涉嫌重大责任事故罪，建议移送公安机关立案侦查。

（4）元某贵，男，45 岁，中共党员，易顺煤业董事长，主要负责监管“六长”的日常工作。对易顺煤业未与员工签订劳动用工合同监督落实不到位；发生事故后故意迟报，对事故发生负有直接责任，涉嫌重大责任事故罪，建议移送公安机关立案侦查。

（5）康某，男，53 岁，中共党员，平鲁区井坪镇安监站易顺煤业驻矿安监员。未认真履行工作职责；对易顺煤业存在的安全隐患问题未能及时发现并监督消除，存在监管上的渎职行为。因涉嫌玩忽职守罪，建议移送检察机关立案侦查。

（6）刘某，男，38 岁，群众，平鲁区井坪镇安监站易顺煤业驻矿安监员。未认真履行工作职责；对易顺煤业存在的安全隐患问题未能及时发现并监督消除，存在监管上的渎职行为。因涉嫌玩忽职守罪，建议移送检察机关立案侦查。

（7）宁某强，男，31 岁，群众，平鲁区煤炭工业局五人小组易顺煤业包矿安监员。未认真履行工作职责；对易顺煤业存在的安全隐患问题未能及时发现并监督消除，存在监管上的渎职行为。因涉嫌玩忽职守罪，建议移送检察机关立案侦查。

以上责任人员待司法机关做出处理后，建议由有关部门按干部人事管理权限及时给予相应的党纪、政纪处分和其他处理。

2. 建议给予党政纪处分、行政处罚的责任人员

（1）董某法，男，49 岁，群众，易顺煤业 9103 轨道巷掘进工作面事故当班安检工，负责排查 9 号煤层所有地点的安全隐患。无安检工特种作业人员证件；未认真履行工作职责；事故当班未到现场排查安全隐患。对事故发生负有主要责任。依据《安全生产领域违法违纪行为政纪处分暂行规定》（国家安监总局令第 11 号）第十二条和第十七条、《安全生产违法行为行政处罚办法》（国家安监总局令第 15 号）第四十五条之规定，建议给予开除处分，并处人民币 10000 元的行政罚款。

（2）孙某，男，33 岁，群众，易顺煤业综掘二队队长，综掘二队安全生产第一负责人。对综掘二队未认真执行探放水制度监督落实不到位；对 9103 轨道巷掘进工作面上前方存在旧巷道及积水情况宣贯不到位；未安排队干部跟班。对事故发生负有主要责任。依据《安全生产领域违法违纪行为政纪处分暂行规定》（国家安监总局令第 11 号）第十二条和第十七条、《安全生产违法行为行政处罚办法》（国家安监总局令第 15 号）第四十五条之规定，建议给予开除处分，并处人民币10000元的行政罚款。

（3）杜某林，男，38岁，中共党员，易顺煤业生产矿长，负责协助矿长搞好生产工作。未督促该矿向相关部门报批9号煤层开采设计变更；未及时对综掘二队下达停止掘进通知单。对事故发生负有主要责任。依据《中国共产党纪律处分条例》第二十九条、《安全生产领域违法违纪行为政纪处分暂行规定》（国家安监总局令第11号）第十二条和第十七条、《安全生产违法行为行政处罚办法》（国家安监总局令第15号）第四十五条之规定，建议给予党内严重警告、行政撤职处分，并处人民币10000元的行政罚款。

（4）杨某斌，男，41岁，中共党员，易顺煤业安全矿长，负责协助矿长抓好安全生产和安全培训管理工作。未督促该矿向相关部门报批9号煤层安全设施设计变更；对《9103轨道巷掘进探放水施工设计及安全技术措施》把关不严；未及时对综掘二队下达停止掘进通知单；对安全培训教育工作监督落实不到位；未督促配备足够数量的安检工。对事故发生负有主要责任。依据《中国共产党纪律处分条例》第二十九条、《安全生产领域违法违纪行为政纪处分暂行规定》（国家安监总局令第11号）第十二条和第十七条、《安全生产违法行为行政处罚办法》（国家安监总局令第15号）第四十五条之规定，建议给予党内严重警告、行政撤职处分，并处人民币10000元的行政罚款。

（5）郭某彪，男，38岁，中共党员，易顺煤业矿长，该矿安全生产第一责任人，事故当班带班领导。安全生产管理制度落实不到位，安全管理机构人员配备不足，未督促该矿向相关部门报批该矿9号煤层开采设计和安全设施设计变更；发生事故后迟报。对事故发生负有主要责任。依据《中国共产党纪律处分条例》第二十九条、《中华人民共和国安全生产法》第一百零六条、《生产安全事故报告和调查处理条例》（国务院令第493号）第四十条之规定，建议给予党内严重警告、行政撤职处分且5年内不得担任任何生产经营单位的主要负责人，处上一年年收入（130400元）100%的罚款，计人民币130400元。

（6）苗某，男，48岁，中共党员，西易集团生产技术部常务副部长，主持生产技术部日常工作，对易顺煤业未向相关部门报批9号煤层开采设计变更监管不力。对事故发生负有重要责任。依据《中国共产党纪律处分条例》第二十九条、《安全生产领域违法违纪行为政纪处分暂行规定》（国家安监总局令第11号）第十二条、第十七条之规定，建议给予党内警告、行政记大过处分。

（7）苗某田，男，54岁，中共党员，西易集团防治水部部长，负责防治水部全面工作。对易顺煤业在已知9103轨道巷掘进工作面上前方存在原井木煤矿（资源整合前名称）旧巷道，且物探显示存在低阻异常区后，未按《煤矿防治水规定》第九十四条第一款要求加密布置钻孔进行验证的情况监管不力；对易顺煤业 9103 轨道巷掘进工作面探放水设计不合理的情况失察。对事故发生负有重要责任。依据《中国共产党纪律处分条例》第二十九条、《安全生产领域违法违纪行为政纪处分暂行规定》(国家安监总局令第 11 号）第十二条、第十七条之规定，建议给予党内警告、行政记大过处分。

（8）苗某，男，53 岁，中共党员，西易集团安监部常务副部长，负责安监部全面工作。对易顺煤业未向相关部门报批 9 号煤层安全设施设计变更监管不力；对易顺煤业安全管理机构人员配备不足的情况监管不力；对易顺煤业安全培训教育工作不到位情况监管不力。对事故发生负有重要责任。依据《中国共产党纪律处分条例》第二十九条、《安全生产领域违法违纪行为政纪处分暂行规定》(国家安监总局令第 11 号）第十二条、第十七条之规定，建议给予党内警告、行政记大过处分。

（9）赵某，男，54 岁，群众，西易集团安全副总经理兼总工程师，分管安全工作，技术管理工作第一负责人。对易顺煤业未向相关部门报批 9 号煤层开采设计和安全设施设计变更监管不力；对易顺煤业 9103 轨道巷掘进工作面探放水制度执行不到位情况失察；对易顺煤业安全管理机构人员配备不足的情况监管不力；对易顺煤业安全培训教育工作不到位情况监管不力。对事故发生负有重要责任。依据《安全生产领域违法违纪行为政纪处分暂行规定》(国家安监总局令第 11 号）第十二条、第十七条之规定，建议给予行政记大过处分。

（10）苗某明，男，42 岁，中共党员，西易集团生产副总经理兼生产技术部部长，分管生产和技术工作。对易顺煤业未向相关部门报批 9 号煤层开采设计变更监管不力；对易顺煤业 9103 轨道巷掘进工作面探放水设计不合理的情况失察。对事故发生负有重要责任。依据《中国共产党纪律处分条例》第二十九条、《安全生产领域违法违纪行为政纪处分暂行规定》(国家安监总局令第 11 号）第十二条、第十七条之规定，建议给予党内警告、行政记大过处分。

（11）苗某，男，46 岁，中共党员，西易集团董事长兼总经理，西易集团安全生产第一责任人。未配备足够数量安全管理人员；对易顺煤业劳动用工管理混乱情况监管不力；对易顺煤业违反建设程序问题监管不力。对事故发生负有重要责任。依据《中国共产党纪律处分条例》第二十九条、《安全生产领域违法违纪行为政纪处分暂行规定》(国家安监总局令第 11 号）第十二条、第十七条之规定，建议给予党内警告、行政记过处分。

（12）周某亮，男，45 岁，群众，平鲁区井坪镇安监站安监员，2016 年 10 月 8 日前易顺煤业驻矿安监员。未认真履行工作职责；对易顺煤业 10 月 8 日前存在的安全隐患问题未能及时发现并监督消除。对事故发生负有主要责任。依据《安全生产领域违法违纪行为政纪处分暂行规定》(国家安监总局令第11号）第八条、第十七条之规定，建议给予开除处分。

(13）胡某亮，男，44岁，群众，平鲁区井坪镇安监站副站长兼2016年10月8日前易顺煤业驻矿安监员。未认真履行工作职责；对易顺煤业10月8日前存在的安全隐患问题未能及时发现并监督消除。对事故发生负有主要责任。依据《安全生产领域违法违纪行为政纪处分暂行规定》(国家安监总局令第11号）第八条、第十七条之规定，建议给予开除处分。

(14）赵某，男，46岁，中共党员，平鲁区井坪镇武装部副部长、住建办主任、食品药品监督管理站站长、安监站站长。负责安监站全面工作。对驻矿安监员未认真履行工作职责情况监管不力；检查中对易顺煤业存在的安全隐患问题未能及时发现并监督消除。对事故发生负有重要责任。依据《中国共产党纪律处分条例》第二十九条、《安全生产领域违法违纪行为政纪处分暂行规定》(国家安监总局令第11号)第八条、第十七条之规定,建议给予党内警告、行政记过处分。

(15）杨某，男，47岁，中共党员，平鲁区井坪镇人大主席，分管安全工作。对井坪镇安监站未认真履行工作职责情况监管不到位。对事故发生负有重要责任。依据《安全生产领域违法违纪行为政纪处分暂行规定》(国家安监总局令第11号）第八条、第十七条之规定，建议给予行政警告处分。

(16）赵某钦，男，29岁，中共党员，平鲁区煤炭工业局五人小组安监员。检查中对易顺煤业存在的安全隐患问题未能及时发现并监督消除。对事故发生负有重要责任。依据《中国共产党纪律处分条例》第二十九条、《安全生产领域违法违纪行为政纪处分暂行规定》(国家安监总局令第11号）第八条、第十七条之规定，建议给予党内警告、行政记过处分。

(17）郝某宏，男，38岁，群众，平鲁区煤炭工业局五人小组安监员。检查中对易顺煤业存在的安全隐患问题未能及时发现并监督消除。对事故发生负有重要责任。依据《安全生产领域违法违纪行为政纪处分暂行规定》(国家安监总局令第11号）第八条、第十七条之规定，建议给予记过处分。

(18）赵某东，男，42岁，中共党员，平鲁区煤炭工业局五人小组安监员。检查中对易顺煤业存在的安全隐患问题未能及时发现并监督消除。对事故发生负有重要责任。依据《中国共产党纪律处分条例》第二十九条、《安全生产领域违法违纪行为政纪处分暂行规定》(国家安监总局令第11号）第八条、第十七条之规定，建议给予党内警告、行政记过处分。

(19）陈某，男，46岁，中共党员，平鲁区煤炭工业局五人小组副组长兼安监员。检查中对易顺煤业存在的安全隐患问题未能及时发现并监督消除。对事故发生负有重要责任。依据《中国共产党纪律处分条例》第二十九条、《安全生产领域违法违纪行为政纪处分暂行规定》(国家安监总局令第11号)第八条、第十七条之规定，建议给予党内警告、行政记过处分。

(20) 樊某，男，44岁，中共党员，平鲁区煤炭工业局总工程师兼五人小组组长，负责五人小组本组全面工作。对包矿安监员未认真履行工作职责情况失察；对五人小组安监员未认真履行职责情况监督不到位；检查中对易顺煤业存在的安全隐患问题未能及时发现并监督消除。对事故发生负有主要责任。依据《中国共产党纪律处分条例》第二十九条、《安全生产领域违法违纪行为政纪处分暂行规定》(国家安监总局令第11号)第八条、第十七条之规定，建议给予党内严重警告、行政记过处分。

以上人员涉及企业任命的工作人员或企业管理的职工的处分，按管理权限由企业依据规定予以落实。

(二) 对事故矿井的处理建议

(1) 易顺煤业探放水设计不合理、探放水制度执行不到位、探放水技术人员业务素质低、安全管理机构人员配备不足、现场管理混乱、违反建设程序、安全培训教育工作不到位、劳动用工管理混乱，导致2016年11月2日发生一起透水事故，依据《中华人民共和国安全生产法》第一百零九条第一款之规定，建议给予易顺煤业罚款人民币50万元的行政处罚。

(2) 易顺煤业在已知9103轨道巷掘进工作面上前方存在原井木煤矿（资源整合前名称）旧巷道，且物探显示存在低阻异常区后，未采取有效措施探明积水情况并消除隐患，依据《关于预防煤矿生产安全事故的特别规定》(国务院令第446号)第八条第二款、第十条第一款之规定，建议给予易顺煤业罚款人民币200万元的行政处罚。

(3) 易顺煤业于2016年11月2日3时46分发生透水事故后迟报，直至11月4日3时30分上报至平鲁区煤炭工业局。11月4日5时15分由平鲁区煤炭工业局上报至朔州煤矿安全监察局，依据《煤矿安全监察条例》第四十六条第一款之规定，建议给予易顺煤业罚款人民币15万元的行政处罚。

(三) 对平鲁区人民政府的处理建议

建议平鲁区人民政府向朔州市人民政府做出深刻检查。

七、防范措施及建议

各煤矿企业和有关单位必须严格遵守安全生产法律法规及有关规定和要求，

坚持“安全第一、预防为主、综合治理”方针，强化安全生产“红线”意识，牢固树立以人为本、安全发展的理念，落实生产安全责任，加强安全管理，促进煤矿生产安全健康、稳定发展。为深刻吸取事故教训，举一反三，查找生产安全漏洞，完善相关管理措施，有效防范和遏制生产安全事故，提出以下建议：

（1）全面落实企业安全生产主体责任。西易集团和易顺煤业要牢固树立安全“红线”意识，强化底线思维，始终坚持安全生产有关法律法规的学习和宣传。要建立健全安全生产责任体系，强化企业安全生产主体责任落实；要按照新《安全生产法》等法律法规的要求，不断完善安全生产制度，健全完善矿井水害等重大灾害治理责任制，坚决落实煤矿矿长安全生产第一责任人责任和总工程师技术管理责任，各级管理人员和职工要认真履行岗位职责，自觉做到按制度管理、依程序办事、照措施执行。对履行责任不到位的要严格追究责任。

（2）切实加强煤矿水害防治工作。西易集团及所属矿井要严格执行《煤矿防治水规定》，配齐配足防治水技术人员，加强日常的防治水技术工作；加强对井田内及周边矿井各煤层实际开采状况、老空区范围及积水情况的详细调查，查明采掘区域及周边范围富水情况。根据不同地质条件和积水分布状况，按《煤矿防治水规定》的探放水要求，合理编制探放水设计，做好探放水工作。

（3）严格落实探放水措施。要认真落实“预测预报、有掘必探、先探后掘、先治后采”的防治水原则和“防、堵、疏、排、截”五项综合治理措施。井下水文地质勘探要采用物探、钻探相结合的综合探放水措施，采掘工作面物探不能代替钻探，必须进行钻探验证。探放水要由专业人员使用专用探放水钻机进行施工，保证探放水钻孔的超前距离，探放水钻孔必须打穿老空水体；探放水时，要撤出探放水点位置以下受水害威胁区域的所有人员，发现有突水预兆时，必须立即撤出所有受威胁区域的人员，并采取有效措施，水患消除后方可继续施工。

（4）强化职工安全培训工作。教育职工对发现的安全隐患、技术难题及时报告，坚决摒弃经验主义和侥幸心理，要配备足够数量的安全管理人员，严格要求特种作业人员持证上岗，要培训职工掌握科学的安全防范和避险防灾应急方法，全面提升职工的安全意识、安全素质和安全技能。要统一劳动用工管理。

（5）加强安全监管，严格、有效执法。平鲁区人民政府有关职能部门要高度重视煤矿安全生产工作，以高度的责任感和使命感，认真履行职责，督促煤矿企业认真落实安全生产主体责任，加大监管力度，切实发挥好监管作用。要不定期地开展突查、暗查活动，对违法、违规组织生产或建设的矿井，依法进行严厉查处，对存在重大安全隐患的矿井，坚决责令停产整顿。

第七节 江西省宜春市袁州区西村镇北槽煤矿“11·22”较大水害事故

2016 年 11 月 22 日 22 时 52 分，江西省宜春市袁州区西村镇北槽煤矿（以下简称“北槽煤矿”）发生一起较大透水事故，造成 7 人死亡，直接经济损失 939.5 万元。

依据国家有关法律法规，江西煤矿安全监察局赣中监察分局牵头，会同宜春市监察局、公安局、安监局、国土资源局、总工会等单位组成袁州区西村镇北槽煤矿“11·22”较大透水事故调查组（以下简称“事故调查组”），并邀请宜春市人民检察院派员参加事故调查工作，同时聘请了有关专家参与事故调查。

事故调查组按照“四不放过”和“科学严谨、依法依规、实事求是、注重实效”的原则，调查询问有关当事人、查阅和收集有关资料，综合分析事故抢险救援报告和专家组对事故原因的技术分析报告等，查清了事故发生的经过和原因，认定了事故性质和责任，提出了对有关责任人员、责任单位的处理建议，并针对事故原因及暴露出的突出问题提出了防范措施。

一、事故单位基本情况

（一）煤矿概况

北槽煤矿位于宜春市袁州区西南，距宜春市区直线距离 18 km，地处袁州区西村镇南塘村，井田面积 2.0960 km^2。该矿属私营合伙企业，法人代表李某福，煤矿股东及股份情况：李某福、占 22%，刘某萍、占 22%，杨某茂、占 16%，李某萍、占 20%，赵某球、占 20%。

煤矿于 1994 年建成投产，设计生产能力为 10000 t/a，2007 年核定生产能力为 40000 t/a。2010 年底经宜春市安监局批准开始技改，新系统位于矿区中部。2014 年 6 月 23 日，宜春市安监局对其技改工程组织了竣工验收。于 2015 年 2 月 2 日变更取得新安全生产许可证。煤矿采矿许可证、安全生产许可证、矿长安全知识与管理能力考核合格证和营业执照齐全有效。

煤矿设置了安全生产管理机构、配备了安全生产管理人员，其中矿长李某生，其资格证号为 360302196210293058，有效期至 2019 年 7 月 8 日。生产矿长张某生、安全矿长陈某明、机电矿长林某章、技术负责人陈某萍，上述 4 人均持有效安全管理人员考核合格证，其中陈某萍由于身体原因不便下井，煤矿在 2016 年 1 月 2 日的管理人员任命文件中任命其为技术员，2016 年 4 月 2 日管理人员会议上明确其不下井，不管井下技术，但煤矿没有重新聘请专职技术负责人，也未就此告知西村镇政府和区安监局。另聘请了技术员陈某萍负责井下测量工作。

煤矿采用斜井、平硐综合开拓方式，有主井（斜井）、副井（平硐）、风井（平硐）3 个井筒。煤矿分为 -50 m、-100 m、-150 m 三个水平，其中 -50 m 水平为回风水平，-100 m 水平为生产水平，-150 m 水平为开拓水平。主采煤层为 B_5 煤层，属龙潭组下老山亚段，近东西走向，煤层厚度 0.58 ~ 2.18 m，平均 0.95 m，倾角 70° ~ 80°，开采标高为 +235 ~ -200 m。

采用俯伪斜柔性掩护支架采煤法，爆破落煤，全部冒落法管理顶板。煤（岩）巷掘进工作面采用爆破掘进工艺，煤巷采用金属支架支护，岩巷采用锚喷支护。

该矿为低瓦斯煤矿，不易自燃煤层，煤尘无爆炸性。矿井安装有安全监控、人员定位、通信联络、供水施救和压风自救等安全避险系统。

2010 年 5 月煤矿委托江西省地矿资源勘查开发有限公司编制了煤矿资源开发利用方案，2010 年 11 月委托江西省工程物探新技术公司对煤矿 -50 m 标高以上开展了水文探测，2012 年委托江西省煤田地质局二二六地质队编制了资源储量地质报告，2014 年委托江西省安泰煤矿安全技术开发中心对煤矿安全现状进行了综合评价。2015 年，煤矿重新编制了水文地质类型划分报告，认定煤矿水文地质类型为中等。制定了煤矿防治水相关制度。2016 年编制了水害分析报告、年度防治水计划、防治水中长期规划以及煤矿灾害预防和处理计划、水害事故应急救援预案等技术资料。

矿井采用两级接力排水，排水系统能满足正常排水需要。该矿聘请了 3 名持有特种作业人员资格证的探水工，配备了一台 ZDK-480 型 7.5 kW 的液压探水钻机，针对 -100 m 以上采掘作业情况编制了探放水设计及安全技术措施，并依此进行了井下探水。

2015 年，该矿生产原煤 18500 t，2016 年到事故发生前生产原煤 28000 t。煤矿现有职工 80 人，采用三班制作业。

（二）矿井水文地质

北槽井田范围内出露第四系（Q），二叠系上统龙潭组上老山亚段（P_2l^{2-3}）、中老山亚段（P_2l^{2-2}）、下老山亚段（P_2l^{2-1}）、官山段（P_2l^1），二叠系下统茅口组（P_1m）。位于袁水复向斜北翼，在其之上发育有次级褶曲乌梅冲向斜和屏峰背斜、一组走向逆断层 F_4、F_2 和倾向正断层 F_7，构造复杂程度为中等。

矿井的主要充水水源如下：

（1）老窑积水。由于矿区煤炭开采历史悠久，含煤地层浅部形成众多老窑，并有不同程度的积水。根据调查，矿区西部有原西村煤矿、乌梅冲小井、大山井，主要开采向斜北翼煤层，但早已关闭，南翼煤层基本未进行过开采，西村煤矿、乌梅冲小井的开采标高均在0 m以上，大山井的开采标高在+30 m以上。

（2）二叠系下统茅口灰岩含水层。该层厚约300 m，岩性以灰色、浅灰色、厚层状硅质灰岩夹石灰岩为主，岩溶发育。井田内主要可采煤层B_5一般距茅口组灰岩含水层在100 m以上，受断层影响，局部B煤组可能会与茅口组灰岩含水层直接接触。原宜春县煤矿在矿井基建之初巷道曾揭穿茅口组灰岩，发生涌水，造成巷道垮塌，后对该处巷道做了密闭处理，但未能封死，留有出水孔，据二二六地质队1989年井下实测，该处涌水量207 m^3/d。

（3）二叠系上统龙潭组官山段砂岩含水层。矿区范围官山段地层上、中、下部分别有官山砂岩分布，官山砂岩局部厚度可达10 m，孔隙较发育，局部受断裂构造影响，节理裂隙较发育，含裂隙、孔隙水。

（4）基岩风化裂隙带含水层：矿区内浅部煤层开采强度较大，加上以往一些非法小煤窑的开采，采动使二叠系上统龙潭组（P_2l）煤层顶板裂隙与基岩风化裂隙带连通，成为大气降水进入老窑采空区的良好通道，也是矿井水的主要来源。

采动形成的上覆岩层导水裂隙带和浅部基岩风化裂隙带，两者沟通形成该矿充水主要通道；断层破碎带也是充水通道之一。

矿井正常涌水量为20 m^3/h，最大涌水量为40 m^3/h。

（三）事故区域采掘活动

2016年煤矿－50 m水平及以上未安排采掘工作面。

－100 m水平分为东、西两个采区（东、西采区在－50 m水平以下无巷道联通）。其中东采区安排有－96 m东集中运输巷（煤层顶板岩巷）、－96 m东二石门南斜巷（煤巷，已掘进至－68.5 m标高）两个采掘工作面；西采区布置有－104 m西集中运输巷（煤层顶板岩巷）、－104 m西一石门南斜巷（煤巷，已掘进至－73.6 m标高）两个采掘工作面。

－150 m水平为开拓水平，分为东、西两个采区，仅开拓西采区，东采区未开拓。2016年全国“两会”复产复工后，开始施工西翼－50 m水平到－150 m水平的南下山，该巷设计高度2.5 m，宽2.6 m，使用锚喷支护。南下山在－50 m水平中央石门南头开门，施工至－100 m水平采用联络巷与－104 m西一石门联通，然后调整风路后继续施工至－155 m标高，累计施工约200 m。

2016年8月上旬起，在南下山-155 m标高开门向西施工-155 m西集中运输巷（该平巷布置在B_5煤层顶板的炭质泥岩中），施工约20 m后，因-50 m水平运输大巷变形严重且需扩削，影响-155 m西集中运输巷施工时的运输，煤矿于2016年8月20日停止-155 m西集中运输巷的掘进，调集队伍维修扩削-50 m水平运输大巷。

-155 m西集中运输巷掘进前，未进一步查明水文地质情况，未编制地质说明书，掘进时，未编制作业规程。该巷道掘进过程中，没有开展探放水工作。

二、事故发生经过及应急救援情况

（一）事故发生经过

2016年11月22日15时30分中班，副矿长助理徐某方主持召开进班会。当班共有21人下井作业，安排了三个掘进作业点，其中-104 m西集中运输巷掘进工作面3人，东翼-96 m东集中运输巷掘进工作面4人，-96 m东二石门南斜巷掘进工作面3人，其余人员11人的分工是东翼1名绞车工、2名推车工，西翼1名绞车工、2名推车工、1名挂钩工，主提升1名挂钩工，1名带班副矿长，1名安全员，1名瓦检员。

15时40分左右，21名工作人员陆续下井，到各自岗位工作，带班副矿长陈某明、安全员林某生检查各作业点，均未发现透水征兆及其他安全隐患。22时30分左右，-96 m东集中运输巷掘进工作面1人因身体不适，-96 m东二石门南斜巷3人完成本班任务，提前出班。

23时左右，西-100 m水平井底车场变坡点挂钩工开泵时发现石门内突然有大量水涌出，已淹到巷道一半高度，见状即往上跑，跑至-50 m水平上部车场变坡点位置回头看时，看到水已淹没西下山井筒一半，意识到已发生透水，赶紧边跑边喊“西下山透水了”，随即于23时10分电告地面调度室。-50 m水平车场及周围7名工人听到呼喊后立即从副井往地面跑。此时在-50 m水平泵房检查水泵运转的安全员林洪生听到呼喊后，立即打电话到西-100 m水平，通知该地点作业人员撤出，但电话已经中断，随即打电话通知东-100 m水平人员撤出，但无人接听，就赶紧往东边跑，想去通知东-100 m水平人员，却看到-50 m水平西翼中央石门南头也有大水涌出，无法继续下到东-100 m水平，只有立即退出。

带班副矿长陈某明23时30分左右在副井底指挥出班人员坐猴车，看到逃生出来的工人和安全员，稍问情况后，想打电话通知作业地点人员，但副井底此时已经淹了约0.6 m深，电话迅速被淹没，没有办法，只有带领人员逃生，14人安全升井，7 人被困，其中 -104 m 西集中运输巷掘进工作面 3 人及瓦检员 1 人、东翼 -96 m 东集中运输巷掘进工作面 3 人。到 23 日零时 10 分左右，升井后的带班副矿长陈某明和副矿长助理徐某方又下井查看情况，发现水已经涨到井筒 +35 m 标高。至 23 日 21 时 45 分，水位标高 +95.2 m，除该标高以上主、副井筒外矿井全部淹没。

11 月 23 日 2 时左右，距北槽煤矿约 500 m，方位 310°模沙村栗下组村民发现了本村房屋倒塌、道路断裂、农田、水塘塌陷、地表开裂等情况。后经核实农田、水塘塌陷 7 处，房屋倒塌 2 栋、开裂 35 栋，影响范围 500 m×1500 m。

（二）应急处置情况

1. 事故报告

事故发生后，北槽煤矿法人代表李某福向袁州区西村镇政府进行了报告，西村镇政府及时向袁州区人民政府及有关部门做了报告；宜春市政府接到袁州区政府的事故报告后按规定向省政府进行了报告；江西煤监局赣中监察分局接到事故报告后向江西煤监局报告了事故，江西煤监局按规定分别向省政府和国家安监总局进行了报告。

2. 应急救援处置

袁州区区委、区政府等领导接到报告后，随即奔赴事故现场，23 日凌晨 3 时 50 分左右在北槽煤矿召开现场办公会，启动应急预案，成立抢险救援指挥部，迅速召集宜春市矿山救护队，宜春市第二人民医院，区安监、宣传、政法、公安、国土、消防、供电、水务、应急以及西村镇等相关部门单位组建抢险救援队伍，调集抢险救援设备和物资，展开了北槽煤矿“11·22”透水事故各项抢险救援工作。

宜春市矿山救护队到达事故现场后，立即下井搜救被困人员，勘察井下情况，煤矿通风、通信、供电、排水等全面破坏，但没能找到被困人员。考虑到透水量大，从江西煤矿抢险排水站先后调来两台大流量水泵，通过全体救援人员努力，23 日 15 时恢复主、副井局部通风，21 时 45 分副井 1 台排水量 43 m^3/h 排水泵开始排水。24 日 22 时 06 分采用排水量 725 m^3/h 大流量泵排水，并进行水位统计分析。

考虑到本次透水事故的复杂性，为科学施救，袁州区从全国聘请了 12 位相关行业专家组成专家组。在专家组指导下，加强了井下水位水质监测；在沪昆高速路附近、天然气西气东输管道附近、地质灾害点和周边水库建立了 17 个监测点，实行 24 小时监控；布置了物探及钻探工程，探查导水通道及岩溶发育情况。

截至 11 月 29 日，水位从淹没标高 +95.20 m（事故救援开始时的水位标高），

降至 +75.82 m，排水过程中水位降幅始终未超过 20 m。抢险救援指挥部组织专家，对排水水位降幅有限且排水影响范围不断扩大可能引发次生灾害、被困人员生还可能性以及救援工作方向进行了论证。根据专家组意见，决定暂停排水。于当日 21 时 59 分暂停排水。停排以后，至 12 月 7 日 18 时水位达到 +112.5 m，超过煤矿淹没标高 +95.2 m，救援中共排出水量 81100 m^3。

12 月 8 日，抢险救援指挥部组织专家对抢险救援整体工作进行论证。结合前期查阅资料、问询相关人员、现场勘查以及透水后物探结果、透水条件的分析，经讨论研究，专家组认为：透水水源为茅口灰岩水，透水量大且补给充沛；导水通道为 F_7 正断层及影响带，规模大、探查困难且不具备地面封堵施工条件，而不封堵导水通道直接排水不仅无法完成救援，且会加剧次生地质灾害，直接威胁沪昆高速公路、西气东输管道等重点工程的运营安全；被困矿工在 2.5 MPa 高压下超过 15 d，已无生还可能。因此专家组建议停止事故抢险救援工作。当日，救援指挥部宣布事故抢险救援工作结束。

3. 善后处理情况

事故发生后，煤矿法定代表人李某福筹措资金，用于事故善后处理。袁州区区委、区政府抽调干部成立善后处理组，全力做好善后处理工作，按照相关政策妥善处理赔偿事宜，已与 7 名遇难者家属签订了赔偿协议，完成了善后处理工作。

三、事故性质的认定

经调查认定，该起事故是一起生产安全责任事故。

四、事故的原因分析

（一）直接原因

煤矿范围内的 F_7 正断层造成上盘煤系地层与下盘的茅口灰岩对接，-155 m 西集中运输巷迎头进入 F_7 正断层影响带，巷道停止掘进后，在高水压及构造应力持续作用下突破有限隔水岩柱形成集中通道导致茅口灰岩水滞后溃出。

依据 2017 年 1 月 10 日聘请的专家组的《北槽煤矿“11·22”透水事故专家分析报告》，此次事故有关情况认定如下：

（1）透水时间：2016 年 11 月 22 日 22 时 52 分。

（2）透水水量：约 30000 m^3，瞬时涌水量为 13320 m^3/h。

（3）透水地点：-155 m 西集中运输巷迎头附近。

（4）透水水源：茅口组灰岩水且补给量十分充沛。

（5）透水通道：F_7 正断层及其影响带。

（二）间接原因

1. 煤矿防治水工作不力

（1）煤矿对 F_7 正断层可能导通茅口灰岩水的危险性认识不足，2016年开拓西翼 -150 m 水平时，未进一步查明该水平 -155 m 西集中运输巷前方的 F_7 正断层及其隐蔽的水害情况。

据2010年江西省煤田地质局二二六队编制的北槽煤矿储量地质报告反映，北槽井田17勘探线附近有 F_7 正断层（距 -155 m 西集中运输巷开门点前方约100 m），走向E25°S，倾向北东，倾角65°，地层断距80～200 m，断层倾角浅部陡深部缓，但位置及倾角未完全控制。《北槽煤矿2016年水情水害分析》指出 F_7 正断层切割茅口灰岩，致使茅口灰岩上抬，必须对此引起高度重视。从17勘探线剖面图可以看出，F_7 正断层将下盘的茅口灰岩上抬到 -150 m 标高左右。实际未采取技术措施进一步查明。

（2）煤矿未在 -150 m 水平科学计算并合理留设 F_7 正断层防隔水煤（岩）柱。《北槽煤矿2015年水文地质类型划分报告》中要求井田内的导水断层应按《煤矿防治水规定》附录（三）中有关公式计算留设断层防隔水煤（岩）柱。实际煤矿在开拓进入 -150 m 水平前未计算留设 F_7 正断层的防隔水煤（岩）柱。

（3）煤矿在 -155 m 西集中运输巷掘进之前未划定 F_7 正断层的探放水“三线”，掘进时也未开展探放水工作。《北槽煤矿2016年矿井灾害预防和处理计划》中指出 F_7 正断层切割茅口灰岩，是一个良好的导水通道，在布置西翼 -100 m 集中运输大巷时必须在采掘工程平面图上划定好警戒线和探水线。《北槽煤矿2016年水情水害分析》指出，西 -100 m 集中运输大巷掘进时，必须加强 F_7 正断层与茅口灰岩的关联分析，向西掘进距断层100 m 时，必须开始加强探放水工作，防治误穿断层破碎带，而导致揭穿茅口灰岩。

北槽井田17勘探线剖面图显示 F_7 正断层切割深度超过 -200 m 标高，断层面倾向北东，且 -155 m 西集中运输巷迎头已超过西 -100 m 集中运输大巷迎头约70 m（两条巷道掘进方向基本相同），那么 -155 m 西集中运输巷迎头比西 -100 m 集中运输大巷距 F_7 正断层更近，约83 m，实际距离可能更小。此种情况下，煤矿在施工 -155 m 西集中运输巷时，既未划定探放水“三线”，并在采掘工程平面图上标绘，也没有按照“有疑必探、先探后掘”的原则开展探放水工作。

2. 煤矿安全和技术管理不到位

矿井安全生产责任制不健全，明确的安全生产管理人员岗位、职责内容与实际不相符，造成实际安全管理混乱。2016 年 4 月 2 日起技术负责人陈某萍因身体原因不能下井，不能正常履职，煤矿未配备新的专职技术负责人，且未告知当地安全生产监督管理部门。-155 m 西集中运输巷掘进之前未编制地质说明书，也未编制作业规程，未明确相应的防治水安全技术措施。

3. 西村镇政府及袁州区安监部门煤矿安全监管工作不到位，安全监管存在盲区

西村镇政府及袁州区安监局对事故煤矿 2016 年开拓 -150 m 水平时防治水工作不力的问题监督检查不到位；对煤矿安全生产责任制不规范、配备的技术负责人不能正常履职，以及煤矿掘进 -155 m 西集中运输巷未编制地质说明书、作业规程等问题失察。

五、事故责任划分及处理建议

（一）北槽煤矿

（1）李某生，男，矿长，煤矿安全生产第一责任人，全面负责煤矿安全生产管理。安全管理不到位，组织编制的矿井安全生产责任制不健全；在未督促编制地质说明书和作业规程的情况下，组织安排了 -155 m 西集中运输巷掘进；对原技术负责人陈某萍因身体原因不能正常履职未要求配备新的专职技术负责人，且未告知当地安全生产监督管理部门，违反了《中华人民共和国安全生产法》第十八条、第二十三条的规定，对事故负有主要责任，依据《中华人民共和国安全生产法》第九十一条、第九十三条的规定，建议移送司法机关追究刑事责任，并撤销其安全生产知识和管理能力考核合格证。

（2）李某福，男，法人代表，主要股东之一，煤矿的实际控制人。督促煤矿安全管理不力，技术负责人陈某萍因身体原因不能下井而正常履行职责的情况下，安排矿长兼顾井下技术，导致煤矿技术管理不到位，违反了《中华人民共和国安全生产法》第二十条的规定，对事故负有重要责任，依据《中华人民共和国安全生产法》第九十条的规定，建议给予其罚款 5 万元的行政处罚。

（3）陈某明，男，安全副矿长，负责煤矿安全监督管理工作。在煤矿掘进 -155 m 西集中运输巷过程中未督促进一步查明 F_7 正断层的水害情况并落实相应的防治水安全技术措施，也未督促编制地质说明书和作业规程，违反了《中华人民共和国安全生产法》第二十二条的规定，对事故负有重要责任，依据《中华人民共和国安全生产法》第九十三条、《安全生产违法行为行政处罚办法》第四十五条的规定，建议其撤职，并给予其警告、撤销安全生产知识和管理能力考核合格证和罚款 8000 元的行政处罚。

（4）陈某萍，男，2014 年起任北槽煤矿技术负责人，经煤矿 2016 年 4 月 2 日安全生产工作会议研究，鉴于其身体原因，允许其不下井，不管井下技术，负责煤矿技术资料编制及地面技术管理等工作。对煤矿掘进 –155 m 西集中运输巷之前需编制地质说明书和作业规程履职不到位，也未提出相应的安全管理建议；本人职责变动后未告知当地安全生产监督管理部门，违反了《中华人民共和国安全生产法》第二十二条、第二十三条的规定，对事故负有重要责任，依据《中华人民共和国安全生产法》第九十三条、《安全生产违法行为行政处罚办法》第四十五条的规定，建议其撤职，并给予其警告、撤销安全生产知识和管理能力考核合格证和罚款 8000 元的行政处罚。

（二）西村镇

（1）黄某文，男、西村镇安办副主任，2016 年 6 月 29 日起为驻北槽煤矿安监员，负责事故煤矿的日常安全监督检查。对事故煤矿开拓 –150 m 水平时防治水工作不力监督检查不到位；对煤矿安全生产责任制不健全、配备的技术负责人不能正常履职，以及煤矿掘进 –155 m 西集中运输巷未编制地质说明书、作业规程等问题失察，违反了《江西省安全生产条例》第三十三条的规定，对事故负有重要责任，依据《安全生产领域违法违纪行为政纪处分暂行规定》第八条的规定，建议给予其行政撤职处分。

（2）黄某荣，男，中共党员，2016 年 6 月 29 日起任西村镇安办主任，组织协调全镇煤矿的日常安全监督检查工作。对该镇的煤矿安全监督检查工作组织领导不力，对事故煤矿防治水和安全、技术管理方面的安全隐患监督检查不到位，违反了《江西省安全生产条例》第三十三条的规定，对事故负主要领导责任。依据《安全生产领域违法违纪行为政纪处分暂行规定》第八条的规定和《中国共产党纪律处分条例》第一百二十五条的规定，建议给予其行政记大过和党内警告处分。

（3）易某华，男，中共党员，西村镇维稳信息督查员（副科级），2016 年 6 月起分管全镇安全生产工作。对该镇的煤矿安全监督检查工作组织领导不力，对事故煤矿防治水和安全、技术管理方面的安全隐患监督检查不到位，违反了《江西省安全生产“党政同责、一岗双责”暂行规定》第八条第二款的规定，对事故负有重要领导责任。依据《安全生产领域违法违纪行为政纪处分暂行规定》第八条的规定，建议给予其行政记过处分。

（4）刘某，男，中共党员，2014 年起任西村镇党委副书记、镇长，主持镇政府全面工作，对本镇安全生产工作负全面领导责任。对本镇煤矿安全生产监督检查工作领导不力，组织分析、布置、督促、检查本地防范煤矿安全事故工作不到位，违反了《江西省人民政府关于重大安全事故行政责任追究的规定》第五条和《江西省安全生产“党政同责、一岗双责”暂行规定》第八条第一款的规定，对事故负有重要领导责任，依据《安全生产领域违法违纪行为政纪处分暂行规定》第八条之规定，建议给予其行政记过处分。

（5）晏某，男，中共党员，2016年6月起任西村镇党委书记，对本镇安全生产工作负总责。履行职责不到位，未认真贯彻落实党和国家的安全生产方针政策，支持督促镇政府及相关部门抓好安全监督检查不力，违反了《江西省安全生产“党政同责、一岗双责”暂行规定》第五条第一款的规定，对事故负有重要领导责任，依据《中国共产党纪律处分条例》第一百二十五条的规定，建议给予其党内警告处分。

（三）袁州区安监局

（1）汤某圣，男，中共党员，袁州区安监局煤炭行业管理股股长，负责组织全区煤矿的行业管理和安全监管工作。对煤矿安全监督管理工作组织领导不力，对事故煤矿防治水和安全、技术管理方面的安全隐患监管不到位，违反了《中华人民共和国安全生产法》第六十二条的规定，对事故负重要领导责任，依据《安全生产领域违法违纪行为政纪处分暂行规定》第八条的规定，建议给予其行政记过处分。

（2）李某忠，男，袁州区安监局党组成员，协助局长分管煤炭行业管理及安全监管工作。对煤矿安全监督管理工作组织领导不力，对事故煤矿防治水和安全、技术管理方面的安全隐患监管不到位，违反了《中华人民共和国安全生产法》第六十二条的规定，对事故负有领导责任。依据《安全生产领域违法违纪行为政纪处分暂行规定》第八条的规定，建议给予其行政警告处分。

（四）对事故责任单位的处理

袁州区西村镇北槽煤矿，未查明水文地质情况安排 -155 m 西集中运输巷掘进，且未编制地质说明书和作业规程，开展防治水工作不力，制定的安全生产责任制不健全，聘请的技术负责人因身体原因不能下井而不能正常履行技术管理职责，导致事故发生，违反了《煤矿防治水规定》第八条、《煤矿地质工作规定》第八十二条、《煤矿安全规程》第三十八条、《中华人民共和国安全生产法》第一十九条、二十一条之规定，对事故负有责任。依据《中华人民共和国安全生产法》第一百零九条的规定，建议给予其罚款60万元的行政处罚。

责成西村镇人民政府和袁州区安监局向袁州区委、区政府做出深刻书面检查。

责成袁州区委、区政府向宜春市委、市政府做出深刻书面检查。

六、防范措施

（1）煤矿要落实安全生产主体责任。要设置和完善安全生产管理机构，配备专职安全生产管理人员，并建立健全安全生产责任制；要按照“管理、装备、培训”并重的原则，加强安全生产工作，改善安全生产条件，提高安全保障水平；要强化隐患排查治理，及时发现和消除事故隐患，切实做到不安全不生产、生产必须安全。

（2）煤矿要强化防治水工作，防范水害事故。加强生产期间的地质勘查，进一步查明矿区范围内水害情况，完善水文地质基础资料，准确划分水文地质类型报告，坚持“预测预报、有疑必探、先探后掘、先治后采”的原则，采取针对性安全技术措施，做好水害防治。

（3）煤矿要加强安全技术管理。按要求制定和完善各类技术资料，强化对安全生产的规范和指导，确保生产作业过程中作业环境的安全和人的行为安全。

（4）政府及其监管部门要进一步加强煤矿安全监管工作。要牢固树立“红线”意识，坚持以人为本、生命至上，切实强化安全监管责任；要坚持依法监管，不断加大监管力度，做到执法有重点、监管无盲区，切实提高监管的针对性和实效性；要完善事故隐患分级管控机制，推进煤矿重大隐患专项整治，防范煤矿生产安全事故。

第三章　2017年全国煤矿水害事故案例

第一节　河南省鹤壁市鹤壁煤电股份有限公司第十煤矿“3·10”较大突水淹井事故

2017年3月10日，河南省鹤壁煤电股份有限公司第十煤矿（以下简称“鹤煤十矿”）发生突水事故，造成矿井被淹，无人员伤亡，直接经济损失达2259.33万元。

2017年3月21日，经鹤壁市政府同意，河南煤矿安全监察局豫北监察分局会同鹤壁市监察局、公安局、安监局、煤管办和总工会，成立了鹤壁煤电股份有限公司第十煤矿“3·10”突水事故调查组，并邀请鹤壁市人民检察院参加，对事故进行调查，聘请专家成立专家组，协助调查。查清了事故经过和原因，认定了事故性质和责任，提出了对有关责任人员和单位的处理建议和事故防范措施。

一、事故单位基本情况

（一）矿井概况

鹤煤十矿隶属鹤壁煤业（集团）有限责任公司（以下简称“鹤煤公司”），位于河南省鹤壁市淇滨区庞村镇冷泉村西。矿井始建于1994年，2002年竣工投产，核定生产能力0.6 Mt/a，井田面积6.54 km^2。

该矿为煤与瓦斯突出矿井，通风方法为机械抽出式，通风方式为混合式；煤层为不易自燃煤层，煤尘有爆炸危险性；矿井地质类型为极复杂，矿井水文地质类型为中等类型，矿井正常涌水量为348 m^3/h，最大涌水量为453 m^3/h。设计开拓方式为立井单水平上、下山开拓（下山未开拓），可采煤层为二叠系山西组$二_1$煤；采用综采放顶煤工艺；发生突水事故前，矿井有生产采区2个：12采区、13采区；1个采煤工作面，2个掘进工作面。

（二）证照情况

（1）采矿许可证，证号4100000620107，有效期从2006年4月至2020年4月。

（2）安全生产许可证，编号(豫)MK安许证字〔2011〕102745Y，有效期从2014年9月5日至2017年9月4日。

（3）营业执照，代码91410600737438293U，有效期从2008年11月25日至2024年10月27日。

（4）矿长（张某）合格证，证号412328197604241810，有效期从2016年3月29日至2019年3月29日。

（三）相关机构设置情况

矿井配备矿长、党委书记、总工程师各1名，生产、机电、安全、防突副矿长各1名，生产、机电、通风、地测副总工程师各1名。设有安全监察中心和生产技术组（包括生产、调度、通防、机电、地测5个专业小组）。

矿井设置有防治水领导小组和防治水办公室，矿长任领导小组组长，地测副总工程师任办公室主任，成员有5人，其中防治水专职人员1人；无专门的探放水队伍，探放水作业由抽放队实施。

（四）排水系统

矿井为一级排水，即从 -575 m 中央泵房直接排至地面污水处理厂。中央泵房共有5台MD420-93×9型主排水泵（两用、两备、一台检修），水泵额定流量420 m^3/h，额定扬程837 m；水仓容积6200 m^3，其中内仓2900 m^3、外仓3300 m^3，共三趟排水管路，管路内径300 mm。2016年5月13日，鹤壁矿用安全产品检验中心对5台水泵进行水泵联合试运转检验，检验结论为合格，检验情况为同时运行4台水泵，运行三趟管路，测定流量为1447 m^3/h。

中央泵房标高比中央变电所低1.2 m，两者通井底车场通道内设置有防水密闭门。中央泵房与副井筒之间通过管子道连接，泵房和水仓之间的通道内设置有控制闸门。

（五）矿井水文地质

鹤煤十矿井田范围内发育的主要含水层由下至上依次为奥陶系中统马家沟组岩溶裂隙含水层（O_2m），太原群二层灰岩含水层（C_2l_2），太原群八层灰岩含水层（C_2l_8），山西组二$_1$煤顶底板砂岩含水层（S_9、S_{10}、S_{11}等），新近系砾岩含水层（N）。

奥陶系中统马家沟组岩溶裂隙含水层为二$_1$煤层的底板间接充水含水层，距二$_1$煤间距最小132.31 m，最大181.77 m，平均153.91 m，含水性极强，水位标高114.5 m。

太原群二层灰岩含水层为$二_1$煤层的底板间接充水含水层，平均厚度6.57 m，距$二_1$煤间距最小94.34 m，最大144.83 m，平均109.74 m，富水性中等，水位标高与奥陶系灰岩水基本一致。

太原群八层灰岩含水层为$二_1$煤层的底板充水含水层，平均厚度5.45 m，距$二_1$煤间距最小20.58 m，最大55.38 m，平均33.75 m，富水性中等，矿井 -575 m以上开采区域已疏放。

山西组$二_1$煤顶底板砂岩含水层为$二_1$煤层的顶底板直接充水含水层，处于疏干半疏干状态，是矿井充水的主要水源。

新近系砾岩含水层为$二_1$煤层的顶板间接充水含水层，富水性不均一，对开采影响不大。

矿井自建井以来，突水38次，其中顶板突水11次；底板突水27次，C_2l_8灰岩含水层突水8次（最大突水量61 m^3/h），底板砂岩突水19次。1999年4月25日，11转载带式输送机联络巷顶板砂岩突水90 m^3/h，为历史最大突水量。

（六）事故地点

1309工作面位于13采区中下部，工作面标高 -432.8 m至 -495.4 m，煤层平均倾角23°，煤厚5~8 m。进风巷、回风巷均沿底布置，长度分别为481.9 m、458.3 m，采用U型钢支护，工作面开切眼长116 m，采用ZF2800/16/24型液压支架支护，为综采放顶煤开采。1309工作面从2016年12月18日开始回采，截至2017年3月9日工作面已回采100 m，剩余可采储量0.439 Mt。

1309底抽巷位于1309工作面下部26 m，于2009年8月开始施工，巷道主要布置在太原群八层灰岩（C_2l_8）中，巷道标高 -519.5 m，采用锚网喷支护，2011年6月施工完毕。

1309工作面位于秦家岭向斜轴部，裂隙发育。上部1307炮放工作面、下部1311综放工作面已回采，为“孤岛工作面”。工作面南临F_{1061}断层组，F_{1061}断层组由F_{1059}、F_{1060}、F_{1061}3条台阶状正断层构成，落差分别为8 m、9 m、48 m，累计落差65 m。F_{1061}断层组上盘设计留设20 m防水煤柱，实际1309工作面开切眼距断层最小距离34 m。在工作面开切眼揭露有F_{1309-3}断层，断层落差1.2 m，在1309底抽巷揭露落差8 m，该断层向深部的隐伏构造落差有逐渐加大趋势。

（七）突水前矿井地质工作

2016年11月河南省煤炭地质勘查研究总院编制了鹤煤十矿《矿井生产地质报告》；矿井编制有《鹤煤十矿矿井水文地质类型划分报告》，鹤煤公司2016年3月31日以鹤煤地〔2016〕119号予以批复；矿井编制的《鹤煤十矿承压含水层带水压开采安全技术措施》，鹤煤公司2015年6月25日以鹤煤地〔2015〕235

号予以批复。鹤煤十矿 2012 年 3 月 30 日以鹤壁煤电十地〔2012〕165 号对矿井断层防水煤柱设计予以确定。F_{1061} 断层按不导水断层留设煤柱，煤柱尺寸 20 m。

在掘进原 1504 底板抽放巷（现 13 采区中间回风巷）、1309 底抽巷过 F_{1061} 断层前，分别请河南省煤田地质局物探测量队和中国矿业大学进行了瞬变电磁超前探测，实施了钻探超前探。2011 年 1 月，河南省煤田地质局物探测量队在 1309 底板抽放巷测点前 69.5 m 处进行瞬变电磁超前探测，报告前方 62～76 m 有一低阻异常区，后经鹤煤十矿超前钻探 65 m 进行验证，未发现异常（钻探验证孔深度未达到低阻异常区最深处）。在掘进原 1504 底抽巷、1309 底抽巷穿过 F_{1061} 断层时，断层不导水。

鹤煤公司工程技术研究中心 2016 年 5 月 20 日对 1309 工作面回风巷正前方进行了瞬变电磁物探。10 月 21 日对该工作面内部进行了无线电坑透和瞬变电磁物探工作，在工作面进风巷每隔 10 m 设一个测点对工作面进行瞬变电磁探测，在回风巷里段 50 m 每隔 10 m 设一个测点对工作面进行瞬变电磁探测，回风巷外段因安装的带式输送机影响未进行探测，瞬变电磁物探有效探查距离 80 m，工作面外段下部存在水文地质物探空白带。

根据探测结果分析，划分 4 个富水异常区域，2016 年 12 月 5 日至 2017 年 1 月 20 日，由矿生产技术组地测专业小组设计，抽放队施工，进行了钻探验证，未发现富水异常。其中 3 号、4 号富水异常区底板方向未设计也未施工探放水验证孔。

二、事故发生及抢险救援情况

2017 年 3 月 10 日 1 时 5 分，刮板输送机司机王同林发现 1309 底抽巷三部带式输送机尾密闭墙处排水点水量比平时增大。2 时 30 分，王某林见出水量越来越大，三部带式输送机滚筒接近一半已经浸在水里不能正常运转，便向矿调度室汇报。矿调度室随即通知采煤队跟班副队长杨某长、运输区跟班副队长郭某华去现场查看出水情况并帮助排水。

3 时，杨某长到达三部带式输送机尾处，发现密闭墙出水量非常大，通往 1309 回风巷的运煤小上山方向也开始向下流水，便赶紧向 1309 回风巷去查看情况。约 3 时 20 分，杨某长发现 1309 回风巷刮板输送机机尾也出水了，水量较大，就和工作面刮板输送机司机寇某良一起用编织袋装煤堵水，但堵不住，即向矿调度室进行汇报，调度员杨某安排 1309 工作面及回风巷人员向进风巷撤离。

3 时 35 分，杨某分别向调度室主任陈某喜、生产技术组地测专业小组主管技术员姜某涛等人汇报了工作面出水情况，并通知了在井下带班的矿长张某。4

时左右，张某到达1309工作面四车场时水深1.5 m，人员已无法通过，随即安排采煤队、102队人员撤出工作地区。

4时30分左右，张某带领102队人员在1309移动变电站打堰堵水，防止变电站进水。5时20分，13南翼抽放泵站抽放泵司机贾某军汇报抽放泵站进水。5时45分左右，1309移动变电站进水，张诚组织人员撤离到11下部变电所。

6时18分，陈某喜向鹤煤公司调度汇报了1309工作面出水情况，鹤煤公司相关领导随即赶赴鹤煤十矿组织抢险。

6时44分，北翼大巷有水流向副井底，已漫至中央泵房通道口，中央泵房水泵司机丛某笑和秦某雷关闭了中央泵房通道通副井底的防水密闭门。

7时4分，矿地测副总梁某军、生产技术组地测专业小组组长董某斌在11下部变电所用浮标法测得涌水量约为1600 m^3/h。7时30分，在−575 m副巷与11运输机联络巷口测得涌水量为1950 m^3/h。

7时46分，中央泵房1号、3号、5号泵已启动，配水井水位仍继续上升，漫过挡水墙进入泵房。7时51分，4号泵启动时水压4 MPa，未达到要求停机，经紧固盘根，2分钟后正常启动运行。4台泵全部启动后（2号泵正在检修无法使用），水位仍快速上升，7时54分，配水井控制闸门手轮被淹没。

8时8分，中央泵房水位升至接近水泵电机轴处。8时26分，中央泵房人员接到机电矿长马某杰指令：泵不停，所有人员从变电所通道撤离。在中央泵房抢险的所有人员均从变电所通道撤离，未关闭变电所防水密闭门。

8时51分，井下最后一罐人员升井，经核实，当班入井204人，实际升井204人。

9时44分，中央泵房主排水泵全部跳闸，停止运转。

22时10分，在井筒测得水位标高为−563.1 m，经计算突水发生后19个小时的平均突水量为4291 m^3/h。与后期突水量相比，突水峰值在此时间段内。

截至9月5日，矿井已全部被淹，井筒水位+81 m，仍在缓慢上升，地面注浆工程正在施工中。

事故发生后，鹤煤集团公司向地方政府及有关部门报告了事故情况。接到事故报告后，河南煤矿安全监察局局长、副局长，鹤壁市市长、副市长等先后赶赴鹤煤十矿指导抢险救援工作。

三、事故原因和性质

（一）直接原因

1309工作面及底抽巷揭露的F_{1309-3}断层，破坏了底板完整性，缩短了工作面、底抽巷与奥灰含水层的距离，在回采前没有对底板奥灰水进行有效探查及治理；在高承压水、构造应力和采动应力等共同作用下，奥灰水沿 F_{1309-3} 断层隐伏构造带导升突破隔水岩柱，水量逐渐增大，逐步形成集中通道，发生奥灰滞后突水；突水量超过矿井最大排水能力，导致矿井被淹。

（二）间接原因

（1）对奥灰水水害防范意识不强。对 1309 工作面处于向斜轴部底板裂隙发育及“孤岛工作面”受多次采动影响底板破坏程度和深度增加重视不够；工作面回采地质说明书、水文地质情况报告等，均未指出该地段存在奥灰水威胁。

（2）水文地质物探工作不到位。1309 工作面回风巷仅在里段 50 m 对工作面进行了瞬变电磁探测，有效探查距离 80 m，未能覆盖全部工作面，工作面外段下部存在水文地质物探空白带。

（3）钻探验证技术措施不到位。钻探验证未覆盖全部物探富水异常区，1309 工作面内的 3 号、4 号物探富水异常区，未使用钻探方法对煤层底板方向异常情况进行探查；1309 底抽巷掘进过程中，探查前下方 62 ~ 76 m 有一低阻异常区，实际探测深度仅 65 m。

（4）探放水作业管理混乱。无专门的探放水作业队伍，探放水作业由抽放队实施；探放水作业用瓦斯抽采钻孔代替探放水钻孔，6 名参加 1309 工作面 3 号富水异常区钻探施工的作业人员，均无探放水作业人员资格证。

（5）对突水事故应急处置不力。在突水进入井底车场后，未按《矿井防淹井事故专项应急预案》规定，采取关闭变电所通道防水密闭门的应急措施，防止中央泵房进水；未通过调节水仓控制闸门控制配水井水位措施，防止水仓内的水溃入中央泵房，致使中央泵房过早被淹；在主排水泵处于运行状态情况下，司泵人员提前从变电所通道撤离。

（三）事故性质

经调查认定，鹤壁煤电股份有限公司第十煤矿“3·10”突水淹井事故是一起责任事故。

四、责任划分及处理建议

（一）建议给予党政纪处分的责任人员

（1）董某斌，中共党员，鹤煤十矿生产技术组地测专业小组组长（正科级），负责地测专业小组全面工作。对奥灰水的防范意识不强，地测专业小组编制的《1309 工作面回采地质说明书》《水文地质情况报告》等，均未指出该地段存在奥灰水威胁；钻探验证技术措施不到位，对 1309 工作面内的 3 号、4 号物探富水异常区底板方向未设计探放水验证孔，对1309底抽巷前下方低阻异常区探测深度不够。对事故发生负有主要责任。建议给予记过处分。

（2）杨某朝，中共党员，鹤煤十矿抽放队队长，负责抽放队全面工作。探放水作业管理混乱，用瓦斯抽采钻孔代替探放水钻孔，安排6名无探放水作业人员资格证人员参加1309工作面3号富水异常区钻探施工。对事故发生负有重要责任。建议给予记过处分。

（3）梁某军，中共党员，鹤煤十矿地测副总工程师，协助总工程师负责矿井地测防治水工作。对奥灰水水害防范意识不强，对1309工作面处于向斜轴部底板裂隙发育及“孤岛工作面”受多次采动影响底板破坏程度和深度增加重视不够，审查的《1309工作面回采地质说明书》《水文地质情况报告》等，均未指出该地段存在奥灰水威胁，在回采前没有对底板奥灰水进行有效探查及治理；对1309工作面内的3号、4号物探富水异常区未设计底板方向探放水验证孔、1309底抽巷前下方低阻异常区探测深度不够未严格审查；对水文地质物探未全部覆盖1309工作面范围监督不到位。对事故发生负有主要领导责任。建议给予记大过处分，给予党内警告处分。

（4）张某立，中共党员，鹤煤十矿总工程师，负责“一通三防”、地测防治水等工作。对奥灰水水害防范意识不强，对1309工作面处于向斜轴部底板裂隙发育及“孤岛工作面”受多次采动影响底板破坏程度和深度增加重视不够；组织审批的《工作面回采地质说明书》《水文地质情况报告》等，均未指出该地段存在奥灰水威胁，在回采前没有对底板奥灰水进行有效探查及治理；对1309工作面内的3号、4号物探富水异常区未设计底板方向探放水验证孔、1309底抽巷前下方低阻异常区探测深度不够未严格审批；对水文地质物探未全部覆盖1309工作面范围监督不到位。对事故发生负有主要领导责任。建议给予记大过处分，给予党内警告处分。

（5）马某杰，中共党员，鹤煤十矿机电副矿长，负责机电运输管理工作，为当班值班矿领导。对突水事故应急处置不力，未按《矿井防淹井事故专项应急预案》规定指挥井下抢险人员关闭变电所通道防水密闭门，调节水仓控制闸门控制配水井水位，防止主排水泵房进水，致使中央泵房过早被淹；在主排水泵处于运行状态情况下，安排司泵人员提前撤离工作岗位。对事故发生负有重要领导责任。建议给予记大过处分，给予党内警告处分。

（6）张某，中共党员，鹤煤十矿矿长，矿井安全生产第一责任人，事故当班井下带班矿领导。对防治水工作不重视，将钻探队撤销并入抽放队；对奥灰水水害防范意识不强，对1309工作面处于向斜轴部底板裂隙发育及“孤岛工作面”受多次采动影响底板破坏程度和深度增加重视不够；对 1309 工作面回采前没有对底板奥灰水进行有效探查及治理、水文地质物探及钻探验证技术措施不到位失察；对突水事故应急处置不力，未指挥抢险人员关闭变电所通道防水密闭门，调节水仓控制闸门控制配水井水位，防止中央泵房进水，致使中央泵房过早被淹。对事故发生负有重要领导责任。建议给予降级处分，给予党内警告处分。

（7）于某锋，中共党员，鹤煤公司工程技术研究中心副主任，负责鹤煤公司所属矿井的物探设计、施工等工作。对鹤煤十矿 1309 工作面实施的水文地质物探工作不到位，工作面回风巷仅在里段 50 m 对工作面进行了瞬变电磁探测，有效探查距离 80 m，未能覆盖全部工作面，工作面外段下部存在水文地质物探空白带。对事故发生负有重要责任。建议给予记过处分。

（8）冯某前，中共党员，鹤煤公司地测部部长，负责鹤煤公司地质测量及水害防治管理工作。对奥灰水水害防范意识不强，对鹤煤公司工程技术研究中心、鹤煤十矿水害防治工作业务指导不力。对事故发生负有重要领导责任。建议给予警告处分。

（9）徐某，中共党员，鹤煤公司工会主席。2009 年 5 月至 2017 年 4 月任鹤煤公司总工程师期间，负责“一通三防”、地测防治水等工作。对奥灰水水害防范意识不强，对鹤煤公司地测部、工程技术研究中心和鹤煤十矿履行防治水职责监督管理不到位，对事故发生负有领导责任。建议给予警告处分。

（二）行政处罚建议

依据《中华人民共和国安全生产法》第一百零九条第二项和《〈生产安全事故报告和调查处理条例〉罚款处罚暂行规定》第十五条第一款第一项的规定，对鹤煤十矿发生较大事故处 60 万元罚款。

依据《中华人民共和国安全生产法》第九十二条第二项和《〈生产安全事故报告和调查处理条例〉罚款处罚暂行规定》第十八条第二项的规定，对鹤煤十矿矿长张某处上一年年收入的 40%（计 55296 元）罚款。

对以上单位和人员的罚款由河南煤矿安全监察局豫北监察分局执行。

五、防范措施

（1）鹤煤十矿要根据《煤矿防治水规定》，结合突水事故实际情况，进一步查明矿井水文地质条件，重新确定矿井水文地质类型，并按新类型采取相应的防范措施，为安全生产提供保障。

（2）鹤煤十矿要强化对奥灰水水害的防范意识，加强对底板奥灰水的探查及治理，合理采掘布置，避免“孤岛工作面”。对受构造、采动应力影响可能导水的地质构造，要按规定留设断层防隔水煤（岩）柱，采取超前预注浆封堵加固措施，防止发生滞后突水。

（3）鹤煤十矿要健全防治水机构，按规定设置专门的探放水队伍；加强探放水作业管理，严格执行有关探放水规定，探放水作业要由专门的探放水队伍负责实施，杜绝用瓦斯抽采钻孔代替探放水钻孔。

（4）鹤煤十矿要加强对职工防治水和应急处置的业务培训，完善应急预案和现场处置方案，强化对应急预案的学习、演练，提高抢险指挥和现场人员应急处置能力，切实做到响应迅速，处置得当。

（5）鹤煤工程技术研究中心和鹤煤十矿要加强水文地质探查工作，规范探查设计，严格按照设计施工，提高探测能力和水平，确保探查范围覆盖整个工作面，查清全部富水异常区域的水文地质情况。

（6）鹤煤公司要举一反三，认真吸取事故教训，增强对奥灰水的防范意识，强化对所属矿井水害防治工作的监督检查和业务指导，督促公司工程技术研究中心规范水文地质物探工作，提高探测能力。

第二节　甘肃省靖远煤电股份有限公司红会第一煤矿“4·28”较大水害事故

2017年4月28日19时5分，甘肃靖远煤电股份有限公司红会第一煤矿（以下简称“红会一矿”）1512机道掘进工作面发生一起较大水害（溃浆）事故，造成3人死亡，直接经济损失198.66万元。

事故发生后，红会一矿及时向甘肃靖远煤电股份有限公司汇报了事故情况，甘肃靖远煤电股份有限公司向白银市安全生产监督管理局、甘肃煤矿安全监察局兰州监察分局、甘肃省安全生产监督管理局和甘肃煤矿安全监察局等单位报告了事故。接到事故报告后，相关单位立即派员赶赴事故现场。

2017年4月29日，按照相关法律法规规定，由甘肃煤矿安全监察局兰州监察分局牵头，甘肃煤矿安全监察局相关部室参加，会同甘肃省国有资产管理委员会、白银市安全生产监督管理局、白银市监察局、白银市公安局、白银市总工会依法成立了红会一矿“4·28”较大水害事故调查组（以下简称“事故调查组”），事故调查组邀请白银市人民检察院（委托平川区人民检察院）派员参加了事故调查工作。

事故调查组经过现场勘察、调查取证、技术认定和综合分析，查清了事故发生的经过和原因，认定了事故性质和责任，提出了对事故单位和相关责任人的处理建议和防范措施。

一、事故单位基本情况

（一）甘肃靖远煤电股份有限公司

甘肃靖远煤电股份有限公司是靖远煤业集团有限责任公司控股的上市公司，甘肃靖远煤电股份有限公司下设有安监局、生产部、通灭部等主要生产业务部室。

公司经营范围为煤炭采掘业。矿区总面积 102 km^2，包含王家山、大宝魏、红会 3 块自然煤田，现有红会一矿、红会四矿、大水头煤矿、宝积山煤矿、魏家地煤矿、王家山煤矿 6 处生产矿井，核定生产能力 11.48 Mt/a。

（二）红会一矿

1. 矿井概况

红会一矿位于甘肃省白银市平川区境内，地处靖远煤田红会矿区中南部，井田走向长 4.6 km，倾斜长 3.96 km，面积 18.2 km^2。

矿井由原红会一矿、红会二矿、红会三矿、红会五矿 4 对矿井合并而成，行政管理分为一采区、二采区，实行矿、区、队三级管理。截至 2017 年 4 月底，保有地质储量 55.638 Mt，可采储量 38.601 Mt，核定生产能力 2.20 Mt/a。

矿井采用斜井多水平分区式开拓，生产采区为六、七采区，掘进工程为五采区剩余区域的复采准备巷道和南翼井田的开拓巷道。矿井各采区均存在老窑破坏区复采的情况。采煤方法为走向长壁式采煤法，采煤工艺为综合机械化放顶煤开采。

矿井通风方式为“四进四回”两翼对角式；排水系统采用两级排水方式；供电系统实现双回路供电；矿井装备有安全监测监控系统、人员定位系统、紧急避险系统、压风自救系统、供水施救系统、通信联络系统；建立了束管监测系统，采用黄泥灌浆、注氮防灭火。

矿井属低瓦斯矿井，煤尘具有爆炸性，煤层自燃倾向性为自燃，自然发火期为 3 ~ 6 个月，水文地质类型为中等。

2. 证照情况

（1）采矿许可证，证号 C6200002011031140112115，有效期 2017 年 12 月 31 日。

（2）安全生产许可证，编号（甘）MK 安许证字〔2015〕G004Y2，有效期 2017 年 12 月 31 日。

（3）矿长安全资格证，证号第 1406202JY0053 号（吴克福），有效期 2017

年5月28日。

（4）工商营业执照，证号9162000006064369XR，有效期2033年1月30日。

事故发生前矿井处于正常生产状态。当班带班下井矿领导纪委书记丁某仁在六采区1613综放工作面带班。

（三）五采区及1512机道掘进工作面概况

1. 五采区

五采区位于井田中东部，2004年5月26日回采结束7个工作面，隐蔽致灾因素普查显示，剩余区域受老窑不同程度破坏。

2016年，为回收五采区剩余资源，红会一矿在五采区设计了1508、1512、1510三个综放工作面。靖远煤业集团有限责任公司于2016年7月26日以文件《关于呈报1512综放工作面设计的请示批复》同意了红会一矿1512综放工作面的设计方案。批复明确要求“通过布置一条贯穿1510、1512两个工作面的边界联巷且与1508机道联巷联通，形成工作面掘进期间的通风、行人、运料、运煤、供电等主要生产系统”。红会一矿未按照设计和批复要求，在未完成边界联巷掘进工程的情况下就组织1512机道掘进工作。

2. 1512综放工作面设计及机道概况

1512综放工作面位于五采区南部，设计走向长280 m，倾斜长150 m，煤层平均厚度11.4 m，可采储量0.45 Mt。

1512机道掘进工作面设计工程量313.8 m，平均坡度为+10°。该机道于2016年11月4日开始掘进，至11月23日掘进32 m后继续打钻探测，钻孔中涌出CO气体超限，遂停掘采用灌浆方式治理，2017年3月20日停止灌浆，疏水至4月13日，还有889 m^3水未疏干。4月11日至4月15日进行了打钻探测，验证后出具了安全评估报告，并召开了专题会议，决定于4月15日恢复掘进，至4月23日继续掘进了28 m后，由于第28～36付木棚棚梁受压变形严重，且迎头揭露的黄泥稳固性差，不易控制，工作面再次停掘。对变形的木棚用钢棚套棚加强支护后，4月26日恢复掘进，截至事故发生巷道累计掘进63 m。

该巷道在揭露老空区后迎头为黄泥和煤矸胶结物，矿井现有钻探设备有夹钻、绞钻现象，未按规程要求进行探放水作业。巷道开口至31 m处采用锚网喷支护，揭露老空区后巷道采用梯形木棚支护，棚距均为0.6 m，其中第30～36付木棚间套有8付规格为43 kg/m的钢轨梯形棚以加强支护。

（四）事故地点

事故溃浆点位于1512机道掘进工作面迎头左上角，现场勘察时发现该处有一喇叭状溃浆洞，洞口直径30 cm。溃出的泥浆比较黏稠，一直涌到机道口，不均匀分布在整个巷道的底板上，溃浆量约为 115 m^3。整条巷道支护完整，未发现棚腿及棚梁歪斜和折断现象。

二、事故发生经过

2017 年 4 月 28 日 12 时，二采区综掘二队队长董军主持召开中班班前会，1512 机道掘进工作面跟班队长茹某军、班长王某虎、副班长石某屯、验收员周某成、安检员魏某发等 9 人以及 1608 掘进工作面的作业人员参加。会上董某交代了安全注意事项和任务分工安排。13 时 30 分，中班人员开始入井，14 时到达工作面为掘进做预备工作，14 时 30 分交接班，安全巡视结束后开始掘进施工作业。18 时 15 分，工作面架好第一副木棚并挂好了金属网片，前方左侧出现了“淌黄泥”的现象，安检员魏某发向安检站做了汇报，随后当班人员自棚左肩起至巷道中心线位置向上 45°打了 4 根 3 m 长穿杆（用 24 kg/m 废旧钢轨加工而成），以控制前方顶板。19 时 05 分，准备背顶工作时，从工作面左上角突然涌出黄泥浆，将魏某发和茹某军两人腰部以下淹埋。现场作业人员周某成、王某虎、石某屯等人立即刨黄泥浆救人，十几秒后，溃浆点又涌出黄泥浆，班长王某虎喊了一声“快跑”，其他人员迅速撤离事故地点至机道口，涌出的黄泥将茹某军、魏某发和参与抢救的周某成完全淹埋。

（一）事故抢救

事故发生后，班长王某虎打电话向矿调度室汇报事故情况。此时，黄泥浆已流至机道口，人员无法进入，现场人员向事故地点铺板皮挖泥救人，十几分钟后附近工人赶到并参与救援。

接到事故报告后，矿方立即安排相关人员和救护队员入井参与救援工作，21 时 15 分三名被淹埋人员救出并送往靖煤总医院进行抢救，21 时 45 分经抢救无效死亡。

法医学尸体检验鉴定报告结论：茹某军、魏某发、周某成三人均系生前因窒息而引起死亡。

（二）事故应急处置评估

对事故抢险救援工作、分析救援报告及现场实际救援经过综合评价认为，应急响应比较迅速、救援组织及时，但现场人员缺乏溃浆后自救互救知识，撤离不及时导致事故扩大。

（三）善后处理情况

事故发生后，靖远煤业集团有限责任公司和红会一矿积极进行善后处理和遇难者家属安抚工作，与家属协商沟通，按照相关规定，签署了赔偿协议书，对善后事宜进行了妥善处理。

三、事故原因、类别和性质

（一）直接原因

1512 机道掘进工作面在过老窑破坏区时，未查明灌浆后的泥浆积存情况，当班作业人员对出现的溃浆征兆未做出正确判断，冒险作业，受到掘进扰动的浆体从工作面左上角突然溃出，将 3 名作业人员涌倒淹埋。

（二）间接原因

1. 现场安全管理不到位

（1）危险源辨识能力不足，事故当班未严格执行《1512 工作面机道恢复掘进安全技术措施》中“要随时探测所灌黄泥的胶结情况，当黄泥较稀、有涌冒现象时必须停止掘进”的规定，出现溃浆征兆时，现场人员未及时停止施工作业并撤出人员。

（2）探放水措施不落实，事故工作面未坚持“预测预报、有疑必探、先探后掘、先治后采”的方针，在矿井现有钻探设备无法在老窑破坏区进行有效验证的情况下，未采取其他有效的探水疏水措施。

2. 施工组织和技术管理存在漏洞和缺陷

（1）未严格按照设计批复组织施工，边界联络巷未施工完成就组织 1512 机道开始掘进。

（2）对灌浆后的脱水量和脱水时间，长期沿用习惯性经验，未明确规范灌浆和脱水的相关技术参数。4 月 26 日再次恢复掘进前，未对积浆情况重新进行安全评估。

（3）未针对该区域的地质条件设计可靠有效的防溃浆措施，在巷道顶板压力突然增大的情况下，未全面分析隐患成因，仅采取加强支护，在隐患未全部排除的情况下继续施工掘进。

3. 隐患排查治理不彻底

（1）矿井隐蔽致灾因素普查不到位，未能查清老窑破坏区的具体情况，未发现 1512 机道掘进工作面前上方积存泥浆的情况。

（2）安全生产的相关制度建立不完善。未制定关于灌浆脱水量和脱水时间以及防止溃浆的相关要求和制度。在矿井现有钻探设备不能有效防控前方区域未知灾害时未制定相关措施和制度。

4. 职工安全培训工作不到位

（1）对职工的安全知识教育和培训实效不够，从业人员对于水害防治的相关知识掌握不够，自保互救能力不够，安全防范意识淡薄，危险源辨识能力和风险预判能力有待进一步提高。

（2）班组组织学习作业规程不透彻，不能保证学习的效果，很难从根本上让现场管理人员及施工作业人员了解该工作面存在的危险源及其他事故隐患。

5. 安全监督管理不到位

（1）对于各个职能部门的安全生产责任，未能严格通过一系列相关的规章制度来加以确认，隐患排查和上报的制度未有效落实。

（2）二采区安监站当班值班员在接到掘进迎头“淌黄泥”，明显出现事故征兆的汇报后，未向矿调度室及安监部汇报。

（3）甘肃靖远煤电股份有限公司相关部室对红会一矿指导管理不细致，对矿井未按照批复施工和未采取有效探放水措施的隐患督促整改不力。

（三）事故类别

通过调查取证、现场勘察、结合尸检报告结论，综合分析认定该起事故为水害（溃浆）事故。

（四）事故性质

通过调查取证、现场勘察、查阅资料，综合分析认定该起事故是一起责任事故。

四、对事故有关责任人员的处理意见

（一）免于追究责任人员

（1）茹某军，红会一矿综掘二队跟班副队长，负责当班安全工作。在掘进工作面已经出现溃浆征兆的情况下，未及时撤出作业人员，带头冒险作业，对事故发生负直接责任。鉴于其在事故中遇难，免予追究责任。

（2）魏某发，红会一矿当班跟班安检员。未按规定履行安全监督检查职责，在掘进工作面已经出现溃浆征兆的情况下，未及时停止受威胁区域的作业活动、撤出作业人员，对事故发生负直接责任。鉴于其在事故中遇难，免予追究责任。

（3）周某成，红会一矿综掘二队当班验收员，负责当班的工程质量管理工作。重大危险源辨识能力不足，在掘进工作面已经出现溃浆征兆的情况下未及时撤离，盲目施救造成事故扩大，对事故发生负主要责任。鉴于其在事故中遇难，免予追究责任。

（二）建议给予政纪、党纪处分和行政处罚的人员

（1）王某虎，红会一矿综掘二队当班班长，负责当班现场安全生产。重大危险源辨识能力不足，在掘进工作面已经出现溃浆征兆的情况下，未及时停止受

威胁区域的作业活动、撤出作业人员，对事故发生负主要责任。依据《安全生产领域违法违纪行为政纪处分暂行规定》第十二条规定，建议给予其留用察看一年的行政处分。

（2）宋某家，红会一矿二采区安检站值班安检员，负责当班全区的安全生产的隐患记录和协调调度工作。岗位责任制落实不到位，事故发生前接到井下安检员汇报掘进工作面“淌黄泥”的电话后，未引起足够重视，没有立即向安检站长和安检部汇报，对事故发生负主要责任。依据《安全生产领域违法违纪行为政纪处分暂行规定》第十二条规定，建议给予其留用察看一年的行政处分。

（3）董某，红会一矿综掘二队队长，本队安全生产第一责任人，负责全队安全生产。未按规定履行安全生产职责，对工作面出现的事故隐患重视不够，事故工作面恢复掘进前，未安排和督促完善补充安全技术措施，在钻探无法有效防控掘进工作面前方未知区域隐患时，未采取其他安全有效防控措施消除隐患；未对事故地点“滴水”“淌黄泥”的形成原因进行全面分析，重大危险源辨识能力不足，对事故发生负主要责任。依据《安全生产领域违法违纪行为政纪处分暂行规定》第十二条和《安全生产违法行为行政处罚办法》第四十五条规定，建议给予其行政撤职处分，并处以3000元的罚款。

（4）柴某胜，红会一矿综掘二队党支部书记，负责全队职工的安全培训教育工作。未认真履行职工安全培训工作职责，全队职工贯彻学习工作面相关作业规程和安全技术措施不到位，不能有效辨识重大危险源，自保互保能力不够，对事故发生负重要责任。依据《中国共产党纪律处分条例》和《安全生产违法行为行政处罚办法》第四十五条规定，建议给予其撤销党内职务处分，并处以3000元的罚款。

（5）胡某明，红会一矿二采区主任工程师，负责现场施工的技术管理。落实排查治理事故隐患工作不到位，未能识别可能导致事故的危险因素，未能提出有效消除灌浆区域溃浆事故隐患的技术方案措施，对事故发生负主要责任。依据《安全生产违法行为行政处罚办法》第四十五条规定，建议给予其5000元的罚款。

（6）吕某春，红会一矿二采区通灭副区长，负责二采区“一通三防”及全区采掘工作面受老窑破坏区域的灌浆治理。落实排查治理事故隐患工作不到位，未能识别可能导致事故的危险因素，在恢复1512机道掘进工作面的施工前未采取有效措施查明灌浆区浆水是否疏干，对事故发生负主要责任。依据《安全生产领域违法违纪行为政纪处分暂行规定》第十二条和《安全生产违法行为行政处罚办法》第四十五条规定，建议给予其行政撤职处分，并处以4000元的罚款。

（7）唐某山，红会一矿二采区区长，二采区安全生产第一责任人，负责二采区的技术管理、规程措施审批、日常安全检查及隐患排查治理工作。未按规定履行安全生产管理职责，对工作面出现的事故隐患重视不够，事故工作面恢复掘进前，未安排和督促完善补充安全技术措施，在钻探无法有效防控掘进工作面前方未知区域隐患时，未采取其他安全有效措施；未对事故地点“滴水”“淌黄泥”的形成原因进行全面分析，风险研判能力不足，对事故发生负主要责任。依据《安全生产领域违法违纪行为政纪处分暂行规定》第十二条和《安全生产违法行为行政处罚办法》第四十五条规定，建议给予其行政撤职处分，并处以 4500 元的罚款。

（8）陈某荣，红会一矿二采区党总支书记，和区长共同负责全区的安全生产，分管职工教育培训工作。未认真履行职工安全培训工作职责，全队职工学习贯彻工作面相关作业规程和安全技术措施不到位，作业人员不能有效辨识重大危险源，自保互保能力不够，对事故负重要责任。依据《中国共产党纪律处分条例》和《安全生产违法行为行政处罚办法》第四十五条规定，建议给予其党内严重警告处分，并处以 4500 元的罚款。

（9）谭某峰，红会一矿二采区安检站站长，负责二采区安全监督检查工作。风险研判能力不足，未能及时检查发现 1512 机道掘进工作面未落实探放水措施施工的隐患，未有效制止事故地点的施工作业。对安检员管理教育不到位，对事故发生负主要责任。依据《安全生产领域违法违纪行为政纪处分暂行规定》第十二条和《安全生产违法行为行政处罚办法》第四十五条规定，建议给予其行政撤职处分，并处以 4000 元的罚款。

（10）王某博，红会一矿通灭部技术员，负责二采区的“一通三防”管理工作。落实预防事故隐患工作不到位，对灌浆水未彻底疏干的隐患重视不足，技术分析不到位，在编制疏水评价报告时，没有考虑到未疏干灌浆水可能造成事故发生的危险因素，对事故发生负重要责任。依据《安全生产违法行为行政处罚办法》第四十五条规定，建议给予其 4000 元的罚款。

（11）李某俊，红会一矿通灭部部长，负责矿井“一通三防”工作，并负责对老窑破坏区的灌浆治理工作及灌浆脱水情况做出评估。落实排查治理事故隐患工作不到位，未能识别可能导致事故的危险因素，未组织制定规范灌浆、疏水时间的相关规定，未明确脱水量和最短脱水时间，疏水时间仅凭经验。未充分考虑原老窑破坏造成的复杂情况，在恢复 1512 机道掘进工作面的施工前未采取有效措施查明灌浆区浆水是否疏干，对事故发生负重要责任。依据《安全生产领域违法违纪行为政纪处分暂行规定》第十二条和《安全生产违法行为行政处罚办法》第四十五条规定，建议给予其行政撤职处分，并处以5000元的罚款。

（12）李某军，红会一矿生产技术部副部长，负责矿井的地测防治水工作，具体负责矿井探放水工作。对工作面出现的事故隐患重视不够，未充分考虑原老窑破坏造成的复杂情况。在钻探无法有效防控掘进工作面前方未知区域隐患时，未提出其他安全有效防控技术措施，对事故发生负重要责任。依据《安全生产领域违法违纪行为政纪处分暂行规定》第十二条和《安全生产违法行为行政处罚办法》第四十五条规定，建议给予其行政撤职处分，并处以4000元的罚款。

（13）谢某，红会一矿生产技术部副部长（主持工作），负责全矿采掘专业安全技术管理、采掘工作面设计和接续工作安排，并负责对矿井采掘工作面的评估。未严格按照靖远煤业集团有限责任公司关于1512综放工作面设计批复的要求进行施工，在边界联络巷未施工到位就提前安排1512机道施工作业。对1512机道工作面出现的事故隐患重视不够，在钻探无法有效防控掘进工作面前方未知区域隐患时，未提出其他安全有效防控技术措施，对事故发生负重要责任。依据《安全生产领域违法违纪行为政纪处分暂行规定》第十二条和《安全生产违法行为行政处罚办法》第四十五条规定，建议给予其行政撤职处分，并处以5000元的罚款。

（14）胡某明，红会一矿安全检查部副部长（主持工作），负责矿井安全监督检查，督促现场各类安全技术措施的落实及矿井隐患的排查。未能及时发现1512机道掘进工作面未落实探放水措施的隐患，对事故地点“滴水”“淌黄泥”和巷道顶板压力突然增大后，未能全面有效分析隐患成因，风险研判能力不足。未有效督促安检员落实安全生产责任制，对事故发生负重要责任。依据《安全生产领域违法违纪行为政纪处分暂行规定》第十二条和《安全生产违法行为行政处罚办法》第四十五条规定，建议给予其行政降级处分，并处以5000元的罚款。

（15）颉某武，红会一矿通灭副总工程师，负责矿井“一通三防”技术工作。落实排查治理事故隐患工作不到位，未能识别可能导致事故的危险因素，未制定规范灌浆、疏水时间的相关规定，未明确脱水量和最短脱水时间，疏水时间仅凭经验，未充分考虑原老窑破坏造成的复杂情况，在恢复1512机道掘进工作面的施工前未采取有效措施查明灌浆区浆水是否疏干，对事故发生负重要责任。依据《安全生产领域违法违纪行为政纪处分暂行规定》第十二条和《安全生产违法行为行政处罚办法》第四十五条规定，建议给予其行政记大过处分，并处以5000元的罚款。

（16）张某忠，红会一矿安全副总工程师，负责矿井安全监督检查，负责审批安全技术措施和落实执行情况。对工作面产生的事故隐患重视不够，对事故地点“滴水”“淌黄泥”和巷道顶板压力突然增大后，未能全面有效分析隐患成因，风险研判能力不足。未能及时发现 1512 机道掘进工作面未落实探放水措施的隐患，对事故发生负重要责任。依据《安全生产领域违法违纪行为政纪处分暂行规定》第十二条和《安全生产违法行为行政处罚办法》第四十五条规定，建议给予其行政记大过处分，并处以 5000 元的罚款。

（17）张某，红会一矿总工程师，负责矿井的发展规划、采掘接续、“一通三防”和地测防治水工作。未督促落实 1512 综放工作面按设计批复要求进行施工。未充分考虑老窑破坏造成的复杂情况，在恢复 1512 机道掘进工作面的施工前未采取有效措施查明灌浆区浆水是否疏干。在矿井现有钻探设备无法有效防控掘进工作面前方未知区域隐患时，未采取其他安全有效防控措施，对事故发生负重要责任。依据《安全生产领域违法违纪行为政纪处分暂行规定》第十二条和《安全生产违法行为行政处罚办法》第四十五条规定，建议给予其行政撤职处分，并处以 8000 元的罚款。

（18）王某隆，红会一矿生产副矿长，主管全矿的掘进管理工作。未督促落实 1512 综放工作面按设计批复要求进行施工。在矿井现有钻探设备无法有效防控掘进工作面前方未知区域隐患时，未采取其他安全有效防控措施。未督促落实 1512 机道掘进工作面探放水措施，对事故发生负重要责任。依据《安全生产领域违法违纪行为政纪处分暂行规定》第十二条和《安全生产违法行为行政处罚办法》第四十五条规定，建议给予其行政撤职处分，并处以 8000 元的罚款。

（19）马某斌，红会一矿安全副矿长，负责全矿安全管理工作。未督促落实 1512 综放工作面按设计批复要求进行施工。对工作面产生的事故隐患重视不够，在事故地点“滴水”“淌黄泥”和巷道顶板压力突然增大后，未能有效制止工作面掘进施工作业，对事故发生负重要责任。依据《安全生产领域违法违纪行为政纪处分暂行规定》第十二条和《安全生产违法行为行政处罚办法》第四十五条规定，建议给予其行政记过处分，并处以 3000 元的罚款。

（20）吴某福，红会一矿矿长，矿井安全生产第一责任人。未按规定履行安全管理职责，1512 综放工作面未按设计批复要求进行施工。督促、检查本单位的安全生产工作不严不细，督促实施职工安全生产教育和培训工作不到位。未认真督促排查治理 1512 机道掘进巷道的事故隐患，对事故地点“滴水”、“淌黄泥”和巷道顶板压力突然增大的隐患认识不足，重视不够，在没有完全排除事故隐患的情况下未停止掘进 1512 机道，对事故发生负主要领导责任。依据《安全生产领域违法违纪行为政纪处分暂行规定》第十二条和《中华人民共和国安全生产法》第九十一条、第九十二条规定，建议给予其行政撤职处分，五年内不得担任任何生产经营单位的主要负责人，并处以45000元（2016年度收入的40%）罚款。

（21）刘某林，红会一矿党委书记，分管职工教育培训工作。未认真履行职工安全培训工作职责，监督职工贯彻学习工作面相关作业规程和安全技术措施不到位，风险研判能力不足，对事故负重要领导责任。依据《中国共产党纪律处分条例》和《中华人民共和国安全生产法》第九十二条规定，建议给予其党内严重警告处分，并处以50800元（2016年度收入的40%）罚款。

（22）冉某江，甘肃靖远煤电股份有限公司驻红会一矿安监处负责人。对红会一矿1512综放工作面未按设计批复要求进行施工的违规行为未加以制止，对工作面产生的事故隐患重视不够，在矿井现有钻探无法有效防控掘进工作面前方未知区域隐患时，未督促煤矿采取其他安全有效防控措施；未督促煤矿对事故地点“滴水”“淌黄泥”和巷道顶板压力突然增大的形成原因进行全面分析，风险研判能力不足，对事故发生负重要责任。依据《安全生产领域违法违纪行为政纪处分暂行规定》第十二条和《安全生产违法行为行政处罚办法》第四十五条规定，建议给予其行政记大过处分，并处以8000元的罚款。

（23）白某彪，甘肃靖远煤电股份有限公司生产部副部长。对红会一矿1512综放工作面未按设计批复要求进行施工的违规行为未加以制止，在矿井现有钻探设备无法有效防控掘进工作面前方未知区域隐患时，未督促煤矿采取其他安全有效防控措施，对事故发生负重要责任。依据《安全生产领域违法违纪行为政纪处分暂行规定》第十二条和《安全生产违法行为行政处罚办法》第四十五条规定，建议给予其行政记过处分，并处以3000元的罚款。

（24）武某，甘肃靖远煤电股份有限公司通灭部部长。未严格督促煤矿在作业规程或安全技术措施中明确规定脱水量和最短脱水时间，在灌浆区域的施工前未督促煤矿采取有效措施查明灌浆区浆水是否疏干，对事故发生负重要责任。依据《安全生产领域违法违纪行为政纪处分暂行规定》第十二条和《安全生产违法行为行政处罚办法》第四十五条规定，建议给予其行政警告处分，并处以4000元的罚款。

（25）李某明，甘肃靖远煤电股份有限公司生产部部长。对红会一矿1512综放工作面未按设计批复要求进行施工的违规行为未加以制止，未督促煤矿在矿井现有钻探设备无法有效防控掘进工作面前方未知区域隐患时，采取其他安全有效防控措施，对事故发生负重要责任。依据《安全生产领域违法违纪行为政纪处分暂行规定》第十二条和《安全生产违法行为行政处罚办法》第四十五条规定，建议给予其行政警告处分，并处以 4000 元的罚款。

（26）马某鹏，甘肃靖远煤电股份有限公司安监局副局长（主持工作）。对红会一矿 1512 综放工作面未按设计批复要求进行施工的违规行为未加以制止，未严格督促煤矿认真排查事故隐患，未严格督促煤矿提高从业人员重大危险源辨识能力，对事故发生负重要责任。依据《安全生产领域违法违纪行为政纪处分暂行规定》第十二条和《安全生产违法行为行政处罚办法》第四十五条规定，建议给予其行政警告处分，并处以 4000 元的罚款。

（27）高某杰，靖远煤业集团有限责任公司副总经理，负责安全、机电管理工作。对红会一矿 1512 综放工作面未按设计批复要求进行施工的违规行为失察，对事故煤矿现有钻探设备无法有效防控掘进工作面前方未知区域的事故隐患失察，对事故发生负领导责任。建议靖远煤业集团有限责任公司在全公司范围内对其通报批评。

（28）高某明，靖远煤业集团有限责任公司总工程师、副总经理，负责生产、通灭管理和技术工作。对红会一矿 1512 综放工作面未按设计批复要求进行施工的违规行为失察，对事故煤矿灌浆和脱水没有明确规定，长期沿用习惯性经验的事故隐患失察，对事故煤矿现有钻探设备无法有效防控掘进工作面前方未知区域的事故隐患失察，对事故发生负领导责任。建议靖远煤业集团有限责任公司在全公司范围内对其通报批评。

五、对事故单位的行政处罚建议

红会一矿 1512 机道掘进工作面发生一起水害（溃浆）事故，造成 3 人死亡，该起事故是一起责任事故。依据《中华人民共和国安全生产法》第一百零九条规定，建议给予其罚款 60 万元的行政处罚。

靖远煤业集团有限责任公司安全管理滑坡，导致发生较大事故，责成靖远煤业集团有限责任公司向甘肃省人民政府做出深刻书面检查。

六、防范措施

（1）强化现场安全管理和监督。红会一矿要严格按照作业规程和安全技术措施的要求做好防治水工作，坚持“预测预报、有疑必探、先探后掘、先治后采”的基本原则。对老窑破坏区域，掘进施工中严格按照规程的要求，确保长钻孔超前距保持 30 m 以上。跟班安检员必须发挥监督作用，督促现场按章作业。对现场薄弱环节和重大危险源，带班领导要专门盯守监控，及时发现和消除事故隐患。

（2）扎实开展事故隐患排查治理，完善安全生产责任制并严格落实。红会一矿要反思在安全生产工作中存在的问题，认真排查治理防治水（防溃浆）方面的事故隐患。要进一步完善健全各级负责人、各部门、各岗位安全生产责任制，使安全责任更加规范、明确，并严格责任的督查及追究制度，保证责任的落实。严格按照设计及批复施工作业，要从制度上规范矿井地质水情水害预报及灌浆脱水工作，从各级负责人、各部门、各岗位上加强责任风险意识，做好各种事故隐患的排查治理工作，保证在地质破坏区域或灌浆区域作业施工的安全。并严格落实隐患排查和上报制度，确保上报通道的畅通，使管理决策层能在第一时间掌握井下危及生命安全的重大隐患。

（3）强化职工安全教育培训。红会一矿要通过扎实的培训，进一步提高煤矿干部职工对安全生产工作的认识，坚决杜绝工作中麻痹松懈思想、杜绝侥幸心理。要重点抓好各工种岗位责任制、操作规程和安全技术措施的贯彻执行，提高职工危险源辨识和安全风险预判能力及自保互保意识。要从井下作业场所的实际出发，充分考虑作业区域的风险特征，让职工对自身岗位、涉及的场所、作业过程可能产生的危险源，从管理、技术、操作、环境各方面进行辨识。各区队要严格贯彻学习作业规程和安全技术措施，提高职工井下风险预判能力，遇有险情时能够及时迅速撤出危险区域。

（4）甘肃靖远煤电股份有限公司要对煤矿复采作业进行技术论证。对于老窑破坏区的复采工作，依靠现有技术力量、技术装备和技术手段不能保证安全的，不得批准矿井复采作业。要举一反三，强化对所属其他煤矿防治水工作的监督检查，督促各矿加强水文地质基础工作，做好地质构造补充勘查与隐蔽致灾普查工作，严格落实探放水“十六字”工作方针。要研究制定灌浆防灭火脱水时间的相关规定，精细灌浆后脱水量统计，严防冒险作业。

（5）甘肃靖远煤电股份有限公司要严格审批所属煤矿的生产、采区设计，并在日常监督检查中落实责任，督促煤矿企业严格按照批复的设计组织施工，如有重大变更，必须重新审查，确保所属煤矿安全生产。各部室要落实监管责任和技术指导责任，强化对各矿关键环节、重点工程的隐患排查治理，查漏洞、补短板。

（6）靖远煤业集团有限责任公司要进一步树立安全发展理念，坚持以人为本，始终把安全生产放在首要位置，正确处理安全和发展的关系。要根据所属煤矿煤层地质赋存条件、灾害严重程度及采掘接续情况，合理安排、调整所属矿井月度及年度生产任务，严禁超能力下达生产任务，为确保所属煤矿不安全不生产，适当核减生产任务。

第三节　山西省太原市美锦集团东于煤业有限公司“5·22”较大水害事故

2017 年 5 月 22 日 23 时 38 分，太原市清徐县山西美锦集团东于煤业有限公司（以下简称“东于煤业”）井下三采区 03304 鉴定巷（开切眼）发生透水事故，造成 11 人被困，经全力抢险救援，其中 5 人获救，6 人死亡，直接经济损失 505.50 万元。

抢险救援工作结束后，依据《中华人民共和国安全生产法》《煤矿安全监察条例》《生产安全事故报告和调查处理条例》等有关法律法规规定，5 月 24 日，山西煤矿安全监察局太原监察分局组织太原市安全生产监督管理局、太原市煤炭工业管理局、太原市公安局、太原市总工会、清徐县人民政府等单位，依法邀请太原市监察委员会派员参加，成立了事故调查组，对这起事故展开调查，山西煤矿安全监察局对事故调查进行了督导。

事故调查组按照科学严谨、依法依规、实事求是、注重实效的原则，通过现场勘察、调查取证、技术认定及综合分析，查清了事故发生的经过和原因，认定了事故性质和责任，提出了对事故责任人和责任单位的处理建议，以及防范和整改措施。

一、事故单位基本情况

东于煤业隶属山西美锦能源股份有限公司所属的山西美锦矿业投资管理有限公司，属资源重组整合矿井。该矿于 2014 年 6 月 16 日由淮南矿业（集团）有限责任公司所属平安煤炭开采工程技术研究院有限公司（独立法人单位）组成成建制队伍，进行整体托管。

（一）山西美锦能源集团有限公司

山西美锦能源集团有限公司（以下简称“美锦集团”）创建于 1981 年，公司总部位于太原市清徐县，下设 35 个全资和控股子公司，16 个参股公司。集团公司拥有一家 A 股主板上市公司——美锦能源。总资产 604 余亿元，职工 1.6 万人。是山西省规模较大的集煤炭开发、加工和综合利用的循环经济企业。循环经济链涉及煤炭开采、洗选煤、炼焦、煤化工、城市煤气供应、钢铁、镁合金、旅游地产、热电联产、新型建材和公铁现代运输物流、村镇银行、小额贷款、农业开发公司等业务领域。

（二）山西美锦矿业投资管理有限公司

2009 年 9 月 14 日，“晋煤重组办发〔2009〕19 号文件”批准，美锦集团被列为煤矿兼并重组主体企业。

根据《山西省人民政府办公厅关于进一步做实做强煤炭主体企业有关事项的通知》(晋煤办发〔2010〕5 号文件）精神和《关于印发太原市煤炭主体企业基本条件的通知》(并煤重组发〔2011〕5 号文件）要求，美锦集团授权山西美锦矿业投资管理有限公司（以下简称“美锦矿业公司”）为专业管理煤矿的公司，同时，按要求为美锦矿业公司注册资本金 6.1888 亿元。配齐总经理等安全生产管理人员，并对安全管理部、通风部、生产（建设）技术部、机电运输部、地质测量部、劳动用工管理部、安全调度指挥中心等机构（即六部一中心）配备专职安全生产管理人员。

美锦矿业公司现有煤矿五座，井田总面积 174.7 km^2，原煤储量达 2 Gt，总设计产能 12.3 Mt/a，其中单独保留矿井 3 座，分别是长治市太岳煤矿、太原市锦富煤矿、吕梁市锦源煤矿；兼并重组资源整合矿井两座，分别是太原市东于煤业、吕梁市锦辉煤矿。

2009 年 8 月 10 日，美锦矿业公司取得了营业执照，注册号 140000110107016，有效期至 2018 年 12 月 12 日。安全生产许可证编号为(晋)MK 安许字〔2015〕XQ016Y1，有效期至 2018 年 3 月 5 日。

（三）淮南矿业集团

淮南矿业（集团）有限责任公司（以下简称“淮南集团”）位于安徽省淮南市，是安徽省煤炭产量规模、电力权益规模、房地产规模最大的综合型能源集团。前身是 1950 年成立的淮南矿务局，1998 年 3 月改制成淮南集团，同年 7 月由原煤炭部下放到安徽省管理，公司设有生产部、通风地质部、安全监察局等安全生产管理部门。淮南集团本土现有矿井 10 对，内蒙古鄂尔多斯矿井 3 对，生产能力 78.2 Mt，电力权益总规模达到 14.75 GW，形成煤炭、电力、物流、房地产、金融、技术服务等多产业协同发展格局。企业资产总额 1523 亿元，职工 10 万人。淮南集团安全生产许可证编号(皖)MK 安许证字〔2016〕0046，有效期至 2019 年 7 月 31 日。

（四）平安煤炭开采工程技术研究院有限责任公司

平安煤炭开采工程技术研究院有限责任公司（以下简称“平安工程院公司”）2014 年 12 月注册成立，为淮南集团全资子公司，注册资本金 1 亿元。现有在册职工 588 人，劳务派遣工 58 人。2016 年经营收入 1.92 亿元，净资产总额 5.67 亿元。平安工程院公司设产业管理部、山西分中心、平安东于煤业管理公司、驻点服务项目部等。平安东于煤业管理公司即东于煤业管理团队，山西分中心负责对平安东于煤业管理公司进行安全管理。已经形成驻点服务、咨询评估、培训交流、装备制造、煤矿托管等多元化发展格局。

（五）山西美锦集团东于煤业有限公司

1. 矿井概况

东于煤业公司属资源重组整合矿井，根据山西煤矿企业兼并重组整合工作领导组办公室文件“晋煤重组办发〔2009〕77 号文”《太原市清徐县煤矿企业兼并重组整合方案的补充批复》，在原东于煤矿的基础上，整合山西省清徐同亿煤矿、泽鱼河煤矿、东于太平煤矿三座矿井，组成山西美锦集团东于煤业有限公司，重组后井田面积 16.8506 km^2，保有资源储量 273.42 Mt，可采储量 142.88 Mt，批准开采 03－9 号煤层，安全许可能力 1.26 Mt/a，可采年限 73.2 a。矿井为高瓦斯矿井，所采煤层煤尘具有爆炸性，煤层自燃倾向性为Ⅲ级，属地温正常区，水文地质条件复杂。矿井于 2011 年 6 月 23 日开工建设，2015 年 1 月底全部建成。2016 年 2 月 2 日，省煤炭厅以“晋煤办基发〔2016〕104 号”批复矿井竣工大验收。2016 年 3 月 22 日，由清徐县煤炭工业管理局以“清煤字〔2016〕19 号”下文批复矿井恢复生产。

2. 持证情况

矿井证照齐全，且均在有效期限之内。其中：采矿许可证，证号 C1400002009121220046804，有效期至 2019 年 12 月 1 日；营业执照证，证号 9114000058854434XD，有效期至 2020 年 12 月 30 日；安全生产许可证，证号（晋）MK 安许证字〔2016〕X197Y3B1，有效期至 2019 年 11 月 27 日。矿长陈某堂，持有煤矿主要负责人安全资格证，有效期至 2019 年 7 月 1 日。

3. 安全管理机构设置情况

东于煤业实行分类分级管理。矿井直接管理的下属机构有生产技术科、机电运输科、通风科、防治水和地质测量科、安全科、调度中心、应急救援管理中心、瓦斯抽采队、探放水队、“六大系统”维护队、兼职救护队、医疗救护队。设有两个综采区、两个综掘区，区长、书记为科级编制。对辅助单位实行三级管理，为矿、科（区）、队建制，设有机电工区、运输工区、通风工区、六大系统维护工区、抽采工区、钻机工区等单位。

东于煤业钻机工区隶属淮南集团地质勘探工程处（以下简称“地质勘探工程处”），平安工程院公司与地质勘探工程处签署施工合同，由其负责东于煤业井下所有钻孔工程施工。

4. 各系统基本情况

（1）开拓开采系统。矿井开拓方式为斜井开拓，井田内布置四个井筒，分别为主斜井、副斜井、行人斜井和回风立井。井下设计两个水平开采，第一水平布置在 +658 m，沿煤层布置倾斜大巷，开采上组的03 号、2 号、4 号、5 号和6 号煤层，二水平将通过一组暗斜井延伸至 8 号煤层，水平标高 +623 m，开采 8 号、9 号煤层。正在开采第一水平，采 03 号、4 号煤层。

布置有两个采煤工作面和3 个综掘工作面。采煤工作面为03303 综采工作面和4102 综采工作面，采煤方法为走向长壁综采一次采全高。掘进工作面分别为03304 鉴定巷、三采区轨道巷延伸、三采区鉴定巷（东）。

（2）通风系统。矿井通风方式为中央分列式，通风方法为全风压机械抽出式通风，3 个进风斜井，分别是主斜井、副斜井、行人进风斜井，1 个回风立井。回风立井安装两台 FBCDZNo－36 型轴流式通风机。矿井总进风量 12947 m^3/min，总回风量 13203 m^3/min，总回风瓦斯浓度 0.18% ～0.25%，主要通风机风压为 1700 Pa。

（3）提升运输系统。主斜井井筒内装备一部带宽 1200 mm 的 DTL120/2 × 185 型大倾角带式输送机，选用 YB2－4001－4 型电机两台，制动系统采用 KPZ 系列盘式液压制动器，电控系统采用西门子公司生产的交－直－交变频电控系统。副斜井井筒铺设600 mm 轨距的 30 kg/m 型钢轨，采用单钩串车提升，井筒内设有 ZDC30－1.5 型跑车防护装置，提升采用 JK－2.5/31.5 矿用提升绞车，滚筒直径 2.5 m，滚筒宽度 2.0 m。行人进风斜井安装 RJY－37 架空乘人装置。

（4）排水系统。中央水泵房位于井底车场，主、副水仓有效容量为 3150 m^3。配置 3 台 MD450－60 ×3 型矿用耐磨离心式水泵，一台工作、一台备用、一台检修。敷设 $\phi325 \times 8$ mm 排水管路两趟，经行人进风斜井排至地面污水处理站。三采区水仓布置在采区轨道巷东侧 4 号煤中，排水管路沿采区轨道巷布置，水仓容量为 1288 m^3，配置 3 台 DF155－30 × 3 型多级水泵，1 台工作、1 台备用、1 台检修。敷设两趟 $\phi194 \times 4$ mm 的排水管路。在三采区水仓附近设置强排系统，安装有两台 BQ－725－371/14－1000W－S 型水泵，其流量 725 m^3/h，敷设 $\phi426 \times 18$ mm 的无缝钢管 1 趟，直排地面。矿井正常涌水量为 269.16 m^3/h，最大涌水量为 328.68 m^3/h，主要水仓的有效容量大于 8 h 的正常涌水量，20 h 内排水能力大于矿井 24 h 的最大涌水量。

（5）压风系统。矿井地面空压机采用 2 台 LU250－8.5 螺杆式空气压缩机，额定排气量 43.0 m^3/min，压力 0.8 MPa，1 台 SC290L250 螺杆式空气压缩机，额定排气量 42.5 m^3/min，压力 0.8 MPa。

（6）防尘洒水系统。防尘水源来自地面静压水池，储水量 1400 m^3。敷设防尘供水管路，并安设支管和阀门。

综采工作面：带式输送机巷、回风巷安装风流净化喷雾或水幕；各转载点安装喷雾装置。综掘工作面：设置风流净化水幕和净化喷雾；各个转载点安装喷雾装置；掘进机内、外喷雾正常使用。煤流系统和其他巷道，设置了喷雾装置和防尘设施。

（7）供电系统。矿井地面 35 kV 变电所设置在主井场地，风井场地设置风井场地 10 kV 配电室（和风机房配电室联建）和瓦斯泵房 10 kV 配电室。矿井 35 kV 变电所以 10 kV 双回向风井场地 10 kV 配电室、副井绞车、主井带式输送机、空压机、井下主变电所和工业场地 10 kV 配电室等配电点进行供电。井下主要有三个变电所，分别是中央变电所、一采区变电所和三采区变电所。中央变电所的 10 kV 双回电源引自地面矿井 35 kV 变电所的 10 kV 不同母线侧，一采区、三采区变电所的 10 kV 双回电源引自中央变电所的 10 kV 不同母线侧。

（8）"六大系统"。矿井设有安全监测监控、井下人员定位、紧急避险、压风自救、供水施救、通信联络等"六大系统"。

（六）矿井水文地质与探放水情况

1. 矿井地质及水文地质

井田内含煤地层为二叠系下统山西组和石炭系上统太原组，可采或局部可采煤层共 7 层，分别为 03 号、2 号、4 号、5 号、6 号、8 号、9 号煤层。开采的是 03 号、4 号煤层，其中 03 号煤平均厚 1.68 m，顶板为粉砂岩、砂质泥岩、中－细砂岩，底板为泥岩、砂质泥岩、细砂岩，与 2 号煤相距 3.71～17.65 m，平均 8.65 m。2 煤平均厚 2.45 m，4 号煤平均厚 2.48 m。井田处于西山向斜的东翼南缘，在总体构造控制下发育闫家庄背斜、黄大坪向斜、市儿口背斜等 3 个小的向斜、背斜，地层倾角 4°～11°。井田内断层、陷落柱较为发育，生产揭露 11 条断层，156 个陷落柱。

山西组各煤层之上砂岩裂隙含水层富水性弱，太原组 6 号煤层顶板 L5 灰岩含水层富水性弱，8 号、9 号煤层顶板 L1 和 K2 灰岩含水层富水性弱且其间隔有炭质泥岩和泥岩隔水层。奥灰水水位标高为 773～820 m，除井田东南角局部外，均为带压开采。被整合的同亿煤矿、泽渔河煤矿（关闭）、东于太平煤矿（关闭）存在大量采空区和采空积水，矿井水文地质条件类型为复杂。03304 鉴定巷位于黄大坪向斜轴部。

2. 四邻关系

矿井东北部与山西阳煤集团碾沟煤矿相邻；东部与太原东山李家楼煤矿相接；东南部为清交大断层，无矿权设置；西南部与山西瑞泽煤矿相邻；西部与山西阳煤集团南岭煤矿相邻；北部与山西东辉集团赵家山煤矿相邻。

3. 透水巷道基本情况

事故发生在03304鉴定巷，位于东于煤业三采区，西起三采区西回风巷，03304鉴定巷包括1条工作面巷道和开切眼，沿03号煤层底板掘进：工作面巷道沿方位角60°施工，规格为5.0 m(净宽)×2.8 m(净高)，净断面面积为14.0 m^2，采用锚网索支护；开切眼沿330°方位角施工，规格为6.5 m(净宽)×2.6 m(净高)，净断面面积为16.9 m^2，采用锚梁网支护。截至5月22日，已完成施工，共997.5 m，开切眼施工66.7 m。工作面井下位于一水平三采区，西临三采区系统巷道，东距03号煤采空边界（原泽渔河煤矿东部边界）52～79 m，南北方向为未采区。03号煤平均厚度1.8 m，直接顶板为泥岩、砂质泥岩、粉砂岩，厚1.2～8.0 m，老顶为中粗至中细砂岩，厚2.6～6.4 m。

工作面预计正常涌水量3 m^3/h，最大涌水量30 m^3/h，配备2台7.5 kW风泵，安设一趟直径108 mm排水管，单泵额定排水能力12 m^3/h。

03304鉴定巷掘进工作面逐渐由警戒线外施工至探水线与积水线之间，其中开切眼大部分位于探水线与积水线之间，物探采用瞬变电磁法，探测顺层、顶板、底板3个方向。开切眼超前钻探两次，第一次位于开切眼开口处，第二次位于开切眼开口以里60 m处，各施工钻孔5个，其中3个为顺煤层方向，2个为底板方向，实际施工底板方向钻孔均探到2号煤层实体。根据矿方提供的资料和现场勘察，事故发生时迎头已掘进到距第二次钻探点6.7 m的位置。

二、事故发生前安全管理及政府监管情况

（一）事故单位与主体企业安全管理情况

东于煤业由平安工程院公司组成成建制队伍，进行整体托管。矿井实行分类分级管理，按照东于煤业与平安工程院公司签署的“安全生产技术服务合同”负责煤矿的安全、生产、技术等生产系统事项，承担煤矿安全主体责任。矿井安全生产管理为矿、科（区）、队三级管理建制。矿井安全生产隐患执行分级排查制度，矿长每旬组织一次安全隐患排查；各业务科室组织分管业务内隐患排查；基层科（区）队、班组实行日常安全检查；各岗位工种每班上岗前安全检查。按照排查、报告、治理、验收和建档5个程序进行闭合管理。

平安工程院公司是东于煤业安全生产的管理主体，公司设产业管理部、山西分中心、平安东于煤矿管理公司（即东于煤业）、驻点服务项目部等。山西分中心负责对东于煤业进行日常监管，每月对东于煤业安全检查两次，2017年共检查9次；产业管理部负责监督重大安全生产隐患排查、治理；平安工程院公司定期、不定期对东于煤业进行安全专项检查，2017年共检查4次。

淮南集团设有生产部、通风地质部、安全监察局等安全生产管理部门。淮南集团安全监察局每半年对平安工程院公司进行一次安全监管检查，2017 年已检查 1 次。

美锦矿业公司是东于煤业的管理主体，设有安全管理部、通风部、生产（建设）技术部、机电运输部、地质测量部、劳动用工管理部、安全调度指挥中心等安全生产管理部门。定期组织对东于煤业进行安全监管。美锦矿业公司每周对东于煤业进行一次安全检查，2017 年共检查 21 次。

（二）地方人民政府及安全监管部门履职情况

1. 东于镇人民政府

东于镇人民政府全面巡查地面及井下安全，坚持安全例会制度，每月组织召开一次煤矿安全生产工作例会，落实县委、县政府有关煤矿安全生产工作部署。每月由矿管办组织开展一次煤矿安全全覆盖巡查。

东于镇人民政府按照县委、县政府关于生产经营单位安全生产工作部署安排，在职责范围内对辖区内煤矿企业开展安全大检查，2017 年二季度以来，该镇对东于煤业检查 1 次，查出安全隐患 3 条。

东于镇人民政府对矿管办的工作抓的不严不细，矿管办人员专业素质欠缺，对东于煤业安全检查工作不认真不仔细，未能及时发现隐患。

2. 清徐县煤炭工业管理局

承担全县煤炭生产监管责任和煤矿安全监管责任；贯彻落实国家煤炭产业政策，按照省、市行业管理部门要求，制定全县煤炭生产开发规划并组织实施；监督落实煤矿安全生产责任制。

清徐县煤炭工业管理局依法履行对辖区内煤矿企业的安全监管职责，同时对辖区内煤矿企业派驻安监员进行安全监管。2017 年二季度以来，该局对东于煤业检查 2 次，查出隐患 24 条，安全监管五人小组检查 7 次，查出隐患 51 条。查出问题均全部督促整改落实。

该局组织落实《关于开展 2017 年全县煤矿春季防治水专项检查的通知》（清煤字〔2017〕32 号）文件不力，组织开展防治水专项检查工作不认真不仔细，对职能科室和安全监管五人小组未认真履行职责的问题失察。对事故报告督促检点不够，事故发生后，未严格按照有关规定上报。

3. 清徐县人民政府

贯彻落实省、市有关安全生产的方针、政策及规定不到位；对县煤炭工业管理局履行监管职责的情况督促检查不力，对县煤炭工业管理局开展安全生产监督检查工作和煤矿防治水工作专项检查督促指导不到位。

三、事故发生经过及应急处置评估情况

（一）事故发生经过

5月22日中班（14时至22时）井下接班时，作业人员发现03304鉴定巷（开切眼）工作面有积水，排完水后，约19时40分左右掘进了两排（约1.6 m），班长易某强带着人去支护顶板，同时跟班副队长盛某路带人去钻场打木剁防止顶板来压，大约20时多易某强发现工作面水变大了，就找盛某路汇报情况，然后盛某路向调度室、综掘一区区长焦某胜汇报说巷道带式输送机机尾处水大，水泵排不完（水泵排水能力12 m^3/h）。焦某胜接到盛某路汇报后，打电话给掘进副总张某才汇报，张某才安排地测科副科长罗某下井观察水情。罗某向地测科科长詹某奇汇报情况后下井，约21时10分，罗某到达03304鉴定巷开切眼口，在此处测得水量20 m^3/h 并伴有臭鸡蛋味。罗某顺着切眼往里走遇到下班出来的盛某路，罗某让盛明路协助其测量渗水情况，约21时45分，罗某向调度室汇报“03304右钻场10 m范围内零星状分布出水，总水量在20 m^3 左右，有臭味”。约22时10分，罗某和盛某路就一起出去，在03304鉴定巷（巷道中部）碰到夜班跟班副区长徐某勇。

5月22日20时30分，综掘一区一队夜班在队部安培教室召开班前会，参会人员有副区长汤某、跟班副区长徐某勇、跟班副队长张某文及职工9人。当班工作的具体内容是安排9名职工抬水泵到03304开切眼掘进面，安装好后排水。约21时开始入井，约22时到达工作面。随后不久，安全员金太武也到现场。约23时，水泵到位后，综掘一区一队当班班长王某春安排张某到巷道外关闭静压水管的阀门，其余人员安装水泵、连接管路。约23时30分，积水点水量突然增大，徐某勇将此情况向调度室汇报，张某文安排张某等人马上将水泵抬到积水处，安装并准备抽水，张某等人正在抬水泵，忽然听到“砰”的一声巨响，工人们就被水冲倒。23时38分，调度屏幕显示03304迎头甲烷传感器报警，随后井下一名瓦检员向调度室汇报03304一个局部通风机反转，出现异常，然后调度员邓某龙就向03304迎头打电话询问情况但未打通。随后调度室接到采煤队陈某山在井下汇报说轨道大巷六联巷水大、人员无法通行。

在此期间，约22时30分，矿长陈某堂得知03304迎头水大后，通知总工程师周某洪、掘进一区区长焦某胜、调度主任陶某平、地测科科长詹绍奇4人到调度室，在听取了罗某对井下现场情况的汇报、焦某胜对夜班工作的安排等情况后，又对排水工作进行了安排。

约23时40分，陈某堂在办公室接到调度员邓某龙电话汇报称井下透水，才

安排调度立即撤人，并随后赶到调度室安排启动应急预案。

事故发生后，经清点，该矿当班入井人数 67 人，安全升井 42 人，安排留守井下救援人员 14 人，11 人被困事发区域。23 日 1 时 50 分，在 03304 鉴定巷躲避硐室（距离三采区西回风巷口 579 m）被困的 4 个人通过电话与调度中心取得联系，其余 7 人失联。

（二）事故应急处置评估

1. 东于煤业

1）应急预案启动

事故发生后，矿井立即启动应急预案，通知井下所有作业人员迅速撤离，矿领导、科室负责人、基层科（区）长立即到矿调度中心集合，并成立应急救援指挥部，设立了现场抢险组、技术专家组、后勤保障组、治安维稳组、善后处理组等相关专业小组，同时启动应急一级响应。

总指挥矿长陈某堂安排总工程师周某洪为井下现场总指挥，带领总支书记、矿长助理、调度主任等赶赴井下受灾现场，开展现场抢险救灾。同时命令当班带班机电副矿长魏敬久召集机电人员，确保供电、排水系统可靠畅通。安排机电副总黄遵文在地面负责抢险救灾物资调运、装车、入井。应急救援指挥部制定了三套救援方案，分别是现场排水、地面打钻、井下打钻（放水），三套方案同时进行。迅速形成了地面物资保障—井下物资调运—现场设备安装及运行抢险机制。

先期处置主要措施为将巷道供水管路改为压风管路向被困人员供风。23 日 5 时 47 分，安装并运行 5 台 100 kW 水泵进行排水作业。8 时左右，第 6 台排水泵安装运行，并继续增调排水泵。截至救援结束，共计向现场调配排水泵 23 台。

事故发生后，东于煤业积极配合事故抢险和救援工作。参与应急救援工作分三班进行，共入井 368 人次。配合太原市、西山煤电、汾西矿务局三支矿山救护队开展应急救援。

2）事故报告

事故发生后，采煤一区职工陈保山汇报“三采区六联巷向下流水较大，可能是哪个地方透水了”。5 月 22 日 23 时 40 左右，矿长陈某堂接到调度员汇报立即赶到调度中心。5 月 23 日 0 时 24 分，调度员庞某杰向美锦矿业公司调度中心汇报，0 时 30 分，调度员庞某杰向清徐县煤炭工业管理局汇报，零时 33 分，调度员庞某杰向太原市煤炭工业局调度中心汇报，0 时 40 分，矿长陈某堂向平安工程院公司领导汇报。

事故发生后，东于煤业未严格按照有关规定将事故情况上报山西煤矿安全监察局太原监察分局。

2. 山西美锦集团与平安工程院公司

事故发生后，美锦集团于5月23日零时24分接到事故报告。值班调度员李帅接东于矿值班调度员庞某杰汇报东于煤业0330418鉴定巷开切眼出水，人员被困，要求公司联系太原市救护大队。李某立即向公司生产部长董某涛汇报，董某涛同东于调度副主任李某革核实具体情况后，分别向公司总经理吴某洲、总工程师姚某明、安全副总刘某华汇报。5月23日零时40分向清徐县煤炭工业管理局汇报，同时联系太原市矿山救护大队救护。美锦集团董事长姚某俊立即组织公司吴某洲、姚某明、刘某华、董某涛等相关人员赶赴东于矿进行现场抢险指挥，同时联系公司机电、安全、地测等领导立即到公司调度留守值班。

事故发生后，淮南矿业集团、平安工程院公司在接到东于矿汇报后，淮南矿业集团总经理、党委副书记王某森、副总经理黄某斌、副总工程师赵某、办公室主任汪某祥、地质通防部部长朱某旺、副部长汪某华、生产部副部长张某喜、平安工程院公司董事长、党委书记郭某宝、总经理周某魁、党委副书记刘某川于5月23日上午到矿，并立即与美锦集团、东于煤业组成联合抢险指挥部，开展指挥抢险。总经理王某森第一时间带相关人员深入现场指挥抢险。

3. 事发地人民政府应急处置

1）应急响应

5月23日1时15分，清徐县人民政府接县安监局报告后，及时向时任县委副书记、县长王琳玉报告，要求立即启动应急预案，同时通知相关县领导以及县政府办（应急办）、公安、安监、卫计、供电、移动、联通、东于镇等部门和乡镇相关负责人立即赶赴现场，公安局及时调配警力维护现场秩序，安监局专业人员赶赴现场，卫计局派出两台救护车，供电、移动、联通派出相应专业应急车辆。

清徐县人民政府于5月23日1时15分接县安监局事故报告后，第一时间向太原市人民政府应急办公室进行了汇报，并层层上报至山西省人民政府。

2）指挥救援及现场处置措施落实情况

接到事故报告，省、市、县有关部门负责人赶赴现场，由省政府牵头成立了山西美锦集团东于煤业“5·22”透水事故抢险救援指挥部，时任副省长王赋担任抢险救援指挥部总指挥。指挥部下设抢险组、救护组、钻孔组、技术组、医疗组、新闻组、保卫组、善后组和保障组9个工作组，并明确了各组的分工和任务。从太原市矿山救护大队、汾西矿业和西山煤电等单位抽调人员、设备，立即进行事故抢险救援工作。

抢险救援指挥部通过科学分析，同时采取了三套救援方案：一是井下排水，在被淹巷道 03304 带式输送机巷入口处安设水泵向被淹巷道内排水；二是井下打钻放水，在三采区轨道大巷 +632 m 标高处开孔向被淹巷道最低位置处（标高 638 m）施工放水钻孔，设计钻孔倾角 5°，钻孔深度 80 m；三是地面施工直孔，在被困人员所在避难硐室外侧上部地面对应位置施工 ϕ191 的直孔，设计钻孔深度 260 m，作为输送应急物品和给养的通道。通过科学施救，23 日 20 时 40 分，水位下降至积水区距巷道顶板下 1.4 m 位置，救护队员进入灾区开始搜救。23 日 21 时 30 分，救出避难硐室 4 人，其中 2 人正常，2 人受伤。24 日零时 36 分，救出另一名生还人员。剩余 6 名遇难职工于 24 日 6 时 27 分全部升井，救援工作结束。

截至 24 日 6 时 27 分，03304 鉴定巷总排水量约 5100 m^3。

4. 应急处置评估

（1）在本次事故救援中，事故企业、各级政府以及各方救援力量均以抢救矿工生命为第一任务，分工明确，响应及时，处置科学，措施得当。

（2）煤矿企业要加强对作业场所的风险检测和评估，对存在风险隐患必须制定切实可行的安全措施，切实做到防患于未然。

（3）强化风险与应急技能的安全培训，使每一个职工熟练掌握辨识风险的能力和应急处置技能，提高水害防治安全意识。

（4）生产经营单位应当按规定进行综合应急预案演练、专项应急预案演练，以及现场处置方案演练。

四、事故现场勘查及技术分析

（一）事故现场勘查

5 月 25 日，技术鉴定组对东于煤业“5・22”水害事故现场进行了勘察。

1. 勘察路线

勘察路线：行人斜井→轨道大巷→三采区轨道大巷→03301 提料斜巷→三采区西回风巷→03304 鉴定巷（工作面巷道）→03304 鉴定巷（开切眼）→透水点。

2. 现场勘察情况

5 月 25 日晚 21 时入井。从行人斜井到达 03304 鉴定巷，沿途发现，03304 鉴定巷（工作面巷道）自三采区回风联巷口处向里 30 m 范围为一下山巷道，30 ~ 150 m 处为平巷（最低洼处），150 m 以里整体为略有起伏变化的上山巷道，随巷道起伏变化在低洼处和平缓处有大量淤泥煤渣、少量积水，在上山坡度较大的地段有深 0.5 ~ 0.8 m 的冲沟，局部轨道悬空，带式输送机架摧倒，托辊、带式输送机架等或散乱，或聚集在巷道底板的淤泥中。T17 号（距三采区西回风巷口

579 m）测点处见避难硐室，T18 号（距巷口 698 m）点附近的左右钻场处均见到超前钻探钻孔的孔口及标牌。T19（距巷口 785 m）号测点往里，距后部钻场 40 m 处，底板冲沟中有超前探钻孔的痕迹。进入 03304 鉴定巷（开切眼）后，在 T22（距巷口 999 m）测点处钻场，见超前钻探钻孔和超前钻探、物探牌板，同时见水流印痕，高 0.6 m 左右，水印之上有煤尘，印痕清晰。据实测，开切眼口 T22 号测点向里 15 m 开始，至透水口处，堆积有顶面平缓的条带状破碎岩块溃出物，长 32.5 m，宽 3.3 m，厚度约 0.4 m，总体积 42.9 m^3。岩块大小一般在 0.05 ~ 0.1 m，少量 0.2 ~ 0.3 m，岩块由透水口向外逐渐变小，岩性以碎块状细砂岩、粉砂岩为主（与 2 号煤顶板岩性类似）。距 T22 测点 47.5 m 处，见一长轴 7.5 m（沿开切眼巷道方向）、短轴 6.5 m、深 1.2 m 的椭圆形塌陷坑，掘进机随塌陷坑下陷，掘进机两履带间有少量水流出，水量约 5 m^3/h，并伴有少量气泡冒出。塌陷坑向外 3 m，开切眼外帮揭露一陷落柱，揭露长度 15 m。塌陷坑上方顶板完整。在塌陷坑右前方钻场口立一边长 1.5 m 的木垛。在掘进正前迎头及钻场侧帮，见距顶板 1 m 处，有明显被水浸泡痕迹。

（二）事故技术分析

技术鉴定组结合《山西美锦集团东于煤业有限公司“5·22”较大水害事故专家报告》，给出分析结果。

1. 老空区探放水设计不符合相关规定

矿方《2017 年度地测防治水“一矿一策”“一面一策”》报告中，地质、防治水部分涉及 03304 工作面开切眼即 03304 鉴定巷（开切眼）的水患分析提到：“工作面开切眼附近可能有 03、2 煤或其他煤层不规则采空区，因小煤矿开采，时间久远，无准确采掘及测量资料，无法准确预计采空区范围，预计采空区内可能存在一定量的积水”。

在对 03304 鉴定巷（开切眼）做出可能存在老空水威胁的判断后，未按照《煤矿防治水规定》第九十四条第一款之规定设计探放水钻孔。规定要求探放老空水时，探水钻孔成组布置，并在巷道前方的水平面和竖直面内呈扇形，钻孔终孔位置以满足平距 3 m 为准，厚煤层内各孔终孔的垂距不得超过 1.5 m。而东于煤业的《03304 鉴定巷、开切眼“有掘必探”设计及安全技术措施》中“03304 开切眼验证钻孔”设计 4 个钻孔，其中探测下伏 2 号煤老空的底孔仅 1 个，在施工前调整为 2 个。单次探测水平控制距离约 110 m，允许掘进 80 m。进入 03304 鉴定巷（切眼）后，共施工两轮探放水钻孔，每轮施工 2 个底孔探测 2 号煤底板老空水。由于钻孔密度不足，未能探测到引起本次透水的 2 号煤采空区域。

由此可见，矿方 03304 鉴定巷（开切眼）针对 2 号煤老空区水的探放水钻孔设计针对性不强、钻孔密度不够，违反了《煤矿防治水规定》第九十四条第一款的规定。

2. 物探成果不可靠，钻探施工不严谨

（1）井下物探成果不可靠。2017 年 4 月 23 日，东于煤业地测科人员在 03304 鉴定巷（开切眼）开口处利用便携式瞬变电磁仪对开切眼做了物理探查。《瞬变电磁仪物探报告》中显示掘进方向上顶板 30°、顺层、底板 30°三个方向均无明显低阻异常，富水的可能性小。瞬变电磁仪型号为 TEMHZ75 + TEMJF50，说明书上有效探测距离为 140 m，矿方按照一次探测 110 m 有效距离，允许掘进 80 m 的原则来利用物探成果。本次探测起始点位置距突水点下方 2 号煤老空区直线距离约为 51 m，在瞬变电磁仪的有效探测距离内，但物探结果未显示有低电阻异常（富水区域特征）。由此可见，物探结果与实际情况不符，物探结果不可靠。

（2）未严格按照探放水设计施工探放水钻孔。在钻探施工中，矿方将部分瓦斯抽放钻孔兼作探放水钻孔，使得实际施工钻孔参数和设计探放水钻孔参数不能完全相符。部分兼作钻孔孔径大于 75 mm，违反《煤矿防治水规定》第九十七条之规定。调查 03304 鉴定巷近期的 3 次探放水设计和施工记录均发现了上述问题。

3. 巷道底板透水后，未立即停止作业，撤出人员

（1）2017 年 5 月 22 日中班接班时，工作面底板开始渗水。据盛某路（综掘一区一队副队长）发现 03304 鉴定巷（开切眼）迎头附近出现积水，并进行了抽水作业。

（2）20 时 22 分，盛某路向矿调度汇报，03304 鉴定巷（开切眼）靠迎头附近右帮钻场底板水变大，大于工作面风泵排水能力（12 m^3/h）。

（3）21 时 45 分，罗某（地测科副科长）在井下查看后，汇报矿调度中心 03304 鉴定巷（开切眼）右钻场 10 m 范围内有出水，水量约为 20 m^3/h，并伴有臭鸡蛋味，怀疑为老空水。随后，中班掘进队组人员交接班升井，矿方安排夜班掘进队组人员入井进行安泵排水作业。

（4）23 时 38 分，夜班掘进队组人员在安泵排水过程中，突水点水量突然加大，11 人遇险。

在巷道底板透水后，矿方未按照《煤矿安全规程》第二百八十八条之规定立即停止作业、及时撤出人员，在隐患未排除的情况下安排人员现场作业，最终导致了事故的发生。

4. 透水原因分析

03304 鉴定巷（开切眼）事发位置处于向斜轴部，跨越下伏原泽渔河煤矿 2 号煤老空区，下伏 2 号煤远端水位高于此处 3 号煤底板，致使此处底板处于承压状态。2 号煤顶板冒落破坏，加之 3 号煤巷道采动对底板扰动，致使 3 号煤与 2 号煤层间仅有的 7 m 隔水层遭到破坏。在水压、采动应力及老空水浸泡的共同作用下，原有平衡状态被打破，形成导水裂隙，2 号煤采空区内积水沿顶板导水裂隙不断向上导升，由渗水逐渐演变为涌水，隔水岩层强度及阻水能力不断降低，当水压大于隔水岩层残余强度时，老空区内水、气瞬间突破底板携带岩块喷出，导致水害事故发生。

5. 尸体检验鉴定书

山西中宇司法鉴定中心《法医学尸体检验鉴定书》中鉴〔2017〕尸鉴字第 335 号、354 号、355 号、359 号、360 号、375 号显示六人均为生前溺水死亡。

（三）事故类型

依据煤矿伤亡事故分类规定，本次事故为水害事故，特征为底板老空透水。

五、事故造成的人员伤亡和直接经济损失

本次事故共造成 6 人死亡，5 人受伤，事故共造成直接经济损失 505.50 万元。

六、事故原因和性质

（一）事故原因

1. 直接原因

东于煤业三采区 03304 鉴定巷（开切眼）针对老空区探放水设计不符合规定，物探、钻探工作不严谨，透水后未立即停止作业、及时撤人，是造成此次事故的直接原因。

2. 间接原因

（1）东于煤业未严格执行《煤矿防治水规定》《山西省煤矿老空水害防治工作规定》，防治水制度不落实，对井田范围内老空区的位置、范围、积水情况等隐蔽致灾因素探查不清，物探结果不可靠，探放水设计针对性不强、审批把关不严、钻探施工作业人员配备不足、钻孔验收不规范，是造成事故的主要原因。

（2）东于煤业安全责任制度不健全，岗位责任落实不力，安全教育培训不到位，干部、职工安全意识淡薄，在出现透水征兆甚至透水后，干部违章指挥，工人违章作业，未能采取有效防范措施，及时停止作业，撤出人员，是造成事故的又一主要原因。

（3）美锦集团、淮南集团安全责任落实不细致，安全管理不严格。美锦矿业公司履行安全管理主体责任落实不到位；平安工程院公司对东于煤业的安全生产技术管理监督、指导不力；地质勘探工程处对东于钻机工区钻探工作监督检查不严不细，是造成事故的重要原因。

（4）清徐县人民政府、清徐县煤炭工业管理局、东于镇人民政府贯彻落实省、市有关安全生产的方针、政策及规定不到位，安全监管不力，对东于煤业安全检查不全面、不细致，对防治水工作重视不够、要求不严、措施不力，也是造成事故的原因。

（二）事故性质

经调查认定，本次事故是一起较大生产安全责任事故。

七、责任划分与处理建议

（一）建议追究刑事责任人员

（1）徐某勇，男，50 岁，中共党员，东于煤业综掘一区技术副区长，负责全区的技术管理工作，当班跟班。在井下出现透水情况时，未及时指挥工人撤离，对该起事故负直接责任。

鉴于其已在事故中死亡，不予追究责任。

（2）金某武，男，50 岁，群众，东于煤业安监处安检员，负责对井下安全工作进行监督检查，当班安检员。到达作业地点滞后于当班工人，对作业地点环境了解不够全面，在出现透水情况时，未及时指挥工人撤离，未履行安全监督职责，对该起事故负直接责任。

建议：移送司法机关处理。

（3）焦某胜，男，47 岁，中共党员，东于煤业综掘一区区长，负责综掘一区全面工作，是本区安全生产的第一责任者。在出现透水未查清原因的情况下，违章指挥工人进行排水作业，对该起事故负直接责任。

建议：移送司法机关处理。

（4）魏某久，男，53 岁，中共党员，东于煤业机电副矿长，当班跟班矿领导，负责当班的安全生产工作。未全面掌握当班的安全生产状况，当 03304 鉴定巷（开切眼）出现透水的重大隐患时，未及时组织停工、撤人的紧急处置措施，对该起事故负直接责任。

建议：移送司法机关处理。

以上责任人员待司法机关做出处理决定后，由有关单位按干部人事管理权限及时给予相应的党纪、政纪处分和其他处理。

（二）建议给予党纪处分、政纪处分、行政处罚或其他处理的责任人员

（1）汤某，男，40岁，群众，东于煤业综掘一区生产副区长，负责综掘一区一队的安全生产管理工作。在出现透水未查清原因的情况下，安排工人进行排水作业，对该起事故负主要责任。

建议：依据《安全生产领域违法违纪行为政纪处分暂行规定》第十二条之规定，给予撤职处分。

（2）汪某盛，男，41岁，中共党员，东于煤业综掘一区副书记，负责综掘一区的党务、安全教育培训工作。对工人的安全教育培训不到位，工人在井下出现透水时仍然违章作业，安全意识淡薄，未及时撤离危险区域，对该起事故负主要责任。

建议：依据《中国共产党纪律处分条例》第一百二十五条之规定，给予党内严重警告处分；依据《安全生产领域违法违纪行为政纪处分暂行规定》第十二条之规定，给予撤职处分。

（3）罗某，男，39岁，群众，东于煤业地测科副科长，负责防治水工作，对探放水设计的审核把关不严不细，在现场观测水情后，未能正确评估险情性质和可能造成的伤害损失程度，并及时发布预警信息，设置安全警示，对水害威胁程度做出正确判断，未提出针对性建议，对该起事故负主要责任。

建议：依据《安全生产领域违法违纪行为政纪处分暂行规定》第十二条之规定，给予降级处分；依据《安全生产违法行为行政处罚办法》第四十五条之规定，处行政罚款人民币5000元。

（4）詹某奇，男，29岁，中共党员，东于煤业地测科科长，负责全矿的地质、测量及防治水工作。地质图纸资料的编制和审查不严，编制的老空区探放水设计没有针对性，不符合《煤矿防治水规定》，未对本矿周边的老空水进行深入调查，未安排、督促钻探队进行探水作业，未严格执行探放水验收制度，对该起事故负主要责任。

建议：依据《中国共产党纪律处分条例》第一百二十五条之规定，给予党内严重警告处分；依据《安全生产领域违法违纪行为政纪处分暂行规定》第十二条之规定，给予撤职处分。

（5）刘某，男，50岁，中共党员，东于煤业安监处副科长，负责安全隐患的排查闭合，分管安检员。跟班安检员的组织和管理工作不到位，造成03304鉴定巷5月22日中班现场跟班安检员缺岗，未能及时发现透水隐患，对该起事故负重要责任。

建议：依据《安全生产领域违法违纪行为政纪处分暂行规定》第十二条之

规定，给予记过处分；依据《安全生产违法行为行政处罚办法》第四十五条之规定，处行政罚款人民币 3000 元。

（6）张某雷，男，50 岁，中共党员，东于煤业安监处常务副处长，负责安监处的日常安全管理，对该矿安全生产工作监督检查不仔细、不认真、不全面，未发现掘进工作面未按要求进行探放水的问题；对安全员未认真履行监督检查职责的问题失察，对该起事故负重要责任。

建议：依据《安全生产领域违法违纪行为政纪处分暂行规定》第十二条之规定，给予记大过处分；依据《安全生产违法行为行政处罚办法》第四十五条之规定，处行政罚款人民币 5000 元。

（7）刘某平，男，53 岁，中共党员，东于煤业地质副总工程师，协助总工程师负责地质、测量及防治水工作。未组织对本矿及周边的老空区及积水情况进行深入调查，对井田范围内水文地质及老空水情况掌握不清，对地质相关图纸资料、探放水设计的审查不严，对地测科探放水验收工作监督不严，对该起事故负主要责任。

建议：依据《中国共产党纪律处分条例》第一百二十五条之规定，给予党内严重警告处分；依据《安全生产领域违法违纪行为政纪处分暂行规定》第十二条之规定，给予撤职处分。

（8）周某洪，男，53 岁，中共党员，东于煤业总工程师，负责全矿的技术工作。对地测科的工作把关不严、督促不力，组织审核探放水设计不严谨、不认真，对防治水工作重视不足，未督促业务部门将本矿探放水设计落到实处，对该起事故负主要责任。

建议：依据《中国共产党纪律处分条例》第一百二十五条之规定，给予党内严重警告处分；依据《安全生产领域违法违纪行为政纪处分暂行规定》第十二条之规定，给予撤职处分。

（9）闪某喜，男，55 岁，中共党员，东于煤业安全副矿长兼安监处处长，负责全矿安全监督检查工作。未能及时发现《03304 鉴定巷、开切眼“有掘必探”设计及安全技术措施》不符合《煤矿防治水规定》的隐患，对安全员未认真履行监督检查职责的问题失察，对该起事故负重要责任。

建议：依据《中国共产党纪律处分条例》第一百二十五条之规定，给予党内严重警告处分；依据《安全生产领域违法违纪行为政纪处分暂行规定》第十二条之规定，给予撤职处分。

（10）陈某堂，男，51 岁，中共党员，东于煤业矿长，是全矿安全生产的第一责任者。在听取相关人员对水情的汇报后，未及时组织停止作业、紧急撤人，应急处置不当，对该起事故负主要责任。事故发生后，未严格按照有关规定上报事故情况，对事故的迟报负主要责任。

建议：依据《中国共产党纪律处分条例》第一百二十五条之规定，给予党内严重警告处分；依据《安全生产领域违法违纪行为政纪处分暂行规定》第十二条之规定，给予撤职处分；依据《中华人民共和国安全生产法》第九十一条之规定，自受处分之日起，五年内不得担任任何生产经营单位的主要负责人；依据《中华人民共和国安全生产法》第一百零六条、《生产安全事故报告和调查处理条例》第三十五条、《生产安全事故罚款处罚规定》第十一条之规定，处上一年年收入人民币 207278.87 元的 80% 罚款计人民币 165823 元；依据《安全生产违法行为行政处罚办法》第四十五条之规定，处行政罚款人民币 10000 元；根据《国务院关于预防煤矿生产安全事故的特别规定》(国务院令第 446 号）第十条第一款之规定，对东于煤业负责人陈锡堂处行政罚款人民币 30000 元。以上行政罚款合计人民币 205823 元。

（11）杨某杰，男，56 岁，中共党员，东于煤业党委书记，负责安全培训工作。履行安全生产党政同责、一岗双责，贯彻落实安全生产方面的规定和要求不到位，对安全生产工作监督检查、职工的培训教育不严不细，对该起事故负主要责任。

建议：根据《中国共产党纪律处分条例》第一百一十三条规定，给予撤销党内职务处分。

（12）李某生，男，57 岁，群众，美锦矿业地质部部长，负责地质、测量、防治水工作。对东于煤业日常的监督检查不细致，对检查发现的防治水问题整改落实情况把关不严。对该起事故负重要责任。

建议：依据《安全生产违法行为行政处罚办法》第四十五条之规定，处行政罚款人民币 10000 元。

（13）姚某明，男，52 岁，群众，美锦矿业总工程师，负责技术管理工作。对东于煤业防治水工作检查指导不到位，组织落实《煤矿防治水规定》不严不细，对该起事故负重要责任。

建议：依据《安全生产违法行为行政处罚办法》第四十五条之规定，处行政罚款人民币 10000 元。

（14）吴某洲，男，54 岁，群众，美锦矿业总经理，是公司安全生产第一领导人，负责全公司安全生产工作。对公司相关领导和有关职能部门履行日常监督检查职责不到位的问题失察，对该起事故负主要领导责任。事故发生后，未严格按照有关规定上报事故情况，对事故的迟报负主要责任。

建议：由美锦矿业公司解除其劳动合同。

（15）王某，男，56 岁，中共党员，平安工程院公司山西分中心副主任，负责东于煤业的日常安全监管工作。日常检查不认真、不仔细、不全面，对东于煤业探放水设计、施工、验收方面存在的问题失察，对该起事故负重要责任。

（16）潘某功，男，49 岁，中共党员，平安工程院公司产业管理部部长，负责监督重大安全生产隐患排查治理工作。对东于煤业探放水工作存在的安全隐患排查治理不严不细，对该起事故负重要责任。

（17）夏某生，男，53 岁，九三学社社员，平安工程院公司董事、副院长、副总经理、总工程师，分管山西分中心、产业管理部。对分管的山西分中心和产业管理部的日常监管和隐患排查工作监督指导不到位，对该起事故负重要责任。

（18）程某玉，男，52 岁，中共党员，淮南集团地质勘探工程处副处长兼安监处处长，负责全处安全生产监督管理工作，对东于煤业钻机工区监督检查不细，对探放水钻孔施工及探放水工持证上岗问题失察，对该起事故负重要责任。

（19）王某胜，男，52 岁，中共党员，淮南集团安全监察局副局长，负责平安工程院公司及所属矿井的安全监管工作。对平安工程院公司履职情况监督不到位，对东于煤业现场安全管理工作监督检查不细，对该起事故负重要领导责任。

以上 5 名责任人员由淮南矿业（集团）有限责任公司按照相关规定进行处理，处理结果报山西煤矿安全监察局。

（20）李某明，男，60 岁，群众，清徐县煤矿安全监管五人小组地测防治水专业人员，负责全县煤矿地测防治水方面的安全监管工作。对检查中发现的东于煤业钻孔布置不符合《煤矿防治水规定》的问题重视不够，未向东于煤业有限公司提出整改要求，也未向五人小组组长报告，在对生产安全事故的防范上履行监管职责不力，对该起事故负重要责任。

建议：鉴于其为聘用人员，由清徐县人民政府予以解聘。

（21）李某，男，55 岁，群众，清徐县煤矿安全监管五人小组组长，全面负责清徐县辖区内煤矿的安全监管工作。在安全检查工作中督促检点五人小组其他成员履职不到位，未能及时发现东于煤业未严格执行探放水制度、探放水设计不符合规定的问题，未能及时排查东于煤业有限公司防治水方面的安全隐患，履行安全监管职责不力，对该起事故负重要责任。

建议：鉴于其为聘用人员，由清徐县人民政府予以解聘。

（22）桑某古，男，42 岁，中共党员，清徐县东于镇人民政府矿管办负责人，负责东于镇辖区内煤矿的安全巡查工作。在检查中履职不认真、不仔细，检查登记表由他人代签名字，未能及时发现东于煤业在防治水方面的安全隐患，对该起事故负重要责任。

建议：依据《事业单位工作人员处分暂行规定》第十七条第九项之规定，给予记过处分。

（23）丁某忠，男，47岁，中共党员，清徐县东于镇党委委员、人武部部长，分管该镇矿管办工作，负责矿管办的日常工作和本区域煤矿的安全巡查工作。在检查中督促检点不到位，检查登记表由他人代签名字，未能及时发现东于煤业在防治水方面的安全隐患，对矿管办履职不力的问题失察，对该起事故负重要责任。

建议：依据《安全生产领域违法违纪行为政纪处分暂行规定》第八条第五项之规定，给予行政警告处分。

（24）柳某延，男，52岁，中共党员，清徐县煤炭工业管理局行业管理及技术装备科科长，负责和指导全县煤矿防治水工作。在对东于煤业防治水工作的专项检查中，检查探放水设计和执行情况不认真、不仔细，未能及时发现东于煤业有限公司未严格执行探放水制度、探放水设计不符合规定的问题，在对生产安全事故的防范上履行监管职责不力，对该起事故负重要责任。

建议：依据《安全生产领域违法违纪行为政纪处分暂行规定》第八条第五项之规定，给予行政记大过处分。

（25）杜某威，男，52岁，中共党员，清徐县煤炭工业管理局总工程师，分管行业管理及技术装备科。对检查中发现的东于煤业探放水实际打钻和设计方案存在偏差的问题重视不够，未按规定将该问题列入书面检查记录，未对该问题整改情况进行检点，对行业管理及技术装备科监管不到位的问题失察，对该起事故负主要领导责任。

建议：依据《安全生产领域违法违纪行为政纪处分暂行规定》第八条第五项之规定，给予行政记过处分。

（26）杜某毅，男，53岁，中共党员，清徐县煤炭工业管理局局长，负责清徐县辖区内煤矿安全监管的全面工作。对全县煤矿防治水工作重视不够，对行业管理及技术装备科、五人小组履职不到位的问题失察，对该起事故负重要领导责任。

建议：依据《安全生产领域违法违纪行为政纪处分暂行规定》第八条第五项之规定，给予行政警告处分。

（27）杨某海，男，44岁，中共党员，清徐县人民政府党组成员、副县长，分管煤炭工业管理局。对分管部门开展安全生产监督检查工作和煤矿防治水工作专项检查督促指导未有效到位，对该起事故负领导责任。

建议：依据《山西省行政机关及其工作人员行政过错责任追究暂行办法》第七条、第二十五条之规定，由清徐县委对其进行通报批评，并责令其做出书面检查。

（三）对责任单位的处理建议

（1）东于煤业发生一起较大生产安全责任事故，根据《生产安全事故罚款处罚规定（试行）》第十五条第一款之规定，建议给予东于煤业罚款人民币 100 万元的行政处罚。

（2）东于煤业存在严重水患，未采取有效措施，仍然组织生产作业，最终导致透水事故发生，根据《国务院关于预防煤矿生产安全事故的特别规定》（国务院令第446号）第十条第一款之规定，责令东于煤业停产整顿，建议给予东于煤业处人民币 200 万元罚款。

（3）依据《生产安全事故报告和调查处理条例》第四十条，暂扣东于煤业《安全生产许可证》；依据山西省人民政府办公厅《关于印发进一步强化煤矿安全生产工作的规定的通知》（晋政办发〔2012〕34 号）文件要求，责令东于煤业实行整顿恢复机制，整顿结束后履行复工复产验收程序，验收合格后方可恢复生产，并报山西煤矿安全监察局太原监察分局备案。

（4）清徐县人民政府贯彻落实省、市有关安全生产的方针、政策及规定不到位；对清徐县煤炭工业管理局履行监管职责督促检查不力，对美锦矿业公司安全工作指导不力。责成清徐县人民政府向太原市人民政府做出检查。

八、防范和整改措施及建议

煤矿企业和有关单位必须严格遵守安全生产法律法规及有关规定和要求，坚持“安全第一、预防为主、综合治理”方针，强化安全生产“红线”意识，牢固树立“以人为本、安全发展”的理念，落实安全生产责任，加强安全管理，促进煤矿生产安全健康、稳定发展。为深刻吸取事故教训，举一反三，查找生产安全漏洞，完善相关管理措施，有效防范和遏制生产安全事故，提出以下建议：

（1）认真汲取事故教训，强化煤矿防治水管理工作。严格执行《煤矿防治水规定》《山西省煤矿老空水害防治工作规定》，坚持“预测预报、探掘分离、有掘必探、先探后掘、先治后采”的原则，采取防、堵、疏、排、截的综合治理措施。强化煤矿水害防治工作，严格进行探放水作业，未查清和探明水害情况严禁组织掘进作业。

（2）严格落实煤矿探放水工作制度，强化探放水现场管理。配足防治水专业技术人员和探放水作业人员。物探分析要科学准确，确保起到预警效果。钻探设计要符合《煤矿防治水规定》要求，规范履行探放水钻孔验收制度，保证探水工程的可靠性。

（3）认真落实煤矿主体责任，强化煤矿安全管理工作。加强煤矿水害隐患排查工作，强化突水隐患治理，认真排查井田范围内及周边区域水文地质条件，查明水害情况。健全水害防治岗位责任制和技术管理制度，理顺煤矿安全管理体制，严格防治水管理。进一步加强职工安全教育培训，增强责任意识，提高安全素质，杜绝违章指挥和违章作业行为。切实落实“发现征兆—停止作业—紧急撤离—科学分析”相关规定，提升隐患处置能力，完善应急安全措施。

（4）美锦集团、美锦矿业公司、淮南集团、平安工程院公司要提高对所辖各矿井的管控能力，加大日常安全监督检查力度，严格落实各级管理人员安全生产岗位责任制，认真督促煤矿开展隐患排查治理工作，确保安全生产。

（5）煤矿安全监管部门要深刻汲取本次事故教训，加大煤矿安全监管工作力度，督促辖区煤矿企业加强防治水工作，同时督促煤矿企业认真开展隐患排查治理活动，采取有力措施，坚决防范和有效遏制煤矿各类事故发生。

第四节　安徽省淮南市淮南矿业(集团)有限责任公司潘二煤矿“5·25”较大突水事故

2017年5月25日22时46分，淮南矿业（集团）有限责任公司潘二煤矿（以下简称“潘二煤矿”）西二A组煤采区12123工作面底板联络巷掘进工作面发生突水事故，最大突水量14520 m^3/h，造成矿井被淹，事故直接经济损失2342万元，无人员伤亡。

依据《中华人民共和国安全生产法》《煤矿安全监察条例》《生产安全事故报告和调查处理条例》等法律法规的规定，2017年6月5日，安徽煤矿安全监察局淮南监察分局组织淮南市安监局、公安局、监察局、总工会等单位成立了潘二煤矿“5·25”较大突水事故调查组（以下简称“事故调查组”），并邀请淮南市人民检察院派员参加。事故调查组下设技术组、管理组、综合组，聘请了5名防治水专家协助参与事故技术分析。

事故调查组坚持“科学严谨、实事求是、依法依规、注重实效”原则，通过调查取证、科学分析，查清了事故发生的经过、原因，认定了事故的性质和责任，提出了对有关责任人、责任单位的处理建议，制定了防范措施。

一、事故单位基本情况

（一）淮南矿业（集团）有限责任公司

淮南矿业（集团）有限责任公司（以下简称“淮南矿业集团”）是省属国有重点煤矿企业，前身为淮南矿务局，1998年改制为淮南矿业集团。淮南矿业集团以煤炭生产经营为主，省内现有煤矿11个，生产能力66.10 Mt/a，水文地质类型复杂、极复杂煤矿4个，煤与瓦斯突出煤矿11个。

淮南矿业集团安全生产许可证，编号(皖)MK安许证字〔2016〕046号，有效期至2019年7月31日。

淮南矿业集团设有生产部、安监局、通防地质部等安全生产管理部门，设专职地测防治水副总工程师1名。通防地质部对煤矿“一通三防”和防治水进行安全监管，设专职防治水副部长、主任工程师各1名，专职水文地质人员7人。

（二）地质勘探工程处

地质勘探工程处（以下简称“勘探处”）隶属淮南矿业集团，主要负责井下打钻、井下物探、地面勘探、抢险救援等工作。勘探处下设调度所、生产技术科、地质科、安监处等安全生产管理机构，设有1个物探队、12个钻机工区(项目部)。有职工2761人。

物探队设队长、党支部书记、副队长各1名，队长分管负责井下物探。有职工27人，从事井下物探作业人员15人。配备物探仪器设备15套，其中坑透仪7套、瞬变电磁仪4套、直流电法仪2套、探地雷达和音频透视仪各1套。

勘探处潘二钻机工区负责潘二煤矿瓦斯抽采钻孔、探放水作业钻孔施工，现有职工332人，其中探放水作业人员33人。

2017年1月，勘探处与潘二煤矿签订了本年度《安全管理协议》，明确了各自安全生产管理职责。

（三）潘二煤矿

1. 矿井概况

潘二煤矿位于淮南市潘集区泥河镇，1977年建设，1989年12月投产。矿井东西走向长11 km，南北宽1.3～3 km，井田面积19.6 km^2。矿井核定生产能力3.80 Mt/a，2017年计划生产原煤3.20 Mt，1—4月实际生产原煤1.118 Mt。矿井为煤与瓦斯突出矿井，水文地质类型为复杂型，矿井正常涌水量740 m^3/h、最大涌水量843 m^3/h。

潘二煤矿现有13名矿级领导，下设调度所、地测科、通防科、安监处等安全生产管理机构，设有7个生产区（队）和9个辅助生产单位。该矿设立了以矿长为主要负责人的防治水领导机构，总工程师具体负责防治水技术管理工作，配备地测防治水副总工程师，地测科负责矿井防治水具体工作。

地测科现有防治水专业技术人员3人。矿抽排区和勘探处潘二煤矿钻机工区负责井下探放水钻孔施工，抽排区配备探放水钻机18台，勘探处潘二煤矿钻机工区配备探放水钻机19台。

2. 生产系统

（1）开拓系统。矿井采用立井、集中石门、大巷开拓方式，工业广场内有主井、副井，西风井工广有西进风井、西回风井和东回风井。开采水平 -530 m，现有4个生产采区，分别为东一A组煤采区、西二A组煤采区、西四B7-8煤采区、西四B4-6煤采区。

（2）提升运输系统。主提升系统采用塔式多绳摩擦提升机，井下主运输系统采用带式输送机运输，分为东、西翼两大系统。

（3）通风系统。矿井通风方式为混合式，主井、副井、西进风井进风，西回风井、东回风井回风。矿井总进风量25812 m^3/min，总回风量26845 m^3/min。其中，主井进风量1368 m^3/min，副井进风量11518 m^3/min，西进风井进风量12926 m^3/min；东回风井回风量6541 m^3/min，通风负压为1850 Pa；西回风井回风量20304 m^3/min，通风负压为2915 Pa。

（4）供电系统。中央区工广110 kV变电所采用两回路电源供电，西风井工区谢街35 kV变电所采用两回路电源供电。

（5）排水系统。-530 m水平设有中央水仓及泵房，其中外仓容量为2520 m^3，内仓容量为1920 m^3，总容量4440 m^3。泵房内安装5台MDS420-95×7型排水泵，额定流量420 m^3/h，扬程665 m，装设三趟 ϕ325排水管路。矿井建有应急排水系统，水仓容量为909 m^3，安装一台BQ550-650/17-1600/W-S型潜水泵，额定流量550 m^3/h，扬程650 m，装设一趟 ϕ325排水管路。

（6）安全避险系统。矿井安装有安全监控、人员定位、紧急避险、通信联络、供水施救和压风自救等安全避险系统。

3. 矿井证照

（1）采矿许可证，编号C1000002011101140119796，有效期从2007年1月17日至2030年1月17日。

（2）安全生产许可证，编号(皖)MK安许证字〔2014〕0011，有效期为2017年4月28日至2020年4月27日。

（3）矿长安全资格证，编号340405196407050413，有效期为2016年12月3日至2019年12月3日。

（4）工商营业执照，编号 91340400791876462E(1－1)，有效期为 2006 年 8 月至 2030 年 1 月。

（四）潘二煤矿水文地质与相关工作开展情况

1. 井田地质

潘二煤矿位于陶王背斜北翼及其转折端。背斜北有 F_{66}、F_{68} 逆冲断层，南有 F_5、F_3 逆断层组，两组逆断层将背斜夹于其间，背斜轴部地层平缓，地层倾角 0°～5°，北翼一般为 17°～24°，两翼煤层倾角呈缓～陡～缓变化。井田次级褶曲构造不明显，断层发育，局部有少量岩浆岩侵入，属中等构造类型。地层由老到新有寒武系、奥陶系、石炭系、二叠系、第三系和第四系。

2. 矿井可采煤层及资源

井田内可采煤层 10 层，划分为 C、B、A 3 个煤层组，其中 C 组煤有 13－1、11－2 煤；B 组煤有 8、7－1、6－1、5－1、4－2、4－1 煤；A 组煤有 3、1 煤。可采煤层平均厚 27.57 m，主采煤层 6 层，自上而下分别为 13－1、11－2、8、4－1、3 和 1 煤层。13－1 煤平均厚 3.66 m，距 11－2 煤约 67 m；11－2 煤平均厚 1.80 m，距 8 煤约 87 m；8 煤平均厚 1.80 m，距 4－1 煤约 65 m；4－1 煤平均厚 3.70 m，距 3 煤层约 80 m；3 煤平均厚 4.5 m，距 1 煤约 1.5 m；1 煤平均厚 3.0 m。截至 2016 年底，矿井剩余资源储量 435.975 Mt，剩余可采储量 180.95 Mt。

3. 矿井水文地质

潘二煤矿主要含水层（组）自上而下划分为 5 个层（组），分别为新生界松散层含水层（组）、二叠系砂岩裂隙含水层（组）、太灰含水层（组）、奥灰含水层（组）、寒灰含水层（组）。

（1）新生界松散层含水层（组）：新生界松散层厚度 139.41～307.49 m。分为上含、中含、下含 3 个含水层，其中下部含水层(组)与基岩含水层之间，自然状态下无水力联系，但底部沙砾层直接覆盖在煤系地层之上(天窗区)的区段可通过砂岩露头对基岩含水层进行渗入补给，补给量受煤系砂岩裂隙的发育程度及渗透性控制，整体补给量少。下含单位涌水量 $q=0.00167\sim2.0545$ L/(s·m)，渗透系数 $K=0.00508\sim6.402$ m/d，矿化度 2.379～2.522 g/L，水质类型 Cl－K＋Na 型，赋水性弱～强，水位标高－4.56～－10.34 m。

（2）二叠系砂岩裂隙含水层（组）：由较厚的砂岩层组成，成分以中细砂岩为主，局部为粗砂岩和石英砂岩，岩层厚度变化较大，是局部性分布、以静储量为主的弱含水层（组）。砂岩层（组）之间无水力联系。砂岩裂隙含水层（组）单位涌水量 $q=0.000632\sim0.0490$ L/(s·m)，渗透系数 $K=0.002\sim0.175$ m/d，矿化度2.187~2.504 g/L，水质类型Cl－K＋Na型或Cl·HCO_3－K＋Na型，赋水性弱，水位标高－2.98~－40.38 m。

（3）石炭系太原组灰岩含水层（组）：地层总厚89.90~140.79 m，平均123.06 m，含薄层灰岩10~12层（C34灰缺失），按其岩层组合、水文地质特征等划分为C3Ⅰ、C3Ⅱ、C3Ⅲ3个层组。C3Ⅰ组（含C31、C32、C33上、C33下4层灰岩）组厚平均39.80 m，其中灰岩总厚平均17.26 m，为A组煤底板直接充水含水层，C31距1煤底板平均法距为16.70 m。C3Ⅰ组灰岩中C31、C32厚度较薄；C33上、C33下较厚(平均厚度分别为5.17 m和7.98 m)，富水性弱，单位涌水量q＝0.000009~0.0187 L/(s·m)，渗透系数0.000021~0.07 m/d，矿化度2.16922~3.58042 g/L，水质类型为Cl·HCO_3－K＋Na型、Cl－K＋Na型，水位标高－484.54~－31.62 m。C3Ⅱ组灰岩(C35~C39)，组厚平均40.42 m，其中灰岩总厚平均11.10 m。单位涌水量q＝0.000263~0.0013 L/(s·m)，渗透系数0.000832~0.012 m/d，富水性弱，导水性差，水位标高－500.41~－293.70 m。C3Ⅲ组灰岩（C310、C311、C312）组厚平均40.87 m，其中灰岩总厚平均18.61 m，C312因岩浆岩侵入而局部缺失，单位涌水量q＝0.000083~0.00059 L/(s·m)，渗透系数0.00279~0.0031 m/d，矿化度0.84033~2.93657 g/L，水质类型为Cl·SO_4－Na＋K、SO_4·Cl－K＋Na型，富水性弱，导水性差，水位标高－162.84~－83.10 m。

（4）奥陶系灰岩含水层：石炭系太原组灰岩含水层下伏的奥陶系地层厚度变化较大，井田内最大揭露厚度194.10 m，岩性主要为白云质灰岩，局部夹泥岩，单位涌水量q＝0.0055~1.283 L/(s·m)，渗透系数K＝0.0024~0.967 m/d，矿化度2.29533~2.30330 g/L，水质为Cl·SO_4－Na＋K、Cl－K＋Na型，富水性弱至强，水位标高－69.68~－29.89 m。

（5）寒武系灰岩含水层（组）：矿井仅Ⅵ西O_2孔揭露寒武系灰岩，揭露厚度11.68 m（奥灰地层直接覆盖在寒灰之上），矿井未对该孔进行抽水试验，根据相邻潘四东矿补水孔抽水试验资料：单位涌水量q＝0.0015 L/(s·m)，渗透系数K＝0.00044 m/d，水质Cl·HCO_3－K＋Na型，富水性弱，导水性差。

（6）太灰、奥灰含水层之间的水力联系：C3Ⅰ组与C3Ⅱ组灰岩之间隔水层厚度1.70~35.35 m，平均8.33 m；C3Ⅱ组与C3Ⅲ组灰岩隔水层厚度9.03~22.13 m，平均16.22 m；C3Ⅲ组与奥灰隔水层厚度2.05~11.37 m，平均5.47 m；根据矿井灰岩补充勘探成果资料，在井下疏放灰岩水过程中，各灰岩含水层疏放效果显著，通过疏放水位降幅依次为C3Ⅰ组<C3Ⅱ组<C3Ⅲ组<奥灰，表明井田内各灰岩含水层之间有一定的水力联系。

潘二煤矿自建井以来，发生一次水量超过 50 m^3/h 的突水，1979 年 4 月 25 日，主井井筒累深 409.2 m 位置发生突水，最大突水量为 409.46 m^3/h，突水水源为二叠系含砾粗砂岩裂隙水；A 组煤底板巷道施工过程中发生过 2 次出水，最大出水量 4.5 m^3/h（炮眼出水）；井下疏放灰岩水钻孔施工过程中有 2 个钻孔单孔出水量超过 10 m^3/h，最大出水量 13 m^3/h。

4. 矿井水文地质工作开展情况

（1）地面勘探及补充勘探情况。井田自资源勘探以来，相继进行了普查、详查、精查、精查补充及生产补充勘探，共施工地面钻孔 426 个、完成钻探工程量 237186.29 m，钻孔密度 21.78 个孔/km^2。2010 年以来，相继开展了东一、西二采区 A 组煤底板灰岩水文地质条件补勘，其中东一采区完成灰岩水文孔 4 个，钻探工程量 2416.43 m，抽水试验 2 次，注水试验 2 次；西二采区完成钻孔 6 个，抽水试验 6 次，钻探工程量 5056.21 m。

（2）三维地震勘探施工情况。2003—2011 年，先后开展了西四采区、F2 ~ F10 断层间、Ⅶ—Ⅷ线 ~ Ⅸ线间、F68 ~ F66 断层间 4 个区块的三维地震勘探，完成面积 12.855 km^2，占井田面积的 65%。东一、西二采区上覆煤层已开采，地面塌陷积水，未进行地面三维地震勘探。

（3）西二 A 组煤采区井下水文地质勘探情况。2012—2016 年，开展了西二 A 组煤采区井下灰岩水文地质条件补充勘探及灰岩水防治工程，完成探放水巷道工程 1736 m；C3 Ⅰ组灰岩勘探兼疏水降压钻孔 211 个、工程量 18170 m；施工采区水压观测孔 3 个、工程量 223 m。在井下补勘基础上结合地面勘探成果，2016 年 3 月矿与安徽理工大学合作，编制了《潘二煤矿 -530 m 水平西二采区 A 组煤底板灰岩水文地质条件补勘报告》，4 月淮南矿业集团对该报告进行了审批。

（4）水动态观测系统情况。矿井建立了地下水动态观测系统，并建有水文地质观测台账；地面长观孔 20 个，其中新生界 6 个（上含、中含、下含各 2 个），C3 Ⅰ组 5 个、C3 Ⅱ组 3 个、C3 Ⅲ组 3 个，奥灰 3 个。水文长观孔均安装了自动观测装置（事故前观测数据周期为每 12 小时自动采集一次，5 月 24 日 16 时后调整为 1 小时自动采集一次）。

（5）陷落柱及导水构造探查情况。根据井田水文地质勘探、补勘资料及采掘工程实际揭露情况，矿井未发现陷落柱或三维地震反射波异常区，井田内主要断层 F2、F10、F203、F212、DF14 等多为弱（不）导水或隔水断层，未发现大的导水构造。

（五）事故地点及相邻区域情况

西二采区于 1994 年投产，C、B 组煤（13 -1 至 4 -1 煤）均已回采完毕，西二A组煤采区正在生产。

1. 西二A组煤采区

2010年2月23日，矿编制了《潘二煤矿西二A组采区开采设计》，2010年7月16日淮南矿业集团生产部组织对该设计进行了审批。西二A组煤采区上至南、西风井保护煤柱线，下至 -600 m标高，走向长1600 m，倾向宽720 m，面积1152000 m^2。采用单翼走向布臵，上山开采，设计沿倾斜方向分2个区段布置4个回采工作面（12123和12223两个3煤工作面，12121和12221两个1煤工作面），采区共布臵三条上山，分别为轨道上山、胶带机上山和回风上山，其中轨道上山、带式输送机上山布置在C31灰岩内，回风上山布置在3煤顶板。

事故发生前，采区内1煤工作面尚未准备，3煤的12223工作面正在回采，12123工作面上、下底板巷及联络巷正在施工。

12223工作面为该采区3煤首采面，可采走向长1132 m，倾向宽200 m，工作面标高 -460.8 ~ -571.7 m。2016年8月1日开始回采，至5月25日已回采675 m，工作面距12123工作面底板联络巷走向（平面投影）距离115 m。

2. 12123工作面

12123工作面设计走向长1230 m，倾向宽221 m，"一面四巷"布置（上、下底板巷和进、回风巷），上、下底板巷之间布置一条底板联络巷。矿于2016年1月25日编制了《12123工作面上、下底板巷防治水安全技术措施》，淮南矿业集团2016年2月16日对该措施进行了审查批准。上、下底板巷设计长度为1445 m、1220 m，分别于2016年4月23日和2016年4月5日开始施工。

3. 12123工作面底板联络巷施工情况

矿地测科于2016年12月编制了《12123工作面底板联络巷水文地质分析报告》，2017年3月编制了《12123工作面底板联络巷掘进地质说明书》，报告、说明书及施工后的地质素描图表明巷道内岩层连续，无断层发育，周边100 m范围内仅发育2条落差3 m以下的断层。

2017年3月28日矿编制了《12123工作面底板联络巷掘进防治水安全技术措施》，4月6日淮南矿业集团组织对该措施进行了审查批准。巷道掘进采用物探、钻探超前探查掩护方式，物探采用瞬变电磁法，钻探施工3个探查钻孔，其中1个沿掘进方向顺层施工，另2个分别向巷道侧下方施工，进入C33下灰岩底板、控制巷帮平距20 m。

4月8日矿编制了《12123工作面底板联络巷前探钻孔设计》，并向勘探处下达了瞬变电磁探测任务书，同日勘探处物探队编制了《12123工作面底板联络巷瞬变电磁探测设计》。4月10日，勘探处物探队技术员谢枫带领3名工人在矿地测科技术员张庆协调下开展物探工作，采用瞬变电磁法在巷道拨门位置开展了1 次瞬变电磁探测，探测时巷道内相关设备未停电、带式输送机未停止运转、部分干扰因素未排除。4 月 11 日，勘探处提交了《潘二矿 12123 工作面底板联络巷瞬变电磁法超前探测实验成果报告》。探测结论：沿现巷道掘进方向，迎头前方 10 ~ 100 m 范围内，岩层的富水性相对较差，在影响因素中明确指出“探测所在巷道没有停电，巷道内带式输送机运行，探测所在钻场内线圈后方 2 m 有瓦斯管，钢筋网支护，以上因素对本次探测数据质量有一定的影响”。编制人谢某、审核人物探队队长汪某胜、审批人勘探处副总工程师程某忠对报告中存在的问题及报告结论能否指导安全生产未提出明确意见。

4 月 13 日，矿编制了《12123 工作面底板联络巷施工安全技术措施》，4 月 21 日开始施工。巷道设计长度 132 m，标高为 -468.6 ~ -485.0 m；巷道断面为矩形，净宽×净高为 4.8 m×3.5 m，锚网(索)支护，钻爆法掘进，采用耙装机+带式输送机+矸石仓+矿车出矸。巷道自下底板巷向西 320 m 拨门，拨门位置距 1 煤底板法距为 23 m（C32 灰岩位于巷道中下部），施工 22.2 m 平巷后，按 12°上山施工 78.9 m，再变平施工与 12123 上底板巷贯通。截至 5 月 25 日已施工 109 m(剩余 23 m 贯通)，迎头底板标高为 -469.5 m，距 1 煤底板法距为 15.5 m。巷道内岩性为 C31 灰岩、细砂岩，底板为泥岩、粉砂岩与细砂岩互层及 C32 灰岩。

4 月 14 日，勘探处潘二煤矿钻机工区在巷道拨门位置开展了 1 次钻探探查，施工 3 个探查钻孔，探查巷道前方 115 m 范围，1 个沿掘进方向顺层施工，另 2 个分别向巷道侧下方施工，终孔层位进入 C33 下灰岩底板、距巷帮平距 20 m，施工过程中未发现明显异常。

4 月 20 日，矿地测科结合此巷道及 12123 工作面上底板巷物探、钻探资料，地测科技术员张某编制了《12123 工作面底板联络巷水害通知单》，经总工程师组织审查、审批后提交，结论为巷道已进行物探、钻探全覆盖探查，均在掩护范围内，前方及两侧底板 C3Ⅰ灰岩富水性弱。

12123 工作面底板联络巷采用水沟自流排水，巷道积水经 12123 下底板巷排水沟自流至 -530 m 水平大巷。工作面排水路线为 12123 工作面底板联络巷→12123 下底板巷→12223 上底板巷(西二段)→西二 A 组煤车场绕道→-530 m 西二运输大巷→-530 m 西一 BC 组运输大巷→副井→地面。

二、事故发生经过及抢险救援、报告情况

(一) 事故发生经过

12123 工作面底板联络巷掘进工作面由开拓三区 303 队施工。5 月 23 日中班 303 队出勤 14 人，计划进尺 1.5 m。14 时左右中班人员到达 12123 底板联络巷掘进工作面。

14 时 50 分至 20 时 10 分，工作面依次完成打眼、装药。装药即将结束时，跟班副队长李某从迎头往外走准备设爆破警戒，发现耙装机前人行道一侧的巷道底板出水。20 时 23 分，李某向矿调度汇报，出水量相当于 4 寸管路流量；调度员童某堂要求该工作面停止作业，撤出人员。20 时 28 分，跟班副区长吴某昌到达出水地点，向调度汇报，水量相当于 6 寸管路流量，水温 40 ℃左右，水流已淹没水沟；调度员童某堂随即将出水情况告知值班的通风副总工程师曹某军、掘进副总工程师胡某鉴、地测副总工程师丁某和、地测科长蒲某国，蒲某国安排地测科技术员张某下井观测水情。20 时 30 分，303 队人员撤到下底板巷联络巷拨门处；20 时 39 分，调度通知开拓三区 302 队（负责施工 12123 下底板巷）撤出人员。20 时 40 分，矿长施某龙接到调度电话后，立即安排撤出受威胁区域的作业人员。20 时 44 分，丁某和在调度所打电话向吴某昌了解出水情况，吴某昌汇报水温 40 ℃左右，丁某和立即通知 302 队、303 队撤出人员。

20 时 57 分，开拓三区区长洪元金接到吴祚昌汇报后，安排主管技术员下井并向胡金鉴请示“工作面炸药、雷管已装齐，是否可以爆破”，胡某鉴与丁某和共同研究后认为出水点距离迎头有 30 多米，岩性好无断层，如果不爆破，会形成安全隐患，因此同意进行爆破作业。21 时 11 分，调度员童某堂按照胡某鉴与丁某和研究的意见通知李某进行爆破作业；李某与当班班长王某顺、测气员黄某峰、爆破工蔡某进入 12123 工作面底板联络巷掘进工作面实施爆破作业；21 时 40 分，爆破作业结束，人员随即撤出。

22 时 51 分，丁庆和到达现场，观测出水情况后向矿调度汇报：12123 工作面底板联络巷迎头拨门口向里 76 m 处巷道底板和 101 m 位置各有 1 个出水点，总出水量 15 m^3/h，要求 303 队、302 队夜班不得进行作业，撤出人员并安排地测人员继续在现场观测水量。

5 月 24 日 8 时 56 分，负责早班测水的防治水副科长程某和汇报水量上涨至 50 m^3/h，矿调度立即向矿长施某龙进行了汇报，施某龙随后向集团公司调度汇报了出水情况。11 时矿召开紧急会议，决定立即停止生产，井下除提升、泵水、涌水量观测、通风、供电岗位人员 124 人外，其他人员撤离升井，严禁中班非抢险人员入井。12 时 2 分，水量为 70 m^3/h，水温 42 ℃。

13 时 10 分，淮南矿业集团召开紧急会议，部署抢险相关工作。

14 时因井下出水量较大，除中央变电所电工、副井主排水泵司机、副井信号工和副井口测水人员外，-470 m水平以下作业人员撤离升井。

16时淮南矿业集团组织有关人员赶到潘二煤矿，制定治水方案，并邀请防治水专家协助开展治水工作。

16时12分，水量仍为70 m^3/h，水温45 ℃；18时40分，为确保水情观测人员安全，将测水点由12123下底板巷水沟改至-530 m西二运输大巷水沟。19时28分，水量90 m^3/h；21时，水量为109 m^3/h；23时，水量为120 m^3/h。

5月25日10时28分，水量升至140 m^3/h；11时20分，水量160 m^3/h；14时11分，水量180 m^3/h；16时28分，水量240 m^3/h。

18时37分，水量260 m^3/h；20时，水量280 m^3/h；22时46分，水量观测人员程锐向调度汇报，水量由280 m^3/h突然增大至3024 m^3/h，矿调度命令井下所有抢险作业人员撤离升井。

5月26日零时09分，副井下口信号工开始升井；零时21分所有井下人员安全撤至地面；零时29分，矿井主通风机停机；6时20分，副井水位标高-520.8 m，矿井被淹。

因潘二煤矿井下水位快速上涨可能威胁到相邻潘一煤矿安全，淮南矿业集团决定潘一煤矿立即停产撤人。5月26日2时20分，潘一煤矿井下所有作业人员撤离升井。

（二）事故抢险救援情况

5月23日20时23分，303队跟班副队长李某发现12123工作面底板联络巷巷道底板出水，立即汇报矿调度，调度员要求停止作业、撤出人员，并通知12123下底板巷掘进工作面停产撤人，将出水情况向矿值班领导、掘进副总及地测副总汇报，并要求地测科派人到现场查看水情。

22时51分，地测副总丁某和向调度汇报巷道底板出水，水量15 m^3/h，并安排地测科人员继续在现场观测水情。

5月24日8时56分，出水量增大到50 m^3/h，潘二煤矿向淮南矿业集团进行了汇报；11时，矿召开紧急会议决定：立即停止生产，井下除提升、泵水、涌水量观测、通风、供电岗位人员124人外，均撤离升井，严禁中班非抢险人员入井。

11时15分，安徽煤矿安全监察局淮南监察分局接报后，分局主要领导带领监察员立即赶赴事故现场，了解掌握出水情况，指导撤出井下作业人员，并下达监察指令，责令全矿井立即停止作业、撤出人员。

5月24日13时10分，淮南矿业集团召开紧急会议，部署抢险相关工作。14时，除参与救援抢险的副井提升、排水、供电及涌水量观测人员外，-470 m水平以下作业人员撤离升井。

5月25日上午，淮南矿业集团组织专家对出水原因进行了分析，判断出水水源为奥灰水，并制定了井上下水害治理方案。一是从12123上底抽巷对出水段进行打钻注浆封堵。二是从地面施工钻孔进行注浆加固。

5月25日22时46分，矿井出水点水量由280 m^3/h 突然增大至3024 m^3/h，矿立即通知井下抢险人员全部撤离至地面，由专人负责核实人员升井情况。

5月26日零时21分，井下所有人员安全撤至地面并进行了签字确认。现场抢险工作结束，矿井转入灾害治理阶段。

（三）灾害治理和矿井恢复情况

矿井采取“截流与堵源同步”的治理方案，治理工程6月1日开工，至8月16日结束。钻探工程部分共施工地面定向钻孔9个，包括4个主孔和5个分支孔。其中巷道截流孔4个，包括3个主孔和1个分支孔；堵源孔5个，包括1个主孔和4个分支孔。钻探总进尺3489 m，注浆（骨料）工程部分共向钻孔内灌注各类粒径沙石骨料30315 t，注浆用水泥15515 t，注浆护壁用水泥1197 t，切断了奥灰水通过导水构造进入矿井的导水通道，完成了巷道截流、突水通道注浆封堵及充填加固。

8月，矿制定《潘二煤矿复工方案》。9月5日，副井通过了验收；10月9日，“一通三防”及井下安全避险“六大系统”通过验收。

10月9日，主井提升系统、井下主排水系统及井下供电系统通过验收；10月10日至11日，安徽省煤炭科学研究院对矿井进行了复产安全现状评价。

（四）事故报告情况

5月24日8时56分，潘二煤矿调度向淮南矿业集团调度汇报12123工作面底板联络巷掘进工作面底板出水，出水量为50 m^3/h。

5月24日11时15分，安徽煤矿安全监察局淮南监察分局接到潘二煤矿12123工作面底板联络巷掘进工作面底板出水的报告，出水量50 m^3/h。

5月25日22时46分，潘二煤矿调度向淮南矿业集团调度汇报12123工作面底板联络巷掘进工作面突水，突水量3024 m^3/h。

5月25日23时27分，淮南矿业集团调度向淮南监察分局汇报潘二煤矿22时46分发生突水，突水量3024 m^3/h。

三、事故现场勘查及技术分析

（一）事故现场勘查

因突水点区域实施堵源截流，无法进行现场勘查，事故调查组查阅了相关图纸、措施、台账、记录等资料，调取了人员定位信息、调度录音及水文观测孔相关数据，并聘请5名专家协助进行技术分析。共对62名相关人员进行了询问取证，制作调查取证笔录63份。

（二）事故技术分析

（1）突水时间认定。5月25日22时46分，地测科测水人员程锐和米继友两人在副井泵房后门大巷内，用浮标法观测突水量由280 m^3/h（25日20时至突水前基本稳定）突然增大至3024 m^3/h，并立即向矿调度所进行了汇报。调查组认定突水时间为5月25日22时46分。

（2）突水地点认定。根据对淮南矿业集团及矿相关人员询问取证情况、矿调度所原始记录、电话录音，以及事故后堵源钻孔钻探验证情况，综合分析认定突水事故发生地点位于12123工作面底板联络巷掘进工作面拨门口向里76～101 m范围的巷道底板。

（3）突水水源认定。根据突水后矿井涌水量及水样化验结果与本矿井奥灰水的水位、水温、水质化验资料对比分析，认定本次矿井突水水源为奥陶系灰岩水。

（4）突水通道分析。本次突水来势迅猛、突水量大，结合12123工作面上覆C、B组煤层开采、本煤层下区段12223工作面回采和12123上下底板巷掘进情况，基本排除封闭不良钻孔突水的可能性。后经堵源钻孔钻探证实，突水通道为隐伏陷落柱。在采动应力和承压水作用下，奥陶系灰岩水从巷道底板突出。

（5）突水量估算。5月23日22时51分，初始出水水量15 m^3/h，至24日8时56分水量增大至50 m^3/h；25日22时46分突然增大至3024 m^3/h。根据井底大巷、井筒水位上升及淹没体积测算峰时突水量为14520 m^3/h（5月25日23时至27日8时期间平均值）。

（三）事故类型

经查阅相关资料、调查取证，综合分析认定本起事故为突水事故，突水水源为奥陶系灰岩水。

四、人员伤亡和直接经济损失

经调查核实，事故未造成人员伤亡，直接经济损失2342万元。

五、事故原因及性质

（一）直接原因

潘二煤矿12123工作面底板联络巷掘进工作面底板存在隐伏陷落柱，在采动应力和承压水作用下，奥陶系灰岩水通过隐伏陷落柱从巷道底板突出。

（二）间接原因

1. 对奥灰水防治认识不到位

A 组煤开采防治水设计（井下物探及钻探）以太灰水疏水降压为目的，对可能存在导通奥灰水的隐伏导水构造未采取区域超前探治措施。

2. 防治水技术管理不到位

（1）物探探测结论不可靠。12123 工作面底板联络巷物探探测时未做到停电、停止带式输送机运转、排除干扰因素，违反勘探处《物探队（井下）施工管理制度》和《井下瞬变电磁技术规范》；物探成果报告审查审批时未提出意见，审查审批不严格。

（2）超前钻探不到位。12123 工作面底板联络巷仅施工 3 个超前水文探查钻孔，违反《淮南矿业集团公司 A 组煤开采底板灰岩水害防治规定》中“超前水文探查钻孔不少于 4 个”的要求；超前水文探查钻孔未进行钻孔轨迹测量，无法保证探测工程达到设计要求。

（3）水源分析和水文观测不及时。12123 工作面底板联络巷出水后，现场水样采集不规范，水样送检不及时，影响水源分析；地面水文长观孔自动观测系统数据采集设路周期过长，不能及时发现各含水层水位动态变化情况。

3. 防治水隐患排查不到位

未按《煤矿生产安全事故隐患排查治理制度建设指南》规定，做到每旬至少开展一次防治水隐患排查。2017 年 1—5 月仅开展了 6 次排查。

4. 安全意识不强

12123 工作面底板联络巷出现突水征兆后已停止作业、撤出人员，但矿管理人员在未认真分析出水原因并采取有效措施的情况下，安排人员再次进入 12123 工作面底板联络巷进行爆破作业。

5. 防治水知识教育不到位

防治水知识教育针对性不强，职工不熟知奥灰水出水征兆；受水害威胁区域作业的区（队）管理人员防治水知识掌握不全面，防范意识不强。

6. 淮南矿业集团对煤矿防治水工作检查指导不力

（1）技术审批不严格。对潘二煤矿上报的《12123 工作面底板联络巷掘进防治水安全措施》设计施工 3 个超前水文探查钻孔，违反《淮南矿业集团公司 A 组煤开采底板灰岩水害防治规定》中“超前水文探查钻孔不少于 4 个”的要求，未严格进行审核。

（2）防治水技术管理制度不健全。物探探测管理制度不完善，对物探现场监管、质量控制、效果验证、审查审批等未做出明确规定；对超前水文探查钻孔轨迹测量、取芯等未做出明确规定。

（三）事故性质

事故调查组认定，这是一起因防治水安全技术管理不到位导致的责任事故。

六、对事故责任人和责任单位的处理建议

（一）对事故责任人的处理建议

（1）谢某，中共党员，勘探处物探队技术员，负责物探队井下物探技术工作，是井下物探技术工作的直接责任人。未正确履行岗位职责，在对 12123 工作面底板联络巷掘进工作面进行物探作业时，未认真执行勘探处《物探队（井下）施工管理制度》和《井下瞬变电磁技术规范》，探测时未做到停电、停止皮带机运转，物探探测结论不可靠。对事故的发生负有主要责任。依据《安全生产领域违法违纪行为政纪处分暂行规定》第十二条规定，建议给予留用察看处分；依据《中国共产党纪律处分条例》第三十四条规定，建议由其所在党组织给予相应党纪处分或者组织处理。

（2）李某，中共党员，潘二煤矿开拓三区 303 队跟班副队长，负责 5 月 23 日中班现场安全生产管理工作。未正确履行安全管理职责，安全意识不强，12123 工作面底板联络巷出现突水征兆后，在矿调度已要求受水害威胁区域停止作业、撤出人员的情况下，仍听从安排再次进入工作面进行爆破作业。对事故的发生负有重要责任。依据《安全生产领域违法违纪行为政纪处分暂行规定》第十二条规定，建议给予行政警告处分；依据《安全生产违法行为行政处罚办法》第四十五条规定，建议处 6000 元罚款。

（3）洪某金，中共党员，潘二煤矿开拓三区区长，负责开拓三区安全生产工作，是开拓三区安全生产第一责任者。未正确履行安全管理职责，安全意识不强，接到井下爆破申请时，未及时做出禁止人员进入水害威胁区域作业的决定，而是向矿领导请示是否进行爆破作业；开拓三区在受水害威胁区域作业，区（队）安全管理人员防治水知识掌握不全面，防范意识不强，防治水知识教育不到位。对事故的发生负有重要责任。依据《安全生产领域违法违纪行为政纪处分暂行规定》第十二条规定，建议给予行政记大过处分；依据《安全生产违法行为行政处罚办法》第四十五条规定，建议处 8000 元罚款。

（4）汪某胜，中共党员，勘探处物探队队长，负责井下物探及物探成果报告审查工作。未正确履行安全管理职责，对《12123 工作面底板联络巷物探成果报告》中提出的物探探测时未做到停电、停止皮带机运转、排除干扰因素等影

响物探成果质量的问题，未提出审查意见，物探成果报告审查把关不严格，物探探测结论不可靠。对事故的发生负有重要责任。依据《安全生产领域违法违纪行为政纪处分暂行规定》第十二条规定，建议给予行政撤职处分；依据《安全生产违法行为行政处罚办法》第四十五条规定，建议处8000元罚款；依据《中国共产党纪律处分条例》第三十四条规定，建议由其所在党组织给予相应党纪处分或者组织处理。

（5）蒲某国，中共党员，潘二煤矿地测科科长，负责地测防治水技术管理工作。未正确履行安全管理职责，组织编制的《12123工作面底板联络巷掘进防治水安全技术措施》设计施工3个超前水文探查钻孔，违反《淮南矿业集团公司A组煤开采底板灰岩水害防治规定》中“超前水文探查钻孔不少于4个”的规定；超前水文探查钻孔未进行钻孔轨迹测量，无法保证探测工程达到设计要求；水文长观孔观测周期过长；突水水源分析不及时，防治水技术管理不到位。对事故的发生负有主要责任。依据《安全生产领域违法违纪行为政纪处分暂行规定》第十二条规定，建议给予行政撤职处分；依据《安全生产违法行为行政处罚办法》第四十五条规定，建议处8000元罚款；依据《中国共产党纪律处分条例》第三十四条规定，建议由其所在党组织给予相应党纪处分或者组织处理。

（6）丁某和，中共党员，潘二煤矿地测副总工程师，负责矿井地测防治水安全管理工作。未正确履行安全管理职责，对奥灰水防治认识不到位，A组煤开采防治水设计（井下物探及钻探）以太灰水疏水降压为目的，对可能存在导通奥灰水的隐伏导水构造，未提出有针对性的区域探治措施；在未查明出水原因情况下，研究同意人员进入受水害威胁区域进行爆破作业；《12123工作面底板联络巷掘进防治水安全技术措施》设计施工3个超前水文探查钻孔，违反《淮南矿业集团公司A组煤开采底板灰岩水害防治规定》中“超前水文探查钻孔不少于4个”的规定，对此未严格进行审核；突水水源分析不及时，水样选取不合格；未能做到每旬开展1次防治水隐患排查，防治水技术管理、隐患排查不到位。对事故的发生负有主要责任。依据《安全生产领域违法违纪行为政纪处分暂行规定》第十二条规定，建议给予行政撤职处分；依据《安全生产违法行为行政处罚办法》第四十五条规定，建议处9000元罚款；依据《中国共产党纪律处分条例》第三十四条规定，建议由其所在党组织给予相应党纪处分或者组织处理。

（7）程某忠，中共党员，勘探处地质副总工程师，协助总工程师负责井下物探技术管理工作。未正确履行安全管理职责，对《12123工作面底板联络巷物探成果报告》中提出物探探测时未做到停电、停止皮带机运转、排除干扰因素等影响物探成果质量的问题，未提出审批意见，物探成果报告审批不严格，物探探测结论不可靠。对事故的发生负有重要责任。依据《安全生产领域违法违纪行为政纪处分暂行规定》第十二条规定，建议给予行政记大过处分；依据《安全生产违法行为行政处罚办法》第四十五条规定，建议处 8000 元罚款。

（8）童某，中共党员，勘探处总工程师，负责勘探处技术管理工作，分管井下物探工作。未正确履行安全管理职责，未认真落实勘探处《物探队（井下）施工管理制度》和《井下瞬变电磁技术规范》，技术管理不到位。对事故的发生负有重要责任。依据《安全生产领域违法违纪行为政纪处分暂行规定》第十二条规定，建议给予行政记过处分；依据《安全生产违法行为行政处罚办法》第四十五条规定，建议处 8000 元罚款。

（9）胡某鉴，中共党员，潘二煤矿掘进副总工程师，负责矿井岩巷掘进技术管理工作。未正确履行安全管理职责，安全意识不强，接到 12123 工作面底板联络是否可以爆破作业汇报后，未及时向矿主要负责人汇报，在未认真分析出水原因并采取有效措施情况下，安排人员再次进入 12123 工作面底板联络巷进行爆破作业。对事故的发生负有重要责任。依据《安全生产领域违法违纪行为政纪处分暂行规定》第十二条规定，建议给予行政记大过处分；依据《安全生产违法行为行政处罚办法》第四十五条规定，建议处 8000 元罚款。

（10）焦某军，中共党员，潘二煤矿安监处长，负责矿井安全生产监督管理工作。未正确履行安全管理职责，对矿井防治水隐患排查监督检查不到位。对事故的发生负有重要责任。依据《安全生产领域违法违纪行为政纪处分暂行规定》第十二条规定，建议给予行政警告处分；依据《安全生产违法行为行政处罚办法》第四十五条规定，建议处 9000 元罚款。

（11）刘某军，中共党员，潘二煤矿总工程师，负责矿井技术管理工作，是矿井安全生产技术管理第一责任人。未正确履行安全管理职责，对奥灰水防治认识不到位，A 组煤开采防治水设计（井下物探及钻探）以太灰水疏水降压为目的，对可能存在导通奥灰水的隐伏导水构造，未提出有针对性的区域探治措施；《12123 工作面底板联络巷掘进防治水安全技术措施》设计施工 3 个超前水文探查钻孔，违反《淮南矿业集团公司 A 组煤开采底板灰岩水害防治规定》中“超前水文探查钻孔不少于 4 个”的规定，对此未严格进行审核。对事故的发生负有主要领导责任。依据《安全生产领域违法违纪行为政纪处分暂行规定》第十二条规定，建议给予行政撤职处分；依据《安全生产违法行为行政处罚办法》第四十五条规定，建议处 9000 元罚款；依据《中国共产党纪律处分条例》第三十四条规定，建议由其所在党组织给予相应党纪处分或者组织处理。

（12）汪某彬，中共党员，潘二煤矿党委书记，按照“党政同责、一岗双责”原则，与矿长共同承担安全生产领导责任，履行安全生产职责，负责安全教育等工作。未正确履行安全管理职责，职工防治水知识教育不到位。对事故的发生负有重要领导责任。依据《中华人民共和国安全生产法》第九十二条第二项、《生产安全事故罚款处罚规定（试行）》第十八条第二项规定，建议处2016年个人年收入百分之四十的罚款；依据《中国共产党纪律处分条例》第三十四条规定，建议给予党内严重警告处分。

（13）施某龙，中共党员，潘二煤矿矿长，是煤矿安全生产第一责任人，对矿井安全生产工作全面负责。未正确履行安全管理职责，对奥灰水防治认识不到位，未督促相关部门进行分析研究，对A组煤开采奥灰水防治未提出有针对性的区域探治措施，矿井安全管理不到位。对事故的发生负有重要领导责任。依据《安全生产领域违法违纪行为政纪处分暂行规定》第十二条规定，建议给予行政降级处分；依据《中华人民共和国安全生产法》第九十二条第二项、《生产安全事故罚款处罚规定（试行）》第十八条第二项规定，建议处2016年个人年收入40%的罚款。

（14）刘某才，中共党员，淮南矿业集团通防地质部副主任工程师，负责淮南矿业集团所属煤矿防治水措施审查工作。未正确履行安全管理职责，未严格按照《淮南矿业集团公司A组煤开采底板灰岩水害防治规定》对潘二煤矿上报的《12123工作面底板联络巷掘进防治水安全措施》进行审查批准，超前水文探查钻孔数量低于规定，技术审查不严格。对事故的发生负有重要领导责任。依据《安全生产领域违法违纪行为政纪处分暂行规定》第十二条规定，建议给予行政记过处分。

（15）赵某，中共党员，淮南矿业集团地测副总工程师，负责组织制定淮南矿业集团地测和防治水技术管理制度。未正确履行安全管理职责，对奥灰水防治认识不到位，对潘二煤矿A组煤开采奥灰水防治未提出有针对性的区域探治措施；未健全集团公司防治水技术管理制度。对事故的发生负有重要领导责任。依据《安全生产领域违法违纪行为政纪处分暂行规定》第十二条规定，建议给予行政警告处分。

（16）唐某志，中共党员，淮南矿业集团总工程师，全面负责集团公司技术管理工作，是企业安全生产技术管理第一责任人。对奥灰水防治认识不到位，未组织相关部门对潘二煤矿A组煤开采奥灰水防治进行认真分析研究，未提出有针对性的区域探治措施。对事故的发生负有重要领导责任，建议对其进行批评教育。

（二）对责任单位的处理建议

潘二煤矿安全生产管理不到位，对“5·25”较大突水事故的发生负有责任，依据《中华人民共和国安全生产法》第一百零九条第二项、《生产安全事故罚款处罚规定》第十五条第一款第一项规定，建议处70万元罚款。

七、防范措施

（1）切实提高防治水认识，层层压实责任。淮南矿业集团及所属煤矿（勘探处）要认真学习贯彻全国煤矿防治水工作会议精神，深刻吸取潘二煤矿“5·25”较大突水事故教训，进一步提高对水害防治工作重要性的认识，逐步实现水害防治工作“五个转变”、构建“七位一体”水害防治工作体系，全面落实水害防治“三专两探一撤”措施。要严格按照《煤矿防治水规定》和《安徽省煤矿防治水和水资源化利用管理办法》（皖经信煤炭〔2017〕218号）要求，结合本次突水事故原因和煤矿实际，对防治水安全技术管理规定和安全技术措施进行补充、修改和完善。

淮南矿业集团要进一步明确相关安全管理人员和职能部门的监管职责，加大对煤矿防治水工作的检查指导，严格设计、措施的审查审批，严格检查考核，强化责任落实。要严格落实《煤矿安全规程》《煤矿防治水规定》《安徽省煤矿井下生产安全紧急情况停产撤人规定》等相关停产撤人规定，采掘工作面出现突（透）水征兆时要立即停止作业，撤出受水害威胁地点的人员并发出警报。在原因未查清、隐患未排除前，不得组织人员进入危险区域。

（2）改进和加强防治水技术措施。开采A组煤层的矿井，要坚持奥灰水与太灰水防治并重，积极采取区域超前立体探查治理措施，合理确定探查治理目标层；要采用定向钻进等技术，加强垂向导水构造探治，采用疏水降压、底板注浆改造等方法，实现先探治后掘采。

（3）强化A组煤开采防治水基础管理工作。开采A组煤层的矿井，要认真开展三维地震未覆盖区域的勘探及现有三维地震二次精细解释工作，对A组煤层下灰岩地层进行再解释；积极引进钻探、物探先进设备和技术，开展超前区域立体探查治理；健全分区隔离开采设施，逐步实现分区隔离开采；要将奥灰地层作为主要含水层，增设奥灰观测孔，建立区域观测网；完善水文动态观测系统，建立矿区主要含水层标准水样库，提高应急响应速度。

加强探放水工程的过程管理和质量控制。淮南矿业集团及所属煤矿（勘探处）要明确物探、钻探施工过程中各环节的施工验收程序，规范物探施工、报告编制审批管理，确保探放水作业管理规范严格。

（4）加强防治水隐患排查治理工作。加强安全隐患排查治理工作的监督检查力度，认真落实重大安全风险防控和安全隐患排查治理工作要求。严格按照《煤矿生产安全事故隐患排查治理制度建设指南》的要求，健全完善防治水隐患排查治理制度；矿总工程师每年要结合生产实际对矿井隐蔽致灾因素进行排查，及时修订完善普查报告；矿分管负责人每旬要对安全生产现场管理、设计、措施、报告、图纸、台账等进行1次全面隐患排查，及时消除事故隐患。

（5）加强防治水安全教育培训工作。加强对职工防治水知识教育和培训，确保全体职工掌握井下突（透）水征兆、应急处路等知识，熟悉避灾路线；要采取多种形式开展防治水业务交流培训，所有地测技术人员每三年必须进行一次业务培训。

第五节　河北省张家口市开滦（集团）蔚州矿业有限责任公司崔家寨矿“7·29”一般水害事故

2017年7月29日15时50分许，开滦（集团）蔚州矿业有限责任公司崔家寨矿（以下简称“崔家寨矿”）发生一起水害事故，造成4人被困，经全力救援，3人生还、1人死亡，直接经济损失149.9万元。

依据《中华人民共和国安全生产法》《煤矿安全监察条例》《生产安全事故报告和调查处理条例》等有关法律法规，2017年8月1日，成立了由河北煤矿安全监察局张家口监察分局局长张存江任组长，张家口市安全生产监督管理局、监察局、公安局、总工会等单位有关同志参加的开滦（集团）蔚州矿业有限责任公司崔家寨矿“7·29”水害事故调查组（以下简称“事故调查组”），开展事故调查工作。事故调查组邀请张家口市人民检察院派员参加。

事故调查组按照“科学严谨、依法依规、实事求是、注重实效”的原则和“四不放过”的要求，通过现场勘查、调查取证，查明了事故发生的经过、原因、人员伤亡和直接经济损失情况，认定了事故性质和责任，提出了对有关责任人和责任单位的处理建议，并针对事故原因及暴露出的突出问题，提出了事故防范措施建议。

一、事故单位基本情况

（一）开滦（集团）有限责任公司

开滦（集团）有限责任公司是国有特大型煤炭企业，始建于1878年，前身是开滦矿务局，1999年底改制为开滦（集团）有限责任公司。下辖开滦（集团）蔚州矿业有限责任公司等 92 个分公司，总资产 808.4 亿元，职工 7 万人。

开滦（集团）有限责任公司安全生产许可证号为冀 MK 安许证字〔2007〕0001，有效期至 2019 年 11 月 21 日。

（二）开滦（集团）蔚州矿业有限责任公司

2003 年 3 月，开滦集团整体收并了原河北省蔚州矿业有限责任公司，成立了开滦（集团）蔚州矿业有限责任公司（以下简称“蔚州公司”）。下辖矿井 16 处，其中生产矿井有崔家寨矿等 5 处，整合技改矿井 8 处，双停矿井 3 处。公司总资产 61.1975 亿元，在册合同制员工 9131 人。

蔚州公司安全生产许可证证号冀 MK 安许证字〔2007〕0003，有效期至 2019 年 11 月 1 日。

（三）矿井概况

1. 基本情况

崔家寨矿位于张家口市蔚县白草村乡，1996 年建井，2000 年投产，采矿许可证号为 C1000002011061140113403，有效期至 2031 年 8 月；安全生产许可证号为冀 MK 安许证字〔2009〕0009，有效期至 2019 年 11 月 1 日；营业执照号 9113072658694717XE。为生产矿井，属国有重点煤矿，核定生产能力 2.10 Mt/a。现有职工 2276 人。事故前矿井正常生产。

矿井井田面积 34.3007 km^2，为低瓦斯矿井，主采侏罗系下一中统下花园组下段 1 号、5 号、6 号煤层，煤层均为自燃煤层，各煤层煤尘均有爆炸危险性。矿井水文地质类型为中等型，矿井正常涌水量 73.6 m^3/h，最大涌水量 123.6 m^3/h。

崔家寨矿配备有 14 名副总工程师以上矿级领导，设有安管部、生产技术部、生产调度室、地测科等职能机构；有综采一队、综采二队、综掘一队、综掘二队、巷修队等生产区队，此次事故发生在巷修队。煤矿设立了由矿长为主要责任人的防治水领导机构，总工程师具体负责防治水技术管理工作，另配备有地测防治水副总工程师，地测科负责矿井防治水具体工作。

2. 生产系统

矿井采用主井、副井和风井三立井单水平分区开拓，东西两翼采区布置，走向长壁综合机械化采煤。中央并列抽出式通风，主、副井进风，风井回风。井下主要运输方式是带式输送机运输，辅助运输方式为轨道运输，主、副井提升机均采用 JKMD－3.5×4E 型落地摩擦式提升机。井上下 6 kV 电源双回路供电。矿井在 +830 m 水平设立中央泵房，中央泵房安装有 D280－43×8 型水泵 5 台，2 台工作，2 台备用，1 台检修，设排水管两趟，规格为 $\phi325\times8$ mm 无缝钢管，水仓总容积 3636 m^3，矿井正常排水能力 560 m^3/h，最大排水能力 1120 m^3/h。矿井安装有监测监控、人员定位、紧急避险、通信联络、供水施救和压风自救等安全避险系统。

（四）事故地点

事故发生地点为东三1煤北部回风探巷掘进工作面。该巷位于东三1煤采区北部、东三1煤北部集中皮带巷与东三1煤北部集中回风巷以西，该巷道以西37 m为东三1煤北部进风探巷，以西125 m为东三1煤北部探巷停头位置。2017年5月12日，自东三1煤北部集中皮带巷向西开口掘进东三1煤北部探巷，开口处标高+812 m，至2017年6月30日掘进230 m，煤厚变至1.4 m，停止掘进并在150 m处打密闭墙，停头处标高+822 m，以西为薄煤区或无煤区。2017年7月1日，自东三1煤北部探巷向南开口掘东三1煤北部进风探巷，到7月29日上山掘进116 m，开口处标高+821 m，迎头标高+843 m。7月20日，自东三1煤北部探巷向北掘东三1煤北部回风探巷，事故前已掘进21 m。东三1煤北部回风探巷断面为矩形，宽4.6 m、高3.2 m，煤厚3.2 m，倾角7°~10°，采用炮掘工艺，锚网索支护，沿顶板下山掘进，安装有跟头刮板输送机。

（五）矿井水文地质

1. 地质构造

崔家寨井田含煤地层为侏罗系下一中统下花园组，主要岩性为砂岩和泥岩。井田内共确定大小断层1649条，其中正断层995条，逆断层654条。1号煤为最下一层可采煤层，呈不连续的孤立块段状。可采面积由3个可采块段组成，其中东部块段为1号煤主要块段，煤层厚度0~4.67 m，一般2~3 m。

2. 水文地质条件

1）主要含水层

（1）寒武系灰岩岩溶裂隙承压含水层：该层为煤系基底，主要分布在井田北部及东北，岩溶裂隙不发育，富水性较弱。井田范围内奥灰水受单侯矿疏水降压影响，近疏干状态，局部地段水位高于1号煤。

（2）下奥陶统灰岩岩溶裂隙承压含水层：该层岩性以灰岩为主，岩溶裂隙发育极不均一。矿井投产初期水位标高+961.72~+972.13 m，随着矿井开采过程中对该含水层水的疏放及临近矿井单侯矿的疏排，水位标高在井田范围内降至1号煤以下，单位涌水量0.122~0.961 L/(s·m)，渗透系数2.187~7.586 m/d，富水性中等，补给条件不良，利于疏排降压。

（3）下花园组下段砂岩裂隙承压含水层：井田均有分布，以中细砂岩、粉砂岩为主，厚度5.24~33.69 m，裂隙不发育，富水性极弱，单位涌水量0.000048~0.004 L/(s·m)，渗透系数0.000413~0.00173 m/d。

（4）下花园组上段砂岩裂隙承压含水层：井田均有分布，以细砂岩为主，平均厚度22 m，裂隙不发育，富水性极弱，单位涌水量0.000046～0.016 L/(s·m)，渗透系数0.000252～0.0666 m/d。

（5）第四系沙砾卵石孔隙承压含水层：井田内广泛分布，厚度4.27～34.47 m，单位涌水量0.063～0.371 L/(s·m)，富水性为中等。

2）矿井充水条件

矿井主要充水水源为老空水和含水层水。老空水主要包括1号煤以上各可采煤层开采后形成的采空积水，以及井田内小煤矿开采时形成的老空积水。崔家寨矿井田范围内有14个小煤矿，井田边界附近有13个小煤矿，均有很大程度的超层越界开采现象，破坏地质储量0.16 Gt（占原有地质储量的48.5%），在崔家寨矿井田范围内留下了大量采空区，1号煤揭露小煤矿巷道80次。根据河北省资源整合要求，其中24处煤矿已于2008年前实施关闭。井田范围内保留3个小煤矿：崔家寨矿北一井、崔家寨矿北二井、崔家寨矿北三井。作为崔家寨矿的独立采区，北一井允许开采煤层为5号、6号、7号、8号、9号煤层，北二井、北三井允许开采煤层4号、5号、6号煤层。

3. 事故前的地质及水文地质工作

（1）1985年10月，河北省煤田地质勘探公司第四勘探队提交了《河北省蔚县矿区崔家寨井田精查地质报告》。

（2）1999年11月，河北煤田地质局第四地质队、河北省蔚州矿业有限责任公司、中煤第四十九工程处、中煤河北建井四处共同提交了《开滦（集团）蔚州矿业有限公司崔家寨矿井建井地质报告》。

（3）2006年9月，安徽省煤田地质局物探测量队提交了《开滦（集团）蔚州矿业有限责任公司崔家寨矿东三东四采区三维地震及瞬变电磁综合勘探报告》。

（4）2016年4月，崔家寨矿编制了《开滦（集团）蔚州矿业有限责任公司崔家寨矿矿井水文地质类型划分报告》，经蔚州公司批复，确定矿井水文地质类型为中等型。

（5）2016年9月，崔家寨矿重新修编了《开滦（集团）蔚州矿业有限责任公司崔家寨矿生产地质报告》。

（6）2017年2月18日，崔家寨矿地测科提交了《开滦（集团）蔚州矿业有限责任公司崔家寨矿东三1煤北部探巷水文情况分析报告》，对包含东三1煤北部回风探巷在内的区域水文地质情况进行了分析，只确定东三1煤北部回风探巷前方683～1173 m区域分布有1处物探采空区，并要求靠近物探采空区应严格执行超前钻探。

(7) 2017 年 7 月 1 日，崔家寨矿地测科提交了《开滦（集团）蔚州矿业有限责任公司崔家寨矿 2017 年 7 月采掘开工作面水害预报》，将东三 1 煤北部回风探巷 7 月份掘进范围内水文地质情况确定为简单，只有顶板砂岩裂隙水影响掘进。

二、事故发生经过及应急处置情况

（一）事故发生经过

2017 年 7 月 29 日 13 时 20 分，巷修队召开中班班前会，安全队长唐某新主持班前会，机电队长郝某德跟班。该班是检修班，出勤人员分 2 组，班长秦某雷、副班长苗某及工人秦某辉、邓某生、贾某芳、王某周、李某堂、程某军等 8 人一组到东三 1 煤北部回风探巷掘进工作面；郝某德、秦某亮等 7 人检修北部探巷和进风探巷的带式输送机。

约 15 时 20 分，中班人员下井。秦某雷与早班班长在井下交接班后，确定中班工作为扩帮、清理迎头浮煤、补打锚杆。李某堂在外面开带式输送机，秦某辉、邓某生、贾某芳、王某周、程某军等 5 人在距巷口 5 m 处扩帮。期间郝某德带秦某亮去了进风探巷检修带式输送机保护。苗某先到工作面迎头做准备工作，秦某雷安排完外面工作后到迎头，苗某向秦某雷汇报说迎头有 1.5 m 左右长的积水，没过了刮板输送机机尾，比平时上一班打眼儿洒水形成的积水多一点。2 人用铁锹把试了试水，不太深，检查水管后发现不是水管漏水，秦某雷安排苗某清煤，自己去开刮板输送机带水。开了约 5 分钟，苗某出来告诉秦某雷说水未减少，秦某雷与苗某再次来到迎头观察。2 人用铁锹把试了试，发现水位上升了 10 cm 左右，积水处开始冒泡，紧接着开始喷水，水柱瞬间喷到顶板。秦某雷大喊出水了，2 人开始边喊边往外跑，扩帮的 5 人也一起沿东三 1 煤北部探巷往东三 1 煤北部集中带式输送机巷跑，途中遇见检修带式输送机的另一组 5 名工人，12 人一起往外跑。邓某生刚跑几米，想起他看见秦某亮和郝某德去进风探巷了，就掉头往进风探巷跑，去通知郝某德、秦某亮 2 人透水了。秦某雷等人跑到东三 1 煤北部集中带式输送机巷局部通风机处清点人数时发现少了邓某生、贾某芳、郝某德、秦某亮等 4 人，秦某雷马上打电话报告了调度室。

（二）事故报告

2017 年 7 月 29 日 15 时 50 分许，崔家寨矿东三 1 煤北部回风探巷掘进工作面迎头透水，当班班长秦某雷于 15 时 57 分向矿调度室电话报告事故情况；调度室值班调度员第一时间向值班矿领导和矿长刘某军报告，并于 16 时 38 分向蔚州公司调度室报告；23 时 50 分，河北煤矿安监局张家口监察分局接到崔家寨矿的事故报告。

经调查，认定崔家寨矿迟报较大涉险事故。

（三）应急处置情况

7 月 29 日 15 时 57 分，崔家寨矿调度室接到巷修队中班班长秦贝雷报告事故的电话。调度员刘某、周某立即启动应急救援预案。矿长刘某军、总工程师杨某山等矿领导陆续到达调度室，成立抢险救援指挥部，刘某军任组长，下设 7 个小组。同时命令井下带班的安全矿长孙某刚赶往现场，成立现场救援指挥部，并任组长；矿长助理姚某峰、安管部部长霍某文下井赶往现场；各单位随时待命。17 时 03 分，蔚州公司救护队 2 个小队 15 名救护队员赶到崔家寨矿。

16 时 40 分，孙占刚到达东三 1 煤北部集中带式输送机巷输送机机头电话处，现场了解情况后向调度室电话报告情况。孙某刚指挥救援人员向北探巷巷口方向清理杂物，争取尽快打通通道，通风区人员负责监测气体，救护队人员负责监护。

7 月 29 日约 17 时 20 分，东三 1 煤北部运料斜巷恢复供电，斜巷里 1 台潜水泵开始排水，随后从地面调集了 2 台水泵运往排水点加大排水能力。

同时，应急救援指挥部决定在东三 1 煤北部集中带式输送机巷三部带式输送机机头处向被困人员所在的东三 1 煤北部进风探巷施工钻孔，力争尽快供风供氧。7 月 30 日 2 时许开始打钻，11 时许第 1 个钻孔施工完毕，未能打透。随后同时施工第 2、第 3 个钻孔。

至 7 月 30 日 15 时 55 分，东三 1 煤北部探巷已清理 25 m，杂物距顶板约 0.7 m，救援人员对顶板进行了简单支护。15 时 57 分，在现场指挥救援工作的河北煤矿安监局党组书记、局长周德昶对井下气体和巷道顶板情况进行周密分析后，果断命令救护队队长张某玉立即带领队员佩戴呼吸器进入北部探巷搜寻被困人员，在进风探巷巷口往里约 50 m 处，发现了郝某德、邓某生、秦某亮等 3 人，3 人精神状态良好，可以自己行走。16 时 57 分救护队员护送 3 人升井。8 月 1 日 1 时 59 分，救援人员在东三 1 煤北部集中回风巷与东三 1 煤三联巷交叉口往下 16 m 处发现贾某芳尸体，救援工作结束。

（四）善后处理

郝某德、邓某生、秦某亮等 3 人升井后，立即被送至蔚州公司医院进行了身体检查，3 人身体状况均良好。8 月 1 日 1 时 59 分，救援人员发现贾某芳后，立即将其送至蔚州公司医院，5 时 21 分，蔚州公司医院宣布贾某芳死亡，死亡原因为淹溺。经崔家寨矿与贾某芳家属协商后，按照国家有关规定进行了赔偿。

三、事故原因及性质

（一）直接原因

崔家寨矿在掘进东三1煤北部回风探巷前，未查明巷道前方的小煤矿积水老空区；巷道接近积水老空区时，未采取探放水措施，在水压和采动的共同作用下，积水溃破残余煤柱，造成透水事故，致使1人死亡。

（二）间接原因

（1）矿井水文地质基础工作差。井田内小煤矿留下大量采空区，范围与积水情况不清，但矿井水文地质类型划分为中等型，与实际情况不符；矿井防治水技术路线中针对井田范围内小煤矿老空积水的防治措施只有地面调查与根据地面物探资料分析两种，未制定采取井下物探与钻探相结合的防治措施；基础台账未按规定填写，且未按要求整改。

（2）防治水技术力量薄弱、技术管理不善。防治水专业技术人员不能满足安全生产需要，水文地质预测预报等技术资料由非水文地质专业技术人员编制；对井田范围内小煤矿老空积水的危害认识不够，掘进前未采用井下物探、钻探相结合的方式查明掘进地区的水文地质条件；编制掘进工作面水文地质情况分析报告过度依赖2006年的地面物探成果，未针对小煤矿老空积水情况不清的特点提出逢掘必探的措施，经逐级审核、检查，均未提出完善意见；水害隐患排查不认真，水害预报严重失实，经逐级审核、检查，均未提出完善意见。

（3）对上级部门安全生产部署贯彻落实不认真。崔家寨矿在2个月内发生2起安全生产责任事故，暴露出来蔚州公司及崔家寨矿落实企业安全生产主体责任不到位。特别是2017年6月22日召开的全国煤矿水害防治工作视频会后，对会议提出的老空水害防治“四步工作法”中的“查全”“探清”两步理解不深、贯彻落实不认真，掘进前未进行必要的补充勘探查明采空区范围和积水情况，在临近小煤矿老空区和资料不可靠的情况下未采取“有掘必探”的措施探清并消除水害隐患。

（三）事故性质

经调查认定，崔家寨矿“7·29”水害事故是一起责任事故。

四、对事故有关责任人及责任单位的处理建议

（一）对事故有关责任人的处理建议

（1）杨某，崔家寨矿地测科水文地质技术员，负责崔家寨矿井下水文地质资料收集、水文地质预测预报等基础资料编制、水害分析工作。对井田范围内小

煤矿老空积水的危害认识不够，掘进前未查明掘进地区的水文地质条件；编制掘进工作面水文地质情况分析报告未提出逢掘必探的措施；水害隐患排查不认真，水害预报严重失实。对事故的发生负主要责任。依据《安全生产领域违法违纪行为政纪处分暂行规定》第十二条第（一）项之规定，建议给予其留用察看处分。

（2）杨某，中共党员，崔家寨矿地测科副科长兼钻探队队长，负责崔家寨矿水文地质专业技术管理工作、水文地质资料的审核及水害隐患排查工作。对井田范围内小煤矿老空积水的危害认识不够，水害隐患排查不认真，掘进前未查明掘进地区的水文地质条件，审查掘进工作面水文地质情况分析报告和水害预报未提出完善意见；基础台账未按规定填写，且未按要求整改；对上级部门安全生产部署贯彻落实不认真。对事故的发生负重要责任。依据《安全生产领域违法违纪行为政纪处分暂行规定》第十二条第（一）项之规定，建议给予其行政撤职处分，同时建议河北煤矿安监局撤销其证号为130203198111162113的安全生产知识和管理能力考核合格证。建议由中共崔家寨矿党委按照党员管理权限依据《中国共产党纪律处分条例》的相关规定给予其党内严重警告处分。

（3）付某，中共党员，崔家寨矿地测科科长，负责地测科全面工作。对井田范围内小煤矿老空积水的危害认识不够，水害隐患排查不认真，掘进前未查明掘进地区的水文地质条件，审查掘进工作面水文地质情况分析报告和水害预报未提出完善意见；组织编制的防治水技术路线不全面、矿井水文地质类型划分报告不符合实际；对上级部门安全生产部署贯彻落实不认真。对事故的发生负重要责任。依据《安全生产领域违法违纪行为政纪处分暂行规定》第十二条第（七）项之规定，建议给予其降级处分。建议由中共崔家寨矿党委按照党员管理权限依据《中国共产党纪律处分条例》的相关规定给予其党内严重警告处分。

（4）王某君，中共党员，崔家寨矿地测副总工程师，负责防治水技术管理工作。对井田范围内小煤矿老空积水的危害认识不够，审查掘进工作面水文地质情况分析报告和水害预报未提出完善意见；审查防治水技术路线、矿井水文地质类型划分报告不严；对上级部门安全生产部署贯彻落实不认真。对事故的发生负重要领导责任，依据《安全生产领域违法违纪行为政纪处分暂行规定》第十二条第（七）项之规定，建议给予其行政记大过处分。建议由中共崔家寨矿党委按照党员管理权限依据《中国共产党纪律处分条例》的相关规定给予其党内警告处分。

（5）杨某山，中共党员，崔家寨矿总工程师，具体领导防治水技术管理工作，矿防治水技术第一责任人。对井田范围内小煤矿老空积水的危害认识不够，审查掘进工作面水文地质情况分析报告和水害预报未提出完善意见；审查防治水技术路线、矿井水文地质类型划分报告不认真；对上级部门安全生产部署贯彻落实不认真。对事故的发生负有主要领导责任。依据《安全生产领域违法违纪行为政纪处分暂行规定》第十二条第（七）项之规定，建议给予其行政撤职处分，同时建议河北煤矿安监局撤销其证号为130204196310252151的安全生产知识和管理能力考核合格证。建议由中共蔚州公司党委按照党员管理权限依据《中国共产党纪律处分条例》的相关规定给予其党内严重警告处分。

（6）孙某刚，中共党员，崔家寨矿副矿长，负责崔家寨矿安全生产监督管理工作。履行安全生产监督管理职责不力。对崔家寨矿两个月内连续发生两起生产安全事故负重要领导责任。依据《安全生产领域违法违纪行为政纪处分暂行规定》第十二条第（七）项之规定，建议给予其行政撤职处分。建议由中共蔚州公司党委按照党员管理权限依据《中国共产党纪律处分条例》的相关规定给予其党内严重警告处分。

（7）丁某彬，崔家寨矿副矿长，负责崔家寨矿采掘系统的安全生产工作，巷修队主管矿领导。履行安全生产监督管理职责不力。对事故的发生负有重要领导责任。鉴于丁克彬在崔家寨矿“6·11”运输事故中被给予撤职处分，建议由中共蔚州公司党委按照党员管理权限依据《中国共产党纪律处分条例》的相关规定给予其党内严重警告处分。

（8）刘某军，中共党员，崔家寨矿矿长、党委书记，负责安全生产全面工作，矿防治水工作第一责任人。对井田范围内小煤矿老空积水的危害认识不够，审查防治水技术路线、矿井水文地质类型划分报告不认真；防治水专业技术人员配备不能满足安全生产需要；对上级部门安全生产部署贯彻落实不认真。对事故的发生负有重要领导责任，对崔家寨矿两个月内连续发生两起生产安全事故负主要领导责任。依据《安全生产领域违法违纪行为政纪处分暂行规定》第十二条第（七）项、《中华人民共和国安全生产法》第九十一条第二款之规定，建议给予其行政撤职处分，五年内不得担任煤矿主要负责人，同时建议河北省安全生产监督管理局撤销其证号为130205197205031219的安全生产知识和管理能力考核合格证。建议由中共蔚州公司党委按照党员管理权限依据《中国共产党纪律处分条例》的相关规定给予其撤销党内职务处分。依据《中华人民共和国安全生产法》第九十二条第（一）项之规定，对刘建军处上一年度收入（2016年度收入143522.08元）30%计4.3万元的罚款。

（9）王某臣，中共党员，蔚州公司生产技术部地测科科长，负责对蔚州矿区煤矿防治水技术指导和规范管理、指导各矿水文地质类型划分报告的编制和审批备案工作。对崔家寨矿存在矿井水文地质基础工作差、防治水技术管理不善、对上级部门安全生产部署贯彻落实不认真等问题失察。对事故的发生负重要责任。依据《安全生产领域违法违纪行为政纪处分暂行规定》第十二条第（七）项之规定，建议给予其行政记大过处分。建议由中共蔚州公司党委按照党员管理权限依据《中国共产党纪律处分条例》的相关规定给予其党内警告处分。

（10）桑某宏，中共党员，蔚州公司地测副总工程师，负责蔚州矿业公司地测防治水技术管理工作。对崔家寨矿存在矿井水文地质基础工作差、防治水技术管理不善、对上级部门安全生产部署贯彻落实不认真等问题失察。对事故的发生负有重要领导责任。依据《安全生产领域违法违纪行为政纪处分暂行规定》第十二条第（七）项之规定，建议给予其行政记过处分。

（11）张某海，中共党员，蔚州公司总工程师，蔚州公司安全生产技术管理第一责任人，负责蔚州公司技术管理工作。对崔家寨矿防治水工作督导不力，对上级部门安全生产部署贯彻落实不认真。对事故的发生负重要领导责任。依据《安全生产领域违法违纪行为政纪处分暂行规定》第十二条第（七）项之规定，建议给予其行记大过处分。建议由中共蔚州公司党委按照党员管理权限依据《中国共产党纪律处分条例》的相关规定给予其党内警告处分。

（12）刘某明，中共党员，蔚州公司总经理，蔚州公司安全生产委员会副主任，负责蔚州公司安全生产全面工作。对崔家寨矿安全生产工作督导不力，对上级部门安全生产部署贯彻落实不认真。对事故的发生负领导责任，对崔家寨矿两个月内连续发生两起生产安全事故负领导责任。依据《安全生产领域违法违纪行为政纪处分暂行规定》第十二条第（七）项之规定，建议给予其行政警告处分。

（13）邓某新，中共党员，蔚州公司董事长、党委书记，蔚州公司安全生产委员会主任，蔚州公司安全生产第一责任人、防治水工作第一责任人，负责蔚州公司安全生产全面工作。对崔家寨矿安全生产工作督导不力。对事故的发生负领导责任，对崔家寨矿两个月内连续发生两起生产安全事故负领导责任。建议责成其向开滦（集团）有限责任公司做出书面检查。

（二）对事故单位的处罚建议

（1）崔家寨矿发生责任事故，依据《中华人民共和国安全生产法》第一百零九条的规定，对开滦（集团）蔚州矿业有限责任公司崔家寨矿罚款 50 万元。

（2）崔家寨矿迟报较大涉险事故，依据《安全生产事故信息报告和处置办法》第二十五条的规定，给予崔家寨矿警告，并处罚款 3 万元。

根据《生产安全事故罚款处罚规定（试行）》（国家安全监管总局令第 77 号）

第七条第一款第（三）项之规定，以上对事故责任人、事故煤矿的行政罚款，由河北煤矿安全监察局张家口监察分局实施。

五、事故防范措施

（1）重新划分矿井水文地质类型。崔家寨矿要严格按照《煤矿防治水规定》的要求，认真分析矿井实际情况，重新划分矿井水文地质类型，蔚州公司要强化审查工作，确保矿井水文地质类型与实际相符。

（2）查明井田范围内水文地质条件。崔家寨矿要采用井下钻探、物探相结合的方式查明水文地质条件，尤其是井田范围内老空区的范围和积水情况，按规定填写有关基础台账、标注有关图纸。蔚州公司要强化对所辖资源整合煤矿的掌控，严防超层越界开采。

（3）强化防治水技术管理。崔家寨矿要配备能够满足安全生产需要的防治水专业技术人员，按照符合实际的矿井水文地质类型，制定切实的防治水技术路线，加强水害隐患排查，提升水文地质资料的编制、审核水平，坚持“逢掘必钻”的原则，做好水害防治工作。蔚州公司要加强对所属矿井的防治水技术管理和指导，提高防治水技术水平。

（4）全面贯彻落实好上级安全生产部署。蔚州公司要认真贯彻安全生产法律法规及上级的安全生产部署，切实落实企业安全生产主体责任。特别要针对此次事故，对2017年6月22日召开的全国煤矿水害防治工作视频会精神再贯彻、真落实，尤其是要深刻领会老空水害防治的“四步工作法”，督促各矿将“三专两探一撤”措施落到实处。

第六节　辽宁省阜新市万达矿业有限公司“10·18”较大涉险水害事故

2017年10月18日11时50分许，辽宁省阜新市清河门区万达矿业有限公司（以下简称“万达矿业公司”）发生一起水害事故（较大涉险）。事故发生当班，99人入井作业，其中14人自行脱险、83人被救生还、2人死亡，直接经济损失521万元。

鉴于万达矿业公司采矿行为属违法盗采国家资源，10月20日，按照辽宁省人民政府的要求，辽宁省公安厅和阜新市人民政府先期成立了“10·20”案件专案组（以下简称“专案组”）开展案件侦办工作。专案组查清了万达矿业公司违反政府停产指令、超层越界违法盗采国家资源事实，对万达矿业公司相关责任人采取了司法强制措施。

10 月 25 日，国务院安委会办公室对万达矿业公司“10·18”水害事故（较大涉险）挂牌督办，要求提级调查。10 月 29 日，依据《安全生产法》《生产安全事故报告和调查处理条例》和《煤矿安全监察条例》等相关法律法规的规定，经辽宁省人民政府批准，辽宁煤矿安全监察局会同辽宁省安全生产监督管理局、辽宁省煤矿安全监督管理局、辽宁省监察厅、辽宁省公安厅、辽宁省总工会和阜新市人民政府等相关单位成立了万达矿业“10·18”水害事故（较大涉险）调查组（以下简称“事故调查组”）。事故调查组下设技术组、管理组、责任追究组和综合组，聘请 5 名专家组成专家组参与事故调查。辽宁省人民检察院应邀派员参加事故调查。

事故调查组按照“科学严谨、依法依规、实事求是、注重实效”的原则，通过现场勘查、调查取证、专家论证，查明了事故发生的经过、原因、人员伤亡和直接经济损失，认定了事故性质和责任，对有关责任人员和责任单位提出了处理建议，针对事故暴露出来的问题，提出了事故防范措施和整改建议，形成了事故调查报告。

一、事故企业相关情况

（一）万达矿业公司基本情况

万达矿业公司系阜新市清河门区辖区内民营企业，始建于 1991 年，1992 年投产，矿井核定生产能力 60000 t/a。2017 年，万达矿业公司被列为阜新市淘汰退出煤矿。

万达矿业公司井田面积 0.7 km^2，北部与已关闭的原阜新矿业集团清河门煤矿相邻，西部与已关闭的新发煤矿相邻。矿井主要受老空积水、地表水和裂隙水威胁，正常涌水量 7 ~ 8 m^3/h，最大涌水量 10 m^3/h。矿井为低瓦斯矿井。

开拓方式为立井开拓，共有 5 座井筒。老主井、老风井、梯子间井 3 座井筒位于同一工业广场（称之为老院）；新主井（2015 年新建井筒）、新风井（万达矿业公司与阜新矿区清河门多种经营公司违规签订协议，违规托管原清河门煤矿的南风井，未经煤矿安全监管监察部门同意，系擅自违法改造利用的南风井）2 座井筒在同一工业广场（称之为新院）。老院与新院都建有围墙，两院相距 500 m 左右。

通风方式为混合式，通风方法为抽出式。老主井、梯子间井、新主井入风，新、老风井回风。新风井安设 1 台 FBCDZ－No15/2×55 对旋轴流通风机，担负主要回风任务；老风井安装 1 台 FBDZ－No12.5/2×22 型对旋轴流通风机和 1 台

FBDZ－No14/2×45 型对旋轴流通风机，1 台使用、1 台备用。矿井总进风量 1000 m^3/min，总回风量 1100 m^3/min。

采用走向长壁后退式采煤方法，高档普采（单滚筒采煤机）采煤工艺，单体液压支柱、Π钢支护。煤巷使用综合机械化掘进机掘进，岩巷使用二氧化碳致裂器（火药收缴后）爆破落岩，锚杆、锚索、金属网联合支护。

提升运输系统：新主井采用箕斗提升，为主提升井；新风井采用罐笼提升，用于下料和升降人员；老主井采用罐笼提升，用作提煤、下料、提矸、升降人员。

通信联络系统：调度室设置了 HJD 型自动程控交换机，井下各采掘地点、带式输送机头、车场均设置了通信电话，电话机型号为 KTH129。电话线自新主井入井，沿一盲斜皮带下山、轨道下山、二盲斜皮带道、四组六上山、四组六采区皮带下山至各采、掘工作面。

供电系统：新院和老院各设置两座变电所。老院电源接自阜新市清河门区供电公司清河门变电所清西线、清六线，双回路供电；新院电源除接自阜新市清河门区供电公司清河门变电所清西线、清六线，还接有阜新矿业集团供电分公司清河门煤矿立井变电所的双回路供电电源，共 4 个回路供电。

压风系统：压风机房位于新院，共有 2 台螺杆式空气压缩机，排气量均为 20 m^3/min，工作压力 0.8 MPa，1 台使用、1 台备用。主干管路直径为 108 mm 的铁管，从新主井入井，沿一盲斜皮带下山、二盲斜皮带道、四组六上山、四组六采区皮带下山敷设；支管选用直径 51 mm 铁管和 1 寸高压胶管，接至各采掘工作面。

排水系统：合法生产区域设有 2 级排水系统；违法生产区域没有排水系统，将积水直接排至原清河门煤矿老空区，即一盲斜积水由四组二探煤巷排入老空区，二盲斜和四组六采区积水由四组四泄水道排入老空区。

（二）证照情况

采矿许可证由辽宁省国土资源厅颁发，证号 C2100002013031120129156，有效期至 2017 年 10 月 25 日。营业执照由阜新市工商行政管理局颁发，统一社会信用代码 91210900095183857K，有效期至 2044 年 3 月 18 日。

安全生产许可证由辽宁煤矿安全监察局颁发，证号（辽）MK 安许证字〔2015093143〕，有效期至 2018 年 12 月 29 日。2017 年 2 月 16 日，辽西监察分局按照淘汰退出煤矿的相关要求，对该安全生产许可证予以暂扣。

矿长安全资格证由辽宁省煤炭工业管理局颁发，证号 210902196808092517，有效期至 2018 年 11 月 16 日。

（三）组织机构

2017 年 5 月 11 日之前，法定代表人、矿长张某雷全面负责万达矿业公司生产经营管理工作。5 月 11 日，张某雷病故后，其妻黄某敏接任法定代表人，全面负责生产经营管理工作；矿长樊某慈（无任命文件，5 月底到任）负责全矿安全生产工作；生产矿长张某彬负责生产组织管理工作。全矿没有技术负责人，没有设置安全管理机构和防治水管理机构。

（四）淘汰退出情况

按照国务院和辽宁省化解煤炭过剩产能相关工作要求，阜新市制定了 2017 年化解煤炭过剩产能实施方案，方案明确各县（区）人民政府是实施落后产能煤矿淘汰退出工作的责任主体，淘汰退出时限为 5 月底。万达矿业公司属于方案确定的落后产能煤矿，为淘汰退出煤矿之一。

关于化解煤炭过剩产能的相关工作，各县（区）人民政府以正式文件形式向阜新市人民政府进行了承诺。清河门区人民政府承诺在 5 月 30 日前完成淘汰退出工作。清河门区委、区人民政府对淘汰退出工作实行县级领导干部牵头包保，万达矿业公司淘汰退出包保负责人为时任分管生产安全的副区长、现任区政法委书记赵某权，工作人员是区煤炭工业管理局安监科张某久、孙某。

至事故发生前，除万达矿业公司等 3 处煤矿因涉及中钢集团项目问题未按期限淘汰退出，阜新市其余被列为淘汰退出的煤矿全部按照规定时限关闭。

（五）民用爆破物品使用情况

2017 年 1 月 9 日，接到清河门区人民政府停产指令后，阜新市公安局清河门区分局治安大队到万达矿业公司清点火药、雷管，核查台账，将火药和未拆箱的 6000 发雷管退库，已拆箱的 2100 发雷管原地封存。5 月 2 日，将封存的雷管按报废雷管收缴，运至阜蒙县赵大板火药库。在此之后，万达矿业公司开始购买二氧化碳致裂器，使用二氧化碳致裂器进行井下煤岩爆破作业。

（六）供电情况

2017 年 4 月 26 日，清河门区人民政府召开了全区淘汰退出煤矿工作会议，要求供电部门对于被列入淘汰退出名单的煤矿实施停限电。阜新市清河门区供电公司参加了会议。阜新矿业集团供电分公司未接到会议通知，没有参加会议，没有实施停限电，继续向万达矿业公司正常供电，月平均供电量 20 万度左右。

（七）逃避政府监管和违法生产情况

2016 年 10 月 23 日，张某雷与阜新矿区清河门多种经营公司违规签订托管协议，托管原清河门煤矿南风井，通过清理井筒淤泥，开掘巷道，于 2016 年 12 月，擅自将南风井（即新风井）与新主井贯通构成系统，作业人员由新风井入井。万达矿业公司为进一步掩盖违法生产、逃避政府监管，在新院周围砌筑围墙，同时将原南风井围墙拆除，圈入万达矿业公司新院围墙内。

2017年2月，万达矿业公司将老院的调度室、矿灯房、学习室、会议室搬迁至新院，新院大门和老院的调度室、矿灯房、学习室全部锁闭。政府监管部门来矿检查时，张某彬将检查人员领至老院，向检查人员谎称：矿井处于停产状态，只有他和门卫在矿看守，新院没有人员，新院大门无法打开，制造无人作业、无法生产的假象。

2017年1月8日政府下达停产指令前，万达矿业公司采取地面提供假图纸、汇报假情况，井下砌筑假封闭墙、设置迎检面等方式欺骗政府监管部门，超层越界违法盗采国家资源；政府下达停产指令后，万达矿业公司利用井下四组六上山下部车场附近设置的400 t容量煤仓，储存白班生产的煤炭，夜间提升至地面，采取直接装车外运不落地方式掩盖违法生产。

万达矿业公司盗采区域生产系统于2016年10月构成，位于原清河门煤矿工业广场煤柱四组六煤层内。至事故时，共形成了5个采煤工作面，正在掘送3个掘进工作面。采煤工作面倾斜长度均为60 m，采高全部为2.2 m。南一、南二、北一3个采煤工作面已回采结束：南一采煤工作面走向长度90 m，回采65 m；南二采煤工作面走向长度90 m，回采60 m；北一采煤工作面走向长度220 m，回采160 m。正在回采南三、北二两个采煤工作面：南三采煤工作面走向长度90 m，已回采45 m；北二采煤工作面走向长度210 m，已回采130 m。北三回风巷已掘送320 m；北三运输巷已掘送150 m；煤仓探煤巷道已掘送100 m。

（八）煤矿盯守情况

2017年初，辽宁省人民政府要求派专人盯守停产煤矿和淘汰退出煤矿，不准生产。盯守万达矿业公司人员为阜新市清河门区煤炭工业管理局张某久、孙某。

10月18日9时30分，清河门区煤炭工业管理局局长李某广召开全体监管人员会议，强调所有盯守人员必须到矿，不准煤矿组织人员入井作业，确保十九大召开期间煤矿不发生事故。11时左右，张某久、孙某先到万达矿业公司老院，发现没有人员，随后到新院调度室，向樊某慈、张某彬和调度员任庆国传达了停产要求，并询问是否有人入井。当了解到有人入井后，张某久、孙某没有核实井下人员作业情况，只是提出撤人要求，并未向上级汇报，未采取有效撤人措施，也未监督人员升井。随后在樊某慈、张某彬陪同下去矿食堂用餐。餐后，张某彬返回调度室。

二、事故区域及发生经过

（一）事故区域

事故发生在超层越界违法盗采区域，突水地点在四组三探煤斜巷砖混封闭墙处。

2016 年 6 月，万达矿业公司由四组六上山中部掘送四组三探煤斜巷和四组三探煤平巷，采用锚杆、金属网联合支护，斜巷长 80 m，坡度 12° ~ 13°，平巷长 80 m。

四组三探煤平巷上帮与旧巷间有 2 m 煤柱，施工探眼时曾打透。为防止瓦斯涌入，万达矿业公司于 2016 年 9 月下旬共施工 2 道封闭墙，第一道封闭墙位于四组三探煤平巷内，木板结构，距离四组三探煤平巷与四组三探煤斜巷间岔口 5 m；第二道封闭墙位于四组三探煤斜巷内，砖混结构，宽 240 mm。两道封闭墙间距 55 m。

10 月 16 日，跟班矿长兼掘进队长孙某发现四组六上山底板渗水，张某彬和孙某查看后，没有查出原因。

10 月 17 日，四组六上山底板渗水量增大，张某彬和通风矿长揣某军再次现场勘查，发现水是由四组三探煤斜巷渗出，便安排人员在巷道下口处砌筑蓄水池，计划通过管路引至带式输送机机尾水仓。至事故发生时，蓄水池砌筑工作没有完成。

（二）事故发生经过

10 月 18 日 6 时 30 分，樊某慈主持召开生产会，张某彬安排当班工作，调度员任某国、机电矿长杨某胜、通风矿长揣某军、跟班矿长彭某春、掘进一队队长黄某志、掘进二队队长裴某起、跟班矿长兼掘进三队队长孙某、采煤队队长郭某峰、带式输送机队队长韩某志等人参加。7 时 30 分左右，各作业人员在队长、跟班矿长等带领下陆续入井，到达作业地点后开始工作。井下人员分布：四组六皮带下山清货 24 人，四组六皮带下山翻修 12 人，南三回顺翻修 7 人，采区回风道中部清货 6 人，北三回顺翻修 8 人，北三运顺掘进工作面 9 人，煤仓探煤巷道掘进工作面 8 人，二盲斜皮带道下部车场挖水沟 2 人、敷设管路 8 人，四组六采区上部车场运料 4 人，井下还有电钳工 2 人、把钩工 1 人、瓦检员 4 人、跟班矿长 3 人、机电矿长 1 人。

11 时 50 分，在二盲斜皮带道下部车场作业的薛某元、李某新听到从四组三探煤斜巷方向传出“嘭”的一响，随后又传出更大的一声响，并看到从斜坡上下来黑烟，薛某元、李某新随即向井口方向奔跑，并喊叫沿途作业的 12 名作业人员撤退，这 14 人顺利安全脱险。北二运输巷拉门口处的跟班矿长彭某春听到响声后，感觉风量有变化，跑到四组六采区上部车场查看情况，发现突水灾情后，立即向调度员任某国报告井下发生透水了。

三、事故应急救援

（一）事故报告及应急响应

10 月 18 日 11 时 57 分，调度员任某国接到彭士春电话汇报后，任某国让彭某春打开压风管路阀门开始供风，向在调度室的张某彬汇报后，又电话指挥彭某春将各处所有被困人员带至四组六采区上部车场。张某彬随即向樊某慈电话汇报，半小时后，樊某慈到矿后向黄某敏电话汇报；13 时 10 分，黄某敏到矿。

12 时 40 分，张某久、孙某到调度室，万达矿业公司汇报发生了事故，有人员被困。12 时 47 分，张某久向李某广汇报。李某广于 13 时 20 分到达调度室，了解情况后，与万达矿业公司人员一起开始购买水泵、电缆、管线，组织救援。14 时 23 分，李某广向清河门区分管生产安全副区长高某升汇报了事故情况，高某升没有向上级汇报，也没有安排李某广向上级或有关部门汇报。19 时 10 分，李某广向清河门区委书记张某成、区长陈某娟汇报了事故情况。张某成、陈某娟接到汇报后，随即向阜新市人民政府进行了汇报。阜新市和清河门区迅速启动应急预案，阜新市人民政府、清河门区主要领导和分管领导率市区两级煤管、应急、公安等部门领导紧急赶赴现场，并从全市调集应急救援专家、救援队伍、救援设备等，全力解救被困人员。当晚，阜新市现场成立了抢险救援指挥部，指挥部下设抢险救援、专家技术、综合协调、医疗救护、社会稳定、宣传报道、安全保卫和后勤保障 8 个工作组。

19 日 8 时 45 分，清河门区人民政府应急管理部门向阜新市人民政府应急办进行了书面报告；9 时 10 分，阜新市人民政府应急办向辽宁省人民政府应急办进行了书面报告。

10 月 19 日 10 时 50 分，副省长江瑞率领安监、煤监、应急等省直部门人员赶到事故现场组织抢险救援，并调动沈阳煤业集团公司救护队、东北煤田地质局 107 勘探队参加救援。随后，省委常委、省总工会主席关志鸥，副省长、省公安厅长王大伟、省政协副主席薛恒率相关人员到达现场，协助抢险救援。

10 月 19 日 15 时 20 分，时任国家安监总局副局长、国家安全生产应急救援指挥中心主任孙华山，国家煤监局副局长宋元明率工作组抵达事故现场，实地查看险情，指导调整完善了抢险救援方案。

10 月 19 日 23 时 20 分，时任国家安监总局局长王玉普，副局长、国家煤监局局长黄玉治，时任省长陈求发先后赶到事故现场，23 时 30 分，联合召开现场指挥部工作会议，进一步安排部署抢险救援工作。

（二）事故现场应急处置

10 月 18 日晚，阜新市抢险救援指挥部调集阜新市地方煤矿救护队、阜新矿业集团救护队、平安煤矿和兴舟煤矿救护队 120 名救护队指战员、市区公安干警和消防官兵 600 名，8 家医院 20 台救护车 73 名医护人员，供电保障人员 30 名，投入抢险救援工作。20 时 05 分，各救护队伍到达现场开始事故抢险工作。20 时 40 分安设第一台水泵开始排水，23 时 50 分第二台水泵投入使用。

10 月 20 日 4 时 10 分，二盲斜回风道最低处水位下降至巷道顶板以下约 40 cm，救护队员涉水进入被困区域，开始清点人数，设置救生索，4 时 48 分，被困人员在救护队员协助下开始有序组织撤离，5 时 18 分，历经近 41 个小时紧急救援，83 名被困人员安全升井。

83 名被困人员安全升井后，抢险救援指挥部经过全面调查核实，发现井下还有 2 人被困，决定在救援专家指导下继续排水搜救。11 月 20 日，经过 32 天救援搜寻，鉴于被困人员已无生还可能，且有害气体涌出、片帮危险增加，继续救援不能保证井下现场搜救人员的安全，抢险救援专家组建议终止救援；11 月 21 日，阜新市人民政府常务会议讨论并同意抢险救援专家组意见，决定终止救援。

（三）事故善后处理

清河门区人民政府对应每名被困矿工成立专门工作组，与家属进行“点对点”对接沟通，及时有效进行安抚和善后处理工作，没有发生社会不稳定事件。

四、事故原因和事故性质

（一）直接原因

万达矿业公司超层越界违法盗采国家资源，违法掘送四组三探煤平巷和探眼，破坏了与其上部废弃旧巷间的煤柱，废弃旧巷及老空区内积水从煤柱处溃出，冲毁四组三探煤平巷木板封闭墙和斜巷砖混封闭墙，造成水害事故。

（二）间接原因

1. 万达矿业公司

（1）目无法纪，蓄意逃避政府监管。万达矿业公司违法改造利用原清河门煤矿南风井；采用老院迎检、新院锁闭制造停产假象，利用井下煤仓储存白班盗采的煤炭、夜班井口出煤直接运走、违规用电和提供假图纸、打假封闭墙等方式蓄意逃避政府监管，拒不执行政府停产指令，超层越界违法盗采国家资源。

（2）安全管理混乱。万达矿业公司未建立安全管理机构，没有建立和落实安全生产责任制；用工管理混乱，部分作业外包，管理松散，以包代管；没有技术负责人；没有防治水管理机构。

（3）冒险违规作业。万达矿业公司发现四组六上山底板渗水，只是采取砌筑蓄水池、管路引水方式处置，未察明水情，未排除隐患，继续组织冒险作业。

2. 煤矿安全监管部门

（1）清河门区煤炭工业管理局盯守人员履职不到位。驻万达矿业公司盯守人员事故当天发现作业人员违规入井，未进一步核实情况，未采取有效措施督促撤出作业人员，也未向上级部门报告有人员入井。

（2）阜新市和清河门区两级煤炭工业管理局安全生产检查、巡查和“安全生产大检查”活动开展不实、不细、不深入，落实“十九大”期间全市煤矿停产指令不力，没有发现违法生产行为。获知事故后，市区两级煤炭工业管理局没有按照职责和规定及时向上级煤矿安全管理部门、驻地煤矿安全监察机构报告。

3. 国土资源管理部门

阜新市国土资源局及清河门区分局日常巡查、动态监察不到位，没有及时发现万达矿业公司违法生产行为。

4. 应急管理部门

获知事故后，阜新市、清河门区应急管理部门均未按职责和规定时限向上级应急管理部门及时报告。

5. 供电管理部门

阜新矿业集团供电分公司向万达矿业公司供电未按规定向清河门区政府备案，阜新市清河门区供电公司知晓违规供电未予报告，导致清河门区人民政府对淘汰退出煤矿停限电措施没有传达至阜新矿业集团供电分公司，为万达矿业公司违法生产提供可乘之机。

6. 阜新矿区清河门多种经营公司

阜新矿区清河门多种经营公司与万达矿业公司违规签订托管南风井协议，未有效履行已关闭矿井看管职责，未发现万达矿业公司利用南风井违法生产行为。

7. 清河门区区委、区人民政府

未按照承诺期限完成万达矿业公司淘汰退出任务；对清河门区煤炭工业管理局履行日常监管职责不力失察；获知事故后，清河门区人民政府未按照职责和规定时限及时向上级报告。

8. 阜新市人民政府

获知事故后，阜新市人民政府没有按照职责和规定时限及时向上级报告。

（三）事故性质

阜新万达矿业公司“10·18”水害事故（较大涉险）为责任事故。

五、对事故有关责任人员和单位的处理建议

（一）司法机关已采取强制措施人员

1. 公安机关已采取强制措施人员

（1）黄某敏，万达矿业公司法定代表人。蓄意逃避政府监管，拒不执行政府停产指令擅自组织超层越界违法生产，不履行安全生产职责，没有设置安全生产管理机构和防治水管理机构，没有配备技术负责人，没有建立和落实安全生产责任制，部分作业外包，管理松散，以包代管，对事故发生负有主要责任。涉嫌犯罪，建议依法追责。2017 年 10 月 23 日，因涉嫌非法采矿罪已被刑事拘留。

（2）樊某慈，中共党员，万达矿业公司矿长。2017 年 10 月 18 日，主持召开生产会；未有效督促、检查本单位的安全生产工作；未落实事故发生当班盯矿人员撤人指令，对事故发生负有主要责任。涉嫌犯罪，建议依法追责。10 月 21 日，因涉嫌非法采矿罪已被刑事拘留。

（3）张某彬，中共党员，万达矿业公司生产矿长。2017 年 10 月 18 日，安排事故发生当班工作；察查明水情，未排除隐患，冒险组织作业；未落实事故发生当班盯矿人员撤人指令，对事故发生负有主要责任。涉嫌犯罪，建议依法追责。10 月 23 日，因涉嫌非法采矿罪被指定居所监视居住；11 月 12 日，因涉嫌非法采矿罪被刑事拘留。

（4）杨某胜，万达矿业公司机电矿长。2017 年 10 月 25 日，因涉嫌非法采矿罪被刑事拘留。

（5）孙某，万达矿业公司掘进矿长。2017 年 10 月 25 日，因涉嫌非法采矿罪被刑事拘留。

（6）揣某军，万达矿业公司通风矿长。2017 年 10 月 25 日，因涉嫌非法采矿罪被刑事拘留。

（7）李某生，中共党员，万达矿业公司安全矿长。2017 年 10 月 25 日，因涉嫌非法采矿罪被刑事拘留。

（8）彭某春，中共党员，万达矿业公司跟班矿长。2017 年 10 月 25 日，因涉嫌非法采矿罪被刑事拘留。

（9）耿某满，原万达矿业公司工程师。2017 年 11 月 7 日，因涉嫌非法采矿罪被刑事拘留。

（10）蔡某华，万达矿业公司工程师。2017年10月21日，因涉嫌非法采矿罪被刑事拘留；11月20日，被取保候审。

（11）吴某民，万达矿业公司从事后勤工作。2017年10月25日，因涉嫌非法采矿罪被刑事拘留；11月15日，被取保候审。

（12）王某合，万达矿业公司跟班矿长。2017年11月27日，因涉嫌非法采矿罪被刑事拘留。

2. 检察机关已采取强制措施人员

（1）张某久，中共党员，清河门区煤炭工业管理局安检科科长。2017年11月5日，因涉嫌玩忽职守罪被清河门区人民检察院刑事拘留；11月16日，被阜新市人民检察院批准逮捕。

（2）孙某，清河门区煤炭工业管理局安检科科员。2017年11月5日，因涉嫌玩忽职守罪被清河门区人民检察院刑事拘留；11月16日，被阜新市人民检察院批准逮捕。

上述人员属中共党员或行政监察对象的，由相关纪检监察机关或单位与司法机关沟通协调，在具备做出党纪政纪处分条件后，及时对上述人员做出党纪政纪处理。

（二）建议给予党纪政纪处分人员

事故调查组根据《中国共产党纪律处分条例》第三十八条、第一百一十三条，《中国共产党问责条例》第六条、第七条，《行政机关公务员处分条例》（国务院令第495号）第六条、第二十条，《事业单位人事管理条例》（国务院令第652号）第二十八条、第二十九条，《安全生产领域违纪违法行为政纪处分暂行规定》第四条、第十二条和《行政监察法》第二十四条之规定，提出对22名责任人员给予党纪、政纪处分建议。

（1）卫某和，中共党员，阜新市清河门区煤炭工业管理局副局长，分管生产科和培训科。未认真履行煤矿安全监管职责。对事故的发生负有重要责任。建议给予行政记过、党内警告处分。

（2）刘某东，中共党员，阜新市清河门区煤炭工业管理局副局长，分管安检科。未认真履行煤矿安全监管职责，对分管科室人员管理不严，“安全生产大检查”活动组织不力。对事故的发生负有重要责任。建议给予行政记过、党内警告处分。

（3）李某广，阜新市清河门区煤炭工业管理局局长、党组书记。未认真履行煤矿安全监管职责，对煤矿淘汰退出期间盯守工作安排部署不到位；“安全生产大检查”活动安排部署流于形式；“十九大”期间煤矿停产指令执行不力；获知事故信息后，只是向清河门区领导汇报，未按职责和规定向上级煤矿安全监管部门、驻地煤矿安全监察机构报告。对事故的发生和事故信息迟报负有重要责任。建议给予行政撤职、撤销党内职务处分。

（4）刘某，中共党员，阜新市国土资源监察支队清河门大队大队长。未认真履行日常巡查、动态监察职责，没有发现万达矿业公司违法生产行为。对事故的发生负有重要责任。建议给予行政撤职、党内严重警告处分。

（5）于某军，中共党员，阜新市国土资源局清河门分局负责人。对国土监察支队清河门大队履行日常监管职责不力失察。对事故的发生负有重要责任。建议给予行政记大过、党内警告处分。

（6）高某，中共党员，阜新矿业集团供电分公司经理。因向万达矿业公司供电未按规定向清河门区政府备案，导致清河门区人民政府停限电指令未传达到位，供电管理出现盲区。对事故的发生负有重要责任。建议给予行政记大过、党内警告处分。

（7）李某林，中共党员，阜新市清河门区供电公司经理。发现阜新矿业集团供电分公司向万达矿业公司违规供电，没有向各级政府报告，导致清河门区人民政府停限电指令未传达到位，供电管理出现盲区。对事故的发生负有重要责任。建议给予行政记过处分。

（8）李某臣，中共党员，2016年12月退休。退休前任阜新矿区清河门多种经营公司党委副书记、纪委书记、工会主席。2016年10月，参与将南风井违规托管给万达矿业公司的决策并与之签署合同，未有效履行南风井看管职责，未发现万达矿业公司利用南风井违法生产行为。对事故的发生负有重要责任。建议给予党内严重警告处分。

（9）赵某福，中共党员，阜新矿区清河门多种经营公司副经理。2016年10月，参与将南风井违规托管给万达矿业公司的决策并与之签署合同，未有效履行南风井看管职责，未发现万达矿业公司利用南风井违法生产行为。对事故的发生负有重要责任。建议给予行政撤职、党内严重警告处分。

（10）吴某宝，中共党员，阜新矿区清河门多种经营公司副经理。2016年10月，参与将南风井违规托管给万达矿业公司的决策并与之签署合同，未有效履行南风井看管职责，未发现万达矿业公司利用南风井违法生产行为。对事故的发生负有重要责任。建议给予行政撤职、党内严重警告处分。

（11）延某，中共党员，阜新矿区清河门多种经营公司经理。2016年10月，决定将南风井违规托管给万达矿业公司，未有效履行南风井看管职责，未发现万达矿业公司利用南风井违法生产行为。对事故的发生负有重要责任。建议给予行政撤职、党内严重警告处分。

（12）刘某，中共党员，清河门区人民政府党组成员，政府办主任，负责应急管理工作。获知事故信息后，未按职责和规定时限及时报告。对事故信息迟报负有领导责任。建议给予党内警告处分。

（13）高某升，中共党员，2017年6月任清河门区人民政府副区长、区公安局长，2017年9月24日开始分管安全生产工作。对清河门区煤炭工业管理局履行日常监管职责不力失察；获知事故信息后，未向区主要领导汇报，也未安排区煤炭工业管理局及时向区主要领导和上级部门报告。对事故的发生和事故信息迟报负有领导责任。建议给予行政记大过、党内警告处分。

（14）赵某权，中共党员，清河门区政法委书记，2014年9月至2017年9月期间任清河门区人民政府副区长，分管安全生产工作。万达矿业公司淘汰退出工作包保负责人。未认真履行职责，万达矿业公司淘汰退出工作不力。对事故的发生负有领导责任。建议给予党内严重警告处分。

（15）陈某娟，阜新市清河门区委副书记、区人民政府区长，安全生产第一责任人。对分管领导履行职责不力失察。对事故的发生和事故信息迟报负有领导责任。建议给予行政记过、党内警告处分。

（16）张某成，阜新市清河门区委书记。对区人民政府及有关部门履行职责不力失察。对事故的发生负有领导责任。建议给予党内警告处分。

（17）唐某山，中共党员，阜新市煤炭工业管理局总工程师，2017年10月至事故发生期间，清河门区煤矿安全生产监管、日常安全检查和行政执法包片负责人。未认真履行职责，落实阜新市人民政府“十九大”期间全市煤矿停产指令现场检查不力。对事故的发生负有重要责任。建议给予行政记过处分。

（18）刘某富，中共党员，阜新市煤炭工业管理局副局长，2017年10月至事故发生期间，清河门区煤矿安全生产监管、日常安全检查和行政执法包片监督负责人。未认真履行职责，落实阜新市人民政府“十九大”期间全市煤矿停产指令现场检查执法监督不力。对事故的发生负有重要责任。建议给予行政记过处分。

（19）狄某全，阜新市煤炭工业管理局局长、党组书记，负责市煤炭工业管理局全面工作。未认真履行职责，对包片检查、督查不力失察；获知事故信息后，未按职责和规定时限及时向上级煤矿安全监管部门、驻地煤矿安全监察机构报告事故。对事故的发生和事故信息迟报负有领导责任。建议给予党内警告处分。

（20）姜某东，中共党员，阜新市国土资源局执法监察办公室主任兼国土资源监察支队支队长。未认真履行职责，对国土监察支队清河门大队履行日常监管职责不力失察。对事故的发生负有重要责任。建议给予行政记过处分。

（21）张某，中共党员，阜新市应急办主任。获知事故信息后，未按职责和规定时限及时报告。对事故信息迟报负有领导责任。建议给予党内警告处分。

（22）马某军，中共党员，阜新市人民政府副市长，分管安全生产工作。对事故信息迟报负有领导责任。建议给予行政记过处分。

（三）建议给予行政处罚的单位和人员

（1）万达矿业公司拒不执行政府停产指令违法生产，发生事故，建议由辽西监察分局依据《国家安全监管总局关于修改〈生产安全事故报告和调查处理条例〉罚款处罚暂行规定等四部规章的决定》（国家安全生产监督管理总局令第 77 号）第一条第六款之规定，处以 50 万元罚款。

（2）依据《国务院关于煤炭行业化解过剩产能实现脱困发展的意见》（国发〔2016〕7 号）、《国家安全监管总局等十二部门关于加快落后小煤矿关闭退出工作的通知》（安监总煤监〔2014〕44 号）之要求，建议依法吊销万达矿业公司相关证照，由清河门区人民政府依法决定并实施关闭。

（3）依据《中华人民共和国安全生产法》第九十一条之规定，万达矿业公司的主要负责人自刑罚执行完毕之日起，五年内不得担任任何生产经营单位的主要负责人。

（4）对万达矿业公司超层越界盗采国家资源违法行为，建议由阜新市国土资源管理部门依据《中华人民共和国矿产资源法》等相关法律法规，没收违法所得并处罚款。

以上行政处罚，由阜新市人民政府负责组织有关部门依法实施。

（四）其他建议

阜新市市委、市人民政府向辽宁省省委、省人民政府做出深刻检查，清河门区区委、区人民政府向阜新市市委、市人民政府做出深刻检查，认真总结和汲取事故教训，进一步改进和加强煤矿安全生产工作。

六、事故防范和整改措施建议

（1）进一步加快淘汰退出落后产能煤矿的进度。阜新市要认真贯彻党中央、国务院和省委省政府决策部署，按照“五位一体”总体布局和“四个全面”战略布局，牢固树立和贯彻落实创新、协调、绿色、开放、共享的发展理念，充分发挥市场机制作用和更好发挥政府引导作用，坚定不移落实《国务院关于煤炭行业化解过剩产能实现脱困发展的意见》要求，对于灾害严重、资源枯竭、赋存条件差、非机械化开采和产能小于0.3 Mt/a煤矿要加快淘汰退出，积极调整和优化产业结构，加快产业转型升级步伐。

（2）建立联合执法机制，严厉打击煤矿违法生产行为。阜新市要进一步落实地方政府统一领导，建立和完善煤矿安全监管、国土、公安、供电等部门参与的工作机制，形成打击违法行为的合力；要建立与阜新矿业集团、阜新矿区多种经营公司的联系机制，消灭煤矿安全监管工作的空区盲点；国土资源管理部门要强化井下测绘，加强资源动态管理，探索与煤矿安全监管监察部门建立图纸定期交换机制，实现信息共享，联合打击超层越界违法生产行为。

（3）强化煤矿安全生产法律教育。阜新市各级政府及有关部门要采取各种形式，多种措施强化矿产资源、安全生产等法律法规的宣传和普及，要以万达矿业公司及其负责人为反面教材，在全市煤矿企业开展“遵法守法”专题警示教育活动，以案说法，用身边的事教育身边的人，提高矿主和从业人员安全生产法律意识，帮助其知晓违法煤矿生产安全危害，促使矿主依法合规办矿，从业人员在合法煤矿安全环境下工作。

（4）加强煤矿防治水工作。各级煤矿安全监管部门要组织煤矿探明井田内及周边老窑区、废弃旧巷道分布及积水范围、积水量，准确掌握矿井水患情况，严禁地质情况不清、水文地质条件不明、相邻矿井资料不详的煤矿组织生产作业，要严厉打击私自开采防（隔）水煤柱行为。煤矿出现透水征兆，要立即停止作业、撤出人员，严禁冒险作业。

（5）加强煤矿安全监管工作。阜新市人民政府要统筹考虑煤矿现状和各部门职责分工、市县（区）安全监管力量，对各类煤矿要分门别类，明确日常监管主体，安排专人盯守或巡查，压实监管责任，做到真盯矿、真管矿、真起作用；对未列入淘汰退出计划的煤矿要制定“一矿一策监管措施”，实施精准安全监管；要开展专项治理，严厉打击“五假三超”违法生产行为。发生生产安全事故，各级政府和相关部门要按照职责依法依规及时如实上报事故信息。

（6）强化煤矿淘汰退出工作和后续监管。阜新市各级人民政府要细化淘汰退出煤矿实施方案，严格验收标准和程序，落实责任，严格实施井口深度填埋、浇筑封闭、切断电源、拆除动力设备、收缴民爆物品等措施，确保淘汰退出煤矿关实关死。对已经淘汰退出的煤矿，要根据各职能部门职责明确日常监管主体，加强巡查检查；存在重大灾害或危及周边煤矿安全生产的，要积极组织开展治理。要建立举报奖励制度，畅通信息渠道，发挥群众对煤矿安全生产监督作用，严厉打击已经淘汰退出煤矿违法生产，严防死灰复燃。

第七节　河南省济源市济源煤业有限责任公司一矿“11·12”一般水害事故

2017年11月12日22时，河南省济源煤业有限责任公司一矿（以下简称“济煤一矿”）发生水害事故，造成2人死亡，直接经济损失410万元。

依据《中华人民共和国安全生产法》《生产安全事故报告和调查处理条例》和《煤矿安全监察条例》等有关法律法规，河南煤矿安全监察局豫西监察分局组织济源市政府办公室、监察局、公安局、安全生产监督管理局和济源市总工会成立了河南省济源煤业有限责任公司一矿“11·12”水害事故调查组（以下简称事故调查组），并邀请济源市人民检察院派员参加，聘请3名防治水专家参与事故调查工作。

事故调查组坚持科学严谨、依法依规、实事求是、注重实效的原则，通过现场勘查、调查取证、专家论证，查明了事故发生的经过、原因、人员伤亡和直接经济损失，认定了事故性质和责任，提出了对有关责任人员和责任单位的处理建议和防范措施。

一、事故单位基本情况

（一）矿井概况

济煤一矿位于济源市克井镇西1 km处，隶属河南省济源煤业有限责任公司（以下简称“济煤公司”），为股份制民营企业。该矿1970年4月开工建设，1976年2月竣工投产。矿井设计生产能力0.45 Mt/a，核定生产能力0.66 Mt/a。矿井开采二$_1$煤，煤层厚度4~6 m，井田面积5.2786 km^2，可采资源储量700余万吨。该矿为生产矿井，现有职工751人，矿长苗某红，矿井证照齐全有效。

济煤一矿采用二立井一斜井、单水平上下山开拓；采煤方法为走向长壁综采放顶煤，全部垮落法管理顶板；通风方式为中央并列式，副斜井和主立井进风，回风立井回风，通风方法为抽出式；主立井采用一对4 t轻型箕斗提升，副斜井采用串车提升；矿井安装KJ70N型安全监测监控系统和KJ128A型煤矿井下人员位置管理系统。

事故发生时，矿井布置有12011、15211两个综采工作面和12191进风巷、12191回风巷、15231进风巷3个掘进工作面。

（二）矿井水文地质及排水系统

矿井水文地质类型为中等，正常涌水量518 m^3/h，最大涌水量582 m^3/h。济煤一矿相邻有济煤五矿、济煤七矿、济煤九矿三处生产矿井和济煤六矿、复兴矿、村西矿三处已关闭的小煤矿。村西矿、济煤六矿已关闭到位，井筒已封闭。复兴矿主井井筒深205.5 m，至事故发生时未封闭。2017年11月10日济煤公司实测复兴矿主井筒井口往下180 m处见水，水位标高+63 m，事故发生后的11月15日，经观测主井井筒已无水。

矿井采用二级排水，12采区、15采区泵房排入中央泵房，集中排到地面。中央泵房设在副井底，设有3个水仓，水仓总容量9350 m^3，安装D600－55×5型水泵8台，ϕ275×7 mm排水管路三趟，ϕ410×8 mm排水管路一趟；2017年水泵联合试运转综合排水能力测试为2645.6 m^3/h。12采区泵房水仓总容量1361 m^3，安装D155－30×3型水泵3台，ϕ250×8 mm排水管路两趟；2017年水泵联合试运转综合排水能力测试为309.9 m^3/h。15采区泵房水仓总容量2030 m^3，安装D280－43×3型水泵4台，ϕ325×12 mm和ϕ220×6 mm排水管路各一趟；2017年水泵联合试运转综合排水能力测试为846.7 m^3/h。12191下顺槽掘进工作面巷道掘进期间放出的老空水通过15采区轨道下山排入15采区泵房。

（三）安全管理情况

济煤公司是由原河南省济源煤矿于2002年3月29日改组而成，下属煤矿8处，其中：新疆境内2处、陕西境内1处、河南省济源市境内5处。河南省济源市境内5处煤矿分别是济煤一矿、济煤二矿、济煤五矿、济煤七矿、济煤九矿。济煤公司设有安全监察部、工程技术部、信息装备部3个生产部室。安全监察部主要负责总调度室管理、各矿安全监管、安全生产标准化及“六大系统”管理；工程技术部主要负责各矿工程质量考核、采掘接替、防治水管理及作业规程审批；信息装备部主要负责各矿机电运输管理。公司领导分包各矿，负责协调指导矿井的安全生产和经营工作，其中公司副总经理齐文胜分包济煤一矿。

济煤一矿设有调度室、安检科、通风科、工程技术科、地测科、机电科等安全生产管理职能部门，其中：工程技术科和地测科合署办公，科长由葛某涛兼任，地测科有3名技术员，但没有水文地质专业技术人员；矿井设置有地测副总工程师，但分管支架管理、协助生产矿长井下现场管理，不分管地测工作。安检科、通风科共有工作人员33人，由安检科科长程某利、通风科科长苗某旗共同管理。

矿井设有综采队、安装队、开掘队、机运队、探放水队等5个生产区队。

（四）事故地点及影响区域情况

事故地点位于12191回风巷掘进工作面正头。

12191回风巷掘进工作面正前方为12071采空区，12071采空区上部与12051

采空区相连，下部依次与 12091 采空区、12111 采空区、12131 采空区、12151 采空区相连。由于此处为一向斜构造，相邻的复兴矿位于 12151 采空区上部。

2017 年 2 月 10 日济煤一矿工程技术科编制了 12191 回风巷掘进工作面设计，9 月 17 日工程技术科编制了《12191 回风巷掘进工作面作业规程》，9 月 23 日济煤一矿对该作业规程进行了会审，9 月 29 日济煤公司对该作业工程进行了审批。2017 年 9 月 29 日济煤一矿地测科编制了《12191 回风巷掘进工作面超前钻探设计及安全技术措施》，并进行了审批。12191 回风巷掘进工作面由开掘队施工，自 15 采区轨道下山 620 m 处开口，开口标高 -26 m，设计长度 280 m，掘进方式为炮掘。

12191 回风巷掘进工作面采用 11 号矿用工钢梯形棚支护，巷道净断面 5.6 m^2。在 15 采区轨道下山距 12191 回风巷掘进工作面口以上 10 m 处安装 FBDNo5/2 × 5.5 型局部通风机向 12191 回风巷掘进工作面供风，风筒直径为 600 mm。12191 回风巷掘进工作面敷设一部型号为 SGW -620/40T 刮板输送机，在刮板输送机机头（距巷口约 22 m）处安装一部电话；在距巷口约 60 m 处施工一泵坑，安装两台型号为 BQS20/50 -7.5/N 潜水泵，一备一用，排水能力 100 m^3/h。

事故影响区域有 15 采区皮带下山下段、15 采区轨道下山下段及 15 采区泵房。15 采区轨道下山和 15 采区皮带下山均采用料石拱混凝土支护，断面 7 m^2。15 采区泵房水仓总容量为 2030 m^3。事故当班，15 采区轨道下山、15 采区皮带下山均无人作业，15 采区泵房安排一名司泵工和一名电工作业。

（五）矿井探放水

在《12191 回风巷掘进工作面超前钻探设计及安全技术措施》中超前钻孔设计只打 3 个钻孔，经计算其终孔水平距离约 12 m，同时要求探放水钻孔必须先安设套管，打探水钻孔时地测人员现场标定钻孔方位和倾角。

12191 回风巷掘进工作面于 2017 年 10 月 7 日开始施工，沿水平施工 3 m 岩巷，又以 25°坡度向上施工 16 m 岩巷，10 月 26 日见煤，沿煤层底板掘进，矿井安排探放水队用 ZLJ -250 型探水钻机配直径 42 mm 钻杆边探水边掘进。11 月 4 日八点班，掘进至 61 m 时，地测科未安排测量人员现场标定钻孔方位和倾角，探放水队当班施工 1 号钻孔，孔深 40 m，钻孔出水，水量约 1 m^3/h；11 月 4 日下午四点班施工 2 号钻孔，孔深 41.6 m，钻孔无水，11 月 5 日零点班施工 3 号钻孔，孔深 41.6 m，钻孔出水，水量约 1 m^3/h。11 月 5 日八点班地测科安排人员下井观测，发现钻孔已经不出水，矿井没有进行检测验证，误判前方 40 m 范围内无老空积水，探放水队填写允许掘进通知单，经地测科、总工程师李国庆、矿长苗向红批准同意向前掘进 10 m。11 月 7 日八点班 12191 回风巷掘进至 71 m，

11月7日下午四点班和8日零点班探放水队又施工3个探水孔，1号钻孔孔深13 m，2号钻孔孔深20 m、3号钻孔孔深13 m，当时1号孔、3号孔两个探水孔出水，出水量约90 m^3/h。三个放水孔均未安装止水套管。矿长苗向红安排生产副矿长成和平让开掘队进行放水工作，若出现放水孔堵塞等原因出水不畅时用探水钻钻杆疏通放水孔。11月11日四点班2号钻孔也开始出水，3个钻孔的出水量共约100 m^3/h。

12191回风巷掘进工作面开始施工至事故发生，未预先采用物探等方法查清掘进工作面前方老空区的积水情况。

二、事故发生经过、应急处置及报告经过

（一）事故发生经过

2017年11月12日下午四点班，当班入井150人，带班矿领导为工会主席王某。

11月12日15时左右，开掘队召开班前会。副队长李某宣安排掘进工李某群、成某才到12191回风巷掘进工作面放水，电工苏某明负责12191局部通风机及水泵的运转。15时40分左右，李某群、成某才、苏某明到达12191回风巷掘进工作面，此时，3个放水孔正常出水，出水量共有150 m^3/h左右，16时左右，瓦斯检查工王某明到达12191回风巷掘进工作面，监督放水工作。21时30分左右，苏某明听到刮板输送机机头处电话铃响，去接电话。21时50分左右，李某群发现1号钻孔不出水了，李某群和成某才将4根钻杆（直径42 mm，每根1.6 m长）依次相连开始通孔。22时左右，1号钻孔流水突然喷出，水柱直径40 cm左右，喷出距离3 m左右，李某群、成某才、王某明赶紧向外跑，到达刮板输送机机头电话处时，李某群向开掘队打电话汇报“出水了”，王某明站在他身旁，成某才和苏晓明向外跑，到达12191回风巷口外的15采区轨道下山安全地点。李某群汇报后也向外跑，在接近12191回风巷巷道口时被水流冲倒，成某才和苏某明将他拉到15采区轨道下山与12191回风巷巷道口向上1 m处的安全地点，但没有见到王某明。

21时40分左右，井下流动电工部某伦巡查到15采区泵房，对在泵房工作的陈某渠和苗某鹏交代要注意水量变化，随后就沿15采区轨道下山向上巡查。大约22时，部某伦走到12191回风巷掘进工作面巷道口以下5 m处，听到风声和水声，感觉不对，就立即跳到停在巷道中的矿车上，手抓住挂钩，紧接着水就从旁边冲了过去，他看见有一人被水冲了下去。

在15采区泵房外水沟处观察水量的苗某鹏听见水声，立即把在泵房工作的

陈某渠叫了出来，两人沿着 15 轨道下山的排水管向上撤退。23 时左右，苗某鹏和陈某渠撤离到距 12191 回风巷巷口下方约 10 m 位置时，陈某渠没有力气留在原地，苗某鹏又扒住巷帮向上行进 5 m 左右爬到矿车上，与部某伦在一起。

（二）事故应急处置

11 月 12 日 22 时 3 分左右，开掘队队长原某福在队值班室接到井下李某群电话，立即打电话向调度室汇报，正在调度室开碰头会的矿总工程师李某庆接到电话，向同在调度室的值班矿长成某平和矿长苗某红进行了报告。苗某红往 15 采区泵房打电话，无人接听；苗某红安排值班矿长成某平通知井下全部撤人，同时电话通知井下带班矿领导王某去查看情况，随后苗某红下井查看情况。井下带班矿领导王某沿 15 采区轨道下山到达 12191 回风巷口处时发现被困的苗某鹏、部某伦、陈某渠，王某救出在矿车上的苗某鹏、部某伦后，陈某渠已被淹没。王某和先后赶到现场的矿长苗某红、安全副矿长王某声、总工程师李某庆撤至 15 采区中部变电所，安排观察水情，组织人员物资准备抢险。

22 时 30 分左右，在调度室的矿党总支书记张某旺电话向济煤公司值班领导刘某近进行了汇报。刘某近接到事故电话后立即赶往济煤一矿，在途中电话通知济煤公司机电副总经理任某谊、总工程师杨某华、总经理王某林。

13 日 1 时 15 分，水位上升至 15 采区轨道下山与 15 采区集中轨道巷交叉口往下 8 m 处，水位标高 －16 m，积水量达 7350 m^3，15 采区轨道下山下部 504 m 巷道被淹，15 采区皮带下山下部 465 m 巷道被淹。13 日 1 时 20 分，矿井在 15 采区轨道下山安装一台 MD150 型潜水泵开始排水。

13 日 2 时 40 分，安检科长程某利向调度室汇报，四点班井下人员共 150 人，其中李某田 17 时 02 分升井，其余 149 人中 147 人安全升井，2 人失联，分别为通风科瓦检员王某明和机电小班司泵工陈某渠。

13 日 4 时 30 分左右，济源市人民政府、济源市安全生产监督管理局等部门奔赴济煤一矿，启动事故救援预案，成立事故抢险指挥部进行抢险救援。

16 日 20 时，积水水位已下降至 12191 回风巷口以下，12191 回风巷完全暴露出来，12191 回风巷出水量约 200 m^3/h。

17 日 15 时 45 分左右，在 15 采区轨道下山 12191 回风巷口下方 36 m 处发现失联矿工陈某渠，已无生命体征。

23 日 7 时 30 分左右，15 采区巷道积水排完；23 日 12 时 37 分，在 15 采区泵房水仓吸水小井里发现另一名遇难者王某明，事故抢险结束。

经统计，截至 11 月 23 日救援结束时，累计排出水量约 38000 m^3。

（三）事故报告经过

事故发生后，济煤一矿矿长苗某红未向上级有关部门汇报事故情况，矿党总支书记张某旺在 12 日 22 时 30 分左右电话向济煤公司值班领导刘远近汇报了事故。

济煤公司总经理王某林接到事故报告后没有向上级有关部门汇报事故情况，也没有向在外地出差的公司董事长齐某红汇报。在 13 日 4 时左右，济源市安全生产监督管理局接到市长热线电话 12345 报告说济煤一矿出水，济源市安全生产监督管理局王某宪向济煤公司总工程杨某华打电话询问情况，杨某华说没有报的话赶紧报，就等于上报了。

济源市安全生产监督管理局在 13 日 4 时 30 分左右到达济煤一矿，初步了解事故情况后，于 13 日 5 时 19 分开始分别向河南煤矿安全监察局豫西监察分局、河南省煤炭工业管理办公室、河南省安全生产监督管理局等部门汇报。

三、事故原因及性质

（一）直接原因

12191 回风巷掘进工作面前方 12071 工作面采空区存在积水，在探放采空区积水过程中未安装止水套管，裸孔放水，导致老空水溃出。

（二）事故间接原因

（1）矿井未预先配合采用物探等方法查清 12191 回风巷掘进工作面前方采空区的积水情况。

（2）《12191 回风巷超前钻探设计及安全技术措施》设计探放水钻孔只有 3 个，钻孔终孔位置平距和垂距均不符合规定。

（3）施工探放水钻孔前，未安排测量人员现场标定钻孔方位和倾角。放水钻孔不出水时，未进行检测验证。

（4）探放水时，未撤出探放水点标高以下受水害威胁区域的所有人员。

（5）安排无探放水作业操作资格证人员进行放水作业，用探水钻钻杆疏通放水孔。

（6）济煤公司和矿井管理人员多次到 12191 回风巷掘进工作面检查，未发现和制止不按探放水设计和安全措施施工行为。

（三）事故性质

经调查分析，认定这是一起责任事故。

四、对事故责任单位及责任人的处理建议

（一）建议给予党纪政纪处分的责任人员

（1）史某民，济煤一矿探放水队队长，负责矿井探放水工作。探水过程中未安装止水套管，对事故发生负有主要责任。建议给予撤职处分，吊销其探放水作业操作资格证。

（2）葛某涛，济煤一矿地测科科长兼工程技术科科长，负责矿井防治水工作。编制的《12191 回风巷超前钻探设计及安全技术措施》不完善，设计探放水钻孔只有 3 个，钻孔终孔位置平距和垂距均不符合规定，未安排测量人员现场标定钻孔方位和倾角，放水钻孔不出水时，未进行检测验证，对事故发生负有主要责任。建议给予撤职处分。

（3）程某利，中共党员，济煤一矿安检科科长，负责矿井安全检查工作。未发现和制止 12191 回风巷掘进工作面探放水时不按探放水设计和安全措施施工行为，对事故发生负有重要责任。建议给予撤职、党内严重警告处分。

（4）李某庆，济煤一矿总工程师，负责矿井技术工作，分管矿井“一通三防”、防治水工作。未预先采用物探方法查清掘进工作面前方老空水的积水情况，审查《12191 回风巷超前钻探设计及安全技术措施》时未发现措施不完善，放水钻孔不出水时，未进行检测验证，探放水时，未撤出探放水点标高以下受水害威胁区域的所有人员，对事故发生负有主要领导责任。建议给予降级处分。

（5）成某平，中共党员，济煤一矿生产矿长，负责矿井生产和井下现场管理工作，事故当班值班领导。探放水时，未安排撤出探放水点标高以下受水害威胁区域的所有人员，安排无探放水作业操作资格证人员用探水钻钻杆疏通放水孔进行放水作业，对事故发生负有主要领导责任。建议给予记大过、党内警告处分。

（6）王某声，中共党员，济煤一矿安全矿长，负责矿井安全生产管理工作。未发现和制止 12191 回风巷掘进工作面探放水时不按探放水设计和安全措施施工行为，未撤出探放水点标高以下受水害威胁区域的所有人员，对事故发生负有主要领导责任。建议给予降级、党内严重警告处分。

（7）王某，中共党员，济煤一矿工会主席，事故当班带班领导。未发现和制止 12191 回风巷不按探放水设计和安全措施施工行为，对事故发生负有重要领导责任。建议给予记过处分。

（8）张某旺，中共党员，济煤一矿党总支书记。负责矿井党务工作。未发现和制止 12191 回风巷掘进工作面探放水时不按探放水设计和安全措施施工行为，对事故发生负有主要领导责任。建议给予记大过、党内警告处分。

（9）苗某红，中共党员，济煤一矿矿长，矿井安全生产第一责任人。矿井无止水套管，未发现和制止 12191 回风巷掘进工作面探放水时不按探放水设计和安全措施施工行为，探放水时，未撤出探放水点标高以下受水害威胁区域的所有人员，安排无探放水作业操作资格证人员用探水钻钻杆疏通放水孔进行放水作业，对事故发生负有主要领导责任；未按照规定及时向安全生产监管部门和煤矿安全监察部门报告事故，对事故迟报负有直接责任。建议给予撤职、党内严重警告处分；依据《中华人民共和国安全生产法》第九十二条第一项和第一百零六条第二款规定，建议给予其2016年年收入罚款，罚款74766元。

（10）王某全，济煤公司工程技术部部长，协助总工程师做好公司采掘接替、“一通三防”、地测防治水等工作。未发现和制止济煤一矿不按探放水设计和安全措施施工行为，对事故发生负有重要领导责任。建议给予记过处分。

（11）贾某东，中共党员，济煤公司安监部部长，负责公司安全生产监督管理工作。未发现和制止济煤一矿不按探放水设计和安全措施施工行为，对事故发生负有重要领导责任。建议给予记过处分。

（12）齐某胜，中共党员，济煤公司副总经理，分包济煤一矿。未发现和制止不按探放水设计和安全措施施工行为、对职工安全培训教育不到位，对事故发生负有重要领导责任。建议给予记大过、党内警告处分。

（13）杨某华，济煤公司总工程师，负责公司的安全技术工作，主管“一通三防”、防治水工作。未发现和制止济煤一矿不按探放水设计和安全措施施工行为，对事故发生负有重要领导责任。建议给予记过处分。

（14）刘某近，中共党员，济煤公司安全副总经理。未发现和制止济煤一矿不按探放水设计和安全措施施工行为，对事故发生负有重要领导责任。建议给予记过处分。

（15）王某林，中共党员，济煤公司总经理。对济煤一矿安全管理不到位，对职工安全培训教育不到位，对事故发生负有领导责任；未按照规定及时向安全生产监管部门和煤矿安全监察部门报告事故，对事故迟报负有直接责任，建议给予记大过、党内警告处分。根据《中华人民共和国安全生产法》第一百零六条第二款规定，建议给予其2016年年收入100%百罚款，罚款109072元。

（16）齐某红，中共党员，济煤公司董事长兼党委书记。对济煤一矿安全管理不到位，对职工安全培训教育不到位，对事故发生负有领导责任。建议给予记过处分。

（二）行政处罚建议

依据《中华人民共和国安全生产法》第一百零九条第（一）项的规定，建议对济煤一矿处50万元的罚款。

以上罚款由河南煤矿安全监察局豫西监察分局执行。

五、防范措施

（1）济煤一矿要加强水文地质工作，查清矿井采空区位置及积水情况，并标注在采掘工程平面图和矿井充水性图上；采掘工作面探放水时采用钻探方法，同时配合物探、化探等其他方法查清采掘工作面及其周边老空水、含水层富水性以及地质构造等情况。

（2）济煤一矿要加强探放水技术管理工作，严格按照《煤矿安全规程》《煤矿防治水规定》结合矿井实际情况编制探放水设计和安全技术措施。

（3）济煤一矿要加强探放水现场管理工作，严格按照探放水安全技术措施施工，探放水时必须安装止水套管。探放水时，必须撤出探放水点标高以下受水害威胁区域的所有人员。

（4）进一步加强职工安全培训工作，杜绝特种作业人员无证上岗现象；放水时严禁使用探水钻杆疏通放水孔。

（5）济煤公司要全面落实企业主体责任。济煤公司及所属矿井要认真学习《生产安全事故报告和处理条例》，提高依法经营意识，坚决杜绝迟报、瞒报事故现象。

（6）济煤公司要全面开展事故警示教育，深刻吸取事故教训，防止类似事故发生。

第四章　2018 年全国煤矿水害事故案例

第一节　新疆维吾尔自治区阿克苏地区库车县永新矿业有限责任公司煤矿“4·25”一般水害事故

2018 年4 月25 日6 时30 分，位于新疆维吾尔自治区阿克苏地区库车县永新矿业有限责任公司永新煤矿在生产过程中发生透水事故。事故造成 A3 运输巷和 A302 运输巷局部被淹，两人遇难。

4 月26 日，事故救援工作结束，根据《煤矿安全监察条例》第十八条、《煤矿生产安全事故报告和调查处理规定》第十九条、第二十二条规定，新疆煤矿安全监察局南疆监察分局（以下简称“南疆分局”）会同库车县煤炭工业管理局、纪委监委、总工会、公安局等部门依法成立永新煤矿“4·25”透水事故调查组（以下简称“事故调查组”）开展事故调查工作。同时，聘请西安煤科院等单位的 5 名防治水专家组成专家组协助事故调查工作。（按《生产安全事故报告和调查处理条例》第二十二条规定，事故调查组邀请库车县人民检察院派人参加，库车县人民检察院回复相关职责已划分给库车县监察委员会，故未派人参加）。

事故调查组按照“科学严谨、依法依规、实事求是、注重实效”和“四不放过”的原则，通过现场勘验、调查取证，专家组技术分析和论证，查明了事故发生的经过、原因、人员伤亡和直接经济损失情况，认定了事故性质和责任，提出了对有关责任人和责任单位的处理建议，并针对事故原因及暴露的突出问题，提出了事故防范措施建议。

一、事故单位基本情况

（一）永新煤矿

永新煤矿为生产矿井，核定生产能力 0.6 Mt/a，位于库车县县城北东，距县城距离 90 km，行政区划隶属库车县管辖。成立于2004 年9 月9 日，原为民营乡镇煤矿，2012 年 5 月 29 日，新汶矿业集团（伊犁）能源开发有限责任公司持有永新矿业公司 100% 股份。永新煤矿属于新汶矿业集团（伊犁）能源开发有限责任公司全资子公司，2017 年 5 月新汶矿业集团协调后，由山东省新汶集团翟镇煤矿对口支援，永新煤矿副矿级以上的人员由翟镇煤矿任命，矿井独立经营。

（二）煤矿证照

营业执照，注册号 91650000770387678Q，有效期至 2024 年 9 月 9 日；采矿许可证，编号 C6500002010121120106418，有效期至 2018 年 10 月 21 日；安全生产许可证，(新)MK 安许字〔2013〕540，有效期至 2019 年 9 月 6 日；矿长赵某新，安全生产知识与管理能力考核合格证，编号 370981196603090059，有效期至 2019 年 9 月 28 日。

（三）机构和人员

董事长、总经理、法定代表人、矿长赵某新主持全矿行政、党建全面工作，负责全矿企业发展战略规划、企业改革、安全生产、经营决策、班子建设等工作；生产副矿长穆某，负责全矿安全、生产工作；安全副矿长李某银，负责矿井安全管理、应急管理、职业安全健康管理和培训工作；机电副矿长刘某刚，负责全矿机电运输管理工作；总工程师李某，负责矿井技术管理工作，做好通防管理、地测防治水等工作；总会计师徐某国，负责全矿经营、财务管理工作；配备 7 名副总工程师：回采副总程某厚，协助生产副矿长抓好综采工作；掘进副总孙某军，协助生产副矿长抓好掘进工作；安全副总江某，协助安全副矿长李某银抓好安全监督检查工作；机运副总韩某，协助机电副矿长抓好机电运输工作；经营副总李某胜，协助总会计师徐某国抓好经营、后勤工作；通防副总冯某国，协助总工程师抓好通防工作；地测防治水副总张某峰，协助总工程师李某抓好地测防治水工作。

下设：技术科，科长乔某冬；调度室，科长滕某；安监科，科长李某刚；通防科，科长周某军；机运科，科长宫某峰；综合工区，区长刘某刚；综采工区，区长周某清，综采工区下设探水队，副区长李某会兼任探水队队长；掘进工区，区长张某华，该工区下设 5 个掘进队，事故当班为掘进一队，队长罗某华、带班副队长周某勋、当班班长王某平。

全矿共有员工 594 人，其中安全管理人员 39 人（含矿领导 13 人）。除了王某玉、张某、乔某 3 人外，其他安全管理人员均取得了安全生产知识和管理能力考核合格证。

另设办公室、财务科、人力资源科、经营管理部、煤销科、保卫科和后勤服务工区等部门。

煤矿以永煤发字〔2018〕26 号文成立了防治水机构，防治水工作领导组组长赵某新，副组长李某、江某、李某银，防治水管理办公室设在技术科，主任张某峰、副主任乔某冬，探放水队设置在综采工区。

（四）自然开采条件

井田内主要可采煤层 5 层（自上而下为 A6、A5、A3、A2、A1 煤层），主采煤层为 A5、A3 煤层。A5 煤层倾角 3°～12°，平均厚度为 5.5 m，A3 煤层倾角 3°～35°，平均厚度 4.5 m。A5、A3 煤层煤质主要为 45 号气煤。A5、A3 煤层自燃倾向性等级为Ⅱ级（自燃），各煤层煤尘均具有爆炸性，2017 年 7 月 15 日新疆维吾尔自治区煤矿矿用安全产品检验中心出具的《新疆库车县永新矿业有限责任公司矿井瓦斯等级鉴定报告》（2017 年度）确定矿井瓦斯等级为低瓦斯矿井。

A3 煤层直接顶板以粉砂岩为主，局部地段与基本顶直接接触，厚度不稳定，一般在 0～6.26 m；基本顶为细砂岩、中砂岩、沙砾岩，厚度在 13.36～15.80 m，无伪顶。直接底板以炭质泥岩、泥质粉砂岩为主，厚度一般在 2.43～10.91 m；基本底为细砂岩，厚度在 4.54～6.37 m。

A5 直接顶板以粉砂岩和细砂岩为主，局部地段与基本顶砂岩直接接触，厚度一般在 0～11.38 m；基本顶为细砂岩、粗砂岩，厚度在 11.47～16.05 m，无伪顶。直接底板以泥质粉砂岩为主，厚度一般在 0.98～4.34 m；基本底以细砂岩、中砂岩、砾岩为主，厚度在 9.99～16.89 m，无伪底。

井田含水层有 4 层，分别为第四系含水层（Q）、侏罗系下新统阿合组（J_1a）含水层、侏罗系下新统塔里奇克组（J_1t）含水层、烧变岩层含水层，其中烧变岩层含水层是矿井的主要含水层。

矿井可采煤层均被烧变岩层所覆盖，烧变岩层最低标高 +1761.91 m，烧变岩层平均底界面标高 +1779 m，厚度 67.46～183.20 m，平均厚度 116.36 m。烧变岩层在矿区西北部隐伏于阿合组弱含水层之下，东部和南部暴露于地表厚度大，向西北埋入地下，被阿合组地层覆盖，厚度变小。火烧深度具有东浅西深的趋势，东部库车河沿岸可用肉眼现场观察烧变岩底界均高于库车河河床，向西越来越低，大平滩矿揭露烧变岩底界最低 +1528.08 m。矿井范围内均为死火区。由于受到高温烘烤或烧蚀，煤层燃烧后发生了质的改变，形成空洞，顶板垮落出现离层。煤层间岩石多已变成烧变岩，岩体收缩、龟裂，岩石变得硬而脆，网状裂隙发育，岩石破碎，孔隙大，裂隙贯通性好，含导水性大大增强。

隔水层为三叠系上统郝家沟（T_3h）隔水层。矿井充水水源为地表水、大气降水、煤层顶板砂岩裂隙水、采空区积水和火烧区积水。

2014 年 3 月中国煤炭地质总局特种技术勘探中心编制的《永新煤矿水文地

质补充勘查报告》，确定该矿水文地质类型为中等。2018 年 1 月 28 日库车县永新矿业有限责任公司编制《永新煤矿水文地质类型划分报告》，依据“矿井及其周边是老空水分布状况、受采掘破坏或影响的含水层及含水体、矿井正常涌水量为 57 m^3/h，最大涌水量为 91.2 m^3/h、开采受水害影响程度、防治水工作难易程度”等五个方面，确定该矿水文地质类型为中等。

（五）矿井生产系统概况

1. 开拓系统

矿井为平硐开拓，布置有主平硐、回风平硐。主平硐长 1050 m，担负煤炭运输、进风、行人、辅助运输任务；回风平硐长 635 m，担负回风、行人任务。开采水平为 +1767 m 水平，矿井共布置了 5 个采、掘工作面，其中 A5 煤层采区布置 1 个综放工作面即 A503 综放工作面（事故前处于回采状态），1 个综掘工作面即 A504 轨道巷（事故前停掘）；A3 煤层采区布置 1 个备采工作面即 A301 综采工作面（事故前处于安装状态），2 个综掘工作面即 A3 运输巷综掘工作面和 A3 回风巷综掘工作面（事故前停掘）。

2. 通风系统

矿井采用中央并列机械抽出式通风，由主平硐进风、回风平硐回风，矿井地面风机房设有 2 台 FBCDZN$_{o}$19/40 型主要通风机，一用一备。矿井总进风量 5022 m^3/min，总回风量 5155 m^3/min。

3. 供电、运输系统

矿井采用双回路供电，10 kV 双回路架空线路分别引自牧场变电所一、二回路不同母线段。

原煤经回采工作面、运输巷、运输上山、集中运输巷、主平硐通过带式输送机输送至地面。矿井共有 3 台柴油机单轨吊车担负辅助运输任务。

4. 排水系统

中央泵房现有 3 台 MD450 ~ 60 × 4/500 kW 型水泵，1 台工作、1 台备用、1 台检修，额定流量是 450 m^3/h，额定扬程 240 m，正常涌水量时 1 台工作，最大涌水时 2 台工作。

矿井排水系统为 2 趟排水管路，分别沿回风大巷、回风下山、回风井底板敷设，将井下涌水排至地面沉淀水池。排水管内径为 250 mm。水仓入口设在矿井 A3 煤层最西侧。中央水仓设内、外水仓，两仓定期交替清理，清理方式采用人工清理。中央水仓容量 1800 m^3：其中外水仓容量 1000 m^3，内水仓容量 800 m^3。

水泵房及通道布置在 A3 煤层，一个通道到 A3 煤层运输大巷，在此出口通道内，设置了用于防水、防火的密闭门；另一个通道为管子道，与 A5 煤层回风大巷相通。泵房与水仓的连接通道设置配水阀。水泵房布置有两个安全出口，一个安全出口为管子道，遇有水患时，人员和设备可由该通道撤入 A5 煤层；另一个安全出口为泵房到 A3 煤层通道。

5. “六大系统”

矿井安装有监测监控、人员定位、紧急避险、通信联络、供水施救和压风自救等安全避险系统。

（六）事故地点及相邻区域的情况

1. A3 采区设计及采掘布置

2017 年 1 月 15 日永新煤矿编制了 A3 采区设计，2017 年 3 月 3 日，新汶矿业集团（伊犁）能源开发有限责任公司批复了永新煤矿 A3 煤层采区设计，采区内设计布置 A301、A302、A303、A304、A305、A306 共 6 个工作面。2017 年 4 月 23 日，煤矿按照设计开始 A3 采区巷道施工。

2. 事故前 A3 采区巷道的施工情况

（1）2018 年 1 月 31 日，A3 采区 A301 综采工作面完成工作面巷道、开切眼施工；2018 年 3 月 1 日开始 A301 综采工作面安装，事故发生时尚未完成安装工作。

（2）2018 年 1 月 1 日施工 A3 探巷，方位角 180°，目的掘进 A3 回风巷和探查 A3 火烧区积水情况，3 月 27 日掘进至 130 m 到达设计位置停掘，退后 30 m 后按方位角为 242°开门施工 A3 回风巷。4 月 12 日，A3 回风巷施工至 120 m 处揭露烧变岩，迎头左肩窝出水 2 m^3/h 停掘，距迎头 5 m 施工钻场探放水，施工了 4 个探放水钻孔，其中单孔最大涌水量 18 m^3/h，4 月 23 日钻孔无水，钻场总放水量 1760 m^3。

（3）2018 年 4 月 2 日，永新煤矿组织会审了《A3 运输巷作业规程》，A3 运输巷设计总长度 960 m，在 A302 运输巷 260 m 位置以方位角 180°向南开门施工，沿煤层顶板掘进 230 m 上山段后，自迎头退回 27 m 按方位角为 242°向西南开门，再施工 730 m 到位。2018 年 4 月 3 日，A3 运输巷开始施工。4 月 12 日，位于同一地质单元的 A3 回风巷揭露烧变岩，此时 A3 运输巷掘进至 49 m 位置，煤矿未重新调整、修订探放水设计、方案和措施来确定 A3 火烧边界线、防隔水煤柱线、探水警戒线，继续按原探放水设计施工，截至 4 月 25 日夜班事故前，该巷道已施工 218 m。

3. 事故工作面探放水设计和施工情况

1）A3 运输巷探放水设计内容

2018 年 3 月 22 日由技术科编制《A3 运输巷探放水超前钻探设计》，总工程师组织地测防治水副总工程师、技术科、通防科、机运科等相关科室会签。探放水队于 2018 年 4 月 9 日编制了《A3 运输巷探放水施工技术措施》，设计内容如下：A3 运输巷（方位角 180°）段，在左右帮施工钻探作业硐室，分别布置钻场，左（或右）帮每隔 40 m 布置一个探水硐室，探水硐室交错前探施工，左右帮探水硐室错距 20 m，在巷道开门施工 50 m 时，在左帮施工第一个探水硐室，左右帮硐室内探水钻孔按扇形原则布置：左帮 1 号探放水钻孔方位 180°，倾角 12°（顺煤层），钻孔深度 60 m；2 号探放水钻孔方位 180°，倾角 17°（终孔顶板），钻孔深度 60 m；3 号探放水钻孔方位 162°，倾角 13°（顺煤层），钻孔深度 60 m。右帮 1 号探放水钻孔方位 180°，倾角 12°（顺煤层），钻孔深度 60 m；2 号探放水钻孔方位 180°，倾角 17°（终孔顶板），钻孔深度 60 m；3 号探放水钻孔方位 198°，倾角 11°（顺煤层），钻孔深度 60 m。

2）A3 运输巷探放水施工情况

截至 2018 年 4 月 25 日夜班前，A3 运输巷（方位 180°）上山段已完成掘进 218 m，按照《A3 运输巷探放水超前钻探设计》左帮应分别在巷道 50 m、90 m、130 m、170 m、210 m 处布置 5 个探水硐室，右帮应分别在巷道 70 m、110 m、150 m、190 m 处布置 4 个探水硐室。经现场勘查，实际 A3 运输巷左右帮共施工了 4 个探放水硐室，由北向南依次标号 T1 号（左帮）、T2 号（右帮）、T3 号（左帮）、T4 号（左帮）。T1 钻场在巷道里开口 40 m 左右，在巷道左侧，打了 1 个探水孔，无水；T2 钻场距离 T1 钻场 30 m 左右，在巷道右侧，打了 3 个探水孔，无水；T3 钻场距离 T2 钻场约 40 m，在巷道左侧，打了 3 个探水孔，无水；T4 钻场离 T3 钻场约 38 m，在巷道左侧，打了 2 个孔，有水。

T4 钻场施工为距离透水点最近的钻场，具体施工情况如下：2018 年 4 月 21 日，李某、张某峰、乔某冬商议在巷道左帮施工 T4 钻场，探查左侧火烧区，未按程序修改设计并组织会审的情况下给探放水队队长李某会 1 张 T4 钻场钻孔布置图，探水队按图施工。图中 T4 钻场布设 4 个钻孔，其中：1 号钻孔方位角 175°，倾角 13°，未施工；2 号钻孔方位角 150°，倾角 13°，施工 55 m 见水，初始水量约 14 m^3/h；3 号钻孔方位角 120°，倾角 10°，施工 60 m 见水，初始水量约 0.5 m^3/h；4 号孔方位角 90°，倾角 5°，截至事故发生前已施工 20 m，无水。

4. 事故前井下人员作业情况

永新煤矿采用“三班”工作制，夜班零时至八时，早班八时至下午四时，中班下午四时至次日零时，事故当班为 4 月 25 日夜班，当班下井人员 78 人，带班矿领导赵某新，2018 年 4 月 24 日 23 时 40 分入井，4 月 25 日 5 时 10 分升井。

二、事故经过及救援

（一）事故经过

2018年4月24日23时，掘进一队跟班副队长周后勋主持召开夜班班前会，班长王某平，陈某海（死者），刘某清（死者）、李某斌、杨某建、王某发、陈某文、谭某建、王某章、韩某业、李某龙等11人参会，周某勋安排当班工作为A3运输巷掘进及运送材料等。

会后，班长王某平等人陆续入井，约4月25日零时到达A3运输巷掘进工作面，中班尚在作业。4月25日1时左右，夜班与中班完成交接班，交接时A3运输巷共掘进214 m。按照分工，掘进机司机陈某海负责掘进机，谭某建负责A3运输巷带式输送机，王某发负责A302运输巷带式输送机，韩某业负责运煤通道最外口第一部带式输送机，郭某龙负责风门处刮板输送机，其余人员检查支护情况、搬运锚杆、网子、锚固剂等支护材料及延长带式输送机等准备工作。

4月25日2时左右开始正常掘进支护循环作业。6时左右，周某勋向调度室汇报，当班完成掘进5排，对其中4排进行了支护，在巷道顶部施工安装一根锚索。因距下班时间还早，周某勋及当班人员决定再干两排，于是现场人员开始接带式输送机、搬抗材料准备继续掘进作业。班长王某平安排刘某清、王某章等人去搬运材料，自己去扛带式输送机的连杆。刘某清、王某章、陈某文、王某平等人从料场取上材料后，由A3运输巷下口往上返回，走在前面的刘某清卸下材料后与李某斌一起在掘进机后部2~3 m处的二运旁清理浮煤，刘某清在左，李某斌在右，杨某建负责拖拽二运电缆，陈某海操作掘进机割煤，周某勋在二运带式输送机机头沉淀池清理煤渣。6时30分左右，掘进机截割头运行至迎头右上部时，突发透水，水流将刘某清、李某斌冲倒，李某斌被杨某建拖拽重新站立起来，刘某清被水流冲走。陈某海跳下掘进机被卷入水流中冲走。王某章、陈某文、王某平行走至A3运输巷下口T1钻场附近时，听到一声巨响，看到风筒震动灰尘飞扬，王某平意识到透水了，立刻呼喊工友往外撤退。途中王某章被水冲倒困在积水中，周某勋、王某平、陈某文将他救起。王某平等人撤退至A302运输巷带式输送机机头处电话向掘进一队队长罗某华和矿调度室进行汇报。

截至4月25日9点40分，事故当班下井人员78人，陈某海、刘某清、李某斌、杨某建4人被困井下，其余人员全部升井。

（二）事故救援

25日6时35分，接井下事故报告后，永新煤矿立即下达撤人指令，并启动应急救援预案，核实被困人员，制定初步抢险救援方案，由李某、孙某军等人到井下现场指挥、组织撤人。25 日 7 时 30 分，煤矿向库车县煤炭工业管理局报告了事故情况，库车县煤炭工业管理局局长立即通知库车县矿山救护队赶往事故现场。

阿克苏地委、行署接报后，立即安排部署事故抢险救援工作。阿克苏地区、库车县相关负责人赶到现场成立了地、县联合指挥部，组织煤矿调集、安装水泵、管路，增设应急排水设备，制定了现场施工放水孔，观察水情变化，检测有害气体等抢险救援方案，全力展开抢险救援。

南疆监察分局接到事故报告后，立即向新疆煤矿安全监察局汇报，时任自治区煤炭工业管理局、新疆煤矿安全监察局局长吴甲春带领局相关处室和南疆监察分局人员赶赴事故现场协助抢险救援。

4 月 25 日 23 时，时任国家煤矿安监局事故调查司处长、自治区安委会副主任、安监局局长等相关部门人员赶到事故现场。连夜组织召开事故抢险救援进展情况分析会，听取了煤矿、新疆煤矿安全监察局、南疆分局、阿克苏地区行署的汇报，共同分析灾情，完善抢险救援方案，并提出了集中力量，全力组织抢险、防止次生灾害发生等抢险救援工作指导意见。

经过 21 小时抢险救援，25 日 16 时 35 分，李某斌和杨某建被成功救出。25 日 19 时 20 分和 26 日 3 时 33 分，陈某海和刘某清遗体相继找到并运出井口，抢险救援工作结束。至此，事故共造成 2 人遇难。

（三）事故类别

经事故调查组调查分析认定，该起事故为一起透水事故。

三、事故现场勘查情况及技术原因分析

（一）事故现场勘查情况

1. 透水点

透水点位于 A3 运输巷掘进工作面迎头上方偏右，孔洞直径约 1 m；掘透断面内上部为烧变岩，可见烧变岩少量冒落，高度约 1.6 m；下部为煤层，界面呈圆弧状；掘透断面煤厚约 0.3 m；现场有水流冲出时携带的少量烧变岩块。现场取冲出的火烧岩样一块，长×宽×高为 24 cm×9 cm×5 cm。岩样呈红色，表面光滑，质地坚硬。

2. 事故巷道及淹没、淤积区域

勘查的 A302 运输巷为东西向，断面宽度 4.2 m，高度 4.5 m，坡度约 3°，淹没巷道长度为 152.02 m。根据矿方资料推算及现场勘查实际位置计算，最高淹没高度标高为 +1721.35 m，巷道淤积物最大厚度约为 2.6 m，成分主要为煤渣。

勘验的A3运输巷自北向南上山掘进，巷道全长218 m。巷道断面宽度4 m，高度3.8 m，上坡角度约12°。支护方式顶板为锚网（铁丝网）索加W钢带，帮部为锚杆加菱形双抗网，巷道支护完整。左帮留有一趟完整电话线（有电无信号）；右帮压风管路完整，排水和供水管路损坏；风筒损坏。淹没巷道长度为45.49 m。巷道底部冲刷严重，底煤基本被完全冲刷，仅在左右两帮有少量剩余，剩余高度0.2～1 m。带式输送机系统被冲至巷道底端。

经指认遇难人员位置位于A3运输巷起坡点向上2 m、7 m处，此处堆满带式输送机、带式输送机架及煤泥等淤积物。

3. 探放水工作

A3运输巷共有4个探放水硐室，由北向南依次标号T1（左帮）、T2（右帮）、T3（左帮）、T4（左帮）。T1、T2、T3硐室钻孔均未出水。T4硐室距透水点约37 m，施工有3个钻孔。T4探放水硐室附近有一块探放水允掘管理牌板。填写内容：日期2018年4月24日，施工日期2018年4月23日，钻孔深度55 m，已掘进尺20 m，允掘进尺10 m，当班进尺、剩余进尺无法辨认。

（二）专家组技术分析

掘进施工未按探放水设计规定留设超前距，存在超掘现象，超前探钻孔未覆盖掘进影响范围。

依据矿方《探放水管理规定》，“生产技术科防治水专业根据钻探距离，对掘进工区下发掘进进尺通知单，掘进工区只能在允许范围施工”，A3运输巷T4钻场已经施工两个钻孔，未见矿方提供的掘进进尺通知单，现场悬挂的“永新煤矿允许掘进牌板”中的数据经询问为探水班班长填写，填写的数据为“设计孔深55 m，已经掘进20 m，允许掘进10 m，填写日期为2018年4月24日”，实际上该钻场至迎头为37 m，按照该牌板的数据，已经超掘7 m。

矿方探放水设计和施工安全技术措施中明确规定，“迎头掘进必须滞后终孔钻孔20 m”，而实际上A3运输巷T4钻场已经施工完的2号钻孔（方位150°，施工长度55 m，出水量14 m^3/h），投影到掘进方向上的有效距离为47.6 m，如果保留20 m的超前距，应该允许掘进距离为27.6 m，实际A3运输巷T4钻场前已经掘进37 m。按照该矿井的规定实际已经超掘9.4 m。

四、事故原因及性质

（一）直接原因

作业人员未按探放水允掘进尺进行掘进，超掘造成A3运输巷掘进迎头直接揭露火烧区边界，导致火烧区积水透入A3运输巷，造成A3运输巷北段及A302

运输巷西段部分巷道淹没，两名作业人员被水流冲击淹溺致死。

（二）间接原因

1. 煤矿未按防治水规定相关探放水要求设计与施工

（1）掘进施工未按探放水设计规定留设超前距，存在超掘现象。

（2）火烧区火烧边界线、防隔水煤柱线、探水警戒线未根据实际探放情况及时调整，在突水威胁区域进行掘进作业未按规定进行探放水，超前探钻孔未覆盖掘进影响范围。4 月 12 日，与 A3 运输巷位于同一地质单元的 A3 回风巷揭露烧变岩，火烧区边界下移，原勘探的 A3 火烧边界发生变化，煤矿未调整、修订探放水设计、方案和措施来重新确定 A3 火烧区边界线、防隔水煤柱线、探水警戒线。2018 年 4 月 21 日，煤矿虽然调整了 T4 钻场位置和钻孔参数探查左侧火烧区，但超前探钻孔未覆盖掘进影响范围。

（3）A3 运输巷已完成掘进 218 m，按照《A3 运输巷探放水超前钻探设计》应当布置 9 个探放水硐室，实际只布置了 4 个探放水硐室，左侧 3 个，右侧 1 个。

2. A3 煤层防治水工作技术管理存在缺陷

（1）未认真开展水害预测预报分析工作，指导掘进作业的预测图、表存在错误。水文地质预报及评价图文内容不一致，预测评价范围未覆盖掘进计划进尺。A3 运输巷《永新煤矿二〇一八年四月份地质、水文地质、瓦斯地质临时预报及评价》基本内容规定计划进尺 210 m，预测评价 270 m，附图标注计划进尺 220 m，预测评价 170 m。

（2）水文地质预报及评价 A3 煤层同一地质单元的邻近两处巷道充水水源不同，没有认真分析，涌水量预测没有依据。《永新煤矿二〇一八年四月份地质、水文地质、瓦斯地质临时预报及评价》中，A3 回风巷的预报文字叙述“工作面直接充水水源为 A3 煤层顶板砂岩裂隙水，预计工作面在掘进过程中局部巷道顶板会出现滴水”预计最大涌水量 30 m^3/h；在 A302 运输巷及 A3 运输巷预报文字中叙述“工作面临近 A5 火烧区，预计最大涌水量仅为 30 m^3/h”。

（3）技术审批不规范。A3 运输巷探水钻场变更和探水钻孔参数改变，未重新提出水文地质情况报告和水害防范措施并经矿井总工程师组织生产、安监和地测等有关单位审查批准，只是提供给探放水队一页变更后的施工图。

3. 煤矿对防治水工作重视不够、检查不到位，未能及时消除水害事故隐患

（1）掘进预留探放水超前距管理失控。A3 运输巷作业规程、探放水设计和措施均规定预留 20 m 探放水超前距，煤矿制定的《探放水管理规定》“生产技术科防治水专业根据钻探距离，对掘进工区下发掘进进尺通知单，掘进工区只能

在允许范围施工”。实际没有下达过通知单，只是在掘进工作面悬挂允掘牌板，填写钻孔深度、已掘进尺和允掘进尺。经调查，探放水队施工完钻孔后，由安监科督察员验收钻孔质量，验收后，探水队在钻场悬挂允掘牌板，填写数据，掘进队根据允掘牌板的允许掘进距离掘进，探水队汇总钻孔数据报技术科，掘进队每班将掘进进尺报调度室，4 月 24 日早班允掘牌板填写后无人核对超前距和允许掘进距离。

(2) 矿防治水专业技术人员配备不足。防治水的设计编制、防治水安全技术措施的编制均由一人负责，该人还要负责掘进作业规程和安全技术措施的编制，防治水相关专业技术水平不能满足实际工作的需要，现场询问，其防治水工作经历较少，经验不多，对防治水的相关规定掌握较少。

(3) 矿井未根据实际揭露的资料及时对原水文补充勘探资料进行分析和修正。在 4 月 12 日，A3 回风巷迎头的超前钻探中，钻孔有出水现象，单孔涌水量达到 40 m^3/h，矿井并未分析水源，也未采取任何手段继续进行探测；在 A3 运输巷 T4 钻场施工的 2 号钻孔已经出水，水量达到 14 m^3/h，矿井并未进行有效分析（实际已接近火烧区）。原划定的 A3 火烧区边界与实际误差较大，原留设的火烧区防隔水煤柱依据已发生变化。

4. 矿领导

事故当班带班矿领导 4 月 25 日凌晨 5 时 10 分升井，未与井下作业人员同时升井。下井带班期间，未到 A3 运输巷掘进工作面等要害场所、关键部位进行检查巡视。跟班带班不到位，带班领导未认真检查和消除安全隐患。

5. 煤矿安全监管部门

库车县煤炭工业管理局在永新煤矿派驻两名安全督查员，对永新煤矿 A3 运输巷未按探放水设计施工和防治水安全管理不到位失察，对永新煤矿防治水工作监管不力。

（三）事故性质

事故调查组认定该起事故为一起责任事故。

五、责任认定及处理建议

（一）建议给予党纪政纪处分的人员

(1) 赵某新，中共党员，永新煤矿董事长、总经理、法定代表人、矿长，事故当班带班矿领导，防治水工作第一责任人，全面负责本矿井安全生产工作。对防治水工作督促、检查不到位，对掘进预留探放水超前距管理失控、防治水专业技术人员配备不足、未根据实际揭露的资料及时对原水文补充勘探资料进行分析和修正等问题失察，未能及时消除水害事故隐患，违反《中华人民共和国安全生产法》第十八条第五项；未按规定带班下井，未对重点部位、关键环节的检查巡视，违反了《煤矿领导带班下井及安全监督检查规定》第九条第一项规定；对火烧区火烧边界线、防隔水煤柱线、探水警戒线未根据实际探放水情况及时调整，在突水威胁区域进行采掘作业未按规定进行探放水问题失察，违反《煤矿重大生产安全事故隐患判定标准》第九条第三项规定。对这起事故的发生应负重要责任。

依据《中华人民共和国安全生产法》第九十二条第一项规定，建议给予上一年收入 30%（42172 元）的罚款；依据《煤矿领导带班下井及安全监督检查规定》第十九条规定，建议给予 10000 元罚款；依据《国务院关于预防煤矿生产安全事故的特别规定》第十条第一款规定，根据《煤矿安全监察行政处罚自由裁量实施标准》第四十三条，建议给予其 69999 元罚款的行政处罚。

对上述进行合并处罚，建议由煤矿安全监察机构给予其 122171 元罚款的行政处罚。

依据《中华人民共和国安全生产法》第九十三条的规定，建议发证机关吊销其安全生产知识和管理能力考核资格证书。

依据《安全生产领域违法违纪行为处分暂行规定》第十二条第七项规定，建议给予其撤职处分。

对其涉嫌违反党纪的行为，建议移送其所在党组织纪检监察部门立案处理。

（2）李某，中共党员，永新煤矿总工程师，煤矿安全生产技术管理第一责任人。未认真履行管理职责，对水害预测预报分析工作不到位，违反《煤矿防治水规定》第八十八条第一款第一项规定；技术审批不规范，A3 运输巷探水钻场变更和探水钻孔参数改变，未督促技术科重新提出水文地质情况报告和水害防范措施并组织生产、安监和地测等有关单位会审，违反《煤矿防治水规定》第九十条的规定；对掘进预留探放水超前距管理失控，未督促技术科给掘进工区下达允许掘进通知单，违反《煤矿安全规程》第三百一十七条第二款第八项的规定。对该起事故应负主要责任。

依据《安全生产违法行为行政处罚办法》第四十五条第一项的规定，分别裁量：违反《煤矿防治水规定》第八十八条第一款第一项规定，建议给予警告并处 9999 元罚款的行政处罚；违反《煤矿安全规程》第三百一十七条第二款第八项规定，建议给予警告并处 9999 元罚款的行政处罚；违反《煤矿防治水规定》第九十条的规定，建议给予警告并处 9999 元罚款的行政处罚。

对上述进行合并处罚，建议煤矿安全监察机构给予警告并处 29997 元罚款的行政处罚。

依据《中华人民共和国安全生产法》第九十三条的规定，建议发证机关吊销其安全生产知识和管理能力考核资格证书。

依据《安全生产领域违法违纪行为处分暂行规定》第十二条第七项规定，建议给予其撤职处分。

对其涉嫌违反党纪的行为，建议移送其所在党组织纪检监察部门立案处理。

(3) 张某锋，中共党员，永新煤矿地测防治水副总工程师，具体负责煤矿地质、防治水技术管理工作。未认真履行管理职责，对水害预测预报分析工作监督不到位，违反《煤矿防治水规定》第八十八条第一款第一项的规定；技术审批不规范，A3运输巷探水钻场变更和探水钻孔参数改变，未督促技术科重新提出水文地质情况报告和水害防范措施，违反《煤矿防治水规定》第九十条的规定；对掘进预留探放水超前距管理失控，未督促技术科给掘进工区下达允许掘进通知单，违反《煤矿安全规程》第三百一十七条第二款第八项的规定。对该起事故应负主要责任。

依据《安全生产违法行为行政处罚办法》第四十五条第一项的规定，分别裁量：违反《煤矿防治水规定》第八十八条第一款第一项的规定，建议给予警告并处9999元罚款的行政处罚；违反《煤矿安全规程》第三百一十七条第二款第八项的规定，建议给予警告并处9999元罚款的行政处罚；违反《煤矿防治水规定》第九十条的规定，建议给予警告并处9999元罚款的行政处罚。

对上述进行合并处罚，建议煤矿安全监察机构给予警告并处29997元罚款的行政处罚。

依据《安全生产领域违法违纪行为处分暂行规定》第十二条第七项规定，建议给予其记大过处分。

对其涉嫌违反党纪的行为，建议移送其所在党组织纪检监察部门立案处理。

(4) 乔某冬，中共党员，技术科科长兼地测科科长，协助地测副总负责矿井防治水技术工作。未认真履行管理职责，未扎实开展水害预测预报分析工作，掘进过程中未对预测图、表进行不断补充修正，违反《煤矿防治水规定》第八十八条第一款第一项的规定；技术审批不规范，A3运输巷探水钻场变更和探水钻孔参数改变，未重新提出水文地质情况报告和水害防范措施，违反《煤矿防治水规定》第九十条的规定；掘进预留探放水超前距管理监督不到位，未给掘进工区下达允许掘进通知单，违反《煤矿安全规程》第三百一十七条第二款第八项的规定。对该起事故应负主要责任。

依据《安全生产违法行为行政处罚办法》第四十五条第一项的规定，分别裁量：违反《煤矿防治水规定》第八十八条第一款第一项的规定，建议给予警告并处 9999 元罚款的行政处罚；违反《煤矿安全规程》第三百一十七条第二款第八项的规定，建议给予警告并处 9999 元罚款的行政处罚；违反《煤矿防治水规定》第九十条的规定，建议给予警告并处 9999 元罚款的行政处罚。

对上述进行合并处罚，建议煤矿安全监察机构给予警告并处 29997 元罚款的行政处罚。

依据《安全生产领域违法违纪行为处分暂行规定》第十二条第七项规定，建议给予其记过处分。

对其涉嫌违反党纪的行为，建议移送其所在党组织纪检监察部门立案处理。

（5）张某华，中共党员，综掘工区区长，全面负责工区掘进工程质量和安全。安全管理职责履行不到位，未督促、检查确认掘进超前距离和允许掘进距离，违反了《中华人民共和国安全生产法》第二十二条第五项的规定；对掘进队作业人员在非允许掘进区域作业失察，违反了《中华人民共和国安全生产法》第二十二条第六项、《煤矿安全规程》第八条第三款的规定。对该起事故负有重要责任。

依据《安全生产违法行为行政处罚办法》第四十五条第一项的规定，分别裁量：违反《中华人民共和国安全生产法》第二十二条第五项的规定，建议给予警告并处 9999 元罚款的行政处罚；违反《中华人民共和国安全生产法》第二十二条第六项和《煤矿安全规程》第八条第三款的规定，建议给予警告并处 9999 元罚款的行政处罚。

对上述进行合并处罚，建议煤矿安全监察机构给予警告并处 19998 元罚款的行政处罚。

依据《中华人民共和国安全生产法》第九十三条的规定，建议发证机关吊销其安全生产知识和管理能力考核资格证书。

依据《安全生产领域违法违纪行为处分暂行规定》第十二条第七项规定，建议给予其撤职处分。

对其涉嫌违反党纪的行为，建议移送其所在党组织纪检监察部门立案处理。

（6）李某银，中共党员，永新煤矿安全副矿长，负责煤矿安全管理、监督、检查。安全管理职责履行不到位，对 A3 运输巷未按探放水设计和措施施工、超前探钻孔未覆盖掘进影响范围、掘进预留探放水超前距考核不严等的安全隐患未及时排查并提出整改措施和建议，违反《中华人民共和国安全生产法》第二十二条第五项，对该起事故负有重要责任。

依据《安全生产违法行为行政处罚办法》第四十五条第一项的规定，建议煤矿安全监察机构给予警告并处 9999 元罚款的行政处罚。

依据《安全生产领域违法违纪行为处分暂行规定》第十二条第七项规定，建议给予其记过处分。

对其涉嫌违反党纪的行为，建议移送其所在党组织纪检监察部门立案处理。

以上人员的党纪政纪处分由其具有干部管理权限的党、政部门执行。

（二）建议给予行政处罚的人员

（1）王某平，事故当班班长，负责掘进工作面作业现场组织和本班组现场安全管理。未履行安全管理责任，未根据探放水情况确认掘进超前距离和允许掘进距离，带领作业人员在非允许掘进区域作业，造成透水导致事故发生，违反了《中华人民共和国安全生产法》第二十二条第五项、第六项、《煤矿安全规程》第八条第三款的规定，对该起事故应负直接责任。

依据《安全生产违法行为行政处罚办法》第四十五条第一项的规定，违反《中华人民共和国安全生产法》第二十二条第五项的规定，建议给予警告并处 9999 元罚款的行政处罚；违反《中华人民共和国安全生产法》第二十二条第六项和《煤矿安全规程》第八条第二款的规定，建议给予警告并处 9999 元罚款的行政处罚。

对上述进行合并处罚，建议煤矿安全监察机构给予警告并处 19998 元罚款的行政处罚。

（2）周某勋，掘进 1 队副队长，负责本队生产组织，事故当班带班队长，负责当班现场安全生产。未履行安全管理责任，未全面检查现场作业环境，未根据探放水情况确认掘进超前距离和允许掘进距离，指挥作业人员在非允许掘进区域作业，造成透水导致事故发生，违反了《中华人民共和国安全生产法》第二十二条第五项、第六项、《煤矿安全规程》第八条第三款的规定，对该起事故应负直接责任。

依据《安全生产违法行为行政处罚办法》第四十五条第一项的规定，分别裁量：违反《中华人民共和国安全生产法》第二十二条第五项规定，建议给予警告并处 9999 元罚款的行政处罚；违反《中华人民共和国安全生产法》第二十二条第六项和《煤矿安全规程》第八条第三款的规定，建议给予警告并处 9999 元罚款的行政处罚。

对上述进行合并处罚，建议煤矿安全监察机构给予警告并处 19998 元罚款的行政处罚。

依据《中华人民共和国安全生产法》第九十三条的规定，建议发证机关吊销其安全生产知识和管理能力考核资格证书。

（3）罗某华，掘进工区副区长、掘进 1 队队长，负责掘进 1 队掘进工程质量和安全。安全管理职责履行不到位，未督促、检查确认掘进超前距离和允许掘进距离，违反了《中华人民共和国安全生产法》第二十二条第五项的规定；安排作业人员在非允许掘进区域作业，超掘造成透水导致事故发生，违反了《中华人民共和国安全生产法》第二十二条六项、《煤矿安全规程》第八条第三款的规定，对该起事故负有重要责任。

依据《安全生产违法行为行政处罚办法》第四十五条第一项的规定，分别裁量：违反《中华人民共和国安全生产法》第二十二条第五项的规定，建议给予警告并处 9999 元罚款的行政处罚；违反《中华人民共和国安全生产法》第二十二条第六项和《煤矿安全规程》第八条第三款的规定，建议给予警告并处 9999 元罚款的行政处罚。

对上述进行合并处罚，建议煤矿安全监察机构给予警告并处 19998 元罚款的行政处罚。

依据《中华人民共和国安全生产法》第九十三条的规定，建议发证机关吊销其安全生产知识和管理能力考核资格证书。

（4）孙某军，掘进副总工程师，具体负责煤矿掘进技术管理和组织工作。对掘进预留探放水超前距管理不到位，未督促掘进工区核查允许掘进距离并按允许掘进距离施工，违反《煤矿安全规程》第三百一十七条第二款第八项的规定；安全管理职责履行不到位，对 A3 运输巷未按探放水设计和措施施工、超前探钻孔未覆盖掘进影响范围、掘进预留探放水超前距考核不严等的安全隐患未及时排查并提出整改措施和建议，违反《中华人民共和国安全生产法》第二十二条第五项的规定。对该起事故负有重要责任。

依据《安全生产违法行为行政处罚办法》第四十五条第一项的规定，分别裁量：违反《煤矿安全规程》第三百一十七条第二款第八项规定，建议给予警告并处 9999 元罚款的行政处罚；违反《中华人民共和国安全生产法》第二十二条第五项的规定，建议给予警告并处 9999 元的行政处罚。

对上述进行合并处罚，建议煤矿安全监察机构给予其警告并处 19998 元罚款的行政处罚。

（5）穆某，永新煤矿生产副矿长（2018 年 4 月 18 日到矿任职），全面负责采煤、开拓、掘进安全生产工作。安全管理职责履行不到位，对 A3 运输巷未按探放水设计和措施施工、超前探钻孔未覆盖掘进影响范围、掘进预留探放水超前距考核不严等的安全隐患未及时排查并提出整改措施和建议，违反《中华人民共和国安全生产法》第二十二条第五项，对该起事故负有重要责任。

依据《安全生产违法行为行政处罚办法》第四十五条第一项的规定，建议煤矿安全监察机构给予警告并处 9999 元罚款的行政处罚。

（三）建议给予行政处分的人员

（1）李某寿，库车县煤炭工业管理局驻库车县永新煤矿安全督查员。对永新煤矿安全生产监督管理不到位，对永新煤矿 A3 运输巷未按探放水设计施工和防治水安全管理不到位失察。对事故负重要责任。建议库车县煤炭工业管理局与其解除劳动合同。

（2）江某，库车县煤炭工业管理局驻库车县永新煤矿安全督查员。对永新煤矿安全生产监督管理不到位，对永新煤矿 A3 运输巷未按探放水设计施工和防治水安全管理不到位失察。对事故负重要责任。建议库车县煤炭工业管理局与其解除劳动合同。

（四）对事故单位责任认定及处理建议

（1）库车县永新矿业有限责任公司煤矿对该起事故负有责任，依据《中华人民共和国安全生产法》第一百零九条的规定，建议煤矿安全监察机构给予煤矿 50 万元罚款的行政处罚。

（2）煤矿探放水工张某良、李某建、蔡某莹未取得探放水作业特种作业资格证，依据《中华人民共和国安全生产法》第九十四条第三项的规定，建议煤矿安全监察机构给予煤矿 5 万元罚款的行政处罚。

（3）煤矿综采副区长王某玉、张某、技术员乔某未取得安全生产知识和管理能力考核证书。依据《中华人民共和国安全生产法》九十四条第二项的规定，建议煤矿安全监察机构给予煤矿 5 万元罚款的行政处罚。

（4）A3 回风巷揭露古火烧区，原 A3 火烧边界发生变化，煤矿没有重新制定探放水设计、方案和措施确定 A3 火烧边界线、防隔水煤柱线、探水警戒线并消除水害威胁，依据《国务院关于预防煤矿生产安全事故的特别规定》第十条第一款的规定，根据《煤矿安全监察行政处罚自由裁量实施标准》四十三条的规定，建议煤矿安全监察机构给予煤矿责令停产整顿并处 100 万元罚款的行政处罚。

（5）4 月 25 日夜班，矿领导未按规定带班下井，未对重点部位、关键环节检查巡视，依据《煤矿领导带班下井及安全监督检查规定》第十九条的规定，建议煤矿安全监察机构给予煤矿企业 15 万元罚款的行政处罚。

对上述进行合并处罚，建议煤矿安全监察机构给予永新煤矿停产整顿并处 175 万元罚款的行政处罚。

（五）对监管部门的处理建议

库车县煤炭工业管理局履行监管责任不到位，建议向库车县人民政府做出深刻检查，并由库车县人民政府对其进行通报批评。

六、事故防范措施及建议

（1）深刻汲取事故教训，提高认识，认真落实企业安全生产主体责任。煤矿企业要深刻汲取本次水害事故的教训，认真贯彻落实国家关于安全生产的一系列方针、政策，严格遵守国家有关法律法规，牢固树立科学发展、安全发展的理念，坚持“安全第一、预防为主、综合治理”的方针；严格执行《煤矿安全规程》《煤矿防治水规定》等行业管理规定，认真落实各项安全生产责任制，切实履行企业安全主体责任。

（2）强化防治水管理工作。设立专门的防治水机构，建立专业探放水队伍，配备专业探放水人员，使用专业探放水设备开展探放水工作。煤矿企业要做到有掘必探、先探后掘、有疑必治，先治后掘。严格探放水设计和施工安全技术措施的审批把关。

（3）强化技术管理对安全生产的支撑保障作用。煤矿生产规划、掘进工作安排要充分考虑水文地质等隐蔽致灾因素的影响。认真编制防治水设计和安全技术措施并认真落实，切实加强隐患排查治理工作，对矿井防治水工程治理效果，必须认真进行分析评估，在确保安全的前提下，方可组织相关作业。

（4）扎实开展隐患排查治理工作。建立健全生产安全事故隐患排查治理制度，采取技术、管理措施，及时发现并消除事故隐患。要督促落实各级安全管理人员安全检查、隐患排查的工作职责，加大对隐蔽致灾因素的排查和治理力度，及时消除事故隐患。煤矿要积极开展危险源辨识工作，要熟知作业场所存在的重大危险源，分析作业过程存在的危险因素和薄弱环节，严格执行相关安全技术措施，保证现场作业人员的安全。加强井下现场管理，进一步加大隐患排查治理力度，做到安全生产。

（5）进一步夯实防治水害基础工作。矿井必须重视水文地质技术管理，建立健全防治水管理制度，特别是预测预报、设计、变更、施工、验收、分析总结等制度并严格执行。掌握矿井地质和水文地质资料，实时做好实际资料与原有勘探资料的验证结合，对井田火烧区边界及积水范围及时修正。对已明确的水害威胁要立即停止施工，采取措施确保无威胁后方可作业。

（6）落实领导带班下井制度的责任主体。严格执行《煤矿领导带班下井及安全监督检查规定》，每班必须有矿领导带班下井，并与工人同时下井、同时升井，加强对重点部位、关键环节的检查巡视，全面掌握当班井下的安全生产状况，带班领导必须认真排查和消除安全隐患。

(7) 强化安全培训增强自保互保能力。严格落实《煤矿安全培训规定》，强化煤矿安全培训工作，开展全员培训、专项培训，提升全员安全素质和业务能力；定期开展安全生产警示教育活动，不断提高职工安全意识，增强自保互保能力。

(8) 进一步强化地方政府及煤矿安全监管部门的责任。严格落实"党政同责、一岗双责"的要求，加强煤矿安全监管人员的培训，充实煤炭专业技术人员，制定和严格执行安全监管执法计划，规范安全监管行为。

第二节　黑龙江省鸡西市东源煤炭经销有限责任公司东旭煤矿"5·26"较大水害事故

2018年5月26日0时16分，鸡西市东源煤炭经销有限责任公司东旭煤矿（以下简称"东旭煤矿"）发生一起较大水害事故。

依据《中华人民共和国安全生产法》《煤矿安全监察条例》《生产安全事故报告和调查处理条例》等法律法规，经黑龙江煤矿安全监察局批准，2018年5月28日，成立了鸡西市东源煤炭经销有限责任公司东旭煤矿"5·26"较大水害事故调查组（以下简称"事故调查组"），由哈南监察分局、鸡西市煤炭生产安全管理局（以下简称"市煤管局"）、鸡西市公安局、鸡西市总工会全面负责事故调查工作。同时，邀请鸡西市纪委监委派员参加。黑龙江煤矿安全监察局派出事故调查督导组，对该起事故调查进行督导。

事故调查组坚持"科学严谨、依法依规、实事求是、注重实效"的原则，通过现场勘验、调查取证、分析论证，查清了事故发生的时间、地点、经过、类别、原因、人员伤亡和直接经济损失，认定了事故性质和责任，提出了对有关责任人员和责任单位的处理建议，指出了事故暴露出的突出问题和教训，提出了加强和改进工作的措施建议。

一、事故单位基本情况

（一）鸡西市东源煤炭经销有限责任公司

鸡西市东源煤炭经销有限责任公司（以下简称"东源公司"）为东旭煤矿上级公司，成立于2000年1月，工商营业执照统一社会信用代码91230300716668663W，法定代表人王淑清，工商营业执照批准的经营范围为煤炭批发、开采等。公司现有两处下属煤矿，分别为鸡西市东旭煤矿、鸡西市企源煤矿，2010 年 4 月宝泰隆投资公司出资与东源公司合作，成立鸡西市宝泰隆煤业有限公司，参与煤矿管理。2017 年 4 月宝泰隆投资公司从东源公司撤出全部股份，注销了鸡西市宝泰隆煤业有限公司，撤离管理人员，东源公司现对煤矿方面的管理一直处于无组织机构、无管理人员状态。

（二）东旭煤矿

1. 历史沿革

东旭煤矿位于鸡西市城子河区长青乡境内，原名城子河煤矿多经公司九井三斜，国有煤矿，1998 年王淑清承包经营该矿，由鸡西矿业公司城子河煤矿（后更名城山煤矿）负责安全管理。2004 年，该矿划归鸡西矿业公司下属的新城煤矿统一管理，2008 年更名为龙煤鸡西矿业集团城子河煤矿九采区七井（以下简称“七井”），同年 10 月，鸡西矿业公司通过产权交易将该矿整体转让至王某清名下的东源公司，但此后采矿权转让手续一直处于搁置状态。2018 年 4 月该矿正式更名为鸡西市东源煤炭经销有限责任公司东旭煤矿，并完成了采矿权变更手续，取得了采矿许可证，变更后的工商营业执照统一社会信用代码：91230300MA1AYRE73W，负责人郝某，安全监管划归鸡西市城子河区，属乡镇煤矿。

2. 矿井概况

东旭煤矿位于城子河井田中部偏北，设计生产能力 60000 t/a，核定生产能力 40000 t/a。采矿许可证批准开采 4 号、8 号、3B 号、3C 号共 4 层煤，剩余储量 0.389 Mt，其中 3B 号、3C 号层煤已开采完毕，现开采 4 号、8 号层煤。水文地质类型中等，低瓦斯矿井，开采的各煤层均具有煤尘爆炸性，自燃倾向性均为Ⅲ类不易自燃煤层。矿井监测监控系统型号为 KJF2000N，人员位置监测系统型号为 KJ280。

3. 生产系统

（1）开拓系统。矿井开拓方式为片盘斜井，单水平一段开拓，已开拓至一段井底 +29.9 m 标高。共布置 2 条井筒，其中，主井斜长 760 m，平均坡度 22°，担负提升、下料、运人任务；副井斜长 710 m，坡度 24°，担负回风、行人任务。

（2）通风系统。矿井通风方式为中央并列式，通风方法为抽出式。地面主、备用通风机型号均为 FBCDZ№－13－2×55，总入风量 1460 m^3/min，总回风量 1520 m^3/min。

（3）供电系统。该矿采用双回路供电，分别引自城山煤矿东一组和城山煤矿东二备，供电电压 6 kV。高压双电源引入井下中央变电所，配出 660 V 电压至井下各用电地点。

（4）提升系统。矿井采用单钩串车提升，主提升机型号 JK－2.5×2.3，电动机功率400 kW，使用1.1 t矿车运输，担负全矿煤、矸提升。

（5）排水系统。矿井水文地质类型中等，正常涌水量5 m^3/h，最大涌水量10 m^3/h。矿井采用一段集中排水方式，一段底部－6.0 m标高设置甲、乙两个水仓，水仓容积均为300 m^3，水泵硐室内安设三台D80－30×9型水泵，电机功率均为37 kW，一台主用、一台备用、一台检修。双排水管路，管路直径均为4寸。

4. 证照及安全管理人员配备情况

该矿证照齐全，均在有效期内。

该矿矿长郝某、生产副矿长秦某军、技术副矿长郭某信、机电副矿长姜某俊、安全副矿长杨某斌，上述人员均履行了任职手续，并取得了安全生产知识和管理能力考核合格证，除郝某实际从事东旭煤矿证照办理工作外，其他人员实际未到矿任职，未履行相应管理职责。

该矿实际管理人员：代某义负责矿井全面工作、孙某清负责生产工作、王某忠负责安全工作、张某生负责技术工作、项某业负责机电运输工作、吕某全负责通风工作。上述管理人员中，除张某生取得辽宁省安全生产知识和管理能力考核合格证外，其他管理人员均未参加安全生产知识和管理能力考核，未取得安全生产知识和管理能力考核合格证，未履行任职手续。

5. 违法越界工程情况

事故发生前该矿井下共有2掘1采3处作业地点，分别为4号层煤回风下山掘进工作面（施工队组为701队，以下简称701掘进工作面）、皮带道上山掘进工作面（施工队组为702队，以下简称“702掘进工作面”）、8号层煤左一采煤工作面（以下简称“采煤工作面”）。其中，702掘进工作面位于东旭煤矿采矿许可证矿界外、已关闭的十二井矿界内。施工该巷道的目的是与十二井主井贯通，作为带式输送机运输巷（整合后）运输煤炭，在王某清承包经营前，两处矿井井下有多处巷道联通。

东旭煤矿采矿权原归属于鸡西市国土资源局矿业集团分局管理，在采矿许可证变更期间，东旭煤矿未生产作业，资源储量动态监测延续之前成果。2018年采矿权变更后，按照属地化管理，采矿权于2018年4月27日划归鸡西市城子河区国土资源局管理，鸡西市城子河区国土资源局尚未对该矿井下资源进行现场勘察测量。

6. 东旭煤矿整治整合及复工复产情况

（1）整合整治情况。2017年8月7日，黑龙江省煤矿安全整治整合工作领导小组下发了《关于七台河市、鸡西市、鹤岗市及龙煤集团煤矿整顿关闭实施方案部分煤矿有关调整意见的批复》(黑煤安整发〔2017〕6 号)，批准七井（东旭煤矿）整合八井、十二井，整合后的规划生产能力 0.15 Mt/a。事故发生前，东旭煤矿未进行建设项目核准，未完成整合后的采矿登记手续。

（2）复工复产验收情况。2018 年 3 月初，王某清委托地面管理人员时某堂安排组织东旭煤矿复工复产事宜，鸡西市城子河区安全生产监督与煤炭管理局（以下简称“城子河区煤管局”）局长丁某将代某义介绍给时某堂，王某清同意由代某义负责矿井全面工作，组织人员恢复东旭煤矿生产。代某义先后找到孙某清、张某生、吕某全、项某业、王某忠担任专业负责人，同时又找到杨某军、马某明、周某富三人担任值班井长，并陆续招募工人到矿工作。

3 月中旬，该矿按照《鸡西市煤矿安全专项整顿工作领导小组办公室关于切实做好春节后煤矿专项整顿复工复产验收工作的通知》(鸡煤整办〔2018〕5 号）要求，进行隐患自检自查，于 3 月 30 日正式向城子河区煤管局提出复工验收申请，申请对自检自查发现的问题进行整改，同时申请施工 4 号层煤回风下山。

4 月 1 日，城子河区煤管局对该矿进行了复工初验，同意该整改项目，4 月 7 日向市煤管局呈报了《关于鸡西市东源煤炭经销有限责任公司东旭煤矿复工整改工程的报告》，批准东旭煤矿复工整改，并于同日向城子河区公安分局提交了《关于鸡西市东源煤炭经销有限责任公司东旭煤矿复工整改工程供给火工品的函》(城安监煤发〔2018〕43 号)，同意批准火工品供应，自此该矿开始正式施工 701 掘进工作面。

4 月 10 日，城子河区煤管局对东旭煤矿复工初验发现的问题进行现场复查，出具了全部整改完毕的复查意见。4 月 18 日，该矿向城子河煤管局提请复产验收，验收的采掘工程分别为 701 掘进工作面和采煤工作面。4 月 23 日，城子河区政府向市煤管局上报了《关于鸡西市东源煤炭经销有限责任公司东旭煤矿复工复产验收申请的函》(城政函〔2018〕34 号)，申请东旭煤矿市级复产验收。

4 月 26 日，由市煤管局分管城子河辖区监管一大队负责人李某莉组织该局有关人员对该矿复产验收，现场提出 18 条隐患和问题，交由城子河区煤管局负责闭合。4 月 27 日，城子河区煤管局向市煤管局提交报告，出具了隐患全部整改完毕的复查结论。5 月 7 日，鸡西市煤矿安全整顿工作领导小组向城子河区政府下发了《关于鸡西市东源煤炭经销有限责任公司东旭煤矿专项整治验收的批复》(鸡煤整办批复〔2018〕54 号)，批准该矿为鸡西市复工复产合格矿井。

5 月 18 日，该矿负责人代某义组织人员打开通往十二井的运输巷密闭，进入该巷进行恢复作业，违法掘送 702 掘进工作面越界工程，直至事故发生。

二、事故基本情况

（一）事故区域

发生事故的工作面为702掘进工作面，该工作面施工的皮带道上山为全岩开拓工程，工作面设计长度310 m，现已施工210 m，其中，恢复十二井原有巷道182 m，新掘进巷道28 m，上山坡度22°，断面宽4.0 m，高2.3 m。采用4根长2 m，直径18 mm螺纹钢锚杆配钢带进行支护，间排距1000 mm×1000 mm，炮掘工艺。使用FBDNo-5.6-2×11局部通风机供风，吸入风量240 m^3/min，出口风量195 m^3/min。

（二）事故经过

2018年5月25日，东旭煤矿下午六点班入井15人，其中702队出勤9人，分别是班长尚某生，掘进工人张某、辛某明、翟某海、徐某永、纪某学、秦某生、郭某、黄某东。19时30分到达作业地点后，班长尚某生安排徐某发、纪某学在运输平巷装车，翟某海在工作面开绞车，张某等其他人到工作面打眼爆破并出货，随后工人按工序开始作业。26日零时进行第一次爆破，郭某、黄某东、秦某生三人坐在巷道前进方向右侧，距离工作面30 m处吃饭，尚某生蹬矿车到底部车场处取锚杆、钢带。零时15分，张某、辛某明到工作面进行第二次爆破，炮烟未散，张某听见工作面“轰”的一声巨响，随即看到水和货物涌出，赶紧大喊“快跑”，并和辛某明紧紧抓住巷道旁的护帮铁网。此时，工作面瞬间溃出的水裹着碎石杂物将未来得及起身的郭某、黄某东、秦某生3人冲走。

事故发生时，正在下放矿车的绞车司机翟某海听到工作面方向处传来巨大声响，隐约可见几束灯光急速忽闪几下，立即拉住绞车闸，跑到绞车下方10 m处旧巷内躲避。此时到底部车场取材料的尚某生已跟随矿车行至距底部车场40 m处，听到工作面方向传来异常声响，意识到出事了，赶紧跳下车，并带领在底部车场休息的徐某永、纪某学，沿运输巷向主井井底车场方向逃生。

0时26分，张某看到溃水过去，水流趋于平缓，就和辛某明、翟某海来到巷道出口，发现巷道出口处被大量碎石杂物堵塞，无法行人。张某、辛某明、翟某海3人被困在巷道里，等待救援。

（三）事故地点

事故地点为702掘进工作面，波及至该工作面下部运输巷及主井井底车场。

1. 事故地点认定依据

（1）通过调查，该起事故发生时702掘进工作面正在爆破作业。

（2）根据现场勘察，702掘进工作面迎头可见一宽800 mm、高900 mm的透水口，与透水口连接的为已关闭的十二井积水巷，积水巷靠近透水口处水深 400 mm，在 702 队掘进方向左侧约 30 m 为岩石冒落区域，右侧约 30 m 为低洼积水区域。

2. 事故波及范围认定依据

（1）根据现场勘察，从主井井底车场至 702 掘进工作面底部车场的运输巷，巷道内可见明显被水冲刷过的痕迹，巷道底板有淤泥，巷道两帮水印均在距底板 500 mm 以下，巷道内可见被水冲过留下的杂物。

（2）根据现场勘察，702 掘进工作面巷道内有明显被水冲刷的痕迹，大量碎石、杂物堆积在 JD－40 绞车与底部车场处。

（3）根据现场勘察及调查取证笔录证实，事故发生后大部分涌水流入 702 掘进工作面底部车场废弃旧巷内，经现场勘察此废弃旧巷正对 702 掘进工作面，且巷道为负坡，符合大量积水排入条件，勘察时此巷道内无积水。因大量水经此废弃旧巷排出，认定本次水害事故并未波及 702 掘进工作面以外的其他作业地点。

（4）根据现场勘察，从 702 掘进工作面下部底部车场到工作面迎头，巷道底板被水冲刷痕迹越明显，设备损坏也较为严重，底部车场与井底车场连接的运输巷设备无损坏及位移迹象，巷道底板有淤泥及少量杂物。认定，本起水害事故对 702 掘进工作面损害严重，对井底车场至 702 掘进工作面底部车场处运输巷损害轻微。

（四）事故时间

经调查认定，事故发生时间为 2018 年 5 月 26 日零时 16 分，认定依据如下：

（1）据调查工人张某证实，他放第二遍爆破时间大约为 0 时 16 分，爆破后发生事故。

（2）煤矿实际负责人代某义在零时 20 分接到班长尚某生电话汇报井下发生事故，据现场调查，从 702 掘进工作面底部车场 40 m 到主井井底电话处需 4 分钟左右。

由此认定：事故发生时间为 2018 年 5 月 26 日零时 16 分。

（五）人员伤亡和直接经济损失

事故共造成 3 人死亡。依据《企业职工伤亡事故经济损失统计标准》（GB 6721—1986）等标准和有关规定统计，事故直接经济损失 383.7 万元。

三、应急救援

（一）事故现场应急处置

事故发生后，尚某生带领徐某永、纪某学跑到主井井底车场安排把钩工李某孝向矿井负责人代某义电话报告702掘进工作面发生事故。接到事故报告后代某义立即入井查看，并带领井下其他作业地点工人升井。1时09分，代某义私自组织人员入井进行抢险救援。2时20分，救援人员在702掘进工作面底部车场处扒开安全出口，救出辛某明、翟某海、张某3名被困人员，郭某、黄某东、秦某生3人下落不明。代某义安排值班井长杨某军继续带领井下人员进行救援，自己升井，并于3时左右向城子河区煤管局局长丁某报告了事故。随后代某义在地面组织人员分成4班每班7人入井抢险救援，各班在井下交接清理淤货。23时55分，在距离702掘进工作面210 m的底部车场淤货积聚处，发现了第1名遇难人员。

（二）事故信息报告及响应

城子河区煤管局局长丁某接到代某义电话后，未上报事故，也未通知救援队伍施救，由矿井自行施救。5月26日22时57分，丁某才打电话给城子河区政府副区长艾某富报告东旭煤矿发生水害事故，接到电话后，城子河区政府立即启动应急预案，按程序报告了事故。23时15分，城子河区煤管局副局长刘某富通过电话向哈南监察分局报告了事故，哈南监察分局立即启动应急预案，赶赴现场，与鸡西市政府、城子河区政府相关领导及人员成立抢险救援指挥部，参与指导救援工作，同时按程序将事故情况向上级部门进行报告。

5月27日0时10分，黑龙江龙煤鸡西矿业有限责任公司救护大队接到东旭煤矿事故报告，大队长郭春山立即派出一中队二小队赶赴现场入井抢险救援，命令六中队二小队赶到东旭煤矿待命。零时30分，一中队二小队到达东旭煤矿，入井抢险救援，在距离掘进工作面210 m的底部车场淤货积聚处继续清理淤泥。

2时10分，发现了第2名遇难人员，4时发现了第3名遇难人员。

7时10分，遇难人员全部升井，抢险救援工作结束，救援过程中未发生次生灾害。

（三）事故善后及矿井处理结果

截至6月2日，3名遇难人员家属已与东旭煤矿签订了补偿协议，遇难人员遗体已火化，善后处理工作结束。2018年6月15日，因发生事故，东旭煤矿已按照鸡西市政府要求正式关闭，采矿许可证、安全生产许可证、工商营业执照已注销。

四、事故直接原因

事故的直接原因是，702掘进工作面违法越界施工，未采取探放水措施。工作面爆破作业时，与十二井积水巷相透发生溃水，导致事故发生。

（一）事故类别调查认定

该起事故是一起水害事故，认定依据如下：

（1）现场勘察发现，从主井井底车场至 702 掘进工作面底部车场的运输巷均有被水冲刷痕迹，巷道内有淤泥和水印且有被水冲过的道木等杂物，702 掘进工作面巷道内有大量碎石、杂物堆积。

（2）根据现场勘察，被误透的积水巷内未见积水线，可判定事故发生前积水巷内灌满积水。

（3）根据 702 队工人翟某海、辛某明、张某等人的调查取证笔录证实，工作面在二次爆破后不久，听到“轰”的一声，之后大量的水裹着碎石、杂物从 702 掘进工作面喷涌下来。

（4）根据公安机关出具的尸体检验报告证实：秦某生、郭某、黄某东 3 人均属多部位损伤死亡，符合水害发生后积水卷杂大量碎石、杂物冲击致死的特征。

（二）积水来源

经调查认定，积水来源为已关闭的十二井废弃巷道积水，认定依据如下：

（1）按照城子河区煤管局提供的图纸，对照东旭煤矿采矿许可证批准的范围，702 掘进工作面施工的皮带道上山为越界工程。皮带道上山恢复的 128 m 旧巷与掘进施工的 28 m 巷道均位于十二井界内，与事故工作面相透的积水巷位于十二井界内。

（2）经现场勘察，702 掘进工作面迎头左侧有一宽 800 mm、高 900 mm 的透水口，与透水口连接的是一条废弃积水巷，积水巷在 702 掘进工作面掘进方向左侧 30 m 可见岩石冒落区域，右侧 30 m 可见低洼积水区域，勘察时积水巷与透水口连接处水深 400 mm，巷道内无积水线。工作面迎头位置无构造，积水巷内水无异味，因此积水的来源认定为十二井废弃巷道积水。

（三）透水量

经调查认定，透水量为 150 m^3，认定依据如下：经现场勘察，702 掘进工作面迎头透水口连接的积水巷，在 702 掘进工作面掘进方向左侧 30 m 为岩石冒落区域，右侧 30 m 为积水渐深区域，巷道宽 2.2 m，高 1.7 m，当时透水口附近平均水深 400 mm。积水巷内未见积水线，可认定发生水害事故前积水巷内灌满水，经测算，透水量认定为 150 m^3。

（四）事故原因及相关因素

（1）物的不安全状态。经现场勘察和调查，702 掘进工作面为越界工程；2010 年关闭的十二井采空区、巷道内存在积水。

（2）人的不全行为。一是该矿实际负责人和安全管理人员未经安全生产知识和管理能力考核，不具备任职能力；工人未经培训，上岗作业，不具备井下危险源辨识能力。二是工人爆破作业时未进入躲避所内躲避。

（3）管理上的缺陷。一是安全管理混乱。该矿实际负责人及安全管理人员未落实管理制度，未按照岗位责任制履行管理职责，管理制度和岗位责任制形同虚设，违章指挥施工越界工程。二是技术管理缺失。702 掘进工作面未编制作业规程，未开展老空水害普查，未制定和采取任何防治水安全技术措施。三是该矿未开展从业人员岗前安全培训工作。

五、对事故有关责任人员及责任单位的处理建议

根据事故原因调查和事故责任认定，依据有关法律法规和党纪政务处分规定，对事故有关责任人员和责任单位提出处理建议：

公安机关已对 6 名责任人员立案侦查，纪委监委已对 2 名责任人员立案。

事故调查组根据《生产安全事故报告和调查处理条例》《安全生产违法行为行政处罚办法》等有关规定，提出对 5 名责任人员给予行政处罚建议；根据《中国共产党纪律处分条例》《安全生产领域违法违纪行为政纪处分暂行规定》等有关规定，提出对 19 名责任人员给予党纪、政务处分建议，其中，县处级 2 人，乡科级及以下 17 人。

（一）公安机关已立案责任人员

（1）王某清，东源煤炭经销有限责任公司法人，东旭煤矿投资人、实际控制人。2018 年 6 月 12 日，公安机关已对其立案侦查。

（2）代某义，中共党员，东旭煤矿实际负责人，负责煤矿全面安全生产管理工作，实际安全生产第一责任人，事故发生后，迟报事故。2018 年 5 月 28 日，公安机关已对其立案侦查。依据《生产安全事故罚款处罚规定（试行）》第十一条第（二）项，建议对其处 2017 年年收入的 60% 罚款。

（3）张某生，东旭煤矿实际技术负责人，负责煤矿技术管理工作。2018 年 5 月 28 日，公安机关已对其立案侦查。

（4）孙某清，中共党员，东旭煤矿实际生产负责人，负责煤矿生产管理工作。2018 年 5 月 28 日，公安机关已对其立案侦查。

（5）王某忠，东旭煤矿实际安全负责人，负责煤矿隐患排查治理工作。2018 年 5 月 28 日，公安机关已对其立案侦查。

（6）杨某军，东旭煤矿值班井长，事故当班带班入井。2018 年 5 月 28 日，公安机关已对其立案侦查。

（二）纪委监委已立案责任人员

（1）时某堂，鸡西市恒山区安全生产监督和煤炭管理局公职人员，长期不在岗，参与东旭煤矿管理，2018 年 6 月 26 日，恒山区纪委监委已对其立案处理。

（2）丁某，中共党员，城子河区煤管局局长，事故后逃逸，2018 年 5 月 29 日，公安机关受监察机关委托已开展追捕，待其归案后与其牵连人员一并立案处理。

（三）建议给予党纪政务处分责任人员

（1）刘某富，中共党员，城子河区煤管局副局长兼总工程师，负责全区地方煤矿“一通三防”、行业管理、质量标准化工作。工作未尽职责，对东旭煤矿复工复产初验工作把关不严；对该矿“一通三防”检查时，对煤矿开启密闭违法行为制止不力，对事故发生负有重要领导责任。依据《安全生产领域违法违纪行为政纪处分暂行规定》第四条第（一）项和《中国共产党纪律处分条例》第二十九条第一款规定，建议给予记大过，党内警告处分。

（2）张某仁，中共党员，城子河区煤管局副局长，分管全区地方煤矿安全生产安全监管和隐患排查治理以及驻矿员的管理工作。工作未尽职责，对东旭煤矿复工复产申请市级验收报告把关不严；对该矿“一通三防”检查时发现的问题和隐患，未监督改正；疏于对驻矿安监员管理，对事故发生负有重要领导责任。依据《安全生产领域违法违纪行为政纪处分暂行规定》第四条第（一）项规定，建议给予记大过。

（3）杨某源，城子河区煤管局总工办采掘工程师，负责全区地方煤矿采掘方面技术、行业监管工作。工作未尽职责，对东旭煤矿复工复产初验工作把关不严不细；对该矿“一通三防”检查时，对煤矿违法行为制止不力，对事故发生负有重要责任。依据《安全生产领域违法违纪行为政纪处分暂行规定》第四条第（一）项规定，建议给予记过处分。

（4）岳某起，城子河区煤管局总工办通风工程师（外聘人员），负责全区地方煤矿“一通三防”技术和行业管理工作。工作未尽职责，对东旭煤矿复工复产初验工作把关不严不细；在煤矿隐患未整改清零的情况下，制作了整改闭合报告报送市煤管局；对该矿“一通三防”检查时，对该矿违法行为制止不力，对事故发生负有重要责任。依据《安全生产领域违法违纪行为政纪处分暂行规定》第四条第（一）项规定，建议给予记过处分。

（5）王某座，城子河区煤管局总工办科员，负责全区地方煤矿机电运输方面技术和行业管理工作。工作未尽职责，对东旭煤矿复工复产初验工作把关不严不细；对该矿“一通三防”检查时，对违法行为制止不力，对事故发生负有重要责任。依据《安全生产领域违法违纪行为政纪处分暂行规定》第四条第（一）项规定，建议给予记过处分。

（6）崔某君，城子河区煤管局监察科科员，驻东旭煤矿安监员。工作未尽职责，驻矿期间未发现东旭煤矿私开密闭，对事故发生负有重要责任。依据《安全生产领域违法违纪行为政纪处分暂行规定》第四条第（一）项规定，建议给予记过处分。

（7）李某程，中共党员，城子河区煤管局监察科科员（外聘人员）。对东旭煤矿“一通三防”检查时，对违法行为制止不力，对事故发生负有重要责任。依据《安全生产领域违法违纪行为政纪处分暂行规定》第四条第（一）项规定，建议给予警告处分。

（8）包某，中共党员，城子河区煤管局监察科科员（外聘人员）。对东旭煤矿“一通三防”检查时，对违法行为制止不力，对事故发生负有重要责任。依据《安全生产领域违法违纪行为政纪处分暂行规定》第四条第（一）项规定，建议给予警告处分。

（9）郭某春，中共党员，鸡西市煤管局监管六大队科员，东旭煤矿复工复产“一通三防”验收组成员。工作未尽职责，对城子河区煤管局报送的问题和隐患整改闭合报告，未认真审核、未严格把关，验收工作不严不细，对事故发生负有重要责任。依据《安全生产领域违法违纪行为政纪处分暂行规定》第四条第（一）项规定，建议给予记过处分。

（10）于某海，中共党员，鸡西市煤管局生产技术科科长，主持生产科全面工作，负责对县（区）煤矿防治水工作进行指导。工作未尽职责，参加对东旭煤矿复工复产防治水项目验收，对城子河区煤管局报送的问题和隐患整改闭合报告，未认真审核，未严格把关，验收工作不严不细，对事故发生负有重要责任。依据《安全生产领域违法违纪行为政纪处分暂行规定》第四条第（一）项规定，建议给予记过处分。

（11）刘某和，中共党员，鸡西市煤管局监管一大队科员，负责煤矿通风安全监管工作。工作未尽职责，参加对东旭煤矿复工复产“一通三防”项目验收，对城子河区煤管局报送的问题和隐患整改闭合报告未认真审核，未严格把关，验收工作不严不细，对事故发生负有重要责任。依据《安全生产领域违法违纪行为政纪处分暂行规定》第四条第（一）项规定，建议给予记过处分。

（12）马某，中共党员，鸡西市煤管局监管一大队科员（外聘人员），负责煤矿防治水安全监管工作。工作未尽职责，对城子河区煤管局报送的问题和隐患整改闭合报告未认真审核，未严格把关，对事故发生负有重要责任。依据《安全生产领域违法违纪行为政纪处分暂行规定》第四条第（一）项规定，建议给予警告处分。

（13）孙某富，中共党员，鸡西市煤管局监管三大队科员，负责煤矿防治水安全监管工作。工作未尽职责，参加对东旭煤矿复工复产防治水项目验收，对城子河区煤管局报送的问题和隐患整改闭合报告未认真审核，未严格把关，验收工作不严不细，对事故发生负有重要责任。依据《安全生产领域违法违纪行为政纪处分暂行规定》第四条第（一）项规定，建议给予警告处分。

（14）赵某然，中共党员，鸡西市煤管局监管一大队科员（外聘人员），负责内业管理工作。工作未尽职责，参加对东旭煤矿复工复产安全管理项目验收，对城子河区煤管局报送的问题和隐患整改闭合报告未认真审核，未严格把关，验收工作不严不细，对事故发生负有重要责任。依据《安全生产领域违法违纪行为政纪处分暂行规定》第四条第（一）项规定，建议给予警告处分。

（15）李某莉，中共党员，鸡西市煤管局监管一大队负责人，负责带队联系对东旭煤矿复工复产验收。工作未尽职责，对城子河区煤管局报送的问题和隐患整改闭合报告把关不严，监督不到位，对事故发生负有重要责任。依据《安全生产领域违法违纪行为政纪处分暂行规定》第四条第（一）项规定，建议给予警告处分。

（16）李某林，鸡西市城子河区国土资源局监察股股长，负责区国土资源局矿产执法监察工作。未认真履行工作职责，日常监管不到位，未发现东旭煤矿超层越界开采行为，对事故发生负有重要责任。依据《安全生产领域违法违纪行为政纪处分暂行规定》第四条第（一）项规定，建议给予警告处分。

（17）于某宏，鸡西市城子河区国土资源局副局长，分管矿管、监察等工作。工作未尽职责，对东旭煤矿超层越界开采行为失察，对事故发生负有重要领导责任。依据《安全生产领域违法违纪行为政纪处分暂行规定》第四条第（一）项规定，建议给予警告处分。

（18）艾某富，中共党员，鸡西市城子河区政府副区长，负责全区地方煤矿安全生产工作。工作未尽职责，对城子河区煤矿安全监管工作不到位，对城子区煤管局报送的验收报告审核不严、不细，对城子河区煤管局未认真履行监管职责失察，对事故发生负有重要领导责任。依据《安全生产领域违法违纪行为政纪处分暂行规定》第四条第（一）项规定，建议给予记过处分。

（19）孙某田，中共党员，鸡西市煤管局副处级监察专员，分管市煤管局监管一大队工作。任东旭煤矿复工复产市级验收组组长时，工作未尽职责，未认真贯彻执行煤矿安全生产专项整治验收责任制度，未对城子河煤管局报送问题和隐患整改闭合报告认真审核、严格把关，对验收工作不严、不细行为失察，对事故发生负有重要领导责任。依据《安全生产领域违法违纪行为政纪处分暂行规定》第四条第（一）项规定，建议给予记过处分。

（四）建议给予行政处罚责任人员（共5人）

（1）郝某，东旭煤矿矿长，实际不参与煤矿安全管理，负责该矿内业管理工作。未履行法定安全生产管理职责，复产复工验收期间，充当煤矿矿长，欺瞒验收人员，对事故发生负有重要责任。依据《生产安全事故报告和调查处理条例》第四十条第一款规定，建议撤销其安全生产知识和管理能力考核合格证；依据《国家安全监管总局关于印发〈对安全生产领域失信行为开展联合惩戒的实施办法〉的通知》（安监总办〔2017〕49号）第二条第（一）项规定，建议将其纳入联合惩戒对象；依据《安全生产违法行为行政处罚办法》第四十五条第（一）项规定，建议对其罚款人民币9000元。

（2）秦绪君，东旭煤矿生产副矿长，实际未在东旭煤矿工作，未履行法定安全生产管理职责③，复产复工验收期间，充当煤矿安全生产管理人员，欺瞒验收人员，对事故发生负有重要责任。依据《生产安全事故报告和调查处理条例》第四十条第一款规定，建议撤销其安全生产知识和管理能力考核合格证；依据《国家安全监管总局关于印发〈对安全生产领域失信行为开展联合惩戒的实施办法〉的通知》（安监总办〔2017〕49号）第二条第（四）项规定，建议将其纳入联合惩戒对象；依据《安全生产违法行为行政处罚办法》第四十五条第（一）项规定，建议对其罚款人民币9000元。

（3）杨某斌，东旭煤矿安全副矿长，实际未在东旭煤矿工作，未履行法定安全生产管理职责，复产复工验收期间，充当煤矿安全生产管理人员，欺瞒验收人员，对事故发生负有重要责任。依据《生产安全事故报告和调查处理条例》第四十条第一款规定，建议撤销其安全生产知识和管理能力考核合格证；依据《国家安全监管总局关于印发〈对安全生产领域失信行为开展联合惩戒的实施办法〉的通知》（安监总办〔2017〕49号）第二条第（四）项规定，建议将其纳入联合惩戒对象；依据《安全生产违法行为行政处罚办法》第四十五条第（一）项规定，建议对其罚款人民币9000元。

（4）郭某立，东旭煤矿技术副矿长，实际未在东旭煤矿工作，未履行法定安全生产管理职责，复产复工验收期间，充当煤矿安全生产管理人员，欺瞒验收人员，对事故发生负有重要责任。依据《生产安全事故报告和调查处理条例》第四十条第一款规定，建议撤销其安全生产知识和管理能力考核合格证；依据

《国家安全监管总局关于印发〈对安全生产领域失信行为开展联合惩戒的实施办法〉的通知》(安监总办〔2017〕49 号) 第二条第 (四) 项规定，建议将其纳入联合惩戒对象；依据《安全生产违法行为行政处罚办法》第四十五条第 (一) 项规定，建议对其罚款人民币 9000 元。

(5) 姜某俊，东旭煤矿机电副矿长，实际未在东旭煤矿工作，未履行法定安全生产管理职责，复产复工验收期间，充当煤矿安全生产管理人员，欺瞒验收人员，对事故发生负有重要责任。依据《生产安全事故报告和调查处理条例》第四十条第一款规定，建议撤销其安全生产知识和管理能力考核合格证；依据《国家安全监管总局关于印发〈对安全生产领域失信行为开展联合惩戒的实施办法〉的通知》(安监总办〔2017〕49 号) 第二条第 (四) 项规定，建议将其纳入联合惩戒对象；依据《安全生产违法行为行政处罚办法》第四十五条第 (一) 项规定，建议对其罚款人民币 9000 元。

(五) 对事故责任单位处理建议

东旭煤矿发生较大水害事故，依据《国务院办公厅关于进一步加强煤矿安全生产工作的意见》(国办发〔2013〕99 号) 第一条第 (一) 项规定，建议提请鸡西市人民政府对东旭煤矿依法予以关闭，有关发证机关依法吊销相关证照；依据《生产安全事故罚款处罚规定 (试行)》第十五条第 (一) 项规定，建议对东旭煤矿罚款人民币 50 万元。

建议城子河区区委、区政府向鸡西市市委、市政府做出深刻书面检查。

以上对事故责任人和事故矿井的罚款，由鸡西市城子河区人民政府负责落实。

六、事故主要教训

(1) 依法办矿、依法管矿意识淡薄。东旭煤矿未按煤矿企业运行方式管理矿井，在长期停产情况下，急于复工复产，临时拼凑人员管理矿井，工人招聘到矿即入井作业，管理人员能力及工人素质达不到安全生产的基本要求；该矿制定的各项管理制度、各种水害防治技术措施及管理人员岗位责任制形同虚设，用于应付复产验收及监督检查，未贯彻执行，不能真正指导煤矿安全生产工作；管理人员知法犯法，施工假密闭、绘制假图纸、提供假报告欺骗验收人员，为越界施工提供便利；事故发生后，煤矿主要负责人未按照有关规定及时上报事故。

(2) 属地监管不力，为煤矿违规生产提供可乘之机。城子河区煤管局未认真履行属地监管职责，日常监管及驻矿检查回避重大安全隐患和问题，为东旭煤矿复工复产提供各种便利条件，违规提供虚假隐患整改闭合材料，未及时采取有效措施制止越界施工行为。城子河区委、区政府对城子河区煤管局监督不力，选人用人不当，监管队伍建设方面决策失误。

（3）复工复产验收工作走过场，审查不严格。市煤管局未严格对照复工复产验收标准进行检查，验收人员未发现东旭煤矿存在的诸多重大安全隐患和问题，对城子河区煤管局提报的虚假整改闭合报告失察，层层把关不严，在贯彻市委、市政府有关复工复产验收的一系列文件、会议精神上，执行不坚决，落实不到位。

七、事故防范措施及建议

（1）深刻吸取事故教训，严厉打击“三违”行为。鸡西市所有煤矿企业要深刻吸取东旭煤矿事故教训，举一反三，深入贯彻落实中央及省委、省政府领导同志关于加强安全生产工作的一系列重要指示批示精神，牢固树立“发展决不能以牺牲安全为代价”的红线意识，进一步加强安全管理，切实贯彻落实《煤矿安全培训规定》，严格煤矿从业人员准入资格，加强用工管理和岗前培训，建立健全安全管理机构，配齐经安全培训并考核合格的安全生产管理人员，坚决杜绝“人、证、岗”不符，重点围绕查大系统、治大灾害、除大隐患、防大事故要求，深入排查治理煤矿安全风险和事故隐患，坚决杜绝“三违”行为，依法办矿，依法管矿，坚决防范和遏制各类煤矿安全生产事故。

（2）从严监管执法，强化落实属地监管责任。城子河区煤管局要严格履行属地监管职责，切实发挥驻矿监管人员作用，监督辖区煤矿企业落实安全生产主体责任，督促指导煤矿制定并落实重大灾害防治措施，对辖区所有矿井进行分类分级监管，堵塞监管盲区，针对生产、建设、整改、停产、关闭矿井制定分类监管措施。城子河区委、区政府要按照《中共中央国务院关于推进安全生产领域改革发展的意见》的要求，健全煤矿安全监管执法保障体系，配齐专业技术监管人员，加强监管执法队伍建设，提升监管执法人员业务水平，加强日常监督指导。城子河区停产矿井复工复产前，要由区政府组织，城子河区煤管局牵头，联合区有关部门对煤矿开展一次以安全管理、用工、培训、重大灾害治理、越界开采、私增工作面为主要内容的专项检查，对不符合条件的，一票否决，取消其申请复工复产资格。

（3）规范验收标准，严把复工复产验收关。市煤管局要严格按照《黑龙江省煤炭生产安全管理局关于切实做好春节后煤矿复工复产验收工作的通知》（黑煤安监发〔2018〕44号）的要求，认真履行职责，规范复产复工程序及验收标准，严格把关，坚持“谁验收，谁签字，谁负责”原则，对符合验收标准的煤矿重新组织验收，对未按规定开展自检自改，隐患和问题未整改到位，重大隐患未制定整改措施的，一律不得批准恢复生产。对复工复产验收不认真、弄虚作假、擅自降低验收标准的，要明确问责方式，发现问题的要及时查处，及时追责。

（4）加强对资源整合矿井的日常监管。城子河区煤管局及鸡西市煤管局要严格审核矿井上报的隐蔽致灾因素普查报告，推动煤矿企业查清水文地质条件、水害威胁类型以及水患严重程度，将老空积水及井田范围内已关闭矿井明确为水害防治重点，超前采取针对性治理措施，促进防治水工作由过程治理为主向源头预防为主转变。对资源整合、兼并重组矿井的日常监管要突出重点，日常监管要将隐瞒工程、超层越界从事采掘活动、不严格落实探放水措施的重大隐患列为重点检查内容。

（5）认真开展依法打击和重点整治煤矿安全生产违法行为专项行动。城子河区政府要贯彻落实好《黑龙江省人民政府安委办关于印发黑龙江省依法打击和重点整治煤矿安全生产违法违规行为专项行动工作方案的通知》（黑安办发〔2018〕11 号），认真组织开展依法打击和重点整治煤矿安全生产违法行为专项行动，加强部署协调，细化方案，督促煤矿企业定期开展自检自查，将越界开采、私设工作面等违法违规行为作为重点打击对象，依法依规严肃查处，将专项行动抓紧、抓实、抓出成效。

（6）积极推进地方煤矿整顿关闭和兼并重组。城子河区政府要严格落实《国务院关于煤炭行业化解过剩产能实现脱困发展的意见》（国发〔2016〕7 号）、《国务院安委会办公室关于抓紧做好黑龙江省煤矿安全生产突出问题整改工作的函》（安委办函〔2018〕41 号）以及 2018 年 6 月 7 日省政府专题会议精神，加快制定小煤矿关闭退出方案，资源枯竭矿井不得列入规划扩能计划。对列入去产能计划的煤矿，城子河区煤管局要派专人严盯死守，严防违法违规生产作业。

（7）加强煤矿守法意识。城子河区政府要积极开展煤矿普法工作，组织煤矿投资人、主要负责人开展《中华人民共和国安全生产法》《生产安全事故报告和调查处理条例》等法律法规宣传工作。以案释法，对谎报、瞒报、迟报煤矿事故等违法行为进行警示教育。同时，要建立健全煤矿安全生产事故举报制度，发挥群众监督作用。

第三节　安徽省淮北市淮北矿业（集团）有限责任公司朱庄煤矿“7·6”一般水害事故

2018 年 7 月 6 日 9 时 24 分，淮北矿业（集团）有限责任公司（以下简称“淮北矿业集团”）朱庄煤矿（以下简称“朱庄煤矿”）Ⅲ633 风巷掘进工作面在疏放上部Ⅲ631机巷老空水期间发生一起水害事故，造成2人死亡、7人受伤，直接经济损失397.88万元（不含事故罚款）。

事故发生后，国家煤矿安全监察局、安徽省委省政府高度重视，省委省政府主要领导分别做出重要批示。安徽煤矿安全监察局、省经信委、省安监局、淮北市委市政府及有关部门负责同志先后赶到现场指导事故抢险和救援工作。淮北矿业集团及朱庄煤矿迅速成立事故抢险救援指挥部，组织井下人员撤离，淮北矿业集团军事化救护消防大队（以下简称"救护大队"）参与抢险救援。截至7月12日21时15分，2名遇难人员升井，现场搜救工作结束。

依据《中华人民共和国安全生产法》《煤矿安全监察条例》《生产安全事故报告和调查处理条例》《煤矿生产安全事故报告和调查处理规定》等法律法规规定，2018年7月12日，安徽煤矿安全监察局淮北监察分局（以下简称"淮北监察分局"）组织成立了由淮北市公安局、安全生产监督管理局（煤炭局）、总工会等单位组成的朱庄煤矿"7·6"水害事故调查组（以下简称"事故调查组"）对事故进行调查。事故调查组下设技术组、管理组、综合组（应急处置评估组），并聘请3名专家参与事故调查工作。

事故调查组坚持科学严谨、依法依规、实事求是、注重实效和"四不放过"原则，通过现场勘查、调查取证、科学分析，结合专家对事故直接原因的分析认定，查清了事故发生的经过和原因，认定了事故的性质和责任，提出了对有关责任人员、责任单位的处理建议和防范措施，形成了事故调查报告。

一、事故单位基本情况

（一）矿井概况

朱庄煤矿隶属淮北矿业集团，位于淮北市杜集区矿山集镇。设计生产能力0.75 Mt/a，1961年10月投产，现核定生产能力1.9 Mt/a，2018年上半年实际产量为0.697 Mt。2017年底矿井地质储量23.618 Mt，可采储量11.256 Mt。矿井为高瓦斯矿井，水文地质类型为极复杂型。

矿井可采煤层为3、4、5、6煤，其中3煤为不稳定煤层，4、5、6煤为较稳定煤层，可采煤层平均总厚度为6.94 m。

矿井开拓方式为立井多水平分区式开拓，分3个水平，一、二水平已无采掘活动，生产集中在三水平（-420 m）。Ⅲ63、Ⅲ54、Ⅲ52上3个生产采区，采用走向长壁综合机械化开采，全部垮落法管理顶板。矿井有两个综采区、2个掘进区5支掘进队。

矿井正常涌水量220 m^3/h，最大涌水量300 m^3/h。三水平水泵房安装6台

D500A－57×9 型多级离心式泵，水仓容积 10076 m^3，设置 5 趟排水管路直接由三水平泵房通过钻孔排至地面塌陷区，控制系统安装在三水平泵房内。矿井潜水电泵强排水系统设置在三水平泵房内，潜水电泵硐室与三水平外仓相连，硐室内安设两台 BQ725－450/17－1400 型潜水泵，总排水能力 1450 m^3/h，控制系统安装在地面中央变电所内。

矿井安装了安全监控、人员位置监测、紧急避险、通信联络、应急广播、供水施救和压风自救系统。设立了调度指挥中心、技术科、地测科、机电科等安全生产管理机构，淮北矿业集团安全监察局设立了驻朱庄煤矿安全监察处（以下简称“朱庄煤矿安监处”）。设立了以矿长为首的防治水领导机构，总工程师具体负责防治水的技术管理工作，地测防治水副总工程师（2018 年 6 月 18 日矿批准离岗）协助总工程师开展防治水工作。地测科负责矿井防治水日常工作，有水文地质专业技术人员 3 名。建立了水害防治技术管理制度、水害预测预报制度和水害隐患排查治理制度。建立了水化学实验室，建立 KJ402 矿井水文监测系统，对地面太灰、奥灰水位、井下太灰水压及井下明渠流量在线动态监测。

矿井在册员工 2504 人，劳动组织采用“三八”制作业，作业时间分别为夜班 22 时至 6 时、早班 6 时至 14 时、中班 14 时至 22 时。

矿井证照齐全有效，为合法生产矿井。采矿许可证，证号 C1000002009121120050135，有效期至 2026 年 4 月 1 日。安全生产许可证，证号（皖）MK 安许证字〔2018〕0014，有效期至 2020 年 5 月 31 日。矿长安全生产知识和管理能力考核合格证，证号 320311196711231276，有效期至 2021 年 5 月。工商营业执照 340600000032682，有效期为长期。

（二）矿井水文地质情况

1. 矿井水文地质概况

矿井位于闸河复向斜的南段，以宽缓的褶曲构造为主，断裂构造不甚发育，整个矿井构造呈近“米”字形。矿井直接充水水源为煤系砂岩含水层，间接充水含水层为太原组灰岩含水层、奥陶系灰岩岩溶裂隙含水层。

矿井煤系地层为第四系松散层所覆盖，自上而下分为一个含水层和一个隔水层，隔水层厚度平均 20.95 m，分布较稳定，隔水性能较好，能有效阻隔地表水、第四系孔隙水与煤系含水层之间的水力联系。二叠系煤系地层分为 3 个含水层和 4 个隔水层。其中 6 煤层顶、底板砂岩裂隙含水层平均厚度 22.60 m，$q = 0.00735 \sim 0.0375$ L/(s·m)，渗透系数 $K = 0.0380 \sim 0.0454$ m/d，富水性弱，水质类型为 HCO_3－Na 型。

2. Ⅲ63 采区水文地质概况

Ⅲ63 采区区内发育有戴庄背斜和朱暗楼向斜，该区域断层较发育。采区为新生界第四系松散层覆盖下的全隐蔽矿床，自上而下划分为新生界松散层孔隙含水层、二叠系砂岩裂隙水含水层、石炭系太原组石灰岩岩溶裂隙含水层和奥陶系石灰岩岩溶裂隙含水层，其间均有相应的隔水层组阻隔。采区充水水源主要有煤层顶底板砂岩裂隙水、灰岩水及老空水等，其中煤层顶底板砂岩裂隙水为直接充水水源。6 煤层顶板岩性为砂质泥岩、粉砂岩、中细粒砂岩，砂岩厚度一般为 22 ~ 57 m，砂岩裂隙不发育，其中砂岩裂隙含水层 q = 0.0073 ~ 0.0235 L/(s · m)，渗透系数 K = 0.038 ~ 0.0454 m/d，富水性弱，水质类型为 HCO_3 - Na 型，地下水处于封闭 ~ 半封闭环境，补给条件差，以储存量为主，一般水量不大，易于疏干。

3. 相邻矿井老空探查情况

土型北煤矿位于Ⅲ63 采区东翼，2012 年关闭。2017 年淮北矿业集团委托中煤科工集团西安研究院有限公司（以下简称“西安研究院”）采用地面定向钻孔对土型北煤矿老空进行探查。根据对土型北煤矿开采范围探查综合分析，确定朱庄煤矿Ⅲ63 采区与土型北煤矿 6 煤层保护煤柱宽度为 91 m。Ⅲ633 风巷掘进工作面透水前距土型北煤矿 6 煤层保护煤柱线 335 m。

4. 底板灰岩水治理工作开展情况

2016 年 8 月 10 日至 2017 年 5 月 20 日，淮北矿业集团委托西安研究院对Ⅲ633 与Ⅲ635 工作面采用地面定向钻超前区域治理。2018 年 4 月 27 日淮北矿业集团认定工程达到设计要求，符合相关规定。

（三）Ⅲ63 采区及工作面概况

1. Ⅲ63 采区

Ⅲ63 采区位于矿井东南部，开采二叠系山西组 6 煤层。北以 -420 m 等高线与Ⅲ62、Ⅲ61 采区为界，东翼与土型北矿相邻，南部与杨庄矿毗邻，西邻Ⅲ64 采区边界，上覆 3、4、5 煤层均未开采。Ⅲ63 采区为下山布置，采区生根于三水平东大巷，在 6 煤底板布置轨道、皮带、回风三条下山。Ⅲ63 采区共设计 11 个区段，西翼布置的Ⅲ632、Ⅲ634、Ⅲ636 工作面已回采完毕，Ⅲ638 工作面正在回采；东翼Ⅲ631 工作面已回采完毕，Ⅲ633 工作面正在准备。

Ⅲ63 采区正常涌水量 93 m^3/h，最大涌水量 135.07 m^3/h，水泵房设置在采区下部 -640 m 水平，水泵房有 2 回路 6 kV 进线。泵房内安装 4 台 MDA500 - 57 × 5 型多级离心式泵，额定流量为 500 m^3/h，水泵扬程为 285 m；设置两个水仓，水仓容积 4000 m^3，由两趟 DN250 型排水管路经Ⅲ63 采区回风下山排至三水平水仓，水泵房操作实现远程监控，由地面监控室负责日常排水工作。

2. Ⅲ631 工作面

Ⅲ631 工作面2010 年11 月开始准备，2012 年4 月里开切眼贯通，巷道采用工字钢架棚支护，巷道净宽3.8 m，净高2.6 m。因地面村庄压煤和断层影响，中段未回采，改造后的Ⅲ631 里工作面走向长167 ~ 182 m，倾斜宽76 m，2012 年7 月开始回采，2012 年9 月收作。Ⅲ631 外工作面走向长385 ~426 m，倾斜宽175 m，2012 年10 月开始回采。Ⅲ631 外工作面在回采过程中发生多次底板突水，最大突水量100 m^3/h。在工作面治水期间，钻孔最大出水量400 m^3/h，且太灰和奥灰水位降升基本同步，判断钻孔附近可能存在垂向通道导通太灰和奥灰含水层。2013 年4 月淮北矿业集团委托西安研究院采用地面定向钻对隐伏陷落柱进行了探查治理。2013 年12 月，因防治水工作需要施工了Ⅲ631 排水巷，与Ⅲ631 机巷留设4.8 m 净煤柱，长度195 m。Ⅲ631 外工作面于2014 年8 月收工，Ⅲ631 外工作面开切眼以里机巷及其他巷道共计1140 m 未回棚。根据Ⅲ631 机巷实揭资料，机巷里高外低，平均坡度5°。

3. Ⅲ633 工作面

Ⅲ633 工作面为Ⅲ63 采区东翼第二个工作面，东邻6 煤层保护煤柱线，南为未开采区域，西邻Ⅲ63 采区轨道下山，北邻Ⅲ631 工作面（已回采完毕）。上覆的3、4、5 煤层受岩浆侵蚀，均不可采。Ⅲ633 工作面设计标高 -424 ~ -543 m，设计走向长890 ~923 m，倾斜宽240 m，煤层平均厚度2.8 m，煤层倾角平均18°。煤层直接顶为泥岩，平均厚3.1 m；基本顶为细砂岩，平均厚6.1 m；直接底为粉砂岩，平均厚1.7 m。

Ⅲ633 工作面主要充水水源有6 煤层顶底板砂岩裂隙水、6 煤层底板灰岩水和老空水。6 煤层顶板岩性为砂质泥岩、粉砂岩、中细粒砂岩，砂岩厚度一般为45 ~50 m，砂岩裂隙不发育，其中砂岩裂隙含水层 $q=0.028$ L/(s·m)，渗透系数 $K=0.054$ m/d，富水性弱，水质类型为 HCO^3-Na 型。

4. Ⅲ633 风巷掘进工作面探放水情况

Ⅲ633 风巷设计长度923 m，采用工字钢架棚支护，巷道净宽3.8 m，净高2.6 m，沿煤层走向2° ~9°（平均5°）上山跟顶施工。2017 年11 月5 日开始修护Ⅲ631 工作面排水巷195 m（即Ⅲ633 外段风巷），后沿此巷道中线施工，留设净煤柱宽度4.8 m，2018 年4 月26 日开始沿Ⅲ631 外工作面采空区施工240 m，至透水前巷道已沿Ⅲ631 机巷施工223 m。受煤层顶板破碎影响，局部破顶丢底煤施工，停头前迎头左帮破顶0.5 m，右帮破顶2.2 m。

《Ⅲ633 工作面水文地质条件分析报告》判断Ⅲ631 机巷局部低洼处存在4 处积水区对Ⅲ633 风巷掘进工作面有影响，积水量分别为56.30 m^3、80.52 m^3、

67.49 m^3 和 172.45 m^3，于 6 月对前两处积水区进行探放，放水量分别为 12 m^3、7 m^3。6 月 30 日夜班掘进工作面左帮、顶板出现渗水，7 月 1 日矿地测科下达了Ⅲ633 风巷停工通知单，对Ⅲ631 机巷第三处积水区进行探放，共设计 3 个探放水钻孔，其中 1 号探放水钻孔设计方位 116°，倾角 5°，孔深 94 m，选用钻机型号为 ZDY－3200S 液压钻机。7 月 4 日夜班钻机安装到位，7 月 4 日早班通风区钻机队开始施工 1 号探放水钻孔，钻孔开孔位置位于迎头左帮向右 200 mm、紧挨工字钢梁下方煤层顶板。7 月 4 日早班共钻进 11 m，下套管 10 m，中班 16 时扫孔 10.5 m，采用压水方式进行套管耐压试验。4 日 17 时 36 分，钻孔施工至 19.5 m 时开始出水，出水量约 10 m^3/h，施工人员停止打钻，未拔出钻杆。18 时 20 分出水量增大至 30 m^3/h，矿总工程师何某久安排撤出人员、打设栅栏，同时安排地测科取水样进行化验、三班跟班观察水情，查看太灰、奥灰水位变化。7 月 4 日 23 时何某久和地测科科长张某如到现场察看水情，出水量 40 m^3/h，甲烷传感器 T1 悬挂在迎头向后 4～5 m 靠近巷道左帮处。7 月 5 日 4 时，出水量增大至 80 m^3/h。

7 月 5 日上午，何某久组织张某如、防治水技术主管乔某等人对Ⅲ633 风巷钻孔出水原因进行分析，考虑到太灰、奥灰水位皆无变化且出水水质化验结果为砂岩水，判定水源为老空水。随后何某久向矿长苗某生汇报出水情况，安排继续观察水情。至 7 月 6 日 8 时 10 分水量稳定在 80 m^3/h 左右，钻孔累计放水量 2800 m^3。

7 月 6 日 4 时Ⅲ63 采区轨道下山水沟的水漫到Ⅲ636 石门车场进入溜煤眼，采煤副矿长詹振江安排调度指挥中心处理。调度员王某成随即安排综掘二区一队早班人员到Ⅲ636 石门清理水沟、打拦水坝。

（四）相关规定

（1）《煤矿安全规程》第三百二十三条规定：探放老空水前，应当首先分析查明老空水体的空间位置、积水范围、积水量和水压等。探放水时，应当撤出探放水标高以下受水害威胁区域所有人员。

（2）《安徽省煤矿防治水和水资源化利用管理办法》第三十条规定：探放老空水必须坚持“查全、探清、放净、验准”四步工作法。

（3）《淮北矿业 2018 年地质保障及防治水工作实施意见》（淮矿安〔2018〕3 号）第十七条规定：加强重点水害管控。动态查明老空水空间分布状态，坚持岩巷远距离集中探放、效果验证。

（4）《Ⅲ633 风巷探放Ⅲ631 机巷老空水设计》：探水期间，撤出受水灾威胁标高以下的所有与施工探水无关人员。

二、事故经过、报告及应急处置

（一）事故经过

7 月 6 日早班，Ⅲ63 采区Ⅲ638 采煤工作面、Ⅲ633 机巷、Ⅲ638 外风巷掘进工作面正常生产，Ⅲ633 风巷停止作业，共出勤人员 96 人。其中，综掘二区一队当班出勤 16 人，副区长陈某华值班、技术员黄某峰跟班，一队跟班副队长颛孙某恩安排第一组 4 人（黄某刚、尉某立、陈某、孙某斌）在Ⅲ636 石门清理水沟、打拦水坝，第二组耿某伟、张某厂等 6 人在Ⅲ63 皮带下山清理，颛孙某恩等其余 6 人在Ⅲ633 风巷外口待命。7 月 6 日 9 时 20 分，Ⅲ633 风巷甲烷传感器 T1 显示瓦斯浓度增大，调度指挥中心安排颛孙某恩查看情况，被告知巷道已打栅栏无法进入。9 时 23 分Ⅲ633 风巷外口人员听到异响，水量突然增大，立即撤离。9 时 26 分，调度指挥中心接到颛孙某恩汇报水量增大，立即使用应急广播系统、调度电话安排Ⅲ63 采区各作业地点撤人。

在Ⅲ636 石门的尉某立等 4 人打完拦水坝后，黄某刚提前离开，其余 3 人准备到Ⅲ633 风巷外口与其他人员会合。9 时 30 分行至Ⅲ636 石门车场时架空乘人装置停止运行，3 人稍后向上步行 20 m 后，Ⅲ63 轨道下山水量开始增大，尉某立躲入附近躲避硐室，陈某、孙某斌在前面继续向上走。9 时 43 分尉某立发现从Ⅲ63 轨道下山上部冲下一辆矿车，随后攀上巷道上部的风水管路并沿管路爬行至Ⅲ633 风巷阶段车场后撤离。事故发生时位于Ⅲ63 轨道下山、乘坐架空乘人装置的耿某伟、张某厂等 4 人受伤，13 时 7 分，除陈某、孙某斌下落不明外，其余人员安全撤离。

（二）事故报告

7 月 6 日 9 时 26 分，朱庄煤矿调度指挥中心接到水量增大汇报，立即启动水害应急预案，安排撤人并通知相关矿领导。9 时 54 分，朱庄煤矿调度指挥中心向淮北矿业集团调度室汇报Ⅲ633 风巷透水情况。13 时 45 分，朱庄煤矿向淮北监察分局报告事故情况，迟报事故 3 小时 19 分钟。

（三）应急处置

事故发生后，淮北矿业集团及朱庄煤矿迅速启动事故应急预案，成立事故抢险救援指挥部，组织井下人员撤离，并组织相关部门抢险救援，全力搜救失踪人员。Ⅲ638 采煤工作面、Ⅲ633 机巷、Ⅲ638 外风巷掘进工作面等地点人员接到调度指挥中心撤人通知后，分别从Ⅲ63 回风下山、皮带下山等安全撤离。9 时 44 分Ⅲ63 采区水泵房设备被水冲坏。抢险救援指挥部决定在Ⅲ63 皮带、轨道、回风下山分别建立排水系统，在Ⅲ633 风联巷口施工挡水墙，确保抢险救援安全。

事故发生时救护大队相山中队一小队 8 人到Ⅲ63 采区熟悉巷道，到达Ⅲ638 机巷车场时发现水量迅速增大，Ⅲ63 轨道下山先后有人被水冲下。救护队员立即进行救援，其中，3 名救护队员在救人时受伤。7 月 6 日 10 时 08 分，救护大队接到事故电话立即出动，对事故区域进行探查。10 时 20 分入井，探查发现Ⅲ633 风巷外口被冲出的煤、矸石堵塞，出水量约 50 m^3/h；Ⅲ636 石门向上 100 m、向下 220 m 处捕车器落下各拦住一辆矿车；Ⅲ63 轨道下山 -610 m 平台处冲下的煤、矸石堆积至距顶板约 30 cm，人员无法通过。7 月 8 日 4 时 50 分恢复排水，7 月 12 日 8 时，水位降至Ⅲ63 轨道下山 -610 m 平台，救护队员再次进入探查，16 时 50 分、17 时 29 分在Ⅲ63 带式输送机联巷口向下 30.5 m、34.5 m 处各发现一名遇难人员，21 时 15 分两名遇难者升井，搜救工作结束。

（四）现场跟班及带班情况

事故发生时，当班下井带班矿领导掘进副矿长张某功位于Ⅲ638 外风巷掘进工作面；综掘二区跟班技术员黄某峰位于Ⅲ633 机巷掘进工作面。

三、事故原因及性质

（一）直接原因

Ⅲ633 风巷迎头前方Ⅲ631 里机巷垮塌堵塞形成老空积水，在采掘活动、探放水钻孔施工、放水扰动和水压的共同作用下，煤柱失稳垮塌，老空水突然溃出，造成事故发生。

（二）间接原因

（1）对老空水危害认识不到位。Ⅲ633 风巷沿Ⅲ631 里机巷掘进 223 m 过程中未发现老空大量积水，且巷道具备自流条件，没有考虑Ⅲ631 里机巷冒落垮实堵塞自流泄水通道，预计的Ⅲ631 老空积水量与实际不符。钻孔出水后，没有考虑放水期间透水威胁Ⅲ63 采区下部人员安全，对Ⅲ631 里段老空水危害认识不到位。

（2）防治水技术管理不到位。《Ⅲ633 风巷探放Ⅲ631 机巷老空水设计》未明确要求放水期间撤出探放水标高以下受水害威胁区域的所有人员。钻孔放水量明显超过预计积水量后，未认真分析异常原因，未采取有效防范措施。

（3）矿井安全管理和监督检查不到位。安全责任制落实不到位，对水害重大风险管控不到位，对探放水期间存在的安全隐患监督检查不到位，探放老空水期间，未撤出探放水标高以下受水害威胁区域的所有人员。

（4）职工安全教育不到位。安全教育不到位，职工应急培训缺乏针对性，水害事故防范意识和避险能力不足，透水后部分人员仍从Ⅲ63采区轨道下山撤离。

（三）事故性质

经调查认定，朱庄煤矿“7·6”水害事故是一起生产安全责任事故。

四、对事故责任人和责任单位的处理建议

（一）对责任人处理建议

（1）乔某，中共党员，朱庄煤矿地测科防治水技术主管，协助地测科科长做好矿井防治水技术管理工作。对老空水危害认识不到位，防治水技术管理不到位，未明确要求放水期间撤出受水害威胁区域人员，钻孔放水量明显超过预计积水量后，未认真分析异常原因，未采取有效防范措施，对事故的发生负有重要责任。依据《安全生产领域违法违纪行为政纪处分暂行规定》第十二条规定，建议给予行政记大过处分；依据《安全生产违法行为行政处罚办法》第四十五条规定，建议处3000元罚款。

（2）张某如，中共党员，朱庄煤矿地测科科长，履行地测防治水安全管理职责、负责地测防治水技术管理工作。对老空水危害认识不到位，防治水技术管理不到位，未明确要求放水期间撤出受水害威胁区域人员，钻孔放水量明显超过预计积水量后，未认真分析异常原因，未采取有效防范措施，对事故的发生负有主要责任。依据《安全生产领域违法违纪行为政纪处分暂行规定》第十二条规定，建议给予行政撤职处分；依据《安全生产违法行为行政处罚办法》第四十五条规定，建议处6000元罚款。

（3）石某国，中共党员，朱庄煤矿安监处掘进科科长，负责矿井掘进系统安全监督管理工作。对探放水期间存在的安全隐患监督检查不到位，对事故的发生负有重要责任。依据《安全生产领域违法违纪行为政纪处分暂行规定》第十二条规定，建议给予行政记大过处分；依据《安全生产违法行为行政处罚办法》第四十五条规定，建议处4000元罚款。

（4）詹某江，中共党员，朱庄煤矿采煤副矿长，负责采煤系统安全生产工作。对老空水危害认识不到位，安全责任制落实不到位，探放老空水时未要求撤出受水害威胁区域作业人员，对事故的发生负有领导责任。依据《安全生产领域违法违纪行为政纪处分暂行规定》第十二条规定，建议给予行政记过处分；依据《安全生产违法行为行政处罚办法》第四十五条规定，建议处9000元罚款。

（5）张某功，中共党员，朱庄煤矿掘进副矿长，负责掘进系统安全生产工

作。对老空水危害认识不到位，安全责任制落实不到位，探放老空水时未要求撤出受水害威胁区域作业人员，对事故的发生负有领导责任。依据《安全生产领域违法违纪行为政纪处分暂行规定》第十二条规定，建议给予行政记过处分；依据《安全生产违法行为行政处罚办法》第四十五条规定，建议处 9000 元罚款。

（6）张某春，中共党员，朱庄煤矿安监处处长，负责朱庄煤矿安全生产监督管理工作。对老空水危害认识不到位，安全责任制落实不到位，对探放水期间存在的安全隐患监督检查不到位，未要求撤出受水害威胁区域人员，对事故的发生负有重要领导责任。依据《安全生产领域违法违纪行为政纪处分暂行规定》第十二条规定，建议给予行政降级处分；依据《安全生产违法行为行政处罚办法》第四十五条规定，建议处 9000 元罚款。

（7）何某久，中共党员，朱庄煤矿总工程师，矿井安全生产技术第一责任人，对“一通三防”、水害防治等工作负责。对老空水危害认识不到位，防治水技术管理不到位，安全责任制落实不到位，未要求撤出受水害威胁区域人员，对事故的发生负有主要领导责任。依据《安全生产领域违法违纪行为政纪处分暂行规定》第十二条规定，建议给予行政撤职处分；依据《安全生产违法行为行政处罚办法》第四十五条规定，建议处 9000 元罚款。

（8）王某，朱庄煤矿党委书记，负责职工安全教育工作，与矿长共同承担安全生产领导责任。职工安全教育不到位，对老空水危害认识不到位，安全责任制落实不到位，未要求撤出受水害威胁区域人员，对事故的发生负有主要领导责任。依据《中国共产党纪律处分条例》第三十四条规定，建议给予撤销党内职务处分；依据《安全生产法》第九十二条规定，建议处 2017 年度个人年收入的 30% 罚款。

（9）苗某生，中共党员，朱庄煤矿矿长，朱庄煤矿安全生产第一责任人。对老空水危害认识不到位，安全责任制落实不到位，未要求撤出受水害威胁区域人员，对事故的发生负有主要领导责任。依据《安全生产领域违法违纪行为政纪处分暂行规定》第十二条规定，建议给予行政撤职处分；依据《安全生产法》第九十二条规定，建议处 2017 年度个人年收入的 30% 罚款。

（二）对责任单位处理建议

朱庄煤矿安全管理不到位，对“7·6”水害事故的发生负有责任。依据《安全生产法》第一百零九条规定，建议处罚款 50 万元。对事故中发现的朱庄煤矿迟报事故违法违规行为，淮北市安全生产监督管理局（煤炭局）拟立案处罚。

五、防范措施

（1）提高水害防治工作重视程度和认知能力。认真吸取淮北矿区水害事故教训，清醒认识煤矿防治水工作复杂程度，从思想上提高对老空水、顶板水、离层水等“头顶水”的重视。提高老空水害认知能力，探放老空水前，必须分析查明老空水体的空间位置、积水范围、积水量和水压等，坚持“查全、探清、放净、验准”四步工作法。

（2）加强防治水技术管理工作。提高探放水设计和安全技术措施针对性，明确探放老空水时受水害威胁的区域，合理确定排水和避灾路线。探放老空水时，发现放水量与预计积水量相差较大等异常情况时，认真分析原因采取有效措施进行处理。

（3）加强矿井安全管理和监督检查工作。增强依法管矿意识，探放老空水时，必须撤出探放水点标高以下受水害威胁区域所有人员。加强安全监督检查，严格落实探放水各项安全技术措施。严格落实煤矿井下生产安全紧急情况停产撤人规定，井下发生生产安全紧急情况时，现场人员必须先在第一时间停产撤人。矿井发生死亡或较大涉险事故时，由煤矿主要负责人及时向有关部门报告事故情况。

（4）加强职工安全教育培训工作。加强对职工防治水知识、水害应急预案、自救互救和避险逃生技能的培训，确保全体职工掌握井下突水征兆、应急处置等知识，熟悉避灾路线。

朱庄煤矿“7·6”水害事故教训深刻，影响较坏，责令朱庄煤矿向淮北矿业集团做出书面检查。淮北矿业集团要深刻吸取朱庄煤矿水害事故教训，举一反三，制定重大风险管控办法，强化重大风险过程管控，对风险管控情况与预计不符或达不到预期效果的，要立即停止生产，分析原因，重新制定管控措施并落实到位。

第四节　云南省大理白族自治州祥云县宏祥有限责任公司跃金煤矿“9·11”较大水害事故

2018 年 9 月 11 日 22 时，大理白族自治州祥云县宏祥有限责任公司跃金煤矿（以下简称“跃金煤矿”）发生一起较大水害事故，造成 4 人死亡，直接经济损失 919 万元。

事故抢险救援结束后，依据《中华人民共和国安全生产法》《煤矿安全监察条例》《生产安全事故报告和调查处理条例》等法律法规规定，2018 年 9 月 16 日，成立了跃金煤矿“9·11”较大水害事故调查组（以下简称“事故调查组”），由时任云南煤矿安全监察局大理监察分局局长朱帮能任组长，云南煤矿安全监察局大理监察分局，大理白族自治州安全生产监督管理局、公安局、工业和信息化委员会、总工会、国土资源局等部门相关人员为成员，同时，邀请大理白族自治州监察委员会派员参加，依法开展事故调查工作。

事故调查组坚持“科学严谨、依法依规、实事求是、注重实效”和“四不放过”的原则，下设直接原因组、间接原因组、救援评估组和综合组，经过现场勘察、调查取证、查阅相关资料和分析论证，查清了事故发生的时间、地点、经过、类别、原因、人员伤亡和直接经济损失，认定了事故性质和责任，提出了对有关责任人员和责任单位的处理建议，指出了事故暴露出的突出问题和教训，提出了事故防范措施。

一、事故单位基本情况

（一）公司概况

祥云县宏祥有限责任公司（以下简称宏祥公司）属自然人投资的有限责任公司，住所位于云南省大理白族自治州祥云县下庄镇沐滂村，成立于 1995 年 9 月 2 日，在祥云县市场监督管理局登记注册，注册资本陆仟陆佰万元整，统一社会信用代码为 91532923218721994Y，营业期限自 2005 年 9 月 5 日至 2035 年 9 月 5 日，法定代表人为张某良；总经理为张某超（负责采购、销售和财务工作，没有参与对跃金煤矿的安全生产管理）。

（二）煤矿概况

祥云县跃金煤矿属于普通合伙企业，成立于 2002 年 11 月 6 日，经营范围为煤炭开采销售，主要经营场所位于大理白族自治州祥云县鹿鸣乡鹿鸣矿区，在祥云县市场监督管理局登记，统一社会信用代码为 91532923781664642G，合伙期限为 2002 年 11 月 6 日至长期，执行事务合伙人为任大康（自 2011 年离开跃金煤矿，不再参与跃金煤矿的任何事务）。跃金煤矿于 2010 年被宏祥公司收购，跃金煤矿现有股东 6 人，分别是张某良、董某堂、李某香、邹某东、梁某虎、张某兴。邹某东为跃金煤矿安全生产管理的实际负责人。2018 年 4 月 21 日，跃金煤矿召开股东会议明确：邹某东代表股东在跃金煤矿进行监督管理，发现问题及时与各股东沟通处理，其余股东都不直接参与跃金煤矿安全生产现场管理。2018 年 5 月 20 日，跃金煤矿召开股东会议明确：跃金煤矿矿长为王某周、技术负责人为敖某永（2018 年 6 月 28 日经跃金煤矿股东同意其辞职）、生产副矿长为张某军、机电副矿长为李某（挂名副矿长，实际为跃金煤矿炊事员）、安全副矿长为毕某（挂名副矿长，实际为跃金煤矿驾驶员）。

（三）矿井概况

跃金煤矿位于祥云县城 150°方向，直线距离 20 km，地处大理白族自治州祥云县鹿鸣乡雄里村境内。地理坐标东经 100°46′27″～100°46′59″；北纬 25°14′24″～25°15′13″。跃金煤矿有约 1 km 矿山简易道路通过雄里—鹿鸣乡公路与 320 国道接连，煤矿至祥云县城 51 km，至大理 96 km，至昆明市约 334 km，交通较为方便。跃金煤矿周边有祥云县明珍煤矿（以下简称“明珍煤矿”）与之相邻，明珍煤矿位于跃金煤矿西北部，按照煤炭行业化解过剩产能相关政策要求，明珍煤矿于 2018 年 4 月 27 日被祥云县人民政府依法实施关闭退出，井口被填埋。祥云县跃金煤矿于 1995 年建设矿井，1996 年投产，核定生产能力为 30000 t/a，采矿许可证号 C5300002009031120005712，有效期限自 2015 年 7 月 29 日至 2017 年 7 月 29 日，安全生产许可证已注销。矿区面积为 0.4433 km^2，共有 7 个拐点圈定，开采深度由 +1700 m 至 +1535 m，矿井保有资源储量 0.63 Mt。矿井主要开采 K2、K3、K4 层煤，煤种为无烟煤，煤层倾角 40°～44°，K2 煤层厚 0.45～0.80 m，平均厚度 0.71 m；K3 煤层厚 0.65～1.04 m，平均厚度 0.84 m；K4 煤层厚 1.0～3.34 m，平均厚度 1.98 m。矿井水文地质类型中等，属低瓦斯矿井，开采的各煤层自燃倾向性均为Ⅲ类不易自燃，煤尘均无爆炸性。采煤方法为走向短壁式，一次采全高，全部垮落法管理顶板。采煤工艺为炮采，人工装煤。

（四）转型升级基本情况

按照《云南省人民政府关于促进煤炭产业转型升级实现科学发展安全发展的意见》（云政发〔2014〕18 号）和《云南省人民政府办公厅关于全省 90000 t/a 及以下煤矿立即停产整顿的通知》（云政办发〔2014〕19 号）要求，跃金煤矿于 2014 年 4 月停产，按照《云南省煤矿整顿关闭工作联席会议办公室关于大理州煤炭产业结构调整转型升级方案的审查确认意见》，确认以跃金煤矿为整合主体对周边零星资源进行整合，办理改 0.15 Mt/a 转型升级手续。2017 年 5 月 17 日，跃金煤矿取得《大理州工业和信息化委员会关于祥云县宏祥有限责任公司跃金煤矿资源整合技改项目初步设计的批复》（大工信复〔2017〕9 号），2017 年 6 月 23 日，煤矿取得《云南煤矿安全监察局关于祥云县宏祥有限责任公司跃金煤矿资源整合技改项目安全设施设计的批复》（云煤安技装〔2017〕90 号）。2017 年 7 月 29 日，跃金煤矿采矿许可证到期，故煤矿尚未投入建设。2018 年 3 月 19 日，按照煤炭行业化解过剩产能、产能置换相关政策要求，跃金煤矿同祥云县学斌煤矿、祥云县启兴煤矿签订协议，祥云县学斌煤矿、祥云县启兴煤矿自愿以产能入股的方式将自身产能合并到跃金煤矿，祥云县学斌煤矿、祥云县启兴煤矿按照政策关闭退出。2018 年 8 月 15 日，跃金煤矿整合技改项目取得核准批复。

（五）矿井安全生产系统概况

（1）开拓系统。跃金煤矿采用斜井开拓，共布置 3 个井筒，即主斜井、一号回风平硐、北翼回风平硐。主斜井开拓方位角 254°，坡度 26°，斜长 125 m，担负提升、运料、进风、行人任务；一号回风平硐开拓方位角 230°，全长 151 m，担负回风任务；北翼回风平硐开拓方位角 241°，全长 199 m，担负回风任务。井下布置有 2 个水平，即 +1550 m 水平（一水平）、+1495 m 水平（二水平）。+1550 m 水平运输大巷沿 K3 煤层布置，+1495 m 水平运输大巷沿 K2 煤层布置。跃金煤矿布置的现有巷道中，+1495 m 水平运输大巷、+1495 m 水平 14 号上山和 +1505 m 标高回风平巷等部分巷道位于跃金煤矿采矿许可范围外。

（2）防治水系统。跃金矿井未透水前 +1550 m 水平雨季涌水量为 60 m^3/d，+1495 m 水平雨季涌水量为 20 m^3/d。矿井采用两级排水，+1495 m 水平设置有 1 个临时水仓，安装有 2 台 QY10－165/6/11 型潜水泵，扬程 165 m，流量 10 m^3/h，电机功率 11 kW，沿暗斜井敷设有两趟 DN50 钢管。主斜井井底（+1550 m）设置有 1 个临时水仓，安装有 1 台 IS65－40－250 型单机离心排水泵和 1 台 QY10－165/6/11 型潜水泵，离心泵扬程 80 m，流量 50 m^3/h，电机功率 15 kW，潜水泵扬程 165 m，流量 10 m^3/h，电机功率 11 kW，井筒内敷设有 2 趟 DN50 钢管。+1495 m 水平涌水自流至暗斜井临时水仓，采用水泵排至 +1550 m 水平运输大巷，沿运输大巷自流至主斜井井底临时水仓，由水泵排出地面。

（3）通风系统。矿井通风方式为中央并列式，通风方法为机械抽出式。矿井在一号回风平硐引风道口安装了两台 FBCZ－No. 9. 0/11 型轴流式主要通风机，在北翼回风平硐安装了两台 FBCZ－No. 13 型轴流式主要通风机。

（4）安全监测监控及人员位置监测系统。矿井安装有 KJ70N 型安全监控系统和 KJ－305 型井下人员位置监测系统，均不能正常使用。

（5）通信联络系统。矿井井上下安装有 2 台 DAC－108L 程控电话交换机，井下井底车场、水泵房、机电硐室附近等安装有电话；地面调度室、主要通风机房、监测监控室、矿长办公室、井口等安装有电话。

（6）供水施救、消防和防尘系统。矿井地面建有 4 个消防、防尘、供水施救共用水池，总容积 245 m^3。矿井井下建立了消防、防尘系统，井下供水施救系统与消防、防尘水共管，主管为 DN50 型钢管，主管上每隔 100 m 设置支管和阀门。

（7）提升运输系统。煤矿主斜井及暗斜井采用矿用绞车串车提升，井下运输平巷采用电机车牵引矿车或人力推矿车运输。

（8）供电系统。矿井采用单回路电源线路供电，电源来自云南驿变电站，电压 10 kV；采用一台 GF－300 型柴油发电机作为备用电源，电压等级 380 V，功率 300 kW。

（9）压风自救系统。矿井地面空气压缩机房安装有一台 BK30－8 型螺杆式空气压缩机，压风管路敷设到井下各用风地点，井下未安装压风自救装置。

（10）救护系统。煤矿未与矿山救护队签订救护协议，没有设立兼职救护队，2018 年没有制定灾害预防与处理计划，没有制定应急救援预案。

（六）煤矿复产复工验收和违法违规情况

2017 年 7 月，跃金煤矿采矿许可证到期，祥云县国土资源局向其下达了停止井下采掘作业的监管指令。2018 年 4 月 28 日，祥云县煤炭工业管理局批复同意跃金煤矿开展巷道检修，检修工作地点为 4 号、5 号回风巷，检修时限为 4 月 29 日至 6 月 28 日。

2018 年 6 月 15 日，因祥云县万全煤矿发生一起顶板事故，故祥云县煤炭工业管理局责令跃金煤矿停止检修，并于 6 月 18 日向其下达了停止井下检修作业的监管指令，焊封井口。2018 年 8 月，煤矿拒不执行监管指令，擅自违法组织检修，2 次启封井口，并安排人员进入越界区域作业。

在违法生产期间，煤矿未建立健全安全生产管理机构，未建立健全安全生产责任制，未设置专门的防治水机构，未成立专门的探放水队伍，未编制探放水设计，未制定探放水安全技术措施。

为掩盖违法事实，跃金煤矿在主斜井井口右侧 14 m 处违法施工一个通到井下的非法井口。另外，煤矿在 +1550 m 水平运输大巷内设置一道活动密闭，该密闭距 +1495 m 水平暗斜井上口 29.5 m，密闭前设置铁栅栏，通过该密闭，人员方能进入 +1495 m 水平。

从 2014 年到事故发生，各级各部门到现场检查时，煤矿提供的图纸都没有填绘暗斜井和 +1495 m 水平的巷道。经核查认定，跃金煤矿开采深度超出最低许可开采标高 42 m，往西北方向平距超出允许开采范围约 266 m，其中位于已经关闭的祥云县明珍煤矿范围平距约 225 m。

2018 年以来，鹿鸣乡人民政府和祥云县煤炭工业管理局共计批准同意跃金煤矿调运工程煤 1200 t，经查，跃金煤矿实际外运煤炭和煤矸石共计 3430.29 t；另外，经现场测算煤仓内存煤和调查询问，煤仓内仍存有原煤 593.0496 t。经计算，跃金煤矿除正常检修产生工程煤 1353.53 t 外，违法生产原煤 593.0496 t，违法生产煤矸石 2076.76 t。

（七）安全监管情况

（1）大理州金剑保安服务有限公司。祥云县人民政府采用购买服务的形式，同大理州金剑保安服务有限公司签订合同，由金剑保安服务有限公司派遣劳务人员驻矿执勤、巡逻及盯守，发现停产整顿煤矿违法违规生产必须进行汇报，金剑保安服务有限公司承担劳务人员的管理责任。按照合同约定，金剑保安服务有限公司派遣2名保安对跃金煤矿实施24小时驻矿盯守巡查，对驻矿保安的履职情况进行不定期的抽查。经查，大理州金剑保安服务有限公司对驻矿保安的履职情况监督管理不严格，驻矿保安未认真履行职责，对跃金煤矿私自施工非法井口、擅自打开焊封的井口入井作业、主斜井提升违法生产煤炭等行为盯守不力，未能有效防范跃金煤矿人员擅自入井的行为。

（2）祥云县鹿鸣乡党委政府。负责鹿鸣乡安全生产属地管理、矿井停产整顿期间盯守和煤炭调运过磅工作。截至2018年9月11日，鹿鸣乡政府有关工作人员对跃金煤矿巡查检查20次。经查，祥云县鹿鸣乡党委政府在履行对跃金煤矿的安全生产属地管理、停产整顿期间盯守工作和煤炭调运把关等方面职责中存在差距，对跃金煤矿实际外运煤炭和煤矸石量明显超出批准调运量等行为失察。

（3）祥云县煤炭工业管理局。全面负责祥云县煤矿安全监管工作。2018年，祥云县煤炭工业管理局制定了煤矿安全监管执法工作计划，明确跃金煤矿为A类矿井，安全监管股每季度至少开展一次执法检查，监管一室结合实际每月至少开展2次执法检查，组织对跃金煤矿的井口进行了焊封并粘贴了封条。截至2018年9月11日，祥云县煤炭工业管理局对跃金煤矿开展检查共20次，检查过程中，对跃金煤矿的安全监管工作和煤炭调运的把关方面存在差距，对跃金煤矿驻矿保安监督管理不到位。

（4）祥云县国土资源局。负有协助上级划定矿区范围、采矿许可证监管、开展煤矿储量动态测量、查处非法采矿等职责。2017年7月29日，跃金煤矿采矿许可证到期，2017年7月31日，祥云县国土资源局向跃金煤矿下达了《采矿许可证到期通知》，要求煤矿停止一切开采作业活动。2017年8月至2018年9月，祥云县国土资源局动态巡查跃金煤矿10次，但未按照规定开展跃金煤矿储量动态测量工作，未适时、准确掌握煤矿资源储量保有、变化情况及变化的原因，对跃金煤矿采矿许可监管有差距，对跃金煤矿越界行为失察。

（5）祥云县人民政府。负责祥云县安全生产属地管理工作，明确了煤矿安全生产的领导分工和职责、监管部门及职责、乡镇职责，对煤矿安全实行县领导分片包干负责。成立了祥云县矿产资源综合执法局，主要负责打击辖区盗采矿产资源的违法违规行为，通过政府购买服务方式聘请了约60名保安驻矿盯守；明确了停产整顿矿井的副科级盯守领导和职责；县委政府相关领导不定期组织对辖区内煤矿开展暗查夜查，组织了安全大检查，安排部署了进一步深化依法打击和重点整治煤矿安全生产违法违规行为专项行动，转发了上级有关煤矿安全生产的文件。经查，祥云县人民政府在督促祥云县煤矿安全监管部门和乡镇人民政府落实进一步深化依法打击和重点整治煤矿安全生产违法违规行为专项行动过程中有差距，对煤矿安全监管工作的督促落实不到位。

二、事故基本情况

（一）事故区域

事故发生在跃金煤矿 +1495 m 水平（二水平）14 号上山迎头。14 号上山在距 +1495 m 水平北翼 K2 运输平巷迎头 6 m 处开口，距 K2 运输平巷底板 1 m，沿煤层正倾斜方向布置，宽 1.1 m，高 0.8 m，倾角 46°，巷道两帮采用木点柱支护，支护排距 1 m，柱径为 15 ~ 20 cm 不等；与回风平巷贯通后，沿煤层西北向伪斜布置，宽 2 m、高 0.8 m，倾角 30°，巷道两帮采用木点柱支护，支护排距 1 m，柱径为 15 ~ 20 cm 不等。14 号上山长 41 m，透水点位于该上山迎头，距 14 号上山与回风平巷交叉口 35 m 处。

（二）事故经过

2018 年 9 月 11 日，跃金煤矿共有职工 14 人，分别是邹某东（股东代表）、王某周（矿长）、吕某海（副矿长）、张某军（生产副矿长）、董某良（瓦检员）、黄某德（安全员）、邹某民（会计）、陈某方（出纳）、杨某有（电工、锅炉工）、朱某银（材料保管员）、朱某银（司机）、李某（机电副矿长、履行炊事员职责）、董某明、和某美。2018 年 9 月 11 日 18 时，邹某东、王某周、张某军、吕某海、邹某民、陈某方、李某共计 7 人在煤矿管理人员食堂（小食堂）吃饭；朱某银、朱某银、黄某德、董某良、董某明、和某美、杨某有共计 7 人在煤矿职工食堂（大食堂）吃饭。饭后，张某军返回云南驿老家，其余人员各自回到宿舍休息；18 时 30 分左右，跃金煤矿矿长王某周曾向邹某东说起跃金煤矿抽排水时间从平时最多抽 1.5 个小时左右延长至 5 个小时左右，矿井涌水量比平常大，具体原因不详；20 时，朱某银独自在宿舍内玩手机，突然听到宿舍外有人说话，便出门查看，看到王某周、吕某海、董某良、黄某德换好了工作服准备下井，同时听到王某周叫吕某海、董某良、黄某德快一点，朱某银没有理会，又返回宿舍休息；22 时，朱某银宿舍内安设的 15 号矿用通信电话响起，朱某银接起电话，电话里听到黄某德讲井下出水了，朱某银问是什么地方，电话那头并没有回答便挂断了。随即，朱某银跑到邹某东宿舍向其报告了电话内容。邹某东接到报告后，随即换了工作服从主斜井入井查看情况，发现+1495 m水平暗斜井落平点已被水淹没至梁头，同时水位仍在上涨，邹某东立即原路返回并出井。王某周、吕某海、董某良、黄某德4人被困在矿井内；22时36分，邹某东向张某良报告了事故情况，接到事故报告后，张某良进一步对事故情况进行了核实，并电话安排邹某东立即组织自救；23时2分，张某良将事故情况上报至祥云县煤炭工业管理局。

（三）事故时间

经调查认定，事故发生时间为2018年9月11日22时。认定依据如下：

（1）对职工朱某银的调查取证笔录显示，2018年9月11日22时，其宿舍内安设的15号矿用通信电话响起，朱某银接起电话，听到黄某德说井下出水了，没问出地点电话就被挂断。

（2）对股东邹某东的调查笔录显示：邹某东接到朱某银报告后，立即更换工作服从主斜井入井查看情况，发现+1495 m水平暗斜井落平点已被水淹至工字钢支架梁头，同时水位仍在上涨，邹某东立即从原路返回并出井；于22时36分向股东张某良报告了事故。从地面换好衣服到+1495 m水平暗斜井落平点附近来回需要30分钟左右。

（3）根据现场勘查，从跃金煤矿主斜井口到+1495 m水平暗斜井落平点附近来回需要30分钟，与调查取证笔录吻合。由此认定事故发生的时间为2018年9月11日22时。

（四）事故地点

经调查认定，事故发生在跃金煤矿+1495 m水平（二水平）14号上山迎头。认定依据：

（1）根据现场勘查和调查取证笔录，井下水淹区域水位标高+1497 m，该标高以下的+1495 m水平暗斜井、+1495 m水平车场绕道、+1495 m水平运输大巷等巷道被水淹没。

（2）现场勘查发现+1495 m水平14号上山可见明显被水冲刷的痕迹，上山内支柱被大量冲倒；与回风平巷相交后，往西北6 m处被煤矸石、杂物等堵塞严实，其他巷道无透水迹象。

（3）+1495 m水平北翼K2运输巷内堆积煤矸石及淤泥，堆积厚度从外往里逐渐增厚，堆积最厚处距巷道顶板为0.5 m。

（4）在4名遇难人员中，有3名位于14号上山内，1名遇难人员位于+1505 m标高回风平巷内，距14号上山与回风平巷交叉口2 m处，符合14号上山迎头透水，遇难者遗体被水冲入回风平巷内的规律。

（五）人员伤亡情况

事故共造成 4 人死亡。按照抢险救援指挥部安排，对入井人员进行调查核实，确认入井人数为 4 人，祥云县矿山救护队 16 次入井对水淹区域进行侦查和搜寻，没有发现其他遇难者。由大理白族自治州公安局对死者 DNA 进行鉴定并组织死者家属指认，确定遇难人员为王某周、吕某海、董某良、黄某德。

（六）直接经济损失

依据《企业职工伤亡事故经济损失统计标准》(GB 6721—1986）等标准和有关规定统计，事故直接经济损失 919 万元。

（七）事故类别

经现场勘查和调查取证，结合事故救援报告，认定本次事故类别为水害事故，主要依据如下：

（1）现场勘查，+1495 m 水平暗斜井内有积水，水位标高 +1497 m，该标高以下的 +1495 m 水平暗斜井井底车场、+1495 m 水平车场绕道、+1495 m 水平运输大巷等巷道被水淹没，+1495 m 水平运输大巷有被水冲刷痕迹，巷道内堆积大量煤矸石、杂物。

（2）现场勘查发现 14 号上山可见明显被水冲刷的痕迹，14 号上山内支柱被大量冲倒。

（3）抢险救援过程中，+1495 m 水平运输大巷等被水淹区域积水排完后，共计排水 2460 m^3。

（4）调查询问笔录均证实井下发生透水。

（5）祥云县司法鉴定中心出具的鉴定文书证明王某周、黄某德、董某良均为溺水死亡，吕某海为闭合性胸部损伤死亡。

（八）积水来源

经调查认定，透水水源来为明珍煤矿巷道积水，认定依据如下：

（1）明珍煤矿于 2018 年 4 月 27 日关闭后，停止从井下抽水，每天 22 ~ 24 m^3 的涌水量都积存在废弃的井巷内。经现场勘查并比对明珍煤矿图纸，在跃金煤矿透水前，明珍煤矿 +1570 m 水平主运输巷水深 0.8 m，+1570 m 标高以下的主斜井井筒和 +1500 m 水平全部巷道均被水淹没。透水后，明珍煤矿主斜井仍留有积水，积水水位标高为 +1514 m。透水前后计算得出有 56.8 m 高程差，计算得出透水点透水前的水压约 0.56 MPa。

（2）跃金煤矿部分被淹区域、14 号上山均处于明珍煤矿的采矿范围，14 号上山迎头前方为明珍煤矿 +1500 m 水平上山。

（3）根据明珍煤矿提供的图纸和对明珍煤矿原矿长李显新的调查取证笔录

显示，明珍煤矿 +1500 m 水平至 +1570 m 水平之间无采空区。另外，该区域无明显断层、裂隙导水带等导水构造。

（4）无地表水溃入跃金煤矿、明珍煤矿的迹象；另外，透水前，跃金煤矿井下无水淹区域。

（5）透水后明珍煤矿主斜井留存的积水水位标高为 +1514 m。根据跃金煤矿、明珍煤矿提供的图纸以及上山的宽度，认定透水点为明珍煤矿 +1500 m 水平上山（宽度为 3 m）内，透水点标高为 +1515 m。

（九）透水量

（1）跃金矿井未透水前 +1550 m 水平雨季涌水量为 60 m^3/d，+1495 m 水平雨季涌水量为 20 m^3/d。根据现场救援指挥部对排水水量的统计，截至 9 月 14 日 6 时 30 分，累计已排出水量 2460 m^3，基本排完溃入 +1495 m 水平的水，减去正常涌水量 400 余立方米，计算得出透水量为 2000 余立方米。

（2）根据现场勘查和明珍煤矿提供的图纸，透水前，明珍煤矿主斜井 160 m 全部被淹（水位标高为 +1570.8 m）、+1570 m 水平运输平巷和石门 824 m 积水深 0.8 m，+1500 m 水平运输平巷和上山 161 m 全部被淹，积水量大约 3400 m^3；根据明珍煤矿关闭前正常涌水量为 22～24 m^3/d，关闭时至事故发生时共计 137 天，计算得出透水前明珍煤矿的总积水量为 3000～3300 m^3。透水后，明珍煤矿主斜井仍有 32 m（水位标高为 +1514 m）及以下的井巷被全部被淹，计算剩余的积水量约 800 m^3。通过计算，透水量为 2000 余立方米。

认定透水量为 2000 余立方米。

（十）诱发透水原因

经调查取证，分析认定此次透水事故是王某周等 4 人在 14 号上山迎头违章冒险用风煤钻进行探放水，贯通已关闭矿井的积水威胁区域发生溃水，导致事故的发生。认定依据如下：

（1）根据现场勘查及救援报告，在遇难人员旁边发现风煤钻机及钻杆，风煤钻与压风管连接。

（2）跃金煤矿在超出煤矿采矿许可范围内布置巷道，14 号上山与明珍煤矿布置于 +1500 m 水平的上山（沿 K2 煤层正倾斜方向布置）十分接近，擅自入井排查 +1495 m 水平涌水量增大原因，冒险探放水，是造成本次透水事故的诱发因素。

三、事故应急处置情况

（1）抢险救援情况事故发生后，煤矿组织了自救。2018 年 9 月 11 日 23 时

02 分，祥云县煤炭工业管理局接到事故报告后，立即安排祥云县矿山救护队值班小队赶赴事故矿井进行救援，祥云县煤炭工业管理局向祥云县委、县人民政府报告事故情况后，祥云县委、县人民政府立即启动Ⅲ级事故应急预案，祥云县人民政府县长带领县直有关部门人员于 9 月 12 日 1 时 30 分赶到事故现场，成立了以县长为指挥长，云南煤矿安全监察局大理监察分局局长、县委副书记（组织部长）、县委常委（县委政法委书）、县委常委（常务副县长）、副县长（县公安局长）为副指挥长的现场抢险救援指挥部，组织事故抢险救援。

9 月 12 日 5 时 30 分，大理州人民政府副州长率领州工信、安监、公安、国土等部门负责人赶到跃金煤矿，成立了以副州长为指挥长，祥云县人民政府县长等为副指挥长，有关部门主要负责人为成员的应急救援指挥部，指挥部下设综合组、现场抢险救援组、后勤保障组、卫生医疗救护组、善后处理组、安全保障组、事故调查组、新闻舆论引导组等 8 个工作小组，迅速开展事故抢险救援及善后处理工作。

云南煤矿安全监察局副局长率领相关处室和救援指挥中心人员、省煤炭工业管理局副局长、省安全生产监督管理局副局长率相关处室人员及专家先后赶到事故现场，指导、协调救援工作，全力以赴搜救被困人员。

抢险救援指挥部共调集祥云县矿山救护队、东源矿山救护队、临沧市矿山救护队等 3 支专业矿山救护队和附近煤矿职工约 400 人，并从曲靖市调集大型排水设备、设施积极开展抢险救援工作。9 月 16 日 17 时 58 分，井下 4 名遇难矿工遗体全部运送出井。至此，抢险救援工作结束。

（2）善后情况。事故发生后，祥云县人民政府组织县有关部门、鹿鸣乡人民政府和煤矿成立了善后处理工作组，指导跃金煤矿依照有关规定与遇难矿工家属进行协商签署了赔偿协议，妥善处理了善后事宜。

四、事故原因及性质

根据事故现场勘察、调查取证笔录以及其他有关资料分析，按照相关规定，分析认定了事故原因和性质。

（一）直接原因

相邻的明珍煤矿关闭后，巷道内存在大量积水，跃金煤矿违法越界开采，在明珍煤矿积水区域下方布置巷道工程；王某周等 4 人冒险用风煤钻在 14 号上山迎头探放水，明珍煤矿积水突然涌出导致事故发生。

（二）间接原因

（1）跃金煤矿违法组织生产作业。一是煤矿拒不执行安全监管指令，擅自启封井口入井作业，采用假密闭、假图纸蓄意逃避监管，布置非法井口，掩盖违法事实；二是煤矿越界开采，停产整顿期间违法生产。

（2）跃金煤矿安全管理混乱。煤矿未建立健全安全生产管理机构，未建立健全安全生产责任制和安全管理制度，矿长我行我素、冒险蛮干，副矿长不具备履职能力，未开展安全生产隐患排查治理工作，未编制探放水设计，未制定探放水安全技术措施，未建立兼职救护队。

（3）大理州金剑保安服务有限公司。对驻矿保安的履职情况监督管理不严格；驻矿保安未认真履行巡逻及盯守职责，对跃金煤矿私自施工非法井口、擅自打开焊封的井口入井作业、主斜井提升违法生产煤炭等行为盯守不力，未能有效防范跃金煤矿人员擅自入井的行为。

（4）鹿鸣乡人民政府履行煤矿安全生产属地管理工作不扎实，对停产整顿矿井盯守不力，督促乡镇安监办落实煤矿安全监管责任有差距，对乡镇煤管站煤炭调运监督管理不到位，对跃金煤矿违法生产行为失察。

（5）祥云县煤炭工业管理局履行煤矿安全监管职责有差距。落实国家、省、州有关文件规定不到位；对辖区内煤矿的安全生产监督管理工作不扎实；组织开展煤矿“打非治违”、打击“五假五超”等工作不力，对跃金煤矿越界开采、未经批准擅自组织人员入井作业行为失察；未能有效督促驻矿保安和挂矿监督员认真履职；对煤炭调运实际情况监督不到位。

（6）祥云县国土资源局未按照规定开展跃金煤矿储量动态测量工作，未适时、准确掌握煤矿资源储量保有、变化情况及变化的原因，履行采矿许可监督管理职责有差距。对辖区内的跃金煤矿长期存在越界开采行为监督不到位。

（7）祥云县人民政府落实煤矿安全生产属地管理职责有差距。贯彻落实党和国家安全生产法律法规、方针政策和上级党委、政府有关煤矿安全生产工作有差距，督促祥云县煤炭工业管理局落实煤矿“打非治违”、打击“五假五超”等工作力度不够。

（三）事故性质

经调查，跃金煤矿“9·11”水害事故是一起责任事故。

五、对事故有关责任人员及责任单位的处理建议

事故调查组根据事故原因和事故性质划分了事故责任，依据有关法律法规和党纪政务处分规定，对事故有关责任人员及责任单位提出处理建议：建议给予政务处分16人（科级以下人6人，科级8人，县处级2人）；建议追究刑事责任3人（煤矿1人，驻矿保安2人）；建议实施行政处罚4人；建议处理责任单位6

个；建议对煤矿给予罚款并实施关闭。

（一）不再追究责任人员

（1）王某周，跃金煤矿矿长。拒不执行安全监管指令，擅自启封跃金煤矿井口铁门，带领吕某海、董某良、黄某德进入越界区域冒险作业，对此次事故的发生负有直接责任。鉴于已在事故中死亡，不再追究责任。

（2）吕某海、董某良、黄某德，擅自启封跃金煤矿井口铁门入井，进入越界区域冒险作业，违规探放水，对此次事故的发生负有直接责任。鉴于已在事故中死亡，不再追究责任。

（二）建议移交司法机关处理人员

（1）邹某东，跃金煤矿投资人，代表股东负责煤矿安全生产工作，煤矿安全生产管理的实际负责人。拒不执行监管指令，停产整顿期间擅自组织生产作业，越界开采，对此次事故的发生负有主要责任，依据《煤矿安全监察条例》第四十四条第（二）、（四）项和《国务院关于预防煤矿生产安全事故的特别规定》（中华人民共和国国务院令第 446 号）第十一条第三款的规定，建议移交司法机关追究其刑事责任。

（2）陈某荣，大理州金剑保安服务有限公司职员。按照该公司与祥云县人民政府签订的合同约定，派驻跃金煤矿对煤矿井口实施巡逻及盯守，未认真履行岗位职责，未有效防范跃金煤矿擅自组织作业人员入井行为，对此次事故的发生负有主要责任，依据《中华人民共和国安全生产法》第八十七条第二款的规定，建议移交司法机关追究其刑事责任。

（3）罗某，大理州金剑保安服务有限公司职员。按照该公司与祥云县人民政府签订的合同约定，派驻跃金煤矿对煤矿井口实施巡逻及盯守，未认真履行岗位职责，未有效防范跃金煤矿擅自组织作业人员入井行为，对此次事故的发生负有主要责任，依据《中华人民共和国安全生产法》第八十七条第二款的规定，建议移交司法机关追究其刑事责任。

（三）建议给予政务处分人员

（1）左某华，中共党员，祥云县鹿鸣乡煤管站站长，负责鹿鸣乡煤炭外运过磅工作。对跃金煤矿煤炭调运把关不严，对这起事故的发生负有重要责任。依据《中国共产党问责条例》《中华人民共和国监察法》和《事业单位工作人员处分暂行规定》的规定，建议给予免职处分。

（2）米某勤，中共党员，祥云县鹿鸣乡安监办主任，负责鹿鸣乡煤矿安全生产工作。开展煤矿安全检查工作不深不细，对跃金煤矿未经批准擅自安排人员入井作业违法行为失察，对这起事故的发生负有重要责任。依据《中国共产党问责条例》《中华人民共和国监察法》和《公职人员政务处分暂行规定》的规定，建议给予政务撤职处分。

（3）张某文，中共党员，祥云县鹿鸣乡副乡长，分管鹿鸣乡煤矿安全生产工作。开展煤矿安全检查工作不深不细，督促鹿鸣乡安监办落实煤矿安全监管职责有差距，对跃金煤矿未经批准擅自安排人员入井作业违法违规行为失察，对鹿鸣乡煤管站煤炭调运监督管理不到位，对这起事故的发生负有主要领导责任。依据《中国共产党问责条例》《中华人民共和国监察法》《公职人员政务处分暂行规定》和《地方党政领导干部安全生产责任制规定》的规定，建议给予政务记过处分。

（4）杨某永，中共党员，祥云县鹿鸣乡党委副书记，跃金煤矿副科级领导盯守责任人。落实副科级领导盯守责任有差距，对跃金煤矿煤炭调运把关不严，对这起事故的发生负有主要领导责任。依据《中国共产党问责条例》《中华人民共和国监察法》《公职人员政务处分暂行规定》和《地方党政领导干部安全生产责任制规定》的规定，建议给予政务记大过处分。

（5）史某荣，中共党员，祥云县鹿鸣乡乡长，全面负责鹿鸣乡人民政府工作。组织开展煤矿安全"属地管理"工作不扎实，督促落实煤矿安全检查严、细、实有差距，对这起事故的发生负有重要领导责任。依据《中国共产党问责条例》《中华人民共和国监察法》《公职人员政务处分暂行规定》和《地方党政领导干部安全生产责任制规定》的规定，建议给予诫勉问责，并责令做出深刻书面检查。

（6）李某志，中共党员，祥云县鹿鸣乡党委书记，全面负责鹿鸣乡党委工作。履行对煤矿安全生产"党政同责，一岗双责"有差距，对这起事故的发生负有重要领导责任。依据《中国共产党问责条例》《中华人民共和国监察法》《公职人员政务处分暂行规定》和《地方党政领导干部安全生产责任制规定》的规定，建议给予诫勉问责，并责令做出深刻书面检查。

（7）张某兴，祥云县煤炭工业管理局监管一室主任，负责鹿鸣乡煤矿监管工作。开展煤矿安全生产监督管理工作不扎实；开展煤矿"打非治违"、打击"五假五超"等工作不力；对跃金煤矿越界开采、未经批准擅自组织人员入井作业行为失察，对跃金煤矿驻矿保安监督管理不到位，对这起事故的发生负有重要责任。依据《中国共产党问责条例》《中华人民共和国监察法》和《事业单位工作人员处分暂行规定》的规定，建议给予免职处分。

（8）赵某贵，祥云县煤炭工业管理局安全监管与信息化管理股股长，负责祥云县煤矿安全监管协调和督促工作。对监管一室日常监管工作督促不力，对这起事故的发生负有重要责任。依据《中国共产党问责条例》《中华人民共和国监察法》和《公职人员政务处分暂行规定》的规定，建议给予政务记过处分。

（9）王某福，中共党员，祥云县煤炭工业管理局副局长，分管煤矿安全监管工作。对监管一室、安全监管与信息化管理股的工作监督管理不到位；组织开展煤矿“打非治违”和打击“五假五超”等工作不力，对这起事故的发生负有主要领导责任。依据《中国共产党问责条例》《中华人民共和国监察法》和《公职人员政务处分暂行规定》的规定，建议给予政务记过处分。

（10）刘某云，中共党员，祥云县煤炭工业管理局局长，全面负责祥云县煤炭工业管理局工作，落实国家、省、州有关文件规定不到位，组织开展日常监管、安全检查、“打非治违”和打击“五假五超”工作不严不细；对这起事故的发生负有重要领导责任。依据《中国共产党问责条例》《中华人民共和国监察法》和《公职人员政务处分暂行规定》的规定，建议给予政务警告处分。

（11）吕某商，祥云县国土资源局鹿鸣国土资源管理所所长，全面负责鹿鸣乡辖区国土资源管理工作。对跃金煤矿越界行为失察，对这起事故的发生负有重要责任。依据《中国共产党问责条例》《中华人民共和国监察法》和《公职人员政务处分暂行规定》的规定，建议给予政务记过处分。

（12）张某，中共党员，祥云县国土资源局矿产股股长兼矿产资源管理所所长，负责辖区矿产资源执法监察工作。对跃金煤矿越界开采行为失察，对这起事故的发生负有重要责任。依据《中国共产党问责条例》《中华人民共和国监察法》和《公职人员政务处分暂行规定》的规定，建议给予政务记过处分。

（13）阮某帮，中共党员，祥云县矿产资源综合执法局局长，负责辖区内打击私挖盗采综合执法，分管祥云县国土资源局矿产资源管理所。对矿产资源管理所监督管理不严，对跃金煤矿越界开采行为失察，对这起事故的发生负有主要领导责任。依据《中国共产党问责条例》《中华人民共和国监察法》和《公职人员政务处分暂行规定》的规定，建议给予政务警告处分。

（14）王某德，中共党员，祥云县国土资源局局长，负责祥云县国土资源局全面工作。对矿产资源管理所监督管理有差距，对这起事故的发生负有重要领导责任。依据《中国共产党问责条例》《中华人民共和国监察法》和《公职人员政务处分暂行规定》的规定，建议给予诫勉问责，并责令做出深刻书面检查。

（15）自某海，中共党员，祥云县人民政府常务副县长，分管安全生产等工作。贯彻落实煤矿打非治违工作有差距，对祥云县煤炭工业管理局未认真履行监管职责失察，对“9·11”较大水害事故发生负有重要领导责任。依据《中国共产党问责条例》《中华人民共和国监察法》《公职人员政务处分暂行规定》和《地方党政领导干部安全生产责任制规定》的规定，建议对其进行诫勉谈话，并责令做出深刻书面检查。

（16）黑某锋，中共党员，祥云县委副书记，祥云县人民政府县长。对祥云县煤矿安全生产监管工作督促有差距，对"9·11"较大水害事故的发生负有重要领导责任。建议责令其向大理白族自治州人民政府做出深刻书面检查。

（四）建议给予行政处罚人员

（1）张某军，跃金煤矿生产副矿长。未督促落实本单位安全生产规章制度和操作规程，未督促落实本单位重大危险源的安全管理措施，未检查本单位的安全生产状况，未排查生产安全事故隐患，未提出改进安全生产管理的建议，对此次事故的发生负有重要责任。违反《云南省安全生产条例》第十七条第（一）项和《中华人民共和国安全生产法》第二十二条的规定，依据《安全生产违法行为行政处罚办法》第四十五条第（一）项和《中华人民共和国安全生产法》第九十三条的规定，建议给予警告，并处1万元的罚款，撤销其安全生产知识和管理能力考核合格证。

（2）李某，跃金煤矿机电副矿长（挂名副矿长）。未督促落实本单位重大危险源的安全管理措施，未检查本单位的安全生产状况，未排查生产安全事故隐患，未提出改进安全生产管理的建议，对此次事故的发生负有重要责任。违反《中华人民共和国安全生产法》第二十二条的规定，依据《中华人民共和国安全生产法》第九十三条的规定，建议撤销其安全生产知识和管理能力考核合格证。

（3）毕某，跃金煤矿安全副矿长（挂名副矿长）。未督促落实本单位重大危险源的安全管理措施，未检查本单位的安全生产状况，未排查生产安全事故隐患，未提出改进安全生产管理的建议，对此次事故的发生负有重要责任。违反《中华人民共和国安全生产法》第二十二条的规定，依据《中华人民共和国安全生产法》第九十三条的规定，建议撤销其安全生产知识和管理能力考核合格证。

（4）张某良，宏祥公司法定代表人，跃金煤矿主要投资人，煤矿安全生产第一责任人。未履行安全生产第一责任人的职责，未建立健全本单位安全生产责任制，未组织制定本单位安全生产规章制度和应急救援预案，未督促、检查本单位的安全生产工作，及时消除生产安全事故隐患，对此次事故的发生负有重要责任。违反《中华人民共和国安全生产法》第十八条的规定，依据《中华人民共和国安全生产法》第九十二条的规定，建议对其处上一年年收入的40%罚款。经调查，不能确定其上一年实际收入，依据《生产安全事故罚款处罚规定》第四条第二款第（一）项规定，其上一年年收入按照云南省上一年度职工平均工资 73515 元的 9 倍计算，计算得出其上一年收入为 66.1635 万元，建议处罚款 26.4654 万元。

（五）对跃金煤矿处理建议

（1）拒不执行监管指令，擅自启封井口入井进入越界区域作业，导致事故发生，依据《中华人民共和国安全生产法》第一百零九条的规定，建议处罚款 95 万元。

（2）违法生产原煤 593.0496 t，单价为 620 元/t；违法生产煤矸石 2076.76 t，单价为 200 元/t。合计违法所得 78.2962 万元。违反《国务院关于预防煤矿生产安全事故的特别规定》（中华人民共和国国务院令第 446 号）第十一条第三款的规定，依据《国务院关于预防煤矿生产安全事故的特别规定》（中华人民共和国国务院令第 446 号）第十一条第三款的规定，建议没收跃金煤矿违法所得 78.3043 万元，并处 3 倍罚款 234.9129 万元。

（3）发生较大事故，依据《国务院办公厅关于进一步加强煤矿安全生产工作的意见》（国办发〔2013〕99 号）第一条第（一）项的规定，建议提请祥云县人民政府对跃金煤矿依法予以关闭，有关颁证机关依法吊销相关证照。

（六）对大理州金剑保安服务有限公司处理建议

按照与祥云县人民政府合同约定，由金剑保安服务有限公司派遣人员驻矿执勤、巡逻及盯守，发现停产整顿煤矿违法违规生产行为进行监督汇报，承担劳务人员的管理责任。对派驻的保安员疏于管理、教育和培训，对此次事故的发生负有责任。依据《保安服务管理条例》（中华人民共和国国务院令第 564 号）第四十三条第一款第（五）项的规定，建议由祥云县公安局依法进行处理。

（七）对党委政府及监管部门处理建议

建议责令鹿鸣乡党委、政府向中共祥云县委、县人民政府做出深刻书面检查；责令祥云县煤炭工业管理局、祥云县国土资源局向中共祥云县委、县人民政府做出深刻书面检查；责令祥云县人民政府向大理白族自治州人民政府做出深刻书面检查。

六、事故防范措施

跃金煤矿“9·11”较大水害事故的发生，影响恶劣，教训深刻，为防止类似事故再次发生，提出以下防范措施。

（1）切实加强煤矿“打非治违”工作。祥云县人民政府及相关部门要认真组织开展煤矿“打非治违”专项行动，重点打击超层越界开采的矿井、违法违规生产的矿井、边建设边生产的矿井、未经复产验收擅自恢复生产的矿井和私挖滥采等。要把煤矿“打非治违”与关闭退出工作相结合，将水患、瓦斯灾害严重、整治无效的小煤矿纳入关闭退出对象，严格落实煤矿“打非治违”工作责任，对“打非”工作不力的单位，要严肃追究相关责任人员的责任。

（2）切实做好停产整顿煤矿盯守工作。祥云县人民政府和相关部门要严格按照云政办发〔2014〕19 号文及上级有关要求，对 90000 t/a 及以下停产整顿的煤矿，要指定专人盯守，进一步明确盯守责任，确保真盯、真停，坚决防止明停暗开。要加大对正常生产建设煤矿的巡查检查力度，对照安全质量标准化标准开展隐患排查。

（3）切实做好煤矿隐蔽致灾因素普查和矿井防治水工作。祥云县人民政府、监管部门、乡镇人民政府和煤矿企业要深刻吸取本次事故教训，切实做好煤矿水患隐蔽治灾因素普查和矿井防治水工作，尤其要查清资源整合、矿界重叠、受地面水威胁的煤矿以及小煤矿比较集中的矿区水体情况，制定水害防治计划和防治措施，督促煤矿划定警戒线和禁采线，坚决打击和严厉查处擅自开采保安煤柱等违法行为。祥云县所有生产建设矿井必须健全防治水机构，配齐探放水人员，购置探放水设备，配备物探设备，井下作业必须严格坚持“预测预报、有疑必探、先探后掘、先治后采”的原则，探放水措施不落实的要责令停产整顿。

（4）坚决禁止长期停产煤矿开展检修作业。祥云县要认真落实大理白族自治州安全生产委员会和工业和信息化委员会的安排部署，坚决禁止长期停产煤矿开展检修作业。对拒不执行监管指令，未经批准擅自入井的煤矿，一经发现，坚决提请关闭退出，严格执行“四个一律”规定，对触犯法律的有关单位和人员，严格依法追究法律责任，构成犯罪的，坚决移送司法机关追究刑事责任。

（5）切实加大煤矿安全监管工作力度。针对这起事故暴露出祥云县煤矿安全监管工作不严不细，日常安全监管存在缺位、失效等问题：一是煤矿安全监管部门要切实加大对安全基础薄弱、安全管理混乱、矿井灾害严重、违法违规生产现象突出的煤矿企业的监管力度；二是要加大对煤矿监管人员的培训力度，提高煤矿专业技术管理水平与行政执法能力；三是要认真研究驻矿保安的管理体制、用人机制存在的问题，加强对驻矿保安的监管，强化驻矿保安责任，促使其认真履行职责，彻底扭转驻矿保安“形同虚设”的现状，对不负责任、知情不报甚至失职渎职的人员要严肃处理；涉嫌犯罪的，移送司法机关依法追究刑事责任；四是对煤矿的违法违规行为要严处重罚；五是对停产整顿矿井要严控煤炭外运。

（6）切实提高煤矿应急救援能力。祥云县人民政府要结合这次事故暴露出救援工作的薄弱环节：一是结合矿山救护队建设工作要求，完善应急演练制度，提高队伍的应急响应和科学施救能力；二是完善救援装备和物资储备，重点储备大型通风、排水、机电、钻探、破拆、支护等救援设备；三是建立健全矿山应急救援物资储备、调用、配送体系，形成政府领导、部门配合、社会参与、统一指挥、协调有序、保障有力、处置高效的矿山应急工作格局；四是要加强煤矿兼职救护队建设，建立救援预案，落实机构、人员、装备，加强演练，提高救援能力。

第五节　江西省新余市分宜县双林镇白水村麻竹坑煤矿“10·12”较大水害事故

2018 年 10 月 12 日 3 时 55 分，分宜县双林镇白水村麻竹坑煤矿（以下简称“麻竹坑煤矿”）发生一起较大透水事故，造成 3 人死亡，直接经济损失 399.77 万元。

依据《中华人民共和国安全生产法》《煤矿安全监察条例》（国务院令第 296 号）和《生产安全事故报告和调查处理条例》（国务院令第 493 号）的规定，由江西煤矿安全监察局赣中监察分局（以下简称“赣中监察分局”）会同新余市监察委、安全监察局、公安局、总工会，成立了分宜县双林镇白水村麻竹坑煤矿“10·12”较大透水事故调查组（以下简称“事故调查组”），事故调查组下设技术组、管理组和综合组，并聘请 3 名专家参与事故调查，全面开展事故调查工作。

事故调查组坚持“科学严谨、依法依规、实事求是、注重实效”的原则，通过现场勘查、调查取证、专家论证，查明了事故发生的经过、原因、人员伤亡和直接经济损失，认定了事故性质和责任，提出了对有关责任人员和责任单位的处理建议，并针对事故原因和暴露的突出问题，提出了防范措施。

一、事故单位基本情况

（一）煤矿概况

麻竹坑煤矿位于江西省新余市分宜县双林镇白水村境内，矿区范围面积 0.614 km^2。该矿属个人合伙私营企业，法人代表黄某平，股东及股份构成情况：朱某鹏占股 33.28%，李某根占股 32.55%，黄某平占股 24.74%，林某生占股 5.33%，黄某生占股 4.10%。

矿井始建于 1996 年，核定生产能力 40000 t/a，采矿许可证、安全生产许可证、工商营业执照均在有效期内。矿井设置了安全生产管理机构、配备了安全生产管理人员，矿长黄某平、安全副矿长钟某根、生产副矿长黄某生、机电副矿长林某生、总工程师高某华，上述5人均持有有效的安全生产知识和管理能力考核合格证。

矿井采用立井和斜井开拓，布置有主立井、一号副立井、二号副立井、西立井、东斜井共5个井筒，分东西两翼开采，采用俯伪斜柔性掩护支架采煤法，全部垮落法管理顶板。

矿井主采B4煤层，属低瓦斯矿井，煤层厚度0~5 m，平均煤厚2.39 m，煤层倾角大多在25°~45°，开采标高为+276~-400 m。

矿井安装有安全监控、人员定位、通信联络、供水施救和压风自救系统。

矿井采用一级排水方式，东斜井+8 m水平涌水由东斜井流入-170 m水平水仓，井下涌水由-170 m水平水仓直排地面，排水系统能满足正常排水需要。矿井配备了一台ZL-380型专用探放水钻机，有经过培训考核合格的探放水特种操作人员2人，编制了雨季三防措施、防治水制度、年度防治水计划以及煤矿灾害预防和处理计划、水害事故应急救援预案等技术资料。

2017年，该矿生产原煤32000 t，2018年到事故发生前生产原煤13500 t。职工人数65人，采用三班制作业。

（二）矿井水文地质

2012年，江西工程物探新技术开发公司对井田东北部区域开展水文物探，查出了-140 m以上共有5处含水采空区。2018年矿井委托江西省煤田地质局二二四地质队编制了《水文地质类型划分报告》，水文地质类型中等，明确提出了防治水工作建议：据物探勘查成果报告，矿区东北部有积水异常区，发育标高在+171.2~-111.0 m，在开采东北部煤层时应做好超前探水工作。矿井正常涌水量为8.5 m^3/h，最大涌水量为14.5 m^3/h。

（三）事故区域采掘活动及防治水工作开展情况

事故发生在东斜井+8 m水平探煤上山尽头处（标高+58.10 m）及以下25 m范围内。东翼原开采区域资源已基本枯竭，2018年9月初，矿长黄某平和生产副矿长黄某生商定到东斜井+8 m水平区域开展探煤作业，并告知了其他管理人员。于是，矿井安排人员打开密闭，对东斜井+8 m水平煤大巷及2018年以前已经施工的探煤上山（1号点①至18号点的巷道）进行维修，10月初巷道维修工作结束，继续掘进原探煤上山（从18号点开始施工），探明该区域的煤层赋存情况。该掘进工作面每天中班（16时~24时）、晚班（零时~8时）作业，早班（8时~16时）不作业。

+8 m水平探煤上山布置在B4煤层中，煤层厚度不稳定，在0.5~2.8 m，最大厚度约4 m，局部尖灭，倾角20°~60°，直接顶为深灰色页岩、层理发育，基本顶为深灰色粉砂岩和石英细砂岩。巷道设计坡度 20°（实际施工沿煤掘进，坡度不一），梯形断面，净高 2.0 m，上部净宽 1.8 m，下部净宽 2.2 m，使用木支护，棚距 0.6 m，并使用抬棚加强支护。

+8 m 水平探煤上山自 10 月初开始掘进累计掘进约 30 m，因迎头煤层尖灭，停止掘进并回撤捡煤。10 月 11 日中班，矿井开始自迎头向后退约 35 m，从巷道左邦开门处继续掘进探煤（开门处原先已掘进 1 架棚，约 0.6 m），当班架设 2 架棚，掘进 1.2 m，累计架设 3 架棚，掘进约 1.8 m。

矿井编制了“斜井 +8 m 水平探煤上山掘进探放水安全技术措施”，分析了掘进过程中可能受采空区积水、钻孔导通含水层等水害威胁，要求边探边掘。探水作业设计 3 个钻孔，使用 ZL－380 型（钻探能力 75 m）的坑道钻机，探水距离 30 m，掘进 10 m，保持不少于 20 m 的超前距。因巷道未按设计施工，断面较小、没有安装轨道，ZL－380 型坑道钻机无法进入 +8 m 水平探煤上山掘进工作面迎头，掘进过程中矿井实际采用风煤钻探水，每班施工 2 个钻孔，1 个向巷道正前方施工，1 个向顶板方向施工，孔深约 5 m，每班掘进 1.2 m，保留约 4 m 的超前距。

+8 m 水平探煤上山掘进时，黄某平、黄某生及作业人员发现“顶板冰凉、煤壁出汗”等透水征兆，但黄某平、黄某生未做出停工撤人的决定。

矿井未将该区域巷道如实填绘在采掘工程平面图、通风系统图等相关图纸上，未在该区域安装安全监控系统、人员定位系统，未将该区域隐患排查治理、瓦斯检查、测风等安全生产工作开展情况如实记录在相关台账中；9 月双林镇企业安全办公室对该矿现场检查时，矿井未报告该区域作业情况，也没有向县安监局报告巷修和掘进作业情况。

（四）事故前政府及有关部门的煤矿安全监管情况

1. 双林镇煤矿安全监管情况

双林镇党委政府对辖区煤矿履行属地监管职能。中共双林镇委员会《关于调整部分领导班子成员分工的通知》明确了全镇安全生产工作的分工，具体分管由副科级干部龚鸣（副主任科员）负责。《双林镇安全生产工作职责》明确了镇党委政府及主要负责人安全生产职责、镇安全生产分管负责人工作职责、镇企业安全办公室工作职责，镇企业安全办公室负责全镇范围内的安全生产监督管理工作。双林镇党委政府出台了《双林镇 2018 年安全生产工作计划》《双林镇 2018 年煤矿安全整治行动工作方案》，2018 年以来共对麻竹坑煤矿进行安全检查 10 次，并下达了 10 份处理意见书，查处了安全隐患和违法行为 72 条。为麻竹坑煤矿配备了 3 名驻矿安监员，但配备的驻矿安监员不具备煤矿专业知识，不符合

《新余市安委办关于进一步做好乡镇煤矿驻矿安全监管工作的通知》(余安办字〔2017〕14号)的要求；驻矿安监员未认真督促煤矿落实水患排查治理工作，10月初发现麻竹坑煤矿东斜井有作业情况，未向双林镇政府汇报。

2. 分宜县煤矿安全监管情况

分宜县党委政府为落实《地方党政领导干部安全生产责任制规定》，及时调整领导分工，由县委常委、常务副县长协助县长分管安全生产工作。制定印发了《分宜县安全生产工作职责规定》，明确了各级党委政府的安全生产责任，列出了县安委会、各乡镇、县直各部门的安全生产工作职责。按照江西省安委会统一部署，开展了2018年煤矿安全整治行动。2018年5月，对全县煤矿开展了专项整治，并聘请专家重新进行复产验收。为防止煤矿利用假密闭逃避监管，县安委办下达了《分宜县乡镇煤矿密闭管理制度》。

分宜县安全生产监督管理局承担全县煤炭行业管理和煤矿安全生产监督管理工作。县安监局明确了由煤检站党支部书记夏某根协助局长分管煤炭行业管理和安全监管，煤监股负责全县煤矿安全生产监管、煤炭行业管理、煤矿安全生产执法检查、督促指导乡镇煤矿安全监管等工作。2018年以来共对麻竹坑煤矿开展检查复查5次，下达了监管执法文书8份，查处安全隐患和违法行为13条，与分宜县国土局一起对麻竹坑煤矿开展煤矿安全整治行动进行了专项检查。按照新余市安委办、分宜县安委办的文件要求，对全县煤矿驻矿安监员进行了全员培训，对煤矿井下密闭进行了备案。但对驻矿安监员资格审查时，未严格审查是否具有煤矿工作经验；对驻矿安监员日常监管中，重点督促了驻矿安监员填写驻矿记录，未全面督促驻矿安监员认真履职。

二、事故发生经过及应急救援情况

（一）事故发生经过

10月11日晚班，矿井未组织召开进班会，全矿入井10人，其中西翼5人，东翼5人。23时左右，晚班东翼区域带班师傅黄润牙与10月11日中班带班师傅钟某文进行了简单工作交接，钟某文介绍中班在探煤上山迎头退回约35 m处，从巷道左帮开门处继续施工探煤巷，已掘进了两架棚（约1.2 m)，并且进行了架棚支护，晚班要架设抬棚加强支护，架完抬棚继续掘进探煤。23时15分，黄某牙在井口向大工郭某刚、小工朱某成、放斗工冯某武、绞车司机钟某英布置了当班工作。

12日0时左右，黄某牙、郭某刚、钟某英、朱某成、冯某武一起下井。黄某牙与郭某刚两人走在前面，先到达探煤上山，两人一起对新开门的探煤巷迎头进行了安全检查，没有发现异常。郭某刚开始为架设抬棚做准备。黄某牙又到原探煤上山查看了安全情况，没有发现异常情况。

钟某英、朱某成、冯某武走在后面，到达 +8 m 水平后，三人将运送下来的支护材料搬运到探煤上山。凌晨 3 时 30 分左右，搬运完材料的钟某英与黄某牙一起从探煤上山出来，分别去东下山开绞车和 +8 m 水平煤大补风筒，当时郭某刚正在迎头巷帮抄底，朱某成在探煤上山与新探煤巷交叉口处加工支护材料，冯某武在探煤上山沿线整理中部槽。

黄某牙补风筒的时候，感觉到一阵风从 +8 m 水平煤大巷吹出来，接着就看到水从 +8 m 水平煤大巷流出来了。

与此同时，到达东下山绞车房约 15 分钟后的钟某英（从探煤巷迎头出来累计大约 30 分钟），听到了下面巷道有“轰隆”的响声，紧接着感觉到一阵风从下山巷道里吹过来。

黄某牙看到 +8 m 水平煤大巷流水后，立即跑到东下山绞车房向地面调度室打电话汇报，说“井下透水了，有三个人没有出来”。汇报完后，黄某牙与钟某英一起去 +8 m 水平煤大巷看到大巷水深约 50 cm，水比较浑浊，闻到有点臭味。

经调查组专家分析认定，本次透水量约 70 m^3，煤泥量约 50 t。

（二）事故报告与应急救援情况

凌晨 4 时左右，地面值班人员许某华接到黄某牙的电话汇报后，立即向矿长黄某平进行了报告。黄某平马上通知矿井其他区域的作业人员立即撤离升井（共 5 人并全部升井），带着生产副矿长黄某生、钟某文等人下井查看情况。在向黄某牙、钟某英简单了解情况、清点核实被困人员信息后，检查了 +8 m 水平煤大巷通风排水情况，在水情基本稳定的情况下，黄某平等人到 1 号点上山处，发现巷道垮冒堵塞严重，救援困难。

7 时 20 分左右，黄某平升井到达地面，调集人员和物资准备救援工作。7 时 59 分，黄某平打电话向分宜县安监局报告了事故，并请求江西省矿山救援总队前来救援。分宜县安监局接到黄某平的报告后，立即向分宜县人民政府、赣中监察分局、新余市安监局报告。分宜县人民政府、新余市安监局立即向新余市人民政府进行了报告。

接到事故报告后各级政府、有关部门负责人，纷纷赶赴事故现场，协助指导事故救援工作。

9 时，新余市人民政府成立了分宜县双林镇白水村麻竹坑煤矿“10 · 12”透水事故应急救援指挥部（以下简称“指挥部”），新余市人民政府副市长任总指挥，指挥部下设综合协调组、现场处置组、技术专家组等 8 个工作组。制定了救援方案，明确从两个方向同时搜寻失踪人员，一是从16号点向17号点掘进巷道，以最快的速度打通救援通道；二是从1号点开始，沿2号点、3号点、4号点、9号点、10号点清理被冲毁的巷道，搜寻人员。

因救援难度大，指挥部先后调集了分宜县西茶二井、新余矿业公司管理人员和井下一线职工参加事故救援。13日3点30分左右，救援人员在3号点附近发现一名遇难者。22日10点47分，在3号点向4号点方向接近4号点位置发现第二名遇难者。

因透水区水情不明，原探煤上山巷道（9号点以上巷道）垮冒严重，新掘进的救援巷道（16号点至17号点的巷道）压力大、断面小、迎头有淋水等问题，指挥部组织救援专家及参加救援相关单位人员分析论证后，认为继续救援的安全风险很大，遂委托江西省煤炭工业协会组织煤炭行业专家对继续救援工作的安全风险进行评估。煤炭工业协会专家认为最后一名被困人员所处区域已不具备生存条件，继续救援安全条件差，有溃水风险，且风险难控，难以保证救援人员安全。

指挥部根据江西省煤炭工业协会专家对继续救援的安全风险评估报告，向新余市人民政府发出了“关于终止分宜县双林镇白水村麻竹坑煤矿“10·12”透水事故抢救工作的请示”。根据《国务院安委会关于进一步加强生产安全事故应急处理工作的通知》(安委〔2013〕8号）文件要求，新余市人民政府于2018年10月31日做出了终止分宜县双林镇白水村麻竹坑煤矿“10·12”透水事故抢救工作的决定，该起事故最终造成3人死亡。

（三）善后处理

事故发生后，煤矿股东积极筹措资金，分宜县政府抽调干部成立善后处理组，全力做好善后处理工作，按照相关政策妥善处理赔偿事宜，煤矿已与3名遇难者家属签订了赔偿协议并支付了赔偿金，没有发生社会不稳定事件。

三、事故类别及性质

经调查认定，这是一起透老空水事故，为较大等级的生产安全责任事故。

四、事故原因

（一）直接原因

东斜井 +8 m 水平探煤上山尽头处（标高 +58.10 m）及以下 25 m 范围内回撤捡煤作业形成自然冒落拱，造成煤岩柱变薄，承压能力下降，导致上部采空区积水突破煤岩柱，发生滞后透水。

（二）间接原因

1. 隐瞒作业地点，逃避监管

（1）密闭构筑、启封不报告。麻竹坑煤矿 2018 年 6 月未按规定向分宜县安监局报告东斜井 +8 m 水平密闭构筑情况，2018 年 9 月启封东斜井 +8 m 水平密闭也未向分宜县安监局报告。

（2）井巷不上图。未将发生事故区域巷道填绘在采掘工程平面图等相关图纸上。

（3）不安设安全监控系统。事故区域既未安装安全监控系统也没有安装人员定位系统。

（4）采掘作业不报告。未将东斜井 +8 m 水平作业情况向监管人员报告，且采用中晚班两班制作业，隐瞒该区域作业情况，逃避监管。

2. 防治水技术管理不到位

（1）探放水设计不合规定。矿井编制的“斜井 +8 m 水平探煤上山掘进探放水安全技术措施”要求探明前方 30 m 范围的水情，并保留 20 m 探放水超前距，不符合《煤矿防治水细则》探放水钻孔超前距不小于 30 m 的要求。

（2）水情不分析不预报。矿井已初步探明 +8 m 水平探煤上山区域存在采空区积水，但探煤上山开工前，既未对该区域水患情况进行分析，也没开展水害预测预报。

（3）未按探放水措施施工。+8 m 水平探煤上山未按设计施工，巷道断面小，没有安设轨道，无法使用专用探放水钻机；未执行煤矿井下探放水“三专”要求，探放水钻孔只是由当班掘进工人使用风煤来钻探，且钻探深度只有 5 m，仅保留了 4 m 探放水超前距，未达到探放水钻孔超前距不小于 30 m 的要求。

3. 未落实防治水等现场安全管理规定

（1）有透水预兆不撤人。+8 m 水平探煤上山施工时，矿井发现有“顶板冰凉、煤壁出汗”的透水征兆，未停工撤人。

（2）矿领导不按规定带班。2018 年 9 月以来矿领导下井带班一直未到东斜井区域带班巡视。

（3）违章无人制止、纠正。煤矿管理人员对矿井安排工人违规使用风煤钻探水作业未及时制止和纠正。

4. 职工未按规定培训，未能掌握防治水基本知识

（1）黄某牙等东斜井区域作业人员，9 月 2 日入矿后矿井未按规定对其进行安全知识培训。

（2）探煤上山掘进过程中作业人员发现“顶板冰凉”等透水预兆，但错误认为不是透水预兆，未撤人也未报告。

5. 安全监管不到位

（1）双林镇企业安全办公室未认真履行监管职能，对辖区内煤矿主要灾害不清楚；对驻矿安监员履职监督管理不力，重点督促了驻矿安监员填写驻矿记录，未全面督促驻矿安监员认真履职。

（2）双林镇党委政府对企业安全办公室履行职责情况督促检查不力；聘请的驻矿安监员不具备煤矿专业知识，且未有效督促驻矿安监员履职。

（3）分宜县安监局未按规定审查双林镇煤矿驻矿安监员资格；对驻矿安监员履职监督检查不力，重点督促了驻矿安监员填写驻矿记录，未全面督促驻矿安监员认真履职。

五、事故责任划分及处理建议

（一）麻竹坑煤矿

（1）黄某平，男，群众，麻竹坑煤矿矿长、股东，矿井安全生产第一责任人，防治水工作第一责任人，全面负责矿井安全生产工作。安全生产责任制不落实，发现东斜井 +8 m 水平探煤上山有透水预兆后，未停工撤人；安排工人违规进行探水作业；隐瞒作业地点，逃避监管；未安排矿领导对事故区域等重点部位进行带班巡视，掌握井下的安全生产状况，违反了《中华人民共和国安全生产法》第十八条、第六十三条，《煤矿防治水细则》第六条、第三十九条，《煤矿领导带班下井及安全监督检查规定》第九条的规定，对事故发生负有主要责任，依据《中华人民共和国安全生产法》第九十一条、第九十二条、第九十三条的规定，建议移送司法机关追究其刑事责任，并给予其上一年年收入 40% 的罚款，撤职并撤销其安全生产知识和管理能力考核合格证，五年内不得担任任何生产经营单位的主要负责人。

（2）黄某生，男，群众，麻竹坑煤矿生产副矿长、股东，负责矿井生产管理，且分管东斜井探煤上山掘进工程。安全生产责任制不落实，发现东斜井 +8 m 水平探煤上山有透水预兆后，未停工撤人；安排工人违规进行探水作业；隐瞒作业地点，逃避监管，违反了《中华人民共和国安全生产法》第二十二条、第六十三条，《煤矿防治水细则》第六条、第三十九条的规定，对事故发生负有主要责任，依据《中华人民共和国安全生产法》第九十三条的规定，建议移送司法机关追究其刑事责任，撤职并撤销其安全生产知识和管理能力考核合格证。

（3）高某华，男，群众，麻竹坑煤矿总工程师，负责矿井技术工作，负责防治水技术管理工作。安全生产责任制不落实，编制的探放水措施不符合防治水工作规定；未组织对东斜井 +8 m 水平探煤上山区域水患情况认真分析和开展水害预测预报；未制止和纠正矿井违章指挥行为，对工人违规使用风煤钻探水未制止和纠正；未将东斜井 +8 m 水平区域巷道填绘在采掘工程平面图、通风系统图等图纸上，隐瞒作业地点，违反了《中华人民共和国安全生产法》第二十二条、第六十三条，《煤矿防治水细则》第三十七条、第四十八条，《煤矿安全规程》第十四条的规定，对事故发生负有重要责任，依据《中华人民共和国安全生产法》第九十三条的规定，建议撤职并撤销其安全生产知识和管理能力考核合格证。

（4）钟某根，男，中共党员，麻竹坑煤矿安全副矿长，负责矿井安全工作。安全生产责任制不落实，未制止和纠正矿井违章指挥行为，对工人违规使用风煤钻探水未制止和纠正，对矿井隐瞒作业地点未制止和纠正；未组织对东斜井区域开展隐患排查治理；对新入矿工人未按规定进行培训，违反了《中华人民共和国安全生产法》第二十二条、《煤矿安全培训规定》第四条的规定，对事故发生负有重要责任，依据《中华人民共和国安全生产法》第九十三条的规定，建议撤职并撤销其安全生产知识和管理能力考核合格证。

（二）双林镇

（1）李某军，男，中共党员，分宜县人民政府副县长兼双林镇党委书记，主持双林镇党委全面工作，双林镇安全生产委员会主任。对企业安全办公室履职情况失察；未按规定配备合格的煤矿驻矿安监员，违反了《新余市安委办关于进一步做好乡镇煤矿驻矿安全监管工作的通知》（余安办字〔2017〕14 号）第一条、《地方党政领导干部安全生产责任制规定》第五条②的规定，对事故发生负重要领导责任，依据《地方党政领导干部安全生产责任制规定》第十八条、第十九条，《中国共产党纪律处分条例》第一百二十一条的规定，建议给予其党内警告处分。

（2）黄某，男，中共党员，分宜县双林镇党委副书记、镇长，主持双林镇政府全面工作，双林镇安全生产委员会第一副主任。鉴于其事故发生前在新余市委党校脱产学习，责令其向分宜县委县政府做出书面检查。

（3）龚某，男，中共党员，分宜县双林镇政府副主任科员，双林镇安全生产委员会副主任，分管安全生产工作。对企业安全办公室、驻矿安监员履职情况督促检查不力，违反了《新余市乡镇煤矿安全生产驻矿监管暂行办法》（余府办发〔2016〕99 号）第七条、《地方党政领导干部安全生产责任制规定》第九条的规定，对事故发生负有重要领导责任，依据《中华人民共和国监察法》第四十五条，《地方党政领导干部安全生产责任制规定》第十八条、第十九条，《行政机关公务员处分条例》第二十条的规定，建议给予其记大过政务处分。

（4）钟某华，男，中共党员，双林镇企业安全办公室主任，主持企业安全办公室全面工作，负责辖区企业安全生产综合监督管理。未认真履行安全监管职能，对自己的工作职责不清楚，对辖区内煤矿主要灾害不清楚，对驻矿安监员履职情况督促管理不力，违反了《新余市乡镇煤矿安全生产驻矿监管暂行办法》（余府办发〔2016〕99 号）第七条、《江西省安全生产条例》第三十四条的规定，对事故发生负有主要领导责任，依据《安全生产领域违法违纪行为政纪处分暂行规定》第八条的规定，建议给予其撤职处分。

（5）林某根，男，群众，双林镇企业安全办公室聘任制技术员。未认真履行安全监管职能，对辖区内煤矿主要灾害不清楚，未根据煤矿灾害特点进行针对性检查，对事故发生负有重要责任，建议双林镇政府对其解聘。

（6）邹某云，男，群众，双林镇煤检站聘任制工作人员兼驻矿安监员。未履行驻矿安监员职责，未督促煤矿严格落实隐患排查治理制度，发现东斜井组织作业，未向双林镇政府报告，对事故发生负有重要责任，建议双林镇政府对其解聘。

（7）李某平，男，群众，双林镇煤检站聘任制工作人员兼驻矿安监员。未履行驻矿安监员职责，未督促煤矿严格落实隐患排查治理制度，发现东斜井组织作业，未向双林镇政府报告，对事故发生负有重要责任，建议双林镇政府对其解聘。

（8）昌某生，男，群众，双林镇煤检站聘任制工作人员兼驻矿安监员。未履行驻矿安监员职责，未督促煤矿严格落实隐患排查治理制度，发现东斜井组织作业，未向双林镇政府报告，对事故发生负有重要责任，建议双林镇政府对其解聘。

（三）分宜县安监局

（1）叶某，男，中共党员，分宜县安监局局长、党组书记，主持安监局行政和党务全面工作。对煤监股及分管领导履职情况失察，违反了《地方党政领导干部安全生产责任制规定》第九条、《江西省安全生产条例》第三十四条的规定，对事故发生负有重要领导责任，依据《中华人民共和国监察法》第四十五条，《地方党政领导干部安全生产责任制规定》第十八条、第十九条，《行政机关公务员处分条例》（国务院令第 495 号）第十九条的规定，建议给予其警告政务处分。

（2）夏某根，男，中共党员，分宜县煤检站党支部书记，分管煤监股工作。对煤监股履职情况失察，对驻矿安监员资格审查督促指导不力，对驻矿安监员履职监督检查不到位，违反了《新余市安委办关于进一步做好乡镇煤矿驻矿安全监管工作的通知》(余安办字〔2017〕14 号）第一条、第二条，《地方党政领导干部安全生产责任制规定》第九条、《江西省安全生产条例》第三十四条的规定，对事故发生负有重要领导责任，依据《地方党政领导干部安全生产责任制规定》第十八条、第十九条，《中国共产党纪律处分条例》第一百二十一条的规定，建议给予其党内警告处分。

（3）周某强，男，中共党员，分宜县安监局煤监股股长，主持煤监股全面工作，负责分宜县煤矿安全生产监管、煤炭行业管理、煤矿安全生产执法检查、督促指导乡镇煤矿安全监管工作等工作。对双林镇驻矿安监员资格审查不严，对驻矿安监员履职监督检查不到位，违反了《新余市安委办关于进一步做好乡镇煤矿驻矿安全监管工作的通知》(余安办字〔2017〕14 号）第一条、第二条的规定，对事故发生负有主要领导责任，依据《安全生产领域违法违纪行为政纪处分暂行规定》(国家安监总局令第 11 号）第四条的规定，建议给予其记大过政务处分。

（四）对事故责任单位的处理

（1）麻竹坑煤矿安全生产主体责任不落实，未落实井下探放水工作要求，未落实防治水安全管理规定，隐瞒作业地点，未按规定对职工开展安全培训，导致事故发生，违反了《煤矿防治水细则》第六条、第三十七条、第三十九条、第四十二条、第四十八条，《煤矿安全规程》第十四条、第四百九十九条、第五百零四条，《中华人民共和国安全生产法》第六十三条的规定，对事故发生负有责任。依据《中华人民共和国安全生产法》第一百零九条、《生产安全事故罚款处罚规定》第十五条的规定，建议给予其罚款 60 万元的行政处罚。事故调查结束前，分宜县人民政府已依法对麻竹坑煤矿进行关闭。

（2）责成分宜县安监局、双林镇党委政府向分宜县委、县政府做出深刻书面检查。

六、防范措施

1. 进一步强化“红线”意识，切实增强监管工作

深入贯彻落实习近平总书记关于安全生产工作的重要讲话精神，牢固树立发展决不能以牺牲安全为代价这条红线意识，认真履行安全生产监管责任，督促企业落实安全生产主体责任，实施安全生产承诺制度，严禁违法、违规、不诚信生产行为的发生，坚决做到不安全、不能生产。

分宜县工信委及各产煤乡镇配备合格的煤矿安全监管人员和驻矿安监员，县安监局严格审查驻矿安监员的资格，并完善驻矿监管考核制度，加强对驻矿安监员履职情况的监督检查。

煤矿复产前，县安监局应认真核实全县煤矿密闭设置备案情况，对备案不实的，依法依规查处；煤矿生产作业区域、检修区域必须及时报乡镇和县安监部门批准备案，特别是由深部转至浅部开采的，必须报县安监局审查同意，安全监管人员应掌握矿井采掘动态，切实提高监管的针对性和实效性。

加大打非治违力度，重点打击煤矿企业隐患排查治理工作不落实，在水患威胁区域违规组织采掘活动，假图纸、假密闭、隐瞒作业地点等违法违规行为。

2. 严格复工复产验收程序和标准

煤矿必须经复工复产验收和县长签字后方可恢复生产，允许企业检修的，要确定时间、检修地点和项目，严禁以检修名义组织生产。对证照不全、无探放水设备的煤矿，一律不得复工复产。

3. 严格落实安全生产各项措施

煤矿必须增强依法办矿意识，严格落实领导下井带班和隐患排查治理制度，及时发现和消除隐患，制止违章指挥和违章作业。

煤矿必须高度重视水害防治工作，严格按照规定编制防治水技术文件，开展水情水害分析，落实防治水措施。矿井水文地质情况不明、水患未消除、“三专两探一撤人”措施不落实的，一律停产整顿，仍然组织生产的，依法实施关闭。

煤矿必须严格落实《煤矿安全培训规定》，加强对管理人员和职工的安全教育培训，增强管理人员履职能力，提高从业人员辨识安全风险的能力，增强全员安全素质。

4. 加大淘汰落后产能力度

坚定不移地落实《国务院关于煤炭行业化解过剩产能实现脱困发展的意见》（国发〔2016〕7号）和江西省发改委等七部门关于煤炭去产能的实施方案，对90000 t/a 及以下煤矿，应退尽退，多退早退。煤矿退出前必须制定退出方案，各级党委政府及监管部门要严格管控，防范煤矿以退出之名乱采乱掘、突击生产。

第六节　山东省菏泽市兖煤万福能源有限公司“11·2”一般突水溃砂事故

2018 年 11 时 48 分，兖煤万福能源有限公司回风暗斜井迎头处发生突水溃砂事故，造成 1 人失踪。事故直接经济损失 797.0412 万元。

根据《中华人民共和国安全生产法》《生产安全事故报告和调查处理条例》（国务院令第 493 号）、《煤矿安全监察条例》（国务院令第 296 号）等有关法律、法规及规范性文件的规定，山东煤矿安全监察局鲁西监察分局于 2018 年 11 月 2 日组织菏泽市煤炭管理局、菏泽市安监局、菏泽市公安局、菏泽市工会等部门成立了兖煤万福能源有限公司“11・2”突水溃砂事故调查组（以下简称“事故调查组”）。事故调查组聘请 7 名专家组成专家组。

事故调查组按照“科学严谨、依法依规、实事求是、注重实效”的原则和“四不放过”的要求，通过现场勘查、调查取证和专家论证，查明了事故发生的经过、原因、人员伤亡和直接经济损失情况，认定了事故性质和责任，提出了对有关责任人员和责任单位的处理建议，并针对事故原因及暴露出的问题，提出了事故防范措施。

一、事故单位基本情况

兖煤万福能源有限公司。隶属兖煤菏泽能化有限公司，由兖州煤业股份有限公司履行上级公司安全管理职责；井巷工程由中煤第七十一工程处有限责任公司、中煤一建第三十一工程处施工；中煤科工集团南京设计研究院有限公司监理中心负责监理。

（一）兖州煤业股份有限公司

兖州煤业股份有限公司是省属国有重点煤矿企业兖矿集团有限公司 1997 年独家发起设立的控股子公司。兖州煤业股份有限公司在山东省内现有煤矿 9 对生产矿井、1 对在建矿井，核定产能 38.75 Mt/a；8 对生产矿井水文地质类型均为中等。安全生产许可证编号：（鲁）MK 安许证字〔2005〕Q1－007。兖州煤业股份有限公司设有安全监察部、生产技术部、通防部、地质测量部和机电环保部等安全生产管理部门，各生产部门均对应各专业分工配备了相应数量的专业人员。

（二）兖煤菏泽能化有限公司

兖煤菏泽能化有限公司成立于 2002 年 10 月，是兖矿集团有限公司为综合开发巨野矿区而成立的独立法人公司，注册资金 30 亿元人民币，注册地菏泽市人民路 155 号，拥有投产项目 2 个（赵楼煤矿、赵楼电厂）、在建项目 1 个（万福矿井），逐步形成“两矿一厂”的发展格局。该公司为兖州煤业股份有限公司的控股子公司。

（三）中煤第七十一工程处有限责任公司

中煤第七十一工程处有限责任公司（以下简称七十一工程处）隶属于中煤

第三建设（集团）有限责任公司，系矿山工程施工总承包一级、房屋建筑施工总承包一级、机电设备安装专业承包一级、钢结构工程专业承包二级、爆破作业专业设计四级等资质的建筑业企业，兼具矿产开采、机械加工制作等，注册资金1亿元，注册地安徽省宿州市建设北路号，注册时间1989年，营业期限长期。七十一工程处万福项目部成立于2018年，项目部班子成员经理1人，党支部书记1人，生产副经理1人、机电副经理1人、技术副经理1人、经营副经理1人、安全副经理1人，在册195人。项目部配备一室四部（安监调度室、工程技术部（地测小组）、人力资源部、财务部、后勤服务部）。主要参与兖煤万福能源有限公司回风暗斜井、轨道暗斜井和进风大巷的施工。

（四）中煤一建第三十一工程处

中煤一建第三十一工程处（以下简称“三十一工程处”）隶属中国中煤能源集团第一建设有限公司，具有矿、土、安综合施工能力的矿山工程总承包特级企业。注册资本金26.35424亿元，注册地河北省邯郸市丛台区丛台东路52号，注册时间1990年。三十一工程处万福项目部（二期工程项目部）成立于2017，项目部班子配备项目经理1人、党支部书记1人、生产副经理1人、机电副经理2人、技术副经理1人、经营副经理1人、派驻安监站长1人。目前在册382人、特殊工种47各类专业技术员10人。主要参与－820 m井底车场巷道与硐室、带式输送机机头硐室和煤仓、输送带暗斜井向上段的施工。

（五）监理单位

中煤科工集团南京设计研究院有限公司监理中心隶属中煤科工集团南京设计研究院有限公司，具有监理甲级资质。万福矿井监理项目部配备监理人员9名，其中矿建专业5名，土建专业2名，安装专业2名。

（六）兖煤万福能源有限公司

1. 矿井基本情况

兖煤万福能源有限公司隶属兖煤菏泽能化有限公司，设计规模1.80 Mt/a，由兖州煤业股份有限公司行使上级公司管理职能。矿井位于菏泽市巨野县柳林镇吕坑村西，巨野煤田的最南端，地跨菏泽市巨野、成武两县，为基建矿井，井田面积109.3 km，2014年12月18日开工建设，立－暗斜井开拓方式，井底第一水平为－820 m，主采煤层为山西组3下煤，平均厚度6.04 m。属瓦斯矿井，煤层不易自燃，煤尘有爆炸危险性，具有冲击地压危险倾向。井田位于巨野煤田南部，为巨厚新生界松散层覆盖的全隐蔽煤田，新生界地层厚度631.70～780.00 m，平均为714.73 m。其北以邢庄断层与龙固井田为界，东界为田桥断层，井田内的煤系含水层与对盘的二叠系地层对口，对盘无强含水层；南、西至奥陶系顶界露头，各基岩含水层深埋于巨厚松散层之下，仅接受新生界底部沙砾层水的补给。根据区域水文地质资料，结合本井田钻孔实际揭露水文地质资料分析，本井田含水层自上而下主要有第四系沙砾层、新近系砂层、山西组 3 煤层顶底板砂岩、太原组三灰、十灰、奥陶系灰岩等含水层。矿井处于二期工程建设期间，矿建工程由中煤第七十一工程处有限责任公司和中煤一建第三十一工程处承建。

2. 矿井证照

采矿许可证，证号 4100000620107，有效期 2006 年 4 月至 2020 年 4 月。营业执照，代码 91371724MA3F1GKX2M。主要负责人安全生产知识和管理能力考核合格证在有效期内。

3. 矿井相关机构设置

兖煤万福能源有限公司董事长、总经理、党总支副书记 1 人，党总支书记、副总经理 1 人，副总经理 5 人（其中常务副总经理兼安全总监 1 人，副总经理、总工程师 1 人，机电副总经理 1 人，分管地企关系副总经理 1 人，后勤副总经理 1 人）；总会计师兼总法律顾问 1 人。

有副总工程师 10 人，其中安全副总工程师 1 人、机电副总工程师 2 人（其中挂职副总工程师 1 人）、掘进副总工程师 1 人、地测防治水副总工程师 1 人、辅助运输副总工程师 1 人、副总经济师 2 人、工程造价管理副总工程师（挂职）1 人、防冲副总工程师 1 人。

设置生产技术科（地质测量科）、安全调度科等 9 个机构，其中生产技术科（地质测量科）负责矿井的生产技术及选煤厂土建技术管理、隐患排查、治理及安全生产标准化及矿建工程、土建工程、一通三防、辅助运输、冲击地压、地测防治水、三下采煤等工程技术与现场管理工作。

4. 生产系统

（1）矿井通风方式为中央并列式，在主井地面安装 2 台建井风机，型号为 FBCDZNo24/2185 抽出式对旋轴流通风机，通风机排风量 6812 m^3/min，负压 490 Pa，形成副井、风井进风，主井回风，井下临时通风系统能够满足井下 8 个掘进工作面、硐室及行人配风要求。

（2）排水系统。矿井正常涌水量 300 m^3/h，最大涌水量 600 m^3/h，矿井以此选择排水设备与设施。矿井采用临时排水系统排水，井下共安装排水泵 13 台，其中 100 m^3/h 水泵 7 台，150 m^3/h 水泵 2 台，正常排水能力 1000 m^3/h。井下临时泵房共敷设 3 趟排水管，其中 1 趟接入主井井筒 ϕ219 排水管，2 趟接入副井井筒 ϕ377 永久排水管，均排入地面矿井水处理站，3 趟排水管路通过闸阀实现了互联互通。2018 年，由山东信力工矿安全检测有限公司对 9 台水泵进行联合排水试验，测定流量为 1007 m^3/h。

（3）供电系统。矿井工业场地内 110 kV 变电所采用双回路电源供电，分别引自巨野县章缝 220 kV 站和成武县白庄 220 kV 站。井下采用 10 kV 高压供电，分别从地面 110 kV 变电所及主井临时变电所引出，两路 MYJV－42－10 kV3150 高压电缆，沿主井敷设至井下临时变电所。

（4）提升系统。副井提升系统提升机型号为 JKMD－4.54（Ⅲ），电机额定功率为 3200 kW。井筒内布置一大一小两个罐笼。提升机由两套控制系统控制，主提升系统为 ABB 公司设计制造，应急提升系统为中矿传动公司设计制造，两套系统共用一套机械设备。另外副井提升机房还装备一套柴油发电机。主井提升系统提升机型号为 2JKZ－3.61.85/12.97 缠绕式提升机，电机额定功率为 2800 kW，配备 8 m^3 箕斗一对。

（5）运输系统。井下主要采用 1.5 t 固定式矿车、5 t、8 t 蓄电池电机车等辅助运输设备。井下掘进迎头所出矸石通过两种方式进行运输，一种是由耙装机、扒渣机装矿车运送至副井，经副井罐笼提升；另一种是由装载机、耙装机、扒渣机装矸，胶带机运输，经主井箕斗提升。

（6）综合防尘。矿井综合防尘系统主水源为地面污水处理站消防水池，总容量 4000 m^3。主供水管路采用直径 219 mm 钢管，由副井井筒下井，经减压后，至井底车场、各掘进工作面。矿井采用湿式打眼、爆破喷雾、净化风流水幕、洒水降尘、转载点喷雾、喷浆时开启湿式除尘器等综合防尘措施。

（7）防灭火措施。矿井地面消防材料库已投入使用，按规定配齐各类消防器材。井下各地点安设有消防供水管路系统，皮带输送机机头、机电设备硐室和油库备有灭火器、消防沙箱及铁锹、铁桶等用具。

（8）防冲工作。2018 年 3 月，兖煤万福能源有限公司委托北京安科兴业矿山安全技术研究院有限公司完成了《兖煤万福能源有限公司矿井冲击危险性评价与防冲设计》，通过兖州煤业股份有限公司组织的专家评审及批复。根据冲击危险性评价结果，确定回风暗斜井及回风大巷按半煤岩布置，胶带暗斜井层位不变，进风暗斜井及轨道暗斜井层位为巷道底板至煤层底板 12 m。目前，矿井各掘进工作面均为岩巷掘进，没有冲击危险性。

（9）安全监控系统。矿井装备了 KJ65N 安全监控系统，全矿共安设甲烷传感器 22 台、温度传感器 12 台、粉尘传感器 8 台、一氧化碳传感器 8 台。掘进工作面安设甲烷传感器和粉尘传感器，矿井回风巷安设一氧化碳传感器和风速传感器，机电硐室安设温度传感器。副井视频监控系统已安装完成，已实现由调度室直接监控。矿井使用井下人员位置监测系统对下井人员进行管理。

井下避险系统：巷道悬挂有避灾路线指示牌板。掘进工作面人员集中区域安装了压风自救装置和供水施救装置，各施工地点均安装电话，能够实现直通。

5. 培训情况

兖煤万福能源有限公司在册人数为 339 人，其中主要负责人 1 人、煤矿安全生产管理人员 38 人、特种作业人员 157 人，其他从业人员、新工人及转岗人员等均按规定组织培训。

三十一工程处万福项目部和七十一工程处万福项目部从业人员均由其上级主管部门负责组织，均按国家规定完成培训并经考核合格取得相关证书。

6. 应急管理情况

兖煤万福能源有限公司设有生产安全事故应急救援指挥部，负责全面领导、指挥协调煤矿事故应急救援工作。应急救援指挥部设有抢险救灾组、技术专家组、安全监督组、医疗救护组、物资供应组、警戒保卫组、后勤保障组、信息发布组和善后处理组个应急救援专业组，由指挥中心（设在调度室）统一指挥、调度。兖煤万福能源有限公司有兼职救护队员 60 人并与兖矿救护大队赵楼二中队签订了应急救援协议，作为专职救援队伍。

兖煤万福能源有限公司制定有“兖煤万福能源有限公司生产事故应急预案”，2018 年发布实施并按预案要求组织应急演练和演习。

7. 事故地点

突水溃砂地点发生在回风暗斜井掘进工作面（停工）迎头处。回风暗斜井是 -820 m 水平（辅助水平）向 -950 m 水平（生产水平）施工的联络暗斜井之一，设计长度 725 m，设计坡度 -13°，采用直墙半圆拱，锚网索喷支护，断面积 24.5 m^2。在 -820 m 水平井底车场按 3‰上坡施工 354 m 后变坡施工回风暗斜井。回风暗斜井由三十一工程处于 2018 年 7 月 9 日施工至变坡点前 114 m 位置时，工作面揭露落差 0.7 m、倾角 80°、倾向 120°的正断层，断层区有淋水，涌水量约 1.5 m^3/h，断层充填带以破碎泥岩为主。因迎头附近顶板围岩出现破碎、冒落，底板泥岩见水软化等影响，施工难度大，无法正常组织施工，自 2018 年 8 月 22 日起，三十一工程处停止该掘进工作面施工，现场进行排水、维护工作。

2018 年 9 月经重新招投标，回风暗斜井改由七十一工程处施工。2018 年 9 月 6 日矿方组织三十一工程处、七十一工程处进行现场交接。为安全通过原三十一工程处施工的破碎漏顶带，2018 年 10 月 5 日兖煤万福能源有限公司、七十一工程处万福项目部工程技术人员现场会诊后确定更改施工方案。现场实测原三十一处施工的回风暗斜井迎头冒高约 7.7 m，经计算确定自原迎头退后 38 m、按 -5°坡度（原巷道倾角为 -13°，调整方案后巷道抬高 8°）挑顶重新开掘巷道，施工至原冒顶区时巷道抬高约7.7 m，可避开原破碎漏顶带。重新施工的巷道仍采用半圆拱形断面、爆破破岩配合人工刨挖、扒渣机装矸出矸、带式输送机运输。该方案经过了原设计单位济南设计研究院批准，七十一工程处项目部自2018年10月6日开始挑顶施工，至2018年10月22日施工到原三十一工程处施工期间遇到断层的位置时揭露一落差为0.7 m、倾角80°、倾向120°的正断层，断层倾角较大、层面松散，固结质量差。该位置处在原三十一工程处施工的停掘位置上方，顶板仍然破碎。查阅矿井有关地质资料：三维地震勘探探测的F24断层（产状为落差约8 m、倾角70°、倾向300°）距回风暗斜井迎头位置右侧约42 m处尖灭，FG3断层（产状落差0~8 m，倾角70°，倾向120°）距回风暗斜井迎头左侧约60 m尖灭。发现顶板仍有冒落后，改为锚网索+U29钢棚喷浆复合支护。

“10·20”龙郓煤业发生冲击地压事故后，按照省委省政府及省安委办、山东煤矿安全监察局、山东省能源局的要求，矿井于2018年10月22日18时停止建设。2018年10月26日，七十一工程处万福项目部、兖煤万福能源有限公司共同商定在回风暗斜井迎头巷道顶部、帮部灌注赛福特、固邦特等凝固剂加固冒落区，由山东合兴科技发展有限公司灌注4.5 t凝固剂。因灌注完未起压，根据现场情况决定再购进8 t，计划2018年11月2日到货。

事故发生地点巷道围岩在煤层及其顶底板岩层中，迎头处揭露岩性为粉砂岩、细砂岩、泥岩等。回风暗斜井停掘迎头处顶板标高-829.9 m，对应地面标高为+43.76 m，井巷垂深为873.66 m。根据矿井勘探资料分析，该巷道顶板以泥岩、粉砂岩为主，占地层厚度的87%，原岩结构松散、强度低，遇水极易沙化、泥化，为稳定性极差的特殊地层。该区域新近系底界标高约-713.5 m，距离回风暗斜井顶板约113.5 m。新近系地层两极厚度为483.0~650.75 m，其中上段厚213.6~307.1 m，平均265.13 m；下段厚189.4~377.3 m，平均310.33 m。新近系地层上段以厚层黏土、砂质黏土为主夹粉砂岩、细砂岩及黏土质砂，大部未固结，其中，上段下部为细砂、粉砂、黏土质粉砂夹黏土，大部未固结，砂层松软，具有流动性，富水性较强。新近系地层下段主要为厚层黏土、砂质、粉砂质黏土，局部夹粉砂、细砂薄层，底部为含较多钙质结核或砾石的黏土及黏土质沙砾层，富水性中等。

二、事故发生经过、应急处置及报告情况

（一）事故发生经过

事故发生时，兖煤万福能源有限公司处于停建期间。11日早班共下井186人，主要从事架棚、喷浆、棚梁加固、清理等隐患整改工作。其中七十一工程处

万福项目部安排 12 名职工在回风暗斜井进行巷道维修、支护加固和设备维修工作。7 班人员参加班前会，七十一工程处风巷队早班班前会由主管队长庄某岗主持召开，会上安排李某停、陈某同、王某印、刘某龙、李某产 5 人加固棚腿，张某聚负责排水，电工高某民、张某广维修电气设备，皮带工王某运、李某城、庞某章、易某良进行带式输送机维修和清理。8 时 15 分左右当班人员到达作业地点，按照班前会安排做施工准备。8 时 30 分左右，作业地点人员陈某同发现暗斜井掘进工作面迎头顶板有冒落迹象，便向后撤退，人员撤至距迎头 30 m 位置时，冒落量突然增大。8 时 48 分，人员在撤退途中，迎头处瞬间突水溃砂，造成正在后撤的职工高某民被歪倒的水管压住。因水位上涨快，现场情况紧急，不具备救助高某民的条件，其他人员迅速撤离。易某良撤退至井底车场时向井口调度室汇报事故情况。

当班在回风暗斜井迎头实施巷道维修、支护加固和设备维修工作的 12 名职工中，11 人安全撤出，1 人被困。

（二）应急处置

矿调度室接报告后，立即通知井下所有人员全部撤离升井，向董事长柳某财、安全生产副总经理陈某范、总工程师王某汇报，矿立即启动应急预案。当班井下职工共计 186 人，至 11 时 185 人安全升井，1 人被困。

事故发生后，兖矿集团有限公司立即成立应急救援指挥部，兖矿集团有限公司、兖州煤业股份有限公司主要负责人任组长，下设现场抢险、技术保障、后勤保障和家属接待 4 个组。救援指挥部制定了地面、井下注浆封堵水源的方案实施抢险救援。截至 2018 年 12 月 31 日现场抢险救援工作结束时，共调集救援队伍 19 支；安装水泵 7 台，敷设管路 1510 m，额定排水能力 1230 m^3/h；清理升井各类电气设备 344 台套；清理巷道 2413 m，清出砂土砂浆 21914 m^3，排水 337305 m^3；打设混凝土永久挡砂防护墙 1 道，实现出水点与其他巷道的隔离。

（三）事故报告

11 日早上 9 时 03 分，调度室接到职工易某良的电话汇报。9 时 05 分调度室电话通知井下施工人员全部撤离升井，先后报告柳某财、陈某范、王某等。9 时 25 分，兖煤万福能源有限公司、三十一工程处万福项目部和七十一工程处万福项目部有关人员到达井口调度室，柳某财命令启动水害级应急响应，成立救援指挥部，组织开展救援工作。调度室先后通知驻赵楼煤矿救护中队、巨野煤田中心医院等单位，同时，通知矿急救站值班医生到井口集合救治伤员，安排三十一工程处万福项目部和七十一工程处万福项目部指定专人在上井口清点上井人数，核查各作业地点人员撤离情况。

同时，兖煤万福能源有限公司总工程师王某先后电话汇报山东煤矿安全监察局鲁西监察分局、巨野县煤炭管理局和菏泽市煤炭管理局。

三、事故现场勘查及技术分析

（一）事故现场勘查

从抢险救援报告和地面打钻注浆情况报告分析：事故发生时回风暗斜井迎头突出水砂量大且猛烈，很快淹没至变坡点；2018 年 11 月 2 日 11 时 06 分，突水溃砂趋于稳定，泥沙含量约为 90%。井下抢险人员巡查发现临时水仓、临时泵房等处泥沙淤满巷道，井下临时供电、排水系统被摧毁，井下通风设施破坏严重，主井提升停运、副井提升降速运行。按照事故抢险方案，井下打钻注浆加固施工与抢险、清淤工作同步进行，至 2018 年 12 月 30 日，井下抢险工作基本完成。为确保后续施工安全，矿井于 2018 年 12 月 31 日在回风石门至回风输送带联络巷以里 18 m 处施工了一道墙体厚度 2 m、采用 C40 钢筋混凝土浇筑的挡砂防护墙，墙内预埋两路 DN100 高压泄水管并安设闸阀。经 2019 年 1 月 5 日至 11 日地面 WF1 孔注浆期间实际检验，防护墙安全稳定。2019 年 1 月 3 日，兖州煤业股份有限公司组织专家对兖煤万福能源有限公司回风暗斜井清淤安全性进行论证，鉴于溃砂时动水压力大、冲击力极强，继续清理隐患大，极易造成二次溃砂事故，按照专家建议回风暗斜井迎头溃砂点向外 150 m 段不再进行清淤。事故现场不具备勘察条件。

（二）事故发生时间

根据矿调度室记录及电话录音综合分析，确定事故发生时间为 2018 年 11 月 2 日 8 时 48 分。认定依据：七十一工程处现场作业人员易某良向调度室报告时间为 2018 年 11 月 2 日 9 时 3 分，易某良从回风暗斜井迎头位置撤退到达井底车场大概需要 13 分钟，再打通电话汇报“回风暗斜井迎头突水，有一名职工被冲倒，其余 11 人从皮带上撤出”，此过程约需 2 分钟。据此，事故调查组认定事故发生时间为 2018 年 11 月 2 日 8 时 48 分。

（三）事故发生地点

根据对兖州煤业股份有限公司、兖煤万福能源有限公司、三十一工程处万福项目部、七十一工程处万福项目部等相关人员的询问取证以及对调度室原始记录、电话录音、抢险救援报告等资料综合分析认定，突水溃砂事故发生地点位于兖煤万福能源有限公司回风暗斜井变坡点前 114 m 处（回风暗斜井掘进迎头位置）。

（四）突水水源认定

根据突水以后新近系 N 下 -1 号水文长期观测孔水位明显下降（正常水位为 -6.24 m，2018 年 11 月 2 日 13 时测定水位为 -58.2 m）和井下水温变化情况（矿井正常涌水来自三灰及 3 煤底板砂岩含水层，出水温度 43 ℃左右，突水水温 30 ℃左右），综合分析认定，突水水源来自新近系含水层。

（五）突水通道认定

查阅有关资料和调查取证综合分析：回风暗斜井停掘迎头处顶板标高 -829.9 m，该巷道顶板以泥岩、粉砂岩为主，占地层厚度的 87%，原岩结构松散、强度低，遇水极易沙化、泥化，该地层为稳定性极差的特殊地层。该区域新近系底界标高约 -713.5 m，据附近 G-38 号钻孔资料分析，突水点处基岩厚度为 113.5 m 左右。该区域处在三个断层的交汇点附近，断层层面极易活化，加之冒顶区淋水浸泡、临近断层构造带等多重因素影响，致使上部稳定性极差、遇水极易沙化、泥化的泥岩、粉砂岩的冒顶区在失控状态下持续向上发育，导通新近系诱发突水溃砂。

（六）突水溃砂量认定

事故发生时，水砂 10 分钟左右淹没至距迎头 114 m 的变坡点位置，经计算瞬间突水溃砂量达 14580 m^3/h。

四、事故直接经济损失

兖煤万福能源有限公司“11·2”突水溃砂事故直接经济损失合计 797.0412 万元。

五、事故原因及性质

（一）直接原因

回风暗斜井掘进工作面迎头遇大倾角正断层（产状落差 0.7 m、倾角 80°、倾向 120°），该断层处在 FG3（距回风暗斜井迎头左侧约 60 m 处尖灭）和 F24（距回风暗斜井迎头位置右帮约 42 m 处尖灭）两断层尖灭处附近，断层层面活化，加之冒顶区淋水浸泡、临近断层构造带等多重因素影响，致使上部稳定性极差、遇水极易沙化、泥化的泥岩、粉砂岩的冒顶区在未得到有效控制的情况下持续向上发育，导通新近系含水层，造成突水溃砂，是事故发生的直接原因。

（二）间接原因

1. 建设方、施工方的认知、重视程度不够，处理措施针对性差

（1）建设方、施工方对回风暗斜井迎头遇到大倾角正断层，且该区域处在断层尖灭交汇处，致使破碎带内岩层强度低、遇水极易沙化、泥化的特殊性认知不足；对顶板冒落没有得到有效控制致使破碎带持续发育导通新近系底部基岩风化带含水层，诱发《安全生产事故隐患排查治理暂行规定》(国家安全监管总局令第16号）第十六条："生产经营单位在事故隐患治理过程中，应当采取相应的安全防范措施，防止事故发生。事故隐患排除前或者排除过程中无法保证安全的，应当从危险区域内撤出作业人员，并疏散可能危及的其他人员，设置警戒标志，暂时停产停业或者停止使用；对暂时难以停产或者停止使用的相关生产储存装置、设施、设备，应当加强维护和保养，防止事故发生。"水害的机理重视、分析不够，未制定针对性的防范措施。

（2）对改变施工角度挑顶后，巷道存在大倾角断层长时间冒落没有采取有效措施，造成应力重新分布致使围岩进一步破坏的认识不够。

（3）建设方与施工方共同商议采取使用赛福特、固邦特等化学材料加固巷道特别地段的措施。注浆加固工作未编制设计及验收标准，未能阻止围岩进一步破坏。

2. 水害防治技术管理存在缺陷

（1）施工方编制的"回风暗斜井施工作业规程"未分析前期施工的物探、钻探成果，未分析迎头揭露断层、断层尖灭带交汇处附近等地质情况变化可能对施工造成的影响，未针对现场存在的事故隐患进行分析并制定安全有效的针对性措施，对冒顶区处理工作缺少符合实际的技术指导；建设方对施工单位的技术协调和指导不到位，施工方技术资料分析、风险研判不深入。

（2）建设方、施工方在地质说明书、作业规程等技术性文件的编制与审核上把关不严，建设方编制的"回风暗斜井掘进地质说明书"未对迎头揭露的断层及地质变化情况进行分析、研判。

3. 现场安全检查与隐患排查治理不到位

建设方、施工方在对回风暗斜井现场安全检查、隐患排查及召开水害防治现场办公会时，均未对冒顶区域引起高度重视，没有进行深入细致的分析、评估，没有将冒落区作为重点进行排查与治理，提出安全、有效的治理方案与和应对措施。

4. 工程监理方履行监理职责不力

（1）在工程监理过程中，未能及时发现现场施工中存在的安全问题和事故隐患，对施工安全技术措施审核把关不严。

（2）监理项目部参与回风暗斜井矿建施工监理的董某泉（工程师）、随某杰（高中，业务培训）未取得监理行业注册资格证，不具备煤矿矿建工程监理资质。

（3）监理项目部的上级主管部门中煤科工集团南京设计研究院有限公司监理中心与项目部之间用电话联系，以每月报送监理月报的方式实施管理。其中，要求每月编制监理月报 2 份，一份由总监送到上级主管部门，一份交建设方，截至事故发生时，送到上级部门的汇报至 9 月，未报送 10 月监理月报，监理中心未提出任何异议与要求。中煤科工集团南京设计研究院有限公司监理中心总经理常利传在 2018 年 10 月 12 日到万福矿井参加项目推进会时，也未对监理项目部的工作提出任何建议或要求。

（三）事故性质

经调查，事故调查组认定该事故为一起安全责任事故。

六、责任划分及处理建议

（一）建议给予党纪、政务或行政处分、行政处罚及其他处理的责任人员

事故发生单位违反《中华人民共和国安全生产法》第二十二条规定的相关责任人，依据《安全生产领域违法违纪行为政纪处分暂行规定》第十二条建议给予相应行政处分；相关责任人是党员的，依据《中国共产党纪律处分条例》第三十三条第二款的规定，建议由其所在党组织给予党纪处分。对人员的处理建议，事故调查组于 2019 年与菏泽市监察委员会进行了交流沟通。

1. 七十一工程处

（1）雷某强，群众，七十一工程处技术主管，负责万福项目部回风暗斜井技术管理工作，是回风暗斜井作业地点主要技术负责人。回风暗斜井作业规程编制缺少物探、钻探成果分析，过断层的安全技术措施缺少针对性，该地点冒顶的处理工作缺少符合实际的技术指导，对顶板冒落没有得到有效控制致使破碎带持续发育导通新近系的隐患缺少充分的分析和研判，没有履行好技术资料分析、研判责任，对事故发生负有主要责任。建议给予行政撤职处分。

（2）张某强，群众，七十一工程处技术副经理，负责万福项目部矿建施工技术管理方面的工作。对顶板冒落未采取有效措施可能引起应力破坏范围扩大及诱发次生灾害的风险研判、分析不够；注浆加固工作未编制设计及验收标准，未能阻止围岩进一步破坏，对事故的发生负有主要责任。建议给予行政撤职处分。

（3）贾某海，中共党员，七十一工程处万福项目部党支部委员，七十一工程处万福项目部项目负责人，负责项目部的日常管理工作。对顶板冒落没有得到有效控制可能引起应力破坏范围扩大及诱发次生灾害的风险研判、分析不够；对回风暗斜井实施现场安全检查时，未将冒落区作为重点进行排查与管理，没有提出有效的治理方案和应对措施，对事故的发生负有主要责任。建议给予行政撤职处分；建议由其所在党组织给予严重警告处分。

(4) 王某红，中共党员，七十一工程处党委委员，七十一工程处总工程师，负责公司全面质量技术工作，包括矿建、"一通三防"和防治水等工作，协助总经理做好安全管理工作。在对回风暗斜井安全检查时，未将冒落区作为重点进行排查与管理，未进行深入细致的分析、评估，未提出有效的治理方案和应对措施，对事故的发生负有重要责任。建议给予行政记大过处分；建议由其所在党组织给予警告处分。

(5) 王某超，中共党员，七十一工程处党委委员，七十一工程处副总经理，负责矿建项目生产工作。在对回风暗斜井安全检查时，未将冒落区作为重点进行排查与管理，未进行深入细致的分析、评估，未提出有效的治理方案和应对措施，对事故的发生负有重要责任。建议给予行政记大过处分；建议由其所在党组织给予警告处分。

(6) 马某迅，中共党员，七十一工程处党委副书记，七十一工程处总经理兼万福项目部经理，全面负责公司安全、生产工作，负责万福项目部的全面工作，负有煤矿建设施工安全主体责任。对回风暗斜井迎头遇到大倾角正断层，且该区域处在断层尖灭交汇处，致使破碎带内岩层强度低、遇水极易沙化、泥化的特殊性认知不足；对顶板冒落没有得到有效控制致使破碎带持续发育导通新近系底部基岩风化带含水层，诱发水害的机理重视、分析不够，未制定针对性的防范措施；在对回风暗斜井实施现场安全检查时，未将冒落区作为重点进行排查与管理，未提出有效的治理方案和应对措施，对事故的发生负有主要领导责任。建议给予行政撤职处分；建议由其所在党组织给予严重警告处分。

依据《中华人民共和国安全生产法》第九十二条第一项的规处上一年度年收入30%的行政罚款，共计71983.5元。

2. 兖煤万福能源有限公司

(1) 汤某念，中共党员，兖煤万福能源有限公司生产技术科副科长，负责兖煤万福能源有限公司顶板管理工作。对顶板冒落没有得到有效控制可能诱发次生灾害的风险研判、分析不够；对改变施工角度挑顶后，巷道存在大倾角断层长时间冒落没有采取有效措施造成应力重新分布致使围岩进一步破坏的认识不够；未将冒落区作为重点进行排查与管理，提出有效的治理方案和应对措施，履行对施工单位的技术协调和指导不力，对事故的发生负有主要责任，建议给予行政记大过处分；建议由其所在党组织给予警告处分。

(2) 孙某民，中共党员，兖煤万福能源有限公司生产技术科副科长，承担兖煤万福能源有限公司地测防治水工作。在地质说明书、作业规程等技术性文件的编制与审核上把关不严，向施工方提供的“回风暗斜井掘进地质说明书”中未对迎头揭露的断层及地质情况变化进行分析、研判，对顶板冒落没有得到有效控制致使破碎带持续发育导通新近系的隐患认识不足；对施工单位回风暗斜井作业规程中没有涉及物探、钻探资料分析的情况没有及时发现，没有做好指导工作，对事故的发生负有主要责任，建议给予行政记大过处分；建议由其所在党组织给予警告处分。

（3）曹某彦，群众，兖煤万福能源有限公司副总工程师，负责兖煤万福能源有限公司顶板管理工作。对顶板冒落没有得到有效控制可能引起应力破坏范围扩大及诱发次生灾害的风险研判、分析不够；对改变施工角度挑顶后，巷道存在大倾角断层冒落区没有采取有效措施造成应力重新分布致使围岩进一步破坏的认识不足；对施工方编制的“回风暗斜井施工作业规程”未分析前期施工的物探、钻探成果，未分析迎头揭露断层等地质情况变化可能对施工造成的影响，未针对现场存在的事故隐患进行分析并制定安全有效的针对性措施，对施工单位的技术指导不力，对事故的发生负有主要责任。建议给予行政撤职处分。

（4）赵某，群众，兖煤万福能源有限公司防治水副总工程师，负责兖煤万福能源有限公司地测防治水方面的日常技术管理工作。对回风暗斜井迎头遇到处在断层尖灭交汇处的大倾角正断层，致使破碎带内岩层强度低、遇水极易沙化、泥化的特殊性认知不足；对顶板冒落没有得到有效控制致使破碎带持续发育导通新近系底部基岩风化带含水层，诱发水害的机理重视、分析不够；向施工方提供的“回风暗斜井掘进地质说明书”中未对迎头揭露的断层及地质情况变化进行分析、研判；对施工单位的技术指导不力，对事故的发生负有重要责任。建议给予行政记大过处分。

（5）王某，群众，兖煤万福能源有限公司总工程师，负责兖煤万福能源有限公司建设期间技术管理工作。对回风暗斜井迎头遇到处在断层尖灭交汇处的大倾角正断层，致使破碎带内岩层强度低、遇水极易沙化、泥化的特殊性认知不足；对顶板冒落没有得到有效控制致使破碎带持续发育导通新近系底部基岩风化带含水层，诱发水害的机理重视、分析不够，对施工单位的技术协调和指导不力；对地质说明书、作业规程等技术性文件的编制与审核上把关不严，未针对现场存在的事故隐患进行分析并制定安全有效的针对性措施，对冒顶区处理工作缺少符合实际的技术指导；在隐患排查时未对冒顶区域引起高度重视并进行深入细致的分析、评估，提出安全、有效的治理方案和应对措施；未组织制定注浆加固工作设计及验收标准，未能阻止围岩进一步破坏，对事故发生负有主要责任。建议给予行政撤职处分。

（6）陈某范，中共党员，兖煤万福能源有限公司党总支委员，兖煤万福能源有限公司副总经理，负责矿井建设的安全监察工作。在对回风暗斜井安全检查时，未将冒落区作为重点进行排查与管理，未进行深入细致的分析、评估，未提出有效的治理方案和应对措施，对事故的发生负有重要责任。建议给予行政记大过处分；建议由其所在党组织给予警告处分。

（7）柳某财，中共党员，兖煤万福能源有限公司党总支副书记，兖煤万福能源有限公司董事长、总经理，负责全面工作，是建设项目安全管理第一责任者。对顶板冒落没有得到有效控制可能诱发次生灾害的风险研判、分析不够；对改变施工角度挑顶后，巷道存在大倾角断层冒落区没有采取有效措施造成应力重新分布致使围岩进一步破坏的认识不足；在对回风暗斜井安全检查时，未将冒落区作为重点进行排查与管理，未进行深入细致的分析、评估，未提出有效的治理方案和应对措施，对事故的发生负有主要领导责任。建议给予行政降级处分；建议由其所在党组织给予警告处分。

依据《中华人民共和国安全生产法》第九十二条第一项的规定处上一年度年收入30%的行政罚款，共计47658元。

3. 兖州煤业股份有限公司

官某章，中共党员，兖州煤业股份有限公司副总工程师，负责地质、防治水工作。2018年10月31日到兖煤万福能源有限公司现场办公研究煤矿施工中存在的防治水问题，在现场办公过程中，没有发现隐蔽地质致灾因素，未能督促矿井采取有效的防范措施，对事故的发生负有重要领导责任。建议给予行政警告处分。

4. 中煤科工集团南京设计研究院有限公司

（1）吴某增，群众，中煤科工集团南京设计研究院有限公司兖煤万福能源有限公司项目总监理，对矿井建设监理的各项工作负总责。在工程监理过程中，未能及时发现现场施工中存在的安全问题和事故隐患，未能及时向建设方与施工方汇报，对施工安全技术措施审核把关不严，未严格履行监理职责；项目部参与回风暗斜井矿建施工监理的2名监理员未取得监理行业注册资格，不具备煤矿矿建工程监理资格，对事故负有重要责任。建议给予行政记过处分。

（2）常某传，群众，中煤科工集团南京设计研究院有限公司监理中心总经理，负责公司全面工作。对监理月报不按时上报未履行督促整改的管理职责；在2018年10月12日来万福矿井参加推进会时，未指出监理项目部有2人不具备煤矿矿建工程监理资格问题，对事故的发生负重要领导责任，建议给予行政警告处分。

（二）对有关单位的行政处罚建议

（1）兖煤万福能源有限公司于2018年11月2日发生突水溃砂事故，致使1名职工失踪，依据《中华人民共和国安全生产法》第一百零九条的规定，建议分别给予七十一工程处、兖煤万福能源有限公司人民币50万元的行政处罚。

（2）中煤科工集团南京设计研究院有限公司没有及时发现现场存在的问题和事故隐患并及时与建设方、施工方沟通，研究制定安全有效的安全技术防范措施；参与万福矿井矿建施工监理的工作人员有2人不具备煤矿矿建工程监理资格，违反《国家安全监管总局国家煤矿安监局国家发展改革委国家能源局住房建设部关于印发加强煤矿建设安全管理规定的通知》(安监总煤监〔2012〕153号）第十七项、第十八项的规定，《煤矿建设安全规范》(AQ 1083—2011）4.8的规定。依据《安全生产违法行为行政处罚办法》第四十五条的规定，建议给予中煤科工集团南京设计研究院有限公司行政警告，并处3万元的行政罚款。

七、事故防范和整改措施

（1）牢固树立安全发展理念，加强安全生产工作。要坚持以人民为中心的发展思想，坚守“发展决不能以牺牲安全为代价”这条红线，弘扬生命至上、安全第一的理念，始终把安全生产工作抓在手上，放在心里，实现安全发展、高质量发展。

（2）加强对隐蔽致灾因素可能导致次生灾害的研究、分析和管控。万福矿井为基本建设矿井，在矿井建设过程中将不断揭露新的区域，在揭露新的构造及处理因构造影响而带来的问题时，一定要充分分析隐蔽致灾地质因素对矿井建设工程安全施工的影响，不断补充、完善各类地质资料，掌握规律，控制地质灾害。对过断层等特殊地段，要进一步优化支护参数，加强特殊地段支护及顶板管理，提高支护强度，防止抽冒事故。

（3）加强风险管控与隐患排查治理。在各项工程施工前，充分分析存在的各类风险，排查事故隐患，制定技术可靠、施工安全的防范与治理方案或措施，消除隐患。建设方、施工方的隐患排查制度要落到实处，形成上下联动机制，确保现场隐患不漏排、隐患治理不漏项。加强对物探工作精度、探测距离、资料分析的研究，加大风险辨识和隐患排查治理力度，健全完善安全技术管理制度。加强现场安全检查问题的深入分析与现场整改对接管控，现场检查、现场办公不能只满足于发现表面问题、解决表面问题，要对现场发现的问题及隐患做深层次的追究与探讨。

（4）加强对监理单位的管理。监理单位要按照国家对煤矿建设项目的规定管理监理人员，确保监理人员资质符合国家规定。要履行好工程监理职责，及时发现隐患、及时汇报隐患、及时与各方沟通，确保隐患治理到位。做好监督、协调工作，与建设方和施工方共同制定安全可靠、符合现场实际的技术方案与施工措施。

（5）加强施工安全技术措施的编制与管理。建设方要及时提供施工地点的各项技术指标，充分考虑现场存在的安全隐患与技术难题，与施工方共同制定符合现场实际情况的技术方案与施工安全措施。

（6）立足基建矿井实际，提高对防治水工作的重视程度。提高对复杂地带、特殊地层的认识程度，深入研究弱含水层泥质胶结地层的水理性质，提高对巨厚松散层条件下新建矿井水文地质工作的认识。对标《煤矿防治水细则》，坚持"预测预报，有疑必探，先探后掘，先治后采"的防治水原则，规范各类探放水钻孔的布置，加强矿井主要含水层水文动态、水质监测分析及水文地质条件探查，加强特殊地段其他因素可能诱发水害事故风险的分析、研判及管控。恢复建设前，要重新确定矿井水文地质类型；要对注浆堵水效果进行安全评价，严防发生次生灾害。

（7）优化回风暗井设计，尽量把回风暗斜井布置在稳定的岩层中。组织专家对煤层上覆岩层赋存特点及对采掘活动的影响进行研究，确定安全的采掘工艺及参数，杜绝此类事故发生。

第五章　2019 年全国煤矿水害事故案例

第一节　河南省新乡市焦作煤业集团赵固（新乡）能源有限责任公司赵固一矿“4·24”一般溃水溃砂事故

2019 年 4 月 24 日 2 时 6 分左右，焦作煤业集团赵固（新乡）能源有限责任公司赵固一矿（以下简称“赵固一矿”）发生一起溃水溃砂事故，溃砂（泥、砾石、矸）量 1360 m^3、溃出水量 280 m^3，造成 1 人死亡，直接经济损失 377.6797 万元。

5 月 9 日，依据《中华人民共和国安全生产法》《煤矿安全监察条例》《生产安全事故报告和调查处理条例》等相关法律法规，河南煤矿安全监察局豫北监察分局会同新乡市工信局和辉县市监察委、公安局、应急管理局、矿产资源管理局、总工会、科工信局成立了焦作煤业集团赵固（新乡）能源有限责任公司赵固一矿“4·24”事故调查组（以下简称“事故调查组”）。事故调查组下设技术组、管理综合组，并聘请了 3 名专家参加事故调查。

事故调查组坚持“科学严谨、依法依规、实事求是、注重实效”原则，通过现场勘查、调查取证、专家论证，查明了事故发生的经过、人员伤亡、直接经济损失和事故原因，认定了事故性质和责任，提出了对责任人和责任单位的处理建议及事故防范措施。

一、事故单位基本情况

（一）矿井隶属关系及上级公司

赵固一矿隶属河南能源化工集团有限公司焦作煤业（集团）有限责任公司（以下简称“焦煤公司”）。河南能源化工集团有限公司是河南省国有特大型能源化工集团，焦煤公司系河南能源化工集团有限公司的二级全资子公司。

焦煤公司设立有生产技术部、通风管理部、地测部、机电部、安全监察局等安全生产管理部门。

（二）矿井基本情况

1. 矿井概况

赵固一矿位于河南省新乡市辉县市境内，井田面积 43.77 km^2，资源储量 373 Mt，可采储量 165 Mt，2018 年 12 月底剩余可采储量 130 Mt。该矿 2005 年 6 月 19 日开工，2009 年 5 月 10 日竣工投产。2015 年矿井核定生产能力 3 Mt/a；主采二叠系山西组$二_1$煤，煤层平均厚度 5.29 m，倾角 5°；属低瓦斯矿井，绝对瓦斯涌出量 6.85 m^3/min，相对瓦斯涌出量 1.64 m^3/t；煤层自然倾向性为不易自燃，煤尘无爆炸危险，水文地质类型为极复杂型。矿井证照齐全有效，为生产矿井。

2. 相关生产系统

矿井采用立井单水平盘区式开拓，井底水平标高 -525 m。通风方式为混合式，通风方法为抽出式，总进风量 11379 m^3/min，总回风量 11741 m^3/min。矿井安装有安全监控系统、人员位置监测系统、安全避险系统、通信联络系统、供水施救系统和压风自救系统。

赵固一矿“生产地质报告”显示矿井正常涌水量 2271.7 m^3/h，最大涌水量 2953.2 m^3/h。经过治理后，矿井实际涌水量 850 m^3/h。井下在用排水泵房有中央泵房和西六采区泵房。中央泵房为一级排水；西六采区泵房为二级排水，排水线路为：西六泵房—西轨道—西回风—井底水仓。在建排水系统为西风井井底排水泵房，其包含矿井潜水电泵排水系统。

矿井现有水文观测孔 14 个。O_2 灰岩含水层观测孔地面 2 个，井下 1 个；L_2 灰岩含水层观测孔井下 4 个；L_8 灰岩含水层观测孔地面 3 个，井下 4 个；未设置煤层顶板和松散层含水层的水文观测孔。

事故发生前，矿井生产采区为东一盘区、西六盘区，开拓采区为西五盘区、西八盘区，布置有 4 个采煤工作面，分别是 11291 工作面、16031 工作面、11112 停采收尾工作面和 16001 收尾拆除工作面。

3. 安全管理机构及防治水人员配置

矿井设置有安全监察科、生产调度室、生产技术科、地测科、机电科等安全生产管理机构及采煤、开拓、掘进、巷修、通风、机电运输和钻探注浆等 19 个生产单位。

设立了以矿长为首的防治水领导机构，总工程师具体负责防治水的技术管理工作，配备了地测防治水副总工程师（负责地测科全面工作）。地测科负责矿井防治水日常工作，有水文地质专业技术人员 12 名，其中，高级职称 1 人、中级职称 6 人、初级职称 5 人。

4. 生产劳动组织

赵固一矿在册员工 3759 人。生产区队中，综采一队、综采二队采用“二九一六制”作业，其余均为“三八制”。综采一队、综采二队均分三班组织，两班生产、一班检修。生产班时间为零点班（0:00～12:00）、四点班（12:00～24:00），两个生产班共 3 个班组，每个班组推磨式交互上零点与四点班；八点班为专门检修班组，作业时间为 8:00～16:00。

（三）矿井水文地质

赵固一矿地层由老到新为震旦系、寒武系、奥陶系、石炭系、二叠系、新近系、第四系。煤系地层被第四系、新近系松散层所覆盖。松散层由坡积、洪积与冲积形成的褐红、紫灰及杂色黏土、砂质黏土、砾石、砂层等组成，厚 366.68～808.10 m，平均 480.02 m，且由北向南，自西向东逐渐增厚。第四系为山前冲积沉积，底部为一套山前冲、洪积卵石层，富水程度较强。新近系为河湖相沉积，大部分为黏土、粉砂质黏土，其次为中、细砂，由于受上覆土层压力影响，部分呈半固结状态。

$二_1$ 煤顶板主要含水层有顶板砂岩含水层、基岩风化带含水层、新近系中底部砂砾石含水层和第四系含水层。其中 $二_1$ 煤顶板砂岩含水层，厚度一般 2.80～67.99 m（1～13 层），属弱富水含水层；基岩风化带含水层由隐伏出露的各类不同岩层组成，厚度 15～50 m，一般 20～35 m，除石灰岩风化带含水层富水性较强外，其他砂岩、砂质泥岩等岩层属弱含水层；新近系中底部存在 1～3 层中、细砂，含承压水，水位标高 87.61 m，属中等富水含水层。底部砾石为古河床相，由砾石、砂砾石组成，富含泥质或夹有黏土薄层，半固结状态，属弱富水含水层。$二_1$ 煤顶板主要隔水层为新近系泥、泥质隔水层。

$二_1$ 煤顶板直接充水水源为顶板砂岩含水层，间接充水含水层为风化带含水层、新近系中底部砂砾石含水层，在煤层顶部基岩厚度较薄的区域，由于采动影响，顶板冒落高度大时，风化带含水层甚至新近系中底部含水层也会成为矿井直接充水水源。

（四）矿井薄基岩下开采情况

赵固一矿煤层顶板基岩厚度较薄，上覆第四系、新近系松散层厚度大。当基岩厚度大于垮落带高度而小于导水裂缝带高度时，称为薄基岩。《赵固一矿薄基岩试采总结报告》将基岩厚度不大于 50 m 的区域划分为薄基岩区，主要分布在东一盘区中部以东至煤层露头、西二盘区东部靠近煤层露头以及西六盘区东部以东至煤层露头的区域。

截至2019年4月24日，赵固一矿已经回采完成23个工作面。17个薄基岩区域开采的工作面中，出现顶板溃水、溃砂事故的有3个（11071工作面、11131工作面和11211工作面）。三起溃水溃砂地点的基岩厚度分别为33.1 m、38.6 m和25.9 m。

（五）矿井薄基岩开采科研论证

为确定薄基岩开采留设安全煤（岩）柱尺寸，解放部分压滞煤量，2008—2015年，赵固一矿分别与相关科研单位合作，进行了薄基岩开采相关技术研究。2014—2015年，赵固一矿与中国矿业大学（北京）合作，总结赵固一矿历年薄基岩开采情况，形成“赵固一矿薄基岩试采总结报告”。该报告将分层开采上分层采高为3.5 m时，留设安全煤（岩）柱的工程判据分为以下几种情况：

（1）当顶板探测孔单个钻孔原始涌水量＜10 m^3/h，需要进行采前疏放，分两种情况：①采前该位置单孔涌水量≤3 m^3/h，可留设防砂安全煤（岩）柱，要求基岩柱厚度≥35 m；②如果采前该位置单孔涌水量＜3 m^3/h，要求基岩柱厚度≥47 m。

（2）当顶板探测孔单个钻孔原始涌水量≤10 m^3/h时，分两种情况：①当顶板探测孔进入松散层的深度＜5 m或有流沙时，基岩柱厚度应≥35 m；②顶板钻孔进入松散层厚度≥5 m，并且提钻后无流沙现象时，基岩柱厚度应当≥30 m。

（3）基岩厚度＜30 m的区域，先不设计回采工作面。在报告中结论第14条提出：“本报告以F_{16}断层以南的技术资料和开采经验为基础，若其他地区出现采矿、地质及水文地质条件变化，则不适用本报告结论”。报告主编人中国矿业大学（北京）能源学院教授许延春解释认为：F_{16}断层以北区域不属于报告范围，薄基岩下采煤应重新论证F_{16}断层以北地区的采矿、地质及水文地质条件，如与F_{16}断层以南的区域有变化，则不适用报告中的工程判据。赵固一矿16031工作面位于F_{16}断层以北。

（六）事故地点

事故发生在赵固一矿北翼西六盘区16031工作面。

1. 工作面概况

16031工作面系该盘区第四个工作面。工作面埋深为493～562 m，倾向长241.1 m，走向长1214.6 m，煤层倾角平均为5°，平均煤厚6.23 m，倾向长臂后退式开采，采煤工艺为综合机械化采煤。东侧为设计的15011工作面；西侧自工作面开切眼至303.1 m为实体煤，303.1～1214.6 m为已回采结束的16021工作面；南为北翼三条大巷和F_{16}断层保护煤柱；北为DF_{80}和F_{15}断层保护煤柱。该工

作面处于 B_1 背斜轴部和 F_{25} 断层尖灭影响区域。B_1 背斜在该工作面东北部的延伸长度约 478 m。

2. 工作面顶板水文地质

工作面顶板主要充水水源有：第四系含水层、新近系中底部砂砾石含水层、基岩风化带含水层、二$_1$ 煤层顶板砂岩含水层。二$_1$ 煤层顶板至新近系底部砂砾石含水层底界覆岩总平均厚度为 51.6 m。

该区勘探阶段未区分第四系和新近系，第四系和新近系的松散地层厚度为 458.54～491.14 m，平均 474.84 m。第四系含水层厚度 5.0～16.1 m，为强富水性含水层；新近系中底部存在 1～3 层中细砂含水层，为中等富水性含水层。根据工作面探查情况，新近系底部发育有厚层黏性土层，未发现砂砾石含水层。该工作面为含水层下采煤，水体采动等级为Ⅱ类，留设防砂煤岩柱开采。

3. 工作面设计

2017 年 4 月，赵固一矿编制完成《16031 工作面设计说明书》，并于 2017 年 8 月向焦煤公司提出审议请示。2017 年 9 月 30 日焦煤公司审议通过并予以批复。

16031 工作面设计开采上分层，按照留设防砂煤（岩）柱要求，限制采高 3.5 m，可采储量 1.363 Mt。该工作面设计开切眼长度 241.1 m，沿工作面巷道可采长度 1214.6 m，全部垮落法管理顶板。安装有 154 架 ZF10000/20/38 型液压支架和 6 架 ZFG10000/20/38 型过渡支架支护顶板，工作面采用 MG300/700－WD 型采煤机割煤、SGZ800/800 型刮板输送机及 SZZ800/250 型转载机配合外围胶带输送机运煤。工作面综采支架编号自回风巷向进风巷按升序排列。

4. 工作面顶板水探查疏放

依据“赵固一矿薄基岩试采总结报告”工程判据，赵固一矿对 16031 工作面顶板水害防治设计采取钻探、物探方法探查顶板基岩及冲积层底部黏土隔水层厚度、冲积层底部沙砾石层分布情况和顶板富水情况，根据探查的顶板基岩厚度、钻孔水量和流沙、冲积层底部沙砾石层分布及新近系底部黏土隔水层厚度情况确定留设防砂、防水安全煤（岩）柱和限制采高。

工作面开采前，共设计 95 个井下顶板水探查疏放钻孔，钻孔终孔垂距 55～65 m，规定钻孔钻进冲积层底面垂距≥5 m；若钻孔进入冲积层后出现塌孔、抱钻等严重现象，可以提前结束施工，以实际钻进深度为准进行验收。钻孔终孔平面间距≤100 m。探查发现异常情况（如钻孔流沙、水量大）时，及时补增钻孔进行检验。同时明确要求钻孔终孔水量≥2 m^3/h 时进行疏放，终孔水量＜2 m^3/h 时予以封孔。

事故发生前，工作面前 800 m 段施工顶板探查钻孔 66 个，顶板基岩厚度

32.9 ~ 59.9 m。其中钻孔初始水量≥2 m^3/h 的有两个钻孔，经疏放后均＜1 m^3/h；钻孔进入冲积层垂直厚度（M）0.6 ~ 28.7 m，M＜5 m 的 25 个钻孔探查的基岩厚度均＜35 m；钻孔揭露冲积层岩性以黏土为主。事故位置附近施工 3 个探查钻孔（内 11 顶 2、内 11 顶 5、内 11 顶 7），揭露顶板基岩厚度 44.1 ~ 59.9 m，钻孔进入冲积层垂距 2.5 ~ 9 m，其中内 11 顶 7 号钻孔水量 0.5 m^3/h（出水位置位于顶板砂岩层内），其余两个钻孔无水，3 个钻孔未见流沙和砾石层。工作面巷道及开切眼两边的钻孔终孔间距 30 ~ 80 m，工作面中间区域部分钻孔终孔投影距离＜100 m。16031 工作面回采前对回风巷向正上方顶板水开展了直流电法勘探，未对进风巷及工作面回采区域进行物探。

5. 工作面回采及现场管理

2019 年 2 月 1 日 16031 工作面开始回采，2 月 10 日采面初次来压。初次来压后至事故发生前，因顶板岩石冒落造成输送机和采煤机多次埋压；无规律的顶板来压在工作面显现，造成不同地段支架被压死（累计造成支架压死 8 次，178 根立柱被压坏、93 个支架四连杆销子被压断、5 个支架顶梁被顶穿、3 个支架底座被压裂），采煤机无法全开切眼跑机，只能是分段向前推进，工作面推进速度慢，整体性差，导致采面受压不均，岩石冒落、支架压坏等工作面条件进一步恶化。至事故发生时，进风巷回采 44.9 m，回风巷回采 52.3 m，平均回采 48.6 m。

为了处理工作面顶板冒落、压架和底鼓，赵固一矿先后制定了《16031 工作面恢复生产技术措施》《16031 工作面恢复生产补充技术措施》，采取注化学浆加固顶板和在煤壁搁小棚、扩帮、落底分段处理压架等措施维持工作面间序分段推进。由于仅对顶板破碎地方注化学浆，该措施并不能有效控制顶板架前冒落。2—4 月采面出矸量与出煤矸总量的质量百分比分别为 35.7%、39.0%、40.2%，平均 37.9%，平均等效采高为 5.29 m，超过设计限制的 3.5 m 采高。

初次来压当天，工作面 1 ~ 30 号架顶板淋水（水色发黄、不含砂），此后，又陆续发生 7 次不同架段顶板出水，水量最大为 40 ~ 45 m^3/h，且出水初始时水色发黄（黏土含量 1% ~ 8%），然后逐渐变清。出水水量由大逐渐变小，之后又突然增大，说明存在间歇性水源补给。

二、事故经过、报告情况和应急处置

（一）事故经过

4 月 21 日，16031 工作面第 60 ~ 100 架顶板出现严重掉矸，同时伴有机道侧底鼓造成过机高度不足。4 月 21 日、22 日进行扩帮、落槽、推槽作业，23 日零点班工作面割煤 81 架（自 104 架下行至 23 架，空刀返回 116 架附近）。

4 月 23 日下午四点班，副队长（主持工作）余某占在 16031 工作面跟班。13 时左右，四点班人员进入工作面，采煤机位于第 116 架处，当班计划向进风巷机尾方向割煤生产。由于多处掉矸（第 8 ~ 13 架、22 ~ 30 架、95 ~ 108 架、131 ~ 159 架等处），101 架、102 架支架被压死，进班后主要工作是清理煤矸、处理压死的支架，然后拉架、注浆加固顶板。

24 日 1 时左右，清理煤矸、处理压架、拉架及注浆加固等工作完毕，采煤机司机范某岗、付某华启动采煤机从第 116 架左右处开始截割。2 时左右，当采煤机上滚筒割煤至第 140 架（距工作面上安全出口 30 m）位置处，范某岗发现第 140 架前护板处顶板掉矸、淋水比较严重，随即关停采煤机，并向当班班长李某体汇报，此时冒落矸石已埋住采煤机上部大部分机体。李某体查看情况后，认为采煤机无法再开了，需要注浆，且也到交接班时间，就让范某岗告诉机尾看泵工交接班后上井。李某体带领其他人员向回风巷走，准备向跟班队长余某占汇报情况。范某岗则通知 23 日四点班的有关人员从进风巷离开。

4 月 23 日 22 时 30 分，综采二队召开 24 日零点班班前会议。根据上一班割煤情况，支部书记何某根安排当班继续清矸和割煤。值班人员技术员王某宇向入井人员讲述了应急撤人路线。跟班队长王某辉、班长王某杰安排了拉架、割煤等具体工作，安排王某永负责在机尾看水泵。

23 日 23 时 50 分，零点班人员领取工具后下井，跟班队长王某辉、班长王某杰等大部分人员从工作面下顺槽进入工作面。2 时，余某占在第 70 ~ 80 架之间遇到王某杰等人，进行了工作交接，并安排零点班继续割煤作业。随后，王某杰等人继续往采煤机方向走，当走到第 110 架附近遇到李某体。李某体对王某杰说明情况后继续向下走，王某杰等人则向采煤机方向走。当李某体走到第 100 架左右处时，听到采煤机方向一声闷响，感觉有风流逆转，于是一边往外跑一边喊人撤离，王某杰等人也随即往外撤离。2 时 10 分左右，余某占在第 40 架处向调度室汇报采面出水后也带人撤离。

副班长王某国、安监员张某委和机尾作业人员从工作面进风巷进入 16031 工作面接班。2 时左右，王某国在工作面上安全出口处查看采煤机通道情况，王某永在机尾处看护机尾泵坑水泵。此时，王某国突然感觉到一股冷风并看到工作面里面有“泥石流”在距他 5 ~ 6 m 处向外冲出，立即外撤并喊王某永快跑。王某国刚跑 2 m 多远，就被溃出的泥沙冲倒，一直被冲走 50 余 m 后，抱着一根柱子爬起，扒着巷帮上的锚索走出。此后王某国没有再见到王某永。

经反复核对人员，约 4 时 30 分最终确认零点班机尾司泵工王某永失联。

（二）事故报告

2时10分，赵固一矿调度值班人员张绿建接到余某占16031工作面溃水事故报告后，立即向值班矿领导郭某庆及矿长别某飞、总工程师郭某等领导进行汇报。在确认1人失联后，赵固一矿向焦煤公司调度室报告了事故。5时20分左右，焦煤公司安监局通过电话向河南煤矿安全监察局豫北监察分局有关人员进行了报告；6时，焦煤公司调度室电话向河南煤矿安全监察局豫北监察分局进行了事故汇报。事故存在漏报行为。

（三）应急处置

值班矿领导郭某庆、矿长别某飞等人接到事故报告后，立即启动应急救援预案，成立了以矿长别某飞任指挥长的应急救援指挥部。

24日4时44分，焦煤救护大队（以下简称“救护大队”）接到焦煤公司调度室通知，4时45分大队总支书记雷某岭带领1个小队出动，同时通知驻守在赵固二矿的三中队派1个小队先期出动。6时20分，三中队派出小队到达16031工作面进风巷48号硐室。7时13分，救护大队小队抵达16031工作面回风巷48号硐室。9时3分，焦煤公司副总经理张某合、总工程师俞某庆、豫北监察分局监察员等到达事故地点，指导抢险救援工作。

4月28日21时30分，救护队员在工作面第160架支架左侧前立柱处发现王某永，已无生命体征。救护队员将王某永遗体运送升井，救援工作结束。

接到事故报告后，河南煤矿安全监察局、河南省应急管理厅、新乡市政府有关负责同志也先后赶到现场指导事故救援，豫北监察分局、辉县市矿产资源管理局有关人员立即赶赴赵固一矿，指导协调事故抢险。

三、事故要素认定

（1）溃水溃砂时间。通过查阅安全监控历史曲线、调度记录及调查询问相关人员，综合判定溃水溃砂时间为2019年4月24日2时6分左右。

（2）溃水溃砂地点。工作面溃水溃砂主要出口位置在第140号、141号架处及附近，溃冒范围为124～149号区域。

（3）溃水溃砂量。溃出的泥沙充填工作面上段57 m、回风巷40 m，测算溃泥（砂、矸）量约为1360 m^3、溃水量约为280 m^3。

（4）溃水溃砂水源、物源。溃水水源为新近系底部黏性土以上的砂砾石含水层水；溃砂的固体物源来自于基岩面以上松散层底部的黏土、砂、砾以及煤层顶板破碎岩石。

（5）溃水溃砂通道。溃水溃砂区域临近背斜轴部，煤层顶板岩体完整性差，回采期间控制顶板措施不力，顶板持续性抽冒，造成隔水层结构破坏、阻挡固体颗粒的结构丧失，在上覆岩土体自重应力、水动力和矿压共同作用下抽冒空间进一步扩大，形成溃水溃砂通道。

四、事故类型

经调查认定，焦作煤业集团赵固（新乡）能源有限责任公司赵固一矿“4·24”溃水溃砂事故是一起水害事故。

五、事故造成的人员伤亡和直接经济损失

经调查认定，事故造成 1 人死亡，直接经济损失 377.6797 万元。

六、事故原因及性质

（一）直接原因

16031 采煤工作面薄基岩顶板上覆新近系底部黏土层之上存在砂砾石含水层，矿井对此含水层探查疏放不力，受背斜断层等构造应力作用和采动影响，顶板岩体完整性差，采面现场顶板管理不到位，破碎顶板持续冒落形成抽冒，导致水、黏土、砂、砾石突然溃出。

（二）间接原因

1. 赵固一矿

（1）顶板水害防治工作不到位。未认真汲取之前采面溃水溃砂教训，对薄基岩开采顶板水害治理仍然停留在探查基岩厚度、制定应急预案等被动预防方面，未有效探查疏放薄基岩之上新近系底部含水层水、砂，未对薄基岩顶板进行有效治理。未建立顶板和松散含水层水文观测系统；在《赵固一矿薄基岩试采总结报告》研究之外区域直接运用其工程判据，设计和施工的部分钻孔终孔投影间距不符合要求；采取限制采高措施，未制定确保导水裂隙带不波及含水层方案。

（2）现场管理不力。对 16031 采煤工作面生产过程中出现压架、冒矸、出水等异常信息重视不够，采取措施不力。未有效控制冒顶，采用落底落槽分段移架、割煤的办法组织生产，造成等效采高超过限制高度，局部顶板岩层下沉过大，在工作面局部形成抽冒。

（3）工作面设计不合理。未健全薄基岩采煤工作面设计、液压支架选型论证制度和有关责任制；受构造影响，16031 采煤工作面顶板基岩岩层裂隙发育、岩石破碎，采面开切眼长度和支架选型设计未充分考虑薄基岩下开采的特殊水文

地质及工程地质条件对工作面矿压、顶板控制、推进速度和水害防治工作的影响。

（4）安全管理薄弱。对薄基岩上覆松散层水害重大危险源辨识不到位，16031 回采地质说明书、月度地质预报未对顶板水害进行详细分析；采煤工作面风险管控和隐患排查治理措施未消除压架、冒顶和出水等问题；多个安全生产管理部门未任命主要负责人员；安全培训教育不到位，职工对有关法律法规学习不够，自我保安意识不强、技能不高。

2. 焦煤公司

对煤层顶板薄基岩水害防治的复杂性认识不足，汲取之前薄基岩采面溃水溃砂教训不深刻，对薄基岩下采煤溃水溃砂风险评估管控不力，未及时制定指导薄基岩开采水害防治、采长设计和综采支架选型等制度和规定；未认真监督指导赵固一矿开展薄基岩上覆松散层水文观测、探查和水害治理工作；对 16031 采煤工作面设计直接运用《赵固一矿薄基岩试采总结报告》工程判据审查不细致。

（三）事故性质

经调查认定，焦作煤业集团赵固（新乡）能源有限责任公司赵固一矿"4·24"水害事故是一起责任事故。

七、对事故责任人和责任单位的处理建议

（一）对事故责任人的处理建议

（1）王某宇，赵固一矿综采二队技术员。负责综采二队技术管理工作，负责编制和贯彻落实 16031 工作面作业规程和安全技术措施，事故当班区队值班。对 16031 采煤工作面生产过程中出现压架、冒矸、出水等异常信息研究不够，制定和采取的技术措施未能有效控制冒顶和防止等效采高超过限制高度，对事故发生负有重要责任，建议给予警告处分。

（2）付某江，赵固一矿生产技术科技术员，负责编制赵固一矿 16031 工作面设计。16031 采煤工作面开切眼长度和支架选型设计未充分考虑薄基岩下开采的特殊水文地质及工程地质条件对工作面矿压、顶板控制、推进速度和水害防治工作的影响。对事故发生负有重要责任，建议给予警告处分。

（3）余某占，中共党员，赵固一矿综采二队副队长（主持工作），是综采二队安全生产第一责任人，4 月 23 日四点班跟班队长。在 16031 工作面工程质量管理差，顶板管理和支架维护不到位，未能采取有效措施控制顶板持续冒落、处理液压支架被压死；16031 工作面生产组织不力，工作面推进速度缓慢，加剧了工作面顶板压力显现和冒落情况多发。对事故发生负有主要责任，建议给予记大

过、党内警告处分。

（4）何某根，中共党员，赵固一矿综采二队支部书记，负责综采二队支部党建和职工安全培训等工作。支部党建和安全生产融合不够，日常安全培训针对性不强，综采二队职工对溃水溃砂危险因素认识不足，自我保安意识不强、技能不高。对事故发生负有主要责任，建议给予党内警告处分。

（5）李某波，赵固一矿调度室副主任（主持工作），负责调度矿井安全生产全面工作。指导综采二队生产组织不力，16031 工作面推进速度缓慢；工作面工程质量管理差，协调处理 16031 采煤工作面顶板管理和频繁出现的冒顶、出水和液压支架被压死、立柱压坏等问题措施不力，对事故发生负有重要责任，建议给予警告处分。

（6）郭某建，赵固一矿机电科副科长（主持工作），协助机电矿长做好矿井综采设备管理。16031 综采工作面支架设备选型不能满足实际需要；采面初次来压后，处理工作面液压支架严重损坏的措施不力。对事故发生负有重要责任，建议给予警告处分。

（7）李某青，赵固一矿副总工程师（负责地测科全面工作），协助总工程师负责地测和防治水管理工作。对薄基岩水害防治的复杂性认识不足，在《赵固一矿薄基岩试采总结报告》研究之外区域直接运用其工程判据设计 16031 采煤工作面顶板基岩和松散层探查钻孔；对薄基岩之上新近系底部含水层探查疏放措施不力、水害预报不全，16031 采煤工作面部分探查钻孔设计终孔投影间距不符合要求；16031 工作面采取限制采高措施，未制定确保导水裂隙带不波及含水层方案。对事故的发生负有重要责任，建议给予记过处分。

（8）刘某峰，赵固一矿副总工程师兼生产技术科科长，协助总工程师负责生产技术管理等工作，组织编制赵固一矿 16031 工作面设计。16031 工作面采取限制采高措施，未会同地测部门制定确保导水裂隙带不波及含水层方案；对 16031 采煤工作面设计未组织必要的论证，液压支架选型不能满足实际需要，采长不合理。对事故的发生负有重要责任，建议给予记过处分。

（9）李某国，赵固一矿副总工程师兼安监科科长，协助安全矿长做好煤矿安全管理和隐患整改工作。对 16031 采煤工作面薄基岩松散层水害探查不清、治理措施不完善的问题未及时提出安全检查建议；对 16031 工作面隐患排查治理监督检查不到位。对事故的发生负有重要责任，建议给予警告处分。

（10）庞某，赵固一矿副矿长，负责矿井机电设备管理工作。未建立健全综采工作面液压支架等设备选型论证制度；对 16031 工作面液压支架损坏严重的问题处置措施不得力。对事故发生负有重要领导责任，建议给予警告处分。

(11) 黄某东，赵固一矿副矿长，负责矿井生产组织工作。指导16031采煤工作面生产组织不力，未能督促综采二队采取有效控制采高、防止冒顶等措施。对事故发生负有重要领导责任，建议给予记过处分。

(12) 李某磊，赵固一矿副矿长，负责煤矿安全管理监督检查、安全培训工作。对薄基岩水害防治的复杂性和溃水溃砂风险评估监督不力，对16031采煤工作面顶板薄基岩冲积层水害探查不清、治理措施不完善的情况失察；对16031工作面未有效消除冒顶、压架等隐患监督处置不力。对事故的发生负有重要领导责任，建议给予记过处分。

(13) 郭某，赵固一矿总工程师，负责矿井灾害治理和技术管理工作。对煤层顶板薄基岩条件下开采的复杂性认识不足，安全风险预判不够；未组织有关部门制定确保导水裂隙带不波及含水层的方案；对薄基岩水害防治存在的问题失察；对16031采煤工作面出现的冒顶等异常信息组织分析、处置不力，未能及时组织制定和采取有效防范措施；技术管理制度不健全。对事故的发生负有主要领导责任，建议给予记过处分。

(14) 别某飞，赵固一矿矿长，2019年4月10日被宣布任焦煤公司安监局局长，负责焦煤公司安全监察工作，赵固一矿安全生产第一责任人。汲取溃水溃砂教训不深刻，对矿井水文地质管理、生产技术管理重视不够，安全生产管理机构关键岗位人员配备不齐全；对16031采煤工作面顶板薄基岩松散层水害威胁、治理措施论证不充分，薄基岩工作面设计采长、液压支架选型不符合实际需要等问题失察。对16031工作面存在的冒顶、压架等隐患督促整改不力。对焦煤公司生产、地测和机电部门安全生产管理工作中存在的问题检查指导不到位。对事故的发生负有主要领导责任，对事故漏报负有责任，建议给予记过处分。依据《中华人民共和国安全生产法》第九十二条第一款和《生产安全事故罚款处罚规定（试行)》第十一条第（二）项，分别处上一年收入30%和50%（共计80%）的罚款。

(15) 郑某川，中共党员，焦煤公司总经理助理，赵固一矿党委书记。未能有效履行安全生产岗位职责，对矿井落实安全生产方针监督不力；对矿井地测、生产、调度、安监和综采二队等单位安全生产管理关键岗位人员配备不齐全。对事故的发生负有重要领导责任，建议给予党内警告处分。

(16) 秦某威，焦煤公司机电部部长，负责焦煤公司机电设备管理工作。组织建立工作面液压支架选型方面的安全管理制度和责任制不力；监督指导赵固一矿16031采煤工作面液压支架管理不到位。对事故发生负有重要领导责任，建议给予警告处分。

（17）杜某宽，焦煤公司副总工程师兼生产技术部部长，负责焦煤公司矿井生产组织和开采技术管理工作。组织建立工作面设计方面的技术管理制度和有关安全生产责任制不力；监督指导赵固一矿16031采煤工作面顶板管理、工程质量和生产组织等不到位。对事故发生负有重要领导责任，建议给予记过处分。

（18）刘某宙，焦煤公司副总工程师兼地测部部长，负责焦煤公司矿井地测防治水管理工作。对煤层顶板薄基岩水害防治的复杂性认识不足，汲取之前采面溃水溃砂教训不深刻，未认真监督指导赵固一矿开展薄基岩上覆松散层水文观测和水害治理工作；未发现并纠正16031工作面直接运用《赵固一矿薄基岩试采总结报告》工程判据开展薄基岩顶板探查的问题；未指导赵固一矿制定确保16031工作面导水裂隙带不波及含水层方案；对薄基岩开采溃水溃砂风险的预见性不强，未及时制定指导薄基岩开采水害防治的意见。对事故的发生负有重要领导责任，建议给予记过处分。

（19）俞某庆，焦煤公司总工程师，负责焦煤公司矿井灾害治理和技术管理工作。对煤层顶板薄基岩条件下开采的复杂性认识不足，灾害治理和技术管理工作不到位，采煤工作面设计审批制度不健全。对赵固一矿16031工作面的水文地质复杂性、顶板管理、支架选型等工作缺乏技术研究，对工作面回采出现的冒顶等异常信息指导分析不到位，未能及时指导赵固一矿采取有效防范措施。对事故的发生负有领导责任，建议给予警告处分。

（二）对责任单位的处理建议

依据《中华人民共和国安全生产法》第一百零九条之规定，建议对赵固一矿处50万元罚款。

对赵固一矿和有关责任人的罚款，由河南煤矿安全监察局豫北监察分局执行收缴。

八、防范措施建议

（1）焦煤公司和赵固一矿要深刻汲取事故教训。进一步强化安全生产“红线”意识，认真分析历次薄基岩条件下开采溃水溃砂教训，从思想认识、技术手段和现场管理方面查找不足，切实开展薄基岩开采相关研究和技术攻关，重新组织论证薄基岩开采的水害防治技术、工作面采长设计和综采支架选型等，从隐蔽水害致灾因素探查治理、采煤工作面设计、薄基岩破碎顶板加固、异常信息分析处置等方面查漏补缺，提高薄基岩开采的安全保障。

（2）进一步落实企业主体责任，加强安全管理。健全并认真落实相关安全管理制度和责任制，依法配齐有关安全生产管理人员；加强双重预防体系建设应用，全面辨识水害隐蔽致灾因素等安全风险，加大水害隐患排查治理力度；建立完善顶板含水层水文观测系统，加强地质及水文地质资料收集、整理、预测预报和档案管理。强化安全培训教育工作，提升职工薄基岩开采知识水平和防范事故风险的能力。

（3）进一步加强现场安全管理。在薄基岩区域开采要严格落实治理顶板水害、有效控制顶板冒落、控制采高等防止顶板溃水溃砂的措施；加强对生产现场的监督检查，对生产过程中发现的异常信息要高度重视，全面分析研判，深挖异常信息背后的隐蔽风险，及时采取有效管控措施。

第二节　山西省长治市襄矿西故县煤业有限公司“10·25”较大水害事故

2019 年 10 月 25 日 22 时 45 分左右，山西襄矿西故县煤业有限公司（以下简称“西故县煤业”）3^{-3}011 采区 3 号巷采面发生一起较大水害事故，造成 4 人死亡，直接经济损失 968.23 万元。

依据《中华人民共和国安全生产法》《煤矿安全监察条例》《生产安全事故报告和调查处理条例》等有关法律法规规定，2019 年 11 月 5 日，山西煤矿安全监察局长治监察分局（以下简称“长治煤监分局”）组织长治市应急管理局、长治市公安局、长治市总工会、襄垣县人民政府等有关单位，成立了事故联合调查组，并邀请长治市监察委员会派员参加，对本起事故展开调查。事故调查组下设技术鉴定组、管理调查组、责任追究组和综合资料组，并聘请有关专家组成专家组协助调查。

事故调查组按照“科学严谨、依法依规、实事求是、注重实效”的原则，通过现场勘察、调查取证、专家论证、技术认定及综合分析，查清了事故发生的经过、原因、人员伤亡和经济损失，认定了事故性质和责任，提出了对事故责任人和责任单位的处理建议以及防范和整改措施。

一、事故单位概况

（一）山西襄矿集团有限公司

山西襄矿集团有限公司（以下简称“襄矿集团”）成立于 2010 年 10 月，位于长治市襄垣经济技术开发区，是襄垣县人民政府的全资国有企业，是以能源投资、矿业管理、煤炭生产及焦炭批发、电力供应为主要经营范围的有限责任公司。襄矿集团“三证”齐全：安全生产许可证，编号（晋）MK 安许证字〔2017〕

DQ033，有效期至2020年9月20日；营业执照，注册号9114000055874354ON，有效期为长期。

襄矿集团现有晋平、石板沟、上良、新庄、西故县、辉坡6座煤矿，其中上良煤业为建设矿井，证载生产能力合计为7.4 Mt/a，井田总面积约51.1334 km^2，地质总储量453.222 Mt，保有总储量358.71 Mt，可采总储量187.3943 Mt。

襄矿集团的安全管理实行董事会领导下的总经理负责制，设有董事长、总经理、安全副总经理、生产副总经理、机电副总经理和总工程师。集团公司成立煤炭事业部对所属煤矿进行安全管理，煤炭事业部下设安全监察处、生产技术处、机电运输处、地测防治水处、“一通三防”处、综合管理处。

（二）山西襄矿西故县煤业有限公司

1. 矿井概况

西故县煤业有限公司位于襄垣县下良镇西故县村，隶属襄矿集团，为地方国有企业。矿井前身为西故县联营煤矿，始建于1970年。2009年，山西省煤矿企业兼并重组整合工作领导组办公室以晋煤重组办发〔2009〕30号文批准为兼并重组整合保留矿井，由襄垣县东故县联营煤矿、南桥堙煤矿、西故县联营煤矿和故县煤矿四座煤矿整合而成。2015年1月6日，矿井竣工验收投产。

矿井生产能力0.9 Mt/a，井田面积9.2437 km^2。批准开采3～15号煤层。保有储量62.22 Mt，可采储量37.05 Mt。属低瓦斯矿井，水文地质类型中等。3号煤层属不易自燃煤层，煤尘均具有爆炸性。矿井正常涌水量12.75 m^3/h，最大涌水量74.61 m^3/h。

因3号煤层资源接近枯竭，2018年2月21日批准15号煤层水平延深项目开工建设，事故前在正在进行15号煤层的水平延伸。

2. 证照情况

西故县煤业有限公司证照齐全有效，属持证建设矿井。采矿许可证，证号C1400002009111220045372，有效期至2032年9月13日；安全生产许可证，证号（晋）MK安许证字〔2018〕D129Y1B1，有效期至2021年1月6日；营业执照，证号140000105921241，营业期限至2032年9月13日。

3. 各系统基本情况

（1）开拓系统。煤矿采用混合开拓方式，布置有3个井筒：主斜井斜长760 m，坡度23°，担负矿井煤炭及部分材料下放任务，兼做矿井一个进风井和安全出口；副立井垂深250 m，安装钢制梯子间，担负矿井辅助提升任务，兼做矿井一个进风井和安全出口；回风立井垂深76 m，安装有钢制梯子间，是矿井的专用回风井。

（2）通风系统。矿井通风方式为中央分列式，通风方法为机械抽出式，安装两台 FBCDZN$_{o}$23/2×250 型对旋轴流式风机。

（3）供电系统。矿井采用双回路供电，电源来自下良苗庄 110 kV 变电站和王村店上 35 kV 变电站，两回路电源互为备用。地面 10 kV 到矿，10 kV 下井，电缆沿主斜井敷设至井下中央变电所，担负井下供电。

（4）提升运输系统。主斜井提升系统：装备 DTC80/30/2×250S 型带式输送机，配两台 YB2－4003－4 型异步电动机，担负原煤提升任务。辅助提升安装 JK－2×1.8 型提升绞车 1 台，担负大型材料下放任务。副立井提升系统：副立井提升安装 2JK－2×1 型矿井提升绞车 1 台，担负矿井人员提升及小型材料提升任务。

（5）排水系统。副立井井底设主排水泵房及中央水仓，中央水仓有效容积 974.5 m^3，其中主水仓 679.7 m^3，副水仓 294.8 m^3。主排水泵房安装 3 台 MD85－45×7 型离心式水泵，流量 85 m^3/h，扬程 315 m，一台运行、一台备用、一台检修，两趟 ϕ133×6 mm 主排水管路。

（6）安全避险“六大系统”。井下布置 1 个永久避难硐室，位于 3^{-3} 煤层北运输巷中部，可满足 100 人的避险要求；矿井配有 KJ70X 型煤矿安全监测监控系统、KJ236(A) 型人员管理系统、JMT－2000A 型矿用程控通信系统、供水施救系统和压风自救系统。

4. 建设项目基本情况

1）建设项目审批情况

2017 年 10 月 25 日，襄矿集团以《关于山西襄矿西故县煤业有限公司水平延深初步设计的批复》（襄矿字〔2017〕151 号）对建设项目初步设计进行了批复。

2017 年 12 月 7 日，长治煤监分局以《关于对山西襄矿西故县煤业有限公司水平延深安全设施设计的批复》（长煤监〔2017〕102 号）对建设项目安全设施设计进行了批复。

2018 年 2 月 21 日，襄矿集团以《关于山西襄矿西故县煤业有限公司水平延深项目开工建设的批复》（襄矿字〔2018〕11 号）同意该项目自 2018 年 2 月 21 日起开工建设，工期 22 个月。

2019 年 1 月 5 日，襄矿集团以《关于山西襄矿西故县煤业有限公司水平延深初步设计变更的批复》（襄矿字〔2019〕5 号）对初步设计变更进行了批复。

2019 年 4 月 23 日，长治煤监分局以《关于对山西襄矿西故县煤业有限公司水平延深安全设施设计变更的批复》（长煤监〔2019〕25 号）对安全设施设计变更进行了批复。

2）施工单位基本情况

到事故发生前，西故县煤业建设区域共有3支施工队伍：

（1）陕西德源矿业投资有限公司，矿山工程施工总承包壹级。安全生产许可证、营业执照齐全有效，签订了施工合同。

（2）掘进二队（蒋某明队），无资质，未签订施工合同。

（3）开拓二队（赵某利队），无资质，工人由矿上统一管理。

3）监理单位基本情况

山西煤炭建设监理有限公司，矿山工程监理甲级。营业执照统一社会信用代码91140100602066461A，有效期从1996年4月9日至2026年4月8日。

4）建设项目进展情况

该项目自2018年2月21日起开工建设，事故发生前正在进行15号煤层回风立井的施工及15101回采工作面开切眼的施工。

（三）事故发生区域

1. 事故地点

事故地点位于$3^{-3}0113$运输巷延伸段3号巷采面迎头。$3^{-3}0113$运输巷延伸段区域（以下简称“事故区域”）位于井田北部的$3^{-3}011$采区，平均埋藏深度126 m。3号巷采面东北部为3号煤层疑似CK4采空区、东部与原东故县煤矿相邻，南部为$3^{-3}0113$回采工作面、西部与$3^{-3}0113$运输巷延伸段垂直相连。3号巷采面沿煤层底板掘进，长度28 m，锚网索支护，矩形断面，宽3 m，高2.8 m，断面积为8.4 m^2。顶板向东倾斜，与周边地层倾向明显不同，为前方岩层受构造影响所致。

10月25日零点班，3号巷采面掘进至28 m处遇到破碎带，停止掘进，25日八点班开始回采，事故当班进行过爆破扩帮作业。

2. 相邻区域基本情况

3^{-3}煤层厚度约2.8 m。其上部为3^{-2}煤层，厚度约2.0 m，已回采，3^{-2}煤层与3^{-3}煤层间距约11 m。

$3^{-3}0113$运输巷延伸段：长度约80 m。

1号巷采面：已经冒落，回采长度约40 m。

2号巷采面：长度10 m，事故当班进行过爆破掘进作业。

$3^{-3}0113$回采工作面：2019年8月9日开始炮掘施工，小断面成巷，8月22日到位。8月24日，矿方退出$3^{-3}0113$运输巷延伸段的掘进机到开切眼，8月29日与回风巷贯通。事故发生前已形成全风压通风系统，未安装设备。

$3^{-3}0113$ 工作面开切眼从运输巷向东 27.7 m 位置有一小型 F_8 正断层，在开切眼内观测其走向基本同煤层走向相同，倾角 73°，落差 1.5 m。断层面两侧煤岩比较破碎，顶板有较大冒落，冒落高度约 3 m，长度 5 ~ 6 m。断层向南破碎带收窄，向北变宽。

据此推断在 3 号巷采面透水点处存在断层破碎带。

3. 事故区域密闭启封情况

2019 年 8 月 5 日，在 $3^{-3}0113$ 原计划开切眼（后为 2 号巷采面）开口 2 m 处施工 12 个探放水钻孔，钻探至约 23 m 处遇到岩石。8 月 6 日，$3^{-3}0113$ 运输巷延伸段掘至 80 m 时到设计位置，停止掘进。8 月 12 日，矿方进行了密闭。8 月 24 日，矿方第一次启封密闭，退出掘进机用于现开切眼与回风巷贯通施工。8 月 26 日，第二次进行了密闭。10 月 3 日，矿方第二次启封 $3^{-3}0113$ 运输巷延伸段密闭，进行通风、排水、清煤、巷道维修等工作。

4. 事故区域防治水开展情况

2019 年 8 月 5 日，矿方在 $3^{-3}0113$ 原计划开切眼开口 2 m 处施工 12 个探放水钻孔，孔深不一（5 ~ 23.5 m），均见岩石。

2019 年 8 月 5 日，长治市高原综合勘探工程有限公司在 $3^{-3}0113$ 原计划开切眼开口 2 m 处施工瞬变电磁法探测，编制了《山西襄矿西故县煤业有限公司矿井瞬变电磁法探测报告》：低阻异常区位于迎头正前方，深度在 57 m 以内范围，该异常区在顶板及顺层探测方向均有所反应，推测为采掘破坏区局部积水的反映。

2019 年 9 月 10 日至 10 月 16 日，矿方在 $3^{-3}0113$ 回采工作面回风巷及其与开切眼交叉口处施工探放水钻孔 10 个，探测目标区域为 $3^{-2}-9$ 老空积水区，孔深不一（25 ~ 33 m），其中有 3 个钻孔出水。从 9 月 11 日开始疏放水，初始水压为 0.35 MPa，至事故发生时，水压为 0.29 MPa，累计疏放水量约 110000 m^3。

5. 事故区域组织生产情况

2019 年 9 月 23 日前后，西故县煤业为了回收 $3^{-3}0113$ 运输巷延伸段以里三角区的煤炭资源，经理马某宏安排总工程师宋某斌具体负责该区域的技术工作，通风助理王某负责该区域的生产组织。事故区域的作业人员从掘进二队（蒋某明队）临时抽调，事故区域的安全监督和爆破工作由安全科三名副科长担任。

10 月 3 日，矿方安排人员启封 $3^{-3}0113$ 运输巷延伸段密闭，进行通风、排水、清煤、巷道维修等工作。从 14 日零点班起，在事故区域采用国家明令淘汰、禁止使用的巷道式采煤工艺及钢丝绳牵引耙装机组织生产，以掘代采，共计 12 天。

6. 事故区域出现透水征兆情况

25 日零点班，安全科副科长兼当班安全员崔某宏在 3^{-3}0113 运输巷延伸段 3 号巷采面爆破作业，爆破前巷道迎头顶板无淋水。爆破后约 3 小时，崔某宏到迎头查看后，于 6 时 36 分向值班矿领导王某汇报：“巷道迎头露出石头、顶板有淋水”。

25 日 7 时调度会上，值班矿长王某和掘进二队负责人蒋某明说到零点班安全员、零点班施工队班长汇报的事故地点淋水情况，总工程师宋某斌回应四点班去查看。

25 日八点班，井下带班领导安全副总工程师兼安全科科长路某飞到 3^{-3}0113 运输巷延伸段 3 号巷采面巡查后，于 15 时 26 分先后向值班领导王某、总工程师宋某斌汇报巷道迎头煤壁明显渗水。随后，路某飞要求停止作业并撤离现场作业人员。

25 日 16 时 30 分左右，路某飞、王某、宋某斌三人先后来到安全矿长原某兵办公室，汇报了八点班事故地点淋水增大情况，总工程师宋某斌说下井去看看。

二、事故发生经过及应急处置情况

（一）事故发生经过

25 日下午四点班，共有 104 人入井作业，其中 3^{-3}煤层 70 人，15 号煤层 34 人。14 时 30 分，掘进二队副队长赵某勤组织下午四点班工人召开班前会，共 17 名工人参加，会上安排班组长曾某勇、支护工黄某江、采煤工陈某友、羊某斌和张某四 5 人到 3^{-3}0113 运输巷延伸段作业；其余 12 人到 15 号煤 15101 回风巷掘进工作面掘进作业。3^{-3}0113 运输巷延伸段的安全监护和爆破工作由安全员李某意负责，瓦斯检查由瓦检员申某明负责。

15 时 30 分，工人下井后，根据班前会安排拖电缆到 15 号煤 15101 回风巷掘进工作面，然后曾某勇等 5 人到 3^{-3}0113 运输巷延伸段作业，曾某勇和黄某江负责巷道支护，陈某友和羊某斌负责打眼、出煤，张某四负责开刮板输送机及巷道清煤。18 时左右，曾某勇等 5 人到达 3^{-3}0113 运输巷延伸段开始作业。曾某勇和黄某江在 2 号巷采面打锚杆、锚索，陈某友和羊某斌在 3 号巷采面右帮打眼，20 时左右，李某意进行了爆破。待烟吹散后，曾某勇和黄某江进入 3 号巷采面打锚索，陈某友和羊某斌进入 2 号巷采面打迎头炮眼，22 时 30 分左右，李某意进行了爆破。烟吹散后，曾某勇和黄某江再次进入 3 号巷采面打锚索，陈某友和羊某斌进入 2 号巷采面打滑轮眼，张某四在刮板输送机附近清煤，李某意到 3^{-3}0113 运输巷查看带式输送机能否开启。

22 时 45 分左右，在 3 号巷采面作业的曾某勇和黄某江看到工作面迎头顶板掉渣、出水，就往外跑，边跑边喊“透水了，快跑”。张某四、申某明听到喊叫声后也往外跑。李某意听到喊叫声后，跑到 $3^{-3}0113$ 运输巷带式输送机机头，22时54分，用电话向调度室值班领导王某汇报了事故情况。22时56分，曾某勇用电话向调度室值班调度员李某欣汇报了事故情况。

值班领导王某接到事故汇报后，立刻安排调度员李某欣、监控员郭某向井下各作业地点打电话通知撤人。26日零时10分，井下人员撤至地面后，经清点确认有4人被困井下，分别为在 $3^{-3}0113$ 运输巷延伸段2号巷采面作业的采煤工陈某友和羊某斌，在15号煤行人暗斜井的胶带输送机司机史某波和李某维。

（二）事故报告情况

22时54分，王某接到事故汇报后，立即向经理马某宏汇报了事故情况。26日零时10分，马某宏向襄矿集团董事长米某中汇报了事故情况。1时56分，王某将事故情况向襄垣县应急管理局进行了汇报。1时58分，襄垣县应急管理局将事故情况上报襄垣县人民政府，6时3分，将事故情况上报长治煤监分局。

事故发生后马某宏安排王某将事故发生时间上报为23时45分，事故地点上报为 $3^{-3}0113$ 工作面开切眼。

西故县煤业未在规定时间内上报事故，且未如实报告事故发生时间、地点，本起事故属迟报、谎报。

（三）事故应急处置

1. 事故抢险救援情况

事故发生后，西故县煤业立即启动事故应急预案，通知井下所有作业人员迅速撤离，有关人员立即到矿调度室待命。

10月26日1时38分，长治市矿山救护大队接到长治市应急管理局关于西故县煤业发生事故的报告后，立即出动36名指战员，携带排水设备赶赴事故现场进行抢险救援。

接到事故报告后，长治市人民政府会同襄垣县人民政府立即成立了西故县煤业“10·25”水害事故抢险救援指挥部，指挥部下设抢险救援、技术专家、综合协调、后勤保障、医疗救护、新闻宣传、现场秩序和善后处置等8个工作组，并明确了各组的分工和任务。指挥部先后调集长治市矿山救护大队、潞安集团矿山救护大队、晋煤集团矿山救护大队等6支救援队伍、173名矿山救护指战员，同时调集山西潞安金源煤层气开发有限公司、山西蓝焰煤层气集团有限责任公司、山西省煤炭地质148勘察院的6台车载钻机和襄矿集团所属矿井人员共计1000余人，立即展开事故抢险救援工作。

抢险救援指挥部通过科学施救，连续奋战10天10夜，投入水泵20余台，敷设排水管路6000余米，施工生命探测孔2个、排水孔4个，排水总量9万余立方米，搜索巷道近4000 m，于11月3日20时15分，在3^{-3}0113运输巷延伸段70 m处，搜寻到第1名遇难者羊某斌；在延伸段37 m处，搜寻到第2名遇难者陈某友；4日14时35分，在15号煤行人暗斜井距3^{-3}采区回风巷69 m处，搜寻到第3名遇难者李某维；4日16时8分，在15#煤行人暗斜井距3^{-3}采区回风巷75 m处，搜寻到第4名遇难者史某波，救援人员将4名遇难矿工运送至地面，抢险救援工作结束。

2. 应急救援评估

在本次事故救援中，主体企业、各级政府以及各方救援力量均以抢救矿工生命为第一任务，响应及时、分工明确、处置科学、措施得当。

三、事故原因技术分析

（一）事故原因技术分析

1. 该矿违法违规组织生产

矿方未编制采掘设计、作业规程和安全技术措施，自10月14日零点班起，在事故区域违法采用国家明令淘汰、禁止使用的巷道式采煤工艺、钢丝绳牵引耙装机组织生产。

2. 事故区域邻近老空积水区

西故县煤业东邻原东故县煤矿3^{-2}及3^{-3}煤层采空区，可存储大量积水。原东故县煤矿3号煤层存在风氧化带，煤层埋深浅，水量补给条件好。原东故县煤矿$3^{-2}-9$、$3^{-3}-7$、$3^{-3}-8$、$3^{-3}-9$老空区及部分废旧井巷存有大量积水，推算积水量大于18万立方米。矿方在3^{-3}0113回风巷及其与开切眼交叉口施工了10个探放水钻孔，其探测目标区域为$3^{-2}-9$老空积水区。从9月11日开始疏放水，至事故发生前，疏放水仍在进行，累计疏放水量约11万立方米。

3. 发现疑似采空区、异常区，未采用钻探方法验证

据长治市高原综合勘探工程有限公司2018年12月提交的《山西襄矿西故县煤业有限公司煤矿防治水分区管理论证报告》（襄矿字〔2018〕195号文件批复）及其他资料显示：事故区域东侧有3号煤层CK4疑似采空区。2019年8月5日，高原公司在3^{-3}0113原计划开切眼（现2号巷采面）开口2 m处施工瞬变电磁法探测，编制的《山西襄矿西故县煤业有限公司矿井瞬变电磁法探测报告》显示：低阻异常区位于迎头正前方，方位角在42°~162°，深度在57 m以内范围，该异常区在顶板及顺层探测方向均有所反应，推测为采掘破坏区局部积水的反映。矿方对疑似采空区、低阻异常区均未按有关规定采用钻探方法进行验证。

4. 疏放老空水措施不力，采掘作业前未进行探放水

矿方在3^{-3}0113回风巷及其与开切眼交叉口施工了探放水钻孔，其探测目标区域为$3^{-2}-9$老空积水区。从9月11日开始疏放水，初始水压为0.35 MPa，至事故发生前，疏放水仍在进行，水压为0.29 MPa，累计疏放水量约11万立方米。在老空积水未疏放干净的情况下，事故区域未编制探放水设计和施工安全技术措施，也未进行探放水，冒险进行采掘作业。

5. 井下巷道出现异常现象后未引起重视

（1）1号巷采面北段因遇破碎带停止掘进。

（2）2号巷采面钻孔探查到前方地层变化。

（3）3号巷采面本次透水处遇到破碎带。

（4）10月25日八点班安全员王某亮和安全科长路某飞发现3号巷采面迎头煤壁变湿润，淋水较大，向总工程师宋某斌和通风助理王某进行了汇报。

出现上述透水征兆情况时，矿方未引起重视，只采取“闻一闻，看有无味道”的简单办法判定，未对水的来源和水质进行分析研判，也未制定针对性措施，仍然进行采掘作业。

6. 导水通道的形成

3^{-3}0113工作面东北上方有原东故县煤矿的$3^{-2}-9$老空积水区；另据长治市高原综合勘探工程有限公司2018年12月提交的《山西襄矿西故县煤业有限公司煤矿防治水分区管理论证报告》（襄矿字〔2018〕195号文件批复）及其他资料，事故发生区域东侧有3号煤层疑似CK4采空区。以上区域位于原东故县煤矿的3号煤层最西北侧最低位置，可接受原东故县煤矿3号煤层其他采空区的水量补给。3号巷采面透水点处存在断层破碎带，爆破作业后，在原东故县煤矿3号煤老空水压力作用下，断层破碎带松动垮落形成导水通道。原东故县煤矿老空积水溃入矿井，发生透水事故。

7. 司法鉴定结果

山西省长治市公安司法鉴定中心《鉴定文书》（长01）公（司）鉴（尸检）字〔2019〕11号、12号、13号、14号结论显示遇难四人均为矿井下缺氧、低温、有害气体、溺水等多种因素综合作用造成机体重要器官功能衰竭死亡。

（二）事故类型

经事故调查组分析认定，该起事故为水害事故。

四、事故造成的人员伤亡和直接经济损失

本次事故共造成4人死亡。依据《企业职工伤亡事故经济损失统计标准》

（GB 6721—1986）和有关统计规定，事故共造成直接经济损失 968.23 万元。

五、事故发生前企业安全管理情况

（一）西故县煤业

1. 安全管理机构

西故县煤业法人代表、经理马某宏，常务副经理原某兵（分管安全工作），总工程师宋某斌，副经理米某宏（分管生产工作），副经理郭某峰（分管机电工作），通风助理王某。上述人员均取得《安全生产知识和管理能力考核合格证》。

矿井下设调度室、安全科、生产技术科、机电科、通风科、地测防治水科、职业卫生科、培训科、民爆科等业务职能部门。井下队组生产作业实行“三八制”。

2. 矿领导带班下井情况

西故县煤业制定了矿领导带班下井制度，经理每月不少于 5 次，副经理、总工程师、副总工程师不少于 10 次。带班期间全面负责井下安全生产工作，及时发现和消除事故隐患。全面掌握当班井下的安全生产状况，及时制止“三违”，遇到险情时，立即下达停产撤人命令，组织涉险人员及时、有序撤离到安全地点。

10 月 25 日四点班，西故县煤业带班下井矿领导为掘进副总工程师郭某魁。轨迹查询报表显示郭某魁 15 时 22 分入井，行走路线为副立井底—北运输大巷中—专用行人巷口—3^{-3}03011 回风巷口—3^{-3}0113 运输巷口—3^{-3}03011 回风巷口—专用行人巷口—北运输大巷中—副立井底—副立井口。检查了 3^{-3}0112 工作面、3^{-3}0113 运输巷延伸段巷采工作面等地点，22 时 56 分到达副立井底，在井下清点了 15 号煤作业人员后，23 时 05 分升井。

3. 防治水工作开展情况

矿井防治水副总为采矿工程专业，不具有地质或水文地质相关专业学历。地测防治水科（分管地质、防治水业务）有 3 名技术人员，其中科长因身体原因长期不能下井，副科长由长治市高原综合勘探工程有限公司的人员兼职。

矿井在事故区域进行采掘作业未编制探放水设计、未编制安全技术措施，也未按规定进行探放水。

4. 事故区域组织生产情况

2019 年 10 月 14 日零点班起，矿井在未编制施工设计、未编制相关安全技术措施的情况下，在事故区域违法采用巷道式采煤工艺，以掘代采；在煤尘具有爆炸性的情况下采用国家明令禁止使用的钢丝绳牵引耙装机组织生产。

5. 出现透水征兆后采取的措施

10月25日零点班安全员发现“顶板有淋水”，6时36分向调度室进行了汇报，值班矿长八点班下井到现场进行了查看；八点班安全科科长发现“迎头煤壁明显渗水”，向值班矿长和总工程师分别进行了汇报，总工程师四点班到现场进行了查看。对上述透水异常征兆，未引起矿方相关人员的足够重视，只是要求现场人员“闻闻水的气味”，未进行深入分析研判，也未采取有效防范措施，而是继续安排四点班作业人员入井作业。

6. 现场安全管理

人员定位卡管理不严格，事故当班下井104人，其中31人未佩戴人员定位卡；使用真假两套调度台账、调度会议记录、入井检身记录；矿领导日常带班下井不在井下现场交接班。

7. 安全教育培训

施工队部分新入矿人员未经培训便下井作业。事故当班入井的104人中，11人未经培训。事故遇难的4名人员中，羊某斌、陈某友未经岗前培训便入井作业。

井下特种作业人员配备不足。共配备6名探放水工，只有4人持有效证件；共配备9名爆破工，3名安全员兼职井下爆破工，负责事故地点的爆破作业，无井下爆破工特种作业资格证件。

8. 施工队伍管理

事故发生时，西故县煤业井下15号煤层建设区域有三支施工队伍，3号煤层有一支施工队伍，只有陕西德源矿业投资有限公司具备施工资质、签订了施工合同，进行了（中标）备案；浙江华越矿山有限公司具备施工资质，但未签订施工合同；掘进二队和开拓二队不具备施工资质；矿方违规将井下3号煤巷道维修作业劳务承包给浙江华越矿山有限公司。

（二）襄矿集团

根据《山西襄矿集团有限公司关于煤炭事业部机构设置和人事任职的通知》（襄矿字〔2019〕92号）要求，从2019年8月14日开始，煤炭事业部对煤矿进行安全管理。根据集团包保责任文件，西故县煤业包保责任领导为集团公司副总经理王某友。

襄矿集团总经理郭某于2018年2月调离，至事故发生时总经理空缺。安全生产管理人员配备不足，西故县煤业经理马某宏兼任集团总工程师、煤炭事业部经理等职务；煤炭事业部安全监察处、生产技术处各仅配备一名人员；重利润指标、轻安全生产，2019年10月8日下达《关于开展煤炭企业“百日攻坚活动”

的实施方案》，致使该矿在没有回采面的情况下采用国家明令淘汰、禁止使用的巷道式采煤工艺组织生产来增加产量；对该矿安全检查不到位，8—10 月对该矿进行两次检查，只有一次下达现场检查意见书，未发现矿井在安全管理、施工管理、劳动用工、安全培训、矿领导带班下井等方面存在的问题。

六、事故发生前地方安全监管情况

（一）襄垣县应急管理局

2019 年 3 月 22 日，襄垣县应急管理局挂牌成立，加挂县地方煤矿安全监督管理局牌子，负责全县煤矿安全监督管理工作，组织全县煤矿安全监督检查。工作人员由原襄垣县安全生产监督管理局全体人员和原襄垣县煤炭工业局部分人员组建而成。设局长 1 名，副局长两名，政治部主任 1 名。到事故发生前，只有局长和政治部主任配备到位，两名副局长未任命，局机关相关股室职责分工及负责人任命于 2019 年 8 月 2 日以文件确定。

按照长治市人民政府《关于在全市煤矿实行包矿巡查和完善驻矿安全检查制度的通知》（长政发〔2009〕95 号）文件，襄垣县应急管理局在该矿派驻安检站，有 7 名安全检查员，站长为赵某华，实行 24 小时入井跟班检查，实施现场监管。

襄垣县成立 3 个包矿巡查组，第三包矿巡查组和襄垣县应急管理局安监三站两块牌子，一套人马，负责人张某芳，成员有 5 名，赵某云为该矿包矿人员，要求对每矿每周至少检查 1 次，对煤矿实施安全检查，并对所包煤矿安全隐患及时跟踪督促整改。

2019 年 8 月以来，第三包矿巡查组对该矿检查 12 次，下达了包矿巡查整改指令书。襄垣县应急管理局对该矿进行了 3 次检查，下达了责令限期整改指令书。

襄垣县应急管理局对驻矿安检站及包矿巡查组管理不到位，对西故县煤业安全监管不力，检查不严、不细，未发现西故县煤业违法违规组织生产以及防治水管理、安全管理、施工管理、劳动用工、安全培训、矿领导带班下井等方面存在的隐患。

（二）襄垣县委、县政府

2019 年 3 月 5 日，按照《襄垣县人民政府办公室关于调整县政府部分班子成员分工的通知》（襄政办发〔2019〕9 号）文件，常务副县长王某负责工业和信息化、国资监管、安全生产等工作，分管襄垣县应急管理局、襄矿集团等单位。

2019 年 5 月 31 日，按照《襄垣县人民政府办公室关于公示县直监管煤矿挂牌情况的通知》(襄政办函发〔2019〕8 号）文件，副县长、公安局局长陈某平为西故县煤业的挂牌领导。截至事故发生前，陈某平共到矿检查 6 次，其中 2 次为民爆物品检查，符合有关规定，履职基本到位。

襄垣县委、县政府贯彻落实上级有关安全生产的方针、政策及规定不到位，对部门的机构改革工作抓得不紧；对襄垣县应急管理局履行安全监管职责监督指导不力；未及时配齐襄矿集团领导班子，对襄矿集团履行安全生产主体责任督促检查不够。

七、事故原因和性质

（一）事故原因

1. 直接原因

西故县煤业在邻近老空积水和断层区域违法违规组织生产，未按规定进行探放水；3 号巷采面爆破作业后，在老空水压力作用下造成断层破碎带松动垮塌导通老空区，导致已整合关闭煤矿的老空水溃入矿井，是造成本起事故的直接原因。

2. 间接原因

（1）西故县煤业主体责任不落实。该矿法制意识淡薄，在事故区域违法采用国家明令淘汰禁止的巷道式采煤工艺采煤，以掘代采；在煤尘具有爆炸性的情况下采用国家明令禁止使用的钢丝绳牵引耙装机出煤；图纸作假、隐瞒采掘作业地点。

（2）西故县煤业未落实综合防治水措施。该矿防治水技术人员配备不足：防治水副总为采矿工程专业，不具有地质或水文地质相关专业学历；地测防治水科有 3 名技术人员，其中科长因身体原因长期不能下井，副科长由长治市高原综合勘探工程有限公司的人员兼职。矿井在事故区域进行采掘作业未按规定探放水。25 日零点班和八点班先后发现透水异常征兆后，未引起矿方相关人员的足够重视，未进行深入分析研判，也未采取有效防范措施，更未制止四点班人员作业。

（3）西故县煤业现场安全管理混乱。人员定位卡管理不严格，事故当班下井 104 人，其中 31 人未佩戴人员定位卡；使用真假两套调度台账、调度会议记录、入井检身记录；矿领导日常带班下井不在井下现场交接班。

（4）西故县煤业安全培训不到位。事故当班入井 104 人，11 人未经培训；施工队伍部分新入矿人员未经培训直接上岗；井下特种作业人员配备不足，6 名探放水工中只有 4 人持有效证件；井下爆破工数量不足，安全员兼职爆破工。

（5）西故县煤业施工队伍管理混乱。事故发生时，西故县煤业共有 4 支施工队伍，只有陕西德源矿业投资有限公司具备施工资质、签订了施工合同，进行了（中标）备案；浙江华越矿山有限公司具备施工资质，但未签订施工合同；掘进二队和开拓二队不具备施工资质；矿方违规将井下巷道维修作业劳务承包。

（6）襄矿集团主体企业责任不落实。安全生产管理人员配备不足，西故县煤业矿长马某宏兼任集团总工程师、煤炭事业部经理等职务；煤炭事业部安全监察处、生产技术处各仅配备一名人员；重利润指标、轻安全生产，2019 年 10 月 8 日下达《关于开展煤炭企业“百日攻坚活动”的实施方案》，致使西故县煤业采用国家明令淘汰、禁止使用的巷道式采煤工艺组织生产来增加产量；对该矿安全检查不到位，8—10 月对该矿进行两次检查，只有一次下达现场检查意见书。

（7）襄垣县委、县政府及部门监管责任不落实。襄垣县应急管理局对驻矿安检站及包矿巡查组管理不到位，对西故县煤业检查不严、不细，对西故县煤业存在的诸多安全隐患失察。襄垣县委、县政府贯彻落实上级有关安全生产的方针、政策及规定不到位，对部门的机构改革工作抓得不紧；对襄垣县应急管理局履行安全监管职责监督指导不力；未及时配齐襄矿集团领导班子，对襄矿集团履行安全生产主体责任督促检查不够。

（二）事故性质

经调查认定，本次事故是一起生产安全责任事故。

八、事故责任划分及处理建议

（一）已被采取刑事措施人员

（1）宋某斌，男，汉族，1967 年 10 月出生，中共党员，西故县煤业总工程师，负责矿井技术管理，主要负责“一通三防”和防治水工作，分管生产技术科、地测防治水科、探放水队。在邻近老空积水区域组织生产未进行设计、未编制作业规程及安全技术措施；作为矿井防治水工作的技术负责人，未安排事故地点进行探放水作业；事故当天先后三次接到透水征兆汇报并到现场进行查看后，没有引起足够重视，也未采取有效防范措施，仍继续安排事故当班进行爆破作业，导致事故发生。图纸造假、隐瞒作业地点，延误事故抢险救援。对本起事故的发生负直接责任。

因涉嫌重大责任事故罪，12 月 5 日长治市纪委监委移交襄垣县纪委监委追究刑事责任，同日襄垣县人民检察院决定逮捕。

建议：依据《安全生产领域违法违纪行为政纪处分暂行规定》第十二条、

第十七条的规定，由襄矿集团给予撤职处分，解除劳动合同。依据《中国共产党纪律处分条例》第二十七条的规定，给予开除党籍处分。

(2) 王某，男，汉族，1971 年5月出生，中共党员，西故县煤业通风助理，矿井"一通三防"技术管理具体负责人；具体负责事故区域的生产组织；事故当天值班矿领导，全矿当日安全生产的责任者和指挥者。事故当天先后三次接到透水征兆汇报并到现场查看后，没有引起足够重视，未采取有效防范措施，也未及时撤出现场作业人员，导致事故发生。对本起事故的发生负直接责任。事故发生后，未按规定上报事故，谎报事故发生时间、地点，对迟报、谎报负主要责任。

因涉嫌重大责任事故罪，12 月 5 日长治市纪委监委移交襄垣县纪委监委追究刑事责任，同日襄垣县人民检察院决定逮捕。

建议：依据《安全生产领域违法违纪行为政纪处分暂行规定》第十二条、第十七条的规定，由襄矿集团给予撤职处分，解除劳动合同。依据《中国共产党纪律处分条例》第二十七条的规定，给予开除党籍处分。

(3) 李某意，男，汉族，1967 年 6 月出生，群众，安全科副科长、事故区域当班安全员，负责现场安全监督检查、对作业现场存在的安全隐患及时督促整改。未履行安全监督检查职责，对事故区域采用国家明令淘汰、禁止使用的工艺及设备组织生产未予制止；在事故地点出现透水征兆的情况下未制止当班作业、未及时撤出事故地点作业人员；未取得井下爆破工特种作业资格证，违章在事故地点进行爆破作业，最终引发透水事故。对本起事故的发生负直接责任。

因涉嫌重大责任事故罪，12 月 5 日长治市纪委监委移交襄垣县纪委监委追究刑事责任，同日襄垣县人民检察院决定逮捕。

建议：依据《安全生产领域违法违纪行为政纪处分暂行规定》第十二条、第十七条的规定，由西故县煤业撤销其西故县煤业安全科副科长职务，解除劳动合同。

(4) 原某兵，男，汉族，1970 年 10 月出生，中共党员，西故县煤业常务副经理，负责全矿安全生产工作，分管安全科、培训科、民爆科。10 月 25 日先后两次得知或接到透水征兆汇报后未引起足够重视，未采取有效防范措施，未及时撤出井下作业人员；矿井安全管理不到位，导致施工管理混乱、新工人无证上岗、入井管理不严格、矿领导带班下井不在井下现场交接班等隐患长期存在；对安全科疏于管理，检身工、安全员不认真履行安全检查和安全监督职责。对本起事故的发生负直接责任。

因涉嫌重大责任事故罪，12 月 5 日长治市纪委监委移交襄垣县纪委监委追究刑事责任，同日襄垣县人民检察院决定逮捕。

建议：依据《安全生产领域违法违纪行为政纪处分暂行规定》第十二条、第十七条的规定，由襄矿集团给予撤职处分，解除劳动合同。依据《中国共产党纪律处分条例》第二十七条的规定，给予开除党籍处分。

（5）马某宏，男，汉族，1973年3月出生，中共党员，襄矿集团总工程师、煤炭事业部经理，西故县煤业法人代表、经理，矿井安全生产第一责任人。重生产、轻安全，决定在事故区域采用国家明令淘汰、禁止使用的工艺及设备违法组织生产；作为矿井水害防治工作第一责任人，防治水工作落实不到位；施工队伍管理混乱，违规使用无资质的施工队伍，未签订施工合同。对本起事故的发生负直接责任。事故发生后，未按规定上报事故，谎报事故发生时间、地点，对迟报、谎报负直接责任。

因涉嫌重大责任事故罪，12月5日长治市纪委监委移交襄垣县纪委监委追究刑事责任，同日襄垣县人民检察院决定逮捕。

建议：依据《安全生产领域违法违纪行为政纪处分暂行规定》第十二条、第十七条的规定，由襄矿集团给予撤职处分，解除劳动合同。依据《中国共产党纪律处分条例》第二十七条的规定，给予开除党籍处分。依据《中华人民共和国安全生产法》第九十一条第三款的规定，自刑罚执行完毕之日起，五年内不得担任任何生产经营单位的主要负责人。依据《中华人民共和国安全生产法》第一百零六条第二款的规定，处上一年年收入100%的罚款，计人民币301728元。

（6）赵某华，男，汉族，1986年12月出生，群众，襄垣县应急管理局驻西故县煤业安检站站长，事故当班驻矿安检员，实行入井跟班检查，实施现场安全监管。隐患登记台账造假，

10月3日至25日台账记录下井跟班8次，人员定位轨迹显示只有4次；10月14日至25日，在下井跟班中对西故县煤业存在的采用国家明令淘汰、禁止使用的工艺及设备组织生产、探放水措施不到位等重大安全隐患失察；日常安全监管未认真履职，未发现该矿长期存在的施工队伍无资质、新工人无证上岗、入井管理不严格、矿领导带班下井不在井下现场交接班等隐患。对本起事故的发生负主要责任。

因涉嫌玩忽职守罪，12月5日长治市纪委监委移交襄垣县纪委监委追究刑事责任，同日襄垣县人民检察院决定逮捕。

建议：依据《长治市煤矿驻矿安全检查员管理办法》第十九条的规定，由襄垣县应急管理局予以解聘。

（二）建议给予党纪政务处分、行政处罚或其他处理人员

（1）郭某魁，男，汉族，1966 年 8 月出生，中共党员，西故县煤业掘进副总工程师，事故当班带班下井矿领导，负责当班井下安全生产工作。履行监督检查职责不到位，在事故地点出现透水征兆的情况下，未制止事故当班作业、未及时撤出事故地点作业人员。对本起事故的发生负主要责任。

建议：依据《安全生产领域违法违纪行为政纪处分暂行规定》第十二条和第十七条的规定，由襄矿集团撤销其西故县煤业掘进副总工程师职务。依据《中国共产党纪律处分条例》第一百三十三条的规定，给予党内严重警告处分。

（2）崔某宏，男，汉族，1965 年 5 月出生，群众，西故县煤业安全科副科长、事故区域当日零点班安全员，负责现场安全监督检查、对作业现场存在的安全隐患及时督促整改。履行安全员监督检查职责不到位，对事故区域违法违规组织生产未予制止；未取得井下爆破工特种作业资格证，进行爆破作业。对本起事故的发生负主要责任。

建议：依据《安全生产领域违法违纪行为政纪处分暂行规定》第十二条、第十七条的规定，由西故县煤业撤销其安全科副科长职务，调离安全员工作岗位。

（3）王某亮，男，汉族，1966 年 11 月出生，群众，西故县煤业安全科副科长、事故区域当日八点班安全员，负责现场安全监督检查、对作业现场存在的安全隐患及时督促整改。履行安全员监督检查职责不到位，对事故区域违法违规组织生产未予制止；未取得井下爆破工特种作业资格证，进行爆破作业。对本起事故的发生负主要责任。

建议：依据《安全生产领域违法违纪行为政纪处分暂行规定》第十二条、第十七条的规定，由西故县煤业撤销其安全科副科长职务，调离安全员工作岗位。

（4）栗某，男，汉族，1987 年 8 月出生，群众，西故县煤业地测防治水科科长，负责矿井地质和防治水工作。因身体原因长期不能下井，不能胜任地测防治水科科长职务，不能正常履职。对本起事故的发生负主要责任。

建议：依据《安全生产领域违法违纪行为政纪处分暂行规定》第十二条、第十七条的规定，由西故县煤业撤销其地测防治水科科长职务。

（5）马某娜，男，汉族，1991 年 8 月出生，群众，西故县煤业地测防治水副总工程师兼生产技术科科长，协助总工程师做好防治水工作和生产技术管理工作。2019 年 10 月 16 日至 25 日在山西煤矿安全技术培训中心参加培训，对矿井防治水工作开展情况掌握不清。对本起事故的发生负主要责任。

建议：依据《安全生产领域违法违纪行为政纪处分暂行规定》第十二条、第十七条的规定，由襄矿集团撤销其地测防治水副总工程师职务。

（6）路某飞，男，汉族，1965 年 4 月出生，中共党员，西故县煤业安全副总工程师兼安全科科长，事故当天八点班带班下井矿领导，负责全矿安全检查工作。履行安全监督检查职责不到位，对事故区域违法违规组织生产未予制止；对安全科管理不严，检身工、安全员未认真履行安全检查和安全监督职责；未在井下现场进行交接班。对本起事故的发生负主要责任。

建议：鉴于事故当天其在井下发现透水征兆后及时上报并撤出现场人员，依据《安全生产领域违法违纪行为政纪处分暂行规定》第十二条、第十七条的规定，由襄矿集团给予记大过处分。

（7）武某栋，男，汉族，1989 年 9 月出生，群众，襄矿集团煤炭事业部地测防治水处处长，负责襄矿集团下属各煤矿地测防治水工作的技术指导及监督检查工作。对西故县煤业防治水工作监督检查不到位。对本起事故的发生负重要责任。

建议：依据《安全生产领域违法违纪行为政纪处分暂行规定》第十二条、第十七条的规定，由襄矿集团给予降级处分。

（8）栗某兵，男，汉族，1976 年 11 月出生，群众，襄矿集团煤炭事业部安全监察处处长，负责襄矿集团下属各煤矿的日常安全检查工作。对该矿日常检查不认真、不仔细、不全面，未发现矿井在安全管理、施工管理、劳动用工、安全培训、矿领导带班下井等方面存在的隐患。对本起事故的发生负重要责任。

建议：依据《安全生产领域违法违纪行为政纪处分暂行规定》第十二条、第十七条的规定，由襄矿集团给予记大过处分。

（9）秦某斌，男，汉族，1973 年 3 月出生，群众，襄矿集团煤炭事业部副经理，协助经理马某宏对襄矿集团所属煤矿进行安全管理。对西故县煤业安全管理不到位、安全检查不认真，未发现矿井在安全管理、施工管理、劳动用工、安全培训、矿领导带班下井等方面存在的隐患。对本起事故的发生负重要责任。

建议：依据《安全生产领域违法违纪行为政纪处分暂行规定》第十二条、第十七条的规定，由襄矿集团给予降级处分。

（10）杜某，男，汉族，1964 年 6 月出生，中共党员，襄矿集团安全副总经理，分管集团安全生产工作。对西故县煤业安全管理不到位、安全检查不认真，未发现西故县煤业在安全管理、施工管理、劳动用工、安全培训、矿领导带班下井等方面存在的隐患。对本起事故的发生负重要责任。

建议：依据《安全生产领域违法违纪行为政纪处分暂行规定》第十二条第

（七）项的规定，给予记大过处分。

（11）王某友，男，汉族，1964年3月出生，中共党员，襄矿集团机电副总经理，西故县煤业挂牌负责人。未认真履行挂牌包矿职责，未发现西故县煤业在安全管理、施工管理、劳动用工、安全培训、矿领导带班下井等方面存在的隐患。对本起事故的发生负重要责任。

建议：依据《安全生产领域违法违纪行为政纪处分暂行规定》第十二条第（七）项的规定，给予记大过处分。

（12）米某中，男，汉族，1966年1月出生，中共党员，襄矿集团董事长、党委书记，负责襄矿集团全面工作。集团公司配备的安全生产管理人员数量不足，对所属煤矿安全生产管理不到位；未有效监督分管领导、职能处室认真落实安全生产责任制，对西故县煤业安全生产工作疏于管理。对本起事故的发生负重要责任。

建议：依据《安全生产领域违法违纪行为政纪处分暂行规定》第十二条第（七）项的规定，给予记过处分。

（13）杨某，男，汉族，1987年11月出生，群众，襄垣县应急管理局驻西故县煤业安检站驻矿安检员，实行入井跟班检查，实施现场安全监管。日常安全监管中未发现该矿存在的违法违规组织生产、探放水措施不到位、施工队伍无资质、新工人无证上岗、入井管理不严格、矿领导带班下井不在井下现场交接班等隐患。对本起事故的发生负重要责任。

建议：依据《长治市煤矿驻矿安全检查员管理办法》第十九条的规定，由襄垣县应急管理局予以解聘。

（14）王某峰，男，汉族，1976年7月出生，群众，襄垣县应急管理局驻西故县煤业安检站驻矿安检员，实行入井跟班检查，实施现场安全监管。日常安全监管中未发现该矿存在的违法违规组织生产、探放水措施不到位、施工队伍无资质、新工人无证上岗、入井管理不严格、矿领导带班下井不在井下现场交接班等隐患。对本起事故的发生负重要责任。

建议：依据《长治市煤矿驻矿安全检查员管理办法》第十九条的规定，由襄垣县应急管理局予以解聘。

（15）孔某杰，男，汉族，1976年1月出生，群众，襄垣县应急管理局驻西故县煤业安检站驻矿安检员，实行入井跟班检查，实施现场安全监管。日常安全监管中未发现该矿存在的违法违规组织生产、探放水措施不到位、施工队伍无资质、新工人无证上岗、入井管理不严格、矿领导带班下井不在井下现场交接班等隐患。对本起事故的发生负重要责任。

建议：依据《长治市煤矿驻矿安全检查员管理办法》第十九条的规定，由襄垣县应急管理局予以解聘。

（16）王某栋，男，汉族，1969 年 1 月出生，群众，襄垣县应急管理局驻西故县煤业安检站驻矿安检员，实行入井跟班检查，实施现场安全监管。日常安全监管中未发现该矿存在的违法违规组织生产、探放水措施不到位、施工队伍无资质、新工人无证上岗、入井管理不严格、矿领导带班下井不在井下现场交接班等隐患。对本起事故的发生负重要责任。

建议：依据《长治市煤矿驻矿安全检查员管理办法》第十九条的规定，由襄垣县应急管理局予以解聘。

（17）赵某刚，男，汉族，1978 年 1 月出生，群众，襄垣县应急管理局驻西故县煤业安检站驻矿安检员，实行入井跟班检查，实施现场安全监管。日常安全监管中未发现该矿存在的违法违规组织生产、探放水措施不到位、施工队伍无资质、新工人无证上岗、入井管理不严格、矿领导带班下井不在井下现场交接班等隐患。对本起事故的发生负重要责任。

建议：依据《长治市煤矿驻矿安全检查员管理办法》第十九条的规定，由襄垣县应急管理局予以解聘。

（18）崔某宏，男，汉族，1969 年 12 月出生，群众，襄垣县应急管理局驻西故县煤业安检站驻矿安检员，实行入井跟班检查，实施现场安全监管。日常安全监管中未发现该矿存在的违法违规组织生产、探放水措施不到位、施工队伍无资质、新工人无证上岗、入井管理不严格、矿领导带班下井不在井下现场交接班等隐患。对本起事故的发生负重要责任。

建议：依据《长治市煤矿驻矿安全检查员管理办法》第十九条的规定，由襄垣县应急管理局予以解聘。

（19）赵某云，男，汉族，1987 年 7 月出生，群众，襄垣县应急管理局第三包矿巡查组成员，该矿包矿责任人，每周对矿井进行一次安全检查，重点对瓦斯治理、水害防治、顶板管理实施安全检查，并对所包煤矿安全隐患及时跟踪督促整改。2019 年 10 月 21 日下井检查不全面、不认真、不仔细。日常安全检查未发现该矿存在的违法违规组织生产、探放水措施不到位、施工队伍无资质、新工人无证上岗、入井管理不严格、矿领导带班下井不在井下现场交接班等隐患。对本起事故的发生负重要责任。

建议：依据《长治市煤矿包矿巡查暂行管理办法》第二十一条的规定，由襄垣县应急管理局予以解聘。

（20）王某兵，男，汉族，1973 年 1 月出生，群众，襄垣县应急管理局第三包矿巡查组成员，每周对矿井进行一次安全检查，重点对瓦斯治理、水害防治、顶板管理实施安全检查。2019 年 10 月 21 日下井检查不全面、不认真、不仔细。日常安全检查未发现该矿存在的违法违规组织生产、探放水措施不到位、施工队伍无资质、新工人无证上岗、入井管理不严格、矿领导带班下井不在井下现场交接班等隐患。对本起事故的发生负重要责任。

建议：依据《长治市煤矿包矿巡查暂行管理办法》第二十一条的规定，由襄垣县应急管理局予以解聘。

（21）张某芳，男，汉族，1967 年 11 月出生，群众，襄垣县应急管理局第三包矿巡查组组长、安监三站站长，每周对所管辖煤矿进行一次安全检查。日常安全检查中未发现该矿存在的违法违规组织生产、探放水措施不到位、施工队伍无资质、新工人无证上岗、入井管理不严格、矿领导带班下井不在井下现场交接班等隐患。对本起事故的发生负重要责任。

建议：依据《事业单位工作人员处分暂行规定》第十七条的规定，由襄垣县应急管理局撤销其第三包矿巡查组组长及安监三站站长职务。

（22）崔某宏，男，汉族，1983 年 7 月出生，群众，襄垣县应急管理局煤矿水患防治安全监督管理股负责人，负责全县煤矿地测防治水管理工作。对西故县煤业防治水工作监管不到位，日常监督检查不认真、不仔细。对本起事故的发生负重要责任。

建议：鉴于其系聘用人员，依据《安全生产领域违法违纪行为政纪处分暂行规定》第十七条的规定，由襄垣县应急管理局降低其工资待遇，重新安排工作岗位，不得从事行政管理工作。

（23）郭某兵，男，汉族，1962 年 7 月出生，中共党员，襄垣县应急管理局驻矿安检员管理股负责人，负责全县煤矿驻矿安检员管理工作。对西故县煤业驻矿安检员履职情况监督检查不到位。对事故的发生负重要责任。

建议：依据《安全生产领域违法违纪行为政纪处分暂行规定》第八条第（五）项的规定，给予记大过处分。

（24）崔某青，男，汉族，1978 年 10 月出生，中共党员，襄垣县应急管理局煤矿安全综合监督股负责人，负责全县煤矿安全监督管理工作。对西故县煤业安全生产监管不到位，日常监督检查不全面、不认真、不仔细。对事故的发生负重要责任。

建议：依据《事业单位工作人员处分暂行规定》第十七条的规定，给予记过处分。

（25）李某杰，男，汉族，1978 年 11 月出生，中共党员，襄垣县应急管理局煤矿纠察分队队长，协助局长分管煤矿行业安全监管工作，分管煤矿安全综合监督股、煤矿水患防治安全监督管理股、驻矿安检员管理股、包矿巡查组等部门。对西故县煤业安全生产监管不到位，对分管的业务股室督促指导不力，对驻矿安检站、包矿巡查组管理不严。对本起事故的发生负主要领导责任。

建议：依据《事业单位工作人员处分暂行规定》第十七条的规定，给予记过处分。

（26）常某毅，男，汉族，1966 年 9 月出生，中共党员，襄垣县应急管理局局长、党组书记。贯彻落实上级有关安全生产方针、政策及规定不到位，对煤矿安全监管工作抓的不到位，对分管领导和各业务股室督促指导不力。对本起事故的发生负重要领导责任。

建议：依据《安全生产领域违法违纪行为政纪处分暂行规定》第八条第（五）项的规定，给予记过处分。

（27）王某，男，汉族，1971 年 9 月出生，中共党员，襄垣县委常委、常务副县长，负责工业和信息化、国资监管、安全生产等工作，分管襄垣县应急管理局、襄矿集团等单位。对襄垣县应急管理局履行监管职责监督指导不力；督促襄矿集团落实安全生产主体责任不到位。对本起事故的发生负领导责任。

建议：依据《安全生产领域违法违纪行为政纪处分暂行规定》第八条第（五）项的规定，给予警告处分。

（三）对有关责任单位的处理建议

（1）依据《山西省人民政府办公厅关于印发进一步强化煤矿安全生产工作的通知》（晋政办发〔2012〕34 号）第四条第（二）项的规定，责令西故县煤业实行整顿恢复机制。整顿结束后，履行复工复产验收程序，合格后方可复工复产。

（2）依据《生产安全事故报告和调查处理条例》第四十条第一款的规定，暂扣西故县煤业的“安全生产许可证”。

（3）西故县煤业发生事故，造成 4 人死亡，且有谎报情节，依据《生产安全事故罚款处罚规定（试行）》第十五条第二款的规定，对西故县煤业处罚款人民币 100 万元。

（4）西故县煤业在事故地点出现透水征兆后未撤出井下作业人员，依据《国务院关于预防煤矿生产安全事故的特别规定》第十条第一款的规定，对西故县煤业处罚款人民币 200 万元。

（5）西故县煤业图纸作假、隐瞒采掘工作面，依据《国务院关于预防煤矿生产安全事故的特别规定》第十条第一款的规定，对西故县煤业处罚款人民币

200万元。

（6）对事故调查过程中发现的西故县煤业采用国家明令淘汰、禁止使用的工艺及设备组织生产等重大隐患，由长治煤监分局另案查处。

（7）襄垣县委、县政府贯彻落实上级有关安全生产的方针、政策及规定不到位，对部门的机构改革工作抓得不紧，未及时配齐襄矿集团领导班子；对襄垣县应急管理局履行安全监管职责监督指导不力；对襄矿集团履行安全生产主体责任督促检查不到位。

责成襄垣县委、县政府分别向中共长治市委、长治市人民政府以书面形式做出检查并切实做好整改。

九、防范和整改措施及建议

（1）西故县煤业要强化主体责任落实。矿井要增强法制意识，做到依法办矿、守法经营。要依法依规组织生产，严禁采用国家明令淘汰、禁止使用的生产工艺及设备组织生产。严禁图纸作假、隐瞒采掘工作面等行为。

（2）西故县煤业要加强防治水工作。矿井要深刻汲取本起事故教训，严格执行《煤矿防治水细则》，强化“可采区”“缓采区”“禁采区”分区管理，严格落实防治水“三专两探一撤”规定。尤其要通过“一查全、二探清、三放净、四验准”四步工作法抓好老空水害防治。

（3）西故县煤业要加强现场安全管理。矿井要加强人员出入井管理，入井人员必须携带人员定位卡。安全管理人员要认真履行职责，发挥好安全员、跟班队组领导和带班下井矿领导的管理作用，加强对重点作业场所的安全检查，遇到险情时必须立即停止作业，及时撤出井下人员。

（4）西故县煤业要加强施工队伍管理。矿井要加强施工队伍管理，严格施工项目（中标）备案，严禁将工程承包给不具备施工资质的单位，严禁将井下采掘工作面和井巷维修作业对外承包。规范用工管理，按要求签订劳动合同。

（5）西故县煤业要加强职工安全培训。矿井要按照规定对井下作业人员进行安全生产教育和培训，未经安全生产教育和培训或者教育和培训不合格的人员不得上岗作业。特种作业人员必须经培训合格，持证上岗。

（6）西故县煤业要规范事故上报工作。矿井要加强对安全生产相关法律、法规的学习，发生事故后要严格按规定及时、如实上报，不得迟报、漏报、谎报和瞒报。

（7）襄矿集团要认真履行主体企业责任。襄矿集团要认真履行企业安全生产主体责任，健全安全管理机构，充实安全管理人员。要加大对所属各矿井的日常安全检查力度，加强对矿井建设项目的安全管理，安全检查时要做到全面、认真、仔细，做实做细隐患排查治理工作，确保矿井安全生产。

（8）襄垣县委、县政府及部门要严格落实监管职责。襄垣县委、县政府要深刻汲取本次事故教训，确保机构改革后煤矿安全监管部门人员配备到位；督促煤矿切实落实安全生产主体责任，配齐配强领导班子。襄垣县应急管理局要加大煤矿安全监管力度，加强对驻矿安检站及包矿巡查组的管理，切实发挥驻矿安监员及包矿巡查组的监管作用，严防类似事故再次发生。

第三节　四川省宜宾市芙蓉集团实业有限责任公司杉木树煤矿“12·14”较大水害事故

2019 年 12 月 14 日 15 时 8 分，四川芙蓉集团实业有限责任公司杉木树煤矿（以下简称“杉木树煤矿”）发生一起较大水害事故，导致 5 人死亡，直接经济损失 1244.4 万元。事故造成重大人员涉险，329 人被紧急撤离升井（其中涉险 73 人），13 人经 88 小时艰苦救援脱险。

事故性质严重、影响较大，依据《中华人民共和国安全生产法》《煤矿安全监察条例》(国务院令第 296 号)、《生产安全事故报告和调查处理条例》(国务院令第 493 号）等法律法规的规定，经省政府领导同意，由四川煤矿安全监察局牵头直接调查，于 12 月 18 日会同应急管理厅、省国资委、宜宾市政府及公安、工会等部门，成立了四川芙蓉集团实业有限责任公司杉木树煤矿“12·14”较大事故调查组（以下简称“事故调查组”），邀请省纪委监委参与事故调查。事故调查组下设综合组、管理组、责任组、技术组和应急评估组，聘请省内外地质、采矿、地震等方面专家参与，并委托中煤科工集团西安研究院有限公司防治水专家、四川煤田地质工程勘察设计研究院开展技术鉴定工作。

事故调查组按照“科学严谨、依法依规、实事求是、注重实效”的原则和“四不放过”的要求，通过现场勘查、调查取证、专家论证、技术鉴定，查明了事故发生的经过、事故原因、人员伤亡和直接经济损失等情况，认定了事故性质和责任，提出了对有关责任人员及责任单位的处理建议，并针对事故暴露出的问题，提出了事故防范措施建议。

调查认定，杉木树煤矿“12·14”较大水害事故是一起生产安全责任事故。

一、事故有关单位及事故区域概况

（一）四川省煤炭产业集团有限责任公司

四川省煤炭产业集团有限责任公司（以下简称“川煤集团”），是四川省委、省政府为加快全省大中型煤矿建设，优化调整煤炭工业结构，促进煤炭工业健康发展，以省内国有重点煤矿为基础，于2005年8月28日组建的大型国有企业，注册资本30亿元。有攀煤、芙蓉、广能、达竹、广旺等5个煤业二级公司，煤炭生产矿井21对，核定生产能力14.63 Mt/a。

川煤集团安全生产许可证证号（川）MK安许证字〔2019〕5101050001（企）A，有效期至2022年11月10日。

川煤集团配备有董事长、党委书记，总经理、党委副书记、副董事长，分管生产安全副总经理，总工程师等，设有安全监督局、生产技术部等部门。

（二）四川芙蓉集团实业有限责任公司

四川芙蓉集团实业有限责任公司（以下简称“芙蓉公司”），是川煤集团的下属子公司，国有重点煤矿企业。其前身是成立于1970年12月7日的原芙蓉矿务局，为原煤炭部所属国有重点大二型煤炭生产企业。公司办公地点位于宜宾市叙州区高峰路。公司下辖杉木树煤矿、新维煤矿、叙永煤矿、威鑫煤矿4对矿井，总核定生产能力为2.46 Mt/a，现有职工6000余人。

芙蓉公司安全生产许可证证号（川）MK安许证字〔2019〕5115260007（企）A，有效期至2022年11月26日。

芙蓉公司配备有董事长、党委书记，总经理、党委副书记，纪委书记，工会主席，分管生产副总经理，分管安全副总经理、总工程师。设有安监部、生技部、通风防灾部、技术中心等部门，生技部下设有地测防治水办公室。2019年10月在技术中心设立了物探所，配备1台YCS512型矿用瞬变电磁仪。

（三）杉木树煤矿

杉木树煤矿位于珙县北西部，行政区划属珙县巡场镇、高县腾龙镇，1965年建矿，1972年简易投产，隶属芙蓉公司，核定生产能力为1.20 Mt/a，矿井证照齐全有效，安全生产标准化等级为二级。矿井井田面积18.4 km^2，由60个拐点坐标圈闭，开采标高为+450～-100 m，许可开采B_{3+4}、B_4煤层。煤矿煤与瓦斯突出矿井。井田呈一向斜构造，其轴线呈北东-南西走向，煤层倾角变化较大，北西翼一般为15°～30°，南东翼一般为30°～60°。

矿井采用平硐+暗斜井开拓，设有8个进风井，两个回风井，分区抽出式通风，进风井分别为+444.4 m南平硐、+443.4 m北平硐、+446.9 m排水平硐、+478.8 m主斜井、+620.5 m白果嘴排矸斜井、+495 mN24进风斜井、+603 m白果嘴风井、+553 m北东风井；回风井分别为+539.7 m南东回风井，+418.8 m黄沙包回风井。矿井划分为两个水平（+450 m水平、+250 m水平），生产水平

为 +250 m 水平。矿井现有两个生产采区（30 采区、N26 采区），布置有两个综采工作面，6 个掘进工作面。

矿井采用双回路供电，两趟电源分别来自巡场 110 kV 变电站 35 kV 不同的母线段。

矿井安设有 KJ90X 型煤矿安全监控系统（融合有 KJ251A 人员定位系统、KT455 型井下应急广播系统）和 KTJ103 型调度通信系统，建有压风自救系统、供水施救系统，矿井在 +116 m 石门建有可容纳 80 人的紧急避险硐室。

杉木树煤矿水文地质类型划分为中等，水患危险性等级Ⅲ级（较危险级）。矿井主要水患类型有废弃老窑老空水、相邻矿井采（老）空水、地表水、裂隙水和本矿采空区水等。矿井采用两级机械排水，+450 m 水平以上矿井涌水通过平硐水沟自排至地面水处理厂。矿井在 +250 m 水平设有两个主要水仓：+250 m 主水仓安设有 6 台 MD500 - 57 ×5 型排水泵，3 趟排水管路，其中两趟管径为 325 mm、一趟管径为 426 mm，水仓总容量为 10500 m^3，最大排水能力 2373.7 m^3/h；+260 m 西翼水泵房安设有 6 台 MD580 - 60 ×5 型排水泵，两趟排水管路，管径均为 ϕ426 mm，水仓总容量为 8000 m^3，最大排水能力 2269.6 m^3/h。+250 m 水平以下建有 2 个采区水泵房：S30 采区 +54 m 水泵房安设 3 台 MD500 - 57 ×5 型和 1 台 MD155 - 30 ×9 型排水泵，两趟排水管路，其中一趟管径为 426 mm、一趟管径为 325 mm，水仓总容量为 4000 m^3；N26 采区 +0 m 水泵房安设 4 台 MD580 - 60 ×6 型排水泵，两趟排水管路，管径为 457 mm，水仓总容量为 4000 m^3。

杉木树煤矿配有 7 名矿级领导，有安全、通风、采掘、机电、地测防治水副总工程师各 1 名，下设安监部、调度室、生产技术部、地测防治水部、机电运输部、通风防灾部 6 个职能科室。煤矿设立了由矿长为主要负责人的防治水领导机构，总工程师具体负责防治水技术管理工作，地测防治水部负责矿井防治水具体工作。

（四）相邻煤矿情况

据技术报告分析，此次事故透水通道来自于杉木树煤矿 N26 边界探煤上山绞车房顶部透水点南侧（上部）相邻煤矿的采（老）空区，与透水点直接相邻的煤矿有两个，分别为高县得狼煤业有限公司（原高县白庙乡得狼村两河口煤矿，以下简称“两河口煤矿”）和高县椰雅煤业有限公司（原高县友谊煤矿，以下简称“友谊煤矿”）。

1. 两河口煤矿

两河口煤矿属保留矿井，私营企业，生产能力 0.15 Mt/a，工商营业执照，编号

91511525740043102Y，有效期 2011 年 8 月 26 日至长期；采矿许可证，编号 C5100002010121120091257，有效期 2015 年 12 月 3 日至 2025 年 12 月 3 日；安全生产许可证，编号（川）MK 安许证字〔2019〕5115250615B，有效期 2019 年 1 月 14 日至 2020 年 8 月 15 日。矿井采用平硐开拓，主井标高 +484 m、副井标高 +543.8 m，干沟湾风井 +579 m，石炭湾风井 +664.8 m，主要开采 C_5 及 B_{3+4} 煤层，许可开采标高 +613 ~ +470 m。

该矿法定代表人：2017 年 2 月 28 日前为杨某，2017 年 2 月 28 至 2018 年 12 月 11 日为惠某坤，2018 年 12 月 11 日后为郭某。

2. 友谊煤矿

友谊煤矿属长停矿井(2014 年 12 月封闭井口)，私营企业，生产能力 90000 t/a，工商营业执照，编号 91511525MA62A38R4T，有效期 1996 年 10 月 7 日至 2050 年 12 月 31 日；采矿许可证，编号 C5100002010121120091297，有效期 2016 年 9 月 11 日至 2017 年 9 月 11 日；安全生产许可证，编号 5115251413A，有效期 2013 年 3 月 10 日至 2015 年 8 月 6 日（已过期）。矿井采用平硐 + 暗斜井开拓，主井标高 +388 m，副井标高 +378 m，主要开采 C_5 及 B_{3+4} 煤层，许可开采标高 +550 ~ +300 m。

该矿法定代表人：2013 年 5 月 8 日前为惠某兵，2013 年 5 月 8 日至 2016 年 2 月 3 日为闵某泉，2016 年 2 月 3 日之后为何某伟。

（五）事故区域概况

事故发生地点为杉木树煤矿 N26 采区，过水通道为 N26 采区边界探煤上山。该上山主要用途为 N2611 - 1 采煤工作面施工期间的通风和运输服务，巷道净断面 7.4 m^2，巷道长度 140 m，半煤岩巷，倾角约 27°。该上山于 2013 年 6 月开始施工，2013 年 7 月施工完成，起坡点标高为 +302 m，上部绞车房（顶板）标高为 +351.5 m。该上山东、西两侧均为采区隔离煤柱，隔离煤柱以西 50 m 布置有 N2611 - 1 采煤工作面，开采 $B_{4上}$ 煤层（作为突出煤层 B_{3+4} 的保护层开采，对应相邻煤矿的 C_5 煤层编号，下同），开采时间为 2017 年 8 月至 2018 年 11 月。2017 年 8 月 14 日，在 N26 采区边界探煤上山起坡点附近构筑了编号为 N26 - YM - 29 的永久密闭（2019 年 6 月 14 日启封施工抽采瓦斯钻孔，并于同年 8 月 3 日再次封闭，未发现透水征兆）。

此次透水事故，来自相邻煤矿采（老）空水瞬间突破杉木树煤矿 N26 边界探煤上山绞车房顶部南侧煤柱涌入杉木树煤矿 N26 边界探煤上山，冲毁该上山下口 N26 - YM - 29 密闭后，分别涌入 N26 采区及 +250 m 运输大巷等作业区域，先后波及 N26 边界探煤上山 B4 上联络巷、N26 矸仓、N26 煤仓、N26 煤矸仓联巷、N26 东 B4 上煤层探煤上山、N26 集中运煤巷、N2681 风巷、N26 轴部运输巷、N26 +260 m 边界石门、N24 +260 m 边界石门、N26 +103 m 回风上山、N26 +82 m 石门、N2612 -2 机巷、N26 +250 m 运输巷、30 采区 +186 m 石门区域、N3032 工作面、N3012 机巷、30 采区 +198 m 石门、S3031 采煤工作面、30 采区 +96 m 石门、+54 m 水仓掘进工作面、30 区集中排水巷、30 采区上车场、+250 m 运输大巷等区域，造成 N2611 矸仓、煤仓、N26 集中运煤巷、N26 轴部运输巷等地点作业人员中的 5 名人员溺水死亡，N2681 风巷 13 名人员被困。

N2681 风巷为掘进工作面，长度 1060 m，巷道最高点标高为 +136.5 m，此高点以西为独头下山(812 m)，以东存在一个 U 形槽巷道，最低点标高 +118 m。透水发生后，U 形槽巷道快速充水阻断了受困人员的逃生路线，与此同时，在水压作用下，独头巷道形成压缩空气柱，为 13 名被困人员提供了生存空间。

二、事故经过及抢险救援

（一）事故经过

杉木树煤矿实行“三班制”作业，早班（7:00—15:00）、中班（15:00—23:00），夜班（23:00—次日 7:00）。事故发生时正值交接班，早班 327 人中已出井 127 人，中班入井 147 人，实际在井下 347 人。

2019 年 12 月 14 日早班，杉木树煤矿各生产作业队 5 时 30 分左右分别召开班前会后进班，地测副总工程师欧某刚入井带班，全矿早班入井共 327 人。其中，到 N26 采区 91 人，人员分布情况：N2681 风巷掘进十队安装带式输送机 13 人，N2611 -3 工作面机、风巷及石门采煤一队、维修二队 32 人，N26 采区煤仓联络巷掘进三队 3 人，+82 m 石门维修二队清理临时水仓 6 人，N26 +103 m 回风上山掘进六队 5 人，N2612 -2 机巷掘进八队 11 人，N26 轴部运输巷电钳工 3 人，N26 集中运输巷安装队回撤带式输送机 7 人，N2611 -1 矸仓上口清理维护 6 人，+250 m 大巷辅助工种 5 人。

12 月 14 日 15 时 08 分，N26 采区边界探煤上山 N26 - YM -29 永久密闭突然被水冲毁，大量涌水溃入 N26 采区。15 时 20 分，N26 采区采煤一队带式输送机司机杨某根发现“排水巷风门打不开，水追着来了”。在 N26 集中运煤巷矸仓附近作业的杨某富听到“哗啦哗啦”的流水声，他抬头看到水迎面冲来，就喊“林发均快跑”，没跑几米，水就淹到了他们胸部位置。15 时 26 分，在 2612 -2 掘进工作面作业的丁启才班组也发现 N26 轴部 2 号煤仓下口有大量水流出，位于下侧的泵站开关被淹了部分。15 时 36 分，运输队机车司机何小兵发现 +250 m 运输大巷距主斜井下口约 2900 m 处有 0.6 m 左右的积水。

（二）抢险救援

12月14日15时20分至15时36分，杉木树煤矿调度室先后接到井下N26采区多处异常涌水的情况报告。矿调度值班人员于15时43分向矿长袁某竹报告。矿长袁某竹于15时48分下令撤出井下所有人员。截至12月14日17时59分，全矿井安全撤离作业人员329人，18人失联。

12月14日15时52分、15时58分、16时12分，矿长袁某竹分别电话向芙蓉公司、宜宾市应急管理局、四川煤监局川南分局报告事故信息，有关部门立即逐级上报。

应急管理部、国家煤矿安监局、省委省政府、应急管理厅、省国资委、四川煤监局、属地党委政府等领导先后赶到事故矿井。为加强事故救援的领导，保证救援工作有序开展，迅速成立了以副省长为组长的事故现场应急救援领导小组，并成立了以宜宾市委副书记、市长为指挥长、芙蓉公司总经理为救援技术总负责人的现场应急救援指挥部，下设9个专业组，分工合作，全力以赴开展救援工作。现场应急救援指挥部先后调集省内外矿山救护队、钻探、排水等14支专业队270人，迅速赶往杉木树煤矿开展抢险救灾，调集了省市县三级医疗救护人员285名，当地公安机关出动警力800余人次，矿井辅助救援工人2517人次，动用各种救援装备、车辆1000多台件，并协调省内外11名救援、水文、地质、钻探等专家现场提供技术支援。采取了全面侦察搜救、彻底截水分流、安装专业抢险排水泵抽排水、持续保障被困人员区域压缩空气和饮用水供给等系列综合救援措施，克服井下供电、排水、通风、运输等系统遭到破坏，水文地质条件复杂、涌水量大、井下巷道淤积、堵塞等困难，经过各方88个多小时的连续奋战，共安设各种型号排水泵及设施30台套，安装敷设电缆3100 m、排水管道4650 m、风筒1250 m，抽排水13.6万m^3，清理出救援通道2600 m，清淤500 m^3，先后搜救出5名遇难矿工，被困的13名矿工成功获救并全部安全升井。

（三）应急救援评估

在此次事故的应急处置过程中，属地政府和企业均较好地履行了《生产安全事故应急条例》明确的应急处置职责。

宜宾市、珙县两级党委政府响应快速，在应急管理部、国家煤矿安监局和省委省政府的领导下，坚持安全救援、科学救援，依法依规调动了矿山救援队伍，保证了救灾力量充足；全面研判事故发展趋势以及可能造成的危害，制定的救援方案和安全技术措施科学有效，救灾风险管控到位；全力维护好了事故现场秩序，做好了遇难人员善后和遇险矿工救治工作；依法及时发布了有关事故情况和应急救援工作信息，充分发挥了属地政府在抢险救援中的组织领导作用。

川煤集团、芙蓉公司和杉木树煤矿均启动一级响应，主要领导坚守一线、靠前指挥，相关负责人带领救援力量深入井下全面侦察搜救，摸清了灾害基本情况和被困人员地点，并及时采取了科学有效的施救措施，全力抢险救援被困人员，控制了灾害的进一步扩大；服从指挥部的统一指挥，积极主动支持配合指挥部工作，为救灾提供了及时的技术资料、人力物力等保障。企业的先期积极自救和后期的全力配合，为成功救出 13 名被困矿工创造了条件、赢得了时间。

矿山救援队伍严格遵守了《矿山救护规程》等有关规定，执行指挥部命令坚决，队伍联合作战协调配合到位，制定的行动计划科学严谨，灾区作战有力有序，避免了疲劳作战和次生灾害的发生；主动向指挥部提出合理化救援建议，确保了救援方案及时科学调整，加快了救援进度，实现了科学救援、安全救援，发挥了专业救援队伍主力军作用。

（四）人员伤亡和直接经济损失

事故共造成 5 人死亡、13 人送医观察治疗。目前死者善后工作已处理完毕，送医观察治疗人员均已出院，矿区秩序稳定。

据宜宾市公安局物证鉴定所《法医学尸表检验意见书》，付某然、杨某富、吕某超、周某明、张某 5 名死者均为溺水死亡。

依据《企业职工伤亡事故经济损失统计标准》(GB 6721—1986）和有关规定统计，事故直接经济损失 1244. 4 万元（截至 2019 年 12 月 30 日）。事故造成杉木树煤矿长期停产，间接经济损失巨大。

三、事故直接原因

事故的直接原因是，相邻煤矿越界开采，杉木树煤矿防范措施不到位，来自相邻煤矿的采（老）空水在动水压力作用下瞬间突破杉木树煤矿 N26 边界探煤上山绞车房顶部边界煤柱，冲毁该上山下口 N26 - YM - 29 密闭，涌入矿井 N26 采区，造成 5 名作业人员溺水死亡和 13 名作业人员被困。

（一）相邻煤矿越界进入杉木树煤矿范围

2013 年杉木树煤矿发现周边小煤矿越界开采，即两河口煤矿存在越界开采行为，布置有下山越界进入杉木树煤矿矿界范围，越界巷道有 C_5 煤层探煤下山、B_{3+4}煤层北一下山、北二下山及顺 B_{3+4}煤层 +342. 9 m 煤巷等，越界开采走向长 1200 m，越界最低标高（B_{3+4}煤层）至 +342. 9 m；友谊煤矿存在越界开采行为，越界煤层巷道进入杉木树煤矿矿界范围内，越界最低标高（C_5 煤层）至 +251. 4 m。

杉木树煤矿将情况报告了当地政府，请求协助解决由于小煤矿的开采破坏，造成杉木树煤矿在被破坏区域无法进行正常开采，形成的积水区域对杉木树煤矿的安全生产构成了较大的威胁等问题。高县人民政府原安全生产监督管理局收文后聘请有资质的中介机构对问题进行了现场实测，确定部分矿井有越界开采现象。除已关闭的小煤矿外，其余矿井已全部退回合法矿区范围，并设立了永久密闭墙。同时指出由于历史原因形成的越界采空区、巷道等区域，相关煤矿已进行永久封闭不再排水，特别是低洼区域可能存在积水，对杉木树煤矿形成的水害威胁要引起高度重视和警惕。2017 年杉木树煤矿对 N26 采区原设计进行了修改，避让周边相邻煤矿越界开采形成的水患威胁，将 N26 采区东翼由原设计的 5 个区段缩减到 1 个区段开采（最下面一个区段，沿向斜轴部布置）。

（二）技术鉴定（物探）存在采空富水区

2020 年 6 月，杉木树煤矿“12・14”事故调查组依法聘请有资质的机构对相关区域进行技术探查发现：根据物探成果，结合本次施工的验证钻孔的揭露情况，圈定了 C_5 煤层主要采空富水区的分布情况，解释了 3 个采空富水区（见图 3）。Ⅰ号采空富水区位于工作区西北部，距离透水点约 130 m，距透水事故后发现的相邻煤矿巷道约 45 m，总体沿走向（北东－南西向）分布，沿走向长约 180 m，沿倾向宽约 70 m，最低标高 +320 m，最高标高 +372 m；Ⅱ号采空富水区位于工作区中部，总体沿倾向分布，倾向上长约 180 m，最低标高 +343 m，最高标高 +451 m，与东北面的Ⅲ号采空区有联通导水趋势；Ⅲ号采空富水区位于工作区中部，Ⅱ号采空富水区的东侧，总体沿倾向分布，倾向上长约 120 m，走向上宽约 40 m，最低标高 +329 m，最高标高 +407 m。综合分析 3 个采空富水区水力联系，Ⅰ号采空富水区离透水点较远，但最高标高高于透水点标高，透水点往Ⅰ号采空富水区的方向存在一条巷道，距离Ⅰ号采空富水区的距离约为 45 m，水流方向自西南向东北，Ⅰ号采空富水区与透水点存在潜在的水力联系；Ⅱ号采空富水区和Ⅲ号采空富水区距离透水点最近，整体积水标高比透水点高，与透水点也存在潜在的水力联系。

上述 3 个采空富水区与相关物证对比印证：Ⅰ号采空富水区与友谊煤矿 B_{3+4} 煤层 +340 m 巷道形成的越界范围基本吻合；Ⅱ号采空富水区位于两河口煤矿 B_{3+4} 煤层北一下山、北二下山及两下山之间圈定的越界范围内；Ⅲ号采空富水区位于两河口煤矿 C_5 煤层越界探煤下山（最低标高 +320 m）与杉木树煤矿 N26 边界探煤上山绞车房顶部透水点之间，紧邻透水点且经钻探验证，Ⅲ号采空富水区为 C_5 煤层采空区。

（三）动用大量不明储量

两河口煤矿、友谊煤矿 2013 年以来的煤炭计量与法定矿权内的动用储量不符。根据高县人民政府矿产品检查总站《矿产品检查站产量数据》和高县自然资源和规划局提供的第三方机构储量核实报告：两河口煤矿 2013—2018 年，储量核实报告载明矿权范围内共动用储量 7400 t，同期矿产品检查站计量数据为 21000 t；2019 年动用储量 85600 t，实际生产原煤 116846 t（宜宾市应急管理局调查核实数据）。友谊煤矿 2013 年储量核实报告载明矿权范围内动用储量 24000 t，同期矿产品检查站计量数据为 42000 t。

（四）杉木树煤矿边界煤柱破坏

杉木树煤矿 N26 边界探煤上山绞车房及 N2611 - 1 风巷形成后，N26 边界探煤上山绞车房顶部南侧煤壁（此次事故透水点）与杉木树煤矿南翼矿界平面距离 110 m（煤柱）。杉木树煤矿“12 · 14”较大水害事故现场勘查发现 N2611 - 1 风巷 N26 - YM - 3 密闭设施、密闭检查牌板、密闭前栅栏完好无损，杉木树煤矿井下没有其他方向、地点的采空区、巷道与 N26 边界探煤上山有贯穿连通、透水的痕迹，只有 N26 边界探煤上山绞车房顶部南侧透水点处边界煤柱被破坏，现场勘查实测煤柱仅 1.5 m（倾斜长度）。

（五）动水压力作用

2020 年 3 月 17 日中国煤科西安研究院防治水专家对《杉木树煤矿“12 · 14”较大事故透水位置现场勘查分析报告》的评审意见事故透水点处的边界煤柱并非在采空区积水浸泡及静水压力作用下发生破坏，而是因受到来自相邻矿井内部、具有巨大动能的水流冲击，在动水压力作用下被瞬间突破而发生透水事故。

（六）透水水量测算

根据专家组测算，截至 12 月 18 日救援工作结束时，此次事故透水水量为 186000 m^3。

（七）事故类别认定

经调查分析认定，该起事故为水害事故。

四、事故间接原因

（一）杉木树煤矿

1. 对周边相邻煤矿越界开采动态掌握不准，越界边界不清，对相邻煤矿越界开采形成的采（老）空水的复杂性、严重性和危害性认识不足

（1）违背矿井水文地质类型划分“就高不就低”原则，将矿井水文地质类型划分为中等。2016 年 7 月首次编制的《杉木树煤矿矿井水患现状调查报告》中，预测矿井后期涌水量已超过 600 m^3/h，矿井水文地质类型应当划分为复杂却

划分为中等类型。根据矿井2019年11月1日至2019年12月13日（透水事故前）+250 m水平中央水泵房和西翼水泵房水泵运行时间、排水量统计计算，矿井平均涌水量为1094 m^3/h、最大涌水量1210 m^3/h（2019年11月20日），矿井水文地质类型应当划分为复杂类型，且矿井周边存在大量相邻煤矿采（老）空水，采（老）空水范围、积水量均未查清楚，矿井水文地质类型也应当划分为复杂类型。而2019年6月编制的《芙蓉公司杉木树煤矿矿井水患现状调查报告》，对矿井涌水量、周边采（老）空水等因素分析、定性不准，仍将矿井水文地质类型划分为中等。

（2）杉木树煤矿虽然每月开展一次水害隐患排查工作，但重点部位仅放在本矿采掘工作面，未查清周边煤矿采（老）空水威胁情况，未收集周边煤矿系统真实完整的采掘工程平面图及有关资料。

（3）杉木树煤矿N26采区与上部煤矿采用留设防隔水煤（岩）柱隔离采（老）空水，未对其安全状态进行监测，对相邻煤矿越界开采动态掌握不准，越界边界不清，对相邻煤矿越界开采形成的采（老）空水的复杂性、严重性和危害程度认识不足。

（4）杉木树煤矿矿井水文地质工作不足，对矿井防治水工作重视不够。煤矿不能提供2017年N26边界探煤上山、N2611－1风巷等地点的掘进地质说明书、作业规程、探放水设计以及探放水的物探、钻探相关纸质原始资料。2010年全省已全面推行矿井水患现状调查工作，而杉木树煤矿能够提供最早的矿井水患现状调查报告是2016年7月编制的；2017年5月9日编制的《芙蓉公司杉木树煤矿N26采区地质说明书》载明：“在N26采区南北翼有小煤矿下山内装有大量的水，对N26开拓、开采有一定影响”。而杉木树煤矿2017年6月编制的《N26采区设计修改说明书》中却无针对性的防治相邻煤矿采（老）空水的相关设计内容。

2. 安全生产责任及防治水制度措施不落实

（1）安全生产责任不落实。杉木树煤矿成立了安全工作领导小组，但2019年“4·17”瓦斯超限涉险事故后，其领导小组多名主要成员离岗后未及时调整安全工作领导小组成员。

（2）水害防治制度不健全不落实。《煤矿防治水细则》2018年9月1日实施后，未对水害防治制度进行修订补充完善，未建立重大水患应急处置制度。地测防治水部起草的《杉木树煤矿地测防治水管理制度补充汇编（修订版）》未印发，仅作为应付检查的资料。

（3）矿井水害防治岗位责任制不落实。矿井配备地测防治水主任工程师，未制定该岗位水害防治工作职责；总工程师未组织召开地测防治水专题会，未按矿安全风险分级管控工作体系的要求组织召开本系统安全风险分级管控工作会。

（4）矿井地测防治水专业技术管理不到位，人员变动频繁。矿井防治水相关工作交接、衔接不到位，部分防治水技术资料遗失。2016 年 6 月以来，地测副总工程师、地测防治水部部长更换 4 任；2016 年 7 月至 2017 年 2 月期间，未设地测防治水部，由生产部下设地测组负责地测防治水工作。地测防治水部门负责人、副总工程师专业技术资质不符合相关规定，地测副总工程师欧某刚、地测防治水部部长陈某树均无地质专业相关学历。

3. 对安全监管监察部门提出的问题和隐患整改不彻底

杉木树煤矿 2019 年“4·17”瓦斯超限涉险事故后，监管监察部门要求举一反三，超前研判风险，但煤矿就事论事，仅针对指出的具体瓦斯问题进行整改，未举一反三查明周边矿井采（老）空水对本矿构成的威胁。2019 年 5 月 18 日，安全监管监察部门指出该矿周边关闭煤矿调查报告内容不全，对此，该矿仅组织人员对周边区域的地方煤矿进行了走访调查，分析编制了一份调查报告就算完成整改，而该报告并没有查清周边矿井采（老）空水等情况，未根据老空区查明程度制定进一步探查和防治措施。2019 年 9 月 2 日至 16 日，该矿组织人员走访调查，分析编制的调查报告与 5 月份的报告内容基本相同。2019 年 11 月 26 日，监管监察部门再次指出该矿周边小煤矿调查报告未绘制相对位置关系图，该矿制定了整改方案和整改措施，但截至事故发生时未完成整改。

4. 安全培训没有针对性

2018 年 5 月印发的《杉木树煤矿安全教育培训管理制度》（芙杉矿〔2018〕137 号）未按《煤矿安全培训规定》（国家安全生产监督管理总局令第 92 号）补充完善。培训档案中仅对特种作业人员和管理人员建立了一人一档培训档案，其他人员的培训档案尚未完全建立。矿井防治水专项培训流于形式，由各基层单位自行组织，其培训档案中，没有培训时间、培训课时及授课老师、学员名册及考勤情况、综合考评报告，只有考试试卷。事故当班监控值班人员、调度人员及部分安全生产管理人员对水情判定不准，对水害威胁认识不足，安全生产意识和能力不足。

5. 生产安全调度撤人处置不果断

生产安全调度人员应对灾变能力不足，事故发生的 15 时 8 分至 15 时 30 分期间，监控系统、工业视频监控系统、供电系统先后发现多处报警，显示多处信号断线、设备断电、数据异常，调度室短时间内接到多处汇报有断电、跳闸、出现水情等情况，均未引起足够重视，仅同意现场要求撤人的作业点撤人，未果断采取紧急情况停产撤人措施，直到15时43分才向矿长报告，至15时48分矿长下令全井撤人，延误18分钟。安排全井全面撤人时，启动应急广播系统已不起作用，只能用电话逐处通知撤人。

（二）芙蓉公司

1. 对防治水责任落实不到位

芙蓉公司未编制防治水中长期规划（5年）和年度计划；《芙蓉公司矿井水害防治岗位责任制》规定的岗位职责与实际配备的人员不一致，未配备地测副总工程师、地测主任工程师；未能采取有力措施督促杉木树煤矿落实防治水责任。

2. 对重大危险源管控不力

芙蓉公司对杉木树煤矿相邻煤矿越界开采形成的采（老）空水的复杂性、严重性和危害性认识不足，未及时督促杉木树煤矿完善相关工作并准确掌握周边煤矿越界开采动态。

3. 督促落实事故隐患排查治理制度不力

芙蓉公司对杉木树煤矿存在的风险点排查不全、对相邻煤矿情况不清、未及时掌握相邻矿井采掘动态、未对水害防治制度进行修订完善、未对留设的防隔水煤（岩）柱安全状态进行监测等隐患，督促整改不力。

4. 对杉木树煤矿培训工作督促不力

对杉木树煤矿在建立培训档案、提升培训质量、增强生产安全调度人员应对灾变能力等方面存在的问题，督促检查不力。

（三）川煤集团

川煤集团落实企业安全生产主体责任有差距，执行煤矿风险管控、隐患排查治理制度不到位，对各级管理人员形式主义、官僚主义作风治理不力，对芙蓉公司和杉木树煤矿管控防治水重大风险督促不力。

（四）地方政府及相关监管部门

省国资委安全发展底线思维有不足，贯彻落实《中共中央国务院关于推进安全生产领域改革发展的意见》(中发〔2016〕32号）关于“管行业必须管安全、管业务必须管安全、管生产经营必须管安全和谁主管谁负责”的要求有差距。

宜宾市政府贯彻落实《中共中央国务院关于推进安全生产领域改革发展的意见》(中发〔2016〕32号）关于“党政同责、一岗双责、齐抓共管、失职追责”的要求有差距。

宜宾市应急管理局作为煤矿安全监管部门，督促杉木树煤矿安全风险管控和隐患排查治理不够到位。

高县煤炭资源管理部门对煤矿越界开采监管不力。

高县煤矿安全监管部门对煤矿隐蔽致灾因素普查重视不够，开展煤矿“打非治违”不力。

（五）地震影响

根据四川省地震预报研究中心《四川宜宾长宁 6.0 级地震对杉木树煤矿“12·14”透水事故影响分析》：杉木树煤矿位于长宁 6.0 级地震的余震影响区内，主震和较强余震会引发的区域构造应力作用于杉木树煤矿区的采掘应力场，产生局部范围变形加速可导致灾害，仍持续不断的长宁余震可能对杉木树煤矿的隔水煤柱产生次生裂隙或强度降低的影响。

五、对事故有关单位及责任人的处理建议

（一）对有关责任单位的处理建议

（1）移送司法机关处理建议。相邻煤矿越界开采形成的采(老)空积水是导致杉木树煤矿“12·14”较大水害事故的直接原因。高县得狼煤业有限公司（两河口煤矿）和高县椰雅煤业有限公司（友谊煤矿）涉嫌违犯《中华人民共和国刑法》第三十条、第三百四十三条的规定。依据《应急管理部公安部最高人民法院最高人民检察院关于印发〈安全生产行政执法与刑事司法衔接工作办法〉的通知》(应急〔2019〕54 号）第二十条的规定，建议移送公安机关依法处理。

（2）对事故发生单位的处理建议。杉木树煤矿发生较大水害事故，对事故负有责任，依据《中华人民共和国安全生产法》第一百零九条和《生产安全事故罚款处罚规定（试行)》第十五条第（一）项规定，建议给予杉木树煤矿行政处罚 69 万元。

根据《国家安全监管总局关于印发〈对安全生产领域失信行为开展联合惩戒的实施办法〉的通知》(安监总办〔2017〕49 号）的规定，建议将杉木树煤矿纳入联合惩戒对象。

根据《四川省煤矿安全生产标准化管理体系考核定级实施细则（试行)》(川应急函〔2020〕366 号）的规定，建议由安全生产标准化主管部门撤销杉木树煤矿安全生产标准化等级。

（3）建议责成川煤集团向省国资委做出深刻检查，并限期整改。

（二）对事故发生单位相关责任人员的处理建议

事故调查中发现的国有企业有关人员涉嫌工作失职或职务违法问题线索，按照中共中央办公厅印发的《执法机关和司法机关向纪检监察机关移送问题线索

工作办法》(厅字〔2019〕50号)的规定，建议移送省纪委监委处理。

1. 杉木树煤矿

(1) 袁某竹，杉木树煤矿原党委副书记、矿长，本单位防治水工作的第一责任人。对本矿防治水工作监督检查不力，安全生产责任及防治水制度措施落实不够，未督促查清周边相邻煤矿采（老）空水威胁情况，未督促根据本矿实际水文地质情况划分矿井水文地质类型，对留设的防隔水煤（岩）柱安全状态情况不清，对安全监管监察部门提出的问题和隐患整改不彻底。对上述问题应负主要领导责任。2019年12月24日芙蓉公司已免去其杉木树煤矿党委副书记、矿长职务（芙蓉委〔2019〕98号、芙蓉人〔2019〕77号），建议依规依纪处理。鉴于在整个救援过程中，袁某竹积极作为，表现突出，建议减轻处理。依据《生产安全事故报告和调查处理条例》(国务院令第493号）第三十八条第二款的规定，建议处上年度收入40%的罚款48587元。

(2) 王某彬，杉木树煤矿党委副书记（主持党委工作），对全矿井职工安全思想教育负总责。防治水岗位责任落实不到位，对《煤矿防治水细则》贯彻落实不到位，对安全培训缺乏针对性等问题检查不力。对上述问题应负主要领导责任，建议依规依纪处理。鉴于在整个救援过程中，王某彬积极作为，建议从轻处理。依据《生产安全事故报告和调查处理条例》(国务院令第493号）第三十八条第二款的规定，建议处上年度收入40%的罚款36476元。

(3) 杨某，杉木树煤矿党委委员、总工程师（2019年4月19日任此职），负责防治水的技术管理工作。组织矿井防治水检查和防治水安全隐患排查不力，牵头编制的水害防治制度、岗位责任制不健全不落实，未督促查清周边相邻煤矿采（老）空水威胁情况，未督促根据本矿实际水文地质情况划分矿井水文地质类型，对留设的防隔水煤（岩）柱安全状态情况不清，未督促规范生产技术档案管理。对上述问题应负重要责任，建议依规依纪处理。鉴于在整个救援过程中，杨某积极作为，建议从轻处理。

(4) 饶某，芙蓉公司新维煤业董事长、总经理、党委副书记。2018年7月至2019年4月任杉木树煤矿总工程师期间，负责防治水的技术管理工作，组织矿井防治水检查和防治水安全隐患排查不力，在健全落实水害防治制度、岗位责任制方面存在不足，未督促查清周边相邻煤矿采（老）空水威胁情况，对留设的防隔水煤（岩）柱安全状态情况不清，生产技术档案管理不规范。对上述问题应负重要责任，建议依规依纪处理。

(5) 陈某树，中共党员，杉木树煤矿地测防治水部部长（2019年11月任此职），负责防治水日常工作。对矿井防治水检查不力，排查防治水安全隐患不到位，组织编制的水害防治制度、岗位责任制不健全不落实，未查清周边相邻煤矿采（老）空水威胁情况，对留设的防隔水煤（岩）柱安全状态检查不力，生产技术档案管理不规范。对上述问题应负重要责任，建议依规依纪处理。鉴于在整个救援过程中，陈某树积极作为，建议从轻处理。

（6）邓某，杉木树煤矿地测防治水部主任工程师（2019 年 9 月任现职）。对杉木树煤矿存在的水害风险点排查不全、对周边相邻煤矿情况不清、未及时掌握相邻矿井采掘动态、未对水害防治制度进行修订完善、未对留设的防隔水煤（岩）柱安全状态进行监测等问题检查不力。对上述问题应负重要责任，建议依规依纪处理。鉴于在整个救援过程中，邓强积极作为，建议从轻处理。

2. 芙蓉公司

（1）徐某雷，芙蓉公司董事长、党委书记，本单位防治水工作的第一责任人。未督促编制公司防治水中长期规划（5 年）和年度计划，对安全生产责任及防治水制度、措施的落实督促不到位，对安全监管监察部门提出的问题和隐患整改情况督促检查不到位。对上述问题应负重要领导责任，建议依规依纪处理。鉴于在整个救援过程中，徐某雷积极作为，建议从轻处理。

（2）俞某平，芙蓉公司党委副书记、总经理，本单位防治水工作的第一责任人。未督促编制公司防治水中长期规划（5 年）和年度计划，对安全生产责任及防治水制度、措施的落实督促不到位，对安全监管监察部门提出的问题和隐患整改情况督促检查不到位。对上述问题应负重要领导责任，建议依规依纪处理。鉴于在整个救援过程中，俞某平积极作为，表现突出，建议减轻处理。

（3）邱某汉，芙蓉公司党委委员、分管安全副总经理、代总工程师，负责防治水的技术管理工作。对防治水岗位责任落实不到位，未督促相关部门组织编制公司防治水中长期规划（5 年）和年度计划；对芙蓉公司层面的水害防治相关制度审查把关不细，缺乏针对性；对杉木树煤矿安全生产责任及防治水制度、措施的落实督促检查不到位，对安全监管监察部门提出的问题和隐患整改情况督促检查不到位；对杉木树煤矿周边相邻煤矿情况不清、未及时掌握相邻矿井采掘动态、水害防治制度未进行修订完善、留设的防隔水煤（岩）柱安全状态未进行监测等问题督促检查不到位。对上述问题应负重要领导责任，建议依规依纪处理。鉴于在整个救援过程中，邱某汉积极作为，建议从轻处理。

（4）彭某泽，中共党员，芙蓉公司生产技术部副部长兼地测办主任，对芙蓉公司防治水具体工作负责，全面管理和指导公司防治水工作。防治水岗位责任落实不到位，未编制公司防治水中长期规划（5 年）和年度计划；芙蓉公司层面的水害防治相关制度缺乏针对性；对杉木树煤矿周边相邻煤矿情况不清、水害防治制度未进行修订完善、留设的防隔水煤（岩）柱安全状态未进行监测等问题检查不力。对上述问题应负重要责任，建议依规依纪处理。鉴于在整个救援过程中，彭某泽积极作为，建议从轻处理。

3. 川煤集团

（1）景某年，川煤集团董事长、党委书记，对川煤集团公司安全生产工作全面负责。对芙蓉公司安全生产责任及防治水制度、措施的落实督促检查不力。对上述问题应负重要领导责任，建议依规依纪处理或问责。

（2）刘某波，川煤集团总经理、党委副书记、副董事长，对川煤集团公司安全生产工作全面负责。对芙蓉公司安全生产责任及防治水制度、措施的落实督促检查不到位。对上述问题应负重要领导责任，建议依规依纪处理或问责。

（3）曹某华，中共党员，川煤集团总工程师，对川煤集团公司技术管理工作全面负责。对芙蓉公司安全生产责任及防治水制度措施不落实、芙蓉公司未编制防治水中长期规划（5 年）和年度计划、生产技术档案管理不规范、对杉木树煤矿留设的防隔水（岩）煤柱安全状态不清等问题检查不力。对上述问题应负重要领导责任，建议依规依纪处理或问责。

（4）雷某国，中共党员，川煤集团生产技术部部长。对芙蓉公司防治水制度措施不落实、生产技术档案管理不规范、杉木树煤矿留设的防隔水煤（岩）柱安全状态不清等问题检查不力。对上述问题应负重要责任，建议依规依纪处理。

（5）汤某东，中共党员，川煤集团安全监督局局长。对安全监管监察部门提出的问题和隐患整改情况检查不力。对上述问题应负重要责任，建议依规依纪处理。

4. 建议给予行政处罚人员

（1）欧某刚，中共党员，杉木树煤矿地测副总工程师，协助总工程师负责防治水技术管理工作。2019 年 11 月任现职后未及时发现矿井未健全水害防治管理制度，未建立重大水患应急处置制度，未组织防治水专项检查，对安全监管监察部门 2019 年 11 月 26 日指出周边小煤矿调查报告未绘制相对位置关系图的隐患整改不及时。对上述问题负有责任。依据《安全生产违法行为行政处罚办法》第四十五条第（一）项的规定，建议处罚款 7000 元。

（2）唐某，生产调度部副部长（事故当班调度值班主任），负责值班期间的调度指挥领导工作。在“12・14”事故发生时应急处置、调度指挥存在不足，灾情判定不准。对上述问题负有责任。依据《安全生产违法行为行政处罚办法》第四十五条第（一）项的规定，建议处罚款 6000 元。

（3）张某国，中共党员，杉木树煤矿调度室主任，负责杉木树煤矿调度安全生产指挥管理。对生产安全调度人员应对灾变能力检查不力。对上述问题负有责任。依据《安全生产违法行为行政处罚办法》第四十五条第（一）项的规定，建议处罚款 5000 元。

（4）蒲某勇，中共党员，杉木树煤矿副矿长，分管生产工作，分管生产调度部（调度室）。对生产安全调度人员应对灾变能力检查不力。对上述问题负有责任。依据《安全生产违法行为行政处罚办法》第四十五条第（一）项的规定，建议处罚款 5000 元。

（5）陈某，中共党员，杉木树煤矿副矿长，分管安全工作，防治水工作监督责任人。督促建立健全防治水管理制度不力，对安全监管监察部门多次提出的问题和隐患没有认真督促整改，对职工教育培训不力。对上述问题负有责任。依据《安全生产违法行为行政处罚办法》第四十五条第（一）项的规定，建议处罚款 5000 元。

（6）袁某人，中共党员，芙蓉公司生产技术部地测办副主管，负责公司防治水日常管理工作。对煤矿查清周边煤矿真实采掘活动情况及对留设的防隔水煤（岩）柱隔离老空水进行安全状态监测情况检查督促不力。对上述问题负有责任。依据《安全生产违法行为行政处罚办法》第四十五条第（一）项的规定，建议处罚款 6000 元。

（7）文某才，中共党员，芙蓉公司采掘副总工程师兼生产部长，负责芙蓉公司生产技术部全面工作。对公司防治水工作检查督促不力。对上述问题负有责任。依据《安全生产违法行为行政处罚办法》第四十五条第（一）项的规定，建议处罚款 5000 元。

（8）杜某毅，中共党员，芙蓉公司安全监督管理部部长（2019 年 7 月 5 日任现职），对公司防治水工作负安全监督检查责任。对杉木树煤矿防治水工作监督检查不力。对上述问题负有责任。依据《安全生产违法行为行政处罚办法》第四十五条第（一）项的规定，建议处罚款 4000 元。

（9）谢某鹏，中共党员，芙蓉公司分管生产副总经理，负责监督检查芙蓉公司防治水安全工作。对杉木树煤矿防治水工作检查不力。对上述问题负有领导责任。依据《安全生产违法行为行政处罚办法》第四十五条第（一）项的规定，建议处罚款 4000 元。

（三）对相关监管部门人员的处理建议

对于在事故调查过程中发现的地方政府有关部门的公职人员涉嫌工作失职或职务违法问题线索，按照中共中央办公厅印发的《执法机关和司法机关向纪检监察机关移送问题线索工作办法》(厅字〔2019〕50号）的规定，建议移送省纪委监委。对有关人员的党纪政务处分和有关单位的处理意见，由省纪委监委提出。

经调查认定，杉木树煤矿“12·14”较大水害事故是一起生产安全责任事故，部分单位和人员失职失责问题已基本调查清楚。责任组根据调查情况提出了对有关人员的问责处理建议，共问责15人，其中给予党纪政务处分12人，组织处理3人；其中川煤集团5人，四川芙蓉集团实业有限责任公司（以下简称“芙蓉公司”）4人，杉木树煤矿6人。

1. 杉木树煤矿

（1）杉木树煤矿原党委副书记、矿长袁某竹。本煤矿防治水工作的第一责任人。履职不到位，对本矿防治水工作监督检查不力，安全生产责任及防治水制度措施落实不够，未督促查清周边相邻煤矿老空水威胁情况，未根据本矿实际水文地质情况划分矿井水文地质类型，对留设的防隔水煤柱安全状态情况不清，对安全监管监察部门提出的问题和隐患整改不彻底，对上述问题负有主要领导责任。鉴于袁某竹在组织核查中积极配合，如实说明问题，且在事故发生后积极组织指挥救援，成功组织安装水泵并完成排水，保证被困人员的生命水位线不被突破，为后续成功救援提供了关键保障，根据《中国共产党纪律处分条例》第十七条、第一百二十一条，《中国共产党问责条例》第七条和第八条第二款之规定，建议给予袁某竹撤销党内职务处分，同时免去其矿长职务。

（2）杉木树煤矿党委副书记王某彬（主持党委工作)。对全矿安全思想教育负总责。履职不到位，对防治水岗位责任落实不到位，对《煤矿防治水细则》贯彻落实不力，对防治水岗位责任制检查督促不力，对安全培训缺乏针对性等问题检查不力，对上述问题负有重要领导责任。鉴于王某彬在组织核查中积极配合，如实说明问题，且在事故发生后积极参与救援，做好组织、保障、协调和善后工作，根据《中国共产党纪律处分条例》第十七条、第一百二十一条之规定，建议给予王某彬党内严重警告处分。

（3）杉木树煤矿党委委员、总工程师杨某。防治水技术管理的第一责任人，直接负责防治水的技术管理工作。履职不到位，对组织矿井防治水检查和防治水安全隐患排查不力，水害防治制度、岗位责任制不健全、不落实，未督促查清周边相邻煤矿老空水威胁情况，未根据本矿实际水文地质情况划分矿井水文地质类型，对留设的防隔水煤柱安全状态情况不清，未督促规范生产技术档案管理，对上述问题负有主要领导责任。鉴于杨某在组织核查中积极配合，如实说明问题，且在事故发生后积极协助组织指挥救援，打通救援通道，为救援提供了时间保障，根据《中国共产党纪律处分条例》第十七条、第一百二十一条，《中华人民共和国监察法》第十五条和《中华人民共和国公职人员政务处分法》第二条、第十一条、第三十九条之规定，建议给予杨某党内严重警告、政务记大过处分。

（4）芙蓉公司新维煤业党委副书记、董事长、总经理饶某。2018 年 7 月至 2019 年 4 月任杉木树煤矿党委委员、总工程师期间，是防治水技术管理的第一责任人，直接负责防治水的技术管理工作。履职不到位，对组织矿井防治水检查和防治水安全隐患排查不力，在健全落实水害防治制度、岗位责任制方面存在不足，未督促查清周边相邻煤矿老空水威胁情况，对留设的防隔水煤柱安全状态不清，生产技术档案管理不规范，对上述问题负有主要领导责任。饶某在组织核查中积极配合，如实说明问题，根据《中国共产党纪律处分条例》第一百二十一条之规定，建议给予饶某党内严重警告处分。

（5）杉木树煤矿地测防治水部部长陈某树。负责地测防治水部日常工作，组织制定矿井防治水技术管理制度与方案、组织编制和审核矿井地测防治水规划及年度计划、监督检查分管业务范围的安全生产责任制执行情况、组织开展矿井水患排查治理工作。履职不到位，对矿井防治水检查不力，排查防治水安全隐患不到位，水害防治制度、岗位责任制不健全、不落实，未查清周边相邻煤矿老空水威胁情况，对留设的防隔水煤柱安全状态检查不力，生产技术档案管理不规范，对上述问题负有直接责任。鉴于陈某树在组织核查中积极配合，如实说明问题，且在事故发生后积极参与救援，根据《中国共产党纪律处分条例》第十七条、第一百二十一条，《中华人民共和国监察法》第十五条和《中华人民共和国公职人员政务处分法》第二条、第十一条、第三十九条之规定，建议给予陈某树党内严重警告、政务记大过处分。

（6）杉木树煤矿地测防治水部主任工程师邓某。负责地测、防治水具体工作。履职不到位，对杉木树煤矿存在的风险点排查不全、对周边相邻煤矿情况不清，未及时掌握相邻矿井采掘动态，未对水害防治制度进行修订完善、未对留设的防隔水煤柱安全状态进行监测，对上述问题负有直接责任。鉴于邓某在组织核查中积极配合，如实说明问题，且在事故发生后积极参与救援，根据《中华人民共和国监察法》第十五条、《中华人民共和国公职人员政务处分法》第二条、第十一条、第三十九条之规定，建议给予邓某政务记大过处分。

2. 芙蓉公司

（1）芙蓉公司党委书记、董事长徐某雷。公司防治水工作的第一责任人。履职不到位，对公司防治水工作重视不够，未督促编制公司防治水中长期规划（5 年）和年度计划，对安全生产责任及防治水制度、措施的落实督促不到位，对安全监管监察部门提出的问题和隐患整改情况督促检查不到位，对上述问题负有重要领导责任。鉴于徐某雷在组织核查中积极配合，如实说明问题，且在事故发生后积极组织指挥救援，坚守岗位88小时，做好抢险救援期间的安全稳定以及事故善后工作，根据《中国共产党纪律处分条例》第十七条、第一百二十一条之规定，建议给予徐某雷党内警告处分。

（2）芙蓉公司党委副书记、董事、总经理俞某平。公司防治水工作的第一责任人。履职不到位，对公司防治水工作重视不够，未督促编制公司防治水中长期规划（5年）和年度计划，对安全生产责任及防治水制度、措施的落实督促不到位，对安全监管监察部门提出的问题和隐患整改情况督促检查不到位，对上述问题负有重要领导责任。鉴于俞某平在组织核查中积极配合，如实说明问题，且在事故发生后，作为应急救援技术总负责人、井下救援指挥组组长，坚守岗位88小时，组织指挥救援工作，根据《中国共产党纪律处分条例》第十七条、第一百二十一条之规定，建议给予俞某平党内警告处分。

（3）芙蓉公司党委委员、副总经理、代理总工程师邱某汉。公司防治水技术管理的第一责任人，直接负责防治水的技术管理工作。履职不到位，防治水岗位责任落实不到位，未督促相关部门组织编制公司防治水中长期规划（5年）和年度计划，对芙蓉公司层面的水害防治相关制度审查把关不细、缺乏针对性，对杉木树煤矿安全生产责任及防治水制度、措施的落实督促检查不到位，对安全监管监察部门提出的问题和隐患整改情况督促检查不到位，对杉木树煤矿周边相邻煤矿情况不清、未及时掌握相邻矿井采掘动态、水害防治制度未进行修订完善、留设的防隔水煤柱安全状态未进行监测等问题督促检查不到位，对上述问题负有主要领导责任。鉴于邱某汉在组织核查中积极配合，如实说明问题，且在事故发生后积极参与救援，做好组织指挥工作，根据《中国共产党纪律处分条例》第十七条、第一百二十一条之规定，建议给予邱某汉党内严重警告处分。

（4）芙蓉公司生产技术部副部长兼地测办主任彭某泽。负责本公司防治水具体工作，全面管理和指导公司防治水工作。履职不到位，防治水岗位责任落实不到位，未编制公司防治水中长期规划（5年）和年度计划，芙蓉公司层面的水害防治相关制度缺乏针对性，对杉木树煤矿周边相邻煤矿情况不清、水害防治制度未进行修订完善、留设的防隔水煤柱安全状态未进行监测等问题检查不力，对上述问题负有主要领导责任。鉴于彭某泽在组织核查中积极配合，如实说明问题，且在事故发生后积极参与救援，根据《中国共产党纪律处分条例》第十七条、第一百二十一条之规定，建议给予彭某泽党内严重警告处分。

3. 川煤集团

（1）川煤集团党委书记、董事长景某年（因涉嫌存在其他违纪违法问题，正接受纪律审查和监察调查）。全面负责川煤集团安全生产工作。对芙蓉公司安全生产责任及防治水制度、措施的落实督促检查不力，负有重要领导责任。景某年在组织核查中积极配合，如实说明问题，建议对景某年进行批评教育。

（2）川煤集团党委副书记、副董事长、总经理刘某波。全面负责川煤集团安全生产工作。对芙蓉公司安全生产责任及防治水制度、措施的落实督促检查不到位，负有重要领导责任。鉴于刘某波在组织核查中积极配合，如实说明问题，根据《中国共产党问责条例》第七条和第八条第二款之规定，建议对刘某波进行谈话诫勉。

（3）川煤集团总工程师曹某华。负责川煤集团技术管理工作。履职不到位，对芙蓉公司安全生产责任及防治水制度措施不落实、未编制防治水中长期规划（5 年）和年度计划、生产技术档案管理不规范、对杉木树煤矿留设的防隔水煤柱安全状态不清等问题检查不力，对上述问题负有主要领导责任。曹某华在组织核查中积极配合，如实说明问题，根据《中国共产党纪律处分条例》第一百二十一条之规定，建议给予曹某华党内警告处分。

（4）川煤集团生产技术部部长雷某国。负责川煤集团的生产技术工作。履职不到位，对芙蓉公司防治水制度措施不落实、生产技术档案管理不规范、杉木树煤矿留设的防隔水煤柱安全状态不清等问题检查不力，对上述问题负有主要领导责任。鉴于雷某国在组织核查中积极配合，如实说明问题，建议对雷某国进行书面诫勉。

（5）川煤集团安全监督管理局局长、直属机关党委副书记汤某东。负责川煤集团的安全工作。履职不到位，对安全监管监察部门提出的问题和隐患整改情况检查不力，负有主要领导责任。汤某东在组织核查中积极配合，如实说明问题，根据《中国共产党纪律处分条例》第一百二十一条之规定，建议给予汤某东党内警告处分。

（四）其他建议

建议责成省国资委和宜宾市政府分别向省政府做出深刻检查，认真总结和吸取事故教训，进一步加强和改进煤矿安全生产工作。

六、事故防范措施建议

（1）推进安全生产领域改革发展。深入贯彻落实《中共中央国务院关于推进安全生产领域改革发展的意见》（中发〔2016〕32 号）和我省实施意见，坚持“党政同责、一岗双责、齐抓共管、失职追责”“管行业必须管安全、管业务必须管安全、管生产经营必须管安全和谁主管谁负责”，牢固树立安全生产的观念，正确处理安全和发展的关系，坚守发展决不能以牺牲安全为代价这条红线。

（2）深化煤矿“打非治违”行动。煤矿安全监管部门与煤炭资源管理部门要密切配合，加强对国有重点煤矿周边相邻煤矿开采范围监管，组织开展隐蔽致灾因素普查，督促落实隐患整改。持续深化煤矿“打非治违”专项行动，对“五假五超三瞒三不”（假整改、假密闭、假数据、假图纸、假报告；超能力、超强度、超定员、超层越界、证照超期；隐瞒作业地点、隐瞒作业人数、隐瞒事故或迟报谎报事故；不具备法定办矿条件、不按规定复工复产、不执行监管监察指令）等违法违规行为，坚持露头就打，重拳出击，严格落实停产整顿、关闭取缔、上限处罚、追究法律责任“四个一律”执法措施。

（3）全面落实煤矿企业安全生产主体责任。川煤集团、芙蓉公司和杉木树煤矿要牢固树立安全“红线”意识，强化底线思维，完善和落实从根本上消除事故隐患的安全生产主体责任，不断完善安全生产制度，落实矿井水害、瓦斯等重大灾害治理措施，完善煤矿主要负责人是安全生产第一责任人和总工程师负技术管理主要责任的管理体系，各级管理人员和职工要认真履行岗位职责，对履行责任不到位的要严肃追究责任。

（4）切实加强煤矿水害防治工作。煤矿企业要严格贯彻落实《煤矿防治水细则》，健全防治水机构，配足防治水相关专业技术人员，健全和完善防治水各项管理制定，制定“一矿一策、一面一策”防治水方案。认真推行老空水防治“四步工作法”（查全、探清、放净、验准）和分区管理，准确标定水患区域“四线”，按规定留设各类保安煤柱，严格落实“三专两探一撤”措施。强化煤矿防治水基础管理，做好采掘工作面水情水患预测预报，地测部门负责探放水设计和“两单”（探放水通知单、允许掘进通知单）发送，探放水、掘进队必须严格按照“两单”施工作业，地测、安监部门、生产技术部门必须现场检查验收，确保探放水措施落实到位。

（5）扎实开展煤矿安全隐患大排查。煤矿企业要按规定全面开展隐蔽致灾地质因素普查和矿井水患现状调查，查明矿井水文地质条件。受采（老）空水威胁的矿井必须进行矿井水文地质补充勘探和调查，查明矿区范围及周边采（老）空水的位置和水量，掌握本矿及相邻矿井 200 m 范围以内的采掘动态。发现重大水害隐患要制定专门防治方案和措施，落实治理责任、措施、资金、时限和预案，确保治理到位。

（6）强化职工教育培训工作。煤矿企业要制定年度防治水技术培训计划，所有地测防治水技术人员每三年必须进行一次业务培训，加强职工防治水知识教育和培训，特别对矿井主要水患类型、防治技术、透水预兆等方面知识做到应知应会，按规定开展具有针对性的水灾应急演练，确保较大水害事故发生后，井下人员及时、有序、安全撤离。

第六章　2020 年全国煤矿水害事故案例

第一节　山西省介休市鑫峪沟煤业有限公司“4·28”涉险水害事故

2020 年 4 月 28 日 12 时 40 分左右，山西省介休市鑫峪沟煤业有限公司（以下简称“鑫峪沟煤业”）503 采区三联巷综掘工作面发生透水，造成 3 人被困。险情发生后，应急管理部、国家煤监局和省、市主要领导高度重视，要求采取有力措施，全力救援被困人员。山西煤监局和省、市应急、能源部门紧急行动，抽调专业应急救援队伍和排水设备赶赴现场开展救援工作。经全力抢救，至 4 月 29 日上午 9 时 33 分，成功解救 3 名被困人员，10 时 30 分 3 名被困人员安全升井。本次涉险事故造成直接经济损失 14.986 万元。

根据《中华人民共和国安全生产法》《煤矿安全监察条例》《生产安全事故报告和调查处理条例》等法律法规规定，山西煤矿安全监察局晋中监察分局于 2020 年 4 月 30 日组织晋中市应急管理局、介休市人民政府、介休市应急管理局、介休市公安局成立了鑫峪沟煤业“4·28”透水涉险事故调查组，并邀请介休市监察委员会参加，对事故展开调查工作，同时聘请有关专家参与事故调查。

事故调查组按照“科学严谨、依法依规、实事求是、注重实效”的原则，通过现场勘察、查阅资料、调查询问、专家论证、技术认定及综合分析，查清了事故发生的经过、原因和直接经济损失，认定了事故性质和责任，提出了对事故责任人和责任单位的处理建议以及防范措施。

一、事故单位基本情况

（一）介休鑫峪沟集团企业管理有限公司

介休鑫峪沟集团企业管理有限公司（以下简称“鑫峪沟集团”）是 2009 年底经山西省煤矿企业兼并重组整合领导组办公室以〔2009〕61 号、〔2010〕66

号文件批准成立的主体企业。鑫峪沟集团下设鑫峪沟煤业、东沟煤业、德隆煤业、左则沟煤业四座煤矿，核定煤炭总产能3.30 Mt/a。

鑫峪沟集团设有董事长、总经理、生产副总经理、安全副总经理、机电副总经理、总工程师、防治水副总工程师、通防副总工程师，下设技术部、安全部、机电部、生产部、财务部等部室。集团拥有职工3000余人，总资产110亿元。

（二）鑫峪沟煤业

1. 基本情况

鑫峪沟煤业位于介休市张兰镇，是经山西省煤矿企业兼并重组整合工作领导组办公室晋煤重组办发〔2009〕61号、〔2010〕66号文批准，由原山西介休沟口煤业有限公司、山西介休沟底煤业有限公司、山西介休板峪煤业有限公司、山西介休张兰振兴煤业有限公司及新增资源整合而成。

鑫峪沟煤业股东持股情况：山西路鑫能源集团有限公司持股51%，中国铝业股份有限公司持股34%，中铝山西铝业有限公司持股15%。

鑫峪沟煤业井田面积9.5551 km^2，生产能力为0.9 Mt/a，低瓦斯矿井，水文地质类型为中等。

2. 证照情况

鑫峪沟煤业为证照齐全的生产矿井，持证情况：采矿许可证，证号C1400002009111220044651，有效期自2012年8月20日至2032年8月20日；营业执照，统一社会信用代码91140000113034426A，营业期限2019年5月27日至长期；安全生产许可证，证号（晋）MK安许证字〔2020〕X151Y2，批准开采5号煤层，有效期自2020年4月20日至2023年4月19日。

3. 管理机构设置情况

鑫峪沟煤业设有总经理（矿长）、安全副经理、生产副经理、机电副经理、通防副经理、总工程师、机电副总工程师、通防副总工程师、防治水副总工程师等矿级领导，设有安监部、调度室、生产部、技术部、通防部、机电部、地测防治水科、质标办、职业卫生防治办、应急救援办、环保部、地面综合部12个职能部室，设有机电队、皮带队、运搬队、通防队、防治水队、探水队、综掘队、开拓一队、开拓二队、巷修队、喷浆队、安监队12个队组。

4. 矿井主要系统

（1）开拓系统。矿井采用斜井单水平开拓，布置有主斜井、副斜井和回风斜井3个井筒。主斜井主要担负矿井提煤、上下人员、进风等任务，副斜井担负矿井提矸、下料、进风任务，回风斜井担负矿井回风任务。

（2）运输系统。主斜井一侧安装1部DTL80/25/2×200型带式输送机，另一侧安装1部RJK55－35/1500U(A)型煤矿可摘挂式架空乘人装置。副斜井安装1部JK－2×1.8P型单滚筒提升机，配套电机功率200 kW。井下原煤运输方式为带式输送机连续运输。辅助材料由绞车运至各工作面。

（3）通风系统。矿井采用中央并列式通风系统，机械抽出式通风方式，主斜井、副斜井进风，回风斜井回风。回风立井安装2台FBCDZNo.26型轴流对旋通风机，功率2×280 kW。

回采工作面采用U形通风方式，掘进工作面采用FBD－No6.0/2×15型对旋轴流式局部通风机供风。

（4）防灭火系统。矿井设立黄泥灌浆站一座，采用BSJX－40型一体机黄泥灌浆系统，工作面安装有3BZ36/3型防灭火阻化剂泵，并装备一套JSG－7型防灭火束管监测系统。

井上、下设有消防材料库，在井下各机电硐室、采掘配电点、带式输送机机头设置有干粉灭火器、沙箱、消防桶等消防灭火器材。

（5）排水系统。副斜井井底布置主水泵房，主水泵房安装3台MD280－65×5型多级离心泵，一用一备一检修，配套电机功率500 kW。主、副水仓有效容量1700 m^3。2趟排水管路为ϕ273×6 mm无缝钢管，经管子道沿主斜井井筒敷设至地面矿井水处理站。

501采区水泵房设有3台MD155－30×5型矿用多级离心泵，一用一备一检修，配套电机功率110 kW，经2趟ϕ159×6 mm排水管将水排入中央水仓。

501采区强排系统安装2台BQS300－425/5－630/N型矿用隔爆潜水泵，配套电动机功率630 kW，一用一备，1趟排水管路为ϕ273×8 mm型无缝钢管经回风下山沿主斜井敷设至地面。

（6）供电系统。在矿井工业场地设1座35 kV变电所，两回35 kV电源分别引自洪山110 kV变电站和北辛武110 kV变电站，输电线路均为LGJ－150型钢芯铝绞线，输电距离分别为8 km和12 km，两回架空电源线路一回运行，一回（带电）备用。

中央变电所采用两回10 kV电源线路供电，引自地面35 kV变电所10 kV不同母线段，一回工作，一回备用。

（7）防尘洒水系统。地面建有1座容量为500 m^{3}的静压水池，静压洒水管路经主斜井引入井下，井下设有三通阀门和洒水喷雾装置。

（8）安全避险“六大系统”：

①安全监控系统。井下安装一套KJ90NA型安全监测监控系统，矿井安装监控分站14台，配备有各类传感器123台。

② 人员位置监测系统。矿井安装 1 套 KJ251A 型人员位置监测监控系统，井下共安装 6 台 KJ251－F8 型分站，22 台 KJF210A/B 型读卡分站。

③ 通信联络系统。矿井安装 1 套 KTJ－103 数字程控调度通信系统，安装 1 套 ZB127 型矿用广播系统，安装 1 套 KT105A 型无线通信系统。

④ 压风自救系统。在矿井工业场地建有压风机房，安装 2 台 JN250－8.5 型螺杆式空压机，压风管路沿主斜井引入井下。

⑤ 供水施救系统。供水施救系统与井下消防洒水系统合并设置，在采掘工作面和其他人员较集中的地点设置有矿井供水自救装置。

⑥ 紧急避险系统。在采区轨道大巷和采区运输大巷之间建设有一座永久避难硐室，额定避险人数为 100 人。

（9）产量监控系统。矿井安装 KJ528 型煤炭产量监测系统。

（10）采掘现状。5 号煤层布置 3 个掘进工作面，分别为 503 运输大巷、503 轨道大巷、三联巷综掘工作面。

（三）事故发生区域

透水地点位于 503 采区三联巷综掘工作面，被困人员位于 503 轨道大巷综掘工作面。

1. 三联巷综掘工作面

三联巷综掘工作面起始位置为 503 回风大巷 270 m 处，沿 5 号煤层顶板掘进，设计长度 135 m，至透水时共掘进 52 m。

该工作面采用综掘工艺，矩形断面，净宽 4 m，净高 2.8 m，支护形式为锚网索喷支护。其东南部为原沟口煤矿采空区。

三联巷综掘工作面于 4 月 26 日遇断层后停掘，进行加强支护。

2. 503 轨道大巷综掘工作面

503 轨道大巷综掘工作面沿 5 号煤层顶板掘进，设计长度 480 m，采用综掘工艺，半圆拱形断面，净宽 4 m，净高 3 m，支护形式为锚网索喷支护。

透水时，工作面已掘进 330 m，正在进行探放水作业。

二、事故发生经过、事故报告和应急处置

（一）事故发生经过

2020 年 4 月 26 日，三联巷综掘工作面遇断层停止掘进。2020 年 4 月 28 日零点班，三联巷综掘工作面断层处出现渗水。

4 月 28 日八点班，鑫峪沟煤业总工程师李某峰等人到三联巷综掘工作面查看断层渗水情况。12 时 40 分左右，李某峰突然听到轰隆声响，三联巷综掘工作

面随即发生透水。李某峰和当班带班矿领导、机电副总工程师陆某辉立即组织本工作面人员撤离，同时通知其他地点人员撤离。

三联巷综掘工作面的涌水通过503回风大巷经大倾角的二联巷加速后，灌入503轨道大巷综掘工作面。503轨道大巷向斜轴部巷道迅速被淹，正在503轨道大巷综掘工作面施工探放水钻孔的3名工人被困。

（二）事故报告

13时15分，当班带班矿领导、机电副总工程师陆某辉在无极绳绞车硐室打电话向矿调度室报告事故情况。调度员董某生接到电话后，于13时19分向调度室主任康某汇报。康某于13时22分向鑫峪沟煤业总经理李某寿汇报。调度室主任康某于14时20分向介休市应急管理局、晋中煤监分局汇报事故情况。

（三）应急处置

1. 事故单位应急处置

事故发生后，鑫峪沟煤业立即启动应急救援预案，成立抢险救援领导组，组织相关人员开展救援。

2. 政府及有关部门应急处置

接到事故报告后，山西煤监局局长、副局长，山西省应急管理厅副厅长，山西省能源局二级巡视员、晋中市委常委、常务副市长立即赶赴事发现场指导救援工作，成立了以晋中市委常委、常务副市长为指挥长的鑫峪沟煤业“4·28”透水事故抢险指挥部，设立了综合协调组、抢险救援组、专家技术组、应急保障组、医学防疫救援组、治安警戒组、宣传报道组、善后工作组，组织汾矿集团矿山救护大队、晋中市矿山救护大队、凯嘉集团、鑫峪沟集团等应急救援队伍迅速开展救援工作。

2020年4月29日9时33分，成功解救3名被困人员，10时30分3名被困人员安全升井。

三、现场勘查与分析

（一）现场勘查时间

4月29日及5月1日，事故调查技术组与专家组对事故发生区域进行了两次现场勘察。

（二）现场勘察及分析

1. 三联巷综掘工作面

（1）三联巷综掘工作面迎头大部分被煤渣和石块等冲出物掩盖，左上方可见约0.8 m×0.8 m的不规则空洞，空洞内已基本无涌水。

（2）综掘机位于距巷道迎头 15 m 处，巷道锚杆网支护有轻度破损。

（3）距巷道迎头 30 m 范围内，除堆积有大量的石块、煤渣外，尚可见坑木、竹片、尼龙袋、废风筒布、木须等，经现场鉴别为小煤矿开采时期使用的遗留物。

2. 二联巷

二联巷巷道长度 40 m，宽度 4 m，坡度 27°，上口接 503 回风大巷，下口接 503 轨道大巷。巷道底板有明显过水痕迹。

3. 503 回风大巷

503 回风大巷从二联巷口到三联巷口巷道长度 225 m，巷道净宽 4.5 m，净高 3.3 m，为近水平的矩形巷道。巷道过水高度平均 0.24 m，淹没线平缓无波动。巷道内无冲出物，底板无明显冲痕。分析认为，在透水发生后，峰值涌水量基本未波及 503 回风大巷。

4. 503 轨道大巷综掘工作面

（1）503 轨道大巷综掘工作面是本次事故人员被困区域。该巷从二联巷下口向南段开始为下山巷道，至 72 m 处转为上山掘进。

（2）工作面迎头有 1 台风动钻机，钻孔方向为掘进方向，钻杆仍在钻孔中。

（3）左侧边帮上方有甲烷传感器，掘进面后退 10 m 右侧有一个压风管闸阀，现场勘察时还在漏气。

（4）掘进面后退 21 m 右侧有一掘进机。

（5）向斜轴部有约 15 m^3 煤泥淤积物。从二联巷至向斜轴部段有明显的冲刷深沟。

四、事故原因

（一）水源分析

（1）透水点有大量涌出的坑木、竹片、尼龙袋、废风筒布、木须等，经鉴别为小煤矿开采时期使用的遗留物。

（2）据矿方提供 5 号煤层采掘工程平面图及防治水方面图纸、资料显示，在三联巷综掘工作面附近存在原沟口煤矿老空巷道。

（3）据现场人员回忆，透水事故发生时，瞬间水势迅猛。现场勘察时，三联巷已无涌水，符合老空水透水特征。

（4）据 4 月 30 日从现场取样的水质检测报告分析，主要离子成分：Ca^{2+} 含量 10.011 mg/L、K^+ 含量 19.1477 g/L、Na^+ 含量 475.704 g/L、SO_4^{2-} 含量 184.59 mg/L、HCO_3^- 含量 1154.796 mg/L，矿化度 1921.35 mg/L，pH 值为 8.311，可排除岩溶

水水质特征。

(5) 查阅矿方有关资料，三联巷综掘工作面探放水采用物探和钻探相结合的方法。该巷道超前物探运用矿用瞬变电磁法，由湖北煤炭地质物探测量队施工，钻探由本矿探水队施工。

透水前，最近的一次物探和钻探地点为三联巷开口以里 3 m 处。物探顺煤层方向未发现明显低阻异常，+45°方向有明显低阻异常。钻探设计 7 个钻孔，其中顺煤层方向 4 个钻孔，顶板方向 2 个钻孔，底板方向 1 个钻孔，孔深均为 120 m，均无出水现象，但 4 个顺层孔分别在孔深 51 m、51 m、52 m、55 m 处遇岩石。另外，为“拦截”原沟口煤矿空巷，在 503 回风大巷迎头顺煤层施工 2 个钻孔，孔深分别为 100 m 和 105 m，均未探到采空区，2 个钻孔分别在孔深 33 m、45 m 处遇岩石。

通过上述分析，认定水源为老空水，老空巷道位于透水巷道的顶板方向。

(二) 通道分析

(1) 透水事故发生时，三联巷综掘工作面处于停掘状态，可排除掘进期间直接贯通老空巷道的情形。

(2) 三联巷综掘工作面迎头已为全岩，揭露与其基本正交的断层（落差大于 3 m），老空巷道位于工作面巷道的上方。

(3) 据现场人员介绍，透水发生前，三联巷综掘工作面迎头顶板有淋水、渗水现象，且水量有不断增大的迹象。透水事故发生时，现场人员听到有煤岩壁破裂而发出的巨大声响。

综上分析，位于三联巷综掘工作面上方的老空巷道距离断层较近，积水水压较大。在三联巷综掘工作面掘进至断层时受断层影响，煤岩柱强度不足，破坏后形成老空水溃入巷道的导水通道。

(三) 水量分析

根据矿方排水记录及淹没区域体积测算，本次事故前 30 min 峰值水量约为 1500 m^3，总透水量约为 4600 m^3。

(四) 被困人员生存空间分析

通过对 503 轨道大巷向斜轴部内外巷道淹没水位线测量，掘进面一侧淹没水位线水位为 +669.3 m，另一侧淹没水位线水位为 +677.15 m。两侧空气压力相差 7.85 m 水柱压力（约 0.785 个大气压）。说明封闭空气柱的存在及压风管压力空气的输入，给被困人员提供了一定的生存条件。

分析认为，透水发生后，水流经二联巷倾斜巷道加速，冲入 503 轨道巷下山巷道，水流及冲刷物快速将向斜轴部最低点巷道封闭，造成其内 3 名施工人员被困。但由于向斜轴部被淹没的同时也形成了掘进工作面一端的空气柱，兼之压风管路供给风压，给被困人员提供了生存空间。在救援科学及时的条件下，被困人员安全脱险。

（五）事故类别

经调查组分析认定，本起事故为老空透水事故。

五、事故造成的人员伤亡和直接经济损失

本次事故未造成人员伤亡，共造成直接经济损失 14.986 万元。

六、事故原因和性质

（一）事故原因

1. 直接原因

鑫峪沟煤业钻探发现地质条件变化时，未分析原因、调整允许掘进距离及探放水方案，导致巷道迎头直接接近断层对盘的老空积水巷道。在老空积水的压力作用下，煤岩壁发生破裂，老空水溃入工作面发生透水事故。

2. 间接原因

（1）鑫峪沟煤业探放水管理混乱。三联巷综掘工作面探放水措施中未说明遇到地质构造变化时应采取的措施。接近老空区积水区域，探放水工作未严格按照“三线”管理。三联巷综掘工作面顶板破碎，矿压显现明显且迎头有淋水，未采取措施及时处理。

（2）鑫峪沟煤业隐蔽致灾因素调查不细、判断不准，未调查清楚三联巷综掘工作面邻近的老空积水范围、水位、水量，未探清老空巷道真实位置，盲目掘进。

（3）鑫峪沟煤业技术管理混乱。三联巷综掘工作面遇断层未上图、未编制过断层专项措施，采掘工程平面中未更新 503 轨道大巷综掘工作面的掘进位置。

（4）鑫峪沟煤业防治水技术力量薄弱，专业人员短缺，对物探成果解释不准确，遇到复杂问题不能做出正确判断。

（5）鑫峪沟集团对鑫峪沟煤业地测防治水工作检查指导不到位。

（二）事故性质

经调查认定，本起事故为一起安全生产责任事故。

七、事故责任划分与处理建议

（一）建议给予党纪政务处分人员

（1）侯某兵，男，1976 年 6 月出生，中共党员，本科学历，鑫峪沟煤业防治水副总工程师，协助总工程师承担防治水工作，同时管理雨季三防、地质灾害方面工作。三联巷掘进期间，钻探发现地质条件变化时，未分析原因、调整允许掘进距离及探放水方案，对事故发生负有直接责任。

建议：依据《安全生产领域违法违纪行为政纪处分暂行规定》第十二条第（一）项、第十七条第二款，给予开除处分。依据《中国共产党纪律处分条例》第一百三十三条，给予留党察看一年处分。

（2）李某峰，男，1977 年 4 月出生，中共党员，本科学历，鑫峪沟煤业总工程师，分管“一通三防”、防治水工作。三联巷掘进期间，钻探发现地质条件变化时，未分析原因、调整允许掘进距离及探放水方案，对事故发生负有主要责任。

建议：依据《安全生产领域违法违纪行为政纪处分暂行规定》第十二条第（一）项、第十七条第二款，给予撤职处分。依据《中国共产党纪律处分条例》第一百三十三条，给予留党察看一年处分。

（3）李某寿，男，1962 年 12 月出生，中共党员，大专学历，鑫峪沟煤业总经理（矿长），安全生产第一责任人，矿井的防治水工作、技术管理工作有漏洞，对事故发生负有重要责任。

建议：依据《安全生产领域违法违纪行为政纪处分暂行规定》第十二条第（一）项、第十七条第二款，给予记大过处分。依据《中国共产党纪律处分条例》第一百三十三条，给予党内严重警告处分。

（4）韩某文，男，1968 年出生，中共党员，大专学历，鑫峪沟集团地质防治水副总工程师，协助鑫峪沟集团总工程师进行地质防治水工作，对鑫峪沟煤业地测防治水工作检查指导不到位，对事故发生负有重要责任。

建议：依据《安全生产领域违法违纪行为政纪处分暂行规定》第十二条第（一）项、第十七条第二款，给予记过处分。依据《中国共产党纪律处分条例》第一百三十三条，给予党内警告处分。

（5）李某文，男，1969 年出生，中共党员，本科学历，鑫峪沟集团总工程师，负责鑫峪沟集团的技术管理工作，对鑫峪沟煤业地测防治水工作检查指导不到位，对事故发生负有重要责任。

建议：依据《安全生产领域违法违纪行为政纪处分暂行规定》第十二条第（一）项、第十七条第二款，给予警告处分。

（二）对鑫峪沟煤业的处理建议

（1）依据《山西省人民政府办公厅关于印发进一步强化煤矿安全生产工作

的通知》（晋政办发〔2012〕34 号）第四条第（二）项，责令鑫峪沟煤业实行整顿恢复机制。整顿结束后，履行复产验收程序，合格后方可恢复生产。

（2）依据《生产安全事故报告和调查处理条例》第四十条第一款，暂扣鑫峪沟煤业的《安全生产许可证》。

八、事故防范措施

（1）严格执行《煤矿防治水细则》及《山西省煤矿防治水规定》，做到“三专两探一撤”。

（2）坚持“预测预报、探掘分离、有掘必探、先探后掘、先治后采”的防治水原则，遵循“物探先行、化探跟进、钻探验证”的综合探测程序，重点加强老空水的防治，保证超前探钻孔的密度和超前距，做到“查全、探清、放净、验准”。

（3）坚持探放水优先制度，未经防治水管理部门确认安全的区域，不得进行采掘活动。

（4）三联巷恢复掘进前，应在采取安全措施的条件下对原沟口煤矿采空范围及积水情况做进一步探查工作。

（5）加强探放水现场管理，在工作面地质条件发生变化时应及时调整探放水设计，尤其是在断层带附近应加密钻探。

（6）开展职工防治水知识培训，提高全员防治水意识。

（7）引进专业技术人才，夯实地测防治水基础工作。

（8）做好水害事故应急预案的编制与应急演练。

第二节　重庆市两江能源开发有限公司芦塘煤矿“6·28”较大水害事故

2020 年 6 月 28 日，重庆市两江能源开发有限公司芦塘煤矿（以下简称“芦塘煤矿”）井下 E2152 采煤工作面皮带联络巷发生一起异常涌水事故，导致接应和搜寻水情探查人员的 3 名救护队员不幸遇难。事故发生后，重庆市委、市政府有关领导相继做出重要批示，要求做好善后处置工作和事故调查，尽快查明事故原因，举一反三，采取有效措施，切实减少类似事故发生。

根据《中华人民共和国安全生产法》《生产安全事故报告和调查处理条例》《煤矿安全监察条例》等有关法律、法规的规定，重庆煤矿安全监察局经商重庆市应急管理局、彭水县人民政府，由重庆煤矿安全监察局牵头组织，市应急管理局、能源局、国资委，彭水县人民政府、县应急管理局、监察委、公安局、总工会派人参加，成立重庆市两江能源开发有限公司芦塘煤矿“6·28”井下异常涌水事故调查组（以下简称“事故调查组”），开展事故调查。事故调查组下设技术组、应急救援评估组、综合管理组，并聘请有关专家参与事故调查和应急救援评估工作。

事故调查组坚持“科学严谨、依法依规、实事求是、注重实效”的原则，通过现场勘察、查阅资料、调查取证、伤亡人员尸体检验、专家技术分析和应急救援评估等，查明了井下异常涌水事故及救护队员不幸殉职的经过、原因，认定了事故的性质和责任，提出了处理建议和防范措施。

一、煤矿基本情况

（一）矿井概况

芦塘煤矿位于彭水县芦塘乡板栗村，隶属重庆能投资产运营有限公司（以下简称“重庆能投资产公司”），为市属国有重点煤矿。芦塘煤矿始建于1953年，原为彭水县县属地方国有煤矿，2007年11月，彭水县政府将彭水县芦塘煤矿有偿转让给重庆中梁山煤电气有限公司，2008年6月组建成立重庆市两江能源开发有限公司，2019年12月，重庆市能源投资集团有限公司将其划转给重庆能投资产公司。芦塘煤矿现证照齐全合法有效，核定生产能力0.3 Mt/a，在册职工402人，2019年生产原煤112000 t。

芦塘煤矿配备了矿长、总工程师、生产副矿长、安全副矿长、机电副矿长、工会主席等矿级领导6人，设置有安全监察部、生产技术部、通风瓦斯部、机械动力部、地测防治水办公室、综合办公室等“四部二室”和采煤队、掘进队、运输队、机电队、通风队等五队，安全管理机构设置和人员配备齐全。

（二）矿井开采条件

芦塘煤矿矿区面积8.2354 km^2，开采标高+1110～+400 m，2019年末保有资源量5.866 Mt。矿井开采二叠系上统吴家坪组K_1煤层，煤层位于清水溪向斜两翼，北东翼为缓倾斜煤层，厚度0.6～2.6 m，平均1.2 m；北西翼为倾斜煤层，厚度0.5～2.5 m，平均1.2 m。矿井瓦斯等级为低瓦斯矿井，煤尘无爆炸性，煤层自燃倾向性为Ⅱ类。矿区内岩溶陷落柱较发育，地下水通道的连通性较好，井下涌水与大气降水关系密切。矿井水文地质类型划分为复杂。

（三）矿井开采现状

矿井开拓方式为平硐+斜井综合开拓，有+620 m水平主平硐、+620 m副斜井、+709 m回风斜井、+750 m回风平硐。现开采+620 m水平和+510 m水平，布置4个采区，采区前进、区内后退式开采。采煤方法为走向长壁采煤法和倒台阶采煤法，全部垮落法管理采空区；掘进方式均采用炮掘机装，+620 m水平半煤巷采用锚网、锚杆支护，+510 m水平半煤巷采用金属支架支护，全岩为裸巷或遇顶板破碎带锚网或者架棚支护。

矿井通风方式为中央分列式，通风方法为抽出式。双回路供电，电压等级10 kV。煤矸和材料运输采用平巷蓄电池机车运输，斜井单绳缠绕提升机和串车提升，+510 m水平6号下山采用大倾角皮带运输；人员运输为平巷蓄电池机车和专用平巷人车运输，斜井采用架空人车运送。

矿井现有排水系统为二级排水。+510 m水平最大涌水量112.4 m^3/h,主、副水仓容积700 m^3,中央泵房配3台离心泵、2台潜水泵,最大排水能力785 m^3/h。+485 m水平设E215采区水仓，容积100 m^3，2台离心泵、1台潜水泵，最大排水能力65 m^3/h。+620 m水平最大涌水量49.5 m^3/h,自流排出地面。矿井正常涌水量107.84 m^3/h,最大涌水量161.90 m^3/h,正常情况下,排水能力满足要求。

矿井建设有通信、压风自救、供水施救、人员位置监测、安全监控、紧急避险等系统，并正常运行。

二、事故区域及现场勘察

（一）事故区域

事故区域位于+510 m水平6号下山皮带巷（以下简称“6号下山皮带巷”）至E2152采煤工作面皮带联络巷（以下简称“皮带联络巷”）。6号下山皮带巷斜长183 m、倾角23°；皮带联络巷的向斜轴部段为近水平巷道，长98.3 m，中部与已废弃多年的原1452采煤工作面开切巷（以下简称开切巷）连接，相连处开切巷构筑有一道密闭墙（本次事故突水点），巷道围岩为煤层、页岩及铝土页岩。

事故区域属+510 m水平E215采区，布置有E2152采煤工作面和E2152N运输巷、E2152N回风巷掘进工作面。E2152采煤工作面为走向长壁式采煤法，长160 m，普采，单体液压支柱支护，刮板输送机运输。煤炭运输路线为工作面运输巷（刮板输送机和带式输送机）与皮带联络巷连接，至6号下山皮带巷（大倾角带式输送机）→+510 m水平北西运输大巷（溜煤眼装车）；通风路线为+510 m北西运输大巷→6号下山皮带巷→工作面运输巷→工作面→工作面回风巷→+485 m北回风巷→E215采区回风巷→+510 m水平北东回风巷。

（二）事故现场勘察

7月7日，事故调查组技术组组织事故调查专家组和应急救援评估专家组成员，对事故现场进行了勘察，现场勘察情况如下：

1. 6号下山皮带巷底部情况

6号下山皮带巷断面为三心拱，净宽3.2 m、净高2.7 m。皮带联络巷断面为梯形，底部净宽2.4 m、顶部净宽2.0 m、净高2.0 m。底部与皮带联络巷有露出水面的带式输送机机尾、通信电话、电缆、信号器、控制柜、开关等设备。

6号下山皮带巷靠近底部（距落平点斜长19.2 m）的巷道两帮及巷底见水流冲刷、浸泡痕迹，其最高淹没水位线清楚，位置标高测算为+449.32 m，比落平点巷顶标高高出0.97 m，表明异常涌水发生后皮带联络巷被水封顶。

6号下山皮带巷落平点仍有积水，积水深度0.30 m左右，带式输送机的输送带在积水面之上。巷道顶板较完整，巷顶及两帮支护无明显变形。检测巷道内气体及风量结果为：O_2 为20.6%，CH_4 为0.06%，CO和 H_2S 为0，风量437 m^3/min。

2. 突水点（被冲垮密闭墙）情况

井下突水点位于皮带联络巷中部，距6号下山皮带巷落平点86.0 m，突水口为开切巷端点被冲破的密闭墙。被冲垮密闭墙断面呈长方形，宽2.20 m、高1.20 m，面积2.64 m^2，与开切巷断面形状及大小基本相当。

在原密闭墙体两帮，见残留并保持原状的红色烧结砖墙，墙厚0.24 m，砖墙嵌入两帮深约0.4 m。墙体外侧至皮带联络巷支护背板距离1.5 m，其间为矸石充填，突水口处木质背板和充填的矸石已被冲走。墙内侧为开切巷，在矿灯照射范围内可见巷道两帮有流水冲刷印迹，底板积水很少，未见矸石和泥沙等沉积物。检测涌水口气体浓度：O_2 为20.3%，CH_4 为0.07%，CO和 H_2S 为0，涌水口内开切巷风流方向不明显。因开切巷已封闭多年（2015年11月封闭），老采空区存在有毒有害气体、顶板垮塌威胁且当天地面暴雨持续，故未贸然从涌水口进入开切巷继续往里勘察。

3. 皮带联络巷落平点情况

皮带联络巷落平点原测量标高+446.7 m，巷顶标高+448.7 m。在距落平点斜距18.10 m的巷道两帮，见明显最高淹没水位线痕迹，测算标高+449.32 m，比落平点巷顶标高高0.62 m。最高淹没水位线之上见水浪波及线清楚，输送带被冲刷痕迹明显，水浪波及线标高+451.01 m，比最高水位线高1.69 m，足见涌水冲垮开切巷密闭墙时的突然涌水强度之大。

三、事故经过和应急救援

（一）事故经过

1. 异常涌水发现和撤人及报告

2020 年 6 月 28 日早班，采煤二班 20 人于 8 点入井到 E2152 采煤工作面作业。其中，2 人负责开刮板运输机及带式输送机，2 人负责材料运输，其余 16 人在工作面作业。

13 时 30 分，正在工作面维修刮板运输机的班长毛某宇从带式输送机司机杨某华与谭某春在语音扩音器的对话中得知，第 4 台带式输送机（位于皮带联络巷）机头防尘水可能没关，就去查看。毛某宇走到距机头约 20 m 处时，发现一股直径约 10 cm 的水从巷道左帮底部矸石内涌出，立即通过语音扩音器通知杨某华切断工作面和皮带联络巷区域的电源，并通知工作面当班所有人下班撤出井下。13 点 41 分，毛某宇向调度员李某余电话报告说，皮带联络巷出水，已安排切断电源撤人。李某余接报后，立即在矿微信工作群发布皮带联络巷涌水消息，向地面值班矿领导韩某文总工程师报告，并通知该区域的两个掘进工作面人员撤出井下。

韩某文接报后立即赶到调度室，向李某余了解了皮带联络巷涌水和断电撤人情况。由于涌水情况不明，韩某文决定带人下井去查看水情，于 14 点 17 分向正在贵州出差的矿长吴某伦电话汇报说皮带联络巷出水了，井下的人没反映清楚，准备带人下去查看。随后，韩某文在澡堂换衣服时，告知刚出井的早班带班安全副矿长冯某和，他准备入井查看皮带联络巷涌水情况，安排冯某和在地面值班。

2. 异常涌水后水情探查

14 点 30 分，韩某文和防治水办公室技术员梁某林、廖某聪、任某，安全部部长毛某兴，瓦检员雷某宇一行共 6 人入井，下车后步行沿 +510 m 运输大巷、+510 m 西南运输大巷至 6 号下山皮带巷，从 6 号下山皮带巷由上往下到皮带联络巷查看水情。

15 点 50 分，韩某文一行到达 6 号下山皮带巷底部，发现皮带联络巷有积水，估计水深 0.4 m，通风正常、无异味，水位在缓慢上升。由于皮带联络巷积水不便行人，韩某文一行从 6 号下山皮带巷返回，经 +510 m 东西联络巷、+510 m 东南轨道下山至 +460 ~ 490 m 回风巷联络巷，16 时 40 分到达皮带联络巷，在距 4 号皮带输送机机尾 60 m 处，发现有积水，估计水深 0. 5 m，水面漂浮着煤尘，水位在缓慢上升，通风正常、无异味。

3. 救护队入井接应和搜寻水情探查人员

韩某文带人入井后，15 点 13 分，冯某和向吴某伦电话汇报了皮带联络巷涌水和韩某文带人下井查看水情的情况，吴某伦问冯某和救护队是否入井，冯某和答没有。15 时 15 分，冯某和安排救护队队长陈某伟带 5 名救护队员佩机下井接应韩某文等人，要求分两组分别从皮带联络巷两侧接应和搜寻，下井后遇到韩某文后听从其指挥。15 时 44 分，救护队陈某伟等 6 人下井。

陈某伟等 6 人乘平巷人车沿 +510 m 水平运输大巷到达 +510 m 东西联络巷与 +510 m 西南运输大巷交叉口处（以下简称“东西联络巷岔口”），此时约 16 时 30 分，6 人分两组负责接应和搜寻，一组陈某伟、王某举、唐某 3 人乘平巷人车从 +510 东南到皮带联络巷，另一组曾某芹、杨某、王某华 3 人步行从 +510 m 西南运输大巷（即东西联络巷岔口至 6 号下山皮带巷上车场，距离约 900 m）至 6 号下山皮带巷到皮带联络巷。分开前，两组约定哪组先出来，就在东西联络巷岔口等待另外一组。

16 时 45 分，陈某伟等 3 人在皮带联络巷接应到韩某文一行 6 人，随后一同退出皮带联络巷，走到 +510 m 东南轨道下山上车场，听到电话铃响，韩某文接到调度员王某松电话说冯某和派了救护队来找人，由王某和全权指挥救护队行动。

17 时 30 分，韩某文、陈某伟一行乘平巷人车返回到达东西联络巷岔口，没看到曾某芹等 3 名救护队员，于是陈某伟乘车去 6 号下山皮带巷寻找，韩某文等人乘车出井。陈某伟到 6 号下山皮带巷上变坡点往下看，什么也没看到，喊了几声无人答应，17 时 40 分在该处给调度室打电话询问曾某芹等 3 人的人员定位位置，调度室回复说他们定位信息在反石门处（位于 +510 m 水平运输大巷），于是陈某伟乘车返回，于 18 点 15 分出井。

4. 搜救失联救护队员

韩某文一行于 18 时 8 分出井后，韩某文向吴某伦汇报没看到出水点，皮带联络巷两边巷道都看了，都有积水，水量不是很大，安全威胁不大，准备开紧急会研究下一步措施。陈某伟出井后，未找到曾某芹等 3 人，立即向冯某和报告，然后安排救护队副队长廖某高和已出井的救护队员王某举、唐某共 3 人入井搜寻。冯某和接矿调度员电话汇报说救护队曾某芹、王某华、杨某 3 人未出井，联系不到人，随即安排救护队派人入井搜救失联救护队员。

18 时 53 分廖某高接任务后与王某举、唐某 3 人携带救护装备入井。19 时 30 分，在 6 号下山皮带巷绞车房检测气体浓度，CH_4 为 0.03%、O_2 为 18.3%，H_2S 和 CO 为 0。19 时 40 分，在 6 号下山皮带巷底部距积水 10 m 处，检测气体浓度无明显变化，看见水面上有 1 个矿帽和 1 台氧气呼吸器，但未看见救护队员，立即返回 6 号下山皮带巷上车场，20 时 8 分向调度室报告了发现的情况，随后按调度室指令到东西联络巷岔口等待增援。

20 时 15 分，陈某伟和救护队员梁某林入井，赶往东西联络巷岔口与廖某高等 3 人会合，5 人到 6 号下山皮带巷底部，发现 3 名救护队员漂浮在水面，身上佩戴呼吸器，面朝下，喊他们的名字无应答，判断人员已遇难，因巷道斜面淹没，水面宽、积水深，无法实施救援，陈某伟立即返回 6 号下山皮带巷上车场，21 时 37 分向调度室报告，然后按调度室指令于 22 时 38 分出井。

5. 抢救遇难救护队员经过

6 月 28 日 20 时 13 分，吴某伦通知调度室立即启动事故应急预案，成立以矿长吴某伦为总指挥的应急抢险救援指挥部，通知相关部室、区队进行事故抢救工作。资产公司、重庆能源集团、彭水县政府及应急管理局、市应急管理局、重庆煤矿安监局及渝中监察分局、市国资委等有关部门接到事故报告后，有关负责人先后赶赴事故矿井，协助抢险救援。

指挥部决定在东西联络巷岔口安设局部通风机，并安设风筒至 6 号下山皮带巷底部积水处，逐段向内送风实施救援，召请渝新公司南桐、松藻救护大队增援。

29 日 2 时 25 分，芦塘煤矿 6 名救护队员入井铺设风筒。4 时 40 分，南桐救护大队长唐某胜奉命带领两个小队入井侦察抢救和参加接风筒。8 时 2 分，6 号下山皮带巷水位逐步下降，露出了通风通道，+510 m 北西运输巷风流形成进风，通风逐步恢复，检查气体浓度，CH_4 为 0.4%，O_2 为 18%，CO_2 为 0.5%，H_2S 和 SO_2 为 0。8 时 30 分，9 名救护队员侦察到 6 号下山皮带巷上车场变坡点，检查气体浓度，CH_4 为 1.5%，O_2 为 15%、CO_2 为 1.0%，H_2S 和 SO_2 为 0。9 时 01 分，救护队侦察进入到 6 号下山皮带巷 170 m 处，检查气体浓度，CH_4 为 0.7%，O_2 为 16%、CO_2 为 1.2%，H_2S 和 SO_2 为 0，发现 3 名遇难的救护队员，3 人均面朝巷底，其中 2 人头朝斜巷下方，1 人头朝斜巷上方，检查均无生命体征，水位处于遇难人员下方 6 m，正在缓慢下降，风流方向向下，再次检查气体浓度，CH_4 为 0.9%、O_2 为 17%，CO_2 为 1.0%，H_2S 和 SO_2 为 0。9 时 10 分，松藻救护大队 10 名指战员入井参与救援。9 时 20 分，救护队开始搬运遇难人员，并向现场指挥部汇报。10 时 22 分，现场检测气体浓度，CH_4 为 0.09%，O_2 为 20.9%，CO_2 为 0.38%，H_2S 和 CO 为 0，风流正常，现场水已退去。

29 日 12 时 15 分，3 名遇难救护队员经 +620 m 主平硐运出井下，经医护人员检查均无生命体征。事故现场救援工作结束。

（二）事故应急处置

1. 事故信息报告及响应

6 月 28 日 20 时 13 分，资产公司调度指挥中心接到芦塘煤矿调度室汇报 3 名救护队员失联和搜救发现的情况，公司董事长、总经理率队于 23 时 30 分赶到芦塘煤矿，指导事故救援。21 时 7 分，能源集团值班室接到资产公司调度室汇报，立即向领导汇报，21 时 40 分，副总经理李某树按主要领导指示率安监部人员赶赴现场参与抢险救援。

28 日 20 时 21 分，彭水县应急管理局接到芦塘煤矿井下 3 名救护队员失联报告后立即赶赴事故矿井，县委书记和县长接报后立即率相关县领导和县公安、卫生、消防等部门于 23 时前陆续到达芦塘煤矿，成立现场救援指挥部，迅速开展救援工作。

28 日 21 时 59 分，重庆能源集团值班室分别向市国资委、市应急管理局、重庆煤监局、市政府和市委值班室电话汇报了事故情况，并分别传真了事故快报。29 日 1 时 30 分，市应急管理局副局长刘某才率有关人员赶到芦塘煤矿，指导救援。重庆煤监局局长赵某放在局值班室调度指挥，29 日 2 时，总工程师张某强带领有关处室及渝中监察分局人员到达芦塘煤矿，协助和指导救援。

2. 事故应急处置评估

经事故调查和应急处置评估，有关地方人民政府、煤矿企业对抢救 3 名遇难救护队员的应急救援工作组织有力、信息传送及时、反应迅速、救援有序。

（三）人员伤亡和直接经济损失

经调查认定，芦塘煤矿救护队员曾某芹、王某华、杨某在煤矿发生异常涌水事故紧急停产撤人后，在奉命执行接应和搜寻井下水情探查人员任务过程中意外溺水窒息死亡。事故直接经济损失 305.1192 万元。

（四）善后处理情况

事故发生后，芦塘煤矿与 3 名遇难救护队员的家属分别签订了补偿协议，分别支付补偿金 101.7064 万元。善后工作得到妥善处理，矿区社会秩序稳定。

四、事故分析和事故性质

（一）异常涌水因素的技术分析

根据事故调查专家组技术分析、现场勘察、调查询问，结合有关资料和有关地质理论及技术规范，对异常涌水水源、涌水通道、涌水强度、涌水过程等相关内容进行技术分析。

1. 异常涌水水源分析

矿区周边关闭多年的老窑开采为煤层露头下面的浅部煤层，老窑与本矿留有安全隔离煤柱，本矿近几年未发现有老窑透水迹象，排除周边老窑涌水。矿区范围内采空区日常缓慢积水因清水溪向斜轴部（控制性构造，积水最低部位）范围内岩溶裂隙、岩溶管道、岩溶陷落柱较发育，大部分漏入地下深处，排除采空区原有积水水源导致的异常涌水。事故区域及周边一定范围内无地表水体、无断层构造、无地质勘探钻孔，排除地表水、断层水、钻孔水源。结合本次异常涌水方式、老空水和岩溶水的辨识与分析，综合分析认定异常涌水水源为暴雨补给的地下岩溶水。

2. 异常涌水通道分析

在事故地点及其影响区域内无断层构造、地质勘探钻孔分布，排除断层和钻孔涌水通道。矿区位于清水溪向斜轴部，主要分布有石灰岩，岩溶陷落柱较发育，且大致平行于向斜轴线分布，通过采动影响，为地下岩溶水涌入开采区域提供了良好通道。

3. 异常涌水与降雨的关系及暴雨致灾分析

（1）矿井井下涌水与降雨关系密切，在大雨、大暴雨天气情况下，井下涌水响应时间短、涌水增量大。经查矿井井下涌水量观测台账反映，在连降大雨、大暴雨情况下，在半天时间内井下涌水量会大增。6月26—28日，+620 m副斜井溶洞分别在4～5 h内开始出水；+510 m主水仓位置6月26—28日3天的涌水量分别为88 m^3/h、137 m^3/h、199 m^3/h，反映出发生事故前连降暴雨，井下涌水量成倍增加。

（2）2020年6月28日前数日，包括重庆市在内的我国南方省市普降大雨、暴雨，导致多地发生洪灾及次生灾害，彭水县降雨强度大、时间长，全县受灾严重。据彭水县气象局提供的降雨资料，矿区附近的芦塘乡自动气象观测站记载6月27日至28日连降暴雨，累计雨量为153.7 mm(27日85.3 mm,28日68.4 mm)，为该站自2011年4月建站以来连续两天累计雨量的最大值。

（3）强降雨天气导致地表雨水沿着地下石灰岩中的溶蚀孔隙、裂隙和陷落柱等岩溶通道向下渗透，由于下渗透量大，超过了地下岩溶通道的过水能力，井下部分巷道和采空区被逐步淹没。

4. 突然涌水强度分析

根据调查取证，水位下降自6月29日8时02分至9时01分露出巷顶高0.5 m，计算回水强度为2361 m^3/h，分析认定突水强度远远大于39.35 m^3/min。

5. 最大涌水量估算

根据开切巷往里淹没长度541 m（其中开切巷长155 m、采空区长386 m）、采空区平均宽度91 m，结合井下最高淹没水位、采空区充水系数0.4，经计算，最大淹没体积为17199.74 m^3（即最大涌水量）。

6. 异常涌水过程分析

根据现场勘察、事故发生经过调查，认定缓慢涌水阶段为6月28日13时30

分至 17 时许，水位缓慢上升。涌水在开切巷及附近采空区越积越多，对开切巷端口密闭墙的压力越来越大，冲破密闭墙涌入皮带联络巷，形成突然涌水。

（二）救护队员遇难经过的分析认定

根据尸体检验报告书，3 名遇难人员系溺水窒息死亡，结合现场勘察、有关异常涌水因素分析、事故发生经过调查，认定 3 名救护队员遇难的经过是：曾某芹等 3 名救护队员于 16 时 30 分在东西联络巷岔口与陈某伟等 3 名救护队员分开，分组接应和搜寻水情探查人员。曾某芹等 3 人分组后从 +510 m 西南运输大巷步行至 6 号下山皮带巷底部，推算时间约需 30 min，未接应和搜寻到水情探查的韩某文一行，17 时许，恰遇开切巷端口密闭墙被开切巷及附近采空区积水冲破，大量积水突然涌入皮带联络巷及 6 号下山皮带巷底部，因突水强度大、水位上涨快，在突水瞬间爆发、来势凶猛的巨大冲力和涌浪及涡流等多种因素制约下，3 名救护队员未能安全撤离，导致意外溺水窒息死亡。

（三）事故时间和地点的分析认定

根据现场勘察、事故经过调查，结合缓慢涌水阶段和突然涌水阶段技术分析，认定发生异常涌水的时间为 6 月 28 日 13 时 30 分，异常涌水点为开切巷密闭墙处；认定救护队员遇难的时间为 6 月 28 日 17 时许，遇难位置为 6 号下山皮带巷底部。

（四）事故发生原因

经调查认定，因近期强降雨天气影响，芦塘煤矿矿区连降大雨到暴雨，大量雨水汇集并渗入地下，地下岩溶水量急增，超出了岩溶通道的过水能力，岩溶水沿着陷落柱等通道涌入开采区域，淹没了位置较低的采空区和巷道，造成异常涌水事故；3 名救护队员在煤矿发生异常涌水事故紧急停产撤人后，奉命执行接应和搜寻井下水情探查人员任务，在由上往下到达 6 号下山皮带巷底部（向斜构造轴部）时，恰遇异常涌水冲破采空区密闭墙突然涌入皮带联络巷，因突水强度大、水位上涨快，3 名救护队员未能安全撤离，导致意外溺水窒息死亡，不幸殉职。

（五）事故暴露出的问题

（1）现场救援应急处置有缺陷。异常涌水事故发生后，矿救护队奉命入井接应和搜寻水情探查人员时，在井下分两组行动存在一定的盲目性。

（2）救护队员现场救援经验欠缺。3 名遇难救护队员在到达 6 号下山皮带巷底部接应和搜寻水情探查人员时，未分析异常涌水突发变化的潜在风险，恰遇涌水突然冲破密闭墙被溺水窒息死亡。

（六）事故性质

根据事故原因调查认定，芦塘煤矿“6·28”井下异常涌水事故是强降雨天气原因间接导致的现场救援人员应急处置不当的责任事故。

五、事故责任认定和处理建议

芦塘煤矿有关救援管理人员对异常涌水事故的现场救援应急处置和救护队伍的管理存在不足。建议由重庆能投资产公司对有关管理人员做出相应的处理。

六、事故防范和整改措施

煤矿企业要建立和完善异常气象应急响应机制，严格落实灾害性异常天气情况下停产撤人的规定，消除暴雨、洪水、雷电、大风等极端天气可能给矿井造成的安全风险。加强矿山应急救援队伍的建设和管理，对芦塘煤矿救护队纳入专业矿山救护大队统一管理和指挥，强化对救护队日常管理和救援业务训练指导，不断提高救护队员业务素质和事故现场应急救援水平，防范类似事故发生。加强煤矿落后产能淘汰退出，推进煤矿高质量发展。

第三节　山东省济宁市东山古城煤矿有限公司“7·12”突水事故

2020 年 7 月 12 日 5 时 3 分，山东省临沂矿业集团有限责任公司东山古城煤矿有限公司 3315 综放工作面发生突水事故，突水量 1505 m^3/h，-1030 m 水平（第三水平）被淹，无人员伤亡。事故直接经济损失 3203.03 万元。

事故发生后，山东省委省政府和山东煤矿安全监察局、山东省能源局、山东省应急管理厅、济宁市委市政府，以及山东煤矿安全监察局鲁东监察分局、济宁市能源局、兖州区委区政府等领导先后赶赴现场指导应急处置抢险工作，要求确保人员安全，科学有效处置。时任国家煤矿安全监察局副局长宋元明第一时间应急连线山东东山古城煤矿有限公司，肯定了山东东山古城煤矿有限公司发生突水后所采取的措施，强调要坚持人民至上、生命至上，把人的生命安全放在第一位；要远程排水、远程监控突水变化，撤出井下所有人员。临沂矿业集团有限责任公司成立了应急救援指挥部，下设抢险救灾、技术专家、安全监督等 9 个应急救援专业组，统筹协调指挥煤矿抢险工作。因突水量急剧增加，矿井排水能力无法满足安全抢险的需要，为确保人员安全，指挥部下达了撤出井下全部人员的命令。井下作业人员于 7 月 13 日零时 27 分全部升井。

2020年7月30日，依据《中华人民共和国安全生产法》、《煤矿安全监察条例》（国务院令第296号）、《生产安全事故报告和调查处理条例》（国务院令第493号）等法律法规，山东煤矿安全监察局鲁东监察分局（以下简称“鲁东监察分局”）牵头，组织济宁市应急管理局、能源局、公安局、总工会等有关单位和部门，成立山东东山古城煤矿有限公司“7·12”突水事故调查组（以下简称“事故调查组”），事故调查组下设技术组、管理组和综合组，并邀请省外5名防治水专业知名教授、专家组成专家组参与事故调查。由于事故处于抢险救援阶段，不具备调查条件，事故调查工作无法开展，事故调查组只对部分事故相关资料进行了收集、整理和封存。2021年7月22日，经济宁市人民政府批准，古城煤矿“7·12”突水事故抢险救援工作结束。依据有关规定，事故调查组开始调查。由于堵水所注浆料已将出水点附近巷道堵塞，无法到达出水点现场实地勘查，并且事故致因因素、突水机理复杂，经请示山东煤矿安全监察局同意，事故调查予以延期。事故调查组按照“科学严谨、依法依规、实事求是、注重实效”的原则，通过专家论证、调查取证、技术推理，查明了事故发生的经过、原因，核实了直接经济损失，认定了事故性质和责任，提出了事故处理建议和防范措施。

一、事故单位基本情况

（一）山东能源集团有限公司

山东能源集团有限公司是山东省属国有独资公司，2011年2月挂牌成立，2015年8月改建为国有资本投资公司，注册资本170亿元。

2020年7月，山东省委、省政府决定将兖矿集团、山东能源集团2家省属重要骨干企业实施联合重组，成立新的山东能源集团有限公司。集团在册职工25.8万人，煤炭产量达到278 Mt。

（二）临沂矿业集团有限责任公司

临沂矿业集团有限责任公司（以下简称“临矿集团”）为山东能源集团的全资子公司，前身为临沂矿务局。新中国成立初期设立临沂煤矿，其后在整合周边煤矿基础上于1960年建立临沂矿务局，于1986年上划煤炭工业部管理。2006年改制为临矿集团，2011年成为山东能源权属企业。

（三）山东东山古城煤矿有限公司

1. 矿井概况

山东东山古城煤矿有限公司（以下简称“古城煤矿”）为临矿集团的全资子公司，位于山东省济宁市兖州区酒仙桥街道办事处，井田地跨兖州区、曲阜市。

古城煤矿 1996 年 5 月开工建设，2001 年 1 月投产，设计生产能力 0.9 Mt/a。2019 年核定生产能力 1.76 Mt/a。2020 年重新核定生产能力为 1.2 Mt/a。2020 年 1—7 月生产原煤 0.746 Mt。

2. 矿井证照情况

矿井证照齐全，合法有效。采矿许可证号 C1000002009071120026377，有效期 2009 年 6 月 24 日至 2036 年 6 月 24 日。安全生产许可证号（鲁）MK 安许证字〔2004〕Q1－094），有效期 2019 年 11 月 2 日至 2022 年 11 月 1 日。营业执照代码 91370000744526179M，营业期限为长期。矿长安全生产知识和管理能力考核合格证明号 370902196701161230，有效期 2018 年 12 月 18 日至 2021 年 12 月 18 日。

3. 矿井开采条件

1）煤层及顶底板

矿井主采煤层为 3 煤层，厚度 5.57～10.85 m，平均厚度 8.58 m，煤层平均倾角 15°，开采深度－318.5～－1189 m。3 煤层直接顶板为深灰色厚 3 m 左右的砂质泥岩，基本顶为灰白色含黑色矿物较多的中粒砂岩；底板为厚 5～7 m，发育波状层理及生物扰动构造的细砂岩，常相变为灰黑色的砂质泥岩，有时为泥岩。属结构简单，全区可采的稳定煤层。

2）矿井水文地质条件

井田含水层自上而下主要有第四系沙砾层孔隙含水层、侏罗系砂岩含水层、3 煤层顶底板砂岩裂隙含水层、太原组第 3 层石灰岩岩溶裂隙含水层、太原组第 $10_{下}$ 层石灰岩岩溶裂隙含水层、太原组第 14 层石灰岩岩溶裂隙含水层、奥陶系石灰岩岩溶裂隙含水层，其中直接充水含水层为 3 煤层顶底板砂岩含水层。矿井正常涌水量 93 m^3/h，最大涌水量 163 m^3/h。2019 年 5 月，委托山东省煤田地质局第二勘探队编制《水文地质类型划分报告》，综合评定矿井水文地质类型为中等。

3）冲击地压

古城煤矿委托山东科技大学进行了煤层冲击倾向性鉴定。经鉴定－505 m 水平 3 煤层及顶板岩层具有弱冲击倾向性，底板岩层无冲击倾向性；－850 m、－1030 m 水平 3 煤层具有强冲击倾向性，顶板具有弱冲击倾向性，底板为无冲击倾向性。

2019 年 2 月委托北京安科兴业矿山安全技术研究院有限公司编制了－505 m、－850 m、－1030 m 三个水平的冲击危险性评价及防冲设计，－505 m 水平评价为弱冲击危险，－850 m、－1030 m 水平评价为中等冲击危险。

2019年9月委托中国矿业大学编制了《3315工作面冲击危险性评价及防冲设计》，评价为强冲击危险。

4. 矿井生产系统

（1）开拓布局。矿井共有 -505 m、-850 m、-1030 m 三个生产水平和 -760 m 辅助水平，为立井、暗斜井多水平联合开拓。矿井共划分12个采区，其中一水平为11、12、13三个采区；二水平为21、22两个采区；三水平为30、31、32、33、34、35、36七个采区。事故发生前，-1030 m 水平为矿井主采水平，-505 m 水平与 -850 m 水平交替生产。矿井生产采区为11采区、21采区、31采区、32采区、33采区。其中11采区布置2个膏体充填工作面，无掘进工作面；21采区布置1个综放工作面，无掘进工作面；31采区布置1个综放工作面，3个煤巷掘进工作面；32采区布置2个煤巷掘进工作面；33采区布置1个综放工作面，无掘进工作面。

（2）通风系统。矿井通风方式为中央并列抽出式，副井进风，主井回风。主要通风机房安装2台型号为FBCDZ-No30的轴流式通风机，一台运转，一台备用，双回路供电。采煤工作面采用全风压通风，掘进工作面采用局部通风机压入式通风，主要机电硐室和爆炸材料库均独立通风，矿井通风系统合理、稳定、可靠。

（3）提升运输系统。主井提升系统采用立井多绳摩擦式双箕斗提升。应用4根 $6\times25TS+FC-\phi28$ 型钢丝绳，箕斗型号JDG9/135×4，额定载煤量9 t。副井提升系统采用多绳摩擦式双罐笼提升。应用4根 $\phi35-6\times25TSBR+FC$ 型钢丝绳，提升容器为GDG1/6/2/4型一宽一窄1 t双层四矿车罐笼，担负矿井人员、矸石、材料等提升运输任务。

（4）排水系统。事故发生前，矿井正常涌水量93 m^3/h，最大涌水量163 m^3/h。矿井在 -505 m 水平、-850 m 水平、-1030 m 水平设排水系统，采用三级接力排水方式。-505 m 水平泵房安装MD500-57×11型耐磨矿用排水泵3台，$\phi325\times12$ mm 无缝钢管排水管路2趟，内外环水仓总有效容量2900 m^3。-850 m 水平泵房安装MD500-57×7型耐磨矿用排水泵3台，$\phi325\times12$ mm 无缝钢管排水管路2趟，内外环水仓总有效容量3300 m^3。-1030m 水平泵房安装MD500-57×5型耐磨矿用排水泵3台，$\phi325\times12$ mm 无缝钢管排水管路2趟，内外环水仓总有效容量4150 m^3。各水平泵房内的水泵一台工作，一台备用，一台检修。

（5）供电系统。地面工业广场建有35 kV变电所一座，备有3路35 kV主供电线路，其中两路引自红庙变电站，一路引自矿自备电厂。变电所配备35 kV电源开关、6 kV配电开关柜、6 kV/0.4 kV变压器室和0.4 kV低压配电室；35 kV、

6 kV 和 0.4 kV 供电系统均采用单母线分段接线方式供电。

5. 矿井监测监控和避险系统

（1）水文监测系统。矿井安装使用青岛某自动化设备有限公司联合山东科技大学共同研发的 KJ1137 煤矿水文监测系统，实现了水位、水压、涌水量等数据的在线监测。该系统安装 3 个含水层监测分站，用于观测第四系、奥灰，$10_{下}$ 灰三个含水层的水文数据；安装 3 个涌水量监测分站，用于观测 -505 m、-850 m、-1030 m 水平涌水量。

（2）安全监控系统。矿井安装使用江苏某科技有限公司生产的 KJ70X 煤矿综合监控系统，两台计算机，一台使用，一台备用；井下使用 KJJ63 环网机上传监控数据；安装 KJ770-F5 型分站 23 台，其中地面 7 台，井下 16 台；安装传感器 201 台，断电器 19 台。

（3）防冲监测系统。矿井安装有“SOS”微震连续监测系统，对全矿井的岩层能量及震动进行监测。局部监测采用 KJ550 冲击地压在线监测系统，结合钻屑法进行监测。

（4）人员位置监测系统。矿井装备 KJ251A 型井下人员位置监测系统，实现煤矿下井人员的考勤管理和定位查询。在副井井口、副井井底车场、井下主要变电所、主要泵房、带式输送机转载点、巷道拐弯处、采掘工作面等位置安装 19 台读卡分站，读卡器 53 台，考勤卡在用 1762 张、备用 300 张，实现对井下人员的实时在线定位和考勤。

（5）通信联络系统。调度室机房内配备 1 套 DM-8 型多媒体调度机，容量为 384 门。井下安装 KTH15 型本安型电话机，完成井上下的通信联络与调度指挥。井下无线通信系统采用 KT28B 型无线通信系统。地面安装 2 台大功率室外基站，井下共安装基站 27 台。井下装备 KXT23 型矿用 IP 网络广播系统。

（6）压风自救系统。地面 1 台离心式空压机为主用风机，3 台螺杆式空压机为备用。沿副井井筒敷设 ϕ219 mm 无缝钢管向井下供风。井下主运输巷道风管管径为 159 mm，采掘巷道风管管径为 108 mm，满足各地点风量需求，压风自救管路按规定覆盖所有采区避灾路线。

（7）供水施救系统。矿井采用静压供水，井上供水泵房恒压自来水经副井井筒管路，为 -505 m 水平和 -505 m 南翼缓冲水池供水，再经缓冲水池为 -850 m 水平和 -1030 m 水平进行供水。井下主运输巷道及采区供水管路管径均为 108 mm，供水施救管路覆盖所有采区避灾路线。

（8）紧急避险系统。矿井在 -1030 m 南翼轨道巷设置永久避难硐室，设计容量为 100 人，服务于 31 采区各采掘工作面。在 -850 m 水平、-1030 m 水平建有自救器补给站；在井下作业地点及避灾路线上设置了火灾、瓦斯爆炸、煤尘爆炸、水灾、冲击地压事故避灾路线指示牌；巷道交叉口均设置避灾路线标识；下井人员配备 ZH30 型隔绝式化学氧自救器。

6. 安全管理、培训及劳动组织

古城煤矿配备了矿长，生产、安全、机电副矿长，总工程师等 7 名矿级领导，配备生产、通防、防治水、机电、防冲等专业副总工程师；设置了安全监察处、调度信息指挥中心、生产技术科、机电运输科、地测科、通防科、防冲办等安全生产管理机构，设有 5 个生产区（队）和 6 个辅助生产单位。矿井依法对全矿从业人员进行安全生产教育和培训，安全管理人员及特种作业人员均取得了安全生产知识和管理能力考核合格证明及特种作业操作证，证件均在有效期内。

2020 年，矿井计划全员培训 2226 人次，至 7 月 12 日，实际培训 1084 人次。矿井按照《古城煤矿领导带班下井管理制度》的规定，24 小时均有领导干部下井带班。

矿井从业人员 2050 人，用工形式为合同制和劳务聘用制。矿井劳动组织为“三八”制。

矿井成立了防治水领导小组，矿长是防治水工作的第一责任人，总工程师负责防治水的技术管理工作，其他矿领导按照职责范围明确分工，地质测量科具体负责矿井防治水的技术管理工作。地质测量科设有科长 1 人，副科长 4 人，配备专业防治水技术人员 3 人，专职探放水人员 7 人。矿井配置 ZDY－2000S 煤矿用全液压坑道钻机 1 台，ZLJ－537 矿用坑道钻机 1 台，2ZBQ－10－12 气动注浆泵 2 台。

2020 年 3 月修编了《古城煤矿防治水管理制度》，内容包括水害防治岗位责任制、水害防治技术管理制度、水情水害预测预报制度、水害隐患排查治理制度、探放水管理制度、重大水害隐患应急处置制度、重大水患停产撤人制度、物探工程验证制度、地质灾害防治管理制度、隐蔽致灾地质因素普查制度等管理制度。

7. 隐患排查治理

2020 年 1 月 3 日，古城煤矿印发了《古城煤矿双重预防机制工作制度》，对生产系统、各岗位进行风险辨识和隐患排查，对管控措施落实、管控效果进行评价；对隐患治理完成情况跟踪督办。

8. 应急救援

矿井按规定编制了《生产安全事故应急预案》，并于 2020 年 1 月 1 日行文下发了《关于印发古城煤矿 2020 年度生产安全事故应急预案演练计划的通知》。

古城煤矿与临矿集团矿山救护大队签订了救援技术服务协议，临矿集团矿山救护大队距离古城煤矿约 3.5 km。

2020 年上半年，矿井共组织开展了 3 次应急演练。其中 4 月 27 日组织开展了矿井水害事故专项应急演练，5 月 22 日开展了矿井灾害性天气专项应急演练。

9. 安全费用的提取使用

2020 年，古城煤矿按 30 元/t 的标准提取安全费用。1—7 月产煤 746200 t，应提取安全费用 2238.6 万元，实际提取 2238.6 万元，实际使用 1338.08 万元，提取标准和使用项目符合相关规定。

（四）古城煤矿水文地质及相关工作情况

1. 井田地质

古城煤矿位于兖州向斜东北部，总体呈一宽缓的向斜构造，地层倾向东南，局部存在短轴褶曲，幅度较小。宽缓褶皱发育，且倾角平缓。井田构造类型为复杂型。古城井田发育地层由老到新为奥陶纪马家沟群、石炭纪本溪组、石炭－二叠纪太原组、二叠纪山西组、二叠纪石盒子群、白垩－侏罗纪三台组、古近系、第四系。

2019 年 5 月，委托山东省煤田地质局第二勘探队编制了《地质类型划分报告》，综合评定矿井地质类型为复杂型。

2. 矿井可采煤层及资源状况

矿井含煤地层为二叠系下统山西组和太原组，山西组含煤 4 层，为 $2_{上}$、2、$3_{上}$、3 煤层，其中可采或局部可采煤层 2 层，为 $2_{上}$ 和 3 煤层。太原组含煤 21 层，为 5、$6_{上}$、6、$8_{上}$、$8_{下}$、9、$10_{上}$、$10_{下}$、11、$12_{上}$、12、13、14、$15_{上}$、15、$16_{上}$、$16_{下}$、17、$18_{上}$、18、$18_{下}$，其中可采或局部可采煤层 5 层，为 6、$10_{下}$、$15_{上}$、$16_{上}$ 和 17 煤层。3 煤层位于山西组的中下部，厚度大，平均煤厚 8.5 m，煤层结构简单，为全区主采煤层。截至 2020 年 6 月底，矿井剩余资源储量 170 Mt，剩余可采储量 13.746 Mt。

3. 矿井水文地质情况

古城井田位于兖州煤田的北端，该水文地质单元的边界北起长沟断层，南至凫山断层，东至峄山断层，西到嘉祥断层，单元面积约 2500 km^2。区域构造对岩溶水起着明显的控制作用，控制了含水构造的形成和水文地质单元的划分。兖州煤田位于该单元的东西两翼，中北部和南部奥灰隐伏区分别为兖西水源地和邹西水源地。区内地势平坦，地表水系发育，主要有泗河及其支流沂河自北向南流入南阳湖。南部凫山有寒武系及奥陶系灰岩零星出露，北部滋阳山有奥陶系灰岩零星出露，其他区域均被第四系覆盖。

井田内主要含水层自上而下依次是第四系沙砾层孔隙含水层、侏罗系砂岩含水层、3层煤顶底板砂岩裂隙含水层、太原组第3层石灰岩岩溶裂隙含水层、太原组第$10_下$层石灰岩岩溶裂隙含水层、太原组第14层石灰岩岩溶裂隙含水层、奥陶系石灰岩岩溶裂隙含水层。

1）第四系沙砾层孔隙含水层组

第四系主要由黏土、砂质黏土、黏土质砂及沙砾层组成，属冲积、湖积相沉积。厚度157.50～218.60 m，平均170.92 m，其厚度变化从东北向西南逐渐变薄。主要含水层为沙砾层，上部为黄褐色，结构松散，透水性好；下部为灰绿色，结构紧密，透水性较差。第四系底部与基岩接触处大部为一层厚度不等黏土层，对第四系向基岩渗透起一定的阻水作用。根据第四系的岩性变化及含水性差异，分为上、中、下三组，分述如下：

（1）上组。由灰黄色、黄褐色、砂质黏土及砂层组成，厚度41.90～75.65 m，平均厚度49.03 m。含松散细～中粒砂层1～4层，其中层位稳定者1～2层，砂层占本组厚度的23.67%。本组透水性好，富水性强。

（2）中组。由黄褐色夹灰绿色花斑的砂质黏土、黏土及砂层组成，厚度40.42～98.01 m，平均厚度59.25 m，含松散中～粗粒砂层2～8层，其中层位稳定者2层，砂层占本组厚度的56.7%，本组砂层厚度大，粒度粗，富水性强。

（3）下组。厚度24.55～84.33 m，平均68.62 m，该组上部以黏土为主，偶夹1～2层薄层砂层，构成隔水段，与区域中组相当。该组下部以灰绿色，黄褐色的黏土，砂质黏土及砂层为主，砂层占本段厚度的37.5%，夹有中～粗粒砂层2～10层，稳定者2～3层。本组地层内大多呈半固结状态，7－6号孔抽水试验，钻孔单位涌水量0.204～0.220 L/s·m，属富水性中等含水层组，富水性较上组、中组弱。

根据古城煤矿水文长观孔的观测资料，第四系砂岩含水层水位标高为+37.72 m。

2）侏罗系砂岩含水层

本矿井侏罗系地层厚度大，但未在全区发育，仅有75个钻孔揭露，主要分布在矿井东部深部，厚0～607 m，平均272.07 m，分为上下两段，主要由中、细砂岩夹粉砂岩组成，属裂隙承压含水层。未发现漏水，充水空间不发育。根据8－1号孔抽水试验资料，单位涌水量0.0943～0.1000 L/s·m，水化学类型为HCO_3—K+Na·Ca型，矿化度0.247 g/L，富水性弱～中等。

3）山西组3煤层顶底板砂岩裂隙含水层

3煤层顶板砂岩含水层由中细～粗粒砂岩组成，厚度0.92～39.69 m，平均

17.77 m，底板砂岩厚约 10 m，属于上组煤直接充水含水层。砂岩裂隙不发育，其富水性较弱。

4）太原组第三层石灰岩岩溶裂隙含水层

三灰厚 4.36 ~ 5.68 m，平均 4.85 m，上距 6 层煤 5.36 ~ 20.33 m，平均 12 m；上距 3 层煤 39.80 ~ 65.65 m，平均 52 m，是开采上组煤的直接充水含水层。其层位稳定，全区发育，局部具裂隙，岩溶不发育，充水空间不发育。富水性弱。现场施工过程中揭露三灰含水层主要以静储量为主，补给来源有限，易于疏干。

5）太原组第十下层石灰岩岩溶裂隙含水层

太原组第十下石灰岩，厚度 2.21 ~ 11.36 m，平均 5.71 m，为 16 层煤的直接顶板，位于 17 层煤的冒落裂隙带内，是下组煤直接充水含水层。充水空间不发育，富水性弱。

6）太原组第十四层石灰岩岩溶裂隙含水层

十四灰岩厚度 0.43 ~ 13.10 m，平均 4.95 m，岩性较纯，因埋藏较深，岩溶不发育，全区漏水孔 2 个，充水空间不发育，富水性弱。

7）奥陶系石灰岩岩溶裂隙含水层

奥陶系石灰岩是煤系的基底，矿井及边界附近有 27 个钻孔揭露奥灰，其中有 3 个孔漏水，全部集中在矿井西北部，漏水孔率 11.1%。奥灰富水性主要取决于裂隙岩溶发育程度，富水性在水平、垂直方向上表现出极不均一性。矿井内在假整合面 15 m 以下富水性强，平面分布上主要富水区段为矿井西部和北部奥灰埋藏较浅地段以及东部构造复杂区。

3315 综放工作面煤层底板距离奥灰顶界面 220 m，奥灰突水系数最大为 0.056 MPa/m，正常情况下开采不受奥灰水威胁。矿井采用常规突水系数评价煤层底板突水安全性，已安全开采 15 个工作面。

4. 矿井前期物探工作开展情况

2001 年 4 月 27 日委托中国煤炭地质总局物测队，对矿井 21 采区进行三维地震勘探，完成地震线束 9 条，物理点 1518 个，控制面积 3.42 km^2。

2002 年 12 月委托中国煤田地质总局物探测量队对矿井 22 采区 3 煤层底板等高线 -1000 m 水平以浅大部区块进行三维地震勘探，完成三维地震线束 14 束，线束总长度 36.50 km，施工物理点 2628 个，控制面积 7.4921 km^2。此次物探范围涵盖 33 采区 3315 综放工作面，未发现陷落柱。

2005 年 2 月委托河北省煤田地质局物测地质队，对矿井 3 煤层底板等高线 -1000 m 水平以深区块进行三维地震勘探，完成地震线束 20 束，物理点 2422 个，控制面积 3.7 km^2。

2010 年 9 月委托江苏煤炭地质物测队，对矿井扩大区进行三维地震勘探，完成地震线束 21 束，物理点 1533 个，控制面积 3.07 km^2。

2016 年 11 月委托山东省煤田地质局物探测量队，对 31 采区进行了地面三维地震勘探，完成地震测线 6 束，物理点 843 个，控制面积 1.6 km^2。

截至 2019 年 12 月 31 日，井田内共施工钻孔 96 个，工程量 81616.52 m；完成二维地震测线 112 条，物理点 9968 个；完成三维地震控制面积 16.702 km^2，测线 70 束，物理点 8944 个。

5. 33 采区水文地质工作开展情况

2012 年 3 月 22 日，临矿集团以临矿生便〔2012〕33 号文批复了 33 采区设计。该采区位于井田中部，北以 F_{19} 断层、F_{19-5} 断层，与 34 采区相邻；西至井田边界，与单家村煤矿相邻；南至 F_{18} 断层，与 22 采区相邻；东至设计中的 -1030 m 北翼皮带巷，与 32 采区相邻。

33 采区主采煤层为 3 煤层，开采 3 煤层的直接充水含水层为 3 煤层顶板砂岩裂隙含水层。根据 22 采区揭露资料分析，3 煤层顶底板砂岩含水性弱，大多数出水点在 7～10 d 即可疏干。3 煤层与三灰间距 40～58 m，根据矿井 -505 m 炸药库揭露三灰资料分析，三灰最大涌水量为 50 m^3/h。为预防开采导致三灰出水，根据设计对落差 30～50 m 的断层按矿井初步设计规定留设 30～50 m 防隔水煤（岩）柱，并做好异常构造的探测分析。奥灰埋藏深度较大，距离 3 煤层底板 220 m 左右。

根据《矿井初步设计》和《33 采区开采初步设计》，古城煤矿对落差大于 50 m 的断层按“初步设计”规定留设 50 m 防水煤（岩）柱。2019 年 10 月 8 日临矿集团公司以临矿生字〔2019〕211 号批复了《山东东山古城煤矿有限公司矿井防隔水煤（岩）柱留设设计方案》（2019 年 2 月编制）。根据此设计方案，在 3315 综放工作面回采影响波及范围内的 F_{19} 断层上盘留设 65 m 煤柱，下盘留设 20 m 煤柱；F_{19-5} 断层上盘留设 105 m 煤柱，下盘留设 20 m 煤柱。

33 采区共布置 5 个采煤工作面，分别为 3310、3311、3312、3313、3315 采煤工作面。其中 3310、3311、3312、3313 工作面已于 2012 年 10 月至 2019 年 3 月陆续安全回采完毕，在工作面巷道掘进及回采期间均未发生突水。

6. 3315 综放工作面情况

3315 综放工作面位于 33 采区东北方向，其东北、东南方向为未开拓区域，西南方向为 -1030 m 水平北大巷，北西方向为 3313 综放工作面采空区。

3315 综放工作面进风巷长度 204 m，回风巷长度 290 m，开切眼净宽 110 m（安装 76 组综放支架），可采储量 0.222 Mt。工作面回风巷靠近 F_{19} 断层及其分支

断层 F_{19-2}、F_{19-3}、F_{19-4}、F_{19-5}，三维地震勘探资料显示，F_{19-2}断层落差 0 ~ 20 m，F_{19-3}断层落差 5 ~ 25 m，F_{19-4}断层落差 18 m，F_{19-5}工作面于 2020 年 5 月 25 日开始推采。7 月 12 日进风巷侧推采 113 m，回风巷侧推采 75 m，接近初次“见方”位置时工作面周期来压，50 ~ 57 号支架安全阀突然开启。

2019 年 9 月，古城煤矿根据《煤矿安全规程》《煤矿防治水细则》有关规定，在 3315 综放工作面掘进期间，委托福州华虹智能科技股份有限公司采用瞬变电磁法、直流电法、槽波反射法、并行电法、MSP 超前探坑透等物探手段，对工作面回风巷外侧 100 m 范围富水性和 250 m 内地质构造发育情况进行了探查，并对异常区进行了钻探验证。工作面回采前对工作面设计开采范围顶、底板和煤层富水及地质构造发育情况进行了探查。主要工作及成果如下：

（1）3315 综放工作面巷道掘进施工期间勘探情况：

① 瞬变电磁探查。3315 运输巷工作面开采范围以外（右侧帮）走向长 240 m，深度 100 m 范围内整体视电阻率值较高，未发现明显低阻异常区，探测范围内富水性较弱。

② MSP 超前探查。3315 运输（回风）巷迎头 MSP 探测前方存在两处构造异常区域，分别命名为 1 号异常区及 2 号异常区。1 号异常区位于 3315 运输巷迎头前方 19 ~ 38 m 位置附近；2 号异常区位于 3315 运输巷迎头前方 63 ~ 68 m 位置附近，根据地质资料推测这两处异常为断层影响可能性较大。

③ 直流电法探查。3315 运输（回风）巷迎头直流电法探测前方 100 m 范围内整体视电阻率值较高，富水性弱；在迎头前方 100 m 范围存在两处相对低阻区域，分别为 YC1 及 YC2。YC1 位于 3315 运输（回风）巷迎头前方 15 ~ 27 m 位置附近；YC2 位于 3315 运输（回风）巷迎头前方 60 ~ 72 m 位置附近，根据地质资料推测，这两处相对低阻区域为岩性变化的可能性较大。综合 MSP 超前探测结果分析，YC1 与 YC2 为断层影响可能性较大。

④ 槽波反射探查。3315 运输（回风）巷工作面开采范围以外（右侧帮）走向长 240 m，深度 250 m 范围内存在 4 处构造异常区域分别命名为 CY1、CY2、CY3、CY4。

⑤ 并行电法探查。3315 运输（回风）巷工作面开采范围以外（右侧帮）走向长 240 m，深度 100 m 范围内整体视电阻率值较高，未发现明显低阻异常区，探测范围内富水性较弱。

上述物探成果中，MSP 超前探查出的掘进工作面迎头前方 1 号异常区、2 号异常区分别与直流电法探查出的 YC1、YC2 异常区基本重叠；槽波反射探查出的 CY1 异常区与直流电法探查出的 YC1 异常区重叠。槽波反射探查出的 CY2、

CY3、CY4 三处构造异常区均不在工作面设计开采围内。

2019 年 9 月 30 日至 10 月 12 日，古城煤矿施工 3 个构造探查钻孔对 CY1（1 号异常区、YC1）及 YC2（2 号异常区）进行探查，探查结果与物探成果相符，均为不含（导）水正断层。巷道施工过程中未揭露其他异常区。

（2）3315 综放工作面回采前物探工作：

古城煤矿委托临沂兴宇工程设计有限责任公司完成相关物探工作。

① 瞬变电磁探查。工作面形成后，按设计对工作面顶板 30°方向、顺层 0°方向、底板 -30°方向进行了探测，底板探查垂深 60 m。瞬变电磁探查结论：无相对富水异常区。

② 井下无线电波坑透探查。圈定较为集中的衰减异常区 1 处，该异常区位于 3315 回风巷 501 ~ 504 号测点段，深入工作面约 29 m。结合附近地质资料，推断该处衰减异常由 3DF63 断层向工作面方向延伸造成。根据掘进期间现场断层实际揭露情况综合分析，一号构造异常区为落差 4 m 的不含（导）水正断层。

二、事故发生经过及抢险救援、报告情况

（一）事故发生经过

2020 年 7 月 12 日 2 时 29 分，3315 综放工作面跟班副区长汇报调度室，工作面周期来压，50 ~ 57 号支架立柱安全阀突然开启。3315 综放工作面人员全部撤离到防冲限员管理站。

5 时 3 分，调度员通过监控发现进风巷第 3 部溜头处有积水，电话指挥现场人员确认水情。跟班副区长等 2 人重返工作面，检查发现工作面距回风巷约 35 m（50 ~ 57 号支架）处后方采空区出水，水质发白。跟班副区长将水情汇报调度室后，带领本区队当班全部人员立即撤出升井。

调度员按照应急预案的程序，安排地测科长下井观测水情。地测科长于 6 时到达 3315 综放工作面，因联络巷已被涌水冲下的积煤堵塞无法进入，选在 -1030 m 北大巷排水沟观测涌水量并将观测数据汇报调度室。7 时测得涌水量为 50 m^3/h。11 时 19 分测得涌水量为 135 m^3/h，并持续增大。15 时测得涌水量为 200 m^3/h。15 时 50 分，涌水量急剧增加，使用流速法测得涌水量约 1200 m^3/h。调度员接到汇报后，安排 -1030 m 水平泵房 3 台水泵全部开启并通过远程控制系统观测水泵运行状况。同时通知井下留 174 人进行管路敷设、水泵安装等应急抢险工作，其余人员全部升井。21 时 34 分，水仓水位达到 4.00 m 警戒水位，地面智控中心远程停止 -1030 m 水平水泵运转，人员撤至 -850 m、-505 m 水平进行抢险施工。21 时 41 分，-1030 m 水平停止供电。23 时 30 分，井下留 9 人

观测水情、安装观测装置，其余人员撤离升井。7月13日零时27分，井下所有人员全部撤离升井，矿井 −1030 m 水平被淹。

（二）事故应急抢险救援及处置情况

事故发生后，古城煤矿立即启动应急预案。临矿集团成立应急救援指挥部，指挥部下设抢险救灾、技术专家、安全监督等9个应急救援专业组，统筹协调指挥抢险。

在紧急部署3台强排水泵和2000 m管路、安装强排系统的同时，积极联系中煤科工集团西安研究院、山东科技大学、河北冀中能源集团、原兖矿集团、原山东能源集团等业内专家，分析突水原因，制定抢险方案。

经专家论证，在制定可靠的安全技术措施前提下，改造 −850 m、−505 m 水平排水系统。−505 m 水平中央泵房新增7台水泵，排水能力由1200 m^3/h 提至6400 m^3/h；−850 m 水平泵房新增6台水泵，排水能力由1200 m^3/h 提至5200 m^3/h。根据实施方案，指挥部指挥井下留174人进行抢险救灾工作；就近调度水泵、管路等救援设备。因水量急剧增加等原因，于7月13日零时27分，指挥井下所有人员全部撤离。

7月13日，古城煤矿委托中煤科工集团西安研究院进行地面注浆堵水施工。地面堵水工程共施工D1、D2两个孔组，累计钻探进尺4304 m。8月8日开始注浆，9月12日突水通道截流成功。

9月25日，矿井开始井下追排水。

10月15日，临矿集团组织有关专家对古城煤矿"7·12"突水事故地面注浆堵水探查治理工程进行效果评价。通过对钻孔漏失量和注浆量变化、奥灰水位观测数据、井下试排水情况、示踪试验等多方面的分析，突水通道已被封堵，突水灾害探查治理效果良好。

11月25日，排水至 −1030 m 水平，排水量 $1.1\times10^6\ m^3$。

（三）事故报告情况

2020年7月12日15时52分，确定突水量超过300 m^3/h。7月12日16时7分，古城煤矿将突水情况报告山东煤矿安全监察局鲁东监察分局、济宁市能源局等部门。

三、突水通道和突水量估算

（一）突水水源

突水后，根据古城煤矿、单家村煤矿奥灰水文观测孔水位急剧下降，注浆后各观测孔水位回升并超过出水前水位综合分析，认定本次突水水源为奥灰水。

（二）突水通道

3315综放工作面突水灾害探查治理工程通过对钻时录井、岩屑录井、漏失层段、注浆（骨料）量以及水位动态等资料综合分析，判断3315综放工作面开切眼外侧底板80m以深存在隐伏陷落柱，陷落柱冠部纵轴长度约15 m。综合分析认为3315工作面突水通道为“隐伏陷落柱+断裂带+采动破坏裂隙带”的复杂联合通道。

（三）突水量估算

根据矿井淹没水位变化情况及追排水数据分析，测算3315综放工作面稳定突水量为1505 m^3/h。

四、事故现场勘查

由于堵水注浆所注水泥浆已将出水点附近巷道堵实，无法到达出水点现场，不具备实地勘查条件。

五、事故原因及性质

（一）直接原因

3315综放工作面推采至初次见方位置，周期来压大，奥灰高承压水通过隐伏陷落柱突破煤层底板隐伏构造薄弱带从底板突出。

（二）间接原因

（1）地面三维地震勘探由于受地震面元属性、地层物性、时空条件等复杂因素影响，未发现3315综放工作面及周边存在隐伏陷落柱。

（2）造成本次突水的隐伏陷落柱位于3315综放工作面开切眼外侧3煤层底板下80 m以深。工作面巷道掘进期间和回采前采用的6种井下物探方法难以查明该隐伏陷落柱。

（3）根据相关技术规定，应查明矿井内直径大于30 m的陷落柱。通过对3315综放工作面突水灾害探查治理工程钻时录井、岩屑录井、漏失层段等资料综合分析，造成本次突水的隐伏陷落柱冠部直径仅15 m。

（三）事故性质

经调查分析认定，这是由于现有技术和规定存在“盲区”，难以发现的小型陷落柱导通煤层底板裂隙而发生的一起生产安全责任事故。

六、对事故责任单位的处理建议

诱发此次事故的隐伏陷落柱直径较小。事故发生前，古城煤矿采用符合相关规定的多种地质隐伏构造探查技术，因受技术装备、时空条件等影响，难以查明引发本次突水的小型隐伏陷落柱，突水具有不可预见性；事故发生后，古城煤矿坚持把人的生命安全放在第一位，认真制定周密抢险救援方案、积极推进抢险救援措施落实，现场抢险救援及时、处置正确，保证了井下所有作业人员的安全，未造成人员伤亡。

事故调查组就事故原因、直接经济损失、人员伤亡、事故性质等情况向济宁市纪委监委提供了相关调查资料、并进行了沟通说明。鉴于本次事故未造成人员伤亡，人为因素较小，济宁市纪委监委表示不再追究相关人员责任。此次事故虽未造成人员伤亡，但直接经济损失已达到了较大事故的标准，依据《中华人民共和国安全生产法》第一百零九条，给予古城煤矿 100 万元人民币的行政罚款。责成古城煤矿向临矿集团做出书面检查。

七、防范措施

（1）牢固树立和落实安全发展理念，坚守安全生产红线。坚决贯彻落实习近平总书记关于安全生产的重要指示精神，牢固树立生命至上、安全第一的安全发展理念，深刻吸取事故教训，克服麻痹思想、侥幸心理，摆正安全与发展、安全与生产、安全与效益的关系，始终把矿工的生命安全放在第一位，时刻绷紧安全生产这根弦，坚决守住“发展决不能以牺牲安全为代价”这条红线。

（2）深刻吸取事故教训，切实提高奥灰水害防治意识。加强对深部奥灰水害的认知，强化防治水技术管理，严格执行“探、防、堵、疏、排、截、监”综合防治措施和“三专两探一撤”措施。逐步实现水害防治工作“五个转变”，构建“七位一体”水害防治工作体系。

（3）加强隐蔽致灾地质因素探查，强化奥灰水害风险辨识。查明隐蔽致灾地质因素，进一步探查隐伏陷落柱、大中型断层附近的次生断层等的发育情况，对存在奥灰水害重大风险区域进行综合分析研判，制定针对性防治方案和措施并落实到位。

（4）坚持问题导向，提高勘探精度。要充分利用科技进步的力量，开展高密度三维地震勘探。对拟采区域已有的三维地震勘探资料要进行精细化再解释。要依托院校开展大采深、高矿压、高水压多因素耦合条件下奥灰突水机理及防治技术的研究，确保安全开采。

（5）加强防治水技术工作，提升防治水装备水平。复产前重新划分矿井水文地质类型，制定针对性的防治水技术路线。安设由地面直接供电控制的潜水泵排水系统，完善井上下水文动态监测预警系统，提高矿井抵御水害威胁的能力。

(6) 强化集团公司业务指导及监督管理。临矿集团公司应进一步健全完善防治水制度，贯彻“预测预报、有疑必探、先探后掘、先治后采”的防治水原则，认真组织排查集团公司所属煤矿水害隐患及重大风险，确保煤矿各项防治水措施落实到位。

(7) 加强防治水安全教育培训，提高灾害防范水平。按新划分的矿井水文地质类型配足防治水专业技术人员，开展多种形式的防治水业务培训，提高防治水工作技能和有效处置水灾的应急能力。加强井下职工防治水知识教育和培训，定期开展水害应急预案演练，提升防灾避险能力。

第四节 甘肃省华亭市东华镇殿沟煤矿“8·16”一般水害（溃浆）事故

2020年8月16日12时10分，华亭市东华镇殿沟煤矿井下1392水平采煤工作面发生一起水害（溃浆）事故，造成1人死亡，直接经济损失368.1万元。

接到事故报告后，甘肃煤矿安全监察局党组成员、副局长带领相关处室负责人，连夜赶赴事故现场，指导事故抢险救援工作；陇东分局主要负责人及相关科室人员立即赶赴事故现场协助事故抢险救援；华亭市委、市政府立即启动应急预案，带领市应急管理局、公安局等相关单位和人员第一时间赶赴殿沟煤矿，2020年8月16日成立了应急救援指挥部，制定了救援方案和安全技术措施，经过8天全力救援，被困人员于8月23日6时03分被救援升井，已无生命体征，救援工作结束。

依据《中华人民共和国安全生产法》《煤矿安全监察条例》《生产安全事故报告和调查处理条例》等有关法律法规，2020年8月23日，由甘肃煤矿安全监察局陇东监察分局牵头，会同平凉市应急管理局，华亭市人民政府、应急管理局、公安局、纪委监委、检察院、总工会依法成立了华亭市东华镇殿沟煤矿“8·16”事故调查组（以下简称“事故调查组”），对事故展开调查。

事故调查组按照“科学严谨、依法依规、实事求是、注重实效”和“四不放过”的原则，通过现场勘查、调查取证、调阅资料，查清了事故发生的经过、原因、人员伤亡情况和直接经济损失，认定了事故性质和责任，提出了对有关责任人员和责任单位的处理建议，并针对事故原因及暴露出的突出问题提出了事故防范措施。

一、事故单位基本情况

（一）矿井概况

华亭市东华镇殿沟煤矿位于华亭市东华镇前岭村，始建于 1982 年，2006 年进行了走向长壁 Π 型长钢梁单体液压支柱放顶煤方法改造；2007 年 7 月对矿井提升运输系统进行了改造；2010 年 11 月淘汰了长钢梁支护方法，完成了走向长壁悬移液压支架炮采放顶煤方法改造，现矿井核定生产能力 0.15 Mt/a。

矿井井田位于华亭煤田向斜东翼之南段，区内呈一个简单的单斜构造，煤层走向大致为北北西 5°～15°，倾向南西南，南部倾角 43°～45°，深部达 47°～48°。区内没有明显的次级褶皱和断裂构造。井田内主采煤层为煤 5 层，总体为复杂结构煤层，厚度变化在 33.86～68.72 m，平均煤厚 51.51 m，一般含两层较稳定的夹矸，岩性上层多为泥岩、炭质泥岩。煤层顶板有 1 m 左右的炭质页岩伪顶，不稳定；底板为砂质泥岩胶结—粗砂岩。

矿井开拓方式为斜井开拓，布置有主井、副井两条斜井，采用水平分层炮采放顶煤开采。事故发生时矿井有一个 1392 水平采煤工作面，无掘进工作面。

煤层具有自然发火特征，发火期 3～6 个月，为 I 类容易自燃煤层；煤尘具有爆炸危险性。

矿井采用以黄泥灌浆为主，注氮、煤层超前注水相配合的综合防灭火措施。设有简易灌浆站一座，井下水排至地面高位水池（200 m^3）作为灌浆水源，经管道排至采土场，制浆后经灌浆管路（D100 × 4 mm）送至井下各灌浆点，能力约 15.4 m^3/h；矿井在地面安装 PSA 型号为 RDZ98－250 制氮机 1 台，氮气输送管路管径为 75 mm，从回风井井筒敷设至工作面两顺槽。

矿井水文地质类型为简单，正常涌水量 3 m^3/h，最大涌水量 10 m^3/h。矿井在 +1368 m 水平安装 2 台 D25－30 ×7 和 1 台 80MD－30 ×7 型离心式多级主排水泵，敷设 2 趟管径 80 mm 管路，+1368 m 水平水仓的储水经水泵直接排至地面，再次循环用作煤层超前注水和黄泥灌浆。

矿井通风方式为中央并列抽出式，主斜井进风，副斜井回风；供电电源有两回路 6 kV 高压供电线路供给；主斜井采用单钩串车提升，承担提升原煤、材料、设备、矸石的提升任务，副斜井主要用于行人和通风；矿井建设有安全避险“六大”系统，并正常运行。

（二）采煤工作面水文地质

（1）采煤工作面临近巷道水文情况。1392 水平采煤工作面为第六水平分层，上部为 1400 采煤工作面，回采期间对其采空区进行了灌浆防灭火，事故发生时已回采完毕；北部为矿井保安煤柱，向北与已关闭的庄浪县煤矿相邻；南部与矿井1号通风行人上山以南的采空区相邻，距南部保安煤柱72 m，保安煤柱以南为西华镇煤矿，下部无采掘活动。

（2）区域含水层情况。矿井范围内地表水系不发育，仅在矿井以南约2 km处有北汭河为常年性河流，其他一些河谷，在雨季有少量水流，枯季则无水。由于汭水河距井田较远，开采未发现联通地表的大型导水裂隙带及地表汇水区，监测发现雨季矿井最大涌水量相对变化不大，自2005年至今矿井最大涌水量为10 m^3/h，但矿井涌水量各时期（枯水期、平水期、丰水期）变幅不大，大气降水及地表水系对矿井生产影响不大。

矿井周边小窑到工作面距离远，在矿井近年生产过程中没有发现大的断裂构造，裂隙不发育且直接充水含水层埋深大，其上部又有多层隔水层覆盖，矿井直接充水含水层与地表水基本没有联系。煤5层顶底板直接充水含水量很小。

3. 煤层顶底板

煤层顶底板情况见表6－1。

表6－1 煤层顶底板情况

顶底板名称		岩石类别	硬度	厚度/m	岩性
顶板	基本顶	粉砂岩、白色砂岩及含砾砂岩	5.0~6.0	大于5	厚度不稳定，为中等坚固岩石
	直接顶	黑色泥岩、砂质泥岩	3.0~4.0	2.3~4.1	岩性松软且节理裂隙发育，机械强度较差，极易冒落，支护及管理较困难
	伪顶	砂质泥岩、泥岩及炭质泥岩		0.3~0.5	松软易垮落，机械强度及坚固性差，皆属不稳定顶板，且有易风化破碎、遇水变软膨胀的特性，常与煤层随采随冒
底板	直接底	砂质泥岩、泥岩、炭质泥岩及灰色泥质粉砂岩	3.0~4.0	8.3~15.5	砂岩底板抗压强度在13.14~33.69 MPa，普氏系数在1.3~3.4，机械强度及稳定性都较好；底板为泥岩，其膨胀力为0.2267 MPa，膨胀率为0.81%，普氏系数在0.6~5.6，平均为2.4，亦为不坚固岩石并具有遇水膨胀的性质，易使巷道底鼓变形

（三）“三证一照”

煤矿证照齐全，采矿许可证，证号 C6200002010121120096727，有效期至 2020 年 9 月 24 日；安全生产许可证，（甘）MK 安许证字〔2018〕X0100Y，有效期至 2020 年 9 月 24 日；主要负责人安全生产知识和管理能力考核合格证均在有效期内；工商营业执照，证号 916200002259806873，有效期为长期。

事故发生时，矿井“三证一照”齐全有效。

（四）事故区域

1. 事故地点

事故发生在 1392 水平采煤工作面第 4 号支架处。第 4 号和第 5 号支架前探梁折弯，4 号支架高 1.7 m，5 号支架高 1.7 m，均下沉 300 mm，5 号支架到 41 号支架全断面被淤积物掩埋。

2. 采煤工作面情况

1392 水平采煤工作面采用走向长壁水平分段炮采放顶煤采煤法，全部垮落法管理顶板，分层厚度 8 m，设计采高 2.2 m，放顶煤高度 5.8 m，采放比为 1∶2.6。工作面设计采用“两采一放”生产工艺，爆破 0.6 m，放煤步距 1.2 m。工作面长 60 m、宽 6 m、高 2.2 m，安装有 45 副 ZF2400/15/24 型放顶煤液压支架，3 副 ZFG2600/17/26 型放顶煤过渡支架，端头采用 DW25－250/100 型单体液压支柱配合十字顶梁和 HDJB－1000 型铰接顶梁沿走向双抬棚支护，工作面安装有 SGZ630/132 型前部和后部刮板输送机各 1 部，长度均为 60 m。

3. 两工作面巷道情况

两工作面巷道长度均为 240 m，梯形断面，采用锚网加 11 号矿用工字钢架棚支护，巷道净高 2.2 m、上净宽 1.8 m、下净宽 2.8 m，净断面面积 5.06 m^2。超前支护长 20 m，采用 DW25－250/100 型单体液压支柱配合 DJB500×500 十字顶梁和 HDJB－1000 型铰接顶梁沿走向双抬棚支护，运输巷安装有一部带式输送机和 DSB/40 型刮板输送机。

（五）事故发生前矿井状态

事故发生时矿井处于正常生产状态，当班带班矿领导为安全副矿长崔某平。

二、事故发生经过、救援过程、善后处理情况

（一）事故经过

2020 年 8 月 16 日早班 5 时 20 分，华亭市殿沟煤矿采煤二队队长张某祥在会议室组织召开了班前会，调度员赵某平、副队长（兼安检员）王某刚、李某林等 16 人参加。会上，张某祥对当班工作任务进行了部署，调度员赵某平对安全

注意事项进行了强调。5 时 40 分早班人员陆续入井，6 时到达工作面，副队长王某刚对每个人进行了具体分工，鲁某俊负责打眼；马某军、龙某军、梁某武、张某 4 人负责移架；李某林、李某军、马某瑞、杨某军、安某七、禹某军 6 人负责清煤；张某鹏负责开进风巷刮板输送机，张某平负责开工作面刮板输送机，杨某军负责开进风巷带式输送机。分工结束后每人分头作业，鲁某俊开始打眼，每 4 架为一组爆破开帮，其他人员挂网、清煤。11 时 40 分，第三段爆破开帮结束后，支架上方出现“轰轰”声响，第 4 号、第 5 号支架间煤壁上方有掉落的大块煤矸，队长张某祥、副队长王某刚、马某锐、李某林一起用木头配合单体液压支柱进行了加固，随后马某锐出去取金属网，李某林清理 4 号支架间浮煤。12 时 10 分，工作面发出很大声响，副队长王某刚喊道“快跑”，第 4 号、第 5 号支架顶梁下沉，支架前端煤壁处瞬间溃出大量泥浆，工作面作业人员沿两端迅速撤离，其中崔某平、张某祥、赵某平、王某刚等 8 人从进风巷撤离；张某、鲁某俊等 7 人从回风巷撤离，跑出工作面后，集体撤离至进风巷带式输送机头处，调度员赵某平清点了人员，发现李某林没有出来，随即使用带式输送机机头处电话向调度室汇报了事故情况。

汇报调度室后，带班矿领导崔某平、队长张某祥、副队长王某刚、调度员赵某平 4 人由进风巷返回工作面查看情况，发现泥浆已经全断面淤积到距离进风巷转载机头约 9 m 处（淤积长度为距煤壁 18 m）。之后，他们 4 人又从回风巷查看情况，发现泥浆已经淤积到工作面第 28 号支架处。13 时 10 分，机电副矿长胡某军等到达现场，查看了情况，安排当班工人全部升井。8 月 16 日 18 时 10 分至 18 时 22 分发生第二次溃浆，工作面淤埋至 35 副支架，进风巷淤埋 24 m，淤积量增加至约 698 m^3；8 月 17 日 6 时 31 分至 33 分发生第三次溃浆，工作面淤埋至 41 副支架，进风巷淤埋 30 m，淤积量增加至约 826.5 m^3。

（二）救援过程

事故发生后，华亭市人民政府组织相关单位于 8 月 17 日成立了事故救援指挥部，并制定了救援方案和安全技术措施。为确保救援人员安全，决定先从 1368 车场向 1392 水平采煤工作面溃浆区顶板打探水钻孔，当第二个设计钻孔到位后，基本探明具备清淤条件，救援人员从 1392 水平采煤工作面进风巷开始清淤，其余 5 个钻孔同时也在施工。经全力抢救，被困人员李某林于 8 月 23 日 4 时 35 分被找到，发现时头顶朝向采空区方向，脚底朝向工作面煤壁，侧身面朝运输巷，矿灯和安全帽在前排立柱顶部，8 月 23 日 6 时 3 分被护送升井，6 时 20 分经华亭市第二人民医院急救医生现场急救，确认已无生命体征。

（三）事故报告

事故发生后，2020 年 8 月 16 日 12 时 20 分华亭市东华镇殿沟煤矿向华亭市应急管理局进行了报告；2020 年 8 月 16 日 12 时 45 分，华亭市应急管理局向陇东监察分局电话汇报了事故。

（四）死者及其善后处理情况

事故发生后，华亭市东华镇殿沟积极进行事故善后处理和遇难者家属安抚工作，按照有关规定，落实了国家相关赔偿和抚恤政策，善后事宜得到妥善处理。

三、事故原因、类别和性质

（一）直接原因

1392 水平采煤工作面上部 5 个分层采空区冒落的煤、泥、碎石以及顶板，被灌浆脱水、煤层注水、老空渗水等长时间浸泡，发生软化离散，形成混合物；回采过程受爆破开帮震动影响，顶煤压裂，混合物从工作面第 4 号、第 5 号支架前探梁处呈泥石流状迅速溃出，导致事故发生。

（二）间接原因

（1）矿井防治水制度执行不严格。矿井采用灌浆防灭火措施，在灌浆区下部进行采掘前，未查明灌浆区内的浆水积存情况；编制的《防治水安全技术措施》脱离矿井实际，无法指导现场防治水工作，探放水工作未按设计执行。

（2）灌浆后疏水、脱水措施未落实。在 1392 水平采煤工作面回采期间，向上部 1400 采空区采取灌浆及煤层顶部注水方式进行防灭火工作，未明确灌浆时间、进度、灌浆浓度和灌浆量，灌浆量及脱水量记录不实；在未固结的灌浆区附近采煤时，未制定专项安全技术措施，未落实灌浆前疏水和灌浆后防止溃浆、透水措施。

（3）安全管理存在漏洞。顶板管理不严格，工作面放炮后部分支架未及时使用前探梁支护；回采前未能查清采空区泥浆积存情况；探放水记录、矿井涌水量观测台账、水害隐患排查记录等填写不规范，部分台账内容不实。

（4）职工安全风险辨识能力弱，安全教育培训工作不到位。职工对工作危险性认识不清，未对工作面上部异常声响和工作面压力增大的风险引起重视；规程、措施学习贯彻不到位，进行灌浆和煤层注水的作业人员，未学习相关措施；职工整体文化素质低，安全教育培训效果不佳。

（三）事故类别

通过调查取证、现场勘查、结合尸检报告结论，综合分析认定该起事故为水害（溃浆）事故。

（四）事故性质

通过调查取证、现场勘查、查阅资料，综合分析认定：该起事故是一起责任事故。

四、处理建议

（一）对事故有关责任人员的处理建议

（1）王某刚，殿沟煤矿采煤二队副队长。负责当班现场安全生产管理工作，隐患排查不认真，对工作面出现异响、压力增大的风险辨识不清，未及时组织撤出作业人员；安全技术措施督促落实不到位，对事故发生负主要责任。依据《安全生产违法行为行政处罚办法》第四十五条规定，建议给予5000元罚款。

（2）张某祥，殿沟煤矿采煤二队队长，事故当班跟班队长。负责当班安全生产工作，安全技术措施督促落实不到位，隐患排查不认真，对工作面出现异响、压力增大的风险辨识不清，未及时组织撤出作业人员，对事故发生负主要责任。依据《安全生产违法行为行政处罚办法》第四十五条规定，建议给予6000元罚款。

（3）苗某，中共党员，殿沟煤矿生产技术组地测防治水技术员。编制的《防止溃浆透水的安全措施》不具体，灌浆浓度、灌浆时间等没有具体规定；《矿井防治水安全技术措施》针对性不强，无灌浆区下部开采安全技术措施。对事故发生负有重要责任，依据《安全生产违法行为行政处罚办法》第四十五条规定，建议给予5000元罚款。

（4）王某峰，中共党员，殿沟煤矿地测防治水副总工程师。事故隐患排查治理不到位，对灌浆区下部开采的安全风险认识不足，安全技术措施督促落实不到位。对事故发生负重要责任，依据《安全生产违法行为行政处罚办法》第四十五条规定，建议给予6000元罚款。

（5）崔某平，中共党员，殿沟煤矿安全副矿长、事故当班带班矿领导。隐患排查不认真，对工作面压力增大、出现异响的风险辨识不清，未及时组织撤出作业人员；安全技术措施督促落实不到位，对事故发生负有重要责任。依据《安全生产违法行为行政处罚办法》第四十五条规定，建议给予8000元罚款。

（6）靳某青，中共党员，殿沟煤矿总工程师。矿井《防止溃浆透水的安全措施》《矿井防治水安全技术措施》审核把关不严，督促落实不到位，1392水平采煤工作面回采前未查清老空积水情况，对事故发生负有重要责任。依据《安全生产违法行为行政处罚办法》第四十五条规定，建议给予8000元的罚款。

（7）唐某平，中共党员，殿沟煤矿常务副矿长（1392水平采煤工作面回采前担任总工程师）。矿井黄泥灌浆疏水、脱水措施制定不规范，督促落实不到位，作业规程审核把关不严，对事故发生负重要责任。依据《安全生产违法行为行政处罚办法》第四十五条规定，建议给予 8000 元罚款。

（8）唐某龙，中共党员，殿沟煤矿党支部书记、矿长。矿井安全生产第一责任人，负责全矿安全生产工作，矿井防灭火、防治水重大灾害防治工作落实不到位，在未查明井田范围内采空区积水的情况下组织生产，未及时消除事故隐患，对事故的发生负有重要责任。依据《中华人民共和国安全生产法》第九十二条，建议给予 75129 元（2019 年度收入 30%）的罚款。

（二）对事故单位的行政处罚建议

（1）殿沟煤矿 1392 水平采煤工作面发生一起水害（溃浆）事故，造成 1 人死亡，该起事故是一起责任事故。依据《中华人民共和国安全生产法》第一百零九条规定，建议给予 45 万元罚款。

（2）东华镇人民政府作为殿沟煤矿上级主管单位，安全监管不到位，责成东华镇人民政府向华亭市人民政府做出书面检查。

五、防范措施

（1）切实落实安全生产主体责任。要不断增强依法办矿意识，主要负责人要树立正确的政绩观，把安全生产放在谋划推动企业各项工作的第一位，对煤矿存在的重大灾害风险要做到心中有数，亲自抓安全，查隐患，促整改，确保安全投入到位，责任落实到位，灾害防控到位，隐患整改到位。要深刻吸取事故教训，认清复采带来的顶板、火、水等隐蔽致灾因素安全风险，进一步增强责任感、使命感，不断增强技术支撑能力，提高矿井安全管理水平。

（2）切实加强井下水害防治工作。水平分层开采的工作面采掘前必须探清老空积水范围和积水量，按照“查全、探清、放净、验准”的四步工作法做好老空水害防治。要监测灌浆水和涌水量变化，准确掌握本矿井灌浆水量情况，做到灌浆水量清楚、脱水量评估精准，强化矿井涌水量变化和异常情况的监测；在灌浆区下进行采掘前，必须对灌浆区进行打钻孔或采取其他措施进行疏水，严防井下溃浆、透水事故发生。

（3）切实提高复采期间安全保障程度。要详细收集瓦斯、煤尘、煤层自然发火、顶板压力等技术资料，充分考虑复采的特殊性，突出抓好防止冒顶事故、防止老空突水、防止有害气体涌出、防止自然发火 4 个重点，为开采设计和制定措施提供依据；对于特厚煤层分层开采的采空区积水问题和工作面回采结束后密闭墙插管灌浆方式进行再分析，在灌浆区下采煤的方式依靠现有技术力量、技术装备和技术手段不能查清采空区积水的情况下不得进行回采作业；要加强顶板管理工作，提高支护质量，按照工作面实际进行支架选型，遇到顶板破碎处，要加强支护；要完善通风管理，严格进行风量观测及瓦斯检查，减少复采区漏风，对复采区域可能积存的有害气体种类、地点进行分析，采取有针对性措施进行探放，保证风流稳定、可靠。

（4）切实加强隐患排查工作。要建立并认真落实隐患排查治理制度和重要部位定期巡查制度，及时发现和解决存在的隐患和突出问题；严格落实责任，主要领导站在防汛抗灾第一线，做到责任到岗、责任到人；要加强对矿井采空区、塌陷区、积水区及周边地表水系的巡检、排查，尤其要加强矿井涌水量观测，做好疏水与排水系统的检查维护，遇大到暴雨及时停产撤人。

（5）切实加强技术管理工作。矿井在制定安全技术措施时要紧密结合矿井实际，开展充分研究，必须具备可操作性和针对性，能有效指导矿井安全生产，在未固结的灌浆区、有淤泥的废弃井巷等附近采掘时，必须制定专项安全技术措施。要严格执行措施审批制度，从编制到审核要人人把关、人人负责；要及时督促各项安全技术措施落实到现场、落实到工作过程，严禁无措施施工。

（6）切实加强职工安全培训。进一步提高干部职工对安全生产工作的认识，无论是水文地质类型复杂还是简单，无论工作面有无积水，都要坚决杜绝工作中麻痹松懈思想和侥幸心理；要抓好各工种岗位责任制、操作规程和安全技术措施的贯彻学习执行，确保作业人员熟知流程，掌握标准；要提高职工危险源辨识和安全风险预判能力，遇到危险及时组织撤离作业人员。

第五节　广西河池市环江下金煤业有限责任公司下金煤矿“9·9”一般水害事故

2020年9月9日4时40分，广西环江下金煤业有限责任公司下金煤矿（以下简称“下金矿”）7130进风巷掘进工作面发生一起透水事故，造成1人死亡，直接经济损失约100万元。

依据国家有关法律法规，2020年9月9日，广西煤矿安全监察局牵头成立了由环江毛南族自治县人民政府、监察委，环江毛南族自治县应急管理局、工业信息和商务局、公安局、总工会等部门组成的事故调查组。调查组经过现场勘察、查阅有关资料、调查取证、综合分析，查明了事故的经过和原因，认定了事故的性质和责任，提出了对事故单位、责任人员的处理建议及事故的防范措施。

一、矿井概况

下金矿位于环江县驯乐乡境内，有职工 220 人，是 2002 年 7 月自治区人民政府同意红茂矿务局政策性关闭破产后重组的一家民营企业。2015 年矿井完成机械化项目改造，设计生产能力为 0.21 Mt/a。该矿井事故发生前证照齐全有效：采矿许可证，证号 C4500002011091140118035，有效期 2019 年 10 月 16 日至 2023 年 12 月 16 日；安全生产许可证，证号（桂）MK 安许煤证字〔2015〕002 号 Y1，有效期为 2019 年 1 月 2 日至 2022 年 1 月 1 日；营业执照，证号 914512267537434662，有效期为长期。

矿井各系统完善，划分为单一水平（+200 m 水平），两个采区生产（七采区、八采区）。事故发生前井下布置有 4 个作业地点：七采区 7123 工作面，7130 进风巷掘进面；八采区 8109 工作面，8105 回风巷掘进面。矿井主采煤层为 1 煤，煤层平均厚度 2.2 m，顶底板为砂岩或粉砂岩，比较完整；矿井历年鉴定为低瓦斯矿井；水文地质类型为中等，正常涌水量为 50 m^3/h，最大涌水量为 110 m^3/h。

本次事故发生在 7130 进风巷掘进工作面。

二、事故经过及抢险救援

2020 年 9 月 9 日夜班，下金矿井下安排七采区两个作业地点施工，一个是 7123 工作面安装机械设备，有 8 人作业；另一个地点是 7130 进风巷掘进，该巷于 2020 年 9 月 1 日在 +200 m 大巷由外往里方向的左侧开口，以倾角 35°上山掘进了 18 m。事故发生时在该地点有袁某光（班长）、梁某平、蒙某宙、韦某红 4 人作业。全矿当班下井人员含带班领导、瓦斯员、抽水工共 16 人。

4 时 30 分，7130 进风巷开始爆破，4 时 40 分已准备好第二次爆破，班长袁某光、梁某平、蒙某宙进入 7130 进风巷排查隐患、进行临时支护。其中袁某光在工作面挡头附近，蒙某宙距离工作面挡头约 4 m，梁某平距离 +200 m 大巷约 4 m；韦某红在 7130 与 +200 m 大巷交叉口装车点附近。此时，袁某光、蒙某宙发现工作面挡头突然掉渣，袁某光喊危险，快跑，同时自己往下跑往 +200 m 大巷。蒙某宙发现挡头矸石掉落较快，不敢往下跑，就地踩到离地 40 cm 高的棚架连接板上，双手攀着横梁观察挡头。袁某光经过梁某平处时对他喊快跑，危险！梁某平下意识转头看一眼，发现袁某光已经下到 +200 m 大巷，与此同时，挡头“砰”的一声，一股水流从挡头飞泻而下，梁某平不敢往下跑，就地踩到棚架柱的连接板上，双手攀着棚架横梁观察情况。在 7130 与 +200 m 大巷交叉口等待装车的韦某红则退到了距离 7130 巷口十几米外的 +200 m 大巷中观察情况。

几分钟后，靠近挡头的蒙某宙发现挡头出水已经变小、稳定，且巷道底板边沿地势较高没有被水淹没，于是他沿着巷道边帮往下走，梁某平看到他下来后也跟着他一起下到+200 m大巷，并与原先在+200 m大巷的韦某红汇合。3人经查找，未发现班长袁某光。

4时50分，由韦某红电话向地面调度汇报：7130掘进作业点发生透水事故，班长袁某光不知去向。

5时20分带班副矿长李某组织人员搜寻失踪的袁某光，6点10分通知河池救护中队驻红山矿区小队、6点30分由矿区小队管理人员马某朝带领救护队员下井施救，6点40分通知驯乐乡中心卫生院到达井口待命；6点40分下金矿向环江县应急管理局报告事故，7时56分，施救人员在7130与 +200 m大巷交叉口处矿车前的泥沙下找到袁某光，经医生现场鉴定，袁某光已经死亡。

经核实，当班事故地点共4人作业，死亡1人，当班全矿入井人员16人，安全升井15人。

三、现场勘察与调查取证

（一）现场勘察

（1）现场巷道勘察情况。本次事故地点发生在井下7130进风巷。勘察发现：7130进风巷巷道垂直于+200 m大巷，巷道与水平面的夹角约为35°，已掘进18 m，是2020年9月1日从+200 m大巷中部新掘进的巷道。巷道内U形钢支架完好，因挡头有1.2 m长的巷道未支护，现场勘察人员未能进入透水点实地测量。从距离挡头约4 m处往挡头出水点看，可看见巷道挡头已经导通原废旧巷道的中上部，旧巷道内两根木支柱，木支柱露出长度约0.5 m，木支柱相距约0.7 m，从挡头涌出的水量约3 m^3/h。

（2）7130进风巷与+200 m大巷交叉口附近情况。7130进风巷巷道口200大巷处有2辆矿车，矿车内装有泥沙碎石，2矿车相距1.2 m，巷道有泥沙碎石零散堆积，+200 m大巷水沟有积水。7130进风巷口附近的+200 m大巷上堆积矸石泥沙，经询问，部分矸石泥沙已经被施救人员清理，技术测算认定本次透水伴随矸石砂泥溃出总量约3 m^3。

（3）透水量测算。发生透水时伴有矸石泥沙溃出，矸石泥沙堆积在7130进风巷巷道口与+200 m大巷交叉附近，大部分透水量积存在+200 m大巷至七采区往里，同时七采区排水系统是自动排水，水源不断补充至积水处，后因救援需要清理矸石泥沙堆积物，致使现场勘察测到的水位下降痕迹，不能如实反映实际透水量。根据参与事故救援的当班值班矿长李某、现场作业和参与救援的工人梁某平、蒙某宙的证言，透水后 200 m 大巷水位比透水前上升约 0.15 m，巷道积水长度约 50 m，实测巷道宽度 2.3 m，加上流失的小部分水量，推测本次事故透水量为 18 m^3。

（二）调查取证

1. 事故伤亡情况

本次事故造成 1 人死亡，为事故当班班长。

2. 事故巷道开拓布置

矿井主采煤层为 1 煤，+200 m 大巷布置在 1 煤底板，+200 m 大巷上方 1 煤有 50 m 的保护煤柱，煤柱两侧全为采空区，7130 工作面属于回收 +200 m 大巷保护煤柱的工作面。7130 进风巷垂直于 200 m 大巷开口，以 35°上坡掘进，计划掘进 35 m 揭 1 煤后沿煤往前掘进 15 m，然后再转以平行 +200 m 大巷沿煤掘进 208 m。

实际施工作业时，倾角 35°的上山仅掘进 18 m 即遇上旧巷。

3. 事故巷道掘进防治水

下金矿“7130 进风巷掘进工作面作业规程”明确：“7130 进风巷东部和南部（掘进方向）为采空区，需对采空区进行探放水后方可确定是否有影响掘进作业的采空区积水，本巷道在探放水作业未完成之前严禁掘进。”实际掘进前未进行探放水。

下金矿编制、会审了《7130 进风巷探放水设计及安全技术措施》，规定需从 +200 m 大巷开口处以倾角 30°打 3 个探水孔，分别垂直方向、两侧钻孔与垂直方向夹角为 24°，3 个钻孔深度分别为 70 m、75 m、80 m，并规定以打至采空区为准。实际施工作业时，7130 进风巷未打任何探水钻孔。

四、事故类型分析

事故地点为井下 7130 进风巷上山段。依据现场勘察、现场人员陈述以及广西矿山救护队河池中队的现场救援报告描述，袁某光受透水的泥水砂浆掩埋致死情况与事故现场情况相符，本次事故类别为透水事故。

五、事故原因及性质

（一）直接原因

7130 进风巷上山掘进爆破后，岩柱变薄，现场作业人员对该巷道进行临时支护时，老空积水突破岩柱发生透水，泥水砂浆迅速溃出，袁某光避险不当，被透出的泥水砂浆掩埋致死。

（二）间接原因

（1）企业未落实安全主体责任，违法违规布置采面。根据下金矿7310进风巷掘进工作面巷道布置图，该巷道由倾角35°的全岩巷道掘进30 m揭煤后，沿煤层掘进，布置在+200 m大巷保安煤柱（即七采区回风巷煤柱）中的长度为223 m，而七采区尚有7123回采工作面正在安装机械准备开采，在七采区没有完全开采完成前，属违法在+200 m大巷保安煤柱中布置采面回收煤柱。违反《中华人民共和国矿山安全法》关于“矿山设计规定保留的矿柱、岩柱，在规定的期限内，应当予以保护，不得开采或者毁坏”的规定。

（2）企业未按规定做好探放水工作。下金矿《7130进风巷掘进工作面作业规程》确定7130进风巷掘进前进方向是采空区，水患存疑，作业规程明确规定7130进风巷在探放水作业未完成之前严禁掘进，实际施工作业时，7130进风巷掘进前未按规定进行探放水。

同时，根据下金矿《7130进风巷探放水设计及安全技术措施》规定，布置的7130进风巷3个探水钻孔以打至采空区为准。实际施工作业时，7130进风巷未打任何探水钻孔，最终导致事故的发生。

（3）技术管理工作缺失、图纸管理混乱、图实不符。下金矿是一座具有近50多年开采历史的老矿，废旧老巷道、采空区错综复杂。该矿没有在日常使用的各种图纸中如实准确标上采空区、旧巷道位置。7130进风巷沿巷道掘进方向的+200 m大巷煤柱，在使用的采掘工程平面图中煤柱最小距离为40 m，煤柱中未标明有旧巷道，而实际上对照过去开采的旧图纸，距离+200 m大巷22 m处和7130进风巷右上方存在旧巷，事故发生时使用的图纸与实际不符。7130进风巷作业规程在设计时没有准确标明旧巷位置，在作业点周边旧巷及采区位置掌握不准的情况下，擅自违法违规冒险组织施工作业，在掘进18 m后导通旧巷，导致透水事故发生。

（4）现场管理不到位。7130进风巷掘进工作面事故当班的几名掘进工均表示，有多个上班班次未见带班矿领导、生产管理矿领导或安全员到该头现场检查生产安全情况，说明现场实际管理不到位，致使负责生产的矿领导及带班均未能及时发现巷道顶板有滴水淋水等透水征兆。

（5）隐患排查不到位，没有及时发现透水隐患。事故发生前一天7130进风巷掘进头开始变湿润，事故前一班7130进风巷头开始出现滴水现象，这些透水征兆未被负责安全监督管理人员及时排查出来。

（6）从业人员安全培训不到位，对水害的认识和重视程度严重不足。下金矿防治水知识培训不到位，从矿领导到矿工，对水害认识不足。作业规程明确了探水规定，编制探放水设计、措施，实际是无人安排布置探水工作，无人监管探水工作的开展、实施，各种措施没有得到落实；现场作业人员没有掌握透水征兆和避灾方法，发生透水后现场作业人员仍然往下山方向撤退，最终酿成事故。

（三）事故性质

事故的性质是一起责任事故。

六、对事故有关责任人员及责任单位的责任认定和处理建议

（1）邓某飞，下金矿生产部部长，负责矿井的生产和技术，履行技术管理职责不到位。在 7130 进风巷未按设计探水的情况下安排开口掘进，违反 7130 进风巷掘进工作面作业规程，对事故负有管理责任。依据《安全生产违法行为行政处罚办法》（修订的原国家安全监管总局令第 15 号）第四十五条的规定，建议由广西煤矿安全监察局给予罚款人民币 5000 元的行政处罚。

（2）简某锋，下金矿安监部部长，负责矿井井下作业现场安全管理、隐患排查工作及员工培训工作，履行监督管理职责不到位。对 7130 进风巷未按设计探水的情况下开口掘进，对违反 7130 进风巷掘进工作面作业规程的行为不制止、不纠正，对事故负有管理责任。依据《安全生产违法行为行政处罚办法》（修订的原国家安全监管总局令第 15 号）第四十五条的规定，建议由广西煤矿安全监察局给予罚款人民币 5000 元的行政处罚。

（3）刘某春，下金矿副矿长，协助安全、生产副矿长负责井下采掘现场安全生产管理、安全隐患整改追踪反馈以及工程质量验收工作，履行管理职责不到位。在 7130 进风巷未按设计探水的情况下安排开口掘进，违反 7130 进风巷掘进工作面作业规程；对 7130 进风巷掘进违反作业规程的行为不制止、不纠正，对事故负有管理责任。依据《安全生产违法行为行政处罚办法》（修订的原国家安全监管总局令第 15 号）第四十五条的规定，建议由广西煤矿安全监察局给予罚款人民币 7000 元的行政处罚。

（4）韦某目，下金矿副矿长，协助安全副矿长负责井下采掘现场安全生产管理、安全隐患整改及追踪反馈工作，履行安全监督管理职责不到位。对 7130 进风巷未按设计探水的情况下开口掘进，违反 7130 进风巷掘进工作面作业规程等隐患不制止、不纠正，对事故负有管理责任。依据《安全生产违法行为行政处罚办法》（修订的原国家安全监管总局令第 15 号）第四十五条的规定，建议由广西煤矿安全监察局给予罚款人民币 7000 元的行政处罚。

（5）韦某开，下金矿副矿长，协助安全、生产副矿长负责井下采掘现场安全生产管理、工程质量验收工作，履行安全生产管理职责不到位。在 7130 进风

巷未按设计探水的情况下安排开口掘进，违反7130进风巷掘进工作面作业规程，对事故负有管理责任。依据《安全生产违法行为行政处罚办法》(修订的原国家安全监管总局令第15号）第四十五条的规定，建议由广西煤矿安全监察局给予罚款人民币7000元的行政处罚。

（6）梁某坚，下金矿总工程师，协助矿长分管全矿安全生产技术、地测防治水技术等工作，主管生产技术部的技术部分、通风部、监控室，明知下金矿七采区没有开采完成，对矿长提议并决定违法布置开采+200 m大巷保护煤柱（七采区回风巷煤柱)，未提出技术上的反对意见，履行技术管理职责不到位，对事故负有重要管理责任。依据《安全生产违法行为行政处罚办法》(修订的原国家安全监管总局令第15号）第四十五条的规定，建议由广西煤矿安全监察局给予罚款人民币9000元的行政处罚。

（7）潘某贾，下金矿生产副矿长，协助矿长分管全矿生产工作安排、工程质量组织验收，负责“质量控制专业采煤部分”“质量控制专业掘进部分”“质量控制专业调度和应用管理部分”安全生产标准化管理体系，主管生产技术部采掘现场部分、采掘施工队、调度室，履行安全生产管理职责不到位。在7130进风巷未按设计探水的情况下安排开口掘进，违反7130进风巷掘进工作面作业规程，对事故负有重要管理责任。依据《安全生产违法行为行政处罚办法》(修订的原国家安全监管总局令第15号）第四十五条的规定，建议由广西煤矿安全监察局给予罚款人民币9000元的行政处罚。

（8）李某，下金矿安全副矿长，协助矿长分管全矿安全工作，负责全矿安全隐患整改及追踪反馈，矿领导下井带班台账资料，月度安全检查安排和“安全生产责任制及管理制度专业”“从业人员素质专业”“事故隐患排查治理专业”安全生产标准化管理体系，主管安监部，履行安全监督管理职责不到位。对7130进风巷未按设计探水的情况下开口掘进，违反7130进风巷掘进工作面作业规程的行为不制止、不纠正，对事故负有重要管理责任。依据《安全生产违法行为行政处罚办法》(修订的原国家安全监管总局令第15号）第四十五条的规定，建议由广西煤矿安全监察局给予罚款人民币9000元的行政处罚。

（9）庞某，下金矿矿长，主持矿井安全生产管理全面工作，负责“理念目标和矿长安全承诺专业”“组织机构专业”“安全风险分级管控专业”安全生产标准化管理体系；主管综合部、后勤部，履行安全生产第一责任人职责不到位。在下金矿七采区没有完全开采完成前，提议并决定违法组织开采+200 m大巷保护煤柱（七采区回风巷煤柱)，违反《中华人民共和国矿山安全法》关于“矿山设计规定保留的矿柱、岩柱，在规定的期限内，应当予以保护，不得开采或者毁坏”的规定；对 7130 进风巷开口掘进前未按设计探水，对 7130 进风巷违反作业规程掘进等行为不纠正、不制止。其行为违反了《中华人民共和国安全生产法》第十八条的规定，对事故的发生负有主要领导责任。依据《中华人民共和国安全生产法》第九十一条第二款的规定，建议由广西环江下金煤业有限责任公司给予撤职处分，移送司法机关依照刑法有关规定追究刑事责任。依据《中华人民共和国安全生产法》第九十二条的规定，建议由广西煤矿安全监察局给予罚款人民币 77630 元的行政处罚。

（10）下金煤矿。存在违法布置工作面开采煤柱，未按作业规程掘进巷道，未按安全技术措施探老空水，违反了《中华人民共和国安全生产法》第四条等有关规定，对事故的发生负有责任，依据《中华人民共和国安全生产法》第一百零九条的规定，建议由广西煤矿安全监察局给予罚款人民币 500000 元的行政处罚。

七、防范措施

（1）依法依规开展采掘工作。煤矿禁止超出采矿许可证规定开采煤层层位或者标高进行开采；禁止超出采矿许可证载明的坐标控制范围开采；禁止擅自开采规定保留的保安煤柱。

（2）加强煤矿探放水工作。煤矿企业务必按“有疑必探、先探后掘”原则执行，认真贯彻落实《煤矿防治水细则》，建立和完善防治水制度，严格执行井下探放水工作“三专两探一撤”要求，抓好水害防治工作。

（3）加强隐患排查整改工作。加强对作业地点隐患排查治理，对不按照作业规程施工作业的行为，要立即制止、纠正。

（4）加强职工安全教育培训工作。加强对职工防治水知识、水害应急预案、自救互救和避险逃生技能的培训，确保全体职工掌握井下透水征兆、应急处置等知识，熟悉避灾路线。

（5）加强现场管理工作。县级煤矿安全监管部门要加强对煤矿领导下井带班的监督检查工作；煤矿企业必须严格落实矿领导下井带班制度，矿领导要深入现场带班，与员工同时下井，同时升井。

（6）严格落实企业主体责任。建立健全各级领导安全生产责任制，并按照责任制要求，明确分工，切实防范各类事故发生。加强日常安全管理，认真履行对本单位安全生产管理职责，认真开展安全隐患排查整治工作，落实“真查、真停、真盯、真改、真验”措施，层层落实安全生产管理责任。

第六节　内蒙古呼伦贝尔市牙克石五九煤炭(集团)有限责任公司胜利煤矿“9·15”一般水害事故

2020年9月15日0时21分，内蒙古牙克石五九煤炭（集团）有限责任公司胜利煤矿（以下简称“胜利煤矿”）发生一起水害事故，事故造成1人死亡、1人重伤，事故直接经济损失112.5万元。

接到事故报告后，内蒙古煤矿安全监察局呼伦贝尔监察分局（以下简称“呼伦贝尔煤监分局”）向内蒙古煤矿安全监察局报告了事故情况，同时由副局长兼总工程师带队赶赴事故现场。依据《中华人民共和国安全生产法》《煤矿安全监察条例》《生产安全事故报告和调查处理条例》的规定，呼伦贝尔煤监分局会同呼伦贝尔市应急管理局、呼伦贝尔市纪律检查委员会呼伦贝尔市监察委员会、呼伦贝尔市总工会、牙克石市人民政府、牙克石市应急管理局、牙克石市公安局治安大队、煤田派出所等有关部门依法组成事故调查组，并聘请内蒙古大雁矿业集团有限责任公司伊敏河东矿区第一煤矿两名防治水专家，开展事故调查工作。

事故现场调查工作历时5天，事故调查组先后调查询问有关人员27人次，收集各类资料37份，事故现场勘察4次，召开事故分析会6次。

事故调查组按照科学严谨、依法依规、实事求是、注重实效的原则，通过查阅资料、现场勘察、调查取证、技术认定和综合分析，查明了事故发生的时间、地点、人员伤亡和财产损失情况，确定了事故性质、类别，对事故原因、责任进行了分析，对事故责任人提出了处理建议，对事故责任单位提出了处理建议及防范整改措施；两名防治水专家出具了《五九煤炭集团胜利煤矿“9·15”事故技术分析报告》。

一、事故单位基本情况

（一）五九煤炭（集团）有限责任公司

内蒙古牙克石五九煤炭（集团）有限责任公司为股份制公司，其中新大洲占股份51%，枣庄矿业（集团）有限责任公司占49%。公司内设总经理、副总经理、总工程师及安全监察部、生产技术部、机电部等安全生产管理人员及机构；下设胜利煤矿、牙星分公司等4个二级单位，由安全监察部负责二级单位的日常监督检查工作，公司总经理、安全副总经理、总工程师负责各自分管领域的安全生产工作。

（二）矿井概况

胜利煤矿设计生产能力为 1.20 Mt/a，位于牙克石市东北约 60 km。该矿为正常生产的低瓦斯矿井，开采煤种为长焰煤，煤层自燃倾向性为容易自燃，煤尘有爆炸性。采煤工艺为综合机械化开采，采煤方法为走向长壁后退式采煤法，顶板管理方法为全部垮落法。现开采煤层为 14 号煤层，布置有 14101 综采工作面和 14106 备采工作面；主运输系统采用带式输送机运输，矿井通风方式为中央并列式，通风方法为机械抽出式。矿井供电为双回路供电，"六大系统" 完备。

矿井水文地质类型为中等，依据《五九煤田胜利煤矿水文地质补充勘探报告》(109 地质队、2009 年 10 月)，地层中赋存第四系砂砾石孔隙承压水层、下白垩煤系孔隙含水层，第四系砂砾石孔隙承压水层富水性好，下白垩煤系孔隙含水层富水性中等。

矿井有从业职工 717 人，设有综采工区等 8 个区队，综采工区下设综采一队、二队、三队、四队、机电班、运料班。

（三）煤矿证照及安全管理机构

胜利煤矿证照齐全有效，安全生产许可证有效期为 2019 年 6 月 30 日至 2022 年 6 月 29 日，采矿许可证有效期为 2016 年 4 月 8 日至 2043 年 9 月 12 日。煤矿五职矿长齐全，均取得了与职位相符的安全生产知识和管理能力考核合格证。

煤矿成立了安全生产委员会，下设专职安全生产管理机构，配备了专职安全生产管理人员及安全检查员共 36 人。

（四）事故地点

事故发生在 14101 综采工作面刮板输送机机尾 128 号、129 号液压支架附近。

（1）工作面位置。工作面位于一采区东翼北部、F11 断层的南部，工作面设计回采走向长度 2170 m、倾向宽度 189 m，事故发生时工作面距离设计停采线 119.3 m，距地表深约 22 m。

（2）工作面煤层情况。工作面煤层平均煤厚 2.20 m。煤层结构简单，含 1 ~ 2 层夹矸，夹矸厚度为 0.20 ~ 0.50 m。事故发生时工作面煤层厚度 3.55 m。

（3）工作面顶板岩层情况。根据距离工作面位置最近钻孔 K3 - 2 柱状图，工作面煤层顶板由下往上依次为 15.9 m 的泥岩、夹薄层粗砂岩，7.70 m 的含沙砾石层，1.30 m 的地表腐殖土。

（4）事故发生地点附近地质构造情况。事故发生地点前方 4 m 为 F14101 - 5 正断层，走向近南北、倾向西、倾角 87°、落差 5.60 ~ 6.30 m，该断层在工作面与轨道巷交叉点位置有派生的小断层，走向近南北、倾向西、落差 0.30 m，向工作面内延伸。

（5）工作面水文地质情况。工作面掘进、回采期间有淋水现象，现工作面110~131号液压支架间顶板淋水、淋水量约8 m^3/h，轨道巷在轨道巷与工作面交叉点往外10 m地段顶板淋水，淋水量约2 m^3/h。

（6）工作面综采设备情况。14101综采工作面采用ZY5200/14/32型两柱掩护式液压支架，MG250/600-AWD2型采煤机，SGZ764/630型刮板输送机。

（五）事故发生前政府及主管部门安全监管

胜利煤矿按照职责分工由牙克石市应急管理局承担日常安全监管职责。牙克石市应急管理局按照在牙克石市政府法制办备案的检查计划开展了定期检查工作，并聘用驻矿安监员进行日常监督检查。

二、事故经过

（一）事故发生前井下工作面及采空区上部地表积水情况

2020年9月6日中班，14101综采工作面130号液压支架底板来水，水色发浑，尾部顶板淋水，水量逐渐变大，刮板输送机机头附近30号液压支架架脚处出水，工作面停产撤人，此时14101综采工作面距F14101-5断层约9 m。

进入8月后，受台风等极端气候影响，牙克石地区大气降水丰富。9月6日，经地表巡查，发现14101综采工作面及采空区上部洼地地表出现20000 m^3左右的积水。

9月7日，胜利煤矿矿长向五九集团公司相关领导进行了汇报，同时安排工人挖沟疏排地表积水。9月8日，五九集团公司召开总经理办公会议，公司及胜利煤矿有关人员参会，专题研究14101综采工作面采空区的地表积水问题，提出处理措施，要求胜利煤矿立即停止生产，全力开展疏排水工作；待采空区积水对井下开采不构成威胁时，方可组织该工作面正常生产。9月9日中班，该工作面采空区的地表积水疏干完毕，矿长黄某在井下安排14101综采工作面恢复生产。

（二）事故发生及抢救经过

2020年9月14日15时15分许，综采工区二队队长唐某忠带领当班22名作业人员到达14101综采工作面。由于工作面中部地势较低，采空区来水汇集，作业人员先进行排水作业，为出煤做好准备。16时50分，14101综采工作面129号液压支架顶板悬空约4 m，128号、129号液压支架间空隙掉落矸石，现场工人用背板进行了处理。20时整工作面积水排完，开始出煤。此时，采煤机组停留在距刮板输送机机尾15 m的位置。将这15 m煤壁割完后，工人开始“推溜移架”作业。

22 时 52 分，唐某忠向调度室值班调度员于某新汇报，129 号、130 号液压支架架前顶板来水，淋水较大，该处的液压支架和刮板输送机机尾未能进行移设，水面逐渐漫上刮板输送机，现场采煤作业停止。于某新立即向矿长黄某、生产副矿长胡某汇报，胡某随即叫上地测防治水副总工程师刘某奎下井赶往现场查看情况。

23 时 2 分，唐某忠向于某新汇报现场淋水加大，水直接浇在刮板输送机上，无法生产。黄某要求找个铁皮挡上，让采煤机在工作面中段割煤，正常出煤。于是工人用彩钢瓦将水导入轨道巷，用风泵排出。

23 时 20 分，胡某、刘某奎到达现场，询问现场人员水量变化情况，对出水情况进行观察。23 时 48 分，刘某奎向调度室进行汇报，129 号、130 号液压支架上方出水，水量大约为 30 m^3/h，颜色由乳白色逐渐变黄且浓度逐渐变大。黄某根据刘某奎汇报的情况判断应该是裂隙水，水量不大，要求继续出煤。于是胡某让唐某忠去把因即将到下班时间且工作面生产条件不好已离开工作面的工人叫回。胡某看到 128 号、129 号液压支架护帮板未紧贴煤壁，担心架前漏顶，于是要求副队长宋某下令让液压支架工程某江操作 128 号、129 号液压支架，使护帮板贴紧煤壁。

15 日零时 21 分，程某江刚移完 129 号液压支架，128 号及 129 号液压支架架前顶板及煤壁垮落，溃出大量水和泥沙，现场人员立即撤离。撤退过程中采煤机司机梁某军被液压支架底脚绊倒被溃出物掩埋，导致事故发生。

溃出物波及范围为 124 ~ 129 号液压支架，124 ~ 131 号液压支架范围内除梁某军外还有 7 人，其中宋某躲在 127 号、128 号液压支架架间，未被波及；程某江在移完 128 号液压支架发现出现险情后躲入轨道巷未被波及；赵某蒙、崔某君、唐某忠、徐某杰、胡某 5 人身体不同程度被溃出物掩埋，经救援人员全力抢救脱险。

随后，涉险人员及梁某军被五九公司应急救援车辆送往牙克石医院救治。3 时 45 分，梁某军被医生确认无生命体征，宣布死亡；伤者唐某忠送往医院检查，检查初步结果为肋骨骨折。

救援人员及时全力抢救，使得遇险人员迅速脱困，值得肯定，但在救援过程中也存在一定的安全风险，有灾害进一步扩大的可能。

（三）当班领导带班情况

9 月 14 日中班带班领导为安全副总工程师刘某良，当班 15 时 15 分入井，与上一个班的带班领导胡某交接班后，15 时 40 分到达 14101 综采工作面刮板输送机机尾处，此时该处淋水不大。17 时至 20 时，到 14107 运输巷掘进工作面、

14107 轨道巷掘进工作面和准备试运转的 14106 备采工作面进行检查。21 时准备通过采区变电所到 14101 综采工作面检查时发现地上有血，经询问后得知 14107 运输巷掘进工作面 1 人手部受伤已送往地面，于是返回 14107 运输巷掘进工作面询问工伤情况。23 时到 14101 综采工作面刮板输送机机尾处。23 时 20 分，胡某和刘某奎到达现场后让刘某良下班升井。23 时 40 分，刘某良与下一个班的带班领导副总工程师任某军在 127 号液压支架附近进行交接班后升井下班。任某军在刮板输送机机尾处协助胡某处理淋水。

三、事故现场勘察及技术分析

（一）事故现场勘查

经现场勘查测量，事故发生在 14101 综采工作面刮板输送机机尾处。

水和泥沙在 128 号液压支架前端护帮板与煤壁之间溃出，护帮板与煤壁间距为 0.4 ~ 0.5 m，溃出物波及范围为 124 ~ 129 号液压支架。溃出物为含水的煤、砾石、泥沙混合物，形状为不规则梯形体，溃出物长约 7.5 m，最高点高约 1.4 m，最低点高约 0.4 m，宽度约为 2.5 m，经计算溃出物体积约为 17 m^3。

（二）技术分析

（1）14101 综采工作面煤层顶板的粗砂、细砾、粗砾、粗砂岩石块等岩层为第四系地层，该岩层孔隙富含水，并接受地表大气降水补给，14101 综采工作面顶板与轨道巷巷道顶板总淋水量约 10 m^3/h。

（2）14101 综采工作面煤层埋藏较浅，工作面煤层顶板岩层多为第四系富含水地层，工作面回采前及回采过程中，未在丰水期（雨季）对工作面煤层顶板第四系富含水岩层进行超前探放水，未对断层带的导水性进行探查。

（3）事故发生时，14101 综采工作面距离 F14101 - 5 断层（倾角 87°，落差 5.60 ~ 6.30 m）4.0 m，该断层在工作面与轨道巷交叉点又有派生的小断层（走向近南北、倾向西、落差 0.30 m），向工作面内延伸。断层两盘煤层顶板岩层胶结性差、较松散。

（4）事故发生前，129 号、130 号液压支架顶板有掉顶现象，空顶高度 3 ~ 5 m。

四、事故原因及性质

（一）直接原因

生产副矿长胡某在 14101 综采工作面刮板输送机机尾处 128 号、129 号液压支架顶板出现淋水异常增大、水色变浑等透水征兆时，应急处置不当，违章指挥工人推溜移架作业，扰动了工作面已破碎的顶板，泥沙混合物在水流冲击下溃出，导致事故发生。

（二）间接原因

（1）煤矿重生产、轻安全，在工作面出现淋水加大、裂隙渗水、水色发浑等透水征兆时，未按《煤矿安全规程》第二百八十八条的规定，立即停止作业，撤出所有受水患威胁地点的人员；未严格执行五九集团公司专题办公会议会议纪要中“胜利煤矿待采空区积水对井下开采不构成威胁时，方可组织14101工作面正常生产”，擅自恢复14101综采工作面生产。

（2）防治水技术管理存在漏洞。未按《煤矿安全规程》第三百一十七条第二款第（二）项的规定，在工作面接近导水断层时，及时停止作业，确定探水线，实施超前探放水；未按《14101综采工作面过断层安全技术措施》中防治水措施第（2）、第（4）项的要求，在工作面出现淋水异常和突水征兆时，停止生产作业，探明水源及水量并进行处理；在采空区上部地表积水疏干后，对渗入地下的水量估计不足，盲目擅自恢复生产。

（3）未严格执行顶板管理制度。根据129号液压支架矿压监测历史工作阻力曲线，9月13日23时至9月14日16时，129号液压支架工作阻力持续17小时处于3 MPa，远低于下限报警值16.7 MPa，此处长时间空顶，违反了《煤矿安全规程》第一百一十四条第（四）项及《14101综采工作面过断层安全技术措施》中顶板防控措施第（2）项的规定；在移设129号液压支架过程中，违反《采煤工作面作业规程》第三节顶板管理第（11）项的规定，未清空129号液压支架5 m范围内的人员。

（三）事故性质

根据以上事故原因分析，认定这是一起安全生产责任事故。

五、责任认定和处理建议

（一）对事故有关责任人的责任认定及处理建议

（1）程某江，群众，胜利煤矿综采工区二队支架工，当班负责操作液压支架进行移架作业。违反该矿制定的《采煤工作面作业规程》第三节顶板管理第（11）项的规定，移架作业前未确认其他人员撤离到5 m范围以外，对事故的发生负有直接责任。依据《安全生产违法行为行政处罚办法》第四十五条第（一）项的规定，建议罚款人民币5000元。

（2）唐某忠，群众，胜利煤矿综采工区二队队长，负责本队的安全生产管理工作，是本队安全生产的第一责任人。未认真执行《岗位安全生产责任制》

中“当工作面出现灾害预兆，及时组织人员迅速、有序的撤离”的规定，当工作面出现淋水加大、裂隙渗水、水色发浑等透水征兆时，未及时组织停产撤人，对事故的发生负有重要责任。依据《安全生产违法行为行政处罚办法》第四十五条第（一）项的规定，建议罚款人民币3700元。

（3）裴某宗，群众，胜利煤矿回采安全员，对管辖范围内的安全管理、人的行为、现场的作业情况负安全监督直接责任。未认真执行《岗位安全生产责任制》中“发现重大问题危及人身安全时，负责立即下令停止作业撤出人员”的规定，对事故的发生负有重要责任。依据《安全生产违法行为行政处罚办法》第四十五条第（一）项的规定，建议罚款人民币3700元。

（4）刘某奎，中共党员，胜利煤矿地测防治水副总工程师，对地测防治水负技术管理责任。未按照《煤矿安全规程》第二百八十二条的规定，执行“有疑必探”的防治水原则；未认真执行《岗位安全生产责任制》中“及时检查施工现场的情况，及时进行防治水工作，发现问题及时解决”的规定；未认真执行《岗位安全生产责任制》中“入井检查时发现违章指挥、强令冒险作业、违反操作规程的行为要及时制止和纠正”的规定；未按《煤矿安全规程》第三百一十七条第二款第（二）项的规定，接近导水断层时未要求现场停止作业进行超前探放水，对事故的发生负有主要领导责任。建议依据《安全生产领域违法违纪行为政纪处分暂行规定》第十二条第（七）项的规定，给予撤职处分；依据《生产安全事故报告和调查处理条例》第四十条的规定，建议撤销其安全生产知识和管理能力考核合格证明；依据《安全生产违法行为行政处罚办法》第四十五条第（一）项的规定，建议处罚款人民币7300元。

（5）李某路，中共党员，胜利煤矿总工程师，是该矿安全生产技术第一责任人，对采掘技术、“一通三防”、地测防治水等技术管理工作负责。对于《采煤工作面作业规程》和《14101综采工作面过断层安全技术措施》贯彻执行的监督落实不到位；未按照《煤矿安全规程》第二百八十二条的规定，监督落实“有疑必探”的防治水原则；未按《煤矿安全规程》第三百一十七条第二款第（二）项的规定，当工作面接近导水断层时督促现场停止作业确定探水线实施超前探放水，对事故的发生负有主要领导责任。建议依据《安全生产领域违法违纪行为政纪处分暂行规定》第十二条第（七）项的规定，给予降级处分；依据《安全生产违法行为行政处罚办法》第四十五条第（一）项的规定，建议处罚款人民币7300元。

（6）贾某臣，中共党员，胜利煤矿安全副矿长，负责全矿安全生产监督管理工作。对该矿《采煤工作面作业规程》和《14101综采工作面过断层安全技术措施》贯彻执行的监督不到位，对事故的发生负有重要领导责任。建议依据《安全生产领域违法违纪行为政纪处分暂行规定》第十二条第（七）项的规定，给予记大过处分；依据《安全生产违法行为行政处罚办法》第四十五条第（一）项的规定，建议处罚款人民币6000元。

（7）胡某，中共党员，胜利煤矿生产副矿长，负责采掘专业、调度专业的安全生产工作，事故发生前到达现场指挥工人作业。重生产、轻安全，未按照《煤矿安全规程》第二百八十八条的规定，当工作面出现淋水加大、裂隙渗水、水色发浑等透水征兆时未下达停产撤人指令，应急处置不当，违章指挥工人进行推溜移架作业，对事故的发生负直接责任。因涉嫌重大责任事故罪，依据《行政执法机关移送涉嫌犯罪案件的规定》第三条第一款的规定，建议移交公安机关依法立案处理。

（8）黄某，中共党员，胜利煤矿矿长，是煤矿安全生产工作第一责任人，对煤矿安全生产工作全面负责。安全生产红线意识不强，重生产、轻安全。督促、检查本单位的安全生产工作不利，当工作面出现淋水加大、裂隙渗水、水色发浑等透水征兆时，未及时下达停产撤人指令，消除生产安全事故隐患，对事故的发生负主要领导责任。因涉嫌重大责任事故罪，依据《行政执法机关移送涉嫌犯罪案件的规定》第三条第一款的规定，建议移交公安机关依法立案处理。

（9）刘某良，中共党员，内蒙古牙克石五九煤炭（集团）有限责任公司安监部部长，负责监督检查各二级单位贯彻落实国家、上级部门下发法律法规、规章制度、标准规范等文件指令和集团公司下发各项安全管理规定的执行落实情况。对胜利煤矿采煤工作面过断层、地面采空区积水特殊时段安全监督检查不到位，对事故的发生负有重要领导责任。依据《安全生产违法行为行政处罚办法》第四十五条第（一）项的规定，建议罚款人民币3700元。

（10）刘某松，中共党员，内蒙古牙克石五九煤炭（集团）有限责任公司安全副总经理，负责研究分析安全生产情况，安排落实安全生产工作并对煤矿生产中的安全问题提出解决意见。对胜利煤矿采煤工作面过断层、地面采空区积水特殊时段安全监督检查不到位，对事故的发生负有重要领导责任。依据《安全生产违法行为行政处罚办法》第四十五条第（一）项的规定，建议罚款人民币3700元。

（11）孙某涛，中共党员，内蒙古牙克石五九煤炭（集团）有限责任公司总工程师，负责集团公司安全技术管理、“一通三防”、水文地测、防治水工作。对胜利煤矿采煤工作面过断层、地面采空区积水特殊时段重视程度不够；未认真执行《岗位安全生产责任制》中“检查指导安全技术措施实施情况”的规定，对胜利煤矿采煤工作面过断层安全技术措施检查指导不到位，对事故的发生负有重要领导责任。依据《安全生产违法行为行政处罚办法》第四十五条第（一）项的规定，建议罚款人民币6000元。

（12）张某，中共党员，内蒙古牙克石五九煤炭（集团）有限责任公司总经理、法人代表，是集团公司安全生产第一责任人，负责集团公司安全生产全面工作。未认真执行《岗位安全生产责任制》中“认真贯彻落实国家安全生产方针、政策、法律、法规和各级监管部门下发的文件指令”的规定，贯彻落实《煤矿防治水细则》有差距；对胜利煤矿采煤工作面过断层、地面采空区积水特殊时段重视程度不够，未安排公司领导专人盯守，对事故的发生负有重要领导责任。依据《安全生产违法行为行政处罚办法》第四十五条第（一）项的规定，建议罚款人民币5000元。

（二）对事故责任单位实施行政处罚建议

胜利煤矿，作为事故直接责任单位，干部职工安全发展理念树立不牢，安全生产红线意识不强，重生产、轻安全，防治水技术管理存在漏洞，未严格执行顶板管理制度，对事故发生负有责任，依据《中华人民共和国安全生产法》第一百零九条第（一）项的规定，建议对胜利煤矿罚款人民币500000元。

六、防范和整改措施及建议

胜利煤矿要认真吸取本次事故教训，严格遵守安全生产法律法规及有关规定和要求，坚持“安全第一、预防为主、综合治理”的方针，强化安全生产“红线”意识，牢固树立以人为本、安全发展的理念，落实安全生产主体责任，加强安全管理，确保安全生产。

（1）加强应急管理工作。在采掘工作面过断层、采空区地表积水、瓦斯超限等特殊时段，由公司领导及安监部派专人盯守，遇有紧急情况立即停产撤人。

（2）加强防治水技术管理，严格执行“有疑必探、先治后采”等探放水措施。全面排查矿井采矿塌陷区、地裂缝区分布情况及其他地表汇水情况，根据排查结果，确定是否在地表设置防洪坝、排水沟渠，防止地表水积聚渗入井下；掘进期间及回采前，要采用钻探的手段在轨道巷、运输巷对工作面顶板岩层、工作面附近的断层、工作面巷道揭露的断层进行探查，探查高度应大于煤层厚度的8～11倍，探查工作面煤层顶板岩层的胶结性、富水性、断层带的导水性，根据探查结果采取相应的注浆加固顶板岩层、超前探放岩层中的含水等措施，对于埋藏较浅的煤层工作面要在丰水期进行重复探查和疏放。

（3）加强顶板安全技术管理，严格执行顶板管理制度。对于煤层埋藏较浅地段、顶板松散岩层地段要进行超前防范，对工作面顶板压力监测系统数据进行定期分析，为工作面顶板管理提供依据；督促支架操作工按作业规程和安全技术措施的要求操作液压支架，确保接实顶；对于埋藏较浅的煤层（埋深小于60 m），要采用钻探的手段在工作面运输巷、轨道巷对工作面煤层顶板岩层取样，对所取岩样做抗压强度测试，测试煤层顶板岩石的固结、胶结程度，为回采工作面顶板管理提供依据。

加强职工安全教育，提高职工安全意识。在全矿范围广泛开展警示教育，认真吸取本次事故血的教训。对全矿职工进行安全培训和岗位技能培训，使全体职工明确自身岗位职责及权利义务，能够及时制止违章作业、拒绝违章指挥；使各岗位、各工种职工掌握岗位安全操作技能，了解各安全技术措施中注意事项，熟知突水、冒顶等各类危险征兆。

第七节　山西省朔州市平鲁区茂华万通源煤业有限公司“11·11”较大水害事故

2020 年 11 月 11 日 2 时 36 分，山西省朔州市平鲁区茂华万通源煤业有限公司（以下简称“万通源煤业”）发生一起较大透水事故，造成 5 人死亡，直接经济损失 2570 万元。

事故发生后，应急管理部党委书记，应急管理部副部长、国家矿山安全监察局局长，山西省省委书记、省长先后做出重要批示，要求全力搜救被困人员，查明事故原因，依法依规严肃问责。应急管理部副部长、国家矿山安全监察局副局长带领工作组紧急赶赴事故现场指导抢险救援，山西省委常委、常务副省长带领相关部门主要负责人第一时间赶赴现场，指挥抢险救援。至 2020 年 11 月 18 日 23 时 57 分，遇难人员全部找到，抢险救援工作结束。

依据《中华人民共和国安全生产法》《煤矿安全监察条例》《生产安全事故报告和调查处理条例》等法律法规规定，经山西省人民政府同意，2020 年 11 月 19 日，山西煤矿安全监察局组织山西省应急管理厅、朔州市人民政府及朔州市公安局、朔州市总工会、朔州市应急管理局、朔州市能源局等单位成立了山西朔州平鲁区茂华万通源煤业有限公司“11·11”较大透水事故调查组（以下简称“事故调查组”），对该起事故展开调查。事故调查组下设技术组、管理组和综合组，并聘请专家组成专家组参与调查。同时，邀请山西省监察委员会派员参加，山西省监察委员会指定朔州市监察委员会同步成立事故追责问责审查调查组，对有关地方党委政府、相关部门和公职人员涉嫌违法违纪及失职渎职问题开展审查调查。

事故调查组按照“科学严谨、依法依规、实事求是、注重实效”的原则，通过现场勘察、调查取证、专家论证、技术认定及综合分析，查清了事故发生的经过、原因、人员伤亡和直接经济损失，认定了事故性质和责任，提出了对事故责任单位的处理建议以及防范和整改措施。2020 年 12 月 31 日，事故调查组向朔州市监察委员会正式移交了《山西朔州平鲁区茂华万通源煤业有限公司“11 · 11”较大透水事故技术鉴定报告》和《山西朔州平鲁区茂华万通源煤业有限公司“11 · 11”较大透水事故管理调查报告》。期间，应事故追责问责审查调查组要求，事故调查组对部分情况进行了补充调查，2021 年 6 月 4 日将《山西朔州平鲁区茂华万通源煤业有限公司“11 · 11”较大透水事故管理调查报告》正式移交事故追责问责审查调查组。2021 年 10 月 20 日，事故追责问责审查调查组将《山西朔州平鲁区茂华万通源煤业有限公司“11 · 11”较大透水事故追责问责审查调查报告》移送事故调查组，对相关责任者提出了处理建议。

一、事故单位基本情况

（一）万通源煤业

1. 矿井概况

万通源煤业是经山西省煤矿企业兼并重组整合工作领导组办公室以晋煤重组办发〔2009〕116 号文件批准的兼并重组整合保留矿井，山西茂华能源投资有限公司作为主体，由原来的山西朔州万通源二铺煤业有限公司、晋能二铺煤业有限公司、朔州万通源安太堡煤业有限公司整合而成。万通源煤业由茂华公司、朔州万通源能源投资集团有限公司（以下简称“万通源能投”）共同出资组成，其中茂华公司出资比例为70%，万通源能投出资比例为30%。2003 年 11 月，华电煤业集团有限公司（以下简称“华电煤业”）下设华电煤业山西分公司。2020 年 7 月，华电煤业山西分公司与茂华公司合署办公，负责万通源煤业在内的 5 家煤矿的管理工作。根据万通源煤业制定的《山西朔州平鲁区茂华万通源煤业有限公司章程》有关规定，2018 年 10 月，万通源能投委派侯某林担任万通源煤业副董事长，代表万通源能投行使股东权利。

万通源煤业位于朔州市平鲁区白堂乡，距平鲁城区 3 km。该矿东与平朔安太堡露天煤矿相邻，南与山西中煤潘家窑煤业有限公司相邻，西与山西朔州平鲁区阳煤泰安煤业有限公司（已关闭）相邻，北与山西朔州万通源井东煤业有限公司（已关闭）相邻。

万通源煤业井田面积为 15.1922 km^2，采矿许可证批准开采 4 ~ 11 号煤层，现开采4号煤层，核定生产能力2.10 Mt/a，属于低瓦斯矿井，水文地质类型为中等。4号煤层自然倾向性为Ⅱ类，有煤尘爆炸危险性，矿井正常涌水量147 m^3/h，最大涌水量220 m^3/h。

2. 证照情况

万通源煤业属证照齐全的生产矿井，持证情况：《采矿许可证》，证号C1400002009121220048242，有效期为2020年8月31日至2028年9月8日；《安全生产许可证》，证号（晋）安许证字〔2020〕GY065Y1B2，有效期为2020年9月15日至2023年9月14日；《营业执照》，统一社会信用代码911400001114734840，有效期2017年9月28日至长期；矿长迟某俊安全生产知识和管理能力考核合格证，证号蒙A379002196608162254，有效期为2017年12月9日至2020年12月8日。

3. 整体托管情况

2019年3月31日，万通源煤业与龙口矿业集团有限公司（以下简称龙矿集团）签订了《山西朔州平鲁区茂华万通源煤业有限公司矿井安全生产托管合同》；2020年1月1日，双方又签订了《山西朔州平鲁区茂华万通源煤业有限公司矿井安全生产托管合同补充协议》；托管期限自2019年6月6日起到2023年12月31日止。

《山西朔州平鲁区茂华万通源煤业有限公司矿井安全生产托管合同》明确了托管方式及期限、双方的权利和义务、双方负责的范围及费用的界定、双方的安全生产责任等内容。其中托管方式为万通源煤业将煤矿生产、安全、技术等生产系统及管理、矿井安全生产标准化建设整体委托给龙矿集团，由其负责煤矿的全面安全生产管理并承担煤矿安全生产的相应责任；龙矿集团组建的专业队伍须符合国家相关规定，有关管理人员必须具备相应资格。合同中约定，托管费用中标综合承包单价为48.89元/t（含16%税）。

2019年6月8日，托管双方正式交接，安全生产工作由龙口矿业集团有限公司山西矿井管理分公司万通源煤业项目部［以下简称“万通源煤业”（承托方）］具体负责，万通源煤业（委托方）负责监督检查。整体托管后，万通源煤业于2019年7月8日进行了安全生产许可证主要负责人变更。

4. 管理机构设置及人员配备情况

万通源煤业（委托方）设有董事会和经理层，其中董事会包括董事长李某鹏，副董事长侯某林（万通源能投派驻万通源煤业代表），董事许某、王某、刘某山、张某友、谢某毅，监事吕某、李某；经理层包括总经理李某鹏，副总经理刘某，副总经理李某，纪检专员张某雁，党委委员李某、王某振。万通源煤业

（委托方）下设综合管理办公室（人力资源、保卫）、计划经营部、财务资产部、党建监督部、销售管理部、生产监管部等 6 个职能部室，在册劳动合同制员工 198 人。

万通源煤业（承托方）矿长迟某俊、生产副矿长（分管采煤）宋某德、生产副矿长（分管掘进）王某振、安全副矿长李某、总工程师初某明、机电副矿长王某波；下设技术装备部、安全管理部、通风队、机电队 4 个安全生产管理机构和 1 个综采队、2 个综掘队；设有探水队，探水队隶属技术装备部；在册职工 578 人。

矿井按“三八”制组织生产作业，早班 8 时至 16 时，中班 16 时至零时，夜班零时至 8 时。

5. 主要系统概况

1）开拓系统

矿井采用斜井开拓方式，建有主斜井、副斜井、回风斜井（1）和回风斜井（2）4 个井筒。

（1）主斜井：井筒净宽 4.77 m，净断面 13.94 m^2，斜长 427 m，倾角 25°，落底至 9 号煤层底板。担负全矿井的煤炭提升任务和人员上下任务，为矿井的进风井和安全出口。

（2）副斜井：净宽 3.2 m，净断面 10.42 m^2，斜长 486.2 m，倾角 20°，落底至 9 号煤层底板。担负矿井的辅助提升、下放大件设备任务，为矿井的进风井和安全出口。

（3）回风斜井（1）：净宽 4.5 m，净断面 13.57 m^2，斜长 344.2 m，倾角 21°，落底至 9 号煤层底板，担负全矿井回风任务，作为矿井安全出口。

（4）回风斜井（2）：净宽 2.6 m，净断面 7.07 m^2，斜长 285.6 m，倾角 25°，落底至 9 号煤层顶板，担负全矿井回风任务，作为矿井安全出口。

2）通风系统

矿井采用中央并列式通风方式，机械抽出式通风方法。矿井共布置 4 个井筒，主斜井、副斜井进风，回风斜井（1）、回风斜井（2）通过上下部联络巷联通，共同承担矿井回风任务。在回风斜井（1）安装两台 FBCDZ－8－No28 型矿用防爆对旋轴流式通风机，一用一备。矿井进风量 7038 m^3/min，回风量为 7294 m^3/min。采煤工作面采用 U 形通风，掘进工作面采用局部通风机压入式通风。

3）供电系统

矿井采用双回路供电，一回 35 kV 电源引自康家窑 35 kV 变电站，导线型号为 JL/GIA－240，供电距离为 3.5 km。另一回 35 kV 电源引峙峪 110 kV 变电站，导线型号为 JL/GIA－240，供电距离为 11.2 km。地面建有 35 kV 变电站一座，安装两台 SZ11－16000/35 型变压器。井下设有一座中央变电所、一座采区变电所，采用双母线分列运行模式。

4）提升系统

主斜井安装 1 部 DTC120/50/2×355 型钢丝绳芯带式输送机，电动机功率 2×355 kW。主斜井安装 1 部 RJKY45－35/1800 型架空乘人装置，电动机功率 45 kW。副斜井安装一部 JK－3/31.5 型单滚筒提升机，配套电动机功率 500 kW、电压 10 kV。

5）运输系统

井下煤炭运输采用带式输送机运输，一水平运输大巷安装一部 DTL120/140/2×160 型带式输送机，一水平北运输大巷安装一部 DTL120/140/2×400 型带式输送机。辅助运输系统采用无极绳连续牵引车矿车运输，一水平轨道大巷安装 SQ－80/75B 型无极绳连续牵引车，一水平北轨道大巷安装 SQ－160/160PS 型无极绳连续牵引车。

6）排水系统

井下设 2 个排水泵房，分别为中央水泵房、采区水泵房。中央水泵房安装 3 台 MD280－43×5 型离心水泵，扬程 215 m，额定流量 280 m^3/h，一台工作，一台备用，一台检修，两趟 $\phi273\times8$ 型无缝钢管作排水管沿主斜井敷设至地面矿井水处理站。采区水泵房安装 3 台 BQS240－24×3－100/S 型潜水泵，扬程 72 m，额定流量 240 m^3/h，一台工作，一台备用，一台检修，敷设两趟 $\phi273\times8$ 型无缝钢管作排水管，由采区水泵房排送至中央水泵房。

7）防尘洒水系统

矿井采取综合防尘措施，建立有防尘洒水系统。地面设有 1 座容积为 500 m^3 的静压水池，1 座容积为 250 m^3 的备用静压水池，作为井下消防洒水及井下各用水设施的用水水源，采用 $D133\times4.0$ 型供水管路由主斜井引入井下，井下降压处理后采用 $D108\times4.0$ mm/$D76\times3.5$ mm 的供水管路送至各作业地点。

8）防灭火系统

矿井采用以黄泥灌浆为主，注凝胶、喷洒阻化剂为辅的综合防灭火措施，装备有 JSG9 型地面固定式煤矿自燃发火束管监测系统。

9）安全避险六大系统

（1）监测监控系统：矿井装备 1 套 KJ350X 型煤矿安全监控系统。

（2）人员定位系统：矿井装备 1 套 KJ236 型人员定位系统。

（3）压风自救系统：矿井地面配备 2 台 ERC－270SAL/0.8 型螺杆式固定空压机，一用一备。

（4）供水施救系统：矿井供水施救水源取自本矿地面静压水池；供水施救管道与消防洒水管道共用，矿井采用 ZYJ 型供水施救装置。

（5）通信联络系统：矿井安装有 DDK－6 多媒体调度通信系统、KT28C－3GSCDMA 无线通信系统和 KT199 井下应急救广播系统，井下电话机使用防爆型、本质安全型。

（6）井下紧急避险系统：2 个永久避难硐室，1 个位于运轨二联巷往里，额定避险人数 60 人，另一个位于运轨一联巷往外，额定避险人数 100 人。

（二）万通源煤业（委托方）上级单位概况

1. 中国华电集团有限公司

中国华电集团有限公司（以下简称“华电集团”）是 2002 年底国家电力体制改革组建的国有独资发电企业，属于国务院国资委监管的特大型中央企业，也是中央直管的国有重要骨干企业，共设 17 个职能部门，其中安全环保部、煤炭产业部是涉煤安全管理部门，下设华电煤业集团有限公司、华电国际电力股份有限公司等二级公司。主营业务为电力生产、热力生产和供应，与电力相关的煤炭等一次能源开发以及相关专业技术服务。

2. 华电煤业

华电煤业成立于 2005 年 8 月，是华电集团专门从事煤炭及相关产业开发、运营的专业公司，注册资本 36.57 亿元，现有股东 8 家，其中华电集团控股 76.37%，华电国际电力股份有限公司等华电集团系统内 7 家单位合计参股 23.63%。《营业执照》统一社会信用代码为 91110000710933614K，法人代表王某旺，营业期限为长期；《安全生产许可证》证号为（国）MK 安许证字〔20170010Y〕，有效期自 2020 年 9 月 6 日至 2023 年 9 月 5 日。华电煤业设董事长、总经理、工会主席、纪委书记、总会计师各 1 名和副总经理 2 名；本部设 15 个职能部门，下设 2 个分支机构（山西分公司、内蒙古分公司）、4 个全资子公司、11 个控股公司、15 个参股公司，专业化管理华电集团山西、内蒙古区域的 8 个煤炭企业。事故发生时有生产矿井 23 座，生产能力 51.5 Mt/a。

3. 华电煤业山西分公司（茂华公司）

华电煤业山西分公司（茂华公司）（以下简称“华电煤业山西分公司”）设有纪委书记 1 名（总经理空缺，主持工作）、副总经理 2 名和党委委员 2 名，下设综合管理办公室、计划经营部、财务资产部、党建工作部、监督部（纪检办公室）、安全生产技术部、销售管理部 7 个职能部门，定员 25 人。

华电煤业山西分公司负责山西石泉煤业有限责任公司、万通源煤业、山西朔州平鲁区茂华东易煤业有限公司（以下简称“东易煤业”）、山西朔州平鲁区茂华白芦煤业有限公司（以下简称“白芦煤业”）和山西朔州平鲁区茂华下梨园煤业有限公司（以下简称“下梨园煤业”）的管理工作。其中万通源煤业、白芦煤业、下梨园煤业由龙矿集团整体托管，东易煤业由徐州矿务集团有限公司整体托管。

（三）万通源煤业（承托方）上级单位概况

1. 山东能源集团有限公司

山东能源集团有限公司（以下简称“山东能源集团”）是山东省委、省政府于 2020 年 7 月联合重组兖矿集团和原山东能源集团 2 家省属重要骨干企业，组建成立的大型能源企业集团。注册资本 247 亿元，注册地济南。龙矿集团是山东能源集团旗下的权属企业之一。

2. 龙矿集团

龙矿集团前身为龙口矿务局，成立于 1987 年 5 月；2003 年 3 月，改制为龙矿集团，是山东能源集团旗下权属企业之一，注册资本 27.03781 亿元，主营业务为煤炭开采、销售。《营业执照》统一社会信用代码 9137000016942321XR，法定代表人侯某刚，有效期为长期。《安全生产许可证》证号为（鲁）MK 安许证字〔[2015] Q1－008〕，有效期为 2020 年 8 月 11 日至 2023 年 8 月 10 日。龙矿集团下设机关部室 12 个，其中包括安全监察局、生产技术部、机（油）电管理部、调度指数中心和技术（研发）中心（环境保护中心）等 5 个安全生产管理机构；自有 4 对生产矿井，另外在山西朔州、内蒙古整体托管了 4 对矿井，其中在山西朔州共托管 3 座矿井（万通源煤业为其中之一）。

3. 龙口矿业集团有限公司山西矿井管理分公司

龙口矿业集团有限公司山西矿井管理分公司（以下简称“龙矿集团山西分公司”）成立于 2019 年 4 月 3 日，为龙矿集团对外托管经营的管理平台，与山西龙矿能源投资开发有限公司合署办公，一套机构、两块牌子。龙矿集团山西分公司全面负责各托管项目部的安全管理、日常监督和对外协调工作。公司设置党委书记、党委副书记、总经理各 1 名和副总经理 2 名，下设安全管理部、生产技术部、经营绩效考核部和党群工作部（综合管理部）等 4 个部室。

（四）山西益一盛矿山机电有限公司

山西益一盛矿山机电有限公司（以下简称“益一盛公司”）主要经营范围为矿山专用设备维修及销售，矿山设备安装、维修及技术咨询服务；矿山工程服务；矿山工程劳务服务（不含劳务派遣）等。《营业执照》统一社会信用代码

91140600MA0JY0PL0T（1-1），法定代表人为郝某春，有效期自2018年3月1日至2028年2月29日。

2017年底李某喜找到郝某春（个体汽车修理工），让他帮忙以他为法定代表人注册一家公司。2018年3月1日益一盛公司注册成立，法定代表人为郝某春，但郝某春未参与过公司管理，益一盛公司实际控制人为李某喜。李某喜安排段某清具体负责益一盛公司相关煤矿工程管理工作。2019年8月前后，该公司开始向万通源煤业提供油脂、支护材料、机电设备小型配件等材料；2019年底承包了万通源煤业40103工作面安装工程，2020年3月前后安装完毕。

二、事故相关情况

（一）事故地点

矿井根据煤层赋存特征，设计利用一水平（标高+1235 m）服务4号、6号煤层，在4号煤层中布置有一水平运输大巷、一水平轨道大巷、一水平回风大巷和总回风大巷与4个井筒相连，并沿井田中央南北向布置一水平北运输大巷、一水平北轨道大巷和一水平回风大巷，在井田中部向东布置一采辅助运输巷和一采辅助回风巷与一水平北三条大巷相连。

万通源煤业正在一采区（401采区）进行开采，该采区现布置有1个采煤工作面，即40103综放工作面；4个掘进工作面，即40105开切眼掘进工作面、40105运输巷掘进工作面、一采泄水巷掘进工作面（原设计为40108回风巷，事故前停掘放水）和40108运输巷掘进工作面。

本次事故发生在40108运输巷掘进工作面迎头。40108运输巷掘进长度为385.30 m，西侧与一水平北运输大巷平行，间距约为37.39 m；东侧与一采泄水巷和原103盘区运输巷平行，间距分别约为122.85 m和150.55 m，同时东侧距2002—2004年采空区213.10 m。依据事故区域邻近的430钻孔柱状图，4号煤层厚度约13.38 m，其顶板为砂质泥岩、砂岩，底板为泥岩、砂质泥岩和高岭土。

（二）事故区域防治水

山西省地质工程勘察院出具的《山西朔州平鲁区茂华万通源煤业有限公司40108运输巷283 m处超前物探报告》显示：2020年10月14日，在40108运输巷掘进工作面283 m处采用YCS160矿用本安型瞬变电磁仪，进行了超前探测，底板斜下15°方向断面，左帮60°、正前90°、右帮45°方向距离100 m外，有相对低阻异常存在。2020年10月18日至21日，在40108运输巷掘进工作面5号钻场处施工了10个钻孔，孔深38～90 m。

一采泄水巷东部靠近二铺二矿老空区，第二钻场钻孔施工过程中出水，自 9 月 12 日开始放水，至事故发生前，放水仍在进行，累计放出水量 81789 m^3。

（三）关于增加 40108 工作面的动议及批复

2020 年 6 月上旬，万通源煤业董事长李某鹏、万通源煤业矿长迟某俊在万通源煤业副董事长侯某林办公室商议矿井生产接续情况时，由于规划的 40106 工作面和 40107 工作面受原临近矿井采空区影响不能布置、40105 工作面掘进工程滞后等原因可能导致矿井生产接续紧张，侯某林提议能否在一采区另外增加一个工作面，经商议，李某鹏、侯某林、迟某俊三人根据井下实际采掘布置情况决定布置 40108 工作面。

2020 年 6 月 23 日，万通源煤业（委托方）起草了《关于一采区增加布置 40108 工作面的请示》（茂华万通源监〔2020〕11 号）上报华电煤业山西分公司。2020 年 7 月 13 日，华电煤业山西分公司以《关于万通源煤矿一采区增加布置 40108 工作面的批复》（山西分公司安〔2020〕41 号）同意该方案。

万通源煤业在一采区东翼布置 1 个采煤工作面和 3 个掘进工作面同时作业，未将 40108 工作面采掘作业计划向平鲁区政府相关部门报备。

（四）40108 运输巷掘进工作面施工队伍

侯某林派驻万通源煤业的联络员孙某睿在侯某林授意下，多次向李某鹏和迟某俊提议把 40108 工作面掘进工程承包给向万通源煤业（承托方）供应井下材料的个体老板李某喜，李某鹏表示同意，迟某俊开始未同意，但最终接受了提议。之后，李某喜自己负责材料供应，将掘进作业转包给个体老板刘某浩。

2019 年下半年，刘某浩曾通过朋友介绍找到侯某林，提出要施工煤矿掘进工程，侯某林将他推荐给了万通源煤业时任矿长王某生，随后刘某浩承包了该矿一采区辅助运输巷和一采区回风巷的掘进工程，上述掘进工程于 2019 年 12 月停工，该掘进工程款由万通源煤业（承托方）以劳务派遣的方式进行了结算。2019 年 12 月 17 日，龙矿集团山西分公司任命迟某俊为万通源煤业矿长后，不再使用这支队伍。

李某喜与万通源煤业（承托方）、刘某浩均未签订承包合同，安排段某清负责与矿方进行掘进工程的相关事宜沟通协调。李某喜、刘某浩两人均无施工井巷工程的资质。

施工队伍由刘某浩个人临时组建，矿方编为 106 队，2020 年 6 月组建完成并入矿，6 月 19 日在一采区辅助回风巷溜煤眼往东 150 m 处正式开口施工。

106 队设掘进队和探水队，其中掘进队共 37 人，队长郭某龙、副队长王某仁、技术员李某林、材料员汪某成，早班（检修班）共 13 人，中班（生产班）

共10人，夜班（生产班）共10人；探水队共13人，队长杨某林。

2020年7月，万通源煤业（承托方）向万通源煤业（委托方）提交了一份补充协议的草拟稿，其中提到40108工程款结算的问题。按照补充协议，40108的工程款将由万通源煤业（委托方）按月以07计价标准向万通源煤业（承托方）支付，付款的方式为万通源煤业（委托方）付给龙矿集团山西分公司，龙矿集团山西分公司向万通源煤业（承托方）拨款，然后再由万通源煤业（承托方）向施工队支付。但万通源煤业（委托方）和万通源煤业（承托方）就补充协议进行了多次谈判，未达成一致意见；至事故发生前，补充协议一直未能签订，万通源煤业（承托方）未与李某喜就40108运输巷掘进工程款进行过约定，也未与李某喜进行过结算，李某喜也未与刘某浩进行过结算，106队工人工资均由刘某浩垫资支付。

2020年9月13日，侯某林、李某鹏与迟某俊谈到106队的管理问题，提出一是在工程款结算时将40108工作面煤量予以扣除，二是如果万通源煤业（承托方）同意管理106队，可以付给他们相应的管理费，但最终未达成一致意见，也未扣除40108工作面煤量。

（五）40108运输巷掘进工作面施工情况

2020年6月19日，106队自一采辅助回风巷开口施工一采泄水巷掘进工作面，掘进51 m后停止掘进。7月25日，开始掘进40108工作面联络巷，8月15日掘进至与40108运输巷的交岔点位置后，向一采辅助运输巷方向掘进，距离一采辅助运输巷1.5m时停止掘进，调头向南施工40108运输巷。

（六）40108运输巷掘进工作面作业规程及探放水设计编制审批情况

40108运输巷掘进工作面作业规程由106队技术员李某林编制，2020年8月，万通源煤业（承托方）组织会审通过了该作业规程，矿长迟某俊、总工程师初某明、生产副矿长（掘进）王某振、安全副矿长李某、机电副矿长王某波及各安全生产技术专业的负责人均签字同意。

40108运输巷掘进工作面探放水设计由106队探水队长杨某林编制，段某清（40108运输巷掘进工程管理人员）审批，无矿方人员签字同意。

（七）40108运输巷掘进工作面探放水情况

40108运输巷掘进工作面探放水工程由106队自行负责，106队设有探水队，探水队由刘某浩个人临时组建，探水队人员无探放水特种作业人员操作资格证，40108运输巷掘进工作面探放水设计、钻孔施工均由106队自己完成，钻孔无人验收。长探钻孔由探水队施工，短探钻孔由掘进队每天早班安排专人施工。

（八）其他

1. 40108运输巷掘进工作面与一采区辅助运输巷之间留设1.5 m煤柱

2020年8月15日，40108运输巷掘进工作面开始向一采区辅助运输巷方向掘进，在与一采区辅助运输巷剩余1.5 m煤柱时，万通源煤业（承托方）以贯通后影响在一采区辅助运输巷安装带式输送机为由，让106队停止掘进，掉头向南施工40108运输巷。

2. 40108运输巷掘进工作面安全监测监控系统和人员位置监测系统安设

40108运输巷掘进工作面安设有甲烷传感器、一氧化碳传感器、风筒传感器，但传感器数据均未上传至安全监测监控系统；40108运输巷掘进工作面未安设人员位置监测系统分站。

3. 106队人员安全培训和携带人员定位卡

106队人员均未进行岗前安全培训，仅贯彻了掘进工作面作业规程即入井工作。2020年6月入井的第一批工人从万通源煤业（承托方）领取过人员定位卡，但部分人员人卡不符；11月4日入井的11名新工人均未配发定位卡。

4. 40108运输巷掘进工作面密闭及启封

为逃避上级检查，40108运输巷掘进工作面先后进行过三次密闭。9月14日、10月2日，万通源煤业（承托方）先后两次安排106队对40108运输巷掘进工作面进行密闭，106队在一采泄水巷与联络巷交岔口处砌筑了密闭，检查结束后106队自行启封，继续掘进。10月21日第三次因上级检查进行了密闭，24日启封后开始排水，11月4日中班106队自行恢复掘进。三次密闭均由106队擅自启封。

5. 上级企业停止40108运输巷掘进工作面作业及落实

2020年8月27日，龙矿集团、龙矿集团山西分公司在万通源煤业检查发现安全隐患后，下达停止40108运输巷掘进作业的指令。2020年9月15日，华电煤业山西分公司因一采泄水巷探放水钻孔出水量大，下达《关于万通源40108运输巷停止掘进的通知》。针对两次停止作业指令，万通源煤业（承托方）均未执行。

6. 关于协商终止托管合同的相关情况

2020年9月17日，龙矿集团因“万通源煤业受诸多因素影响，安全生产存在较大风险隐患，严重危及职工生命安全”向华电煤业发函商榷终止与万通源煤业整体托管合同的相关事宜，拟9月底停止作业。

2020年9月18日，华电煤业向龙矿集团回函答复，请龙矿集团在新中标单位进场前，严格履行托管的相关责任，确保煤矿安全生产平稳、员工队伍稳定；新中标单位进场与龙矿集团完成交接后，协商终止托管合同。

2020 年 9 月 27 日，华电煤业向龙矿集团提出三对托管矿井（白芦煤业、下梨园煤业、万通源煤业）一并退出的意见。

2020 年 10 月 14 日，龙矿集团总经理一行到华电煤业提出终止白芦煤业、下梨园煤业、万通源煤业托管，并就队伍退场、工程结算交换意见。

2020 年 10 月 16 日，华电煤业向龙矿集团发函，请龙矿集团在 10 月 22 日前，分别向白芦煤业、下梨园煤业、万通源煤业出具终止托管合同的书面文件，在正式协商终止托管合同前，请龙矿集团务必保证相关煤矿员工队伍稳定、安全生产正常。

2020 年 10 月 22 日，龙矿集团向华电煤业回函，同意华电煤业提出的三对矿井一并退出的意见，希望双方以最短的时间做好收尾工作，最大限度地保证矿井安全、职工稳定。

三、事故发生经过、报告及应急处置情况

（一）事故发生经过

2020 年 11 月 10 日 21 时 30 分，106 队夜班 8 名员工张某、吴某新、贾某平、贾某红、段某富、李某军、孙某、赵某志来到矿 1 号楼五层会议室，由队长郭某龙组织召开了班前会。

22 时 30 分左右，张某等 8 人一起下井，23 时左右到达井下 40108 运输巷作业地点，其中张某负责 40108 运输巷带式输送机，吴某新负责 40108 工作面联络巷简易带式输送机，贾某平负责一采泄水巷运煤铁溜，其余 5 人在 40108 运输巷掘进工作面迎头工作。

10 日 23 时至 11 日 2 时，张某等 8 人主要进行带式输送机的维修工作；11 日 2 时 10 分左右，开始进行 40108 运输巷掘进工作面掘进。

11 日 2 时 36 分，张某听到一声巨响，随即有风吹出，带式输送机也自动停止运转，他感觉有水涌出，随即边跑边喊：“出水了，赶快跑”，吴某新和贾某平听到喊话后也随他一起往外跑，并在一采辅助回风巷溜煤眼处遇到综掘队电工刘某刚；11 日 2 时 39 分，4 人一起跑到了位于一采区北轨道大巷与一采区辅助回风巷联络巷二部车场电话处，由刘某刚向调度室汇报：“106 队迎头打出水来了，里面还有 5 个人没出来”；11 日 2 时 55 分左右，值班调度员武某、信息员史某强分别通过调度电话和语音广播通知井下所有工人立即撤离。

截至 2020 年 11 月 11 日 4 点 30 分，透水事故后安全升井 86 人，40108 运输巷掘进工作面其余 5 名作业人员被困。

（二）事故报告及应急处置

1. 事故报告

2020 年 11 月 11 日 2 时 36 分事故发生，2 时 39 分，综掘队电工刘某刚用井下电话向调度室报告了事故情况，调度室值班调度员武某随即向矿长迟某俊进行了报告。

11 日 3 时 55 分，武某电话向朔州市应急管理局进行了报告。

11 日 5 时 56 分，原朔州煤矿安全监察站接到事故报告。

11 日 5 时 59 分，武某电话向平鲁区应急管理局进行了报告。

事故发生后，万通源煤业未在规定的时间内向平鲁区应急管理局和原朔州煤矿安全监察站上报，属迟报。

2. 事故应急处置

事故发生后，矿长迟某俊到达调度室，立即启动了应急救援预案，组织开展救援工作，并安排分管生产工作的副矿长宋某德和总工程师初某明入井查看情况，开展救援工作。

华电煤业和龙矿集团接到事故报告后，要求万通源煤业立即撤出井下所有作业人员，启动应急救援工作，全力搜救被困人员，同时要求万通源煤业将救援进展情况及时汇报。

应急管理部、国家矿山安全监察局以及省委省政府、朔州市委市政府接到事故报告后，应急管理部副部长、国家矿山安全监察局副局长带领工作组，省委常委、常务副省长带领相关部门负责同志第一时间赶赴事故现场协调救援工作，朔州市委市政府和平鲁区区委区政府主要领导赶赴事故现场后，启动应急预案，成立了抢险救援指挥部，立即组织开展救援。

抢险救援指挥部先后调集了 6 支救护队（国家矿山应急救援大同队、朔州市应急救援大队、中煤平朔救护消防应急救援中心、平鲁区应急救援大队、朔城区应急救援大队、山阴县矿山救护中队）19 支小队 191 人，同时还调集了朔州消防救援队、蓝天救援队、天津深之蓝机器人救援队和深圳潜鲛搜救机器人救援队共计 50 人参加事故救援工作，并调配了水泵 29 台（包括技术较为先进的机器人排水泵 2 台 200 m^3/h、皮划艇排水泵 2 台 200 m^3/h），排水管 13530 m，移动变电站 4 台、电缆 5830 米，皮划艇 2 艘，地面钻机 3 台，潜水探测机器人 3 台等物资参与事故救援工作。

17 日 19 时 18 分至 18 日 23 时 57 分，在 40108 运输巷先后搜寻到贾某红、段某富、李某军、孙某、赵某志 5 名遇难人员，并运送至地面，抢险救援结束。

本次抢险救援历时 188 个小时，累计排水 119500 m^3。

3. 应急救援处置评估

本次事故抢险救援工作应急管理部、国家矿山安全监察局和省委省政府高度重视，响应快速，省委常委、常务副省长亲自坐镇指挥，各级政府部门高效运转，统筹调派全省的应急救援物资和应急救援资源实施救援，充分彰显了我国新时代应急管理体系的优越性；应急管理部、国家矿山安全监察局第一时间派遣专家组一直在救援现场进行指导，体现了应急管理体系和能力现代化取得了一定的成效；华电煤业、龙矿集团全力调派人力、物力不惜一切代价进行事故救援，全面落实了事故救援期间企业的主体责任；各级救援队伍充分利用专业优势，积极采取措施营救被困人员，发挥了专业救援能力和快速反应能力，救援工作安全有序完成。

（三）事故善后赔偿

事故救援结束后，按照抢险救援指挥部善后工作要求，为了尽快完成善后安抚工作，李某鹏向侯某林提出，让万通源能投（30% 股东）先行垫付赔偿金，并口头约定待事故调查结束后按照责任划分承担相应的赔偿金额。侯某林将相关情况汇报给万通源能投董事长李某，经李某同意后，万通源能投安排工作人员和参与事故善后处理的万通源煤业纪检专员张某雁一起对接完成善后赔偿事宜，共支付赔偿费用 1010 万元，每位遇难矿工赔偿约为 200 万元。

四、事故原因

（一）原因分析

经论证分析、技术鉴定：万通源煤业井田内 4 号煤层存在调查采空积水区 15 处，积水总面积约 45236 m^2，积水总量约 84538 m^3，是导致本次较大透水事故的条件基础；地面瞬变电磁探测对老空区积水边界勘查不清，老空水“三线”标注不合理，矿井对井田内老空区采掘分布和积水范围不清，在本次事故透水点附近未显示有老空区和老空水，透水点位于老空水“三线”范围之外；未按照《煤矿防治水细则》和山西省防治水相关规定对 40108 运输巷掘进工作面周边老空区进行探放水设计，在距透水点最近 5 号钻场及迎头仅布置 10 个探放水钻孔，钻孔数量及间距不符合《煤矿防治水细则》第四十三条规定；探放水钻孔未按照设计施工，探放水钻孔深度不够，5 号钻场探放水设计要求钻场布置 5 个钻孔，钻孔深度 100 ~ 101 m，实际上 5 号钻场施工 6 个钻孔，迎头施工 4 个钻孔，钻场探放水钻孔深度 38 ~ 90 m；未按照“长短探结合”相关规定及设计进行短探，5 号钻场探放水短探设计技术要求在迎头补打 5 个短探钻孔，设计孔深 20 m，实际上未发现有短探钻孔痕迹，也没有短探钻孔施工相关记录，短探钻孔未按设计施工；未执行井下瞬变电磁超前成果报告探 100m 掘 70 m 的要求，

40108 运输巷掘进至 353 m 时应进行下一次超前物探，透水点位于 40108 运输巷掘进工作面 385. 30 m 处，已超过规定超前物探距离；40108 运输巷超允许掘进距离掘进，未按照安全技术要求留足超前距，5 号钻场专项探放水总结及效果评价报告效果分析评价中技术要求允许掘进 30 m，超前距 66 m，实际掘进中超过允许掘进距离 49 m 未进行下一次长探施工，掘进作业时直接掘透老巷造成透水。

（二）事故类别

经调查认定，本起事故为水害事故。

五、事故造成的人员伤亡和直接经济损失

本起事故共造成 5 人死亡，依据《企业职工伤亡事故经济损失统计标准》（GB 6721—1986）和有关规定统计，事故共造成直接经济损失 2570 万元。

六、事故发生前的安全管理

（一）万通源煤业安全管理

1. 主要安全管理活动

万通源煤业（承托方）每月组织安全大检查不少于两次。2020 年以来，共组织检查 30 余次，发现一般隐患 1100 多条。对 40108 运输顺槽掘进工作面检查 2 次，发现隐患 13 条，其中防治水方面的主要安全隐患有“未形成正规排水系统”“用顶机打探眼”“先掘后探，未按设计要求施工”等。

万通源煤业（委托方）每周组织不少于一次的安全大检查。2020 年以来，共组织安全监督及专项检查 43 次，发现一般隐患 739 条，均以整改指令书形式下达给万通源煤业（承托方）。其中涉及 40108 运输巷掘进工作面安全隐患 17 条，9 月 8 日检查时发现该工作面“无短探，长探孔灭失”等安全隐患，9 月 17 日检查时发现该工作面“无物探、短探牌板”等安全隐患，9 月 24 日、10 月 16 日检查时发现该工作面“无短探”等安全隐患。

2. 存在的主要问题

（1）对 40108 运输巷掘进工作面失管失控，探放水工作管理缺失。万通源煤业（承托方）对 40108 运输巷掘进工作面防治水工作管理缺失。该工作面探放水设计、钻孔施工均由 106 队自行完成，万通源煤业（承托方）既不审查探放水设计，也不进行钻孔验收。万通源煤业（承托方）不认真履行承托方安全管理职责，对 106 队失管失控，发现 106 队诸多安全隐患后，管控不到位，制止不坚决，又不及时向平鲁区人民政府及应急管理部门正式报告，消极应对，听之

任之。

（2）对入井人员安全培训不到位。万通源煤业（承托方）未对106队作业人员进行岗前安全培训。

（3）检查频次少、整改落实差。40108运输巷掘进工作面开工后，万通源煤业（承托方）仅10月2日和10月19日检查两次，且对发现的该工作面探放水方面存在的安全隐患未采取措施整改落实。

（4）不执行上级公司的停止作业指令。万通源煤业（承托方）未认真执行2020年8月27日龙矿集团、龙矿集团山西分公司下达的停止40108运输巷掘进工作面掘进作业的指令；未认真执行2020年9月15日华电煤业山西分公司下达的停止40108运输巷掘进工作面掘进作业的指令。

（5）蓄意隐瞒40108运输巷掘进工作面逃避监管检查。万通源煤业（承托方）通过40108运输巷掘进工作面不上图、甲烷和一氧化碳等传感器数据不上传、上级检查时打设密闭等手段蓄意隐瞒40108运输巷掘进工作面，逃避监管检查。

（6）违规多布置掘进工作面。万通源煤业违规在4号煤一采区东翼布置了1个采煤工作面和3个掘进工作面同时作业。

（7）违规承包转包。矿井整体托管后，万通源煤业违规将40108运输巷掘进工作面作为独立工程进行承包转包。

（8）委托方监督检查不到位。万通源煤业（委托方）未认真履行委托方监督检查职责，对万通源煤业（承托方）与106队存在的管理“两张皮”情况监督不力；对发现的40108运输巷掘进工作面“无短探、长探孔灭失”等安全隐患督促整改落实不到位；未监督万通源煤业（承托方）落实上级公司下达的停止作业指令。

（二）上级企业安全管理

1. 华电煤业山西分公司安全管理

（1）主要安全管理活动。华电煤业山西分公司主要负责监督管理下属五座煤矿的安全、生产、技术、环保设计的审核上报，对下属煤矿进行日常安全监督检查。2020年以来，共对万通源煤业检查11次，发现安全隐患205条。其中，9月10日配合华电煤业生产技术部对万通源煤业40108工作面防治水工作进行了专项督导检查。

（2）存在的主要问题：

① 对万通源煤业违规布置40108工作面进行批复。在万通源煤业一采区东翼已布置了40103综放工作面、40105回风巷掘进工作面和40105运输巷掘进工

作面的情况下，仍对万通源煤业违规布置 40108 工作面进行批复。

② 对万通源煤业安全监督检查不力。华电煤业山西分公司对万通源煤业日常检查中，未发现矿井将 40108 运输巷掘进工作面违规承包转包、40108 运输巷掘进工作面甲烷和一氧化碳等传感器数据不上传、部分入井人员不携带定位卡等安全隐患。

③ 对停止作业指令跟踪落实不到位。2020 年 9 月 15 日，华电煤业山西分公司根据一采泄水巷 7 个探放水钻孔涌水量共 94 m^3/h 的情况，得出原二辅二矿采空区范围图纸与实际不符，可能影响 40108 工作面布置的结论，对万通源煤业下达了 40108 运输巷掘进工作面停止掘进的通知，但未跟踪落实。

2. 龙矿集团山西分公司安全管理

（1）主要安全管理活动。龙矿集团山西分公司主要负责对下属煤矿的监督检查，每月进行一次安全综合大检查。2020 年以来，龙矿集团山西分公司对万通源煤业安全检查 11 次，发现安全隐患 464 条。

（2）存在的主要问题。对停止作业指令跟踪落实不到位。2020 年 8 月 27 日，龙矿集团、龙矿集团山西分公司对万通源煤业共同检查时，发现安全隐患 108 条，对万通源煤业下达了停止作业通知书，要求 40108 运输巷掘进工作面停止作业，由万通源煤业进行整改，经龙矿集团、龙矿集团山西分公司验收合格后，方可恢复生产作业。10 月 9 日，龙矿集团山西分公司再次检查时，复查 8 月 27 日的安全隐患，整改了 90 条，40108 运输巷掘进工作面违规承包转包等 18 条安全隐患未整改落实，至事故发生也未再跟踪落实。

七、事故发生前的地方安全监管

（一）平鲁区应急管理局

1. 主要职责

按照《朔州市平鲁区应急管理局职能配置、内设机构和人员编制规定》（平办发〔2019〕37 号）规定，区应急管理局（地方煤矿安全监督管理局）主要职责有：负责安全生产综合监督管理工作；贯彻执行应急管理、安全生产等方针政策和法律法规；按照分级、属地原则，负责煤矿安全监督管理工作；依法监督检查煤矿贯彻执行安全生产法律法规情况及其安全生产条件和有关设备的安全生产管理工作；指导协调监督乡镇安全生产工作，组织开展安全生产巡查、考核工作；负责应急管理、安全生产宣传教育和培训工作。

按照《平鲁区应急管理局安全监管五人小组工作职责》规定，煤矿“五人小组”行使政府安全监管职权，承担日常安全监管职责。按照《朔州市平鲁区煤炭工业局煤矿“五人监管小组”安全监管考核奖惩办法》（平煤字〔2017〕67号）规定：每周下井检查不少于4次，所包矿井每周入井检查不少于2次。

2. 职责履行情况

平鲁区应急管理局于2020年3月4日对该矿组织了复工复产验收，共发现安全隐患31条；3月25日煤矿安全综合股一室对该矿进行安全检查，共发现安全隐患9条；4月15日防灾技术管理股对该矿进行机电运输专项检查，共发现安全隐患19条；6月2日煤矿防灾技术股对该矿进行了“一通三防”专项检查，共发现安全隐患38条；6月10日区政府专家组对该矿进行了检查，共发现安全隐患14条；7月17日区政府专家组对该矿进行了检查，共发现安全隐患13条；7月22日煤矿防灾技术股二室对该矿进行了“雨季三防”和防治水专项检查，共发现安全隐患24条；未发现违规施工的40108运输巷掘进工作面。

2020年以来，煤矿安全监管二组（五人小组）共对该矿检查35次，发现安全隐患458条。其中8月以来共检查12次，发现安全隐患136条，未发现违规施工的40108运输巷掘进工作面。

3. 存在的主要问题

1）煤矿安全监管二组（五人小组）

长时间未发现该矿存在的隐瞒40108运输巷掘进工作面、违规承包转包等违法违规行为以及40108运输巷掘进工作面未按规定探放水、甲烷和一氧化碳等传感器数据不上传、部分入井人员不携带定位卡等安全隐患。包矿安监员在2020年11月4日接到万通源煤业（承托方）关于40108工作面违规施工的汇报后，虽入井进行了制止，但未向上级部门报告。

2）平鲁区应急管理局

对万通源煤业安全监督检查不力，未发现该矿存在的隐瞒40108运输巷掘进工作面、违规承包转包等违法违规行为。

对煤矿安全监管二组（五人小组）疏于管理，对五人小组包矿安监员工作情况监督管理不力。

对万通源煤业因采掘范围受老空区影响较大被确定为重点监管煤矿后未采取有效的监管措施；未按规定对该矿防治水及“雨季三防”专项检查发现的问题进行复查。

《平鲁区煤矿工程违法外包承包转包专项整治工作方案》（平应急字〔2020〕104号）要求2020年9月份对辖区煤矿全覆盖专项检查一次，但未对万通源煤业进行检查。

（二）平鲁区人民政府

1. 职责履行情况

2020 年以来，平鲁区人民政府制定出台了《平鲁区人民政府关于做好 2020 年安全生产工作的通知》（平政发〔2020〕1 号）、《关于进一步落实煤矿安全生产挂牌责任制的通知》（平政发〔2020〕66 号）、《关于建立平鲁区应急救援指挥体系的通知》（平政办发〔2020〕17 号）等文件落实各项工作措施。每季度定期召开安委会会议、煤矿安全生产工作例会，分析安全生产现状，研究部署安全生产工作。

2020 年以来，平鲁区共召开区政府党组会议 22 次研究安全生产情况，除此之外共研究 64 次安全生产相关工作，组织相关部门对全区煤矿开展了煤矿劳动用工和教育培训、“一通三防”“雨季三防”和防治水、机电运输四项专项执法检查。

2. 存在的主要问题

贯彻落实党和国家关于安全生产的方针、政策不到位，未深刻汲取全国发生的煤矿事故教训特别是近期全省发生的煤矿事故教训，对属地整体托管煤矿存在的深层次、根本性问题研究不够。

（三）朔州市应急管理局

1. 主要职责

按照《朔州市应急管理局职能配置、内设机构和人员编制规定》（朔办字〔2019〕22 号）规定，朔州市应急管理局（朔州市地方煤矿安全监督管理局）主要职责有：负责应急管理工作，负责安全生产综合监督管理和工矿商贸行业安全生产监督管理工作；贯彻执行应急管理、安全生产等方针政策和法律法规；依法行使安全生产综合监督管理职权；按照分级、属地原则，依法监督检查工矿商贸生产经营单位贯彻执行安全生产法律法规情况；负责应急管理、安全生产宣传教育和培训工作；负责全市煤矿安全监督管理工作，依法组织全市煤矿安全监督检查，组织煤矿事故抢险救援工作。

2. 职责履行情况

2020 年 5 月 21 日、10 月 20 日，朔州市应急管理综合行政执法队煤矿安全执法三科按照检查执法计划对万通源煤业进行执法检查 2 次，发现 30 条安全隐患，均下达了《责令限期整改指令书》。10 月 20 日检查时，未发现违规施工的 40108 运输巷掘进工作面。

3. 存在的主要问题

10 月 20 日检查时，未发现该矿存在的隐瞒 40108 运输巷掘进工作面、违规承包转包等违法违规行为。

八、事故原因和性质

（一）事故原因

1. 直接原因

40108运输巷掘进工作面前方及东侧区域存在老空区、废弃巷道和大量老空积水，该矿未按防治水相关规定进行探放，掘进时超出允许掘进距离直接掘透废弃巷道，导致大量老空水瞬间涌出造成事故。

2. 间接原因

（1）万通源煤业托管双方安全责任不落实，违规布置掘进工作面并承包转包，且对其探放水工作放任不管，致其冒险组织巷道掘进。

万通源煤业托管双方对防治水工作极不重视，在矿井井田内存在大量采空区、废弃巷道和积水，老空区位置、范围及积水情况未探查清楚的情况下，仍违规布置掘进工作面；未按照《煤矿防治水细则》及山西省煤矿防治水的有关规定编制、审批探放水设计，未做到“三专两探一撤”和“探掘分离”。

万通源煤业托管双方将40108运输巷掘进工作面违规承包转包，违规在一采区东翼多布置掘进工作面；万通源煤业（承托方）安全管理不到位，现场管理混乱，对40108运输巷掘进工作面探放水工作管理缺失，未对106队作业人员进行岗前安全培训，未落实上级公司停止作业指令，通过40108运输巷掘进工作面不上图、甲烷和一氧化碳等传感器数据不上传、上级检查时打设密闭等手段蓄意隐瞒40108运输巷掘进工作面逃避监管检查，发现管控106队无法真正落实到位后又不及时向平鲁区人民政府及应急管理部门正式报告，失管失控，听之任之；万通源煤业（委托方）监督检查不到位，对万通源煤业（承托方）与106队存在的管理“两张皮”情况监督不力，对井下存在的40108运输巷掘进工作面未按规定探放水等安全隐患未督促整改落实，未监督万通源煤业（承托方）落实上级公司下达的停止作业指令。

（2）华电煤业山西分公司未认真履行安全监督管理职责。对万通源煤业违规布置40108工作面进行批复；未发现万通源煤业将40108运输巷掘进工作面违规承包转包、甲烷和一氧化碳等传感器数据不上传、部分入井人员不携带定位卡等安全隐患；对40108运输巷掘进工作面下达停止作业指令后跟踪落实不力。

（3）龙矿集团山西分公司未认真履行安全监督检查职责。发现40108运输巷掘进工作面工程违规承包转包、不按探放水设计进行探放水等重大安全隐患后，虽然对万通源煤业（承托方）下达了停止作业指令，但监督落实不力，至事故发生也再未跟踪落实。

（4）平鲁区应急管理局安全监管责任落实不到位。未发现万通源煤业存在隐瞒 40108 运输巷掘进工作面、违规承包转包等违法行为；对煤矿安全监管二组（五人小组）疏于管理；煤矿安全监管二组（五人小组）长时间未发现万通源煤业存在隐瞒 40108 运输巷掘进工作面、违规承包转包等违法行为以及 40108 运输巷掘进工作面未按规定探放水等重大安全隐患。

（5）朔州市应急管理局对万通源煤业执法检查不到位。

朔州市应急管理局综合行政执法队执法检查中未发现万通源煤业存在隐瞒 40108 运输巷掘进工作面、违规承包转包等违法行为。

（6）市、区两级政府贯彻落实党和国家关于安全生产的方针政策不到位。

朔州市人民政府未严格落实《国务院办公厅关于进一步加强煤矿安全生产工作的意见》（国办发〔2013〕99 号）和《山西省人民政府办公厅关于印发山西省煤矿分级分类安全监管监察办法的通知》（晋政办发〔2020〕22 号）要求，对平朔集团以外的中央企业所属 15 座煤矿实行“市县共管、各负其责”的共同直接监管。

平鲁区人民政府未深刻汲取全国发生的煤矿事故教训特别是近期全省发生的煤矿事故教训，对属地整体托管煤矿存在的深层次、根本性问题研究不够，帮助协调不到位。

（二）事故性质

经调查认定，本次事故是一起生产安全责任事故。

九、责任划分与处理建议

（一）建议不再追究责任人员

赵某志，男，1968 年 3 月生，江苏徐州人，群众，事故当班综掘机司机，负责掘进割煤作业。超探放水允许掘进距离启动掘进机进行掘进作业，直接掘透老空巷道，导致事故发生，对本起事故的发生负有直接责任。

建议：鉴于其已在事故中死亡，不再追究其责任。

（二）被公安机关依法采取强制措施人员

（1）杨某林，男，1969 年 10 月生，平鲁区人，群众，106 队探水队队长，负责 40108 运输巷探放水设计及长探作业。编制的探放水设计中钻孔数量及间距不符合《煤矿防治水细则》第四十三条规定；未按照设计施工探放水钻孔。对本起事故的发生负有主要责任。

因涉嫌重大责任事故罪，2020 年 11 月 29 日被朔州市公安局采取刑事强制措施，2020 年 12 月 30 日被朔州市人民检察院批准逮捕。

（2）郭某龙，男，1969 年 12 月生，山阴县人，群众，106 队掘进队队长，负责 40108 运输巷掘进及短探作业。超探放水允许掘进距离安排作业人员进行掘进作业。对本起事故的发生负有主要责任。

因涉嫌重大责任事故罪，2020 年 11 月 29 日被朔州市公安局采取刑事强制措施，2020 年 12 月 30 日被朔州市人民检察院批准逮捕。

（3）刘某浩，男，1968 年 12 月生，山阴县人，群众，106 队实际控制人，40108 运输巷掘进工程（包括探放水作业及掘进作业）二次承包人（李某喜从矿方承包到该工程后，二次承包给刘某浩）。在无任何施工井巷工程资质的情况下，临时拼凑人员，组成探水队和掘进队进行施工作业；未按要求对 40108 运输巷掘进及探放水工作进行管理。对本起事故的发生负有主要责任。

因涉嫌重大责任事故罪，2020 年 11 月 29 日被朔州市公安局采取刑事强制措施，2020 年 12 月 31 日被朔州市人民检察院批准逮捕。

（4）段某清，男，1968 年 7 月生，山阴县人，群众，40108 运输巷掘进工程管理人员（李某喜派驻万通源煤业的联络员），负责 40108 运输巷掘进工程及施工队伍管理工作。审批的探放水设计中钻孔数量及间距不符合《煤矿防治水细则》第四十三条规定；对 40108 运输巷掘进及探放水工作疏于管理。对本起事故的发生负有主要责任。

因涉嫌重大责任事故罪，2020 年 11 月 29 日被朔州市公安局采取刑事强制措施，2020 年 12 月 30 日被朔州市人民检察院批准逮捕。

（5）李某喜，男，1973 年 9 月生，朔城区人，中共党员，40108 运输巷掘进工程承包人，整体承包 40108 运输巷施工作业。违规承包 40108 运输巷掘进工程后，又转包给无任何施工井巷工程资质的刘某浩；对 40108 运输巷掘进及探放水工作放任不管。对本起事故的发生负有主要责任。

因涉嫌重大责任事故罪，2020 年 11 月 29 日被朔州市公安局采取刑事强制措施，2020 年 12 月 30 日被朔州市人民检察院批准逮捕。

（6）迟某俊，男，1966 年 8 月生，山东龙口人，中共党员，万通源煤业矿长，全面负责矿井安全生产工作，矿井安全生产第一责任人。未认真履行矿长职责，对 40108 运输巷掘进工作面掘进及探放水工作失管失控；未执行上级停止 40108 运输巷掘进作业的指令。对本起事故的发生负有主要责任。未按规定上报事故，对事故迟报负有直接责任。事故调查期间，迟某俊不配合调查。从 2020 年 11 月 24 日至 12 月 18 日，事故调查组管理组与其进行七次谈心谈话，迟某俊仍不配合事故调查。

因涉嫌重大责任事故罪，2020 年 12 月 19 日被朔州市公安局采取刑事强制措施。2021 年 1 月 4 日，迟某俊被朔州市人民检察院批准逮捕。

依据《中华人民共和国安全生产法》（2014 年 8 月 31 日，第二次修正）第一百零六条第一款、第二款之规定，建议给予迟某俊处 2019 年度年收入（29.15 万元）百分之六十的罚款，计人民币 17.49 万元。

对上述 6 名被公安机关依法采取强制措施人员，待司法机关做出处理后，建议由有关部门（单位）按照管理权限给予相应的处理。

（三）监察委员会建议给予党纪政务处分及组织处理人员

1. 万通源煤业（承托方）

（1）梁某业，男，1975 年 8 月生，平鲁区人，群众，2019 年 9 月任地质测量室（探水队挂靠该室管理）主任，负责矿井地质测量和防治水工作。未认真履行职责，对 106 队编制的关于 40108 工作面探放水设计不审查、不把关，对本起事故的发生负有主要责任。

依据《安全生产领域违法违纪行为政纪处分暂行规定》第十二条第（七）项之规定，建议给予梁某业政务撤职处分。

（2）李某春，男，1966 年 10 月生，山东高密人，群众，2019 年 5 月任地测防治水副总工程师，负责矿井防治水专业技术管理工作。未认真履行职责，对 40108 工作面探放水工作管理未尽责，对该工作面探放水设计不审查、不把关，对本起事故的发生负有主要责任。

依据《安全生产领域违法违纪行为政纪处分暂行规定》第十二条第（七）项之规定，建议给予李某春政务撤职处分。

（3）初某明，男，1974 年 12 月生，山东莱西人，中共党员，2020 年 5 月任总工程师，分管地测、探水、通防、技术等工作。未认真履行职责，明知 40108 工作面不在 2020 年度采掘计划中，仍同意在 4 号煤层一采区东翼违规多布置一个掘进工作面，并组织安排工作面设计；对 40108 工作面探放水工作放任不管，对本起事故的发生负有主要责任。

依据《中国共产党纪律处分条例》第一百二十一条第一款、《安全生产领域违法违纪行为政纪处分暂行规定》第十二条第（七）项之规定，建议给予初某明留党察看一年、政务撤职处分。

（4）江某周，男，1972 年 7 月生，山东莱阳人，中共党员，2019 年 6 月任安全管理部主任，负责矿井安全管理工作。未认真履行职责，对 40108 工作面安全检查不到位，对该工作面存在的超探放水允许掘进距离施工、未按规定探放水等行为未有效制止，对本起事故的发生负有重要责任。

依据《中国共产党纪律处分条例》第十一条第二款、第一百二十一条第一款、《安全生产领域违法违纪行为政纪处分暂行规定》第十二条第（七）项之规定，建议给予江某周党内严重警告（影响期二年）、政务撤职处分。

（5）孙某海，男，1975年2月生，山东安邱人，中共党员，2020年9月任安全副总工程师，分管安全管理部。对40108工作面存在的超探放水允许掘进距离施工、未按规定探放水等行为未有效制止，对本起事故的发生负有重要责任。

依据《中国共产党纪律处分条例》第十一条第二款、第一百二十一条第一款、《安全生产领域违法违纪行为政纪处分暂行规定》第十二条第（七）项之规定，建议给予孙某海党内严重警告（影响期二年）、政务撤职处分。

（6）李某，男，1968年12月生，山西朔州人，中共党员，2020年1月任党总支委员、安全副矿长，分管安全管理部。未认真履行职责，对40108工作面未按规定进行安全管理；对106队作业人员未经岗前安全培训直接上岗作业、超探放水允许掘进距离掘进、未按规定探放水等行为未有效制止，对本起事故的发生负有重要责任。

依据《中国共产党纪律处分条例》第一百二十一条第一款、《安全生产领域违法违纪行为政纪处分暂行规定》第十二条第（七）项之规定，建议给予李某撤销党内职务、政务撤职处分。

（7）王某振，男，1978年2月生，河北沧县人，中共党员，2013年7月任党总支委员、生产副矿长，分管综掘队。未认真履行职责，未严格管理掘进作业，对40108工作面超探放水允许掘进距离掘进等行为未有效制止，对本起事故的发生负有重要责任。

依据《中国共产党纪律处分条例》第一百二十一条第一款、《安全生产领域违法违纪行为政纪处分暂行规定》第十二条第（七）项之规定，建议给予王某振撤销党内职务、政务撤职处分。

2. 万通源煤业（委托方）

（1）樊某，男，1973年9月生，平鲁区人，中共党员，2020年9月负责探水队全面工作，负责探水监督管理工作。未认真履行职责，对40108工作面存在的未按规定探放水等行为未有效制止，对本起事故的发生负有重要责任。

依据《中国共产党纪律处分条例》第十一条第二款、第一百二十一条第一款、《安全生产领域违法违纪行为政纪处分暂行规定》第十二条第（七）项之规定，建议给予樊某党内严重警告（影响期二年）、政务撤职处分。

（2）曹某良，男，1972年10月生，山东济南人，群众，2020年9月负责生产技术部全面工作，负责生产、技术监督管理工作。未认真履行职责，对40108工作面未进行监督检查，对本起事故的发生负有重要责任。

依据《安全生产领域违法违纪行为政纪处分暂行规定》第十二条第（七）项之规定，建议给予曹某良政务撤职处分。

（3）李某，男，1968 年 3 月生，陕西蓝田人，中共党员，2020 年 4 月任党总支委员、副总经理，分管生产监管部。未认真履行职责，对矿井违规在 4 号煤层一采区东翼多布置一个掘进工作面、40108 工作面超探放水允许距离掘进、未按规定探放水、106 队作业人员未经岗前安全培训直接上岗作业等行为未有效制止，对本起事故的发生负有重要责任。

依据《中国共产党纪律处分条例》第一百二十一条第一款、《安全生产领域违法违纪行为政纪处分暂行规定》第十二条第（七）项之规定，建议给予李某撤销党内职务、政务撤职处分。

（4）李某鹏，男，1980 年 11 月生，山西昔阳人，中共党员，2020 年 4 月任党总支书记、董事长、总经理，负责万通源煤业全面工作。未认真履行主体责任，对万通源煤业（承托方）履行安全管理职责监督不到位，违规同意在 4 号煤层一采区东翼多布置一个掘进工作面，违规同意将 40108 工作面承包转包，对本起事故的发生负有重要责任。

依据《中国共产党纪律处分条例》第一百二十一条第一款、《安全生产领域违法违纪行为政纪处分暂行规定》第十二条第（七）项之规定，建议给予李某鹏撤销党内职务、政务撤职处分。

依据《中华人民共和国安全生产法》（2014 年 8 月 31 日，第二次修正）第九十二条第（二）项，建议给予李某鹏处 2019 年度年收入（23.61 万元）40% 的罚款，共计人民币 9.44 万元。

依据《国家安全监管总局关于印发〈对安全生产领域失信行为开展联合惩戒的实施办法〉的通知》（安监总办〔2017〕49 号）第二条第（一）项之规定，建议将李某鹏纳入联合惩戒对象。

3. 华电煤业山西分公司

（1）毛某本，男，1971 年 4 月生，山东高密人，群众，2015 年 1 月任安全生产技术部地测防治水主管，负责分公司下属五个矿的地质测量、防治水等日常工作的监督管理。对万通源煤业 40108 工作面探放水工作监督管理不到位，对本起事故的发生负有主要领导责任。

依据《安全生产领域违法违纪行为政纪处分暂行规定》第十二条第（七）项之规定，建议给予毛某本政务记大过处分。

（2）孙某书，男，1971 年 6 月生，山西灵丘人，群众，2020 年 7 月任安全生产技术部主任，负责安全生产技术部全面工作。对万通源煤业违规在 4 号煤层一采区东翼多布置一个掘进工作面、违规将40108运输巷掘进工程承包转包、40108工作面未按规定探放水等问题安全监管不到位；对万通源煤业40108工作面下达停工通知后未跟踪落实，对本起事故的发生负有主要领导责任。

依据《安全生产领域违法违纪行为政纪处分暂行规定》第十二条第（七）项之规定，建议给予孙某书政务记大过处分。

（3）张某军，男，1964年5月生，内蒙古五原人，中共党员，2020年10月任党支部委员，分管安全、环保工作。对万通源煤业违规在4号煤层一采区东翼多布置一个掘进工作面、违规将40108运输巷掘进工程承包转包、40108工作面未按规定探放水等问题安全监管不到位；对万通源煤业40108工作面下达停工通知后未跟踪落实，对本起事故的发生负有重要领导责任。

依据《中国共产党纪律处分条例》第一百二十一条第一款、《安全生产领域违法违纪行为政纪处分暂行规定》第十二条第（七）项之规定，建议给予张某军党内警告、政务记过处分。

（4）宋某喜，男，1964年1月生，陕西户县人，中共党员，2020年10月任党支部委员，分管煤矿基本建设、地测防治水等工作。明知万通源煤业4号煤层一采区已有两个掘进面，仍组织批复增加布置40108工作面；对万通源煤业40108工作面不按规定进行探放水等问题安全监管不到位。对本起事故的发生负有重要领导责任。

依据《中国共产党纪律处分条例》第三十三条第三款、《安全生产领域违法违纪行为政纪处分暂行规定》第十二条第（七）项之规定，建议给予宋某喜党内警告、政务记过处分。

（5）权某伟，男，1962年8月生，江苏邳县人，中共党员，现任华电集团江苏分公司副主任级咨询员。2018年12月至2020年10月，任华电煤业山西分公司党支部书记、执行董事、总经理，负责华电煤业山西分公司全面工作。对万通源煤业违规布置40108工作面的批复把关不严；对40108工作面未落实停止作业指令的情况，监督跟踪落实不到位，对本起事故的发生负有重要领导责任。

依据《中国共产党纪律处分条例》第一百二十一条第一款之规定，建议给予权某伟党内警告处分。

4. 龙矿集团山西分公司

（1）周某刚，男，1969年12月生，山东安邱人，中共党员，2019年4月、5月任副总经理兼安全管理部部长，负责安全管理部全面工作。对检查发现的万通源煤业违规转包40108运输巷掘进工程、106队作业人员未经岗前安全培训直接上岗作业、不按探放水设计进行探放水施工等问题的整改工作跟踪落实不到位，对本起事故的发生负有重要领导责任。

依据《中国共产党纪律处分条例》第一百二十一条第一款、《安全生产领域违法违纪行为政纪处分暂行规定》第十二条第（七）项之规定，建议给予周某刚党内警告、政务记过处分。

（2）胡某基，男，1965 年 1 月生，山东龙口人，中共党员，2019 年 12 月任党委委员、总经理，负责龙矿集团山西分公司全面工作。对检查发现的万通源煤业违规转包 40108 运输巷掘进工程、106 队作业人员未经岗前安全培训直接上岗作业、不按探放水设计进行探放水施工等问题的整改工作跟踪落实不到位，对本起事故的发生负有重要领导责任。

依据《中国共产党纪律处分条例》第一百二十一条第一款之规定，建议给予胡某基党内警告处分。

5. 平鲁区应急管理局

（1）韩某，男，1994 年 11 月生，平鲁区人，中共党员，煤矿安全监管二组（五人小组）成员，万通源煤业包矿安监员（聘任制）。未认真履行职责，对所包矿井检查不全面、不认真，长时间未发现万通源煤业存在的隐瞒作业地点、未按规定探放水、违规承包转包、部分作业人员不携带定位卡等问题，对本起事故的发生负有主要责任。

依据《中国共产党纪律处分条例》第十一条第二款、第一百二十一条第一款、《中华人民共和国公职人员政务处分法》第二十三条第一款之规定，建议给予韩某留党察看一年处分，并由平鲁区应急管理局做出相应的政务处理。

（2）贾某山，男，1976 年 9 月生，平鲁区人，中共党员，2019 年 3 月任煤矿安全监管二组（五人小组）组长。未认真履行职责，对万通源煤业包矿安监员管理不到位，对万通源煤业检查安排不全面、不深入，长时间未发现万通源煤业存在的隐瞒作业地点、未按规定探放水、违规承包转包、部分作业人员不携带定位卡等问题，对本起事故的发生负有主要责任。

依据《中国共产党纪律处分条例》第一百二十一条第一款、《中华人民共和国公职人员政务处分法》第三十九条第（二）项、《安全生产领域违法违纪行为政纪处分暂行规定》第八条第（五）项、第十七条第二款之规定，建议给予贾某山党内严重警告、政务降级处分。

（3）苏某财，男，1962 年 9 月生，平鲁区人，中共党员，2019 年 3 月任煤矿防灾技术管理股二室主任，负责煤矿防治水工作。未认真履行职责，对万通源煤业因采掘范围受老空区影响较大被确定为重点监管煤矿后，未采取有效监管措施；未按规定对万通源煤业防治水及“雨季三防”专项检查发现的问题进行复查，对本起事故的发生负有重要责任。

依据《中国共产党纪律处分条例》第一百二十一条第一款、《中华人民共和国公职人员政务处分法》第三十九条第（二）项、《安全生产领域违法违纪行为政纪处分暂行规定》第八条第（五）项、第十七条第二款之规定，建议给予苏某财党内严重警告、政务记大过处分。

（4）武某，男，1970年3月生，平鲁区人，群众，2019年3月任平鲁区应急管理局副局长，分管煤矿安全监管二组，负责煤矿安全监管和隐患排查治理、煤矿采掘接续与作业点变更的审核。未认真履行职责，对煤矿安全监管二组未全面履行监管职责监督不力，对本起事故的发生负有主要领导责任。

依据《中华人民共和国公职人员政务处分法》第三十九条第（二）项、《安全生产领域违法违纪行为政纪处分暂行规定》第八条第（五）项之规定，建议给予武某政务记大过处分。

（5）贺某兴，男，1973年3月生，山阴县人，中共党员，2019年3月任平鲁区应急管理局党组书记（2020年4月更改为党委书记）、局长，万通源煤业挂牌领导。对辖区煤矿安全监管工作督促指导不力；对平鲁区煤矿工程违法外包转包专项整治工作抓得不实；未按规定每月到所挂牌煤矿下井检查指导1次，对本起事故的发生负有重要领导责任。

依据《中国共产党纪律处分条例》第一百二十一条第一款、《中华人民共和国公职人员政务处分法》第三十九条第（二）项、《安全生产领域违法违纪行为政纪处分暂行规定》第八条第（五）项之规定，建议给予贺某兴党内警告、政务记过处分。

6. 平鲁区人民政府

（1）高某平，男，1974年4月生，平鲁区人，中共党员，2018年2月担任平鲁区人民政府副区长，分管应急管理局（煤炭安全生产工作）、地方煤矿安全监督管理局，万通源煤业区政府挂牌安全责任人。对平鲁区应急管理局履行监管职责和开展安全生产监督检查工作督促指导不到位，对本起事故的发生负有领导责任。

依据《中华人民共和国公职人员政务处分法》第三十九条第（二）项、《安全生产领域违法违纪行为政纪处分暂行规定》第八条第（五）项之规定，建议给予高某平政务警告处分。

（2）李某，男，1978年9月生，山西原平人，中共党员，2019年1月任平鲁区委常委、副区长，分管安全生产、应急管理局（非煤炭安全生产工作）等工作。对平鲁区应急管理局履行监管职责和开展安全生产监督检查工作督促指导不到位，对本起事故的发生负有领导责任。

建议对李某进行批评教育，责令其做出深刻书面检查。

7. 朔州市应急管理局

（1）王某邦，男，1978年5月生，山阴县人，群众，2020年5月任朔州市应急管理综合行政执法队煤矿安全监管执法三科负责人，负责万通源煤业等17座煤矿的年度执法检查工作。2020年10月例行执法检查时，未发现万通源煤业存在的隐瞒作业地点等问题。对本起事故的发生负有重要领导责任。

依据《中华人民共和国公职人员政务处分法》第三十九条第（二）项、《中华人民共和国监察法》第四十五条第一款第（一）项之规定，建议对王某邦予以诫勉。

（2）王某飞，男，1968年8月生，平鲁区人，群众，2013年2月任朔州市煤矿安全监察大队大队长，2020年5月分管煤矿安全监管执法三科，对煤矿安全监管执法三科履职情况监督管理不力，对本起事故的发生负有重要领导责任。

建议对王某飞进行批评教育，责令其做出深刻书面检查。

（3）霍某金，男，1968年10月生，朔城区人，1990年12月加入中国共产党，2019年2月、10月任朔州市应急管理局党组成员、朔州市应急管理综合行政执法队队长，分管煤矿安全监察大队、安全生产监督执法支队。对煤矿安全监管执法三科及分管队领导履职情况监督管理不力，对本起事故的发生负有重要领导责任。

建议对霍某金进行批评教育，责令其做出深刻书面检查。

（四）建议做出其他处理人员

（1）侯某林，男，1978年7月生，平鲁区人，群众，万通源煤业副董事长，万通源能投派驻万通源煤业代表。其提议并协调主导万通源煤业委托、承托双方违规在一采区东翼多布置一个掘进工作面，干涉井下工程安排，并要求承托方将井下掘进工程违规承包给无任何资质的施工队伍，导致承托方无法真正管控106队的施工，对本起事故的发生负有重要责任。

依据《国家安全监管总局关于印发〈对安全生产领域失信行为开展联合惩戒的实施办法〉的通知》（安监总办〔2017〕49号）第二条第（一）项之规定，建议将侯某林纳入联合惩戒对象。

建议万通源能投依照有关程序依法解除侯某林副董事长职务，不得继续担任万通源能投派驻万通源煤业代表。

（2）王某，男，1967年12月生，平鲁区人，群众，106队早班（8时至16时）短探工，负责探放水短探作业。11月10日早班，未按设计施工短探钻孔，对本起事故的发生负有主要责任。

依据《安全生产违法行为行政处罚办法》（2015 年修正）第四十五条第（一）项之规定，建议对王某给予警告，并处罚款人民币 1 万元。

（3）靖某世，男，1971 年 3 月生，山西浑源人，群众，106 队早班（8 时至 16 时）班长，负责早班安全生产工作。对 11 月 10 日早班未按设计施工短探钻孔管理不到位，对本起事故的发生负有主要责任。

依据《安全生产违法行为行政处罚办法》第四十五条第（一）项之规定，建议对靖某世给予警告，并处罚款人民币 1 万元。

（五）对事故责任单位处理建议

（1）依据《山西省人民政府办公厅关于印发进一步强化煤矿安全生产工作的通知》（晋政办发〔2012〕34 号）第四条第（二）项之规定，责令万通源煤业实行整顿恢复机制，整顿恢复期 6 个月。整顿结束后，履行复产验收程序，合格后方可恢复生产。

（2）万通源煤业发生较大生产安全责任事故，依据《生产安全事故报告和调查处理条例》第四十条第一款之规定，移交朔州市应急管理局暂扣万通源煤业的《安全生产许可证》。

（3）万通源煤业发生较大生产安全责任事故，且事故发生后迟报，依据《国家安全监管总局关于印发〈对安全生产领域失信行为开展联合惩戒的实施办法〉的通知》（安监总办〔2017〕49 号）第二条第（一）项、第（六）项之规定，将万通源煤业纳入联合惩戒对象。

（4）万通源煤业发生较大生产安全责任事故，造成 5 人死亡，依据《中华人民共和国安全生产法》（2014 年 8 月 31 日，第二次修正）第一百零九条第（二）项、《生产安全事故罚款处罚规定（试行）》第十五条第一款第（一）项之规定，建议给予万通源煤业处罚款人民币 70 万元。

（5）万通源煤业发生事故后迟报，违反了《生产安全事故报告和调查处理条例》（国务院令第 493 号）第九条第一款之规定，依据《煤矿安全监察条例》第四十六条第（一）项之规定，建议给予万通源煤业警告，并处罚款人民币 15 万元。

（6）万通源煤业将 40108 运输巷掘进工作面作为独立工程进行承包转包，违反了《关于预防煤矿生产安全事故的特别规定》（国务院令第 446 号）第八条第二款第（十三）项、《煤矿重大生产安全事故隐患判定标准》（国家安全生产监督管理总局令第 85 号）第十六条第（五）项之规定，依据《关于预防煤矿生产安全事故的特别规定》（国务院令第 446 号）第十条第一款之规定，建议对万通源煤业处人民币200万元的罚款；对迟某俊处人民币8万元的罚款。

（7）万通源煤业图纸造假，隐瞒40108运输巷掘进工作面，违反了《关于预防煤矿生产安全事故的特别规定》（国务院令第446号）第八条第二款第（十五）项、《煤矿重大生产安全事故隐患判定标准》（国家安全生产监督管理总局令第85号）第十八条第（四）项之规定，依据《关于预防煤矿生产安全事故的特别规定》（国务院令第446号）第十条第一款之规定，建议对万通源煤业处人民币200万元的罚款；对迟某俊处人民币8万元的罚款。

（8）万通源煤业在矿井井田内存在大量采空区、废弃巷道和积水，老空区位置、范围及积水情况未探查清楚的情况下，仍违规布置40108运输巷掘进工作面，并未按规定进行探放水，违反了《关于预防煤矿生产安全事故的特别规定》（国务院令第446号）第八条第二款第（六）项、《煤矿重大生产安全事故隐患判定标准》（国家安全生产监督管理总局令第85号）第九条第（三）项之规定，依据《关于预防煤矿生产安全事故的特别规定》（国务院令第446号）第十条第一款之规定，建议对万通源煤业处人民币200万元的罚款；对迟某俊处人民币8万元的罚款。

（六）其他处理建议

（1）建议由纪检监察机关向华电煤业山西分公司、龙矿集团山西分公司下发纪律检查建议书，督促其深刻汲取事故教训，切实履行好企业安全生产主体责任，加强对所属地方煤矿安全生产主体责任的监督检查，坚决杜绝类似事故发生；向平鲁区委区政府提出纪律检查建议书，督促平鲁区委区政府深刻汲取近期发生的煤矿安全事故教训，履行地方政府监管责任，采取有效措施，防范事故发生。

（2）责令华电煤业山西分公司、龙矿集团山西分公司分别向其上级单位做出深刻书面检查。

（3）责令平鲁区应急管理局分别向平鲁区人民政府、朔州市应急管理局做出深刻书面检查；责令平鲁区人民政府向朔州市人民政府做出深刻书面检查。

十、防范措施和整改建议

（一）万通源煤业

（1）树牢红线意识，强化主体责任落实。万通源煤业要严格落实安全生产主体责任，深刻汲取本起事故教训，增强法治意识、强化法制观念，做到依法办矿、依法管矿。要依法、合规、合理布置采掘工作面，严格按批准的采掘计划组织生产；如实填绘图纸资料，严禁隐瞒采掘工作面；规范劳动用工，按要求签订劳动合同；严格施工队伍管理，严禁将井下采掘工作面和井巷维修工程作为独立工程对外承包转包。要坚决执行上级企业和地方安全监管部门检查要求，认真整改各类隐患，杜绝事故发生。

（2）严格执行规定要求，加强防治水工作。万通源煤业要切实加强采空区及积水调查工作，查清井田内及周边采空区及积水情况，严格探放水“三线”管理，受老空水威胁严重的区域加大探放水“三线”外推距离和密度；认真执行《煤矿防治水细则》及山西省煤矿防治水有关规定，坚持“预测预报、探掘分离、有掘必探、先探后掘、先治后采”的防治水原则，遵循“物探先行、化探跟进、钻探验证”的综合探测程序，坚决做到“三专两探一撤”；严格探放水设计编制、审批，针对厚煤层防治老空水的特点，保证钻孔的密度和超前距满足探放水要求；加强探放水施工管理，严禁使用非专用钻机，严禁非专职探放水人员上岗作业；严格探放水验收，推行探放水钻孔施工视频监控管理，确保探放水钻孔施工到位；积极引入长距离水平钻进技术，探索老空水探查与治理的新技术与新方法。

（3）强化安全管理，夯实安全基础。万通源煤业要加强安全培训工作，严格按照规定对井下作业人员进行安全教育和培训，未经安全教育和培训或者不合格的人员不得上岗作业；加强人员出入井管理，入井人员必须携带人员定位卡，确保人卡一致；加强安全监测监控系统的管理，按规定安设各类传感器，并确保数据正常上传。

（4）严格履行各自职责，确保安全管理不留空当。万通源煤业托管双方要严格执行国家煤矿安全监察局印发的《煤矿整体托管管理办法（试行）》（煤安监行管〔2019〕47号）的规定，规范整体托管合同签订。委托方要认真履行保证安全生产的主体责任，定期实施监督检查，保证安全生产投入；承托方要认真履行安全生产管理责任，全面负责安全、生产、技术等各项工作；确保托管双方的安全责任真正落实到位。

（5）结合实际，做好终止整体托管合同的相关事宜。在办理终止整体托管时，托管双方要制定终止整体托管合同的具体实施方案，落实切实可行的保障措施，有序做好相关工作，保证安全生产。

（二）万通源煤业托管双方的上级企业

华电煤业山西分公司、龙矿集团山西分公司要提高政治站位，强化责任担当，深刻汲取事故教训，把生命安全放在首位，充分发挥央企和大集团的人才、资金、技术优势，切实履行好企业安全生产主体责任；要强化责任意识，层层传导压力，加强对所属地方煤矿安全生产主体责任的监督检查；要切实把安全风险分级管控和事故隐患排查治理双重预防机制落实到位，坚决杜绝类似事故发生。托管双方的上级企业要加强对托管煤矿的监督管理，把托管煤矿纳入本单位统一管理，加大所属矿井的日常安全检查力度，对重大事项要严格把关，对发现的违法违规行为和重大安全隐患要跟踪督促整改落实，确保监督管理到位。结合有关工作情况，采取措施，监督托管双方制定终止整体托管合同的具体实施方案并予以落实。

（三）市、县人民政府及安全监管部门

朔州市、平鲁区人民政府要认真贯彻党和国家关于安全生产的方针政策，严格落实国务院安委会印发的《全国安全生产专项整治三年行动计划》（安委〔2020〕3号）的要求，深刻吸取事故教训，牢固树立安全发展理念，不断强化“红线”意识，坚决扛起地方政府监管责任，深入研究解决煤矿安全生产方面存在的深层次、根本性问题，采取有效措施，帮助煤矿企业解决整体托管中存在的问题，着力构建安全生产长效机制，严防各类煤矿事故发生。朔州市人民政府要按照《国务院办公厅关于进一步加强煤矿安全生产工作的意见》（国办发〔2013〕99号）和《山西省人民政府办公厅关于印发山西省煤矿分级分类安全监管监察办法的通知》（晋政办发〔2020〕22号），认真落实中央企业煤矿必须由市级煤矿安全监管部门负责安全监管的要求，做实做细煤矿安全监管工作。

朔州市、平鲁区安全监管部门要以本起事故为镜鉴，举一反三，结合全市应急系统当前正在开展的“四风”问题专项治理，在煤炭企业深入开展警示教育；坚决落实“管行业必须管安全”要求，全面开展煤矿安全隐患大排查；坚决扛起地方煤矿安全监管职责，以严细深实的作风，加大煤矿安全监管力度，加强对煤矿安全监管组及包矿安监员的管理，倒逼煤矿安全监管组及包矿安监员责任落实，发现危及煤矿安全生产的违法违规行为和重大安全隐患，必须立即采取措施，并及时报告上级有关部门，坚决纠治安全监管中的形式主义、官僚主义，切实提升煤矿安全管理水平和治理效能。要采取有效措施，解决辖区内整体托管煤矿长期存在的安全隐患；要加大执法检查工作，对辖区内矿井存在的隐瞒作业地点、未按规定探放水、违规承包转包、现场管理混乱等违法违规行为予以严厉打击。

第八节　湖南省耒阳市导子煤业有限公司源江山煤矿“11·29”重大水害事故

2020年11月29日11时30分，湖南省衡阳市耒阳市导子煤业有限公司源江山煤矿（以下简称“源江山煤矿”）发生重大透水事故，造成13人死亡，直接经济损失3484.03万元。

依据《中华人民共和国安全生产法》和《生产安全事故报告和调查处理条例》(国务院令第493号）等有关法规规定，国家矿山安全监察局与湖南省人民政府，成立了源江山煤矿“11·29”重大透水事故调查组（以下简称“事故调查组”)，由国家矿山安全监察局牵头，湖南省人民政府配合，湖南煤矿安全监察局、湖南省应急厅、省公安厅、省总工会派员参加，并委托湖南煤矿安全技术中心聘请煤矿防治水等方面专家参与事故调查工作。同时邀请湖南省纪委监委组成责任事故追责问责审查调查组，同步开展相关工作。

事故调查组按照“科学严谨、依法依规、实事求是、注重实效”的原则和“四不放过”的要求，通过现场勘查，调查取证，查阅资料，综合分析，查明了事故发生的经过、原因、人员伤亡和直接经济损失，认定了事故性质和责任，提出了对有关责任人员和责任单位处理建议，并针对事故原因及暴露出的突出问题，提出了事故防范和整改措施建议。

一、事故单位基本情况

（一）导子煤业有限公司

公司成立于2014年1月，位于耒阳市导子镇董溪村，公司有股东5人，蒋某贱任法定代表人、蒋某成任总经理、黄某忠任监事，公司下辖源江山煤矿和导子二矿两个煤矿。2015年6月因股东矛盾公司解体，源江山煤矿、导子二矿成为相互独立的生产经营单位，蒋某成、蒋某平负责导子二矿安全生产和经营，蒋某贱、黄某忠、伍某刚负责源江山煤矿的安全生产和经营。

（二）源江山煤矿

1. 矿井概况

1）矿井历史沿革情况

源江山煤矿为股份制企业，位于耒阳市白沙矿区靖江井田内，周边有3处乡镇煤矿，分别是导子二矿、楠木山煤矿和四家冲井。在导子二矿西北部界外为未划定矿权的国家资源区域，事故前源江山煤矿和导子二矿均在国家资源区域开采。

源江山煤矿始建于1992年9月，2002年4月投产，核定生产能力为60000 t/a；矿井采用斜井开拓，布置有主斜井、副斜井和风井，准许开采深度为+200 m至-400 m标高；2008年洪水淹没井口后停产；2011年转让给蒋某贱经营，开始在-230 m水平掘进东暗斜井和北暗斜井越界至导子二矿；2012年该矿停产，越界区域被水淹没；2013年恢复整改，2014年4月恢复正常生产；2015年6月因股东矛盾矿井停产，之后 −230 m 水平以下被水淹没；2017 年 9 月开始排水，2017 年 12 月恢复整改；2018 年 4 月开始继续掘进东暗斜井和北暗斜井；2019 年 12 月两暗斜井在国家资源区域 −500 m 水平贯通后开始违法组织生产，直至事故发生。

2）矿井技改扩能情况

2015 年 6 月，湖南省落后小煤矿关闭退出工作领导小组办公室（以下简称“省关退办”）确定源江山煤矿作为升级改造保留矿井，升级改造为 90000 t/a；2017 年 5 月与双红公司红桥二矿兼并重组，2018 年 12 月省关退办批准该矿技改扩能至 0.15 Mt/a，但该矿一直未组织实施；2020 年省关退办将该矿列入“具备条件升级改造煤矿”，规划生产能力 0.3 Mt/a；2020 年 7 月该矿申请产能调整为 0.15 Mt/a，调整方案已上报省政府但未批复，属停工停产待建矿井。

3）矿井证照

2018—2020 年，该矿办理了 3 次短期采矿许可证延续登记，有效期至 2021 年 8 月 28 日；安全生产许可证于 2016 年 10 月 13 日被依法注销；矿长王某勇取得了安全生产知识和管理能力合格证，有效期至 2023 年 8 月 12 日。

2. 矿井机构设置和人员配备

2017 年 12 月该矿恢复整改后，共有职工 166 人。其中，生产安全管理人员 13 人、地面辅助人员 40 人、井下作业人员 113 人，包工队 13 支，采用“三八”制作业；煤矿设立了调度室和行政办公室，负责煤矿日常具体事务管理，未设立安全生产和技术管理等职能部门；成立了运输队和机电队，负责井下提升运输、机电设备维修等工作；采掘作业全部承包给 13 支包工队。

煤矿股东 3 人，总股本金 13490 万元，其中黄某忠 3620 万元，蒋某贱和伍某刚合计 9870 万元；董事长、法定代表人蒋某贱，主持全面工作，负责地面和对外协调；主要投资人黄某忠，负责全矿安全生产工作兼出纳；主要投资人伍某刚负责煤炭销售工作兼会计；总经理周某林，协助黄某忠工作；矿长黄某勇，负责井下安全生产工作；副矿长谢某菊，负责生产、采掘布置工作，主要负责 −500 m 水平（超深越界区域）的全面管理；总工程师郑某军，负责矿井技术管理和扩能改造工作；副矿长张某，负责井下带班和矿井安全管理工作；副矿长王某飘，负责矿井开拓、通风管理和岩巷掘进工作；副矿长蒋某方，负责地面机电运输管理工作；副矿长王某武，负责井下机电运输管理工作。五职技术员配备有机电技术员蒋某云、通风技术员由副矿长王某飘兼任、地测技术员由总经理周某林兼任；配备瓦斯检查员兼安全员 3 人。

3. 矿井安全管理

该矿建立的安全生产责任制等管理制度大多数没有针对性和可操作性，全矿采用一个通用采煤作业规程和岩巷掘进作业规程。

煤矿下井带班人员为8名矿领导。其中，副矿长谢某菊、张某、王某飘每月带班都在20个以上，除谢某菊带班时到超深越界区域（－500 m水平）检查外，其他带班矿领导只在采矿许可区域内带班。为逃避政府部门监管，带班矿领导谢某菊在“矿领导交接班记录”上不填写超深越界区域巡查路线。

4. 防治水工作开展情况

源江山煤矿水文地质类型中等，正常涌水量20.8 m^3/h，最大涌水量75 m^3/h。矿井采用四级排水：－500 m水平→－390 m水平→－230 m水平→地面。

该矿未按规定设置防治水机构、配备专业技术人员和专用探放水设备，未严格执行“三专两探一撤”措施。2020年3月18日和6月8日，该矿委托耒阳市矿山救护队，对－500 m水平61煤、7煤作业地点进行了老空区积水探测，提交了探测报告，该矿未按照要求对探测“异常区”进行探放水便组织生产。

5. 矿井存在的问题

1）超深越界开采

经调查，源江山煤矿2011年5月前就已经从矿井东北部越界进入导子二矿，越界施工巷道总长度2198 m；2020年5月在超深越界区域－500 m水平开始布置巷道式采煤工作面回采。事故前该矿越界施工巷道总长度超过4000 m、超深103 m。

2018年8月，耒阳市自然资源局要求源江山煤矿在井下指定位置设置4处国土密闭。2018年9月源江山煤矿在井下0 m水平设置了1、2号国土实体密闭，在－230 m水平通往－500 m水平超深越界区域进、回风巷的采矿边界分别设置了3号、4号国土密闭。其中3号密闭为活动铁门，主要用于－500 m水平超深越界区域人员出入、进风和煤炭运输，通往－500 m水平的供电电缆、压风管路通过挖沟埋入地下；4号密闭为砖混孔格状结构，主要用于－500 m水平超深越界区域回风。

2019年5月，源江山煤矿为了畅通－500 m水平超深越界区域的回风通道，私自把2号国土密闭改装成“2号半密闭”（在密闭上部安装了1台轴流式通风机，用于辅助通风，在密闭一侧开设小门，用于人员出入）；2019年6—8月，该矿3次向耒阳市自然资源局申请“借道通风”，补办2号国土密闭改装手续；2019年8月耒阳市自然资源局依据有关规定，批准了该矿2号密闭改为“2号半密闭”。

2）隐瞒超深越界开采

（1）该矿蓄意隐瞒超深越界开采，不在图纸上标注超深越界区域巷道，篡改巷道真实标高数据，将超深越界区域的 -450 m 谎称为 -300 m，-500 m 谎称为 -350 m。

（2）在政府部门下井检查时，煤矿电话通知井下人员关闭 3 号活动铁门密闭，并焊上扁铁、拆除活动轨道、清除生产活动痕迹，伪装成没有打开过铁门的假象。

（3）不在 -500 m 水平超深越界区域安装安全监测监控系统和人员位置监测系统。

（4）瓦斯检查记录、调度记录、带班下井记录、安全检查记录、会议记录等均不记载超深越界区域情况。

3）违法生产

2018 年 4 月源江山煤矿以整改之名开始违法组织生产。为了应对驻矿盯守和政府部门检查，以主斜井井口工业广场没有空闲房间为由，有意安排驻矿盯守人员住在离出煤井口较远的副斜井井口工业广场；采取白天将煤存于井下、晚上集中提运，且在晚上提煤期间切断主斜井井口视频监控电源（该视频装置与耒阳市应急管理局监控中心联网），提煤结束后再恢复正常；不向入井职工发放人员位置识别卡、不如实登记下井人数（每班登记下井人数为 4 人）等方式隐瞒违法生产行为。

2020 年 10 月 24 日，耒阳市相关部门向源江山煤矿下达了停产指令，并采取了焊接入井钢轨、贴封条等措施。该矿拒不执行停产指令，安排人员砸开入井钢轨焊接点、移除入井钢轨和主井提升绞车上的封条，组织人员生产出煤。在离主斜井井口 300 多米的工业广场入口安设的铁门处，安排人员 24 小时值守，如有检查人员到矿检查，及时停止绞车运行，恢复井口钢轨焊接和封条，伪装成没有生产的假象。

4）民爆物品申领违规

2014 年 4 月，源江山煤矿取得了《非营业性爆破作业单位许可证》，至事故前 2 次换证，有效期至 2020 年 9 月 23 日。

2016 年 10 月 13 日以后，源江山煤矿为证照不全矿井，依据《耒阳市煤矿火工产品管理办法》有关规定，没有资格申请购买火工品。实际上该矿常以整改之名申请购买火工品。2020 年共 11 次向耒阳市公安局危爆大队申请购买火工品，且火工品申请量都大于实际所需量，剩余火工品由仓库保管员违规储存到备用仓库中，作为停供后违法生产之用。

开源煤业公司四家冲井“10 · 23”运输事故发生后，源江山煤矿接到耒阳市公安局危爆大队电话通知，派人到危爆大队领取封条自行封存火工品，并拍照发送至耒阳市公安局危爆工作群后，安排人员拆除封条，继续使用火工品违法组织生产。

（三）源江山煤矿周边矿井

1. 导子煤业有限公司导子二矿

规划升级改造产能为0.3 Mt/a，2018年6月1日安全生产许可证被依法注销；采矿许可证准许开采深度为+200～-500 m标高，有效期至2021年9月21日，属停工停产待建矿井。

该矿股东2人，分别为蒋某平（占股58%）、蒋某成（占股42%），配备矿级管理人员6人：总经理王某亚，矿长黄某辉，总工程师王某祥，生产副矿长梁某武，安全副矿长王某生，机电副矿长蒋某威。

矿井采用斜井开拓，主斜井、暗副斜井越界长度分别达700 m、600 m，在-470 m水平布置下山至-510 m水平超深越界开采。在-350 m水平采用剃头下山开采了6_1煤层，形成大片采空区并积水。2018年7月停止排水后，2019年11月采空区积水从-350 m水平巷道自然流出。

2. 开元煤业有限公司楠木山煤矿

属正常生产矿井，核定生产能力0.45 Mt/a。该矿-390 m水平东翼底板运输巷越界进入四家冲井井田；-390 m水平西翼一石门下山超深至-468 m标高，平面越界70 m、超深68 m。

3. 开元煤业有限公司四家冲井

正常生产矿井，核定生产能力0.15 Mt/a。该矿在-300 m水平越界进入导子二矿（原群联村煤矿区域）井田。

4. 四矿巷道贯通情况

经调查，源江山煤矿、导子二矿、楠木山矿和四家冲井共有6处巷道贯通。其中导子二矿与四家冲井有3处贯通、与楠木山煤矿有2处贯通、与源江山煤矿有1处贯通。

二、事故区域、经过及抢险救援

（一）事故区域

源江山煤矿重大透水事故发生在超深越界区域-500 m水平。该区域主要可采煤层为6_1煤和7煤，煤层倾角51°～56°，属于急倾斜煤层，煤层厚度2.2～2.5 m。2019年底源江山煤矿穿过导子二矿井田超深越界至国家资源区域-500 m水平开采6_1、7煤层，分别沿煤层布置有6_1煤运输巷和7煤运输巷，并开口伪倾斜布置煤层上山工作面，坡度 25°～35°，长度 50～70 m 不等。事故发生前，导子煤业有限公司导子二矿越界至国家资源区域，开采了源江山煤矿 -500 m 水平上部的 6_1 煤层，形成采空区并大量积水。

源江山煤矿 -500 m 水平未形成正规生产系统，通风、供电、排水系统均不完善，采煤工作面未形成 2 个安全出口；未安装安全监测监控系统和人员位置监测系统；采用剃头下山布置、巷道式采煤、放顶煤工艺，多头作业，使用坑木支护，有的采煤工作面使用压风管路通风。

事故前，-500 m 水平共布置 5 个采掘工作面，均承包给无资质的私人包工队。其中 6_1 煤运输巷布置了一上山和二上山工作面，承包给李某成队；7 煤运输巷布置了一上山和二上山工作面，分别承包给周某荣队和杨某队；-500 m 水平岩石运输巷布置一个石门掘进工作面，承包给朱某队。

（二）事故经过

2020 年 11 月 29 日 7 时，矿长王某勇主持召开调度会，副矿长谢某菊、张某、总工程师郑某军、值班长张某峰、蒋某洪、王某桂和包工头李某成、周某荣、杨某等参加了会议，共安排 10 个作业地点 37 人下井作业。其中 -290 m 水平安排 5 个作业地点（2 个采煤、3 个维修）共 19 人（含绞车司机、机车司机等辅助工）；-500 m 水平（事故区域）安排 5 个作业地点共 15 人。其中，6_1 煤一上山采煤工 3 人（董某彪、王某恒、谭某文）、6_1 煤二上山采煤工 4 人（李某国、邹某才、朱某芳、冯某伦）、7 煤一上山维修巷道 1 人（包工头周某荣）、7 煤二上山采煤工 3 人（李某平、唐某军、李某）、-500 m 水平石门掘进工 2 人（黄某明、周某平）、-500 m 水平运输巷机车司机 1 人（陆某元）、-500 m 水平井底车场挂钩工 1 人（王某荣）；当班带班领导 3 人，分别是生产副矿长谢某菊、掘进副矿长王某飘和带班长王某桂。

8 时，周某荣、董某彪等 15 人相继下井；8 时 50 分，董某彪、王某恒、谭某文 3 人到达 -500 m 水平 6_1 煤一上山，查看完工作面迎头情况后，留下谭某文负责放煤，董某彪和王某恒到 6_1 煤北运输巷推车；10 时 20 分，工作面迎头传来煤炮声，一直响个不停；11 时 30 分，董某彪从 -500 m 水平大巷推空矿车至距 6_1 煤一上山口约 10 m 处，看到大量煤和水从里面冲出来，且伴有“轰隆隆”的响声，水和煤瞬间涌至董某彪膝盖，董某彪用背一边挤矿车一边扒煤，向 -500 m 水平大巷逃生，并大声喊“穿水了，快跑”。-500 m 井底车场的挂钩工王某荣听见喊声后也立即向上逃生。两人逃生至 -230 m 水平，电话向调度室值班员王某成报告了井下透水事故情况后，自行升井。在 -290 m 水平作业的人员接到调度室电话后也全部自行安全升井。

（三）事故抢险救援

14 时 50 分，湖南省矿山救援白沙大队白山坪中队先期到达源江山煤矿开展救援工作；18 时 50 分，成立了以副省长陈飞同志为总指挥的事故现场指挥部，迅速调集白沙、衡阳、邵阳、郴州等 8 支矿山救护队以及湘煤集团成建制队伍、消防救援力量、电力公司，以及省、市、县三级政府应急系统等共计 1000 余人参与救援；协调邻省江西矿山排水站、国内排水设备生产厂家进行排水设备支援。

总指挥部通过在源江山煤矿、导子二矿、楠木山矿、四家冲井四对矿井实施排水，同时在地面和井下施工救援钻孔。至 12 月 3 日 13 时，源江山煤矿积水排至 −500 m 水平，四个煤矿累计排水量达 35900 m^3。12 月 3 日至 6 日，在源江山煤矿 −500 m 水平进行清淤搜救工作。至 12 月 8 日 23 时，先后进行侦察搜救 4 次，搜寻到 5 名遇难人员。

12 月 17 日，根据国务院安委会《关于进一步加强生产安全事故应急处置工作的通知》（安委〔2013〕8 号）规定，衡阳市人民政府召开 2020 年第 18 次常务会议，研究专家组对“11·29”源江山煤矿透水事故救援工作的评估意见和现场指挥部意见，鉴于井下 8 名被困者已无生存可能，且继续救援存在极大风险，决定终止事故救援工作。

（四）事故信息报告及响应

2020 年 11 月 29 日 12 时 48 分，源江山煤矿向耒阳市应急管理局报告；13 时 49 分，耒阳市应急管理局向衡阳市应急管理局和湖南煤矿安监局衡阳监察分局报告；14 时，衡阳市应急管理局向湖南省应急管理厅报告；14 时 05 分，湖南煤矿安监局衡阳监察分局向湖南煤矿安监局报告；14 时 40 分，湖南煤矿安监局分别向国家矿山安全监察局、湖南省委省政府报告；14 时 48 分，湖南省应急管理厅向应急管理部报告。

湖南省政府接到事故信息后，立即启动事故应急响应，湖南省政府、衡阳市及耒阳市党委政府及有关部门负责人陆续到达事故现场，全力组织事故抢险救援。

国家矿山安全监察局接到事故报告后，局领导率工作组连夜紧急赶赴事故现场，指导事故救援工作。

（五）事故善后处理

现场指挥部成立善后处置组，分 13 个工作小组，开展遇难和失联人员家属安抚工作。至 12 月 15 日，5 名遇难和 8 名失联人员家属全部在赔偿协议上签字同意；12 月 17 日赔偿款全部赔付到位，善后处理工作结束，矿区稳定。

（六）事故应急救援评估

本次事故救援，国家矿山安监局第一时间派副局长带领工作组赶赴现场指导，省委省政府响应快速，副省长坐镇指挥，各级政府部门高效运转，统筹调派全国的应急救援力量和应急救援资源实施救援，充分彰显了我国新时代应急管理体系的优越性；湘煤集团调派人力、物力全力进行事故救援，各级救援队伍充分利用专业优势，积极采取措施营救被困人员，反映了快速反应水平和专业救援能力。整个救援工作安全有序圆满完成，应急救援比较成功。

三、事故原因及性质

（一）直接原因

源江山煤矿超深越界在 -500 m 水平 6_1 煤一上山巷道式开采急倾斜煤层，在矿压和上部水压共同作用下发生抽冒，导通上部导子二矿 -350 ~ -410 m 采空区积水，老空积水迅速溃入源江山煤矿 -500 m 水平，并迅速上升稳定至 -465 m，导致井巷被淹造成重大人员伤亡。

（二）间接原因

1. 源江山煤矿

（1）非法开采国家资源，隐瞒超深越界行为。2020 年 5 月横穿导子二矿井田开始开采国家资源，累计越界巷道 4000 m、超深 103 m；通过篡改巷道真实标高、不在图纸上标注、井下设置假国土密闭、不安装安全监测监控系统和人员位置监测系统等方式蓄意隐瞒超深越界行为。

（2）违法组织生产，对抗政府部门监管。该矿在煤矿安全生产许可证注销、未取得技改手续情况下，以整改之名违法组织生产，仅 2020 年违法生产出煤 5.56 万吨；通过在工业广场入口处设置门哨、蓄意安排驻矿盯守员居住在远离出煤井口、擅自拆除提升绞车和入井钢轨封条、夜间提煤期间切断出煤井口视频监控电源等手段，有组织有计划地对抗地方政府和部门监管。

（3）违章指挥，冒险蛮干。该矿安全红线缺失，违章指挥在老空水淹区域下开采急倾斜煤层；作业人员心存侥幸，冒险蛮干，顶水作业，事故前 1 小时出现明显透水征兆后，未及时从危险区域撤出作业人员。

（4）安全管理混乱，主体责任不落实。该矿未落实企业主体责任，未按规定设置安全管理职能部门，未配备相关安全管理人员；“三专两探一撤”措施严重缺失，未配备防治水专业技术人员和探放水设备；将井下采掘工作面承包给多个包工队，以包代管；违规申领、使用和存放火工品；-500 m 水平采用剃头下山开采、坑木支护、压风管路供风、巷道式放顶煤多头面组织生产。

2. 导子二矿

（1）非法开采国家资源、违法组织生产。矿井主、副斜井直接落在未划定矿权国家资源区域，经实测越界巷道总长度达4002 m；在煤矿安全生产许可证注销后，仍然违法组织生产，仅2020年违法生产出煤51600 t。

（2）相互连通、冒险蛮干。导子二矿井下有6处越界巷道与周边矿井连通，造成采掘混乱；采用剥头下山开采源江山煤矿事故区域上方国家资源后，采空区积水达42000 m^3 未及时排放，造成严重水患。

（三）事故性质

经调查认定，源江山煤矿“11 · 29”重大透水事故是一起生产安全责任事故。

1. 中介机构责任

湖南省煤田地质局第一勘探队耒阳项目部严重不负责任，明知源江山煤矿设置的活动铁门和孔格状结构国土密闭不符合要求，未向自然资源部门提出立即整改意见；测量源江山煤矿巷道走过场，出具的巷道测量鉴定报告结论与源江山煤矿真实开采情况严重不符。

2. 地方政府和相关部门相关责任

（1）耒阳市自然资源部门检查煤炭资源走过场、搞形式，对中介机构拍照的煤矿国土密闭、巷道测量鉴定结论不审核、不把关，将中介机构作为自己失职失责的“挡箭牌”，违规为源江山煤矿申请上报办理采矿许可证延续业务；衡阳市自然资源部门监管职责缺失，未履行煤炭资源监管职责。

（2）耒阳市煤矿安全监管工作不到位。发现源江山煤矿违法生产线索后，未进一步核实，未如实向耒阳市综合行政执法局移送源江山煤矿违法生产案件。明知源江山煤矿不符合申请火工品条件，仍然创立名目违规审批火工品供应计划；耒阳市综合行政执法局不正确履行职责，查实源江山煤矿违法生产行为后，未依法处置；衡阳市煤矿安全监管部门不作为，未按规定组织对耒阳市煤矿开展安全检查和综合督查。

（3）公安机关火工品审批和管理把关不严。耒阳市公安机关长期违规向证照或技改手续不全的煤矿批供火工品，违规将封条交由煤矿自行封存火工品；衡阳市公安机关在源江山煤矿安全生产许可证注销的情况下，违规在民爆物品信息管理系统保留并激活源江山煤矿《非营业性爆破作业单位许可证》，未对源江山煤矿火工品清退、收缴情况进行跟踪督查。

（4）驻地煤矿监察分局监督检查不到位，向耒阳市人民政府下达的建议书只停留在发函告知层面，没有跟踪落实。

（5）耒阳市人民政府未正确处理安全与发展关系，未真正汲取事故教训，造成同类事故重复发生；抓安全生产工作方面存在形式主义、官僚主义，造成煤炭资源管理、火工品管控和煤矿安全监管失控，本地区煤矿企业安全生产秩序长期混乱；衡阳市人民政府未按要求对耒阳市煤矿安全生产工作开展督促检查。

四、各部门履职中存在的问题

1. 自然资源管理部门

1）耒阳市自然资源局

对煤矿国土密闭监管责任缺失。未按规定对源江山煤矿井下国土密闭施工进行监督和验收；在日常检查煤矿国土密闭期间，明知源江山煤矿设置的 3 号、4 号国土密闭不符合要求，未要求源江山煤矿立即改正。

办理采矿许可证短期延续登记不严格。2019 年以来，3 次初审源江山煤矿采矿许可证短期延续登记材料，明知湖南省煤田地质局第一勘探队未对源江山煤矿是否存在超深越界行为做出明确结论，在未组织核查清楚的情况下，仍然初审通过该矿采矿许可证短期延续登记；2020 年明知源江山煤矿存在越界巷道，在办理该矿采矿许可证短期延续登记时，仍然出具“至今未发现源江山煤矿存在超深越界行为”的虚假证明。

对中介服务机构监督管理缺失。未认真审查核实湖南省煤田地质局第一勘探队 3 次做出的源江山煤矿巷道测量鉴定报告结论，对报告不能够真实全面反映源江山煤矿超深越界开采等问题失察。

不正确履行职责。2011 年原耒阳市国土资源局发现源江山煤矿存在越界开采行为，未按《中华人民共和国矿产资源法》等法律法规依法查处。2018 年又发现源江山煤矿存在超深越界开采行为，未按《国土资源违法行为查处工作规程》依法处置，也未移送至耒阳市综合行政执法局查处。

2）衡阳市自然资源与规划局

未按照省安委会《湖南省重点行业领域安全生产监管责任分工》(湘安发〔2020〕4 号）要求，对煤矿超深越界开采进行监管；未按照《衡阳市安全生产专项整治三年行动工作措施》(衡安办〔2020〕21 号）的要求，开展煤矿安全生产专项整治；贯彻落实《湖南省矿山超深越界监督检查三年专项行动方案》不到位，未按照文件要求对耒阳市自然资源局进行督促指导；未督促耒阳市自然资源局开展煤矿超深越界违法开采排查和依法查处楠木山矿、导子二矿超深越界开采的违法行为；对耒阳市自然资源局煤矿日常监管工作未进行督促指导。

2. 煤矿安全监管部门

（1）导子镇煤管站。驻矿盯守形同虚设，默许源江山煤矿安排盯守人员住在远离出煤井口工业广场；2019年违规同意源江山煤矿借道通风；明知源江山煤矿不具备购买火工品资格，仍在该矿购买火工品申请表上审署“同意”意见；驻矿盯守人员擅离职守，驻矿期间未检查源江山煤矿出煤井口视频监控装置，对视频监控异常信息视而不见；发现源江山煤矿工人未带识别卡下井的违规事实后，未进一步核查，也未向上级报告，对源江山煤矿违法组织生产行为严重失察。

（2）耒阳市应急管理局。日常监管走过场，不按要求下井检查，对煤矿违法生产视而不见，发现源江山煤矿有违规提升煤炭迹象，既不下井核查，收集违法生产证据，也未向上级报告，少数监管人员甚至在检查前向煤矿通风报信；未严格落实煤矿去产能政策，为本应关闭的源江山煤矿申报扩能提供帮助，使其最终得以保留；违规同意源江山煤矿借道通风；明知源江山等煤矿不符合申请火工品条件，仍然创立名目违规审批，2020年3次违规审批并函告源江山煤矿火工品供应计划；审批前未到现场核定源江山煤矿火工品库存量和需供量，审批后也未按规定监管该矿整改工程使用火工品数量；多次收到源江山煤矿出煤井口视频监控断线信息后，未及时核实查处；未及时向耒阳市综合行政执法局移送源江山煤矿违法生产案件，移送时故意把源江山煤矿“生产出煤”的重大隐患，更改为“未经批准擅自违规启动井下施工作业”的一般违法行为。

（3）衡阳市应急管理局。对煤矿违法生产监管不到位，默认、放任耒阳市煤矿以隐患整改为名行非法生产之实行为，对发现的问题往耒阳市应急管理局一交了事，没有跟踪落实；2020年未专门组织对耒阳市煤矿开展安全检查和综合督查；未按照2020年10月26日衡阳市人民政府煤矿安全生产工作专题会议要求，牵头组织监督检查耒阳市煤矿隐患排查整改情况；明知源江山煤矿申报技改扩能升级主要资料缺失，仍同意上报，最终使其得以保留。

3. 民用爆炸物品管理部门

（1）导子镇派出所。未现场核实源江山煤矿火工品库存量，违规初审同意该矿提交的《民用爆炸物品购买许可证》申请表；日常监管失职，2019年1月至2020年10月，导子镇派出所对源江山煤矿日常检查57次，均未发现源江山煤矿存在非爆破员领取民爆物品、违规储存民爆物品、人员安全培训不到位等问题。

（2）耒阳市公安局。长期放松对煤矿火工品审批管理，火工品监管责任缺失。一是违规审批火工品。源江山煤矿自2017年12月非法生产以来，耒阳市公安局危爆大队向源江山煤矿违规审批火工品44次，审批炸药108.28 t、雷管

12.5 万发。其中超出耒阳市应急管理局供应计划审批 26 次，超量审批炸药 38.85 t，无供应计划擅自审批 8 次，审批炸药 20.64 t、雷管 2.4 万发，即使在源江山煤矿《爆破作业单位许可证》(非营业性) 已过期、湖南煤监局衡阳分局和耒阳市政府要求对注销安全生产许可证的 19 处煤矿（含源江山煤矿）限供火工品的情况下，耒阳市公安局危爆大队还在 2020 年 10 月 20 日许可源江山煤矿购买炸药 2.88 t、雷管 0.8 万发。二是日常监管失职。2017 年 12 月至 2020 年 11 月，危爆大队监管二组对源江山煤矿日常检查 29 次；2019 年 1 月至 2020 年 10 月，导子镇派出所对源江山煤矿日常检查 57 次，均未发现源江山煤矿存在非爆破员领取民爆物品、违规储存民爆物品、人员安全培训不到位等问题。四家冲井"10·23"事故后，未按规定当场收缴或封存煤矿火工品，而是将封条交由煤矿自行张贴，事后也没有实地查看，致使源江山煤矿 10 月 27 日私自开封使用火工品。三是爆破作业单位许可初审把关不严，现场核查走形式。2020 年 8 月，源江山煤矿申请延期非营业性《爆破作业单位许可证》，源江山煤矿在《非营业性爆破作业单位到期换证申请表》上登记的仓库数量为 2 个，源江山煤矿储存库区总平面图上的仓库数量也为 2 个（实际上有 3 个），耒阳市公安局危爆大队在对源江山煤矿民爆物品仓库进行现场核查时，出具的意见是现场核查与安评报告相符，只有 2 个仓库。资料审核不把关。耒阳市公安局危爆大队对源江山煤矿《爆破作业单位到期换证初查意见表》及相关资料进行初审，该表"在岗人员交纳社会保险证明"栏没有填写意见，"施工机械及检测、测量设备"栏的核查意见为"属实"，但实际源江山煤矿并未提供施工机械设备有关材料。

（3）衡阳市公安局。颁发《非营业性爆炸作业单位许可证》工作有漏洞，在煤矿申报资料不符合规定和现场检查问题没有整改的情况下，违规在民爆物品信息管理系统保留并激活源江山煤矿《非营业性爆破作业单位许可证》，有效期延至 2023 年 9 月 23 日。指导监督全市公安机关开展危险爆炸物品安全管理流于形式，对耒阳市公安局长期违规为源江山煤矿审批火工品的情况失察；未跟踪督查耒阳市公安局危爆大队对源江山煤矿库存火工品清退、收缴情况。

4. 耒阳市综合行政执法局

不依法履行职责，2020 年 7 月 1 日耒阳市自然资源局向该局移送"关于导子二矿和楠木山井两矿井下超深越界"一案，2020 年 8 月在耒阳市人民政府督查室发函督促落实情况下，才对导子二矿和楠木山井超深越界开采的违法行为分别处 9 万元和 6 万元的罚款，未按重大隐患进行处理处罚；2020 年 9 月 29 日，该局收到耒阳市应急管理局关于源江山煤矿未经批准擅自启动施工作业的移送函，直到 10 月 21 日才安排其综合行政执法大队到源江山煤矿进行现场调查。在查实了源江山煤矿9月16日案发当班违法生产出煤的事实后，仅以“当事人拒不执行应急管理局下达的停止作业书”为案由给予行政处罚。

5. 地方党委、政府

（1）导子镇党委、政府。煤矿安全监管属地责任缺失，收到市应急管理局监控中心发送的关于源江山煤矿视频监控信号中断的短信后，未及时安排驻矿盯守人员现场查看核实，也没有分析源江山煤矿每天同一时段（晚上）连续出现视频信号中断原因；未督促驻矿盯守人员到源江山煤矿出煤主斜井井口工业广场驻守；违规在源江山煤矿火工品审批单上签署同意意见；2019年违规同意源江山煤矿借道通风。

（2）耒阳市党委、政府。抓安全生产意识不强，官僚主义、形式主义突出，没有落实“人民至上，生命至上”的要求。重发展、轻安全，将全市证照不全、技改手续未批复的煤矿违法生产的煤炭纳入税费征收范围，默许手续不全、停产技改煤矿长期违法组织生产；对煤矿安全监管工作疏于管理，采矿秩序混乱，市级领导联系煤矿流于形式，既未明确联矿职责，也未督促检查考核；未督促市自然资源局和市综合行政执法局依法处置导子二矿与开元煤业公司楠木山矿超深越界行为；未及时废止《耒阳市人民政府办公室关于煤矿超深越界巷道密闭管理实施办法》（耒国土资发〔2012〕23号）文件，造成源江山煤矿借道通风合法化；对2020年10月19日耒阳市自然资源局提请市政府组织相关部门对全市煤矿开展联合测绘的要求不重视、未及时安排部署，对耒阳市煤矿长期超深越界开采行为打击不力；未在规定的期限内落实2020年8月衡阳监察分局联合衡阳市应急管理局下达的《关于加强和改善煤矿安全监管工作的建议意见函》相关要求；未按照衡阳市人民政府2020年10月26日组织召开的煤矿安全生产工作专题会议精神，对辖区内煤矿开展逐矿复查；对职能部门和导子镇党委、政府履行监管职责督导不到位，相关党员领导干部、驻矿盯守人员、煤矿安监员严重失职，煤矿企业安全生产主体责任未落实。

（3）衡阳市人民政府。贯彻落实新发展理念存在偏差，安全发展、人民至上、生命至上等理念树得不牢；对全国安全生产电视电话会议做出的部署和要求落实不到位，风险底线意识缺失，侥幸、麻痹心理突出，安全生产责任层层递减甚至虚空；未在规定的期限内落实《湖南煤矿安全监察局关于加强和改善煤矿安全监管工作建议的函》（湘煤监监察函〔2020〕73号）；市政府分管领导未按照2020年10月26日组织召开的煤矿安全生产工作专题会议要求，牵头组织联合督查组对耒阳市煤矿安全隐患全面排查情况进行专项检查。

6. 湖南煤矿安监局衡阳监察分局

对耒阳市煤矿存在的安全风险分析研判不足，开展煤矿安全巡查工作不深、不细；对耒阳市政府煤矿安全生产监管工作的监督检查，只停留在发函告知层面，未及时督促耒阳市人民政府落实 2020 年 8 月下达的《关于加强和改善煤矿安全监管工作的建议意见函》。

7. 湖南省煤田地质局第一勘探队

第一勘探队耒阳项目部技术服务中心工作人员严重失职，未按照合同要求和行业规范提供技术支撑，检查源江山煤矿国土密闭和测量巷道与真实情况严重不符。2018 年以来 42 次下井检查源江山煤矿 4 处国土密闭，均未向耒阳市自然资源局监管巡查中队提出 3 号、4 号国土密闭不符合要求的意见；2018 年以来 3 次下井测量源江山煤矿巷道，未要求矿方打开 3 号活动铁门密闭进入超深越界区域核查；3 次编制的《源江山煤矿巷道测量鉴定报告》均未真实反映源江山煤矿超深越界开采情况。

五、责任认定及处理建议

（一）公安机关已采取刑事强制措施人员

1. 源江山煤矿

（1）蒋某贱，中共党员，源江山煤矿董事长、法人代表。2020 年 12 月 10 日因涉嫌重大劳动安全事故罪被衡阳市公安局刑事拘留；同年 12 月 17 日变更为监视居住，2021 年 1 月 16 日经珠晖区人民检察院批准由衡阳市公安局执行逮捕，后羁押在衡阳市看守所；建议自刑罚执行完毕或者受处分之日起，五年内不得担任任何生产经营单位的主要负责人，终身不得担任本行业生产经营单位的主要负责人；同时处以上一年年收入 60% 的罚款。

（2）黄某忠，群众，源江山煤矿股东。2020 年 12 月 10 日因涉嫌重大劳动安全事故罪被衡阳市公安局刑事拘留，同年 12 月 17 日变更为监视居住，2021 年 1 月 16 日经珠晖区人民检察院批准由衡阳市公安局执行逮捕，后羁押在衡阳市看守所。

（3）伍某刚，中共党员，源江山煤矿股东。2020 年 12 月 10 日因涉嫌重大劳动安全事故罪被衡阳市公安局刑事拘留，同年 12 月 26 日变更为监视居住，2021 年 1 月 16 日经珠晖区人民检察院批准由衡阳市公安局执行逮捕，后羁押在衡阳市看守所。

（4）王某勇，中共党员，源江山煤矿矿长。2020 年 12 月 10 日因涉嫌重大劳动安全事故罪被衡阳市公安局刑事拘留，2021 年 1 月 16 日经珠晖区人民检察院批准由衡阳市公安局执行逮捕，现羁押在衡阳市看守所；建议自刑罚执行完毕或者受处分之日起，五年内不得担任任何生产经营单位的主要负责人，终身不得担任本行业生产经营单位的主要负责人。同时处以上一年年收入60%的罚款。

（5）谢某菊，中共党员，源江山煤矿生产副矿长。2020年12月10日因涉嫌重大劳动安全事故罪被衡阳市公安局刑事拘留，2021年1月16日经珠晖区人民检察院批准由衡阳市公安局执行逮捕，后羁押在衡阳市看守所。

（6）周某林，群众，源江山煤矿总经理。2020年12月10日因涉嫌重大劳动安全事故罪被衡阳市公安局刑事拘留，2021年1月16日经珠晖区人民检察院批准由衡阳市公安局执行逮捕，后羁押在衡阳市看守所。

（7）郑某军，群众，源江山煤矿总工程师。2020年12月10日因涉嫌重大劳动安全事故罪被衡阳市公安局刑事拘留，2021年1月16日经珠晖区人民检察院批准由衡阳市公安局执行逮捕，后羁押在衡阳市看守所。

（8）张某，中共党员，源江山煤矿安全副矿长。2020年12月10日因涉嫌重大劳动安全事故罪被衡阳市公安局刑事拘留，2021年1月16日经珠晖区人民检察院批准由衡阳市公安局执行逮捕，后羁押在衡阳市看守所。

（9）王某飘，中共党员，源江山煤矿掘进副矿长。2020年12月10日因涉嫌重大劳动安全事故罪被衡阳市公安局刑事拘留，2021年1月16日经珠晖区人民检察院批准由衡阳市公安局执行逮捕，后羁押在衡阳市看守所。

（10）李某成，群众，源江山煤矿包工头。2020年12月10日因涉嫌重大劳动安全事故罪被衡阳市公安局刑事拘留，2021年1月16日经珠晖区人民检察院批准由衡阳市公安局执行逮捕，后羁押在衡阳市看守所。

（11）杨某，群众，源江山煤矿包工头。违法承包源江山煤矿超深越界区域采煤和掘进工程，冒险进行采煤作业。对事故负有主要责任，因涉嫌重大劳动安全事故罪于2021年1月23日被衡阳市公安局刑事拘留，2021年2月9日经珠晖区人民检察院批准由衡阳市公安局执行逮捕，后羁押在衡阳市看守所。

2. 导子二矿

（1）蒋某平，中共党员，导子二矿实际控制人。2020年12月10日因涉嫌重大劳动安全事故罪被衡阳市公安局刑事拘留，同年12月17日变更为监视居住，2021年1月16日经珠晖区人民检察院批准由衡阳市公安局执行逮捕，后羁押在衡阳市看守所。

（2）蒋某成，群众，导子二矿实际控制人。2020年12月20日因涉嫌重大劳动安全事故罪被衡阳市公安局刑事拘留，同年12月26日应湖南省纪委监委要求变更为监视居住，2021年1月16日经珠晖区人民检察院批准由衡阳市公安局执行逮捕，后羁押在衡阳市看守所。

（3）黄某辉，中共党员，导子二矿矿长。组织导子二矿在超深越界区域剃头下山盗采国家资源，造成事故区域上部积水，对事故负有直接责任，因涉嫌非法采矿罪于 2021 年 1 月 19 日被衡阳市公安局直属分局刑事拘留，2021 年 2 月 9 日经珠晖区人民检察院批准由衡阳市公安局执行逮捕，后羁押在衡阳市看守所。

（4）王某亚，中共党员，导子二矿总经理，原导子二矿矿长。组织导子二矿在超深越界区域剃头下山盗采国家资源，造成事故区域上部积水，对事故负有直接责任，因涉嫌非法采矿罪于 2021 年 1 月 19 日被衡阳市公安局直属分局刑事拘留，2021 年 2 月 9 日经珠晖区人民检察院批准由衡阳市公安局局执行逮捕，后羁押在衡阳市看守所。

（5）王某祥，中共党员，导子二矿总工程师。组织导子二矿在超深越界区域剃头下山盗采国家资源，造成事故区域上部积水，对事故负有直接责任，涉嫌犯罪，2021 年 2 月 9 日经珠晖区人民检察院批准由衡阳市公安局执行逮捕，目前在逃。

（二）建议移送司法机关追究刑事责任人员

1. 源江山煤矿（2 人）

（1）王某桂，群众，源江山煤矿带班长，在源江山煤矿超深越界区域违法、冒险组织采煤和掘进工程。对事故负有主要责任。涉嫌犯罪，建议移送公安机关立案调查。

（2）李某安，群众，仓库保管员，违规在备用仓库中储存火工品，为违法生产创造条件，对源江山煤矿违规使用火工品组织生产负有直接责任，对事故负有主要责任。涉嫌犯罪，建议移送公安机关立案调查。

2. 导子二矿（2 人）

（1）梁某武，群众，导子二矿生产副矿长。组织导子二矿在超深越界区域剃头下山盗采国家资源，造成事故区域上部积水，对事故负有直接责任，涉嫌犯罪，建议移送公安机关立案调查。

（2）王某生，群众，导子二矿安全副矿长。参与导子二矿在超深越界区域剃头下山盗采国家资源，造成事故区域上部积水，对事故负有直接责任，涉嫌犯罪，建议移送公安机关立案调查。

3. 湖南省煤田地质局第一勘探队

（1）高某，群众，湖南省煤田地质局第一勘探队耒阳项目部煤矿密闭检查技术服务中心技术组组长。明知源江山煤矿设置的 3 号活动铁门密闭和 4 号孔格状国土密闭均不符合要求，未向耒阳市自然资源局监管巡查四、五中队提出改正意见；测量源江山井下巷道时，未要求矿方打开 3 号活动铁门密闭，导致编制的

《源江山煤矿巷道测量鉴定报告》不能够真实全面反映源江山煤矿超深越界开采现状。对事故负有主要责任，涉嫌犯罪，建议移送公安机关立案调查。

（2）何某中，群众，湖南省煤田地质局第一勘探队测绘地理信息二院副院长兼耒阳项目部主任，负责煤矿密闭检查技术服务中心全面工作。疏于管理，长期未审核技术服务中心技术人员拍摄的煤矿井下国土密闭照片，导致源江山煤矿不符合要求的3号、4号国土密闭长期存在；未对《源江山煤矿巷道测量鉴定报告》中的巷道测量地点、范围进行比对审核，致使报告结论与源江山煤矿实际严重不符，导致源江山煤矿3次采矿许可证短期延续顺利通过审批。对事故负有主要责任，涉嫌犯罪，建议移送公安机关立案调查。

（三）纪委监委已采取留置措施的公职人员

1. 耒阳市导子镇煤管站

欧阳某生，中共党员，导子镇煤管站站长。衡阳市纪委监委已对其立案审查调查，并采取留置措施。

2. 耒阳市导子镇党委、政府

（1）谢某辉，中共党员，导子镇党委委员、政协主任。衡阳市纪委监委已对其立案审查调查，并采取留置措施。

（2）钟某国，中共党员，导子镇党委书记。衡阳市纪委监委已对其立案审查调查，并采取留置措施。

3. 耒阳市自然资源局

（1）邓某，中共党员，耒阳市自然资源局矿业权管理股股长。衡阳市纪委监委已对其立案审查调查，并采取留置措施。

（2）曹某文，中共党员，耒阳市人大常委会办公室干部，原耒阳市自然资源局党委副书记、局长。衡阳市纪委监委已对其立案审查调查，并采取留置措施。

4. 耒阳市应急管理局

（1）周某斌，中共党员，耒阳市应急管理局龙塘监管大队大队长。衡阳市纪委监委已对其立案审查调查，并采取留置措施。

（2）雷某超，中共党员，耒阳市应急管理局煤矿安全监督管理股股长。衡阳市纪委监委已对其立案审查调查，并采取留置措施。

（3）罗某钢，中共党员，耒阳市应急管理局原局长。衡阳市纪委监委已对其立案审查调查，并采取留置措施。

5. 耒阳市公安局

谢某球，中共党员，耒阳市公安局原党组成员、副局长。衡阳市纪委监委已对其立案审查调查，并采取留置措施。

6. 耒阳市政府

（1）曾某利，中共党员，耒阳市政府原党组成员、副市长。衡阳市纪委监委已对其立案审查调查，并采取留置措施。

（2）陈某，中共党员，衡阳市工业和信息化局党组成员、副局长，耒阳市政府原党组成员、副市长。衡阳市纪委监委已对其立案审查调查，并采取留置措施。

（四）对其他公职人员的党纪政务处分

对源江山煤矿“11·29”重大透水责任事故中涉及地方党委政府、相关职能部门责任人员共计 32 名（不含留置 11 人）公职人员，湖南省纪委监委责任事故追责问责审查调查组提出了追责问责意见，并经湖南省纪委常委会审议通过，报经省委批准。

（五）对事故单位行政处罚建议

（1）源江山煤矿超深越界盗采国家资源、违法组织生产，发生重大透水事故，依据《中华人民共和国安全生产法》建议处以罚款 299 万元；依据《生产安全事故应急条例》规定，由源江山煤矿和上级企业承担应急救援所耗费用；相关发证机关依法吊销相关证照；对超越批准的矿区范围采矿的违法行为，由湖南省自然资源厅依法没收违法所得并处罚款；由耒阳市人民政府对源江山煤矿依法实施关闭。

（2）对导子二矿超越批准的矿区范围采矿违法行为，建议由湖南省自然资源厅依法没收违法所得并处罚款；由耒阳市人民政府按照湖南省人民政府“四关闭一到位”断然措施依法处置导子二矿越界采矿和违法生产行为。

（3）对楠木山煤矿和四家冲井超深越界违法行为，建议由湖南省自然资源厅依法查处。

（4）对湖南省煤田地质局第一勘探队耒阳项目部检查源江山煤矿国土密闭不负责任、编制的《源江山煤矿巷道测量鉴定报告》与真实情况严重不符等问题。建议由湖南省自然资源厅依法处置。

（六）其他建议

责成衡阳市人民政府向湖南省人民政府做出深刻检查；耒阳市人民政府向衡阳市人民政府做出深刻检查。

六、事故防范和整改措施

（1）提高红线意识，牢固树立安全发展理念。各级党委政府、各有关部门和煤矿企业要深入学习贯彻落实习近平总书记关于安全生产的重要论述和指示批示精神，提高红线意识，强化底线思维，牢固树立人民至上、生命至上的安全发展理念。一是各级党委政府要统筹发展和安全，认真落实《地方党政领导干部安全生产责任制规定》要求，采取管用措施，有效制止有关涉煤部门不作为、乱作为行为；建立健全煤矿重大安全风险定期研判会商机制，全面清理与法律法规、国家政策相悖文件，及时解决本地区煤矿安全存在的深层次和普遍性问题，有效防范和遏制煤矿重特大事故发生。二是各级煤矿安全监管部门和煤矿企业要结合本地实际，研究制定本地区、本企业安全“红线”具体标准和实施办法，切实把人民至上、生命至上的红线意识落实到行动上。

（2）加强矿产资源监管，有效制止煤矿超深越界行为。各级自然资源监管部门要提高认识，切实加强对矿产资源开采的监督管理，严格依法查处煤矿超深越界行为。一是开展专项整治，逐矿排查煤矿超深越界情况，对煤矿井下设置的不符合要求或可疑密闭，在制定安全措施的情况下，一律全部打开查验，凡发现超深（层）越界开采的，要严格按照省人民政府出台的“四关闭一到位”断然措施进行处置。二是自然资源厅要加强煤炭资源监管，研究出台日常有效监管、确保煤矿资源储量年度检测报告真实可靠办法；要将煤矿企业列入矿产资源监管执法重点，定期开展现场检查，深入分析超深越界煤矿反复打击、反复出现的深层次原因，采取管用措施，有效制止煤矿超深越界行为发生。三是加强对中介机构技术服务工作的监督，严格审核中介机构对煤矿超深越界检查情况，坚决纠正中介机构工作代替监管部门履行职责错误认识，严禁一托了之。四是加强煤矿采矿许可证延续审批工作，开展审查审批时，应对拟延续煤矿井下开采情况进行现场查验，严禁采用中介机构或有关单位出具的煤矿超深越界模糊结论的证明材料。

（3）严禁开采水体下急倾斜煤层，严格落实煤矿水害防治措施。各级煤矿安全监管监察部门要深刻汲取事故教训，督促煤矿企业认真开展隐蔽致灾因素普查，严格落实“三专两探一撤”措施，未进行普查或普查没有消除水患威胁的煤矿不得批准复工复产和建设；全面排查本地区急倾斜煤层开采煤矿水害治理情况，凡存在老空水体下开采急倾斜煤层的煤矿，一律依法停产整顿，暂扣相关证照，并向属地政府报告。

（4）采取管用措施，推动责任落实。一是省直有关部门要严格落实《国务院关于煤炭行业化解过剩产能实现脱困发展的意见》（国发〔2016〕7号）等文件精神，加大小煤矿淘汰退出力度，要对纳入扩能改造小煤矿进行清理，凡资源储量、服务年限、技改资金、管理能力等准入条件达不到有关技术规范和有关要求的，一律坚决淘汰退出，严防以技改名义逃避关闭。二是各涉煤市、县（市、区）政府要改进煤矿驻矿盯守管理办法，合理确定驻矿盯守人员职责，突出主要盯守任务，明确工作要求，出台激励驻矿监管员敢于担当的考核机制。三是严格管控煤矿火工品。公安机关要进一步明确煤矿火工品审批条件和流程，堵塞煤矿民用爆破作业单位资质审批许可漏洞，出台煤矿火工品审批监督约束机制，落实监管责任，严厉打击煤矿违规储存、使用火工品行为。

（5）形成工作合力，严厉打击煤矿违法违规行为。各级煤矿安全监管监察、自然资源、公安、供电等部门要建立常态化沟通协调机制，互通执法信息，超前研判煤矿重大安全风险，严厉打击违法违规行为；市、县（市、区）涉煤政府要定期组织煤炭资源监管、煤矿安全监管、公安等部门严厉打击煤矿超深越界、明停暗开、日停夜开、借整改之名进行生产、违法承包转包和违规使用民用爆炸物品等违法违规行为，并及时予以曝光，涉嫌犯罪的，移送司法机关追究刑事责任；煤矿安全监管监察部门要改进现场检查方式方法，充分利用视频监控、电子封条等科技手段，采用突击检查、明察暗访等方式，重点检查煤矿产量、用电量、民用爆炸物品消耗量、劳动用工、煤炭规费征收和驻矿盯守等内容，多渠道发现违法违规线索；驻地煤矿安全监察机构要严格履行国家监察职责，发现问题要及时向有关地方政府下达监察建议书，提出监察建议并监督落实到位。

第九节　黑龙江省黑河市军金原煤有限责任公司“12·8”一般水害事故

2020年12月8日1时30分，黑河市军金煤矿有限公司（以下简称“军金煤矿”）发生一起水害事故，造成1人死亡，直接经济损失285万元。

依据《中华人民共和国安全生产法》《煤矿安全监察条例》《生产安全事故报告和调查处理条例》等有关规定，2020年12月9日，成立了由黑龙江煤矿安全监察局西部监察站、黑河市应急管理局（黑河市煤炭生产安全管理局）、黑河市总工会、黑河市爱辉区人民政府、黑河市公安局有关人员组成的黑河市军金煤矿“12·8”事故调查组（以下简称“事故调查组”），邀请黑河市纪委监委派员参加，全面开展事故调查工作，并聘请有关专家参与事故原因分析认定工作。

事故调查组坚持“科学严谨、依法依规、实事求是、注重实效”和“四不放过”的原则，通过现场勘验、调查取证、专家论证，查明了事故发生的时间、地点、经过、类别、原因、人员伤亡和直接经济损失，认定了事故性质和责任，提出了对有关责任人员和责任单位的处理建议，指出了事故暴露出的突出问题和教训，提出了加强和改进工作的措施建议。

一、事故单位基本情况

（一）军金煤矿

军金煤矿位于黑龙江省黑河市爱辉区罕达气镇金水三分场矿区内，原名黑河市军金联营煤矿，始建于1998年，行政区划隶属爱辉区罕达气镇管辖，原采矿证批准开采规模为60000 t/a。2010年，与黑河市永兴煤矿资源整合，2017年6月19日，资源整合项目批复，批准开采煤层为0号、$Ⅱ_{上1}$、$Ⅱ_{上2}$、Ⅱ、$Ⅱ_{下}$，矿区共由49个拐点坐标圈定，开采深度+430～-260 m，矿区面积4.0584 km^2，设计生产能力0.3 Mt/a，保有资源储量20.8248 Mt，服务年限28.2 a。

该矿采矿证、营业执照齐全，为合法建设矿井。矿井建设单位为黑河市军金原煤有限责任公司；施工单位为黑龙江龙煤矿山建设有限公司；监理单位为黑龙江省铭建工程设计有限公司。矿井为斜井开拓，主要可采煤层为Ⅱ，煤层倾角平均20°，煤层厚度6.5～7.5 m，平均7.0 m。煤种为长焰煤，低瓦斯矿井，水文地质类型为中等，煤层自燃倾向性为容易自燃，煤尘具有爆炸性。

（二）生产系统

（1）采掘系统。该矿建有3条井筒，分别是主斜井、副斜井、风井，其中：主斜井担负矿井煤炭提升任务，兼作入风井筒及安全出口；副斜井担负矿井矸石提升、设备、材料和人员的运送任务，为矿井主要入风井筒，兼作安全出口；风井担负矿井回风任务，兼作安全出口。

在主井左一片布置一个首采工作面，尚未安装采煤设备，掘进工作面为十路探巷掘进工作面，已施工56 m。

（2）通风系统。该矿采用中央并列抽出式通风，副斜井和主斜井入风，回风斜井回风。风井安装2台FBCDZ－No18/2×110型对旋轴流式通风机，矿井总入风量为1934 m^3/min，总回风量2144 m^3/min。

（3）提升系统。该矿主斜井提升采用DTC100/28/2×280S型大倾角带式输送机，副井提升采用JK－2.0×1.8/20E型单绳缠绕式提升机，采用普通轨抱轨式人车，架空乘人装置正在安装中。

（4）供电系统。该矿建设一座35 kV变电所，双回路供电，分别引自金水变电所不同的母线端，一回路35 kV，另一回路6 kV。

（5）排水系统。该矿正常涌水量90 m^3/h，最大涌水量118 m^3/h。一段排水，井底车场设甲乙两个水仓，甲仓容积891 m^3、乙水仓容积660 m^3，安设3台MD155－67×6型水泵，2趟直径200 mm排水管路经风井敷设至地面。

（6）压风系统。该矿在工业广场设有空压机房，选用 2 台 GRF－250D－8 型煤矿用螺杆空气压缩机，排气量 30 m^3/min，排气压力 0.8 MPa。压风管路沿副井进入井下各用风地点。

（7）供水施救系统。该矿在工业广场建有 1 处容积 200 m^3 的静压水池，供井下生产、救援、降尘、防火使用。井上下设有消防材料库，各配电点均设有防火沙箱、灭火器等消防器材。

（8）安全监控、人员定位系统。该矿采用 KJ－19 型监测监控系统，井下设置 6 台分站；人员位置监测系统型号为 KJ241，井下安设 5 台读卡器，两套系统均与监管部门联网。井底车场设有永久避难硐室。

（三）证照及安全管理人员配备情况

（1）采矿许可证，证号 C2300002010051120068388，有效期为 2020 年 4 月 24 日至 2021 年 7 月 11 日。

（2）营业执照，证号 91231100669021823N，成立日期为 2002 年 11 月 5 日，有效期为长期，法定代表人栾某。

（3）矿长栾某，安全生产知识和管理能力考核合格，证号 230321196504240816，有效期 2019 年 5 月 10 日至 2022 年 5 月 9 日。安全副矿长刘某才，安全生产知识和管理能力考核合格，证号 230303196701285711，有效期为 2019 年 8 月 9 日至 2022 年 8 月 8 日。2020 年 10 月 31 日，任命刘某阁为生产副矿长、李某明为总工程师、刘某忠为机电副矿长，已申请安全生产知识和管理能力考核，尚未参加考核。

（四）复工情况

该矿为正常建设矿井。2020 年 4 月 3 日，经爱辉区复工复产验收小组验收合格，4 月 4 日复工。2020 年 12 月 6 日，该矿因存在重大安全隐患被黑龙江煤矿安全监察局西部监察站停产整顿 3 个月，事故发生时，处于停产整顿状态。

二、事故基本情况

（一）事故区域

事故发生在主井煤仓放煤口。主井采用锚喷支护，长 950 m、宽 4.7 m、高 3.8 m、坡度为 21.5°，安装一台 DTC100/28/2×280S 型大倾角带式输送机，长度 920 m。煤仓口距主井带式输送机头 905 m，安装一部 GLD2000/7.5/S 型给煤机。

（二）事故经过

2020 年 12 月 7 日晚班（7 日 19 时至 8 日 7 时），全矿出勤 19 人，皮带队出勤2人。队长周某生安排赵某全在煤仓口放煤及清扫放煤口至带式输送机机尾浮煤，赵某龙巡查带式输送机运转情况。12月8日1时左右，赵某全通知主井带式输送机司机开机。带式输送机运行约30 min后，赵某龙在带式输送机机头发现运转的输送带上没有煤了，就让带式输送机司机李某打电话联系赵某全，李某打了几次电话没人接，就用扩音电话又喊了几次，也没有回应。随后赵某龙沿带式输送机道到放煤口查看，发现放煤口附近带式输送机道两侧堆了很多煤，就给李某打电话，把带式输送机停下来。带式输送机停机后赵某龙把煤仓口的给煤机也停下来，开始寻找赵某全，发现赵某全倒在煤仓口向下20 m左帮处。

（三）事故地点

事故地点为主井煤仓放煤口处。

认定依据：

（1）现场勘察煤仓已放空，煤仓口处上下巷道堆有约60 t原煤，放煤口巷道两帮有水煤喷溅痕迹，左帮高1.7 m、右帮高0.5 m。

（2）询问带式输送机队长及当班作业人员证实赵某全当班在煤仓口负责放煤和清扫附近浮煤。

（3）询问企业管理人员证实煤仓内有积水。

（4）当班作业及参与救援人员证实赵某全躺在煤仓口以下20 m处，头部和工作服有煤渣和水痕。

（四）事故时间

事故发生时间为2020年12月8日1时30分左右。

认定依据：经询问当班作业人员，12月8日1时左右煤仓放煤，带式输送机开始运行大约半小时后，发现带式输送机上没有煤了，说明此时煤仓放空、事故发生，因此事故发生时间认定为2020年12月8日1时30分左右。

（五）人员伤亡和直接经济损失

事故造成1人死亡。依据《企业职工伤亡事故经济损失统计标准》（GB 6721—1986）和有关规定统计，直接经济损失285万元。

三、事故应急救援

（一）事故现场应急处置

2020年12月8日3时左右，赵某龙向调度室电话汇报，赵某全在放煤时受伤。监控值机员于某接到电话后，立即向井下带班矿长刘某阁和调度主任刘某国汇报。3时10分左右，刘某阁赶到事故现场，发现伤者赵某全躺在煤仓口向下约20 m处表情很难受便询问情况，赵某全只是摇头没有说话。刘某阁马上打电话通知机电矿长刘某忠立即到现场、安全矿长刘某财在地面联系车辆等候，然后到建三队找到宫某、代某全、王某志 3 人组织救援。3 时 30 分左右，刘某阁带领 3 人返回事故现场，用锚杆、风筒布制作简易担架运送伤者。4 时左右，行至风井井底车场时遇到刘某忠，一起将护送伤者升井，4 时 50 分左右到达地面并送医，7 时 50 分到达嫩江市第一人民医院。8 时，赵某全经抢救无效死亡。

（二）事故信息报告及响应

13 时 30 分左右，事故发生 12 小时后，刘某阁向爱辉区煤炭产业服务中心报告军金煤矿发生一起事故，死亡 1 人。15 时左右，爱辉区政府和爱辉区煤炭产业服务中心向市应急局（煤管局）报告了事故。16 时 15 分，西部监察站接到市应急局事故报告单后，立即向黑龙江煤矿安全监察局报告。

（三）善后处理情况

事故发生后，黑河市爱辉区成立了事故善后工作组，开展遇难人员家属的安抚和协调赔偿工作。2020 年 12 月 12 日，遇难人员善后事宜处理完毕。

四、事故类别及原因

在煤仓内存在积水的情况下，放仓工违章进行放煤作业，煤仓内的煤水混合物突然涌出，将其冲倒撞伤致死。

（一）事故类别

经调查认定，该起事故是水害事故。主要依据如下：

（1）调查询问有关人员证实，煤仓内存有一定量积水。

（2）经现场勘查，煤仓已放空，煤仓口处上下两侧皮带道内冲击堆存一定数量原煤。

（3）经现场勘查，煤仓放煤口巷道左右两侧有水煤喷溅痕迹，左侧高度 1.7 m，右侧高度 0.5 m。

（4）询问有关人员证实，遇难者躺在煤仓口下 20 m 处，工作服被水湿透，头部有煤渣。

（5）尸检报告显示，遇难者为头部受暴力作用致大脑蛛网膜下腔出血死亡。

（6）经现场勘查，事故地点附近顶板及两帮完好，机电运输设备完好，无爆破痕迹，排除顶板、机电、运输、爆破事故可能。

（二）事故原因及相关因素

（1）物的不安全状态。煤仓内存有积水。

（2）人的不安全行为。放仓工在煤仓存有积水的情况下，未按照《给煤机司机操作规程》第三条第（三）项规定，向调度汇报等待领导现场指挥，擅自开启给煤机放煤。

（3）管理上存在漏洞。带班矿长明知煤仓存水，仅在调度会上要求注意安全，未制定针对性措施，未按照操作规程规定现场指挥。机电矿长、带式输送机队长在已知煤仓存水的情况下，未组织研究措施，未安排人员现场指挥和监护。

五、有关责任单位及存在的主要问题

（一）军金煤矿

（1）安全管理不到位。未针对实际开展安全风险动态分析研判。对放煤过程中的安全风险认识不足，未采取防范措施。

（2）安全技术管理不到位。以总工程师为首的技术管理体系没有发挥作用。一是防治水措施不到位，导致首采工作面下巷积水过多，皮带将水煤混合物运至煤仓。二是未针对煤仓存水的实际情况制定安全技术措施。三是未向当班放仓工贯彻给煤机操作规程。

（3）岗位责任落实不到位。机电矿长未按照《机电矿长安全生产责任制》第十条要求对放煤过程中产生的安全隐患制定措施并加强管理。皮带队长未按照《皮带队长安全生产责任制》第四条要求，对发现的隐患亲自组织处理。

（4）违反劳动组织相关规定。工人执行大班作业，每班工作时间为12小时，违反了《中华人民共和国劳动法》第三十六条相关规定。

（5）安全培训教育不到位。对从业人员岗前培训走过场，学时仅为6学时，远低于规定的72学时，违反了《煤矿安全培训规定》第三十五条第二款。未对所从事岗位的安全防护知识进行专门培训，放仓工对放煤过程中的安全风险认识不足。

（6）事故救援应急响应不到位。发生事故后未按应急预案规定启动应急响应，违反《生产安全事故应急预案管理办法》第三十九条，未报120急救中心。

（二）爱辉区煤矿安全监管部门

煤矿安全监管不到位。一是驻矿监管人员日常监督检查不到位。未及时查出煤仓积水情况，并要求煤矿制定安全措施。二是在12月6日西部监察站下达停产指令后，监管部门未对煤矿企业加强监管。三是安全监管检查不到位。对军金煤矿存在的安全管理不到位、现场管理混乱等情况未认真研究对策，加大监管执法力度。

六、责任认定及处理建议

根据事故原因调查和事故责任认定，依据有关法律法规和党务政务处分规定，对事故相关责任人员和责任单位提出处理建议：

事故调查组根据《安全生产领域违法违纪行为政纪处分暂行规定》第二条和第四条、《安全生产违法行为行政处罚办法》第四十五条第（一）项、《关于对党员领导干部进行诫勉谈话和函询的暂行办法》第三条等规定，提出对 15 名责任人员行政处罚、政务处分和组织处理建议，其中军金煤矿 7 人、黑河市爱辉区应急管理局 6 人。

事故调查组建议依据《中华人民共和国安全生产法》第一百零九条对军金煤矿进行行政处罚。

（一）军金煤矿

1. 免予追究责任人员

赵某全，放仓工。对煤仓存在积水产生的安全风险认识不足，在放煤过程中，未按照操作规程“如有水煤，向调度汇报等待领导现场指挥，不得私自独立开启给煤机放货”的要求作业，导致事故发生，对事故发生负有责任。鉴于其已在事故中死亡，不再追究责任。

2. 建议给予行政处罚的责任人员

（1）周某生，带式输送机队队长，负责队组安全管理。明知煤仓存在水煤依然让放仓工作业，未根据《给煤机司机操作规程》规定，采取措施消除安全隐患。对事故发生负有主要责任，依据《中华人民共和国劳动合同法》第三十九条第（二）(三）项规定，建议开除矿籍，解除劳动合同。

（2）刘某忠，军金煤矿机电副矿长，负责全矿机电运输安全管理工作。未认真履行岗位职责，对煤仓积水存在的安全隐患未组织人员采取防范措施。对事故发生负有主要领导责任。依据《安全生产领域违法违纪行为政纪处分暂行规定》第十二条和第十七条第二款规定，建议给予撤职处分；依据《中华人民共和国安全生产法》第九十三条，建议撤销其煤矿安全生产知识和管理能力考核合格证明；依据《安全生产违法行为行政处罚办法》第四十五条第（一）项规定，建议给予警告，并处人民币 0.99 万元罚款。

（3）李某明，军金煤矿总工程师，负责全矿的技术管理工作。未认真履行岗位职责，防治水措施制定和落实不到位，导致首采工作面下巷积水过多，皮带将水煤混合物运至煤仓。未针对煤仓存水的实际情况制定针对性的安全技术措施。对事故发生负有主要领导责任。依据《安全生产领域违法违纪行为政纪处分暂行规定》第十二条和第十七条第二款规定，建议给予撤职处分；依据《中华人民共和国安全生产法》第九十三条，建议撤销其煤矿安全生产知识和管理能力考核合格证明；依据《安全生产违法行为行政处罚办法》第四十五条第

（一）项规定，建议给予警告，并处人民币0.99万元罚款。

（4）刘某才，军金煤矿安全副矿长，负责全矿安全生产管理工作。未认真履行岗位职责，对煤仓积水存在的安全隐患未组织人员处理，对放煤过程中的安全风险认识不足，未根据煤仓存有水煤的实际情况研判风险，并制定防范措施，排除隐患，事故发生后未启动应急响应组开展事故救援。对事故发生负有重要领导责任。依据《安全生产违法行为行政处罚办法》第四十五条第（一）项规定，建议给予警告，并处人民币0.99万元罚款。

（5）刘某阁，生产副矿长，当班带班矿领导，负责事故当班井下安全管理工作。未认真履行工作职责，明知煤仓积水存在安全风险，未采取针对性措施，对煤仓放煤作业安全监护不到位，对事故发生负有重要领导责任。依据《安全生产违法行为行政处罚办法》第四十五条第（一）项规定，建议给予警告，并处人民币0.99万元罚款。

（6）栾某，军金煤矿矿长，负责煤矿全面管理工作，是军金煤矿安全生产第一责任人。未认真履行岗位职责，安全生产管理不到位，未按规定组织对从业人员开展全员安全教育和培训，组织工人超强度作业。对事故的发生负有重要领导责任。鉴于该起事故存在迟报情节，依据《生产安全事故罚款处罚规定（试行)》第十一条第（二）项、第十八条第（一）项、第二十条，建议处2019年收入110%的罚款，计13.2万元。

（二）黑河市爱辉区应急管理局

1. 建议给予政务处分人员

（1）车某亮，爱辉区煤炭产业服务中心驻矿安全监管员，负责军金煤矿驻矿安全监管工作。对上级机关及煤炭局下达的停产指令落实不到位，对事故发生负有重要责任。依据《安全生产领域违法违纪行为政纪处分暂行规定》第二条、第四条第（一）项规定，建议给予记过处分。

（2）姜某超，爱辉区煤炭产业服务中心驻矿安全监管员，负责军金煤矿驻矿安全监管工作。对上级机关及煤炭局下达的停产指令落实不到位，对事故发生负有重要责任。依据《安全生产领域违法违纪行为政纪处分暂行规定》第二条、第四条第（一）项规定，建议给予记过处分。

（3）董某磊，中共党员，爱辉区煤炭产业服务中心驻矿队队长，负责驻矿队管理工作。对驻矿队的工作监督、检查、管理不到位，对驻矿员监管不到位的情况失察，对事故发生负有重要领导责任。依据《安全生产领域违法违纪行为政纪处分暂行规定》第二条、第四条第（一）项规定，建议给予记过处分。

（4）李某，中共党员，爱辉区煤矿执法队负责人，负责爱辉区煤矿监管执法工作。针对军金煤矿安全管理不到位、现场管理混乱等情况监管执法不到位，对事故发生负有重要领导责任。依据《安全生产领域违法违纪行为政纪处分暂行规定》第二条、第四条第（一）项规定，建议给予警告处分。

（5）徐某，中共党员，爱辉区煤炭产业服务中心副主任，协管煤矿安全监管工作。对驻矿队工作监督管理检查不到位，对事故发生负有重要领导责任。依据《安全生产领域违法违纪行为政纪处分暂行规定》第二条、第四条第（一）项规定，建议给予警告处分。

2. 建议诫勉谈话人员

宋某旗，中共党员，煤炭生产安全监督管理局局长，负责煤管局全面工作。未全面履行工作职责，对煤矿日常监管工作中存在的问题失察，对事故发生负有重要领导责任。依据《关于对党员领导干部进行诫勉谈话和函询的暂行办法》第三条第（三）项规定，建议对其诫勉谈话。

（三）事故责任单位的处理建议

鉴于该起事故存在迟报情节，依据《中华人民共和国安全生产法》第一百零九条第（一）项规定，建议对军金煤矿罚款人民币 40 万元。

（四）其他建议

建议爱辉区政府就煤矿安全监管工作中存在的问题，向黑河市政府做出深刻书面检查。

七、事故主要教训

（一）煤矿企业主体责任落实不到位

主要负责人法律意识淡薄，迟报事故；安全培训走过场，从业人员缺乏安全意识；岗位责任落实不到位；安全风险管控措施不完善，隐患治理不到位，未对已知的风险采取防控措施；技术管理不到位，未针对风险制定技术措施。

（二）安全监管责任落实不到位

日常监督检查不到位，未及时查明风险隐患并要求企业加强整改，未对已责令停产矿井加强监管；安全监管检查不到位。未对军金煤矿存在的安全管理不到位、现场管理混乱等情况加大监管执法力度。

八、事故防范措施及建议

军金煤矿要深刻汲取事故教训，深入贯彻落实习近平总书记关于安全生产重要指示批示精神和党中央、国务院、省委省政府近期关于加强安全生产工作的一系列重要指示批示，牢固树立安全发展理念和红线意识，针对事故暴露出的安全管理漏洞，举一反三，严格整改。

（1）严格落实安全生产主体责任。一是必须树立法治思维，坚守法治底线。消除“抢工期、快投产”的急躁心理，按照“三同时”的原则，依法依规组织建设施工，保证建设工程质量，为投产后的安全生产打好基础。要依法为从业人员购买工伤保险，按照法律规定做好劳动组织。二是按照国家局《关于落实煤矿企业安全生产主体责任的指导意见》和黑龙江煤矿安监局、省煤管局《关于健全煤矿企业主要负责人和技术负责人安全生产责任制的指导意见》等文件要求，结合本矿实际建立健全涵盖生产经营各环节和各岗位人员的安全生产岗位责任制，层层压实责任，严格执行各项安全管理制度措施和作业规程、操作规程，进一步提升安全管理水平，切实把煤矿企业安全生产主体责任落到实处。

（2）强化安全培训教育，提高全员安全意识。扎实开展从业人员安全培训教育工作，注重培训实效，结合“学抓强”活动，切实提升从业人员安全素质。一要分专业、分岗位加强对安全生产管理人员、班组长、特种作业人员和其他从业人员的日常培训教育。切实提高从业人员业务素质、操作技能、现场管理和风险辨识能力。二要提高安全培训的针对性、实用性和全面性。开好班前会，加强操作规程、作业规程和安全技术措施的贯彻，提升全员安全意识，引导从业人员遵章作业、杜绝“三违”，有效防范生产安全事故的发生。

（3）强化现场安全管理，做到不安全不生产。强化现场管理，各级安全管理人员要认真履行岗位职责。一要充分发挥班组长、带班领导和安管人员在现场管理中的作用，督促各岗位人员履行岗位职责，严格兑规作业，切实规范生产作业行为，坚决做到不安全不生产。二要抓好重点区域、重要岗位和重点环节的风险研判和安全管理，对存在的安全风险和隐患制定措施，及时处理，把风险和隐患清零。同时要加强对从业人员的日常教育管理，提高自保、互保意识，加强作业前的安全检查，及时发现并消除安全隐患，确保安全生产。

（4）以“三年行动”为主线，以“大排查”为抓手，推进双重预防机制落地见效。一要扎实开展安全生产专项整治三年行动，认真分析自身安全管理存在问题和漏洞，明确整治和提升的具体内容措施，要抓实事、出实招、见实效，提升安全基础保障能力。二要认真落实《关于印发黑龙江省煤矿构建安全风险分级管控和隐患排查治理双重预防机制指导意见的通知》和《红线管理办法》。针对矿井实际，深入开展风险研判和分级管控，定期开展隐患排查治理，全面排查矿井关键环节、关键岗位等存在的问题和风险隐患，特别要加强重大灾害排查治理，做到查深、查细、查透、查实，并针对排查出的风险隐患，制定有效管控措施，实现风险隐患源头治理。三要在各风险部位设置警示告知牌，各岗位发放作业场所和工作岗位存在的危险因素、防范措施以及事故应急措施告知卡，明确落实每一处安全风险和危险源的安全管理与监督责任，强化风险管控技术、制度、管理措施落实，消除安全风险管控盲区。

（5）强化安全技术管理工作，提高技术管理水平。持续强化技术管理工作，发挥以总工程师为首的技术管理体系作用，严把制度管理、规程制定和技术措施落实关。一要结合本矿生产实际，制定规程和措施。针对作业过程中可能存在的各类风险隐患，制定有针对性、可操作性和指导性的安全技术措施，用规程措施指导生产。二要加强措施规程的审核把关。对作业规程和技术措施要严格会审，从生产到技术层层把关，对每条预防措施集体讨论，确保措施规程具有高度的可操作性。三要加强规程和措施的宣贯，让每名从业人员了解工作要求和安全措施。要定期对规程措施执行情况进行监督检查，确保从业人员遵章作业，杜绝“三违”行为发生。

（6）加大安全监管力度，严厉打击违法违规行为。爱辉区煤管局要认真吸取事故教训，清醒地认识到当前煤矿安全生产面临的严峻形势，消除麻痹大意思想，逐级压实监管责任。一要进一步加大监管执法力度。对发现的违法违规行为和安全隐患严格执法，依法查处，以“零容忍”的态度对待安全隐患，确保每一次检查都取得实效。二要严格落实属地监管责任。要在防大事故、查大隐患的基础上，堵塞漏洞、消除盲区，把打击习惯性违章作为一项长期性的重点工作，推动企业全面落实安全生产主体责任。

图书在版编目（CIP）数据

“十三五”期间全国煤矿水害事故分析及案例汇编/国家矿山安全监察局编．--北京：应急管理出版社，2022

ISBN 978-7-5020-9142-2

Ⅰ.①十… Ⅱ.①国… Ⅲ.①煤矿—矿山水灾—案例—汇编—中国—2016-2020 Ⅳ.①TD745

中国版本图书馆 CIP 数据核字（2021）第 236567 号

“十三五”期间全国煤矿水害事故分析及案例汇编

编　　者　国家矿山安全监察局
责任编辑　史　杰
编　　辑　杜　秋
责任校对　李新荣
封面设计　于春颖

出版发行　应急管理出版社（北京市朝阳区芍药居 35 号　100029）
电　　话　010-84657898（总编室）　010-84657880（读者服务部）
网　　址　www.cciph.com.cn
印　　刷　北京建宏印刷有限公司
经　　销　全国新华书店

开　　本　710mm×1000mm $^1/_{16}$　**印张**　30 $^1/_2$　**字数**　568 千字
版　　次　2022 年 3 月第 1 版　2022 年 3 月第 1 次印刷
社内编号　20211358　　**定价**　180.00 元